Konstruktionsbücher
Herausgegeben von Professor Dr.-Ing. K. Kollmann

Band 31

O. R. Lang · W. Steinhilper

Gleitlager

Berechnung und Konstruktion von Gleitlagern
mit konstanter und zeitlich veränderlicher Belastung

Mit 252 Abbildungen und 6 Arbeitsblättern

Springer-Verlag Berlin Heidelberg GmbH 1978

Herausgeber:
Dr.-Ing. Karl Kollmann
o. Professor em.
für Maschinenkonstruktionslehre und Kraftfahrzeugbau
der Universität (TH) Karlsruhe

Autoren:
Dr.-Ing. Otto Robert Lang
Oberingenieur der Daimler-Benz AG
Stuttgart-Untertürkheim

Dr.-Ing. Waldemar Steinhilper
o. Professor für Maschinenelemente an der
Universität Kaiserslautern

Additional material to this book can be downloaded from http://extras.springer.com.

ISBN 978-3-642-81226-2   ISBN 978-3-642-81225-5 (eBook)
DOI 10.1007/978-3-642-81225-5

CIP-Kurztitelaufnahme der Deutschen Bibliothek

Lang, Otto R.: Gleitlager: Berechnung u. Konstruktion von Gleitlagern mit konstanter u. zeitl. veränderl. Belastung/O. R. Lang; W. Steinhilper. — Berlin, Heidelberg, New York: Springer, 1978. (Konstruktionsbücher; Bd. 31) NE: Steinhilper, Waldemar

Das Werk ist urheberrechtlich geschützt. Die dadurch begründeten Rechte, insbesondere die der Übersetzung, des Nachdruckes, der Entnahme von Abbildungen, der Funksendung, der Wiedergabe auf photomechanischem oder ähnlichem Wege und der Speicherung in Datenverarbeitungsanlagen bleiben, auch bei nur auszugsweiser Verwertung, vorbehalten

Bei Vervielfältigungen für gewerbliche Zwecke ist gemäß § 54 UrhG eine Vergütung an den Verlag zu zahlen, deren Höhe mit dem Verlag zu vereinbaren ist.

© by Springer-Verlag Berlin Heidelberg 1978
Ursprünglich erschienen bei **Springer-Verlag**, Berlin/Heidelberg 1978.
Softcover reprint of the hardcover 1st edition 1978

Die Wiedergabe von Gebrauchsnamen, Handelsnamen, Warenbezeichnungen usw. in diesem Buche berechtigt auch ohne besondere Kennzeichnung nicht zu der Annahme, daß solche Namen im Sinne der Warenzeichen- und Markenschutz-Gesetzgebung als frei zu betrachten wären und daher von jedermann benutzt werden dürften.

Vorwort

Die Fortschritte der Gleitlagertechnik in den letzten zwanzig Jahren und ihre erfolgreiche Umsetzung in die betriebliche Praxis ließen es dem Herausgeber der „Konstruktionsbücher" wie auch den Verfassern als dringend geboten erscheinen, diese Erkenntnisse entsprechend dem neuesten Stand der Technik zusammenfassend darzustellen. Dabei sollten aber auch die Grundlagen so vermittelt werden, daß dem Leser die eigene objektive Bewertung zukünftiger Arbeiten ermöglicht wird. Für Untersuchungen von Problemen, die eine über den Umfang dieses Buches hinausgehende Beschäftigung mit Gleitlagern erfordern, werden zahlreiche Literaturhinweise gegeben. In diesem Sinne hoffen die Verfasser, die seit vielen Jahren auf diesem Fachgebiet in Praxis, Lehre und Forschung tätig sind, sowohl den Studierenden wie den Praktikern, für die besonders die Programmierungshinweise interessant sein werden, eine nützliche Hilfe geben zu können.

Die Verfasser danken allen Forschungsstellen und Firmen für die bereitwillige Unterstützung, die sie bei der Erstellung dieses Buches erfahren haben. Es ist dies einmal die Daimler-Benz AG in Stuttgart-Untertürkheim, und dort besonders die beiden Vorstandsmitglieder, die Herren Professor Dr.-Ing. H. Scherenberg und Dipl.-Ing. W. Breitschwert. Weiter sind dies zahlreiche Firmen, die Bildmaterial besonders zu den Kapiteln 4 und 10 zur Verfügung stellten. Ohne Anspruch auf Vollständigkeit wären hier zu nennen: die Allianz, BBC Baden, Federal Mogul, Glacier-Metal Co., Glyco-Metallwerke, Goldschmidt, Mitterbauer, Renk-Wülfel, SKF und K. Schmidt. Besonderer Dank gebührt dem Springer-Verlag für die mustergültige Ausstattung des Buches und nicht zuletzt den Mitarbeitern der Verfasser für ihre Hilfe.

Die Verfasser hoffen, daß dieses „Konstruktionsbuch" allen Lesern eine Unterstützung für ihre Arbeit bietet. Sie sind für jede Anregung dankbar, die sich aus der Benutzung ergibt.

Rommelshausen, O. R. Lang
Gölshausen W. Steinhilper
September 1978

Inhaltsverzeichnis

1 Einleitung 1

    Literatur zu Kapitel 1 7

2 Physikalische Grundlagen der Reibung und Schmierung 9

    2.1 Trockenreibung 11
    2.2 Grenzreibung 14
    2.3 Mischreibung 15
    2.4 Flüssigkeitsreibung oder Fluid-Reibung 16
        2.4.1 Übergangsdrehzahl und Übergangskriterien 18
        2.4.2 Reibungswerte bei Gleitlagern 21
    Literatur zu Kapitel 2 23

3 Schmiermittel 24

    3.1 Viskosität von Schmiermitteln 25
        3.1.1 Messung der Viskosität und Umrechnung von Viskositätseinheiten . . 25
        3.1.2 Schmiermittelklassifikation 29
    3.2 Einflüsse auf die Viskosität 34
        3.2.1 Temperaturabhängigkeit 34
            3.2.1.1 Richtungskonstante der V-T-Geraden 39
            3.2.1.2 Viskositätsindex 39
        3.2.2 Druckabhängigkeit 40
            3.2.2.1 Zeitabhängigkeit des Viskositäts-Druck-Verhaltens 45
    3.3 Dichte, spezifische Wärme und Wärmeleitkoeffizient von Schmiermitteln . . 45
        3.3.1 Dichte von Schmiermitteln 45
        3.3.2 Spezifische Wärme und Wärmeleitkoeffizient von Schmiermitteln . . . 46
    3.4 Aufbau, Eigenschaften und Einsatz von Schmiermitteln 47
        3.4.1 Destillate 48
        3.4.2 Raffinate 48
        3.4.3 Fettöle oder gefettete Öle 48
        3.4.4 Legierte Öle 49
        3.4.5 Mehrbereichsöle 50
        3.4.6 Synthetische Schmierflüssigkeiten 50
        3.4.7 Schmierfette 51
        3.4.8 Festschmierstoffe 51
        3.4.9 Wasser 52
        3.4.10 Luft und Gase 53
    Literatur zu Kapitel 3 54

4 Gleitlagerwerkstoffe 55

    4.1 Allgemeine und physikalisch-mechanische Eigenschaften von
        Gleitlagerwerkstoffen 55

4.2 Aufbau und Ausführungsformen von Gleitlagern 61
4.3 Anwendungsgebiete 64
4.4 Lagerschäden 65
    4.4.1 Verschmutzung 65
    4.4.2 Verschleiß 72
    4.4.3 Korrosion 72
    4.4.4 Auswaschungen/Kavitation 73
    4.4.5 Ermüdung 74
    4.4.6 Überhitzung 74
    4.4.7 Bindefehler 78
    4.4.8 Einbaufehler 78
4.5 Dauerfestigkeit 79
Literatur zu Kapitel 4 80

5 Hydrostatische Schmierung und Lager 81

5.1 Einleitung 81
5.2 Hydrostatische Druckfilme 83
    5.2.1 Spaltströmung viskoser Flüssigkeiten 84
    5.2.2 Druckfilm zwischen kreisförmigen Platten 85
    5.2.3 Druckfilm zwischen rechteckigen Platten 88
    5.2.4 Druckfilm zwischen Welle und Lagerschale 89
5.3 Hydrostatische Axiallager (Spurlager) 93
    5.3.1 Einflächen-Axiallager bei Vernachlässigung der Relativgeschwindigkeit zwischen den gepaarten Lagerkörpern 93
    5.3.2 Kugelspurlager 97
    5.3.3 Konische Spurlager 98
    5.3.4 Einflächen-Axiallager mit Berücksichtigung der Relativgeschwindigkeit zwischen den gepaarten Lagerkörpern 98
    5.3.5 Mehrflächen Axiallager 101
5.4 Hydrostatische Radial- oder Querlager 102
    5.4.1 Einflächen-Radiallager 104
        5.4.1.1 Schmiermittelbedarf 105
        5.4.1.2 Stütztaschendruck und Tragfähigkeit 107
    5.4.2 Mehrflächen-Radiallager 108
        5.4.2.1 Mehrflächen-Radiallager mit Schmiermittelrücklaufnuten . . . 109
        5.4.2.2 Mehrflächen-Radiallager ohne Schmiermittelrücklaufnuten . . . 115
5.5 Hydrostatisches Anheben von hydrodynamisch arbeitenden Lagern 119
5.6 Schmiermittelversorgungssysteme für hydrostatische Lagerungen 120
Literatur zu Kapitel 5 123

6 Hydrodynamische Schmierung und hydrodynamische Lager 124

6.1 Einleitung 124
6.2 Hydrodynamische Theorie 124
6.3 Anwendung der hydrodynamischen Theorie in der Lagertechnik 127
    6.3.1 Reynoldssche Gleichung für die Druckverteilung 131
    6.3.2 Sonderfälle der Reynoldsschen Gleichung 132
        6.3.2.1 Ebener, unendlich breiter Gleitschuh bei stationärer Belastung . 133
        6.3.2.2 Ebener, endlich breiter Gleitschuh bei stationärer Belastung . . 143
        6.3.2.3 Gleitschuh mit beliebiger Schmierspaltgeometrie bei stationärer Belastung 148
            6.3.2.3.1 Abgestufte, konstante Schmierspalthöhe 148
            6.3.2.3.2 Kombinierte, linear sich ändernde und konstante Schmierspalthöhe 149
            6.3.2.3.3 Nichtlinear sich ändernde Schmierspalthöhe . . . 150

Inhaltsverzeichnis

6.3.2.4 Vergleich von Gleitschuhlagerungen unterschiedlicher Schmierspaltgeometrie. 150

Literatur zu Kapitel 6 151

7 Radialgleitlager — Theoretische Grundlagen 153

7.1 Stationäres Radialgleitlager 159
    7.1.1 Unendlich breites Radialgleitlager 164
        7.1.1.1 Reynoldssche Randbedingungen 165
        7.1.1.2 Gümbelsche Randbedingungen 167
    7.1.2 Sehr kurzes Radialgleitlager 170
    7.1.3 Radialgleitlager endlicher Breite 174

7.2 Radialgleitlager unter Verdrängungsbewegung 190
    7.2.1 Unendlich breites Radialgleitlager 192
        7.2.1.1 Physikalische Randbedingung 193
        7.2.1.2 Mathematisch einfache Randbedingung 194
    7.2.2 Sehr schmales Radialgleitlager 197
    7.2.3 Radialgleitlager endlicher Breite 202

7.3 Häufige Integrale der Gleitlagertheorie 207

7.4 Vergleich verschiedener Lösungen 212

7.5 Näherungsformeln 217
    7.5.1 Vollumschlossenes Gleitlager 217
    7.5.2 Halbumschlossenes Gleitlager 218

7.6 Zur Frage der Randbedingungen bei der Druckentwicklung 219

Literatur zu Kapitel 7 222

8 Stationäres Radialgleitlager — Praktische Anwendung 224

8.1 Öldurchsatz 225
    8.1.1 Eindimensionale Strömung aus einer Nut unter Zuführdruck . . 225
    8.1.2 Polare Strömung aus einer Bohrung unter Zuführdruck 227
    8.1.3 Druckölzufuhr über eine Öltasche 229
    8.1.4 Druckölzufuhr über eine Ölbohrung 232
    8.1.5 Öldurchsatz unter allgemeinen Bedingungen 233

8.2 Wärmebilanz 236
    8.2.1 Nichtisotherme Energieumsetzung im Schmierspalt 236
    8.2.2 Isotherme Energieumsetzung im Gleitlager — Wärmebilanz . . 240
        8.2.2.1 Reibleistung des Gleitlagers 240
        8.2.2.2 Wärmeabfuhr in das Schmiermittel 241
        8.2.2.3 Wärmeabfuhr aus den Lagerteilen 241

8.3 Zur Wahl der Betriebsparameter 244
    8.3.1 Im Lager wirksame Temperaturen 244
    8.3.2 Betriebslagerspiel 246
    8.3.3 Kleinste zulässige Schmierfilmdicke 250

8.4 Statisch belastete Radialgleitlager 253
    8.4.1 Berechnungsgang für statisch belastete Lager 255
    8.4.2 Berechnungsablauf 255

Literatur zu Kapitel 8 261

9 Instationäres Radialgleitlager — Praktische Anwendung 263

9.1 Dynamisch belastete Radialgleitlager 263
    9.1.1 Berechnungsverfahren 264
        9.1.1.1 Verfahren der vorgegebenen Bewegungsänderungen . . 265
        9.1.1.2 Verfahren der überlagerten Drücke 267

9.1.1.3 Verfahren der überlagerten Traganteile 269
9.1.1.4 Diskussion der Berechnungsverfahren 279
9.1.2 Druckaufbau und Dauerfestigkeit 283
9.2 Schwingungsverhalten gleitgelagerter Rotoren 290
9.2.1 Synchrone, unwuchterregte Schwingungen 291
9.2.2 Feder- und Dämpfungszahlen von Gleitlagern 292
9.2.3 Unwuchterregte Schwingungen 296
9.2.4 Stabilität 300
9.3 Schwimmbuchsenlager 304
9.4 Radialgleitlager mit beliebiger Spaltgeometrie 307
Literatur zu Kapitel 9 316

10 Konstruktive Hinweise und Sonderlager 318

10.1 Radialgleitlager 318
10.1.1 Lager-Konstruktionen 318
10.1.1.1 Stehlager 318
10.1.1.2 Motorenlager 321
10.1.1.3 Turbinenlager 326
10.1.1.4 Ölversorgung 327
10.1.1.5 Allgemeine Hinweise zur Fertigung und Konstruktion . . . 328
10.1.2 Berechnungsbeispiele statisch belasteter Radialgleitlager 329
10.1.3 Aerodynamische Lager 344
10.1.4 Poröse Lager 352
10.1.5 Folienlager 355
10.2 Hydrodynamische Axiallager 359
10.2.1 Berechnung der Axiallager 362
10.2.1.1 Tragfähigkeit 362
10.2.1.2 Reibungsverluste 363
10.2.1.3 Schmiermittelbedarf 364
10.2.2 Berechnungsbeispiele 365
10.2.3 Konstruktive Hinweise 370
10.2.3.1 Eingearbeitete Keilflächen 371
10.2.3.2 Anlaufbunde (Bundlager) und Lagerringe 374
10.2.3.3 Kippbewegliche Lagersegmente 376
10.2.3.4 Biegeelastische Lagerflächen 377
10.3 Hydrostatische Lager 378
10.3.1 Hydrostatische Axiallager . . : 379
10.3.1.1 Schmiermittelversorgung 380
10.3.1.2 Berechnungsbeispiel 382
10.3.2 Hydrostatische Radiallager 385
10.3.2.1 Einfluß der Anzahl der Schmiertaschen 387
10.3.2.2 Schmiermittelversorgung 387
10.3.2.3 Radial-Segmentlager 389
10.3.2.4 Berechnungsbeispiel 394
10.4 Magnetlager 398
10.4.1 Eigenschaften von Magnetlagern 399
10.4.2 Wirkungsweise und prinzipieller Aufbau von magnetischen
Lagerungen 401
10.4.2.1 Elektromagnet-Lager 401
10.4.2.2 Permanentmagnet-Lager 404
10.4.3 Dimensionierung von Magnetlagern 405
10.4.3.1 Tragfähigkeit 405
10.4.3.2 Verlustleistung 406
10.4.3.3 Leistungsbedarf 406
10.4.3.4 Steifigkeit 406
Literatur zu Kapitel 10 407
Sachwortverzeichnis 409

Arbeitsblätter 1—6 am Schluß des Buches

1: $So_D = f(\varepsilon, B/D)$ — vollumschlossenes Lager; Drehung
2: $So_D = f(B/D, \varepsilon)$ — vollumschlossenes Lager; Drehung
3: $\mu/\psi = f(So_D, B/D)$ — vollumschlossenes Lager; Drehung
4: $So_D = f(\varepsilon, B/D)$ — 180°-Lager; Drehung
5: $\mu/\psi = f(So, B/D)$ — 180°-Lager; Drehung
6: $So_V = f(\varepsilon, B/D)$ — vollumschlossenes Lager; Verdrängung

1 Einleitung

Das Problem der Lagerung einer Achse ist schon so alt wie die Erfindung des Rades, die als eine der wichtigsten der Menschheit angesehen wird und von den Historikern etwa in die Zeit 3000 vor u. Z. datiert wird. Wagen mit Scheibenrädern waren schon bei den Sumerern und den Induskulturen im Gebrauch.

Wahrscheinlich drehte sich anfänglich ein rohbehauener Baumstamm als Walze oder Welle in zwei Buchsen — hohlen Holzklötzen — aus härterem Holz. Der große Verschleiß und das Heißlaufen der gepaarten Teile verlangte im Laufe der Zeit eine bessere Ausbildung und Wartung der Lagerstellen.

Die Babylonier und Assyrer verwendeten bereits bei ihren Wasserschöpfrädern und Mühlen mit hölzernen Wellen, Lagerbuchsen und Getrieben zur Schmierung und Herabsetzung des Verschleißes tierischen Talg, Erdpech oder Erdwachs, Baumharz, Bienenwachs und Gemische oder Gemenge aus Talg oder Wachs mit pflanzlichen Ölen und Lehmbrei zur Verbesserung der Haftfähigkeit.

Die erste bekannt gewordene Beschreibung und Empfehlung bestimmter Stoffe als spezielle Schmierstoffe stammt von J. Leupold aus dem Jahr 1724. Sie beschränkt sich in erster Linie auf Talg, tierische Fette und pflanzliche Öle. Die Verwendung mineralischer Öle ist z. B. erst seit den sechziger Jahren des vorigen Jahrhunderts bekannt.

Leonardo da Vinci (1452—1519) hat bereits im Mittelalter Konstruktionsrichtlinien für Gleitlager herausgegeben, die noch heute unsere Bewunderung verdienen. Zu seiner Zeit waren die Wellen fast ohne Ausnahme noch aus Holz gefertigt und auf beiden Seiten mit eisernen Lagerzapfen versehen, die ihrerseits in eisernen Lagerbuchsen liefen. Er führte auch Reibversuche durch und kam zu dem Ergebnis, daß die Reibkraft unabhängig von der Größe der Reibfläche ist. Seine Berechnungen zeigten, daß die Reibkraft R ein Viertel der Normalbelastung N ist, und somit der Reibungskoeffizient μ — das Verhältnis von Reibkraft und Normalkraft — den Wert 0,25 hat. Es ist erstaunlich, wie genau dieser Wert mit dem heute bei der Reibung ungeschmierter Metallflächen ($\mu = 0,2$ bis $0,3$) gemessenen Zahlenwert übereinstimmt. Leonardo da Vinci hat ferner als erster eine Legierung aus drei Teilen Kupfer und sieben Teilen Zinn als Lagermetall für Lagerschalen empfohlen. Diese Empfehlung geriet in der Praxis wahrscheinlich wieder in Vergessenheit, denn erst um die Mitte des 19. Jahrhunderts führte Isaac Babbit die Weißmetalle als festhaftende Ausgußschichten in Stahl- oder Bronzeschalen im Gleitlagerbau ein.

Diese Erkenntnisse von Leonardo da Vinci hinsichtlich der Reibung waren bald wieder vergessen und mußten im Jahre 1699 von dem französischen Ingenieur G. Amontons (1633—1705) durch Versuche neu gefunden werden. Er zeigte, daß die Reibungskraft der Normalkraft direkt proportional, aber unabhängig von der Größe der Berühr- oder Reibfläche ist. Für den Reibungskoeffizienten gab er den Wert $\mu = 0,33$ an. Amontons fand ferner, daß der Reibungskoeffizient mit der

Belastung und der relativen Geschwindigkeit der aufeinander gleitenden Körper im Zusammenhang steht.

Das Schicksal wollte es, daß auch diese Erkenntnisse nicht allgemein bekannt wurden. Erst ein Jahrhundert später, als 1799 die Akademie der Wissenschaften in Paris einen Wettbewerb über das Problem „Reibung in Maschinen" ausschrieb, wurden die Kenntnisse über Reibungsprobleme Allgemeingut der Wissenschaftler. Der französische Physiker Ch. A. Coulomb (1736—1806) entdeckte im Rahmen dieses Wettbewerbs die Reibungsgesetze zum dritten Mal. Durch seine im großen Maßstab angelegten Versuche wurden die Coulombschen Ergebnisse allgemein bekannt. Im deutschen Schrifttum spricht man seit dieser Zeit allgemein vom Coulombschen Reibungsgesetz, während im englischen Sprachgebiet das Amontonssche Reibungsgesetz bekannt ist.

Es lautet:
$$R = \mu N. \tag{1.1}$$

Die Reibkraft R ist also direkt proportional der Normalkraft N, und der Proportionalitätsfaktor ist der Reibungskoeffizient μ.

Das Gebiet, das Leonardo da Vinci, Amontons und Coulomb behandelt haben, nennen wir heute Trocken- bzw. besser Grenzreibung. Charakteristisch für beide Reibungszustände ist, daß immer Abrieb oder Verschleiß auftritt. Die Reibungs- und Verschleißprobleme sind in der Technik sehr wichtig und stehen seit etwa einem Vierteljahrhundert sehr im Vordergrund wissenschaftlicher Untersuchungen. Bowden und Tabor [1.1] haben in dieser Hinsicht schon sehr viel geleistet.

Wichtiger als die Grenzreibung ist für die Praxis die Flüssigkeitsreibung, bei der ein verschleißfreies Laufen der gepaarten Lagerteile möglich ist. Der Schmierzustand, bei dem diese Reibung vorliegt, wird Flüssigkeitsschmierung, Fluid-Schmierung, Vollschmierung oder auch hydrodynamische und/oder hydrostatische Schmierung genannt. Die Grundlagen für die Flüssigkeitsschmierung stammen von Isaac Newton (1643—1727), der die Viskosität oder die Zähigkeit als eine physikalische Eigenschaft eines Schmiermittels definierte. Grundlegende Arbeiten zu diesem Problem stammen ferner von dem französischen Arzt J. L. Poiseuille (1799—1869), der sich mit der Strömung des Blutes in den Adern befaßte, dem deutschen Wasserbauingenieur G. H. Hagen (1797—1884), der gleichzeitig wie auch Poiseuille das Gesetz über den Druckabfall in Rohren fand, und dem englischen Physiker und Mathematiker Sir Gabriel Stokes (1819—1903). Der französische Ingenieur Louis Navier (1785—1836) leistete Pionierarbeit auf dem Gebiet der Hydrodynamik und bei der Formulierung der Gesetze für strömende Medien.

Bahnbrechend auf dem Gebiet der hydrodynamischen Schmierung war der Engländer B. Tower, der in den achtziger Jahren des vorigen Jahrhunderts die Schmierung und Dimensionierung von Eisenbahnachslagern untersuchte und verbesserte [1.2]. Durch seinen berühmten Versuch mit einer Bohrung in dem Bereich eines Lagers, zu dem kein Öl geführt wurde, die durch einen Holzstopfen verschlossen war und aus der trotzdem immer wieder Öl herauslief, weil der Stopfen durch den Öldruck im Bereich der Bohrung gelockert wurde, zeigte er, daß in einem hydrodynamisch arbeitenden Gleitlager ein selbsttätiger Druckaufbau gegeben ist. Für dieses Phänomen interessierten sich sofort englische Naturwissenschaftler und Osborne Reynolds fand durch Anwendung der Gesetze der Hydrodynamik auf die Schmiermittelströmung im Schmierspalt die fundamentale Differentialgleichung zur Ermittlung der Druckverteilung in einem Lager [1.3]. Grundlegende Arbeiten in Deutschland über Gleitlagerprobleme stammen

z. B. von Stribeck [1.4], Falz [1.5], Gümbel [1.6], Vogelpohl [1.7—1.12] und Buske [1.13].

Die Berechnung und Dimensionierung von Gleitlagern ist heute möglich, allerdings aber schwieriger als z. B. die Rechnungen für einen Spannungsnachweis bei einem Maschinenelement.

Wegen dieser Schwierigkeiten (die Reynoldssche Differentialgleichung für die Druckverteilung im Schmiermittel ist nur in Sonderfällen exakt analytisch lösbar!) wurden noch bis in die jüngste Zeit Gleitlager nach dem alten $\bar{p} \cdot v =$ const-Verfahren (Zeuner-Hyperbel-Verfahren!) dimensioniert. Dabei ist $\bar{p}$ die mittlere Flächenpressung im Lager und v die relative Gleitgeschwindigkeit der gepaarten Lagerteile. Die Konstante ist abhängig von der Werkstoffpaarung. Mit diesem Verfahren und den im Laufe der Jahrzehnte gesammelten Erfahrungen im Gleitlagerbau gelang früher die Dimensionierung von einfachen und geometrisch ähnlichen oder gleichartigen Lagern fast immer, aber bei Neu- oder Sonderkonstruktionen war und ist ein Versagen dieser Erfahrungswerte immer mehr festzustellen.

Im Zuge der Leistungssteigerung der Maschinen ist bei der Dimensionierung der Lager größte Sorgfalt am Platze und die Anwendung des früheren auf Erfahrung beruhenden Verfahrens nicht mehr vertretbar. Nur die Gesetze der Hydrostatik sowie der Hydro- und der Thermodynamik im Verbund mit den neuesten Erkenntnissen der Werkstofftechnik, Schmiermittelphysik und -chemie sind das Fundament für richtige und brauchbare Gleitlagerberechnungen.

In der Gleitlagertechnik können bezüglich des Druckaufbaus die hydrostatisch und die hydrodynamisch arbeitenden Lager unterschieden werden. Bei den hydrostatischen Lagern wird das Schmiermittel von außen unter Druck in die Belastungszone des Lagers gepreßt, und bei den hydrodynamischen Lagern erfolgt der Druckaufbau im Lager selbsttätig dadurch, daß die mit einer Relativgeschwindigkeit zur Lagerschale rotierende Welle das Schmiermittel in den konvergierenden Schmierspalt drückt. Milowiz [1.14 u. 1.15] hat diese Schmierkeilwirkung anschaulich am Beispiel des Wasserskiläufers erläutert, der seine Skier schräg in Fahrtrichtung anstellt, so daß ein tragender Wasserkeil gebildet wird.

Welcher Gleitlagertyp bzw. welche Art der Schmiermittelzufuhr und des Druckaufbaus im Schmiermittel für eine Konstruktion sinnvoll ist und auch wirtschaftlich optimal die technischen Forderungen erfüllt, ist nur bei genauer Kenntnis der Anforderungen an das Lager im späteren Betrieb zu entscheiden. Bei vielen Konstruktionen hat der Konstrukteur speziell bei der Auswahl der Lager zuerst grundsätzlich die Frage zu klären, ob Gleitlager oder Wälzlager zweckmäßig sind. Um dies tun zu können, muß er neben den Betriebsbedingungen für die Lager auch deren Eigenschaften und speziell deren Vor- und Nachteile im Betrieb kennen, die in Tabelle 1.1 zusammengestellt sind.

Bei bekannter Lagerlast und vorgegebener relativer Geschwindigkeit oder Drehzahl zwischen Welle und Lagerschale können die Einsatzbereiche für trockenlaufende Lager, schmiermittelgetränkte poröse Lager, Wälzlager und hydrodynamisch arbeitende Lager in Abhängigkeit vom Wellendurchmesser in erster Näherung nach [1.16 u. 1.17] ermittelt werden. In Bild 1.1 sind diese Einsatzbereiche für die unterschiedlichen Typen von Radiallagern (Zapfenlager) dargestellt. Die dick ausgezogenen Linien kennzeichnen die Bereiche der bevorzugten Lagertypen bei den einzelnen Lagerlasten, Drehzahlen und Wellendurchmessern. Die für die einzelnen Lagertypen eingezeichneten Linien sind charakteristisch für die maximale Lagerlast bei den unterschiedlichen Wellendurchmessern unter Berücksichtigung einer Lebensdauer von 10000 Betriebsstunden bei Raum-

Tabelle 1.1 Vorteile und Grenzen bei der Anwendung unterschiedlicher Lagertypen

Umgebungs-bedingungen	allgemeine Bemerkungen	trockenlaufende Lager	poröse Metall-Lager (schmiermittelgetränkt)	Wälzlager	hydrodynamisch arbeitende Lager	hydrostatisch arbeitende Lager	aerodynamisch arbeitende Lager	aerostatisch arbeitende Lager
hohe Temperaturen	Beachtung der unterschiedlichen Ausdehnung der gepaarten Teile und deren Einfluß auf den Lagerspalt	normalerweise zufriedenstellende Funktionstüchtigkeit, aber abhängig von der Paarung der Werkstoffe	Beachtung des Oxydationswiderstandes des Schmiermittels	keine Einschränkung bei $\vartheta \leq 100°C$. Bei $100°C < \vartheta \leq 250°C$ Sonderkonstruktionen und spezielle Schmierverfahren	Beachtung des Oxydationswiderstandes des Schmiermittels		sehr gut ertragbar	sehr gut ertragbar
niedrige Temperaturen	Beachtung der unterschiedlichen Ausdehnung der gepaarten Teile und der Anfahrmomente		Anwendbarkeit abhängig vom Schmiermittel. Beachtung der Anfahrmomente.	Bei $\vartheta < -30°C$ spezielle Schmiermittel. Beachtung der Anfahrmomente.	Anwendbarkeit abhängig vom Schmiermittel. Beachtung der Anfahrmomente.	Anwendbarkeit abhängig vom Schmiermittel.	sehr gut ertragbar, aber vollkommene Trocknung des Gases	
äußere Erschütterungen, Stöße	Möglichkeit von Verschleißschäden (außer bei hydrostatisch arbeitenden Lagern)	normalerweise zufriedenstellende Funktionstüchtigkeit bei Nichtüberschreiten der Tragfähigkeit durch die Stoßbelastung		teilweise Anwendungseinschränkung	befriedigende Aufnahme	sehr gute Aufnahme	normalerweise befriedigende Aufnahme	sehr gute Aufnahme
Einbaubedingungen, Raumbedarf		kleiner radialer Raumbedarf		kleiner axialer Raumbedarf	kleiner radialer Raumbedarf, aber zusätzlicher Raumbedarf für das Schmiersystem	kleiner radialer Raumbedarf	kleiner radialer Raumbedarf	kleiner radialer Raumbedarf, aber zusätzlicher Raumbedarf für die Druckgaszufuhr
Schmutz oder Staub		normalerweise ertragbar, Dichtungen aber vorteilhaft	Dichtungen erforderlich	mögliche Einschränkungen durch Schmiermittel	ertragbar, aber Filtration des Schmiermittels erforderlich		Dichtungen erforderlich	ertragbar
Vakuum		sehr gut ertragbar					normalerweise nicht ertragbar	nicht ertragbar bei erforderlicher Vakuumeinhaltung
Nässe und Feuchtigkeitseinflüsse	Beachtung möglicher Metallkorrosion	normalerweise ertragbar, abhängig von den Werkstoffen	normalerweise ertragbar, Dichtungen aber vorteilhaft	normalerweise ertragbar, aber besondere Beachtung von Dichtungen	befriedigend ertragbar		befriedigend ertragbar	
Strahlen		befriedigend ertragbar	mögliche Einschränkungen durch Schmiermittel				sehr gut ertragbar	

1 Einleitung

Fortsetzung von Tabelle 1.1 Vorteile und Grenzen bei der Anwendung unterschiedlicher Lagertypen

Anforderungen	allgemeine Bemerkungen	trockenlaufende Lager	poröse Metall-Lager (schmiermittelgetränkt)	Wälzlager	hydrodynamisch arbeitende Lager	hydrostatisch arbeitende Lager	aerodynamisch arbeitende Lager	aerostatisch arbeitende Lager
niedriges Anfahrmoment		normalerweise nicht empfehlenswert	zufriedenstellende Anwendbarkeit	gute Anwendbarkeit	zufriedenstellende Anwendbarkeit	ausgezeichnete Anwendbarkeit	zufriedenstellende Anwendbarkeit	ausgezeichnete Anwendbarkeit
niedriges Betriebsmoment							ausgezeichnete Anwendbarkeit	
genaue radiale Fixierung		nicht gut	gut	gut	gut	ausgezeichnet	gut	ausgezeichnet
Lebensdauer, Standzeit		zeitlich begrenzt, aber vorhersagbar			theoretisch zeitlich unbegrenzt, aber beeinflußt durch die Schmiermittelfiltration und die Zahl der Anlaufvorgänge	theoretisch zeitlich unbegrenzt	theoretisch zeitlich unbegrenzt, aber beeinflußt durch die Zahl der Anlaufvorgänge	theoretisch zeitlich unbegrenzt
kombinierte Radial- und Axiallast		Verwirklichung einer zusätzlichen axialen Lagerfläche für die Axiallast		Anwendbarkeit sehr vieler Typen	Verwirklichung einer zusätzlichen axialen Lagerfläche für die Axiallast			
Laufruhe		gut bei stationärer Belastung	ausgezeichnet	gewöhnlich zufriedenstellend	ausgezeichnet	ausgezeichnet, ausgenommen mögliche Pumpengeräusche	ausgezeichnet	ausgezeichnet, ausgenommen mögliche Verdichtergeräusche
Einfachheit der Schmierung		sehr gut		sehr gut durch Selbstschmierung mittels aufgefülltem Fett oder Öl	Selbstschmierung bei kleinen Lasten und Durchmessern, sonst Schmiermittelumlauf	Notwendigkeit einer Schmiermittelhochdruckpumpe	sehr gut	Notwendigkeit eines Verdichters evtl. sogar eines Filters und eines Abscheiders
Verfügbarkeit v. Norm- oder Standardteilen		gut bis ausgezeichnet je nach Typ	ausgezeichnet		gut	keine		
Verhinderung der Verunreinigung des Produktes oder der Umgebung		verbesserte Wirksamkeit durch Einsatz des Produktes als Schmier- und Kühlmittel des Lagers, aber Einschränkungen durch Verschleißteilchen	normalerweise zufriedenstellend bei Verwendung von Produkt als Schmier- und Kühlmittel, sonst Beachtung von Dichtungen				ausgezeichnet	
häufiges An- und Abfahren		ausgezeichnet	gut	ausgezeichnet	nicht gut bis noch gut	ausgezeichnet	nicht gut	ausgezeichnet
häufiger Drehrichtungswechsel			normalerweise gut		normalerweise noch gut			
Betriebskosten		sehr niedrig			Abhängigkeit von der Art des Schmiersystems	Abhängigkeit von den Schmiermittelzufuhrkosten (Druckzuführung!)	keine	Abhängigkeit von den Gaszufuhrkosten (Druckzuführung!)

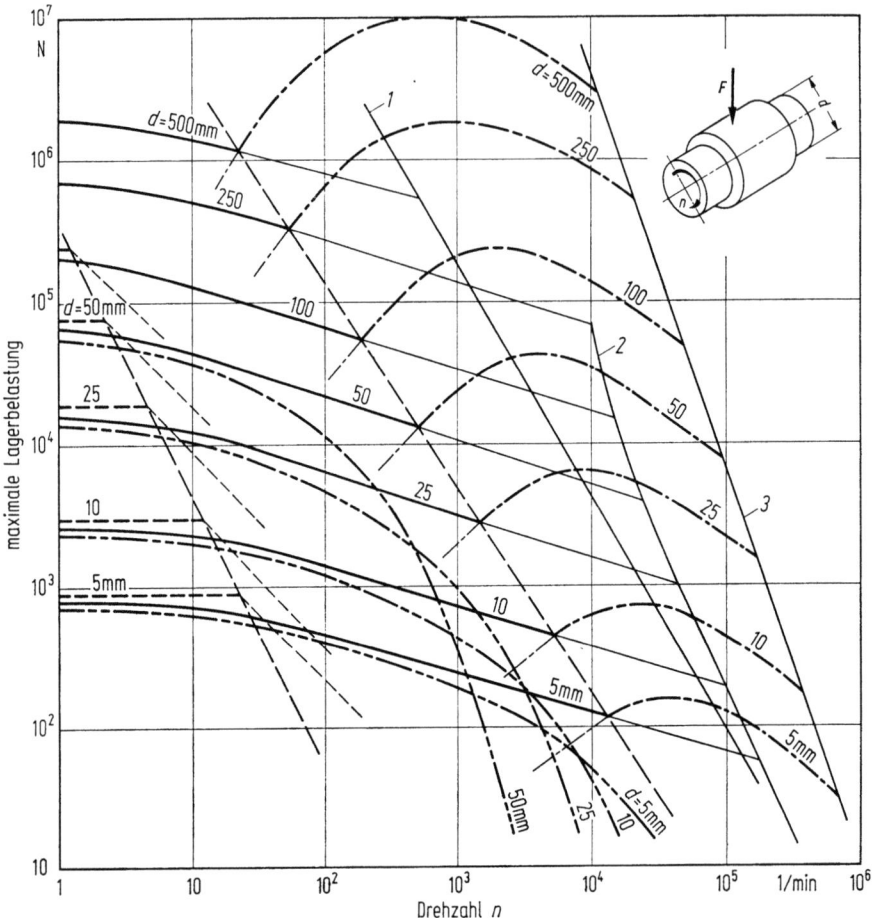

Bild 1.1 Kennlinienfeld zur Auswahl von Radiallagern
1 Maximale Grenzgeschwindigkeit für Wälzlager; *2* Maximale Grenzgeschwindigkeit für Hochgeschwindigkeitskugellager; *3* übliche Grenze für Wellenwerkstoffe
---------- Trockenlager;   —··—··— Ölgetränkte metallische Sinterlager (poröse metallische Lager);   —————— Wälzlager;   —·—·— Hydrodynamisch arbeitende Lager

temperatur. Bei den geschmierten Lagern ist ferner ein Mineralöl mit einer mittleren Viskosität vorausgesetzt, und bei den Gleitlagern ist die Lagerbreite gleich dem Lager- oder Wellendurchmesser ($B/D = 1$).

Hydrostatisch arbeitende Lager sind über den ganzen Bereich der Lagerlast und der Drehzahl einsetzbar, wenn nur der im Schmierspalt zur Aufnahme der Lagerlast erforderliche Schmiermitteldruck außerhalb des Lagers erzeugt werden kann.

Für Axiallager unterschiedlicher Konstruktion und Arbeitsweise sind die entsprechenden Einsatzbereiche in Bild 1.2 in Abhängigkeit vom Wellendurchmesser und von der relativen Drehzahl zwischen Welle und Lagergegenfläche dargestellt. Für hydrostatisch arbeitende Axiallager gilt ebenfalls, daß sie über den ganzen Drehzahlbereich eingesetzt werden können.

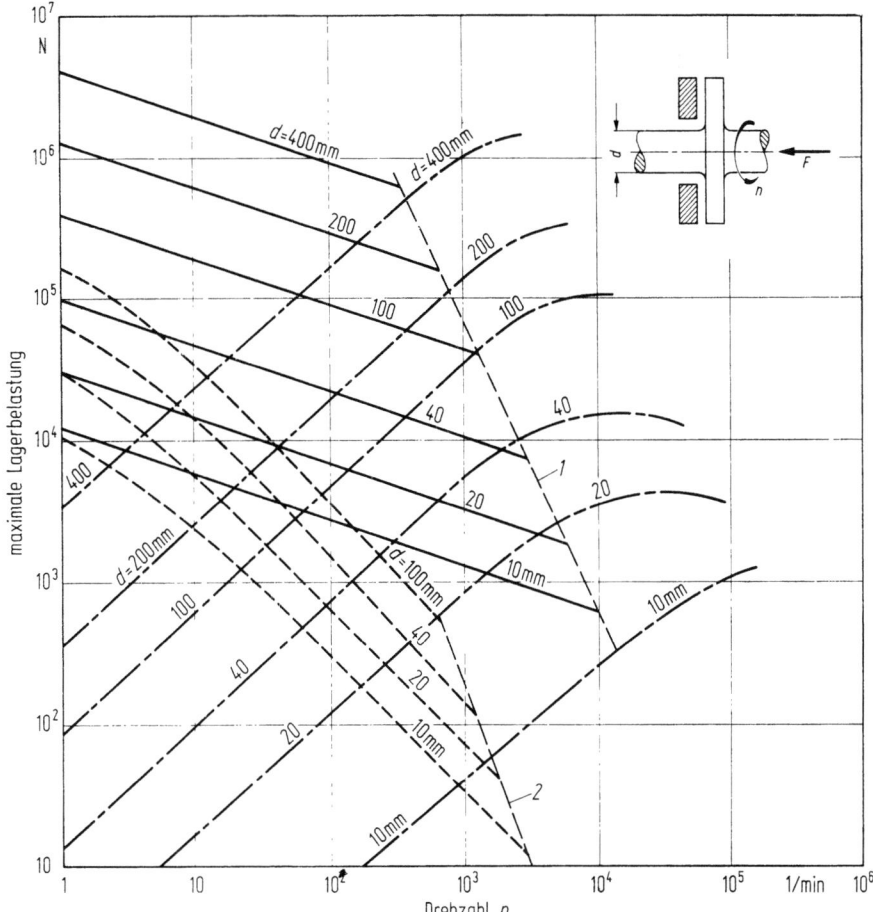

Bild 1.2 Kennlinienfeld zur Auswahl von Axiallagern
1 Maximale Grenzgeschwindigkeit für Wälzlager; *2* Maximale Grenzgeschwindigkeit für Trockenlager und ölgetränkte metallische Sinterlager (poröse metallische Lager)
-------- Trockenlager und ölgetränkte metallische Sinterlager (poröse metallische Lager);
—·—·— hydrodynamisch arbeitende Lager; ——— Wälzlager

Literatur zu Kapitel 1

1.1 Bowden, F. P.; Tabor, D.: The Friction and Lubrication of Solids. Oxford: University Press 1954 (Part 1), 1964 (Part 2).
Reibung und Schmierung fester Körper. Berlin, Göttingen, Heidelberg: Springer 1959.
1.2 Tower, B.: First Report on Friction Experiments. Proc. Instn. mech. Engrs., London: 1883, p. 632–659 und 1884, p. 29–35. Vgl. auch E. Müller, Z. VDI 29 (1885) 836–842.
1.3 Reynolds, O.: On the Theory of Lubrication and its Application to Mr. B. Tower's Experiments, including an experimental determination of the viscosity of olive oil. Phil. Trans. roy. Soc., London 177 (1886) 157–234.
Deutsch: Ostwald's Klassiker der exakten Wissenschaften Nr. 218. Leipzig: Akademische Verlagsgesellschaft 1927.
1.4 Stribeck, R.: Die wesentlichen Eigenschaften der Gleit- und Rollenlager. Z. VDI 46 (1902) 1341–1348, 1432–1438 und 1463–1470; auch VDI-Forschungsheft 7, 1903.
1.5 Falz, E.: Grundzüge der Schmiertechnik. Berlin: Springer 1926.

1.6 Gümbel, L.; Everling, E.: Reibung und Schmierung im Maschinenbau. Berlin: Krayn 1925.
1.7 Vogelpohl, G.: Beiträge zur Kenntnis der Gleitlagerreibung. VDI-Forschungsheft 386, 1937.
1.8 Vogelpohl, G.: Zur Integration der Reynoldsschen Gleichung für das Zapfenlager endlicher Breite. Ingenieur Archiv XIV (1943) 192—212.
1.9 Vogelpohl, G.: Hydrodynamische Theorie und halbflüssige Reibung. Öl und Kohle 32 (1936) 943—946.
1.10 Vogelpohl, G.: Geringste zulässige Schmierschichtdicke und Übergangsdrehzahl. Konstruktion 14 (1962) 461—468.
1.11 Vogelpohl, G.: Betriebssichere Gleitlager, Berechnungsverfahren für Konstruktion und Betrieb. Berlin, Heidelberg, New York: Springer 1967.
1.12 Vogelpohl, G.: Die rechnerische Behandlung des Schmierproblems beim Lager. Öl und Kohle 36 (1940) 9—13 und 34—38.
1.13 Buske, A.: Der Einfluß der Lagergestaltung auf die Belastbarkeit und Betriebssicherheit. Stahl und Eisen 71 (1951) 1420—1433.
1.14 Milowiz, K.: Lager und Schmierung. (Die Verbrennungskraftmaschine, Band 8, Teil 1.) Wien: Springer 1962.
1.15 Milowiz, K.: Berechnung und Konstruktion von Radialgleitlagern. (Blaue TR-Reihe, Heft 3.) Bern: Hallwag 1957.
1.16 General Guide to the Choise of Journal Bearing Type. Engineering Sciences Data (Mechanical Engineering Series). Item No. 65007 (Nov. 1965). London: Engineering Sciences Data Unit.
1.17 Neale, M. J.: Tribology Handbook. London: Butterworths 1973.

2 Physikalische Grundlagen der Reibung und Schmierung
(Reibungsarten und Reibungszustände)

Die Reibungsprobleme sind für die Antriebstechnik und die Lagertechnik von großer Bedeutung und können oft nur in Zusammenarbeit mit Fachleuten unterschiedlicher Fachrichtung gelöst werden. Es genügt heute nicht mehr, die bei Versuchen gemessenen Reibungskoeffizienten nur anzugeben, man muß vielmehr danach trachten, unter Einbeziehung aller physikalischen und chemischen Einflüsse eine Deutung zu finden, die für zukünftige Probleme anwendbar und weiterführend ist.

Da in der Praxis unterschiedliche Reibungszustände vorkommen und diese auf den Reibungskoeffizienten und damit auch auf die Energiebilanz sowie das Verschleißverhalten einer Maschine einen großen Einfluß haben, soll für die in Tabelle 2.1 nach Philippovich [2.1] mit den wichtigsten Merkmalen zusammengestellten Reibungszustände Trockenreibung, Grenzreibung, Mischreibung und Flüssigkeitsreibung im folgenden das für den Konstrukteur Wichtige und Notwendige aufgezeigt werden.

Reibungsarten

Man unterscheidet die beiden Reibungsarten

1. Rollreibung,
2. Gleitreibung,

die sich von der Kinematik her grundsätzlich unterscheiden. Will man Rollreibung verwirklichen, so müssen zwischen die beiden gegeneinander zu bewegenden Körper oder Lagerflächen Wälzkörper so gelegt werden, daß deren Bewegung ein reines Abwälzen wird. Ein Schieben oder Gleiten muß also vermieden werden. Bei der Gleitreibung ist zwischen den bewegten Körpern kein, wenig oder genügend viel Schmiermittel, das durch seine Quantität den Reibungszustand und damit auch den Reibungskoeffizienten sowie den Verschleiß bestimmt.

Reibungszustände

Allgemein werden folgende Reibungszustände unterschieden:

1. Trockenreibung ⎫
2. Grenzreibung   ⎬ Praktische Grenzreibung
3. Mischreibung
4. Flüssigkeitsreibung (Fluid-Reibung)

Da sich die ersten beiden Reibungszustände in der Praxis nicht exakt abgrenzen lassen, werden sie oft auch unter dem Begriff Grenzreibung zusammengefaßt.

Tabelle 2.1 Reibungszustände und deren kennzeichnende Merkmale nach Philippovich [2.1]

Reibungszustand	Schmierung	Einfluß der Zähigkeit	Kennzeichnung des Vorganges	Reibungskoeffizient (ungefährer Wert!)
Trockene Reibung	keine, absolut trockene Oberflächen	kein Einfluß	Verschweißen der gepaarten Lagerteile an Oberflächenspitzen	$> 0{,}3$
Grenzreibung	nur durch dünne Gas- und/oder Flüssigkeitsfilme, die durch Adhäsionskräfte an den gepaarten Lagerteilen haften	kein Einfluß	molekularmechanisch in wenigen Molekülschichten	$0{,}1 < \mu \leqq 0{,}3$
Mischreibung	Teilschmierung	teilweiser Einfluß	z. T. molekularmechanisch und z. T. hydrodynamisch oder hydrostatisch (mikrohydrodynamisch oder mikrohydrostatisch!)	$0{,}005 < \mu < 0{,}1$
Flüssigkeitsreibung	Vollschmierung	ausschließlicher Einfluß	hydrodynamisch oder hydrostatisch	$\mu < 0{,}005 - 0{,}01$

2.1 Trockenreibung

Die Reibungszustände eines Gleitlagers wurden von Stribeck [2.2] bereits zu Beginn dieses Jahrhunderts versuchstechnisch ermittelt und anschaulich in einem Diagramm dargestellt, in dem der Reibungskoeffizient μ in Abhängigkeit von der Relativdrehzahl n zwischen Welle und Lagerschale bei konstanter mittlerer Flächenpressung $\bar{p}$ aufgetragen ist. Bild 2.1 zeigt qualitativ eine solche

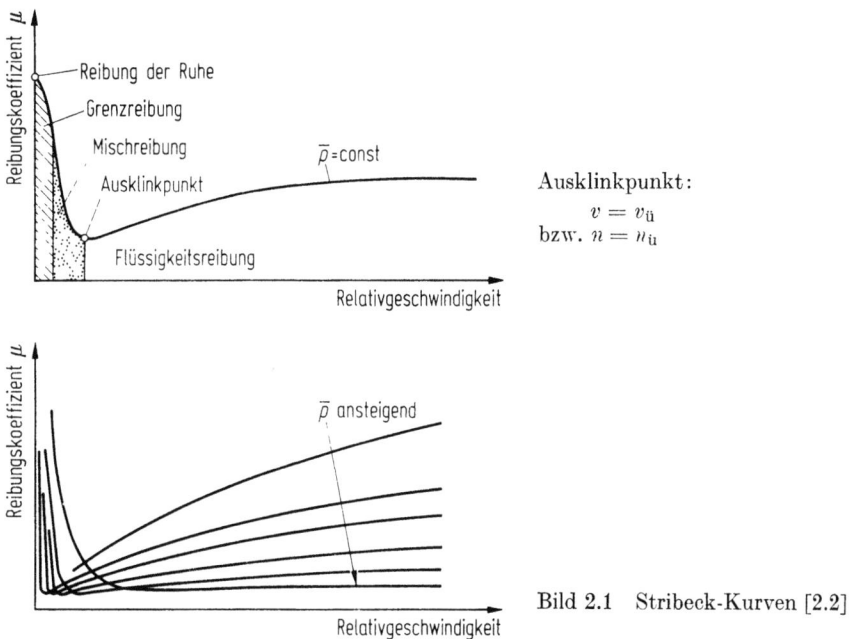

Ausklinkpunkt:
$v = v_{ü}$
bzw. $n = n_{ü}$

Bild 2.1 Stribeck-Kurven [2.2]

Stribeck-Kurve und die für die Praxis wichtigen Reibungszustände. Der Reibungskoeffizient ist bei $n = 0$ am größten und wird als Haftreibungskoeffizient oder Reibungskoeffizient der Ruhe bezeichnet. Bei niedrigen Drehzahlen liegt das Gebiet der Grenzreibung mit einem großen Reibungskoeffizienten vor, dem sich das Gebiet der Mischreibung mit kleinem Reibungskoeffizienten anschließt. Ab dem Ausklinkpunkt, der annähernd mit dem Reibungsminimum zusammenfällt, beginnt das Gebiet der Flüssigkeitsreibung oder Fluid-Reibung, in dem der Reibungskoeffizient mit zunehmender Drehzahl wieder etwas ansteigt. Mit zunehmender mittlerer Flächenpressung wird der Reibungskoeffizient im Bereich der Grenzreibung und Mischreibung größer, aber im Gebiet der flüssigen Reibung kleiner.

2.1 Trockenreibung

Der Zustand der Trockenreibung liegt dann vor, wenn reine, ungeschmierte und trockene Festkörper aufeinander gleiten. Um eine trockene Reibfläche zur Untersuchung der Trockenreibung zu bekommen, müssen die Oberflächen der gepaarten Teile im Vakuum gereinigt werden. Nur auf diese Weise können die chemischen Eigenschaften der Oberflächenverunreinigungen ausgeschaltet werden. Die so vorbereiteten Oberflächen berühren sich bei einer Reibpaarung entsprechend ihrer mikrogeometrischen Oberflächenstruktur nur in einigen kleinen

Flächen oder „Punkten". Die Oberflächenspitzen der Gleitflächen, die durch die Fertigung und Oberflächenbehandlung bedingt sind, stoßen gemäß Bild 2.2 an einigen Stellen zusammen. An diesen Berührstellen wird die spezifische Belastung oder Flächenpressung sehr hoch und die Druckfestigkeit des weicheren Materials überschritten. Die Folge davon ist eine plastische Verformung dieser Oberflächenspitzen. Die Berührflächen werden dadurch größer und die Flächenpressungen geringer. Es stellt sich ein Gleichgewichtszustand ein, der durch die Beziehung

$$N = A\sigma \tag{2.2}$$

charakterisiert wird, wenn N die Normalkraft, A die Berührfläche (Summe aller kleinen Berührflächen) und σ die Fließgrenze des weicheren Werkstoffes bedeuten.

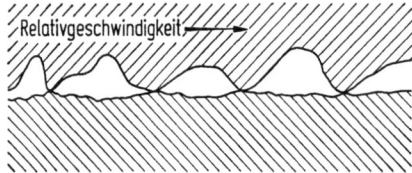

Bild 2.2 Gepaarte Lagerflächen im Zustand der trockenen Reibung

Infolge der hohen spezifischen Belastung und der Reinheit der Gleitflächen verschweißen die Berührstellen (Kontaktschweißung!). Bei einer Relativbewegung der Gleitkörper müssen diese Schweißstellen dann durchschert werden. Die dazu erforderliche Tangentialkraft R_1 ist ein Teil der Gesamttreibkraft R und beträgt

$$R_1 = A\tau, \tag{2.3}$$

wenn τ die Scherspannung der Schweißstellen an den Berührflächen bedeutet.

Nach dem Coulomb-Amontonsschen Reibungsgesetz ist der Reibungskoeffizient dann

$$\mu_1 = R_1/N = \tau/\sigma, \tag{2.4}$$

d. h. der Quotient aus der Scherspannung der Schweißstellen und der Fließgrenze des weicheren Werkstoffes. Da das Abscheren der verschweißten Teile nicht direkt in den Schweißstellen, sondern in deren unmittelbarer Umgebung im weicheren Werkstoff erfolgt, ist der Reibungskoeffizient der Quotient aus der Scherspannung und der Fließgrenze des weicheren Werkstoffes.

Die Existenz der Schweißstellen konnte mikroskopisch und durch radioaktive Verfahren nachgewiesen werden. Anfänglich bereitete dieses Verschweißungsmodell Verständnisschwierigkeiten, weil z. T. angenommen wurde, daß die bei der Belastung erfolgte Verschweißung der gepaarten Körper in den Berührflächen auch nach der anschließenden Entlastung bestehen bleibt und somit bei einer Relativbewegung aufgetrennt werden muß. Die Erfahrung zeigt aber, daß bei einer lastfreien Relativbewegung der beiden Reibkörper (Gewichtskompensation des oberen Reibkörpers!) keine Reibkraft zu überwinden ist. Bowden [2.3] hat diesen scheinbaren Widerspruch aufgeklärt, indem er zeigte, daß in der unmittelbaren Nachbarschaft der Schweißstellen, die plastisch verformt sind, das Material während der Belastung auch elastisch verformt wird. Durch die an eine Belastung sich anschließende Entlastung werden die elastischen Verformungen rückgängig gemacht, während die plastischen Verformungen stehen bleiben. Dadurch kommt es zu einem Aufbrechen der Schweißstellen. Durch einen Versuch mit dem sich rein plastisch verhaltenden Werkstoff Indium als Reibkörper konnte Bowden beweisen, daß keine oder nur sehr geringe elastische Verformungen und somit auch keine Dehnungsunterschiede auftreten, die zum Aufreißen der Schweißstellen führen. Zur Relativbewegung dieser zuerst belasteten und dann wieder entlasteten Reibkörper ist dann tatsächlich eine Reibkraft zu überwinden.

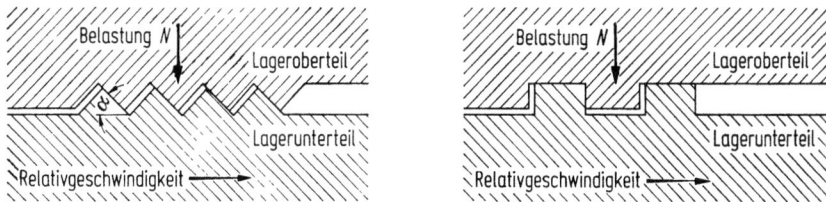

Bild 2.3   Reibkraft R_2 infolge Formschluß der gepaarten Lagerteile

Die Reibung zwischen Nichtmetallen oder zwischen Metallen und Kunststoff ist mit dieser Verschweißungstheorie nicht zu erklären. Die bei diesen Werkstoffpaarungen auftretende Reibung ist auf einen Formschluß durch Verhaken und Verzahnen und einen Kraftschluß durch Adhäsionskräfte der Molekülverbände an den Reibflächen zurückzuführen. Kunststoffe, die zu Metallen eine geringe Adhäsion aufweisen, wie z. B. Polytetrafluoräthylen (Teflon), eignen sich daher gut zur Herstellung von wartungsfreien, d. h. nicht zu schmierenden Gleit- und Lagerstellen.

Besteht die Reib- oder Gleitpaarung nur aus Kunststoffen, so tritt ähnlich wie bei Metallpaarungen eine partielle Verschweißung der Berührstellen auf, die bei der Relativbewegung der Kunststoffkörper eine Reibkraft bewirkt.

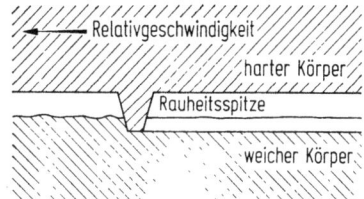

Bild 2.4   Reibkraft R_3 infolge Formschluß der gepaarten Lagerteile

Neben dieser durch Kraftschluß bewirkten Reibkraft R_1 sind noch die infolge Formschluß auftretenden Reibkräfte zu berücksichtigen:

Die Reibkraft R_2 ist nach Bild 2.3, das in einer geometrischen Reinform die Modelloberflächen der gepaarten Lagerteile zeigt, die Tangenskomponente der Normalbelastung und der entsprechende Reibungskoeffizient μ_2 ist gleich dem Tangens des Neigungswinkels der Oberflächen. Formelmäßig gilt:

$$R_2 = H = N \tan \alpha \tag{2.5}$$

und

$$\mu_2 = R_2/N = \tan \alpha. \tag{2.6}$$

Die Reibkraft R_3 steht mit der Zerspanungsarbeit der Rauheitsspitzen des härteren Werkstoffes im weicheren Werkstoff im Zusammenhang. Bei der Relativbewegung der gepaarten Lagerteile „pflügen" nämlich die Oberflächenspitzen des härteren Teiles gemäß Bild 2.4 Furchen in den weicheren Körper. Der Energieaufwand und damit der Widerstand gegen Verschieben — die Reibkraft R_3 — ist um so größer, je höher die Rauheitsspitzen des härteren Werkstoffes im Vergleich zu denen des weicheren Werkstoffes sind und je stärker sie in den weichen Körper eindringen. Der umgekehrte Fall, daß der weichere Körper eine weniger sauber bearbeitete Oberfläche hat als der härtere Körper, ist günstiger, weil die weicheren Rauheitsspitzen sich schneller abschleifen und weniger tief in die andere Oberfläche eindringen. Die Reibkraft R_3 kann in der Weise herabgesetzt werden, daß man, wie es bei Verbundlagern der Fall ist, eine dünne weiche Schicht auf einen härteren Grundwerkstoff aufbringt. Das Einlaufen von Maschinenteilen ist immer dann besonders günstig, wenn die Oberflächen der Paarung nicht zu fein bearbeitet sind (z. B. durch Schaben, Läppen oder Honen) und die Werkstoffpaarung Welle gegen Lagerschale hart gegen weich und nicht weich gegen hart ist. Für die Gesamttreibkraft R gilt:

$$R = R_1 + R_2 + R_3. \tag{2.7}$$

Sie ist abhängig von der Oberflächenbeschaffenheit, der Werkstoffart, dem Werkstoffzustand und der Normalbelastung der aufeinander gleitenden Körper. Erfahrungsgemäß ist bei einer guten Ausbildung der Gleitflächen der kraftschlüssige Anteil R_1 der Reibkraft sehr viel größer als die beiden formschlüssigen Anteile R_2 und R_3, so daß in der Praxis oft nur die Reibkraft $R \approx R_1$ zu berücksichtigen ist. Dies bedeutet, daß der Reibungskoeffizient μ bei der trockenen Reibung dem Verhältnis von Scherspannung und Fließgrenze des weicheren Werkstoffes der Gleitpaarung gleichgesetzt werden kann.

2.2 Grenzreibung

Nach der DIN-Vorschrift 50281 gibt es zwischen Trocken- und Grenzreibung keinen Unterschied. Im Schrifttum [2.3, 2.7] hat sich der Reibungszustand Grenzreibung aber als selbständiger Begriff eingebürgert und erhalten. Ganz allgemein versteht man darunter den Zustand, der dann vorliegt, wenn die Gleitflächen nicht absolut sauber und nicht absolut trocken sind und die Staudrücke etwa vorhandener fluider Stoffe noch zu klein sind, daß sie bezüglich der Tragfähigkeit eine Rolle spielen. Im Zustand der Grenzreibung sind die Gleitflächen mit Oxiden, Verunreinigungen und zum Teil auch mit Gas oder Flüssigkeit (allgemein mit Schmiermittel!) bedeckt. Diese Substanzen verringern die Häufigkeit der Verschweißungen der Oberflächenspitzen und damit auch den Reibungskoeffizienten.

Zur Herabsetzung der Neigung zu Verschweißungen und zur Verkleinerung des Reibungskoeffizienten werden in der Praxis oft auch geeignete Substanzen, sogenannte Anti-Flußmittel, auf die Reibflächen gegeben.

Die meisten Schmier- und Gleitmittel sind polare Substanzen, d. h., sie sind in ihrer chemischen Struktur in der Regel unsymmetrisch und haben zwei getrennte Schwerpunkte für die negativen und positiven Ladungen. Solche Stoffe sind also elektrische Dipole.

Im schmiertechnischen Sprachgebrauch sind polare Substanzen in erster Linie die Fettsäuren und die Fettstoffe oder Ester. Allgemein ist ein Ester ein Kondensationsprodukt einer Säure und eines Polyalkohols. Fett ist z. B. ein Ester auf der Basis von höheren Fettsäuren und Glycerin.

Die Wirkung dieser polaren Schmier- und Gleitstoffe besteht darin, daß im Kraftfeld einer Oberfläche die Moleküle durch die freien Valenzen der Oberfläche ausgerichtet werden. Man hat sich aus dieser Tatsache heraus zum besseren Verständnis der einzelnen Reibungszustände auch eine Epilamen- oder Bürstenhypothese zurechtgelegt [2.4]. Dabei werden die freien Valenzen der Schmierstoffmoleküle als Borsten einer Bürste aufgefaßt. Die Bürsten bzw. die Bürstenkörper sind die beiden Gleitflächen, d. h. die Wellen- und die Lagerschalenoberfläche. In Bild 2.5 ist die Ausrichtung der Schmiermittelmoleküle oder -molekülgruppen in der Grenzschicht an der Welle dargestellt, und Bild 2.6 zeigt für die einzelnen Abschnitte der Stribeckschen Reibungskurven (unterschiedliche Reibungszustände!) die Bürstenmodelle. Im Bereich der Grenz- und Mischreibung greifen die Epilamen der Wellen- und der Lagerschalenoberfläche so stark ineinander, daß von einer Verfilzung oder Verhakung gesprochen werden kann. Im Ausklinkpunkt sind die Epilamen gerade so weit voneinander entfernt, daß gerade noch eine Berührung vorliegt, und im Zustand der flüssigen Reibung ist die Entfernung der beiden Epilamen groß genug, daß sich dazwischen noch ein wirksamer Schmierfilm ausbilden kann.

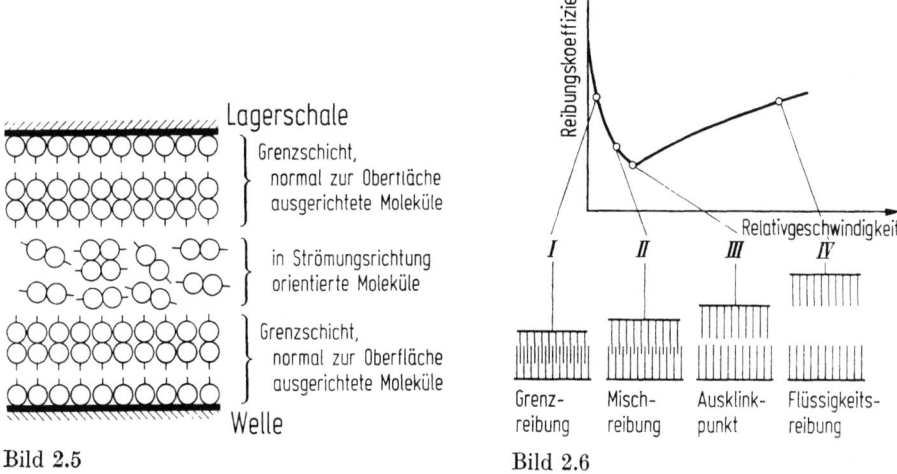

Bild 2.5   Bild 2.6

Bild 2.5 Symbolische Darstellung der ausgerichteten Schmiermittelmoleküle in der Grenzschicht des Schmiermittels [2.4]

Bild 2.6 Epilamen- oder Bürstenhypothese für die einzelnen Reibungszustände [2.4] (Stribeck-Kurve!)

Neben diesem physikalischen Dipol-Effekt der polaren Schmier- und Gleitstoffe gibt es meistens auch einen chemischen Effekt, der darauf beruht, daß die Fettsäuren auf den Metalloberflächen reagieren und eine „Verseifung" bewirken. Durch die Bildung einer „Seifenschicht" an der Wellen- und Lagerschalenoberfläche wird das Zustandekommen von Mikroschweißstellen erschwert und der Reibungskoeffizient verringert. Diese „Seifenschicht" wirkt als Antiflußmittel.

2.3 Mischreibung

Bei der Mischreibung liegen die beiden Reibungszustände Grenzreibung und Flüssigkeitsreibung vor. Der Schmierfilm ist gemäß Bild 2.7 nicht zusammenhängend, weil einzelne Oberflächenspitzen der gepaarten Teile ihn durchbrechen und eine direkte Berührung der Gleitflächen bewirken. Die im Falle der Mischreibung normal auf eine Reibpaarung wirkende Kraft N_Misch wird einerseits durch hydrodynamische Staudrücke und andererseits durch Berührung der Reibflächen, d. h. durch die Flächenpressung in den Berührstellen — den Rauheitsspitzen —, aufgenommen.

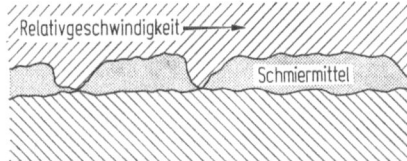

Bild 2.7 Gepaarte Lagerflächen im Zustand der Mischreibung

Wird die durch die hydrodynamischen Staudrücke aufzunehmende Kraft mit N_hydr bezeichnet und ist N_Grenz die von den Berührstellen zu tragende Last N_Grenz, so gilt die Gleichgewichtsbeziehung

$$N_\text{Misch} = N_\text{hydr} + N_\text{Grenz} \tag{2.8}$$

und

$$R_\text{Misch} = R_\text{hydr} + R_\text{Grenz}. \tag{2.9}$$

Unter Beachtung der Coulomb-Amontonsschen Beziehungen ergibt sich aus diesen Beziehungen für das Verhältnis der bei flüssiger Reibung und der im Grenzreibungszustand aufgenommenen Last der Wert

$$\frac{N_\text{hydr}}{N_\text{Grenz}} = \frac{\mu_\text{Grenz} - \mu_\text{Misch}}{\mu_\text{Misch} - \mu_\text{hydr}}. \tag{2.10}$$

Für einen praktischen Anwendungsfall mit den Reibungskoeffizienten $\mu_\text{Grenz} = 0{,}12$, $\mu_\text{Misch} = 0{,}03$ und $\mu_\text{hydr} = 0{,}01$ ergibt sich nach Gl. (2.10) ein Verhältnis der Normalkräfte von 4,5, d. h., die bei der flüssigen Reibung aufzunehmende Last ist 4,5mal größer als diejenige im Fall der Grenzreibung. Für das Verhältnis der Reibkräfte $R_\text{hydr}/R_\text{Grenz}$ ergibt sich mit diesen Zahlenwerten für die Reibungskoeffizienten der Wert 0,375. Die Reibkraft bei flüssiger Reibung ist also ungefähr um das 2,5fache kleiner als die bei einem reinen Grenzreibungszustand.

2.4 Flüssigkeitsreibung oder Fluid-Reibung

Im Zustand der flüssigen Reibung ist nach Bild 2.8 zwischen den beiden Lagerflächen ein zusammenhängender Schmierfilm eines fluiden Stoffes. Die Oberflächenspitzen der gepaarten Teile berühren sich nicht. Der Reibungskoeffizient ist in diesem Reibungszustand klein und, wie schon angedeutet, eine Funktion der Schmiermittelbeschaffenheit, des mittleren Druckes und der Temperatur im

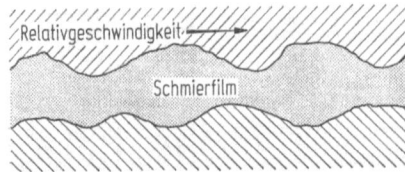

Bild 2.8 Gepaarte Lagerflächen im Zustand der Flüssigkeitsreibung

2.4 Flüssigkeitsreibung oder Fluid-Reibung

Schmierfilm und der relativen Gleitgeschwindigkeit der Lagerflächen (Stribeck-Kurven!).

Damit Flüssigkeitsreibung überhaupt vorliegen kann, muß die kleinste zulässige Schmierspalthöhe $h_0 = h_{min,zul}$ bei unverkanteten und nicht durchgebogenen Wellen auf alle Fälle größer als Null sein und nach Bild 2.9 mindestens so groß wie die Summe der gemittelten Rauhtiefen R_z und der Wellentiefen (Welligkeit) W_t von Welle und Lagerschale.

$$h_0 = h_{min,zul} \geqq \sum (R_z + W_t) = R_{z,W} + R_{z,S} + W_{t,W} + W_{t,S}.$$

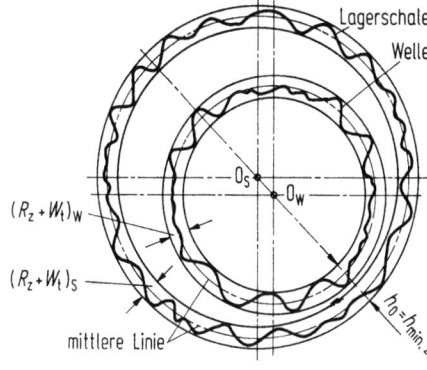

Bild 2.9 Oberflächenrauheiten bei gepaarten Lagerteilen (z. B. Welle und Schale)
$R_{z,W/S}$ = gemittelte Rauhtiefe der Welle/Lagerschale; $W_{t,W/S}$ = Wellentiefe der Welle/Lagerschale nach dem Ausfiltern der Rauheit

Bei einer verkanteten und bezüglich der Lagermittenebene symmetrisch durchgebogenen Welle mit einem Verkantungswinkel q (Bogenmaß!) und einer Durchbiegung f gilt für die kleinste zulässige Schmierspalthöhe die Beziehung

$$h_0 = h_{min,zul} \geqq \sum (R_z + W_t) + \frac{1}{2}f + \frac{1}{2}qB \tag{2.11}$$

mit B = Lagerbreite.

Bei Lagern, die sehr gut einlauffähig sind und bei denen durch einen gezielten Einlauf mit z. B. allmählicher Laststeigerung oder langsamer Drehzahlabsenkung eine gute Glättung der Oberflächen möglich ist, kann die kleinste zulässige Schmierspalthöhe durch die Mittenrauhwerte der Oberflächenprofile von Welle und Lagerschale ausgedrückt werden. In diesem Fall könnte in Gl. (2.11) $\sum (R_z + W_t)$ durch $\sum R_a$ ersetzt werden, so daß gelten würde:

$$h_0 = h_{min,zul} \geqq \sum R_a.$$

Im Zustand der Flüssigkeitsreibung spielt, wenn man von der Formstabilität oder Steifigkeit und dem Wärmeleit- sowie dem Wärmeausdehnungskoeffizienten der Werkstoffe absieht, die Werkstoffpaarung hinsichtlich des Reibungskoeffizienten keine Rolle. Aus dieser Situation heraus ist auch die oft gestellte Frage zu verstehen, warum man bei einem Gleitlager die Welle aus Stahl und die Lagerschale aus Messing, Rotguß oder Weißmetall fertigt und nicht umgekehrt die Werkstoffauswahl vornimmt. Dazu ist zu sagen, daß die Durchbiegung und die Wärmeausdehnung im umgekehrten Fall viel größer wäre, weil das Verhältnis der Elastizitätsmoduli von z. B. Ms-Legierungen und Stahl ungefähr $8{,}0 \cdot 10^3 / 2{,}1 \cdot 10^4$ und das der Wärmeausdehnungskoeffizienten ungefähr $19 \cdot 10^{-6} / 11{,}5 \cdot 10^{-6}$ ist.

Eine größere Durchbiegung der Welle in der Lagerschale bewirkt aber eine stärkere Verkantung und somit größere Kantenpressungen an den Lagerstirnseiten, die zum Fressen führen können. Die größere Wärmeausdehnung der Lagerschalenwerkstoffe gegenüber den Wellenwerkstoffen hat zur Folge, daß bei der in der Praxis vorhandenen Kombination der Werkstoffe das Lagerspiel mit zunehmender Schmierfilmtemperatur größer wird. Bei der umgekehrten Werkstoffpaarung würde das Lagerspiel kleiner werden, was im ungünstigen Fall zu einer metallischen Berührung der Lageroberflächen und damit zu erhöhtem Verschleiß und zum Fressen führen würde.

Bei einem hydrodynamisch geschmierten Lager besteht im Zustand der Flüssigkeitsschmierung oder Flüssigkeitsreibung ein Zusammenhang zwischen der Tragfähigkeit oder Lagerbelastung, der relativen Drehzahl zwischen Welle und Schale, dem Lagerspiel und der Zähigkeit des Schmiermittels. Grundsätzlich kann gesagt werden, daß der Zustand der flüssigen Reibung um so leichter zu verwirklichen ist, je kleiner die Belastung und das Lagerspiel und je größer die relative Drehzahl und die Zähigkeit sind.

2.4.1 Übergangsdrehzahl und Übergangskriterien

Der Konstrukteur sollte vermeiden, daß ein Lager längere Zeit im Zustand der Grenz- oder der Mischreibung läuft. Durch konstruktive Maßnahmen und durch die Wahl eines guten Schmiermittels (z. B. mit grenzflächenwirksamen Zusätzen, sog. Additives) und einer guten Schmierungsart kann bei Lagern, die einem häufigen Drehrichtungswechsel unterworfen sind und somit häufig das Gebiet der Mischreibung durchlaufen, der Verschleiß meistens auf eine vertretbare Rate herabgedrückt werden.

Der verschleißfreie Betrieb eines Gleitlagers ist nur dann gewährleistet, wenn Welle und Lagerschale durch einen Schmierfilm vollständig getrennt sind, d. h., wenn die Druckentwicklung im Schmierspalt so groß ist, daß die Lagerlast ohne Berührung der Gleitflächen aufgenommen werden kann. Dieser Zustand der Flüssigkeitsreibung wird durch die Relativdrehzahl zwischen Welle und Schale stark beeinflußt.

Die obere Grenze dieses Reibungszustandes wird durch diejenige Betriebstemperatur gekennzeichnet, bei der das Schmiermittel sich thermisch zersetzt, das Lager infolge hoher Wärmespannungen sich unzulässig verformt und ein thermisches Gleichgewicht zwischen zu- und abgeführter Wärme nicht mehr gegeben ist.

Die untere Grenze ist diejenige Relativdrehzahl zwischen Welle und Schale, bei der die gepaarten Lagerteile sich gerade noch nicht berühren, sondern durch einen Schmierfilm getrennt sind. Diese Grenzdrehzahl wird in der Literatur [2.5, 2.6, 2.7] als Übergangsdrehzahl $n_{ü}$ bezeichnet (Übergang vom Mischreibungs- in den Flüssigkeitsreibungszustand) oder auch Ausklinkpunkt genannt. Unterhalb dieser Übergangsdrehzahl wird die Lagerlast nur partiell durch den Schmiermitteldruck und somit auch durch Festkörperberührung aufgenommen, was Verschleiß oder Abrieb bedingt. Die Betriebsdrehzahl sollte zur Vermeidung von Abrieb daher oberhalb der Übergangsdrehzahl liegen.

Vogelpohl [2.7] empfiehlt für das Verhältnis der Betriebsdrehzahl n und der Übergangsdrehzahl $n_{ü}$ für Umfangsgeschwindigkeiten u bis zu 3 m/s den Wert $n/n_{ü} = 3$ und für höhere Umfangsgeschwindigkeiten ein Verhältnis $n/n_{ü} > u$.

Nach S. A. und T. R. McKee [2.8—2.11], die mit einem Vier-Lager-Prüfstand ($B = D = 31{,}75$ mm) das Einlaufen, die Reibung und die Übergangsdrehzahlen

2.4 Flüssigkeitsreibung oder Fluid-Reibung

von Lagern unterschiedlicher Werkstoffpaarung untersucht haben, tritt das Minimum für den Reibungskoeffizienten mit zunehmendem Einlaufen bei einem Grenzwert von

$$\eta\omega/\bar{p} \leqq 75 \cdot 10^{-3} \tag{2.12}$$

auf, wenn η die dynamische Schmiermittelviskosität in Pas = Ns/m², ω die relative Winkelgeschwindigkeit zwischen Welle und Schale in 1/s und $\bar{p}$ der mittlere Lagerdruck in bar sind.

Davis und Krok [2.12] kommen für einen Lagerdurchmesser $D = 50{,}8$ mm und die Lagerbreiten $B = 28{,}6$, $22{,}4$ und $12{,}7$ mm zum gleichen Kriterium. Nach ihren Versuchsergebnissen liegt das Reibungsminimum

bei nicht eingelaufenen Lagern bei

$$\eta\omega/\bar{p} = 4{,}2 \cdot 10^{-3} \text{ bis } 25{,}5 \cdot 10^{-3} \tag{2.13}$$

und bei eingelaufenen Lagern bei

$$\eta\omega/\bar{p} = 0{,}225 \cdot 10^{-3} \text{ bis } 2{,}25 \cdot 10^{-3}. \tag{2.14}$$

Eine Diskussion der Gln. (2.13) und (2.14) zeigt, daß bei eingelaufenen Lagern das Reibungsminimum bei niedrigeren Drehzahlen liegt, als es bei nicht eingelaufenen Lagern der Fall ist. Der Zustand der flüssigen Reibung ist somit bei eingelaufenen Lagern bei kleineren Drehzahlen zu erreichen als bei nicht eingelaufenen Lagern.

Leloup [2.13—2.15] hat aus sehr vielen Versuchsergebnissen für das Reibungsminimum bzw. für den Übergang vom Zustand der Mischreibung in den der flüssigen Reibung folgende empirische Gleichung aufgestellt:

$$Le = \frac{\eta\omega \cdot 10^5}{2 \cdot \sqrt[4]{\dfrac{FD^5}{B^2}}} \tag{2.15}$$

In dieser Gleichung bedeuten η die Schmiermittelzähigkeit in Pas = Ns/m², ω die relative Wellenwinkelgeschwindigkeit in 1/s, F die Lagerbelastung in N, D den Lagerdurchmesser in m und B die Lagerbreite in m.

Für die Größe Le gibt Leloup bei Weißmetall-Lagern mit $D = 40$ mm, $B/D = 3{,}3$ und $\psi = 7{,}5‰$ den Wert $Le = 102{,}52$ an, der durch sorgfältiges Einlaufen der Lager auf 24,94 herabgedrückt werden kann.

Kreisle [2.16—2.17] hat schmale Lager ($B/D = 0{,}5$ bis 0,019) mit $D = 28{,}75$ mm im Übergangsbereich untersucht und festgestellt, daß eine Abweichung des von ihm gemessenen Lagerreibmomentes von dem nach Ocvirk [2.18] gerechneten immer dann vorliegt, wenn die gemessene Schmierspalthöhe ungefähr der Summe der Oberflächenrauheiten von Welle und Lagerschale entspricht.

Falz [2.19] nimmt an, daß der Übergang der beiden Reibungszustände dann gegeben ist, wenn die Schmierspalthöhe gerade so groß ist, daß sich Welle und Schale mit ihren Rauheitsspitzen berühren. Bei ideal glatter Welle und Schale wäre dieser Zustand dann gegeben, wenn die Exzentrizität e gleich dem radialen Lagerspiel $\Delta r = R - r$ (R = Lagerschalenradius, r = Wellenradius) ist oder die dimensionslose Exzentrizität ε den Wert Eins hat. Falz berücksichtigt die Mikrogeometrie der Oberflächen und führt ideelle Radien für Welle und Lagerschale ein, indem er beim Wellenradius die Rauheit abzieht und beim Schalenradius die Rauheit hinzuzählt. Die kleinste zulässige Schmierspalthöhe hat die Größenordnung der Summe der Rauheiten von Welle und Schale.

Für den Übergang vom Mischreibungszustand in den Zustand der flüssigen Reibung ist nach Falz also die Schmierspalthöhe h charakteristisch, für die nach seinen Überlegungen im Bereich $0,5 < \varepsilon < 0,95$ die Beziehung

$$h = \frac{d\eta\omega \cdot 10^{-5}}{3,84\bar{p}\psi} \cdot \sigma \tag{2.16}$$

gilt, wenn ε die dimensionslose Exzentrizität ist. In dieser Gleichung gilt für h die Einheit m, wenn der ideelle Wellendurchmesser d in m, die Schmiermittelzähigkeit η in Pa s = N s/m², die relative Wellenwinkelgeschwindigkeit ω in 1/s, der mittlere Lagerdruck $\bar{p}$ in bar, das relative Lagerspiel ψ als dimensionsloser Zahlenwert und der Sicherheitsfaktor σ als Zahlenwert eingesetzt werden.

Im Übergang ist für h nach Falz im allgemeinen der Wert $h = h_0 = 10 \cdot 10^{-6}$ m = 10 μm zutreffend. Wird dieser Wert für h in Gl. (2.16) eingesetzt, so kann bei bekannter Lagerbelastung und Lagergeometrie und bei angenommenem relativen Lagerspiel die relative Wellenwinkelgeschwindigkeit und damit die Übergangsdrehzahl ermittelt werden.

Vogelpohl knüpft an die Überlegungen von Falz an und entwickelt unter Beachtung der Beziehung $So(1-\varepsilon) \approx 1$ bei großen relativen Exzentrizitäten ε und einem Breitenverhältnis $B/D = 0,5$ bis $1,5$ die Übergangsbeziehung

$$C_{\ddot{u}} = \frac{F \cdot 10^5}{\eta \, \text{Vol} \, n_{\ddot{u}}} = \frac{2}{3} \cdot \frac{1}{h_0 \psi} \cdot 10^{-8} \tag{2.17}$$

bzw.

$$C_{\ddot{u}} = \frac{4}{3} \cdot \frac{1}{D} \cdot 10^{-3} \frac{\bar{p}}{\eta \omega}. \tag{2.18}$$

In diesen beiden Zahlenwertgleichungen sind $C_{\ddot{u}}$ die Übergangskonstante in 1/m, F die Lagerbelastung in N, Vol das Lagervolumen in m³, $n_{\ddot{u}}$ die Übergangsdrehzahl in 1/min, h_0 die kleinste Schmierspalthöhe in m, ψ das dimensionslose relative Lagerspiel, $\bar{p}$ der mittlere Lagerdruck in bar, ω die relative Winkelgeschwindigkeit in 1/s und D der Lagerschalendurchmesser in m. Die Schmiermittelzähigkeit η ist in Pa s = N s/m² einzusetzen.

Dietz [2.20] hat gezeigt, daß der $C_{\ddot{u}}$-Wert in der Hauptsache vom mittleren Lagerdruck $\bar{p}$ und vom relativen Lagerspiel ψ nach der Beziehung

$$C_{\ddot{u}} = a \cdot \bar{p}/\psi \quad (a = \text{Proportionalitätskonstante}) \tag{2.19}$$

abhängig und bei Lagern unterschiedlicher Anwendung auch stark veränderlich ist.

Da das relative Lagerspiel nur in einem engen Bereich variiert werden kann, ist sein Einfluß auf die Übergangskonstante $C_{\ddot{u}}$ gering. Der mittlere Lagerdruck ist dagegen von größerem Einfluß, und zwar ist bis zu einer bestimmten Lastgrenze eine direkte Proportionalität gegeben. Nach Überschreiten dieser Lastgrenze, deren Höhe umgekehrt proportional zur Lagerbreite ist, nimmt der $C_{\ddot{u}}$-Wert wieder ab. Der Grund für das Abnehmen des $C_{\ddot{u}}$-Wertes bei hohen $\bar{p}$-Werten liegt in der Wellendurchbiegung, die bei breiten Lagern zu Kantenpressungen führt. Bei schmalen und elastisch oder nachgiebig gestalteten Lagern konnten von Dietz bei mittleren Lagerdrücken $\bar{p} < 10$ bar $C_{\ddot{u}}$-Werte kleiner als 1, bei 10 bar $< \bar{p} < 100$ bar $C_{\ddot{u}}$-Werte im Bereich 1 bis 8 und bei $\bar{p} > 100$ bar

2.4 Flüssigkeitsreibung oder Fluid-Reibung

$C_{ü}$-Werte größer als 6 ermittelt werden. Diese gemessenen $C_{ü}$-Werte können nur näherungsweise als verbindlich angesehen werden, weil die bei den Messungen im Prüfstand vorhandenen günstigen Bedingungen in der Praxis meistens nicht vorliegen. Die Streuungen der $C_{ü}$-Werte sind in der Hauptsache auf Oberflächenunregelmäßigkeiten zurückzuführen. Die von Dietz gemessenen Druckverteilungen zeigen eindeutig, daß der Übergang von der Flüssigkeitsreibung zur Mischreibung bei normal dimensionierten Lagern durch zu hohe Kantenpressung infolge Wellendurchbiegung zustande kommt.

Lang [2.21] hat die große Streuung der $C_{ü}$-Werte und damit auch die der Übergangsdrehzahlen $n_{ü}$, die insbesondere von Dietz [2.20] und von Katzenmeier bei Untersuchungen über das Einlaufverhalten von Radialgleitlagern mittels Radioisotopen [2.22] festgestellt wurde, benutzt, um die Grenze zwischen der Vollschmierung (Flüssigkeitsreibung) und der Mischreibung nicht mehr durch die Übergangsdrehzahl $n_{ü}$ sondern durch die kleinste zulässige Schmierspalthöhe $h_{min,zul}$ anzugeben. Diese wird gemäß Gl. (2.11) durch die Oberflächengüte (gemittelte Rauhtiefe R_z oder den Mittenrauhwert R_a und die Wellentiefe W_t) der Welle und der Lagerschale und die Verkantung sowie die Durchbiegung der Welle in der Lagerschale fixiert.

Katzenmeier und Lang weisen auch auf die Änderungen der Wellen- und Lagerschalengeometrie beim Einlaufen infolge der Einlaufglättung hin. Eine Zusammenfassung dieser Ergebnisse ist in [2.21] und in Kapitel 8 gegeben.

2.4.2 Reibungswerte bei Gleitlagern

Bereits 1883 hat Petroff [2.23] für unbelastete Radialgleitlager (konzentrische Lage von Welle und Schale!) eine Gleichung zur Ermittlung des Reibungsbeiwertes abgeleitet. Sie lautet unter Benützung der heute üblichen Bezeichnungen:

$$\mu/\psi = \pi/So \qquad \text{für vollumschlossene Lager} \qquad (2.20)$$

bzw.

$$\mu/\psi = \pi/(2\,So) \qquad \text{für halbumschlossene Lager.} \qquad (2.21)$$

In diesen Gleichungen bedeuten ψ das relative Lagerspiel und So die dimensionslose Sommerfeld-Zahl, die nach der Beziehung

$$So = \bar{p}\psi^2/\eta\omega \qquad (2.22)$$

aus dem mittleren Lagerdruck $\bar{p}$, dem relativen Lagerspiel ψ, der dynamischen Schmiermittelzähigkeit η und der relativen Winkelgeschwindigkeit ω zwischen Welle und Schale berechnet werden kann.

Diese Petroffsche Gleichung wird heute allgemein zur Ermittlung eines Näherungswertes für den Reibungskoeffizienten bei schwach belasteten oder bei schnellaufenden Lagern verwendet. Ihr Gültigkeitsbereich liegt bei $So < 1$.

Für größere Lagerbelastungen oder langsam laufende Lager, d. h. für Sommerfeld-Zahlen $So > 1$, hat Falz [2.19] die Beziehung

$$\mu/\psi = 3{,}8/\sqrt{So} \qquad (2.23)$$

angegeben, die Vogelpohl [2.7], gestützt auf viele Versuchsergebnisse, in folgender Weise modifiziert hat:

$$\mu/\psi = 3/\sqrt{So}. \qquad (2.24)$$

Leloup [2.13—2.15] empfiehlt zur Berechnung des Reibungskoeffizienten die Gleichungen

$$\mu/\psi = 0{,}72 + 2{,}6/So \qquad \text{für } So < 5{,}3 \qquad (2.25)$$

und $\qquad \mu/\psi = 2{,}88/\sqrt{So} \qquad \text{für } So > 5{,}3.\qquad (2.26)$

Vogelpohl [2.7] hat gezeigt, daß für $So < 0{,}1$, die μ/ψ-Werte in Abhängigkeit von der Sommerfeld-Zahl So für alle Breiten-Durchmesserverhältnisse asymptotisch in die Kurve $\pi/(2So)$ für das halbumschlossene Lager einlaufen und für $So > 10$ als Asymptote die Kurve $2/\sqrt{So}$ gelten kann. Schließt man mit dem Umrechnungsfaktor 2 in den Petroffschen Gln. (2.20) und (2.21) von der im Bereich $So > 10$ für das halbumschlossene Lager gültigen Asymptote $2/\sqrt{So}$ auf das vollumschlossene Lager, so erhält man die Beziehung $4/\sqrt{So}$. Diese vier Grenz-

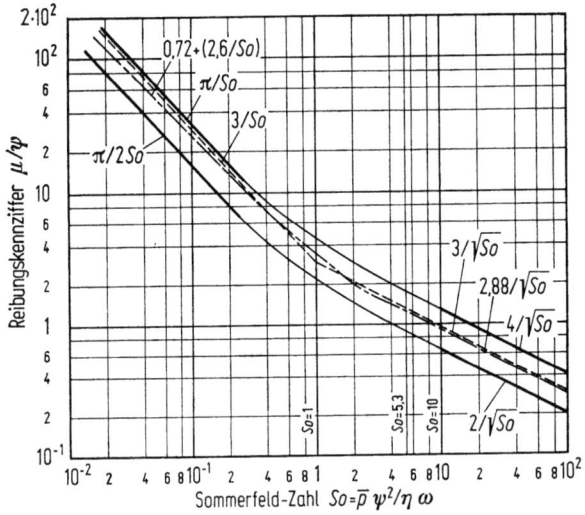

Bild 2.10 Reibungskennziffer μ/ψ für unverkantete Lager bei konstanter Lagerbelastung in Abhängigkeit von der Sommerfeld-Zahl [2.7]

kurven bilden gemäß Bild 2.10 einen Streifen, der die in der Praxis auftretende Reibungskennzahl μ/ψ für halb- und vollumschlossene Lager festlegt. Da dieses Streifenbild für die praktische Vorausberechnung von Lagern unhandlich ist, werden daraus zwei Gleichungen für die Bereiche $So < 1$ und $So > 1$ ausgewählt. Es sind dies die modifizierte Petroff-Gleichung für vollumschlossene Lager — und zwar die Beziehung $\mu/\psi = 3/So$ — und die von Vogelpohl modifizierte Falz-Gleichung (2.24). Diese Beziehungen stimmen nach Bild 2.10 ganz gut mit den von Leloup angegebenen Gln. (2.25) und (2.26) überein.

Zu allen Gleichungen, die zu dieser Streifendarstellung der Reibungskennziffer in Abhängigkeit von der Sommerfeld-Zahl führen, ist zu sagen, daß sie das Breitenverhältnis (Breite/Durchmesser) eines Lagers, das für die Druckausbildung sehr von Bedeutung ist, überhaupt nicht erfassen. Sie können daher auch nur für eine erste grobe Information herangezogen werden.

Exakt gilt die Verknüpfung folgender Größen:

$$\mu/\psi = f(So;\, B/D). \qquad (2.27)$$

Die Näherungsgleichungen im Bereich $So < 1$ könnten bei rein mathematischer Interpretation so gedeutet werden, daß die Reibungskennziffer μ/ψ und damit auch der Reibungskoeffizient μ für extrem kleine Sommerfeld-Zahlen fast unendlich große Werte annehmen würden. Dies ist wegen der Voraussetzungen (unbelastete und konzentrisch in der Lagerschale laufende Welle) zur Ableitung der Petroff-Gleichungen physikalisch nicht möglich. Die Gleichungen dürfen daher im Bereich kleiner Sommerfeld-Zahlen ($So < 2 \cdot 10^{-2}$) nicht mehr angewendet werden. In diesem Zusammenhang müssen die Ergebnisse der Kapitel 7 und 8 beachtet werden.

Literatur zu Kapitel 2

2.1 Findeisen, F.: Neuzeitliche Maschinenelemente. II. Band. Zürich: Schweizer Druck- und Verlagshaus 1951.
2.2 Stribeck, R.: Die wesentlichen Eigenschaften der Gleit- und Rollenlager. Z. VDI 46 (1902) 1341–1348, 1432–1438 und 1463–1470.
2.3 Bowden, F. P.; Tabor, D.: The Friction and Lubrication of Solids. Oxford: University Press 1954 (Part 1), 1964 (Part 2).
Reibung und Schmierung fester Körper. Berlin, Göttingen, Heidelberg: Springer 1959
2.4 Donandt, H.: Über den Stand unserer Kenntnisse in der Frage der Grenzschmierung. Z. VDI 80 (1936) 821–824.
2.5 Vogelpohl, G.: Geringste zulässige Schmierschichtdicke und Übergangsdrehzahl. Konstruktion 14 (1962) 461–468.
2.6 Vogelpohl, G.: Bestimmung der Übergangsdrehzahl nach dem Auslaufverfahren. Konstruktion 16 (1964) 491–496.
2.7 Vogelpohl, G.: Betriebssichere Gleitlager, Berechnungsverfahren für Konstruktion und Betrieb. Berlin, Heidelberg, New York: Springer 1967.
2.8 McKee, S. A.; McKee, T. R.: The effect of running-in on journal-bearing performance. Mechanical Engineering 49 (1927) 1335–1340; 50 (1928) 528–533.
2.9 McKee, S. A.; McKee, T. R.: Friction of Journal Bearings as Influenced by Clearance and Length. Trans. ASME 51 (1929) 161–171.
2.10 McKee, S. A.; McKee, T. R.: Journal-Bearing Friction in the Region of Thin Film Lubrication. SAE-Journal (Transactions) 31 (1932) 371–377.
2.11 McKee, S. A.; McKee, T. R.: Running-in Characteristics of Some White-Metall Journal Bearings. Trans. ASME 59 (1937) 721–724.
2.12 Davis, A. J.; Krok, T. V.: Sleeve Bearings. Part I: Development of a testing machine. Part II: Running — in Characteristics. Proc. Inst. Mech. Eng. 171 (1957) 941–966.
2.13 Leloup, L.: Étude d'un régime de lubrification: Le frottement onctueux des paliers lisses. Revue universelle des mines 1947 9me Série — Tom III — No. 10, p. 373–419.
2.14 Leloup, L.: Le frottement onctueux des paliers lisses. Revue générale de Mécanique Paris, Jan. 1949, 34–38.
2.15 Leloup, L.: Die Berechnung von Gleitlagern. Schmiertechnik 2 (1955) 47–55.
2.16 Kreisle, L. F.: Very Short Journal-Bearing Hydrodynamic Performance under Conditions approaching Marginal Lubrication. Trans. ASME 78 (1956) 955–963.
2.17 Kreisle, L. F.: Predominant-peak Surface Roughness, a Criterion for Minimum Hydrodynamic Oil Film Thickness of Short Journal Bearings. Trans. ASME 79 (1957) 1235–1241.
2.18 Ocvirk, F. W.: Short Bearing Approximation for Full Journal Bearings. NACA Technical Note 2808 (1952).
2.19 Falz, E.: Grundzüge der Schmiertechnik. Berlin: Springer 1931.
2.20 Dietz, R.: Verhalten von statisch belasteten kreiszylindrischen Gleitlagern im Betriebsbereich des Reibungsminimums. Diss. Uni Karlsruhe 1968.
2.21 Lang, O. R.: Geringste zulässige Schmierspaltdicke oder Übergangsdrehzahl? Konstruktion 27 (1975) 270–275.
2.22 Katzenmeier, G.: Das Verschleißverhalten und die Tragfähigkeit von Gleitlagern im Übergangsbereich von der Vollschmierung zu partiellem Tragen. Diss. Uni Karlsruhe 1972.
2.23 Petroff, N.: Neue Theorie der Reibung. Ostwald's Klassiker der exakten Wissenschaften Nr. 218. Leipzig: Akademische Verlagsgesellschaft 1927.

3 Schmiermittel

Das Schmiermittel übernimmt in einem Gleitlager dieselbe Aufgabe wie die Wälzkörper in einem Wälzlager, denn in ihm erfolgt die Kraftübertragung und die kinematische Anpassung der sich unterschiedlich schnell bewegenden Teile. Aus dieser Tatsache heraus ist auch die von Vogelpohl [3.1] vorgenommene Einstufung der Schmiermittel in die Reihe der Werkstoffe zu verstehen.

Das Schmiermittel bestimmt die Belastbarkeit, die Reibungsverluste und damit den mechanischen Wirkungsgrad, den Abrieb oder Verschleiß und die Kühlung der Lagerstellen. Bei einer Mangelschmierung übersteigt der Abrieb das normale Maß, und es tritt eine unerwünscht große Stoffabtragung — ein Verschleiß — auf. Die Folge davon ist meistens ein Heißlaufen des Lagers und ein totales Versagen durch Fressen. Hierbei kommt es durch örtlich starke Überhitzung zu einer Verschweißung einzelner Berührstellen der gepaarten Oberflächen. Fressen tritt also nur auf, wenn kein Schmiermittel mehr zwischen den Lagerflächen ist.

Als Schmiermittel können Flüssigkeiten, Gase und Dämpfe, d. h. fluide Stoffe, plastische Substanzen und feste Körper in Pulverform verwendet werden.

Bei den Flüssigkeiten werden vornehmlich die mineralischen Öle, aber auch noch tierische und pflanzliche Öle, wie z. B. Knochenöl, Specköl, Walratöl, Rüböl, Olivenöl, Rizinusöl und Erdnußöl bevorzugt. Bei Sonderlagern, z. B. bei Lagern aus Kunstharz-Preßmassen, Pockholz, Gummi oder Porzellan, ist auch Wasser als Zwischenmedium oder Schmiermittel zu verwenden.

Gase und Dämpfe, vorwiegend Luft, sind bei geforderter Ölfreiheit für die Schmierung von Lagern brauchbar. Bei ihrer Anwendung darf die Lagerbelastung allerdings nicht groß sein, während die Relativdrehzahl zwischen Welle und Lagerschale groß sein muß.

Die plastischen Schmierstoffe sind größtenteils Fette, die organischer Natur sein können oder durch chemische Verfahren, z. B. durch die Veresterung von Glycerin mit einer höheren Fettsäure hergestellt werden. An organischen Fetten werden zum Schmieren meistens Rinder- und Hammeltalg, Schweinefett und Speck verwendet.

Bei den Feststoffen, die zur Schmierung von Lagerstellen in Frage kommen, handelt es sich meistens um Graphit, Molybdändisulfid und Talkum. Nur bei geringer Relativgeschwindigkeit der beiden Lageroberflächen und nur bei Temperaturen von einigen hundert Celsiusgraden kann eine reine Feststoffschmierung vorgesehen werden. In der Mehrzahl der Anwendungsfälle werden diese Stoffe noch in Fette oder Öle eingearbeitet und als Schmierpasten in den Handel gebracht.

Grundsätzlich läßt sich jeder Stoff als Schmiermittel verwenden, der viskose Eigenschaften hat, d. h. der Verschiebung der Moleküle einen inneren Reibungswiderstand entgegensetzt.

3.1 Viskosität von Schmiermitteln

Bezieht man die infolge Verschiebung von Flüssigkeitsschichten auftretende Reibkraft auf die Gleitfläche, so erhält man eine Schubspannung τ, für die Newton den Ansatz

$$\tau = \eta(\mathrm{d}u/\mathrm{d}y) \tag{3.1}$$

vorgeschlagen hat.

In Gl. (3.1) sind η die dynamische Zähigkeit oder Viskosität der Flüssigkeit — eine Stoffeigenschaft —, $\mathrm{d}u/\mathrm{d}y$ das Geschwindigkeitsgefälle oder die Schergeschwindigkeit in der y-Richtung, d. h. quer zur Strömungsrichtung x, und $u = u(y)$ die Geschwindigkeit in x-Richtung.

Die Zähigkeit ist bei den meisten fluiden Stoffen, die in der Schmiertechnik verwendet werden, von der Temperatur und vom Druck abhängig, aber unabhängig vom Geschwindigkeitsgefälle. Diese Stoffe werden im allgemeinen auch als Newtonsche Flüssigkeiten bezeichnet.

Flüssigkeiten und Gase, bei denen die Zähigkeit auch noch von der Schergeschwindigkeit $\mathrm{d}u/\mathrm{d}y$ abhängt, sind sogenannte Nicht-Newtonsche Flüssigkeiten; darunter fallen z. B. alle Schmierfette und -pasten.

Die Dimension der Zähigkeit η ergibt sich aus Gl. (3.1) zu:

$$[\eta] = \frac{\text{Kraft} \cdot \text{Zeit}}{(\text{Länge})^2} \tag{3.2}$$

Im technischen Maßsystem ist die Einheit von η 1 kp s/m², im neuen Internationalen Maßsystem 1 N s/m² = 1 Pa s (Pascalsekunde) und im physikalischen Maßsystem 1 dyn s/cm². Die Einheit 1 dyn s/cm² heißt zu Ehren von Poiseuille 1 Poise = 1 P und der hundertste Teil 1 Zentipoise = 1 cP = 10^{-3} Pa s = 1 mPa s = 10^{-3} N s/m². Wasser hat bei Normaldruck und einer Temperatur von 20,2 °C gerade die dynamische Viskosität 1 cP. In der englischen Literatur findet sich für die Einheit der Zähigkeit der Wert 1 lb s/in², der zu Ehren von Reynolds auch als 1 Reyn bezeichnet wird.

Die Viskosität ist je nach der Art eines Schmiermittels und dessen Temperatur- und Druckbeanspruchung sehr unterschiedlich. Es gibt sehr zähflüssige Stoffe mit $\eta \approx 10^5$ bis 10^7 cP = 10^2 bis 10^4 Pa s und sehr dünnflüssige Stoffe mit $\eta \approx 10^{-3}$ bis 10^{-2} cP = 10^{-6} bis 10^{-5} Pa s (z. B. Wasserstoff).

3.1.1 Messung der Viskosität und Umrechnung von Viskositätseinheiten

Die Viskosität kann mit handelsüblichen Viskosimetern gemessen werden. Diese lassen sich im Prinzip in Rotations-, in Kapillar- und in Kugelfallviskosimeter einteilen. Die Rotationsviskosimeter werden in der Praxis häufig angewendet; bei den Kugelfallviskosimetern ist das von Höppler (DIN 53015) und bei den Kapillarviskosimetern das Vogel-Ossag-Gerät (DIN 51561) genormt. Bei den Kugelfallviskosimetern wird die dynamische oder die absolute Viskosität η und bei Kapillarviskosimetern das Verhältnis der dynamischen Viskosität η zur Dichte ϱ gemessen, das als kinematische Zähigkeit ν bezeichnet wird. Es gilt somit:

$$\nu = \eta/\varrho. \tag{3.3}$$

Bei allen Kapillarviskosimetern ist es nämlich so, daß eine bestimmte Menge der zu untersuchenden Flüssigkeit über eine in ihren Abmessungen genau festgelegte Kapillare aus einem Behälter strömt und dabei die Ausflußzeit gemessen wird. Da das Ausströmen unter der Einwirkung der Erdbeschleunigung und damit unter dem Eigengewicht erfolgt, ist die Ausflußzeit auch noch von der Dichte der ausströmenden Flüssigkeit abhängig.

Die kinematische Zähigkeit v hat die Dimension

$$[v] = (\text{Länge})^2/\text{Zeit} \tag{3.4}$$

und die Einheit ist 1 m²/s bzw. 1 cm²/s. Nach Stokes wird die letzte Einheit auch mit 1 Stokes (St) bezeichnet, d. h. es gilt:

$$1 \text{ Stokes} = 1 \text{ St} = 1 \text{ cm}^2/\text{s}$$

bzw.
$$1 \text{ Zentistokes} = 1 \text{ cSt} = 10^{-2} \text{ cm}^2/\text{s}$$
$$= 10^{-6} \text{ m}^2/\text{s}.$$

Neben diesen Einheiten für die kinematische Viskosität gibt es in Deutschland noch die Englergrade (°E), in England die Redwood-Sekunden (R″) und in Amerika die Saybolt-Universal-Sekunden (SUS).

Der Englergrad ist das Verhältnis der Ausflußzeit von 200 cm³ des zu untersuchenden Schmiermittels bei Meßtemperatur zur Ausflußzeit von 200 cm³ destilliertem Wasser bei 20 °C. Gemessen werden diese Ausflußzeiten mit einem schon 1885 von Engler konzipierten und in DIN 51560 beschriebenen Gerät — dem Engler-Viskosimeter.

Die Redwood-Sekunden sind identisch den an einem von Redwood (1886) entworfenen Gerät gemessenen Sekunden für die Ausflußzeit von 50 cm³ des zu untersuchenden Schmiermittels.

Die Saybolt-Universal-Sekunden werden in einem dem Engler-Viskosimeter ähnlichen Gerät bei einer Ausflußmenge von 60 cm³ ermittelt.

Für die Umrechnung und zum Vergleich der in den einzelnen Viskosimetern gemessenen Werte für die kinematische Zähigkeit können Tabelle 3.1 oder die von Herschel [3.2] angegebene Beziehung

$$v = At - \frac{B}{t} \tag{3.5}$$

zu Hilfe genommen werden, wenn v die kinematische Zähigkeit in cSt, t die Ausflußzeit in Sekunden und A und B empirisch ermittelte Konstanten sind, die folgende Zahlenwerte haben:

Viskosimetertyp	A	B
Saybolt (Sayb.-Univ.-Sek.)	0,22	180
Redwood (Redw.-Sek.)	0,26	171
Engler (Engl.-Grad)	0,147	374

Wird z. B. mit einem Saybolt-Viskosimeter bei einem Schmiermittel eine Ausflußzeit von 100 SUS gemessen, so ist die kinematische Viskosität in Zentistokes:

$$v = 0{,}22 \cdot 100 - \frac{180}{100} = 20{,}2 \text{ cSt}.$$

3.1 Viskosität von Schmiermitteln

Tabelle 3.1 Umrechnung konventioneller Viskositätsmaße in absolute Maße[a]

E Englergrad (deutsche Umrechnung)
ν kinematische Viskosität in m²/s
$S_{100°}$ Saybolt-Sekunde, bei 100 °F (= 37,78 °C) gemessen
$S_{210°}$ Saybolt-Sekunde, bei 210 °F (= 98,89 °C) gemessen
$R_{70°}$ Redwood-Sekunde, bei 70 °F (= 21,11 °C) gemessen

E	$S_{100°}$	$S_{210°}$	$R_{70°}$	$10^6\,\nu$	E	$S_{100°}$	$S_{210°}$	$R_{70°}$	$10^6\,\nu$
1,000	—	—	—	1,00	2,12	69,6	70,1	61,1	13,0
1,027	—	—	—	1,20	2,22	73,9	73,9	64,4	14,0
1,052	—	—	—	1,40	2,32	77,2	77,7	67,7	15,0
1,075	—	—	—	1,60	2,43	81,1	81,7	71,1	16,0
1,098	—	—	—	1,80	2,53	85,1	85,7	74,6	17,0
1,119	32,6	32,8	30,2	2,00	2,64	89,2	89,9	78,1	18,0
1,140	33,3	33,6	30,7	2,20	2,75	93,3	94,0	81,7	19,0
1,160	34,0	34,3	31,2	2,40	2,87	97,5	98,2	85,4	20,0
1,179	34,7	35,0	31,7	2,60	2,98	101,7	102,4	89,2	21,0
1,198	35,4	35,6	32,3	2,80	3,10	106,0	106,7	92,9	22,0
1,217	36,0	36,2	32,7	3,00	3,22	110,3	111,1	96,7	23,0
1,235	36,6	36,9	33,2	3,20	3,34	114,6	115,4	100,4	24,0
1,253	37,3	37,5	33,7	3,40	3,46	118,9	119,7	104,2	25,0
1,271	37,9	38,2	34,3	3,60	3,58	123,3	124,2	108,1	26,0
1,289	38,5	38,8	34,8	3,80	3,70	127,7	128,6	111,9	27,0
1,307	39,1	39,4	35,3	4,00	3,82	132,1	133,0	115,8	28,0
1,324	39,7	40,0	35,8	4,20	3,94	136,5	137,5	119,7	29,0
1,341	40,4	40,7	36,3	4,40	4,07	140,9	141,9	123,7	30,0
1,359	41,0	41,3	36,8	4,60	4,19	145,3	146,3	127,5	31,0
1,376	41,7	42,0	37,4	4,80	4,32	149,7	150,8	131,5	32,0
1,393	42,3	42,6	37,9	5,00	4,44	154,2	155,3	135,4	33,0
1,410	42,9	43,2	38,4	5,20	4,57	158,7	159,8	139,3	34,0
1,427	43,6	43,9	38,9	5,40	4,70	163,2	164,3	143,3	35,0
1,444	44,2	44,5	39,5	5,60	4,82	167,7	168,9	147,2	36,0
1,461	44,9	45,2	40,0	5,80	4,95	172,2	173,4	151,2	37,0
1,479	45,5	45,8	40,5	6,00	5,08	176,7	177,9	155,2	38,0
1,496	46,1	46,5	41,0	6,20	5,21	181,2	182,5	159,2	39,0
1,513	46,8	47,1	41,3	6,40	5,33	185,7	187,0	163,2	40,0
1,530	47,4	47,8	42,1	6,60	5,46	190,2	191,5	167,2	41,0
1,547	48,1	48,4	42,7	6,80	5,59	194,7	196,1	171,2	42,0
1,564	48,7	49,0	43,2	7,00	5,72	199,2	200,6	175,2	43,0
1,582	49,4	49,7	43,7	7,20	5,85	203,8	205,2	179,2	44,0
1,599	50,0	50,4	44,3	7,40	5,98	208,4	209,9	183,2	45,0
1,616	50,7	51,0	44,8	7,60	6,11	213,0	214,5	187,2	46,0
1,634	51,3	51,7	45,4	7,80	6,23	217,6	219,1	191,2	47,0
1,651	52,0	52,4	46,0	8,00	6,37	222,2	223,8	195,3	48,0
1,669	52,7	53,1	46,6	8,20	6,50	226,8	228,4	199,2	49,0
1,687	53,4	53,7	47,1	8,40	6,62	231,4	233,0	203,3	50,0
1,704	54,0	54,4	47,7	8,60	6,88	240,6	242,3	211,3	52,0
1,722	54,7	55,1	48,3	8,80	7,14	249,9	251,6	219,3	54,0
1,740	55,4	55,8	48,9	9,00	7,41	259,0	260,8	227,4	56,0
1,758	56,1	56,5	49,4	9,20	7,67	268,2	270,1	235,5	58,0
1,776	56,8	57,2	50,0	9,40	7,93	277,4	279,3	243,5	60,0
1,794	57,4	57,8	50,5	9,60					
1,813	58,1	58,5	51,2	9,80					
1,831	58,8	59,2	51,7	10,0					
1,924	62,3	62,7	54,8	11,0					
2,02	65,9	66,4	57,9	12,0					

Für höhere Viskositätswerte gelten näherungsweise folgende Gleichungen:

$10^6\,\nu = 7{,}6\,E$, $10^6\,\nu = 0{,}215\,S_{210°}$,
$10^6\,\nu = 0{,}2165\,S_{100°}$, $10^6\,\nu = 0{,}247\,R_{70°}$.

[a] Nach L. Ubbelohde, Zur Viskosimetrie, 4. und 5. Auflage, Leipzig 1943.

Tabelle 3.2 Umrechnung gebräuchlicher Maßeinheiten für die dynamische und die kinematische Viskosität

a) Dynamische Viskosität η: Physikalische Einheit 1 Poise $= 1 \frac{\text{dyn s}}{\text{cm}^2} = 1 \frac{\text{g}}{\text{cm s}}$

	P (Poise)	$\frac{\text{kg}}{\text{m s}} = \text{Pas}^{\text{a}}$	$\frac{\text{kg}}{\text{m h}}$	$\frac{\text{kp s}}{\text{m}^2}$	$\frac{\text{kp h}}{\text{m}^2}$	$\frac{\text{lb-mass}}{\text{ft s}}$	$\frac{\text{lb-force s}}{\text{ft}^2}$
1 P (Poise)	1	0,1	360	0,010197	$2,833 \cdot 10^{-6}$	0,06721	$2,0885 \cdot 10^{-3}$
1 $\frac{\text{kg}}{\text{m s}} = 1$ Pas	10	1	3600	0,10197	$2,833 \cdot 10^{-5}$	0,6721	$2,0885 \cdot 10^{-2}$
1 $\frac{\text{kg}}{\text{m h}}$	$2,778 \cdot 10^{-3}$	$2,778 \cdot 10^{-4}$	1	$2,833 \cdot 10^{-5}$	$78,68 \cdot 10^{-10}$	$18,67 \cdot 10^{-5}$	$5,801 \cdot 10^{-6}$
1 $\frac{\text{kp s}}{\text{m}^2}$	98,07	9,807	$353,04 \cdot 10^2$	1		6,5919	0,20482
1 $\frac{\text{kp h}}{\text{m}^2}$	$353,04 \cdot 10^3$	$353,04 \cdot 10^2$	$127,09 \cdot 10^6$	3600	1	23730	737,28
1 $\frac{\text{lb-mass}}{\text{ft s}}$	14,882	1,488	5357	0,1518	$4,214 \cdot 10^{-5}$	1	0,03108
1 $\frac{\text{lb-force s}}{\text{ft}^2}$	478,8	47,88	$172,4 \cdot 10^3$	4,882	$1,3558 \cdot 10^{-3}$	32,174	1

[a] 1 Pas = 1 Ns/m² = 10 P

3.1 Viskosität von Schmiermitteln

Tabelle 3.2 (Fortsetzung)
b) Kinematische Viskosität ν: Physikalische Einheit 1 Stokes = 1 cm²/s

	St (Stokes)	m²/s	m²/h	ft²/s	ft²/h
1 St (Stokes)	1	10^{-4}	0,36	$1{,}0764 \cdot 10^{-3}$	3,875
1 m²/s	10^4	1	3600	10,764	$3{,}875 \cdot 10^4$
1 m²/h	2,778	$2{,}778 \cdot 10^{-4}$	1	$29{,}9 \cdot 10^{-4}$	10,764
1 ft²/s	929,03	$929{,}03 \cdot 10^{-4}$	334,45	1	3600
1 ft²/h	0,25806	$25{,}806 \cdot 10^{-6}$	$929{,}03 \cdot 10^{-4}$	$2{,}778 \cdot 10^{-4}$	1

Die Umrechnung gebräuchlicher Maßeinheiten für die dynamische und die kinematische Viskosität ist aus Tabelle 3.2 ersichtlich.

Obwohl mit sehr vielen Meßgeräten nur die kinematische Viskosität ν zu ermitteln ist, muß an dieser Stelle ganz klar gesagt werden, daß die physikalischen Vorgänge in einem Gleitlager nicht durch die kinematische, sondern durch die dynamische Viskosität η bestimmt werden. Der Konstrukteur muß für die Lagerberechnungen daher die Werte der dynamischen Viskosität kennen.

3.1.2 Schmiermittelklassifikation

Für die Auswahl der Schmiermittel, insbesondere für die Auswahl von Schmierölen, hat man nach einer *Normalzahlklassifikation* Normöle (NÖ) definiert [3.1 und 3.4], deren Zähigkeiten den üblichen Ölen entsprechen. Die Viskosität dieser Öle bei 50 °C ist so abgestuft, daß der Ersatz eines Öles durch ein Öl der nächst höheren Viskositätsstufe in einem normalen Ringschmierlager bei den gleichen Bedingungen eine Temperatursteigerung um etwa 5 K ergibt. Diese Bedingung ergab eine Einteilung der Öle gemäß der Normzahlen-Reihe R5 nach DIN 323. Die Normöle sind somit NÖ 1,0; NÖ 1,6; NÖ 2,5; NÖ 4,0; NÖ 6,3; NÖ 10; NÖ 16; NÖ 25; ...; NÖ 1000. Die Bezeichnung NÖ 4,0 bzw. NÖ 16 bedeutet, daß bei einer Schmiermitteltemperatur von 50 °C die dynamische Viskosität η 4 cP bzw. 16 cP beträgt. Im Bereich der mittleren Viskositäten 10 cP $< \eta <$ 63 cP hat man zusätzlich die Klassifikation nach der R10-Reihe eingeführt, so daß auch die Öle NÖ 12,5; NÖ 20; NÖ 31,5 und NÖ 50 zur Verfügung stehen. Grundsätzlich ist zu dieser Art der Kennzeichnung der Öle zu sagen, daß dünnflüssige Öle eine niedrige und dickflüssige Öle eine höhere Normzahl haben (Bild 3.2). Die Werte für die dynamische Viskosität η in cP der Normöle NÖ 1,0 bis NÖ 1000 sind in Tabelle 3.3 für den Temperaturbereich 20 bis 150 °C zusammengestellt. In Spalte 2 dieser Tabelle sind auch die Englergrade dieser Öle für eine Temperatur von 50 °C angegeben.

Neben dieser Normzahlklassifikation der Schmieröle in unterschiedlichen Normöltypen gibt es die *DIN-Klassifikation* (DIN 51501 und 51509) in Schmieröle N = Normalschmieröle mit den Typen N 4 bis N 324. Schmieröle N sind reine Mineralöle, die sich zur Schmierung (Durchlauf- und Umlaufschmierung) eignen, wenn keine besonderen Anforderungen hinsichtlich Alterungs- und Kältebeständigkeit gestellt werden. Die Temperatur der Schmieröle N soll 50 °C beim Ablaufen aus der Schmierstelle nicht übersteigen und eine Temperatur, die um 5 K höher ist als der Pourpoint (Stockpunkt), beim Zufließen in die Schmierstelle nicht unterschreiten. Die Anforderungen an die einzelnen Typen dieser Normal-

Tabelle 3.3 Viskositäten der Normöle in cP $= 10^{-3}$ Ns/m² $= 10^{-3}$ Pas
Zur Kennzeichnung dient die stark eingerahmte Viskosität bei 50 °C; die Engler-Grade für 50 °C sind zum Vergleich mit angegeben

NÖ	E/50	20 °C	25 °C	30 °C	35 °C	40 °C	45 °C	50 °C	55 °C	60 °C	65 °C	70 °C
1,0	1,00	1,71	1,53	1,39	1,27	1,16	1,08	1,0	0,93	0,88	0,83	0,78
1,6	1,10	3,17	2,76	2,43	2,16	1,94	1,76	1,6	1,47	1,35	1,25	1,17
2,5	1,20	5,69	4,82	4,14	2,60	3,16	2,80	2,5	2,25	2,04	1,86	1,71
4,0	1,35	10,55	8,68	7,25	6,14	5,27	4,57	4,0	3,53	3,15	2,82	2,55
6,3	1,56	19,14	15,30	12,45	10,30	8,64	7,34	6,3	5,47	4,79	4,23	3,76
10	1,94	35,10	27,26	21,60	17,43	14,29	11,88	10	8,52	7,33	6,37	5,58
12,5	2,21	47,04	36,02	28,18	22,46	18,21	14,99	12,5	10,55	9,01	7,76	6,75
16	2,62	65,04	49,03	37,81	29,74	23,82	19,38	16	13,37	11,31	9,67	8,34
20	3,12	87,18	64,80	49,34	38,35	30,38	24,47	20	16,57	13,90	11,78	10,03
25	3,80	116,8	85,64	64,36	49,44	38,73	30,87	25	20,53	17,07	14,36	12,21
31,5	4,25	158,3	114,3	84,76	64,33	49,82	39,29	31,5	25,63	21,13	17,64	14,88
40	5,91	216,6	154,1	112,7	84,43	64,62	50,41	40	32,24	26,35	21,80	18,25
50	7,34	290,3	203,7	147,0	108,8	82,39	63,61	50	39,94	32,37	26,58	22,09
63	9,23	393,1	271,8	193,6	141,6	105,9	80,95	63	49,85	40,06	32,63	26,91
100	14,6	720,8	484,2	335,8	239,6	175,2	131,0	100	77,70	61,35	49,17	39,94
160	23,4	1336	871,2	587,9	409,0	292,3	213,9	160	122,0	94,67	74,63	59,69
250	36,6	2399	1522	1000	679,7	475,1	340,7	250	187,2	142,9	110,9	87,40
400	58,5	4447	2735	1752	1161	792,9	556,3	400	294,1	220,5	168,3	130,6
630	92,1	8072	4828	3010	1946	1300	893,1	630	454,7	335,2	251,9	192,6
1000	146	14800	8604	5222	3294	2150	1446	1000	708,8	513,6	379,7	285,9

NÖ	E/50	75 °C	80 °C	85 °C	90 °C	95 °C	100 °C	110 °C	120 °C	130 °C	140 °C	150 °C
1,0	1,00	0,74	0,70	0,67	0,64	0,62	0,59	0,55	0,51	0,48	0,45	0,43
1,6	1,10	1,09	1,02	0,96	0,91	0,86	0,82	0,74	0,68	0,63	0,59	0,55
2,5	1,20	1,57	1,46	1,35	1,26	1,18	1,11	0,99	0,90	0,82	0,75	0,69
4,0	1,35	2,32	2,12	1,94	1,79	1,66	1,54	1,35	1,19	1,07	0,96	0,88
6,3	1,56	3,37	3,04	2,75	2,51	2,30	2,11	1,81	1,57	1,39	1,23	1,11
10	1,94	4,93	4,38	3,92	3,53	3,20	2,91	2,45	2,09	1,81	1,58	1,40
12,5	2,21	5,92	5,23	4,65	4,17	3,75	3,40	2,83	2,39	2,05	1,79	1,57
16	2,62	7,26	6,37	5,63	5,00	4,48	4,03	3,32	2,78	2,37	2,04	1,78
20	3,12	8,72	7,60	6,68	5,90	5,25	4,71	3,83	3,19	2,69	2,30	2,00
25	3,80	10,48	9,08	7,92	6,97	6,17	5,49	4,43	3,65	3,06	2,60	2,24
31,5	4,25	12,68	10,90	9,46	8,27	7,28	6,45	5,15	4,20	3,49	2,95	2,52
40	5,91	15,44	13,19	11,36	9,87	8,63	7,61	6,02	4,86	4,00	3,35	2,85
50	7,34	18,55	15,74	13,48	11,64	10,13	8,88	6,95	5,57	4,55	3,78	3,19
63	9,23	22,45	18,91	16,10	13,81	11,95	10,42	8,08	6,41	5,20	4,29	3,59
100	14,6	32,84	27,31	22,94	19,45	16,64	14,35	10,90	8,50	6,77	5,50	4,55
160	23,4	48,37	39,67	39,90	27,55	23,30	19,87	14,79	11,32	8,87	7,10	5,78
250	36,6	69,86	56,55	46,33	38,35	32,08	27,07	19,77	14,86	11,46	9,03	7,26
400	58,5	102,9	82,17	66,44	54,35	44,92	37,50	26,82	19,80	15,01	11,65	9,24
630	92,1	149,6	117,9	94,13	76,07	62,19	51,36	36,02	26,12	19,48	14,90	11,65
1000	146	218,9	170,2	134,2	107,2	86,58	70,75	48,63	34,63	25,40	19,13	14,75

schmieröle sind gemäß DIN 51501 in Tabelle 3.4 (April 1968) bzw. in Tabelle 3.5 (Entwurf September 1977) zusammengestellt.

In dem Entwurf für die neue DIN 51501 sind Schmieröle L-AN der Typen AN 5 bis AN 680 vorgesehen.

Die Neufassung der DIN 51501 soll die Anpassung der Schmiermittel an die Viskositätsklassifikation nach ISO 3448, die bereits mit der DIN 51519 vollzogen wurde, berücksichtigen.

3.1 Viskosität von Schmiermitteln

Schmieröltyp[1])		N 4	N 9	N 16	N 25	N 36	N 49	N 68	N 92	N 114	N 144	N 225	N 324	Prüfung nach
		Anforderungen												
Viskosität bei der Temperatur	°C	20						50						DIN 51 550 in Verbindung mit DIN 51 561 DIN 51 562 oder DIN 53 015
kinematische Viskosität[2])	cSt	13±4	25±4	16±4	25±4	36±4	49±5	68±6	92±7	114±8	144±11	225±25	324±35	DIN 51 560
dynamische Viskosität[2]) ungefähr	cP	11	22	14	22	32	44	62	84	104	132	207	308	
relative Ausflußzeit[2]) ungefähr	E	(2,1)	(3,5)	(2,5)	(3,5)	(4,5)	(6,5)	(9,0)	(12)	(15)	(19)	(30)	(43)	
Flammpunkt im offenen Tiegel nach Marcusson mindestens	°C	100	125		150		175		200			225		DIN 51 584
oder nach Cleveland mindestens	°C	94	119		144		169		194			219		ASTM D 92[3])
Pourpoint gleich oder tiefer als	°C	−9				−3					0			DIN 51 597
wasserlösliche Säuren	Reaktion						neutral							DIN 51 558
Neutralisationszahl (Gesamtsäuregehalt) höchstens	mg KOH/g						0,15							
Verseifungszahl höchstens	mg KOH/g						0,3							DIN 51 559
Asche (Oxidasche) höchstens	Gew.-%					0,02						0,05		DIN 51 575
Gehalt an Asphaltenen höchstens	Gew.-%			mengenmäßig nicht nachweisbar[4])								0,2		DIN 51 595
Wassergehalt höchstens	Gew.-%					0,1						0,5		DIN 51 582
Feste Fremdstoffe					mengenmäßig nicht nachweisbar[4])									DIN 51 592

[1]) Die Zahlen der Schmieröltypen N 4 bis N 324 entsprechen etwa der mittleren kinematischen Viskosität in Zentistokes (cSt) bei 50 °C.
[2]) Die Zahlenwerte sind aus DIN 51 502, Ausgabe Oktober 1967, Tabelle 1 entnommen.
[3]) Im Rahmen der europäischen Koordinierung der Normen wird der Flammpunkt im offenen Tiegel nach Marcusson abgelöst und ersetzt durch den Flammpunkt im offenen Tiegel nach Cleveland entsprechend Method D 92 der American Society for Testing and Materials (ASTM), Philadelphia, Pa. (USA). Eine Norm hierfür ist in Vorbereitung.
[4]) Wegen des Prüffehlers des Prüfverfahrens sind zuverlässige Zahlenwertangaben unter 0,05 Gew.-% nicht möglich.

Wiedergegeben mit Erlaubnis des DIN Deutsches Institut für Normung e. V. Maßgebend für das Anwenden der Norm ist deren Fassung mit dem neuesten Ausgabedatum, die bei der Beuth Verlag GmbH, 1000 Berlin 30 und 5000 Köln 1, erhältlich ist.

Tabelle 3.5 Schmieröle L-AN und Mindestanforderungen (DIN 51501 Entwurf September 1977)

Schmieröltyp [1]		AN 5	AN 7	AN 10	AN 22	AN 46	AN 68	AN 100	AN 150	AN 220	AN 320	AN 680	Prüfung nach	vergleichbare internationale Normen ISO[*], ASTM[**], IP[***]
ISO-Viskositätsklasse		ISO VG 5	ISO VG 7	ISO VG 10	ISO VG 22	ISO VG 46	ISO VG 68	ISO VG 100	ISO VG 150	ISO VG 220	ISO VG 320	ISO VG 680	DIN 51 519	ISO 3448
Kinematische Viskosität[2] bei 40 °C	mm²/s (cSt) min	4,14	6,12	9,00	19,8	41,4	61,2	90,0	135	198	288	612	DIN 51 550	ASTM D 445 / IP 71
	mm²/s (cSt) max	5,06	7,48	11,0	24,2	50,6	74,8	110	165	242	352	748		
Kinematische Viskosität bei 50 °C etwa[3]	mm²/s (cSt)	3 – 4	4 – 5	6 – 9	14 – 17	25 – 30	36 – 44	53 – 68	75 – 95	105 – 130	150 – 180	300 – 360	–	–
Dichte bei 15 °C[4]	g/ml	ist vom Lieferanten anzugeben											DIN 51 757	ISO/R 91, ISO/R 758, ASTM D 1298, IP 160
Flammpunkt im offenen Tegel nach Cleveland	°C min		100[5]	120		145		170		200		250	DIN 51 376	ISO 2592, ASTM D 92, IP 36
Pourpoint (Fließgrenze)[6] gleich oder tiefer als	°C	– 12	– 12	– 18		– 15	– 12	– 9		– 6		– 3	DIN 51 597, DIN prEN 6	ISO 3015, IP 15
Neutralisationszahl (wasserlösliche Sauren)	mg KOH/g						0	unterhalb der Grenze der mengenmäßigen Nachweisbarkeit[7]					DIN 51 558 Teil 1	ASTM D 974, IP 139
Neutralisationszahl (sauer)	mg KOH/g max						0,15	0,3					DIN 51 559 Teil 1 (z. Zt. noch Entwurf)	
Verseifungszahl	mg KOH/g max										0,05		DIN EN 7	ASTM D 482, IP 4
Asche (Oxidasche)	g/100 g max	0,01				0,02					0,2		DIN 51 595	IP 143
Gehalt an Asphaltenen	g/100 g max				0,05									
Wassergehalt	g/100 g max					0,2					0,5		DIN 51 582	ISO/DIS 3733, ASTM D 95, IP 74
Gehalt an ungelösten Stoffen	g/100 g	unterhalb der Grenze der mengenmäßigen Nachweisbarkeit[7]											DIN 51 592 (z. Zt. noch Entwurf)	

[*] International Organization for Standardization (ISO)
[**] American Society for Testing and Materials (ASTM)
[***] Institute of Petroleum (IP)

[1] Die Kennzahlen stellen die Mittelpunktsviskosität in mm²/s (cSt) bei 40 °C dar. Sie leiten sich aus den neuen ISO Viskositätsklassen nach DIN 51 519. Die vorzugsweise zu wählenden Kennzahlen (Viskositäten) sind fett gedruckt. Siehe auch Seite 1 Fußnote 1.
[2] Die SI-Einheit der kinematischen Viskosität ist m²/s, 1 mm²/s = 1 · 10⁻⁶ m²/s (= 1 cSt).
Die SI-Einheit der dynamischen Viskosität ist die Pascalsekunde 1 m Pa s = 1 · 10⁻³ N s/m² (= 1 cP). Die Umrechnung gemäß DIN 51 550 kann mit einem mittleren Wert für die Dichte von 0,900 erfolgen.
[3] Die Zahlenwerte dienen der Einstufung bisher verwendeter Schmierstoffe. Zugrunde gelegt wurden aus DIN 51 519 (Tabelle 2) die zugehörigen Viskositätsspalten mm²/s bei 50 °C.
[4] Die Dichte stellt kein Qualitätsmerkmal dar. Sie dient zum Umrechnen von Gewicht in Volumen. Für die Gleitlagerberechnung sind die Dichte und Viskosität bei gleicher Temperatur (z. B. 40 °C) in die Rechnung einzusetzen. Sind Dichte und Viskosität bei anderen Bezugstemperaturen angegeben, so müssen beide Werte für die Lagerberechnung auf die gleiche Temperatur (z. B. 40 °C) umgerechnet werden.
[5] Liegt der Flammpunkt im geschlossenen Tegel nach Abel-Pensky nach DIN 51 755 zwischen 55 und 100 °C, so gilt für Transport und Lagerung die Gefahrklasse A III.
[6] Im Rahmen der internationalen und europäischen Koordinierung der Normen ist der Stockpunkt nach DIN 51 583 abgelöst und ersetzt durch den Pourpoint (Fließgrenze) nach DIN 51 597 bzw. DIN prEN 6.
[7] Wegen des Prüffehlers des Prüfverfahrens sind zuverlässige Zahlenwertangaben unter 0,03 g/100 g nicht möglich.

Wiedergegeben mit Erlaubnis des DIN Deutsches Institut für Normung e. V. Maßgebend für das Anwenden der Norm ist deren Fassung mit dem neuesten Ausgabedatum, die bei der Beuth Verlag GmbH, 1000 Berlin 30 und 5000 Köln 1, erhältlich ist.

3.1 Viskosität von Schmiermitteln

Neben dieser Normzahl- und DIN-Klassifikation gibt es für Motor- und Getriebeöle auch die *SAE-Klassifikation* von der amerikanischen Society of Automotive Engineers. Nach ihr werden die Öle nicht nach einem Absolutwert der Viskosität, sondern nach einem zulässigen Viskositätsbereich unterteilt, innerhalb dem ein Öl hinsichtlich seiner Viskosität liegen muß. Die neueste Klassifizierung bezieht sich bei den Ölen ohne die zusätzliche Bezeichnung W auf den Normalbetrieb bei 210°F (98,9°C) und bei Ölen mit dem Zusatzbuchstaben W auf den Winterbetrieb bei 0°F (−17,8°C). Diese SAE-Kennzeichnung der Öle wurde auch in die DIN-Normen aufgenommen, und zwar gilt für die Motorenöle DIN 51511 und für die Getriebeöle DIN 51512. Die Viskositätsbereiche dieser Motoren- und Getriebeöle sind in Tabelle 3.6 für die Temperaturen −17,8°C und 98,9°C in

Tabelle 3.6a   SAE-Viskositätsklassen für Motoren-Schmieröle
(nach DIN 51511 Entwurf Juni 1976)

Tabelle 3.6b   SAE-Viskositätsklassen für Kraftfahrzeug-Getriebeöle
(nach DIN 51512 März 1973)

Tabelle 3.6a

SAE-Viskositätsklasse	dyn Viskosität bei −17,8°C (≙0°F)		kin Viskosität bei 98,9°C (≙210°F)	
	min. mPa s (cP)	max. mPa s (cP)	min mm²/s (cSt)	max mm²/s (cSt)
5 W	−	unter 1200		
10 W	1200[1]	unter 2400	3,9	−
20 W[3]	2400[2]	unter 9600		
20	−	−	5,7	unter 9,6
30	−	−	9,6	unter 12,9
40	−	−	12,9	unter 16,8
50	−	−	16,8	unter 22,7

[1] Diese Forderung fällt weg, wenn die kinematische Viskosität bei 98,9°C nicht unter 4,2 mm²/s (cSt) liegt.
[2] Diese Forderung fällt weg, wenn die kinematische Viskosität bei 98,9°C nicht unter 5,7 mm²/s (cSt) liegt.
[3] SAE 20W-Öle, die bei −17,8°C (≙0°F) nicht mehr als 4800 mPa s (cP) aufweisen können auch SAE 15W genannt werden.

Die SI-Einheit der dynamischen Viskosität ist die Pascalsekunde (Pa s) 1 mPa s = 1 cP
1 Pa s = 1 N s/m² = 10 Poise = 10³ Zentipoise = 10³ cP

Die SI-Einheit der kinematischen Viskosität ist m²/s.
1 mm²/s = 1·10⁻⁶ m²/s = 1 Zentistokes = 1 cSt

Tabelle 3.6b

SAE-Viskositätsklasse	kinematische Viskosität bei			
	−17,8°C (≙0°F)		98,9°C (≙210°F)	
	min. mm²/s (cSt)	max. mm²/s (cSt)	min. mm²/s (cSt)	max. mm²/s (cSt)
75	−	unter 3250	4,2	−
80	3250[1]	unter 21700		
90	−	−	14,2	unter 25,0[2]
140	−	−	25,0	unter 43,0
250	−	−	43,0	−

[1] Diese Forderung fällt weg, wenn die kinematische Viskosität bei 98,9°C nicht unter 6,7 mm²/s (cSt) liegt.
[2] Diese Forderung fällt weg, wenn die kinematische Viskosität bei −17,8°C nicht über 162900 mm²/s (cSt) liegt.

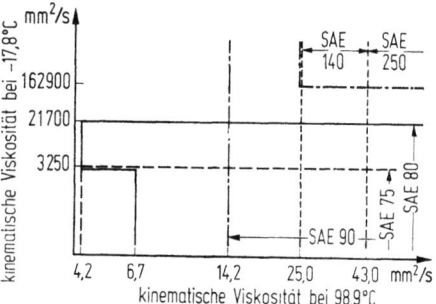

mPas $= 10^{-3}$ Ns/m² $=$ cP (dynamische Viskosität) und in mm²/s $=$ cSt (kinematische Viskosität) angegeben.

Aus der Gegenüberstellung der SAE-Öle und der Normöle in Tabelle 3.3 ist ersichtlich, daß für Öle mit gleichen Viskositäten unterschiedliche Bezeichnungen im Gebrauch sind. Die Bezeichnung richtet sich nach dem Verwendungszweck eines Öls, und zwar danach, ob das Öl als Motoren- oder als Getriebeöl verwendet wird.

In den letzten Jahren wurde von Boyd [3.3] die in Amerika von der American Society for Testing Materials ausgearbeitete ASTM-Industrieölklassifikation propagiert, die aber wegen eines fehlenden Viskositätsverlaufs in Abhängigkeit von der Temperatur den Nachteil hat, daß sie mehr auf den Handel mit Schmierölen als auf Lagerberechnungen abgestimmt ist. Die Viskositätsangabe (kinematische Viskosität) erfolgt in Saybolt-Sekunden, die auf 100 °F (37,8 °C) bezogen sind.

3.2 Einflüsse auf die Viskosität

Die Viskosität eines fluiden Stoffes ändert sich mit der Temperatur und dem Druck. Bei Flüssigkeiten wird die Viskosität mit zunehmender Temperatur kleiner und mit zunehmendem Druck größer. Für Schmieröle gilt dies ausnahmslos. Bei Siliconölen ist die Viskositätsabnahme bei einem Temperaturanstieg wesentlich kleiner als bei den sonst üblichen Mineralölen. Bei den gasförmigen Schmierstoffen, z. B. bei Luft, nimmt die Viskosität sowohl mit zunehmender Temperatur als auch mit zunehmendem Druck zu.

3.2.1 Temperaturabhängigkeit

Das Viskositäts-Temperatur-Verhalten (V-T-Verhalten) der Schmierstoffe läßt sich durch Messungen ermitteln. Die gewonnenen diskreten Meßwerte können durch Interpolationsverfahren in mathematische Beziehungen oder Formeln gebracht werden, die in einem genau festgelegten Temperaturbereich einen kontinuierlichen Zusammenhang zwischen der Viskosität und der Temperatur angeben. Da diese Interpolationspolynome für die Gleitlagerrechnungen zu unhandlich sind, hat man versucht, das V-T-Verhalten der Schmierstoffe durch einfache Potenz- und Exponentialansätze zu beschreiben. Die wichtigsten sind:

Potenzansätze von Poiseuille (1840)

$$\eta = \frac{1}{a + c(\vartheta - b)^2}, \tag{3.6}$$

von Slotte (1892)

$$\eta = \frac{A}{(\vartheta + B)^m}, \tag{3.7}$$

von Falz (1931)

$$\eta = \frac{\alpha}{(0,1\vartheta)^{2,6}}; \tag{3.8}$$

Exponentialansätze von Reynolds (1886)

$$\eta = \eta_0 \cdot \exp\left[-\beta(\vartheta - \vartheta_0)\right] \tag{3.9}$$

mit η_0 bei ϑ_0,

3.2 Einflüsse auf die Viskosität

von Vogel (1912)
$$\eta = a \cdot \exp\left(\frac{b}{\vartheta + c}\right), \tag{3.10}$$

bzw.
$$\ln \eta = \ln a + \frac{b}{\vartheta + c}.$$

In diesen Gleichungen sind η die dynamische Viskosität, die Größen a, b, c, α, β, A, B sowie η_0 schmierstoffspezifische Größen, die für jedes Schmiermittel ermittelt werden müssen, und ϑ die jeweilige Temperatur.

Tabelle 3.7 Zahlenwerte für die Koeffizienten a, b und c in der Vogelschen Gleichung (3.10) für die Temperaturabhängigkeit der dynamischen Viskosität bei den SAE-Motoren-Schmierölen

SAE-Klasse	$a \cdot 10^8$	b	c
10 W und 10 W/10	0,085 0	820,723	93,625
10 W/20	0,103 4	773,810	93,153
10 W/30	0,202 0	737,690	89,900
10 W/40	0,116 5	1 033,340	120,800
10 W/50	0,095 2	1 304,170	155,220
20 W und 20 W/20	0,135 0	737,810	77,700
20 W/30	0,144 1	811,962	93,458
20 W/40	0,167 1	793,329	83,931
20 W/50	0,094 8	1 146,250	124,700
30	0,153 1	720,015	71,123

Durch die von Vogel aufgestellte Exponentialbeziehung können die in der Praxis vorkommenden Schmieröle in ihrem V-T-Verhalten gut beschrieben werden.

Für die gebräuchlichsten SAE-Öle sind die Koeffizienten a, b und c der dimensionsbehafteten Zahlenwertgleichung (3.10) in Tabelle 3.7 zusammengestellt. Mit diesen Zahlenwerten für die Koeffizienten ergibt sich, wenn die Temperatur in Celsiusgraden eingesetzt wird, die dynamische Viskosität in kps/cm². Durch Multiplikation mit dem Faktor $9{,}80665 \cdot 10^4$ bekommt man den für die dynamische Viskosität im Internationalen Maßsystem gültigen Wert in Pa s = N s/m². Die Temperaturabhängigkeit der Viskosität, die nach diesem Vogelschen Exponentialansatz und mit den angegebenen Koeffizienten für die SAE-Öle ermittelt werden kann, ist mit logarithmischem Viskositäts- und mit linearem Temperaturmaßstab in Bild 3.1 graphisch dargestellt.

Die Abhängigkeit der dynamischen Viskosität η von der Temperatur ϑ ist im Temperaturbereich $10\,°C \leq \vartheta \leq 100\,°C$ für die Normöle nach Niemann-Cameron-Vogel [3.1 und 3.4] in Bild 3.2 dargestellt. Zum Vergleich ist auch das V-T-Verhalten von Wasser angegeben. Bei der in diesem Bild gewählten Darstellung mit dem Briggsschen Logarithmus der dynamischen Viskosität als Ordinatenmaßstab und mit dem Wert $1/(\vartheta + 95)$ (ϑ in °C) als Abszissenmaßstab sind die Viskositäts-Temperatur-Kurven Geraden. Bei linearen Maßstäben an den Koordinatenachsen ist die Viskositätsabnahme bei einer Temperaturzunahme noch deutlicher zu erkennen. In Bild 3.3 sind für die wichtigsten SAE-Öle die Viskositäts-Temperatur-Kurven ebenfalls in dem genannten Maßstab eingezeichnet. Zum Vergleich ist auch die Kurve für Siliconöl angegeben.

Die Diskussion dieser Bilder zeigt, daß bei den üblichen Schmierölen eine starke Viskositätsabnahme bei einer Temperaturzunahme zu verzeichnen ist und bei Siliconölen die Temperaturabhängigkeit der Viskosität sehr viel geringer ist.

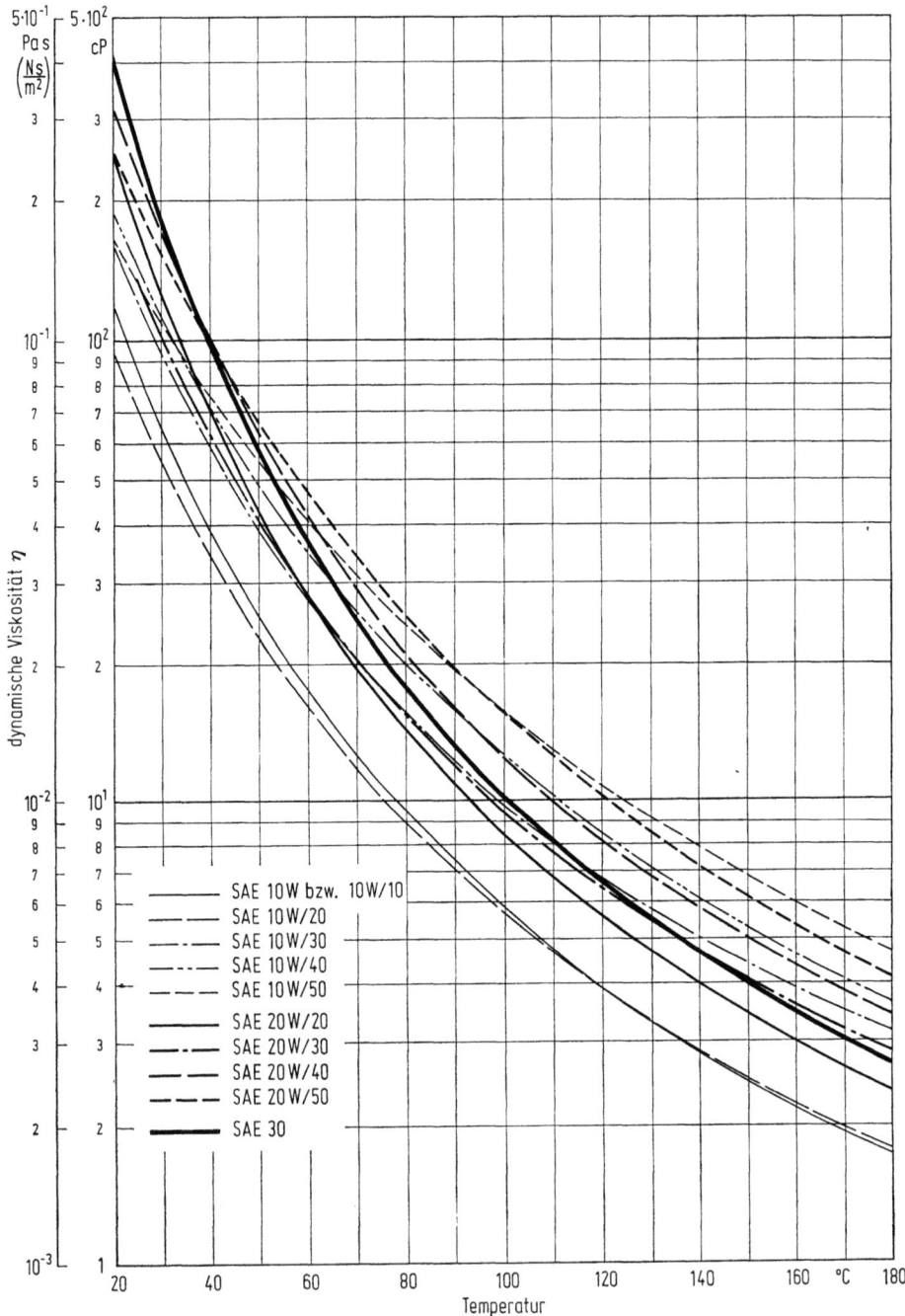

Bild 3.1 Viskositäts-Temperatur-Verhalten von SAE-Ölen

3.2 Einflüsse auf die Viskosität

Siliconöle haben das beste V-T-Verhalten von Schmierölen und einen sehr breiten Temperatur-Einsatzbereich. Dieser geht in grober Abschätzung von $-70\,°C$ bis $+250\,°C$. Die Benetzungsfähigkeit der Siliconöle gegenüber Stahl ist schlechter als die der Mineralöle. Es fehlt ihnen daher eine gute Druckaufnahmefähigkeit und eine große Schmierwirkung.

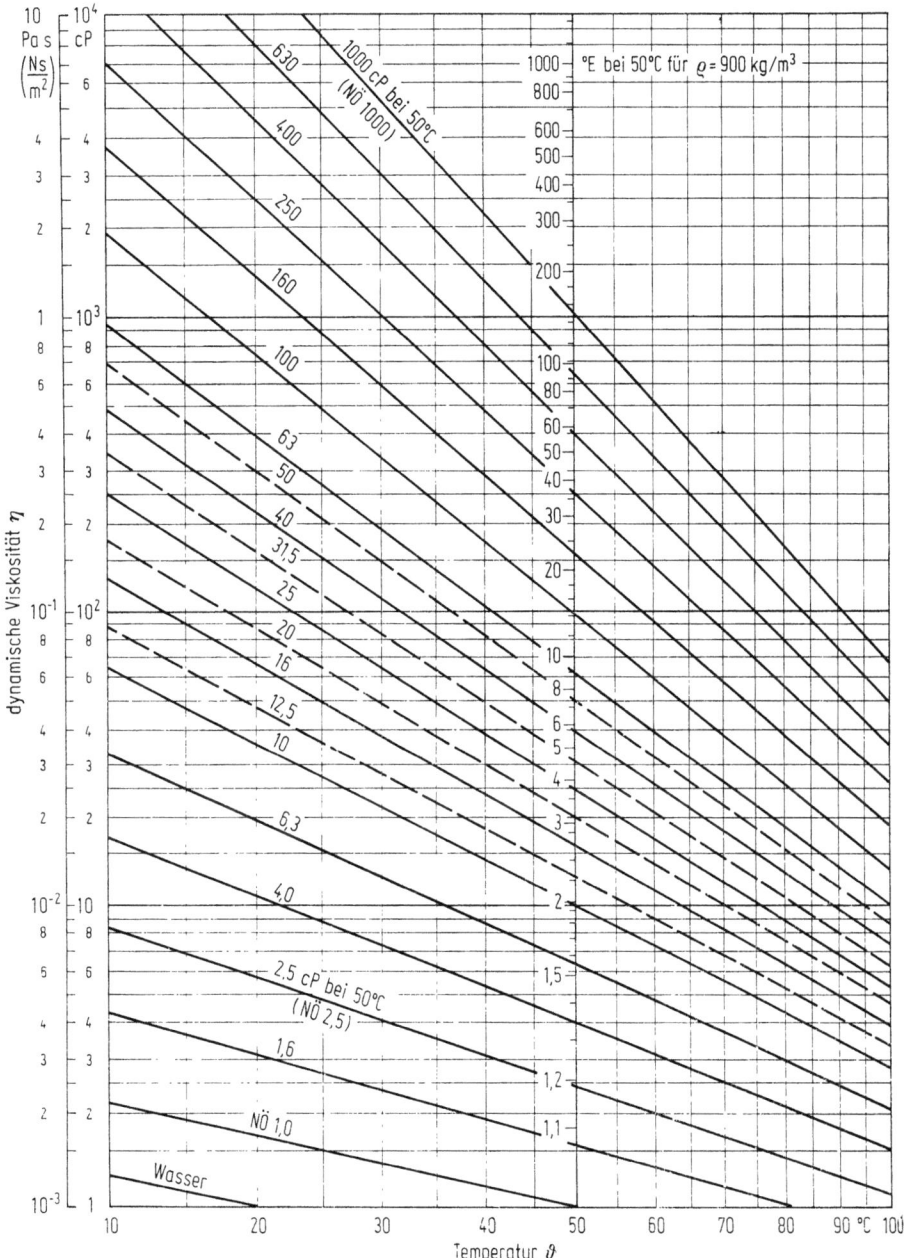

Bild 3.2 Viskositäts-Temperatur-Verhalten der Normöle nach Niemann-Cameron-Vogel [3.1 u. 3.20]

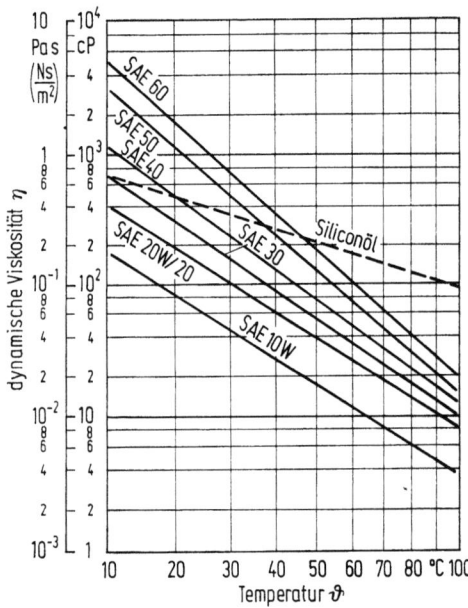

Bild 3.3
Viskositäts-Temperatur-Verhalten der wichtigsten SAE-Öle und von Siliconöl

Speziell für die Viskosität von Gasen in Abhängigkeit von der Temperatur hat Sutherland (1893) unter Berücksichtigung der kinetischen Theorie der Gase die Beziehung

$$\eta = \frac{B\sqrt{T}}{1+\dfrac{C}{T}} \qquad (3.11)$$

aufgestellt.. T ist die absolute Temperatur, und B und C sind stoffspezifische Größen. In der folgenden Tabelle 3.8 sind für die wichtigsten Gase nach Vogel-

Tabelle 3.8 Dynamische Viskosität η_0, Dichte ϱ_0, kinematische Viskosität ν_0 für die Temperatur ϑ_0 und die Werte der Sutherlandschen Konstanten B und C von Gasen und Dämpfen ($p = 760$ mm Hg)

	ϑ_0 °C	η_0 cP	$\varrho_0 \cdot 10^3$ g cm^{-3}	ν_0 cSt	$B \cdot 10^3$	C	Temperaturbereich °C
Acetylen	20	0,01020	1,091	9,35	0,998	198,2	20 bis 120
Ammoniak	20	0,00982	0,718	13,7	1,801	626	20 bis 450
Kohlendioxyd	0	0,01366	1,977	6,92	1,655	274	0 bis 100
Kohlenmonoxyd	0	0,01665	1,250	13,32	1,377	101	−78 bis +250
Luft	0	0,01710	1,293	13,2	1,503	123,6	0 bis 400
Sauerstoff	0	0,01920	1,429	13,4	1,747	138	0 bis 80
Schwefeldioxyd	0	0,01168	2,927	3,99	1,784	416	0 bis 100
Stickstoff	0	0,01665	1,251	13,32	1,378	103	−78 bis +250
Wasserdampf ($p = 1$ kp/cm^2)	99	0,01255	0,579	21,7	1,823	673	100 bis 350
Wasserstoff	0	0,00850	0,0899	94,5	0,671	83	−40 bis +250

3.2 Einflüsse auf die Viskosität   39

pohl [3.1] die dynamische Viskosität η_0, die Dichte ϱ_0, die kinematische Viskosität ν_0 für die Bezugstemperatur ϑ_0 und die Stoffgrößen B und C für einen zulässigen Temperaturbereich zusammengestellt.

3.2.1.1 Richtungskonstante der V-T-Geraden

Das Viskositäts-Temperatur-Verhalten kann in sehr guter Näherung nach DIN 51563 mit der von Ubbelohde [3.5] und Walther [3.6] empirisch gefundenen V-T-Gleichung durch die Richtungskonstante m ausgedrückt werden. Diese läßt sich aus zwei verschiedenen Temperaturen T_1 bzw. T_2 und den bei diesen Temperaturen vorhandenen kinematischen Viskositäten ν_1 bzw. ν_2 nach folgender Zahlenwertgleichung ermitteln:

$$m = \frac{W_1 - W_2}{\log T_2 - \log T_1} \qquad (3.12)$$

Hierin bedeuten:

m = Richtungskonstante der V-T-Geraden,
$W = \log \log (\nu + 0{,}8)$,
ν = kinematische Viskosität in cSt,
T = Temperatur in K.

Die beiden Prüftemperaturen T_1 und T_2 sollen um mindestens 50 K auseinanderliegen, und die bei der jeweiligen Temperatur vorliegende kinematische Viskosität ν soll nach DIN 51550 gemessen werden.

Durch Umformen von Gl. (3.12) kann bei einer bekannten Zuordnung der Temperatur und der kinematischen Viskosität (1 Wertepaar (T, ν)) und bei vorgegebener Richtungskonstanten m auf die noch unbekannte kinematische Viskosität bei einer anderen Temperatur geschlossen werden.

Neben dieser rechnerischen Methode ist in DIN 51563 auch ein graphisches Verfahren angegeben, das sich sowohl zur Bestimmung der Richtungskonstanten m als auch zur Inter- und Extrapolation von kinematischen Viskositäten und Temperaturen eignet. Für dieses graphische Verfahren ist nach Ubbelohde [3.5] ein V-T-Blatt vorgegeben, in dem die Koordinaten so gewählt sind, daß die V-T-Funktion als Gerade erscheint. Speziell zur Bestimmung der Richtungskonstanten m sind in diesem V-T-Blatt zwei Hilfsmaßstäbe I und II sowie ein Maßstab oder eine Leiter für die Richtungskonstante m eingezeichnet. Die Richtungskonstante m wird in der Weise ermittelt, daß man den Schnittpunkt der V-T-Geraden mit dem Hilfsmaßstab I ermittelt und dann von der mit der gleichen Zahl bezeichneten Stelle der anderen Hälfte des Hilfsmaßstabs I eine Gerade zum Schnittpunkt der V-T-Geraden mit dem Hilfsmaßstab II zieht. Der Schnittpunkt dieser Geraden mit der m-Leiter gibt den gesuchten Wert für die Richtungskonstante.

3.2.1.2 Viskositätsindex

Dean und Davis haben 1929 den Viskositätsindex VI als Maß (konventionelle Kenngröße) für die Beurteilung der Steilheit der Viskositäts-Temperatur-Abhängigkeit eines Mineralöles vorgeschlagen, wobei als Maß für die kinematische Viskosität die Saybolt-Sekunde dient. 1935 wurde von Hersh, Fischer und Fenske der Viskositätsindex für cSt als Maß der kinematischen Zähigkeit definiert. In der DIN 51564 ist die Berechnung des Viskositätsindex für Mineralöle aus der kinematischen Zähigkeit festgelegt. Es werden zwei Verfahren angewendet: Verfahren A für $0 \leq \text{VI} < 100$ und Verfahren B für $\text{VI}_E \geq 100$ (VI_E = Viscosity Index Extension). Wegen möglicher Doppeldeutigkeiten des VI und wegen der bedeutend kleineren Toleranzbreite der VI-Bereiche (Bild 3.4) im Vergleich zu den Toleranzbereichen, die wegen der unterschiedlichen Ausgangsbeschaffenheit der Rohöle möglich sind und auch zugestanden werden, sollte der VI bei Gleit-

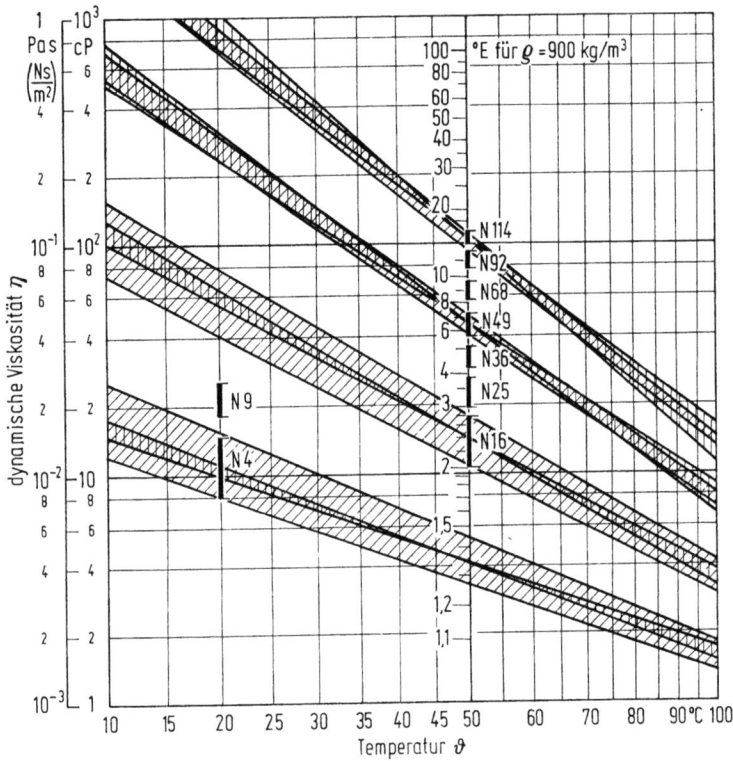

Bild 3.4 Bereiche der Toleranzen (schräg schraffiert) für die Normalschmieröle nach DIN 51501 und des Viskositätsindex nach Dean und Davis (senkrecht schraffiert) [3.1]

lagerberechnungen nicht mehr verwendet werden. Ein größerer Zahlenwert für den Viskositätsindex weist auf eine geringere Temperaturabhängigkeit der Viskosität hin.

3.2.2 Druckabhängigkeit

Hinsichtlich der Druckabhängigkeit der Viskosität von Schmiermitteln wurden von Kiesskalt [3.7] und Bradbury, Mark und Kleinschmidt [3.8] zahlreiche Messungen durchgeführt und auch Formeln aufgestellt. Im Prinzip können für die Druckabhängigkeit wie bei der Temperaturabhängigkeit Potenz- und Exponentialansätze unterschieden werden.

3.2 Einflüsse auf die Viskosität

Diese sind:

Potenzansatz von Kiesskalt (1927)

$$\eta = \eta_0 k^{(p-p_0)/p_0}, \tag{3.13}$$

Exponentialansätze von Cameron (1945)

$$\eta(\vartheta, p) = \eta(\vartheta, p = p_0) \cdot \exp\left(\frac{d}{\vartheta + e'} \cdot \frac{p - p_0}{p_0}\right), \tag{3.14}$$

von Fuller (1950)

$$\eta(p) = \eta_0 \cdot \exp(B'p). \tag{3.15}$$

In diesen Gleichungen sind η_0 die dynamische Viskosität bei p_0, k, d, e' und B' schmierstoffspezifische Größen, ϑ die Temperatur und p der Druck. Für den Viskositäts-Druckkoeffizienten k in Gl. (3.13) hat Kiesskalt folgende Werte angegeben:

$$\ln k = 0{,}000\,674 \cdot \log\left|\frac{d\eta_0}{d\vartheta}\right| + 0{,}003\,26 \tag{3.16}$$

für Mineralöle

und

$$\ln k = 0{,}000\,286\,2 \cdot \log\left|\frac{d\eta_0}{d\vartheta}\right| + 0{,}001\,63 \tag{3.17}$$

für Fettöle.

In den Zahlenwertgleichungen (3.16) und (3.17) ist $d\eta_0/d\vartheta$ der Temperaturgradient der dynamischen Viskosität mit der Einheit P/K (Poise/Grad Kelvin).

Für den Exponenten B' in der von Fuller angegebenen Gl. (3.15) läßt sich für ein SAE 20-Öl der Wert $B' = 2{,}22 \cdot 10^{-4}$ cm²/N angeben.

In der DIN 2202 ist das Viskositäts-Druckverhalten (V-P-Verhalten) für naphthenbasische (überwiegend ringförmige Kohlenwasserstoffverbindungen) und paraffinbasische (überwiegend langkettige Kohlenwasserstoffverbindungen) Mineralöle unterschiedlicher Viskosität durch den Exponentialansatz

$$\eta_{/p} = \eta_0 \cdot \exp(\alpha p) \tag{3.18}$$

dargestellt, der dem von Fuller identisch ist.

Der Exponent α ist die Steigung der ln η-p-Kurve bei konstanter Temperatur. Er wird auch Viskositäts-Druckkoeffizient genannt.

Für die bereits genannten unterschiedlichen Mineralöle sind in Tabelle 3.9 neben anderen physikalischen Stoffdaten die Werte für den Viskositäts-Druckkoeffizienten α zusammengestellt. Man sieht, daß mit zunehmender Temperatur der Wert für α größer wird und die Werte für den Viskositäts-Druckkoeffizienten α bei den paraffinbasischen Mineralölen größer sind als bei den naphthenbasischen Mineralölen.

Kuss [3.9] zeigt durch die Darstellung des Viskositäts-Druckverhaltens von 30 z. T. sehr extrem liegenden Ölen in einem Dreiecksdiagramm mit den Gehalten an Aromaten, Naphthenen und Paraffinen als Koordinatenachsen, daß die anteilmäßige Zusammensetzung eines Öles aus diesen drei Komponenten (Watermananalyse!) keine eindeutige Aussage über das V-P-Verhalten zuläßt. Für eine erste grobe Abschätzung des Viskositäts-Druckverhaltens gibt Kuss ein auf Grund von zahlreichen Meßergebnissen aufgestelltes Diagramm (Bild 3.5) an, in dem der

Tabelle 3.9 Physikalische Daten (Dichte, dynamische Viskosität, Viskositätsindex, Viskositäts-Druck-Koeffizient, spez. Wärme, Wärmeleitkoeffizient, Stockpunkt und Flammpunkt) für Mineralöle (nach VDI-Richtlinie 2202)

Größen	Mineralöle					
	Naphthenbasisch			Paraffinbasisch		
	Spindelöl	Leichtes Masch.-Öl	Schweres Masch.-Öl	Leichtes Masch.-Öl	Schweres Masch.-Öl	Brightstock
Dichte ϱ in g/cm³ bei 15 °C	0,869	0,887	0,904	0,869	0,882	0,898
Dynamische Viskosität η in Ns/m² bei 20 °C	0,034	0,087	0,405	0,102	0,340	2,200
50 °C	0,0088	0,017	0,052	0,0205	0,054	0,238
100 °C	0,0024	0,0039	0,0075	0,0043	0,0091	0,0268
Viskositätsindex VI (ca.-Werte)	92	68	38	95	95	95
Pourpoint (Stockpunkt) in °C	−43	−40	−29	−9	−9	−9
Viskositäts-Druck-Koeffizient[a] α in m²/N bei 30 °C	$2,0 \cdot 10^{-8}$		$2,8 \cdot 10^{-8}$	$2,17 \cdot 10^{-8}$	$2,37 \cdot 10^{-8}$	
60 °C	$1,6 \cdot 10^{-8}$		$2,3 \cdot 10^{-8}$	$1,85 \cdot 10^{-8}$	$2,05 \cdot 10^{-8}$	
100 °C	$1,3 \cdot 10^{-8}$		$1,8 \cdot 10^{-8}$	$1,42 \cdot 10^{-8}$	$1,58 \cdot 10^{-8}$	
Spez. Wärme in J/(kg K) bei 30 °C	1880	1860	1850	1960	1910	1880
60 °C	1990	1960	1910	2020	2010	1990
100 °C	2120	2100	2080	2170	2150	2120
Wärmeleitkoeffizient in W/(m K) bei 30 °C	0,132	0,130	0,128	0,133	0,131	0,128
60 °C	0,131	0,128	0,126	0,131	0,129	0,126
100 °C	0,127	0,125	0,123	0,127	0,126	0,123
Temperatur, bei der der Dampfdruck 0,001 mm Hg ($\triangle$ 0,133 N/m²) beträgt, in °C	35	60	95	95	110	125
Flammpunkt im offenen Tiegel in °C	163	175	210	227	257	300

[a] Durchschnittswerte im Druckbereich $0 - 34,5 \cdot 10^8$ N/m²

Verlauf des Viskositäts-Druckkoeffizienten α bezogen auf die Anilintemperatur T_A über einer korrigierten Dichte d^*, die nach Waterman [3.10] den Aromaten- und den Schwefelgehalt berücksichtigt, dargestellt ist. Diese Versuchsergebnisse beziehen sich auf Messungen bei 25 und 80 °C und zeigen, daß mit zunehmender korrigierter Dichte d^* der Wert für α/T_A progressiv größer wird.

In letzter Zeit geht man bei der Berechnung von Gleitlagern von der Cameronschen Gleichung (3.14) aus und drückt darin die von der Temperatur abhängige Viskosität $\eta(\vartheta, p = p_0) = \eta(\vartheta)$ durch die Vogelsche Beziehung (3.10) aus. Die so sich ergebende Zustandsgleichung für das Schmiermittel ist die Vogel-Cameron-Gleichung. Sie lautet:

$$\eta(\vartheta, p) = a \cdot \exp\left[\frac{b}{\vartheta + c} + \left(\frac{d}{\vartheta + e'} \cdot \frac{p - p_0}{p_0}\right)\right] \qquad (3.19)$$

3.2 Einflüsse auf die Viskosität

bzw. für $p_0 = 1$ kp/cm²

$$\eta(\vartheta, p) = a \cdot \exp\left(\frac{b}{\vartheta + c} + \frac{d}{\vartheta + e'} \cdot p\right). \quad (3.20)$$

Für ein Öl der Klasse SAE 30 gilt nach Tabelle 3.7 und nach Motosh [3.11] bzw. Cameron [3.12] die Beziehung

$$\eta = 0{,}1531 \cdot 10^{-8} \cdot \exp\left(\frac{720{,}015}{\vartheta + 71{,}123} + \frac{0{,}2}{\vartheta + 52} \cdot p\right) \text{ kp s/cm}^2,$$

wenn p in kp/cm² und ϑ in °C eingesetzt werden.

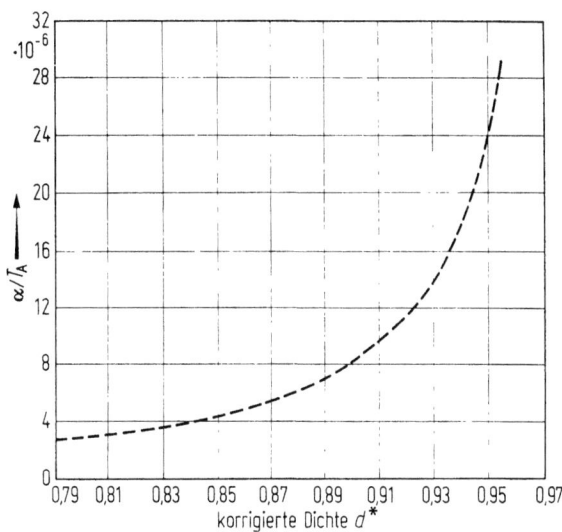

Bild 3.5 Viskositäts-Druck-Verhalten von Mineralölen nach [3.9]

Für die Temperatur- und Druckabhängigkeit von Schmierölen hat Hakansson [3.13] die Formel

$$\eta = \eta_E \cdot \exp\left(-k(\vartheta - \vartheta_E) + lp\right) \quad (3.21)$$

aufgestellt, in der ϑ_E die Schmieröleintrittstemperatur im Lager, η_E die bei dieser Temperatur vorliegende dynamische Viskosität, k eine Kenngröße für das Viskositäts-Temperatur-Verhalten und l eine Kenngröße für das Viskositäts-Druck-Verhalten sind.

In Bild 3.6 nach Fuller [3.14] ist für Mineralöle unterschiedlicher Provenienz der Verlauf der dynamischen Viskosität η in Abhängigkeit vom Druck bis zu etwa 1000 bar dargestellt. Man sieht, daß die Viskosität mit zunehmendem Druck progressiv zunimmt.

3.2.2.1 Zeitabhängigkeit des Viskositäts-Druck-Verhaltens

Das Viskositäts-Druck-Verhalten bei viskosen Stoffen, insbesondere bei Schmierstoffen, ist, wie neuere Forschungen von Moynihan [3.15], Paul und Cameron [3.16] sowie Gentle und Paul [3.17] zeigen, keine statische sondern eine dynamische

Eigenschaft. Der Druckexponent α in Gl. (3.18) ist nicht konstant. Er ist abhängig vom zeitlichen Druckanstieg, d. h. von der Druckänderung und der Zeit innerhalb der die Druckänderung erfolgt. Bei Lagern oder allgemein bei Problemen der elastohydrodynamischen Schmierung ist besonders die Zeitspanne von Einfluß, innerhalb der das Schmiermittel die Lager- oder die Druckstelle passiert. Grundsätzlich kann gesagt werden, daß der Druckkoeffizient α zu Beginn der Druckänderung am größten ist, dann mit zunehmender Drucksteigerung kleiner wird und schließlich mit noch größer werdenden Drücken wieder ansteigt. Eine Änderung von α im Rahmen einer oder sogar mehrerer Zehnerpotenzen ist dabei

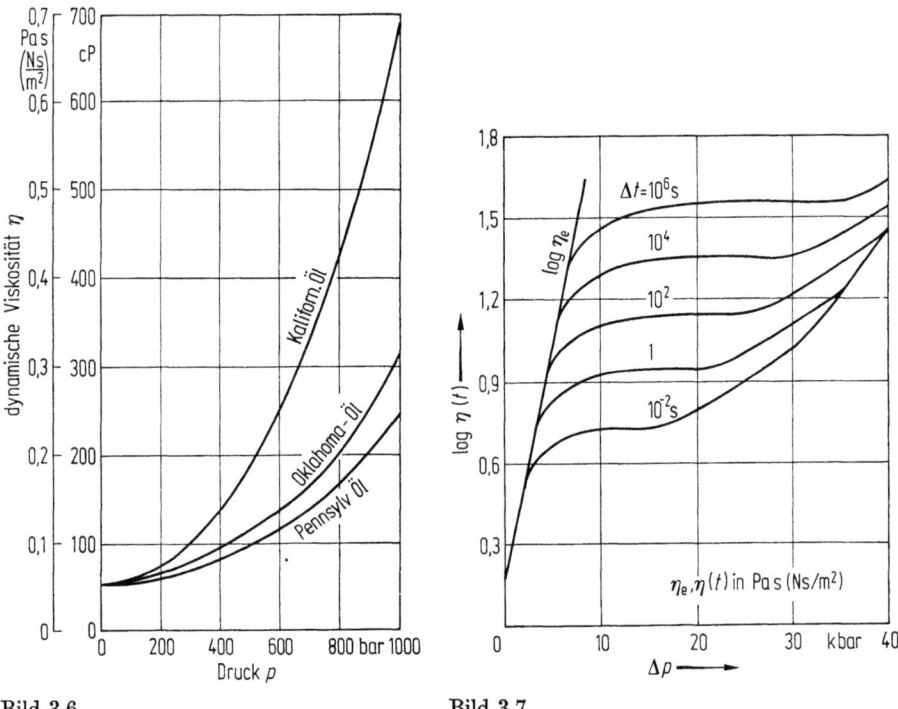

Bild 3.6

Bild 3.7

Bild 3.6 Viskositäts-Druck-Verhalten von Mineralölen unterschiedlicher Provenienz nach [3.14]

Bild 3.7 Viskositäts-Druck-Verhalten bei unterschiedlich langer Druckeinwirkzeit für das Schmiermittel 5P4E bei 30 °C nach [3.15]
(η_e = Gleichgewichtsviskosität)

durchaus gegeben. Qualitativ ist diese Abhängigkeit in Bild 3.7 grafisch dargestellt. Die in jedem Augenblick vorliegende dynamische Viskosität $\eta(t)$ ist über der Druckänderung Δp mit der Druckeinwirkzeit Δt oder der Zeit, in der das Schmiermittel die Lagerstelle durchläuft, als Parametergröße aufgetragen. Man sieht, daß nur zu Beginn der Drucksteigerung die dynamische Viskosität $\eta(t)$ die Größe der „Gleichgewichtsviskosität" η_e erreicht, die bei langsamer Druckänderung und bei längerem Einwirken des Druckes — z. B. bei einem stationären Versuch — vorliegen würde.

Als Gründe für das instationäre Verhalten der dynamischen Viskosität der Schmiermittel bei schneller Änderung der Drücke und der Scherspannungen werden in [3.15] angegeben:

1. Die Zeitspanne für den Durchfluß des Schmiermittels durch die Druckstelle kann viel kürzer sein als die Zeit, die erforderlich ist, damit verzögert auftretende elastische Einflüsse verschwinden, die den Beanspruchungsimpulsen folgen. Dies bedeutet, daß verzögerte elastische Einflüsse in diesen kurzzeitigen Fällen noch zum Tragen kommen. Die momentane Viskosität ist dadurch sehr viel kleiner als die bei einem stationären oder auch quasistationären Belastungszustand.

2. Die schnellen Druckanstiege induzieren in der Struktur des Schmiermittels Änderungen, die in einer Zeitspanne auftreten, die im Regelfall wesentlich länger ist als die Zeitspanne für die Relaxation der Scherspannungen unter Berücksichtigung der verzögerten elastischen Einflüsse. Die momentane Viskosität ist hochgradig von der augenblicklichen Schmiermittelstruktur abhängig, die ihrerseits wiederum einen sofortigen großen Druckanstieg bewirkt.

3.3 Dichte, spezifische Wärme und Wärmeleitkoeffizient von Schmiermitteln

3.3.1 Dichte von Schmiermitteln

Die Dichte der Schmiermittel hängt von der Temperatur und von dem Druck ab. Grundsätzlich ist es bei Schmierölen so, daß die Dichte ϱ mit zunehmender Temperatur ϑ abnimmt und mit zunehmendem Druck p zunimmt. Im Temperaturbereich 0 bis 100 °C, der beim Einsatz von Schmierölen in Frage kommt, ist bei fast allen Schmierölen eine Dichteabnahme von ca. 5% zu verzeichnen. Etwa die gleiche Zunahme der Dichte ist bei einer Drucksteigerung von 0 auf 1000 bar in Rechnung zu stellen.

Für Öle kann in erster Näherung die Temperaturabhängigkeit der Dichte nach der Beziehung [3.1]

$$\varrho = \varrho_{20}[1 - 65 \cdot 10^{-5} \cdot (\vartheta - 20)] \tag{3.22}$$

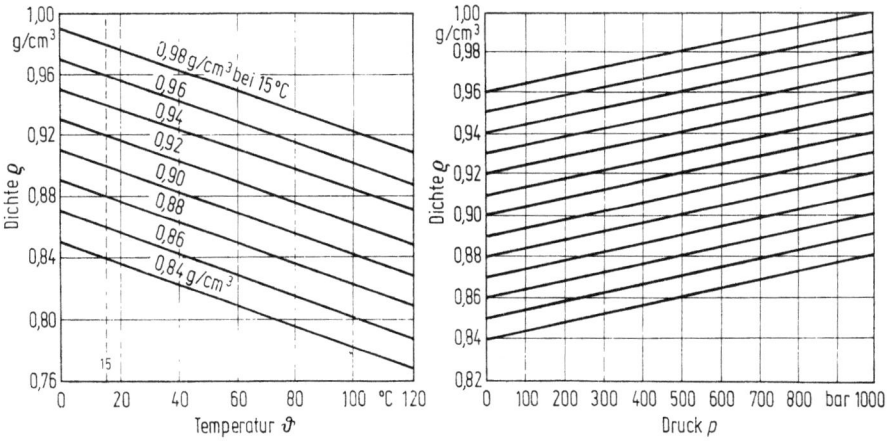

Bild 3.8 Abhängigkeit der Dichte ϱ von der Temperatur ϑ und vom Druck p nach [3.21]. ϱ_{20} = Dichte bei $\vartheta = 20\,°C$; ϱ_0 = Dichte bei $p_0 = 0$ bar

numerisch ermittelt werden, wenn ϱ_{20} die Dichte in g/cm³ bei 20°C und ϑ in °C eingesetzt werden. Gleichung (3.22) und Bild 3.8 zeigen, daß die Dichte mit zunehmender Temperatur linear abnimmt.

Für die Druckabhängigkeit der Dichte kann nach [3.1] bei Schmierölen ebenfalls die einfache und für praktische Rechnungen auch genügend genaue Beziehung

$$\varrho = \varrho_0[1 + 45{,}89 \cdot 10^{-6} \cdot (p - p_0)] \quad (3.23)$$

herangezogen werden. ϱ_0 ist darin die Dichte in g/cm³ beim Druck p_0, und p ist der jeweilige Druck in bar. Nach Gl. (3.23) besteht zwischen der Dichte und dem Druck ein linearer Zusammenhang, und zwar wird die Dichte mit zunehmendem Druck größer (Bild 3.8).

3.3.2 Spezifische Wärme und Wärmeleitkoeffizient von Schmiermitteln

Für die richtige Dimensionierung eines Gleitlagers, insbesondere zur Ermittlung des Schmiermittelbedarfs ist die Kenntnis der spezifischen Wärme c und des Wärmeleitkoeffizienten λ des Schmiermittels erforderlich.

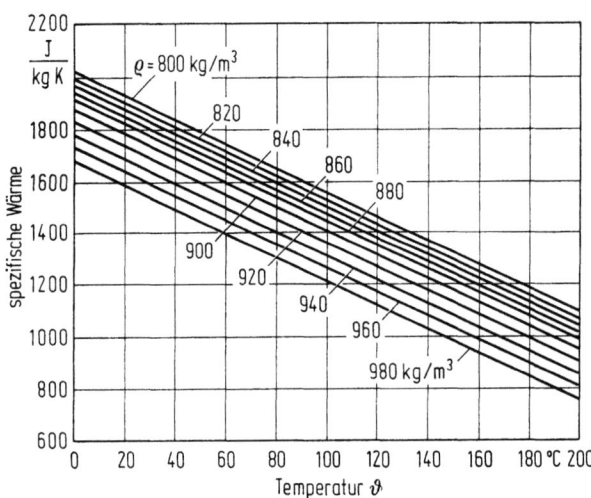

Bild 3.9 Spezifische Wärme von Mineralölen unterschiedlicher Dichte

Nach Kraussold [3.18] kann die spezifische Wärme c für Schmieröle nach der Gleichung

$$c = a + b \cdot (\vartheta - 15) \quad (3.24)$$

mit $\quad a = 0{,}934 - 0{,}56 \cdot \varrho_{15}$ für $\varrho_{15} > 0{,}9$ g/cm³

bzw. $\quad a = 0{,}711 - 0{,}308 \cdot \varrho_{15}$ für $\varrho_{15} \leqq 0{,}9$ g/cm³

und $\quad b = 0{,}0011$

ermittelt werden, wenn ϑ in °C und ϱ_{15} die Dichte bei 15°C in g/cm³ eingesetzt werden und für die spezifische Wärme die Einheit kcal/kg grd verbindlich ist. Zur Umrechnung in die im Internationalen Einheitsystem gültige Einheit J/kgK muß der Zahlenwert bei der Einheit kcal/kg grd mit dem Faktor 4186,8 multipliziert werden. Die grafische Darstellung in Bild 3.9 der in Gl. (3.24) angegebenen Beziehung zeigt, daß zwischen der spezifischen Wärme c und der Temperatur ϑ ein linearer Zusammenhang besteht.

Für den Wärmeleitkoeffizienten λ von Schmierölen sind in der Literatur nur wenige Angaben zu finden. Henning [3.19] hat für einige spezielle Öle Messungen hinsichtlich der Wärmeleitfähigkeit durchgeführt. Seine Ergebnisse sind in der folgenden Tabelle 3.10 zusammengestellt. Ein Vergleich mit den λ-Werten von Stahl oder anderen metallischen Werkstoffen, die in Gleitlagern verwendet werden, zeigt, daß die Schmiermittel, insbesondere die Schmieröle, sehr schlechte Wärmeleiter sind.

Eine Temperatur- und eine Druckabhängigkeit des Wärmeleitkoeffizienten kann bei Schmierölen unter den in der Lagertechnik auftretenden Bedingungen in den meisten Fällen unberücksichtigt bleiben.

Tabelle 3.10   Wärmeleitkoeffizient λ für Schmiermittel bei $\vartheta = 50\,°C$. ϱ = Dichte in g/cm³ bei 20°C für Öle bzw. bei 25°C für Glyzerin-Wasser-Gemische

Flüssigkeit	ϱ $\frac{g}{cm^3}$	λ $\frac{kcal}{m\,h\,grd}$	λ $\frac{mkp}{m\,s\,grd}$	λ $\frac{W}{mK}$
Olivenöl	0,91	0,143	0,0170	0,1667
Rizinusöl	0,96	0,153	0,0181	0,1775
Paraffinöl	0,81	0,105	0,0125	0,1225
Spindelöl	–	0,122	0,0145	0,1422
Transformatorenöl	0,84	0,111	0,0132	0,1294
Zylinderöl	0,89	0,130	0,0154	0,1510
Zylinderöl (Magnet A)	0,87	0,120	0,0143	0,1402
Glyzerin-Wasser-Gemisch				
Gewichtsprozent Glyzerin 0	0,997	0,550	0,0652	0,6393
Gewichtsprozent Glyzerin 20	1,045	0,487	0,0578	0,5668
Gewichtsprozent Glyzerin 40	1,097	0,423	0,0502	0,4923
Gewichtsprozent Glyzerin 60	1,151	0,358	0,0425	0,4167
Gewichtsprozent Glyzerin 80	1,206	0,294	0,0349	0,3422
Gewichtsprozent Glyzerin 100	1,258	0,246	0,0292	0,2863

3.4   Aufbau, Eigenschaften und Einsatz von Schmiermitteln

Bis ins 19. Jahrhundert wurden zur Schmierung fast ausschließlich pflanzliche und tierische Öle und Fette verwendet. Diese haben aber den großen Nachteil, daß sie schnell altern, verharzen und die metallischen Oberflächen angreifen.

Mit der Entdeckung des Erdöls kamen dann dieses selbst und dessen Destillationsprodukte als Schmiermittel auf den Markt. Sie sind unter der großen Gruppe der Mineralöle zusammengefaßt und bestehen hauptsächlich aus Kohlenwasserstoffen [3.20 und 3.21].

Im Prinzip werden folgende Gruppen unterschieden:

1. *Normalparaffinische* (= paraffinische) oder gestreckt kettenparaffinische gesättigte Kohlenwasserstoffe. Die ungesättigten Verbindungen — die Olefine — sind selten.

2. *Iso-paraffinische* oder verzweigt kettenparaffinische Kohlenwasserstoffe. Sie weisen in der Struktur neben den gestreckten Ketten noch kleine Abzweigketten auf. Sie werden auch als *aliphatische* Kohlenwasserstoffe bezeichnet.

3. *Zyklische Paraffine* oder Ringparaffine mit weniger Wasserstoffatomen im Molekül als die paraffinischen und aliphatischen Kohlenwasserstoffe. Sie werden auch *naphthenische* Kohlenwasserstoffe genannt. Beim Auftreten von Doppelbindungen in den Ringen spricht man auch von *aromatischen* Kohlenwasserstoffen.

Für Schmieröle kommen praktisch nur die paraffinischen und die naphthenischen Kohlenwasserstoffverbindungen in Frage. Erdöle aus Pennsylvanien sind vorwiegend kettenparaffinisch, wogegen Erdöle aus Mexiko und Venezuela größtenteils ringparaffinisch sind. Erdöle aus Baku, Rumänien, Arabien und Deutschland sind meistens Mischungen aus paraffinischen und naphthenischen Kohlenwasserstoffen.

Grundsätzlich kann gesagt werden, daß kettenparaffinische Schmieröle eine bessere Alterungsbeständigkeit, ein besseres Viskositäts-Temperatur-Verhalten, höhere Flammpunkte und auch höhere Stockpunkte haben als die ringparaffinischen oder naphthenischen Schmieröle. Die naphthenischen Schmieröle zeichnen sich ihrerseits wiederum durch niedrige Stockpunkte und damit Einsatzbereiche bei tieferen Temperaturen, natürliches Dispergiervermögen und weichere Rückstände beim Verkoken aus.

3.4.1 Destillate

Destillate sind in der Schmiertechnik solche Stoffe, die aus Rohöl durch Destillation gewonnen werden. Sie werden im Maschinenbau vornehmlich bei „Durchlaufschmierungen" verwendet. Wegen der spezifischen Ölalterung durch Zersetzung und Polymerisation ist besonders bei höheren Temperaturen keine gute Alterungsbeständigkeit gegeben.

3.4.2 Raffinate

Raffinate sind Schmieröle, die durch Raffination aus Destillaten gewonnen werden. Sie haben eine geringere Dichte, einen höheren Flammpunkt, ein besseres Viskositäts-Temperatur-Verhalten und eine bessere Alterungsbeständigkeit. Scharf ausraffinierte Öle sind sehr alterungsbeständig, haben aber keine gute Schmierwirkung. Als „Weißöle" werden sie zur Schmierung von Maschinen im Bereich der Textilindustrie eingesetzt, weil sie leicht auswaschbar sind.

3.4.3 Fettöle oder gefettete Öle

Die reinen Mineralöle haben gegenüber den pflanzlichen und tierischen Ölen den Nachteil der kleineren Schmierwirkung und den Vorteil der besseren Alterungsbeständigkeit. Aus diesem Grund wird auch eine Kombination beider Öle als Schmiermittel angewendet. Man spricht dann von Fettölen oder gefetteten Ölen. Diese Fettöle haben eine geringere Grenzflächenspannung gegen Metalle als die reinen Mineralöle und haben dadurch für Metalloberflächen eine sehr gute Benetzungsfähigkeit. Sie beinhalten ferner polare Bestandteile (Dipolwirkung!), die die gute Haftung an den Lageroberflächen ergeben. Durch ihren Gehalt an freien Fettsäuren kommt es auf den Metalloberflächen zur Bildung von Metallseifen, die sehr grenzflächenaktiv sind und beim Versagen der normalen Schmierung noch

Notlaufeigenschaften aufweisen. Fettöle haben den Nachteil, daß sie besonders bei höheren Temperaturen eintrocknen und schnell oxydieren („Verharzen"!). Sie werden bei der Metallumformung (als sogenannte Ziehöle!) und bei der Durchlaufschmierung hochbelasteter Lager verwendet.

3.4.4 Legierte Öle

Legierte Öle sind Schmieröle, die besondere Wirk- oder Zusatzstoffe (*Additive*) enthalten. Die Grundöle sind meistens hochwertige Raffinate oder aber auch Syntheseöle. Destillate werden selten legiert. Die Zusatzstoffe sind ölfremde, aber fast immer öllösliche Stoffe mit einer Dichte, die der des Grundöles etwa entspricht.

Wichtige Additive sind:

1. Antioxydantien oder Oxydationsinhibitoren.

    Sie werden stark beanspruchbaren Ölen zugesetzt und verhindern oder verzögern die Oxydation des Schmieröls bei hohen Temperaturen. Es sind meistens Barium- oder Zink-Dialkyldithiophosphate (ZDDP).

2. Dispersants.

    Sie haben die Eigenschaft, das Absetzen von Abriebsteilchen, Stäuben, Ascheteilchen, Ruß und Alterungsprodukten zu vermeiden.

3. Detergents.

    Sie lösen bereits gebildete Krusten, Ölkohleansätze und Verbrennungsrückstände und werden vor allem den Verbrennungsmotorenölen beigegeben. Die bisher üblichen Additive, Metallsulfonate oder -phenolate, -naphthenate und -dithiophosphate, die selbst Asche bilden, werden neuerdings durch aschefreie Polymethacrylate oder durch „*HD-Additive*" (heavy duty-Zusätze) auf der Basis Schwefel-Phosphor-Verbindungen (z. B. Zink-Dialkyldithiophosphate) abgelöst. Diese „HD-Additive" haben sogar kombinierte Wirkungen. Sie sind gleichzeitig Antioxydantien, Dispersants, Detergents und Korrosionsinhibitoren.

4. Extrem-Pressure-Zusätze (EP-Zusätze).

    Sie dienen der Steigerung der Schmierwirkung und der Druckaufnahme. Sie können physikalisch oder chemisch wirken.
    Physikalisch wirkende Substanzen sind polare Stoffe (Dipolwirkung!) oder Feststoffe (z. B. Grafit, Zinksulfid, Molybdändisulfid), die in einer sehr dünnen Schicht auf den Gleitflächen haften.
    Chemisch wirkende Zusätze (z. B. Bleiseifen, Bleinaphthenate, Zinkdialkyldithiophosphate) gehen mit der Metalloberfläche eine chemische Verbindung ein (z. B. Eisenphosphid, -sulfid und -chlorid). Bei diesen Zusätzen ist immer darauf zu achten, daß die chemische Aktivität nicht zu stark ist und mit wachsender Schichtdicke auf der Metalloberfläche abgeschwächt oder sogar ganz unterbunden wird. Im Regelfall enthalten Schmieröle mit diesen EP-Zusätzen gleichzeitig auch Korrosionsinhibitoren.

5. Stockpunkterniedriger.

    Sie haben die Eigenschaft, Schmiermittel für noch tiefere Temperaturen einsetzen zu können. Geeignet sind Naphthalin mit chloriertem Paraffin und eingelagertem Polystyrol sowie Polymethacrylate.

6. Viskositäts-Temperatur-Verbesserer.

Sie verbessern das Viskositäts-Temperatur-Verhalten der Schmieröle, indem sie eine „Schein- oder Strukturviskosität" schaffen, die nicht nur von der Temperatur und vom Druck, sondern auch von der Schergeschwindigkeit abhängig ist. Günstig ist der Einfluß der Schergeschwindigkeit dann, wenn mit deren Zunahme die Viskosität kleiner wird. Bei langsamer Relativgeschwindigkeit zwischen den gepaarten Lagerteilen ist das Öl dann zäher oder dickflüssiger und bei hoher Relativgeschwindigkeit, wo meistens dann auch hydrodynamische Schmierung vorliegt, ist das Öl weniger zäh oder dünnflüssiger.

In Mehrbereichs-Motorenölen sind die Viskositäts-Temperatur-Verbesserer die wichtigsten Wirkstoffe. Sie werden fast immer gleichzeitig mit den Stockpunkterniedrigern eingesetzt und sind wie diese größtenteils auch Polymethacrylate.

Neben diesen Wirkstoffen spielen in Schmierölen Korrosionsinhibitoren, Entschäumer, Benetzungsmittel und Haftverbesserer eine Rolle, die je nach dem Einsatzfall eines Öles stärker oder schwächer vorhanden sein müssen.

3.4.5 Mehrbereichsöle

Mehrbereichsöle sind Schmieröle für Verbrennungsmotoren, die mehr als eine SAE-Viskositätsklasse abdecken. Die Klassifizierung resultiert aus der SAE-Viskositätsklasse, deren Anforderungen hinsichtlich der dynamischen Viskosität η bei $-17,8\,°C$ erfüllt sind, und der SAE-Viskositätsklasse, die hinsichtlich der kinematischen Viskosität ν bei $98,9\,°C$ zutreffend ist.

Beispiele sind:

SAE 10 W/30-Öl (4-Bereichsöl)

SAE 10 W/40-Öl (5-Bereichsöl)

SAE 20 W/50-Öl (5-Bereichsöl)

SAE 10 W/50-Öl (6-Bereichsöl)

(SAE-Klassen: 10 W, 20 W, 20, 30, 40, 50).

In der Regel sind die Mehrbereichs-Schmieröle hochwertige Raffinate des Rohöls, denen Wirkstoffe (z. B. Polymethacrylate) zur Verbesserung des Viskositäts-Temperatur-Verhaltens zulegiert wurden. Die Grundöle sind meistens sehr dünnflüssig, damit auch bei niedrigen Temperaturen der Bereich der SAE-Klasse 10 W noch erfaßt werden kann.

3.4.6 Synthetische Schmierflüssigkeiten

Für besondere Einsatzfälle (z. B. Pumpen im Bergbau, Hydraulik, hohe Temperaturbelastung) sind Mineralöle nicht brauchbar, weil auch mit größeren Mengen von Additiven die geforderten Eigenschaften nicht zu erreichen sind. Für diese Zwecke müssen synthetische Schmierflüssigkeiten eingesetzt werden. Es sind helle, ölartige Flüssigkeiten mit langkettigen Molekülen, die besonders Silizium-Sauerstoff-Verbindungen aufweisen. Sie haben ein sehr gutes Viskositäts-Temperatur-Verhalten, d. h. eine Viskosität, die nicht sehr stark temperaturabhängig ist, und damit einen sehr breiten Temperatur-Einsatzbereich. Die Oxydationsbeständigkeit der Synthese-Öle ist besser als die von guten Raffinaten. Synthese-Öle sind in zwei Viskositätsbereichen (niedrige und hohe Viskosität) im Handel zu bekommen.

Die Nachteile der Synthese-Öle sind die schlechtere Benetzungsfähigkeit der Lageroberflächen, die geringere Schmierwirkung und die schlechtere Druckaufnahmefähigkeit.

Das bekannteste Synthese-Öl ist das Siliconöl, das wegen des sehr günstigen Viskositäts-Temperatur-Verhaltens zur Schmierung von Präzisionsgeräten (z. B. Uhren, Meßgeräte) und zur Schmierung von stark temperaturbelasteten Lagern verwendet wird. Bei Kunststofflagern (z. B. Polyamide und Polystyrole) und bei Gummilagern können Siliconöle ebenfalls zur Schmierung eingesetzt werden, weil sie keinen chemischen Angriff bewirken.

Durch besondere Additive zur Haftverbesserung und zur Steigerung der Druckaufnahmefähigkeit können Siliconöle heute auch schon zur Schmierung von hochbelasteten Lagern bei hohen Temperaturen verwendet werden.

3.4.7 Schmierfette

Schmierfette sind kolloidale Dispersionen von Metallseifen in Mineralölen. Je nach der Seifenbasis werden Kalkseifen-, Natronseifen-, Lithiumseifen- und Komplexseifen-Schmierfette unterschieden. Die „komplexverseiften" Schmierfette, die erst in den letzten Jahren auf dem Markt sind, haben als Grundstoffe zwei oder mehr Metallseifen und Mineralöl. Die Komplex-Kalkseifen-Schmierfette haben z. B. einen hohen Tropfpunkt, ein gutes Korrosionsschutzvermögen, eine gute Haftfähigkeit, ein gutes Druckaufnahmevermögen und eine gute Dauerwalkbeständigkeit. Noch bessere Eigenschaften haben auch Natrium-Komplex-Fette und die gemischtverseiften Barium-Kalzium- sowie Lithium-Magnesium-Strontium-Komplex-Fette, die dann allerdings auch sehr teuer sind.

Neuerdings gibt es auch seifenlose Schmierfette, die organische oder anorganische Verdickungsmittel (z. B. Bentonit, Aerosil, Kupferphthalocyan) beinhalten. Diese Fette tropfen praktisch nicht mehr und zeichnen sich durch eine gute Temperaturbeständigkeit aus. Unter die gleiche Sparte fallen die Synthese-Schmierfette, die an Stelle der Mineralöle Syntheseöle aufweisen.

3.4.8 Festschmierstoffe

Als feste Schmierstoffe werden Graphit, Molybdändisulfid (MoS_2), Wolframdisulfid (WS_2), Titandisulfid (TiS_2), Indium, Talkum und mit Einschränkung auch Bleipuder und Lithopone verwendet. Sie werden als reine Festschmierstoffe nur sehr selten verwendet. In fast allen Anwendungsfällen sind sie in Öle oder Fette eingearbeitet. Als Zusatz zu Schmierölen oder zu Wasser müssen sie in reiner Form (keine Verunreinigungen!) in kleiner Korngröße ($< 0,5$ µm) und möglichst gleichmäßig verteilt vorliegen.

Graphitierte oder mit MoS_2 vorbehandelte Gleitoberflächen weisen eine gute Ölbenetzbarkeit auf. Kolloidaler Graphit und MoS_2 sind bei Mangelschmierung, d. h. im Zustand der Grenz- und der Mischreibung, von Vorteil, weil sie infolge ihrer Schichtgitterstruktur aufsplittern und noch annehmbare Gleiteigenschaften ergeben.

3.4.9 Wasser

Wasser wird als reine Flüssigkeit z. B. in Lagern für Unterwasserpumpen und -turbinen verwendet, kann aber auch als Öl- oder Fett-Wasser-Emulsion eingesetzt werden. Die dynamische Viskosität von Wasser ist etwa um eine Zehnerpotenz kleiner als die von leichtem Spindelöl (Bild 3.10). Dies bedingt bei wassergeschmierten Lagern eine kleinere Druckaufnahmefähigkeit als bei Lagern, die mit Spindelöl geschmiert werden. Das Viskositäts-Temperatur-Verhalten von Wasser und leichtem Spindelöl ist nahezu gleich. Wasser und alle Öl- oder Fett-Wasser-Emulsionen haben eine bessere Kühlwirkung als die reinen Schmieröle, sind aber hinsichtlich der Benetzungsfähigkeit der Lagerflächen schlechter. Charakteristisch für Wasser ist, daß die Viskosität bei 20 °C mit zunehmendem Druck leicht abnimmt und bei höheren Temperaturen leicht zunimmt. Nach Bild 3.11 kann die Viskosität für technische Rechnungen als vom Druck unabhängig angesehen werden.

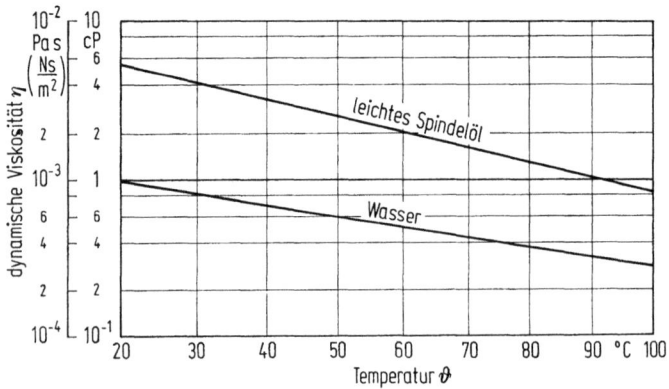

Bild 3.10 Viskositäts-Temperatur-Verhalten von Wasser und leichtem Spindelöl [3.21]

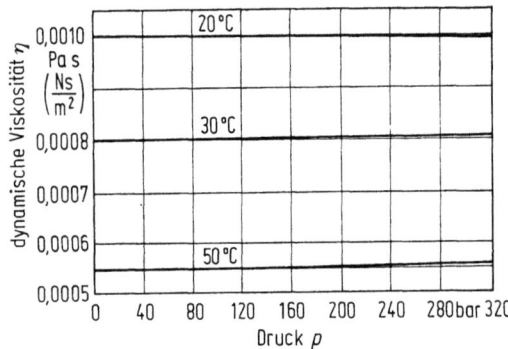

Bild 3.11 Viskositäts-Druck-Verhalten von Wasser

3.4.10 Luft und Gase

Luft und Gase können, da sie fluide Stoffe sind, die eine Viskosität aufweisen, ebenfalls als Schmiermittel eingesetzt werden. Sie finden überall dort Verwendung, wo keine Verunreinigungen eines Produktes durch das Schmiermittel erfolgen dürfen. Anwendungsfälle sind in der pharmazeutischen Industrie, nahrungs- und genußmittelverarbeitenden Industrie und in der Reaktortechnik gegeben.

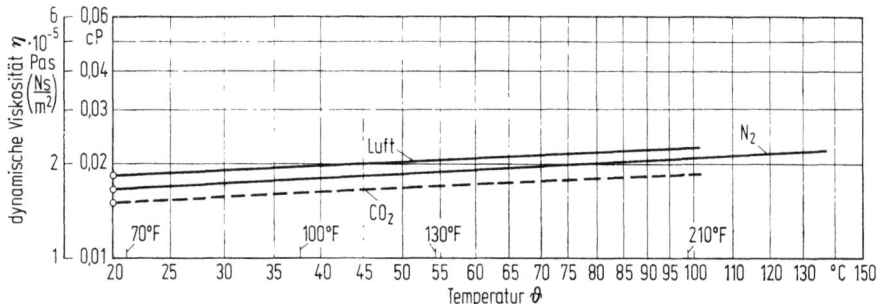

Bild 3.12 Viskositäts-Temperatur-Verhalten von Luft, Stickstoff und Kohlendioxid [3.21]

Diese gasförmigen Stoffe haben gegenüber den flüssigen Schmierstoffen die Eigenschaft, daß ihre Viskosität gegenüber der von Wasser um das Fünfzig- bis Sechzigfache kleiner ist und das Viskositäts-Temperatur-Verhalten gegenüber dem der Flüssigkeiten entgegengesetzt ist. Dies bedeutet, daß bei Luft und Gasen (z. B. CO_2 und N_2) die Viskosität mit zunehmender Temperatur zunimmt. Für die bei aerostatisch und aerodynamisch arbeitenden Lagern meistens eingesetzten Gase ist nach [3.21] der Verlauf der dynamischen Viskosität η in Abhängigkeit von der Temperatur ϑ in Bild 3.12 eingetragen. Man erkennt hieraus, daß für die Praxis in erster Näherung die Viskosität als von der Temperatur unabhängig angesehen werden kann. Bezüglich der Druckabhängigkeit der Viskosität von Luft und anderen Gasen ist zu sagen, daß die Viskosität — ähnlich wie bei den Schmierflüssigkeiten — mit zunehmendem Druck zunimmt. Für Luft ist das Viskositäts-Druck-Verhalten in Bild 3.13 dargestellt.

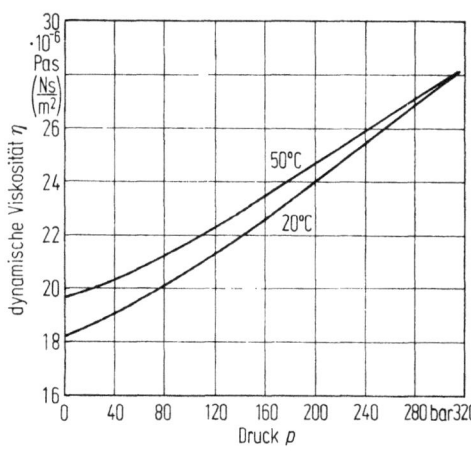

Bild 3.13 Viskositäts-Druck-Verhalten von Luft

Literatur zu Kapitel 3

3.1 Vogelpohl, G.: Betriebssichere Gleitlager, Berechnungsverfahren für Konstruktion und Betrieb. Berlin, Heidelberg, New York: Springer 1967.
3.2 Herschel, W. H.: Standardization of the Saybolt Universal Viscometer. Bur. Standards, Technical Paper 112 (1919).
3.3 Boyd, J.: A Viscosity System for Industrial Lubricants. Lubrication Engng. 20 (1964) 142—144.
3.4 Niemann, G.: Maschinenelemente, Bd. 1, 2. Aufl. Berlin, Heidelberg, New York: Springer 1975
3.5 Ubbelohde, L.: Zur Viskosimetrie. Stuttgart: Hirzel 1965.
3.6 Walther, C.: Anforderungen an Schmiermittel. Z. Maschinenbau 10 (1931) 670—675.
3.7 Kiesskalt, S.: Untersuchungen über den Einfluß des Druckes auf die Zähigkeit von Ölen und seine Bedeutung für die Schmiertechnik. VDI-Forschungsheft 291, 1927.
3.8 Bradbury, M. M.; Mark, M.; Kleinschmidt, R. V.: Viscosity and Density of Lubricating Oils from 0 to 150000 psig and 32 to 425 °F. Trans. ASME 73 (1951) 667—676.
3.9 Kuss, E.: Die Bedeutung der Viskositäts-Druckabhängigkeit in der klassischen und der elastohydrodynamischen Theorie der Schmierung. Mineralöltechnik Techn. Dienst. MZV-UNITI 18 (1973), Nr. 7 u. 8, S. 1—48.
3.10 Waterman, H. J.: Correlation between Physical Constants and Chemical Structure. Amsterdam: Elsevier 1958.
3.11 Motosh, N.: Das konstant belastete zylindrische Gleitlager unter Berücksichtigung der Abhängigkeit der Viskosität von Temperatur und Druck. Diss. Universität Karlsruhe 1962.
3.12 Cameron, A.: Determination of the Pressure-Viscosity-Coefficient and Molecular Weight of Lubricating Oils by means of the Temperature-Viscosity Equations of Vogel and Eyring. Journal Inst. of Petr. 31 (1945).
3.13 Hakansson, B.: The journal bearing considering variable viscosity. Transactions of Chalmers University of Technology Gothenburg, Sweden, Nr. 298, 1965.
3.14 Fuller, D. D.: Theorie und Praxis der Schmierung. Stuttgart: Berliner Union 1960.
3.15 DeBolt, M. A.; Macedo, P. B.; Moynihan, C. T.: Non-Linear Viscoelastic Behavior Following Temperature and Pressure Jumps. Paper to be presented at Tribology Workshop, Naval Research Laboratory, Washington, DC, Oct. 14—16, 1975.
3.16 Paul, G. R.; Cameron, A.: Absolute Optical Measurement of the Oil Entrapment in a Dropping Ball. Instn. Mech. Engrs. C 95/72, p. 74—79.
3.17 Gentle, C. R.; Paul, G. R.: A Critical Survey of High Pressure Lubricant Models. Transactions of the ASME, Journal of Lubrication Technology April 1976, p. 258—266.
3.18 Kraussold, H.: Die spezifische Wärme von Mineralölen. Petroleum 28 (1932) 1—7.
3.19 Henning, F.: Wärmetechnische Richtwerte. Berlin: VDI-Verlag 1938.
3.20 Franke, W.-D.: Schmierstoffe und ihre Anwendung. München: Hanser 1971.
3.21 Schmierstoffe und Schmiereinrichtungen für Gleit- und Wälzlager. VDI-Richtlinie 2202. Düsseldorf: VDI-Verlag 1970.

4 Gleitlagerwerkstoffe

Bei der Auslegung von Gleitlagern wird man sich immer bemühen, die Dimensionierung und Gestaltung des Lagers sowie die Wahl des Schmierstoffes so festzulegen, daß in den vorliegenden Betriebszuständen eine vollständige Trennung der beiden Gleitflächen durch einen Schmierfilm erreicht wird. Dabei sind die geforderten Eigenschaften der Gleitwerkstoffe beschränkt auf eine ausreichende Festigkeit zur Aufnahme der unter Umständen auch dynamisch sich ändernden Schmierfilmdrücke, auf ausreichenden Widerstand gegen Erosion und Kavitation infolge der besonderen Schmierölströmung, und schließlich muß der Werkstoff noch gegenüber den chemischen Einwirkungen des Öls, auch unter Berücksichtigung seiner Veränderung im Betrieb, korrosionsfest sein. In der Praxis läßt sich jedoch der Zustand der Vollschmierung nicht in allen Betriebszuständen erreichen. Beim An- und Abstellen läuft das Lager, wenn auch nur kurzzeitig, im Mischreibungsgebiet. Nur bei hochwertigen Anwendungen wird man beim Anfahren unter Last eine hydrostatische Anfahrhilfe geben können. Aber selbst bei einem optimal ausgelegten Lager sind Schmutzteilchen im Öl, eine kurzzeitige Überlastung der Maschine oder der momentane Ausfall der Ölzufuhr mit Sicherheit kaum auszuschließen. Schließlich gibt es eine Reihe von Gleitlageranwendungen mit begrenzter Belastung und niedrigen Gleitgeschwindigkeiten, für die eine spezielle Ölversorgung zur Bildung tragfähiger Schmierfilme zu aufwendig wäre, die also anhaltend im Mischreibungsgebiet arbeiten. Für diese wartungsarmen oder selbstschmierenden Lager werden an den Werkstoff besondere Anforderungen hinsichtlich seiner Gleiteigenschaft gestellt.

Wollte man sich mit dem Komplex der Gleitlagerwerkstoffe ausführlich befassen, so würde der vorliegende Rahmen gesprengt. Daher sollten hier nur die Aspekte behandelt werden, die dem Anwender eine Hilfe geben bei der Wahl des für seine Anwendung richtigen Lagerwerkstoffes, des Aufbaus und der Ausführungsform des Lagers.

4.1 Allgemeine und physikalisch-mechanische Eigenschaften von Gleitlagerwerkstoffen

Grundsätzlich besteht ein Gleitlager aus zwei Gleitpartnern, die bei der Behandlung ihrer Eigenschaften als Einheit zu verstehen sind. Für die Wellen kommen jedoch in erster Linie Stähle in Betracht, deren physikalisch-mechanische Eigenschaften dem Anwender recht gut bekannt sind. Berücksichtigt man aber weiter noch die zwischen den Gleitpartnern vorhandene Gas- oder Flüssigkeitsschicht, so sind auch die sich bildenden Oberflächen-Grenzschichten zu berücksichtigen. Zur Beschreibung dieser komplexen Gesamtheit reichen die üblichen physikalisch-mechanischen Eigenschaften nicht aus, und es müssen eine Reihe von allgemeinen

Eigenschaften herangezogen werden. Diese sind trotz vielfältiger Anstrengungen und Prüfeinrichtungen nicht exakt zu erfassen und eindeutig auf die praktische Gleitlagerpaarung zu übertragen. Buske [4.1] hat die Prüfung von Lagerwerkstoffen und Ölen einmal in folgender Weise charakterisiert: Es ist möglich, die Versuchsbedingungen so zu wählen, daß bei objektiver Durchführung der Versuchsreihe unter genau eingehaltenen Versuchsbedingungen das Ergebnis ganz den Wünschen des Auftraggebers entspricht.

Die allgemeinen Eigenschaften der Lagerwerkstoffe beschreiben also nur qualitativ das Betriebsverhalten. Trotzdem ist ihre Kenntnis wichtig für die richtige Auswahl, da die verschiedenen Lagerwerkstoffe sich gerade in den allgemeinen Eigenschaften unterscheiden.

Unter *Schmiegsamkeit* versteht man die Eigenschaft eines Lagerwerkstoffes, daß er sich notwendigen Gestaltsänderungen durch örtliche Verformung ohne bleibende Schädigung anpassen kann. Diese Eigenschaft begegnet also den in der praktischen Ausführung unvermeidlichen Unvollkommenheiten des Gleitraumes. Deutlich wird dies an dem Unterbegriff der Verkantungsempfindlichkeit.

Die *Schmierstoffbenetzbarkeit* beschreibt die Fähigkeit des Werkstoffes, auf seiner Oberfläche einen gleichmäßigen und haftenden Schmierfilm auszubilden. Dies ist allerdings keine reine Werkstoffeigenschaft; vielmehr spielt die Oberflächenbeschaffenheit sowohl bezüglich Form wie auch bezüglich des chemischen Zustandes eine Rolle.

Die Fähigkeit, Schmutzteilchen und hier ganz besonders die harten Teilchen in die Laufschicht aufzunehmen, ohne daß dabei negative Folgen hervorgerufen werden, bezeichnet man als *Einbettfähigkeit*.

Größere, harte Schmutzteilchen haben oft die Neigung, sich mit der Gleitbewegung durch das ganze Lager zu bewegen, insbesonders, wenn sie an der Oberfläche der Welle anschweißen; sie verursachen dabei umlaufende Riefen im Lagerwerkstoff. Die unterschiedliche Fähigkeit der Werkstoffe, Riefen ohne wesentliche Beeinflussung der Funktionsfähigkeit zu überstehen, wird als *Riefungsbeschränkung* bezeichnet.

Der *Verschleißwiderstand* kennzeichnet die Eigenschaft, wie der Werkstoff auf die Abtrennung kleiner Teilchen infolge mechanischer Beanspruchung bei gleitender Oberflächenberührung reagiert.

Die forcierte Stufe des Verschleißes ist das Verschweißen, da metallische Werkstoffpaarungen allgemein unter hohen Belastungen und Gleitgeschwindigkeiten und durch die dabei auftretende Erwärmung zur Bildung einer festen Bindung neigen. Diese Eigenschaft bezeichnet man als *Verschweißwiderstand oder Freßunempfindlichkeit*.

Ein Oberbegriff stellt die *Anpassungsfähigkeit* dar. Sie beschreibt die Fähigkeit, im Betrieb vorhandene oder auftretende Gestaltsänderungen im Gleitraum durch Schmiegsamkeit oder Verschleiß ohne Dauerstörung zu kompensieren.

Die *Verträglichkeit mit dem Gegenwerkstoff* faßt die Riefungsbeschränkung und den Verschweißwiderstand zusammen.

Sehr wichtig in der praktischen Anwendung ist das *Einlaufvermögen*. Es beschreibt die komplexen Vorgänge in neuen Lagern und bei Änderung der Betriebsbedingungen. Das Einlaufvermögen umfaßt die Anpassungsfähigkeit, die Verträglichkeit mit dem Gegenwerkstoff, aber auch die Einbettfähigkeit und natürlich die Schmierstoffbenetzbarkeit.

Als Extremfall des Einlaufens kann auch das Auftreten unvorhersehbarer ungünstiger Betriebsbedingungen gelten. Ein solcher Betrieb dürfte aber in der Regel nur zeitlich begrenzt möglich sein, weshalb man dann von *Notlaufeigenschaft*

4.1 Allgemeine und physikalisch-mechanische Eigenschaften von Gleitlagerwerkstoffen

spricht. In ihr sind ganz besonders der Verschweißwiderstand und die Verträglichkeit mit dem Gegenwerkstoff angesprochen. Alle diese Eigenschaften werden unter dem Sammelbegriff *Gleiteigenschaften* zusammengefaßt. Sie kennzeichnen insbesondere das Vermögen, den Gleitvorgang günstig im Sinne niedrigen Widerstandes und geringen Abriebes zu beeinflussen.

Im Falle der vollständigen Trennung der beiden Gleitpartner durch einen tragfähigen Schmierfilm ist die *mechanische Belastbarkeit* wichtig. Sie kann allerdings nur höchst unvollkommen durch eine maximal zulässige Belastung oder spezifische Flächenpressung ausgedrückt werden, da der Beanspruchungszustand im Werkstoff letztlich durch den Schmierfilmdruckaufbau erfolgt, der seinerseits wieder durch das komplexe Zusammenwirken verschiedener Einflußgrößen erzeugt wird.

Unter dynamischer Belastung ist auch die *Ermüdungsfestigkeit* unter den zeitlich und örtlich wechselnden Belastungs- und Beanspruchungsverhältnissen maßgebend. Bei der mechanischen Belastbarkeit und bei der Ermüdungsfestigkeit ist wegen der ausgeprägten Warmfestigkeit der Lagermetalle auch die thermische Belastung von Bedeutung.

Ein einziger Werkstoff kann die genannten Anforderungen nicht vollkommen erfüllen. Im Laufe der Zeit wurde daher eine breite Palette von Lagerwerkstoffen entwickelt, häufig auch nur für einzelne Anwendungsbereiche, bei denen sich bestimmte Schwerpunkte bezüglich der allgemeinen Eigenschaften herauskristallisierten. Die Tabelle 4.1 enthält die wichtigsten Gleitlagerwerkstoffe.

Die hochbleihaltigen Weißmetalle sind wegen ihrer hohen Plastizität und der besonderen Schmierfähigkeit des Bleis schon sehr früh verwendet worden. Sie finden auch heute noch Anwendung bei Lagern niedriger Belastung im rauhen Betrieb. Korrosionsfester sind die hochzinnhaltigen Weißmetalle. Wegen der mangelnden Festigkeit wird Weißmetall immer in Verbundausführung verwendet, d. h., das Weißmetall wird in einen Stützkörper eingegossen und zur Verbesserung der Formschlüssigkeit werden Schwalbenschwanznuten verwendet. Die Belastbarkeit wird um so höher, je geringer die Ausgußdicke ist. Ein Extremfall einer dünnen Weißmetallschicht stellt die Ternäre Laufschicht dar, die bei den 3-Stofflagern in einer Dicke von 10 bis 30 µm galvanisch aufgebracht wird.

Sehr verbreitet sind Lagerwerkstoffe mit mehr als 50% Kupfer; diese Bronzen nützen die hohe Wärmeleitfähigkeit und die guten mechanischen Eigenschaften des Kupfers. Durch Zulegieren weicher Metalle, insbesondere von Blei und Zinn, werden die Gleiteigenschaften verbessert. Bleibronzen sind noch anpassungsfähig mit guten Notlaufeigenschaften, aber nicht sehr verschleißfest. Blei-Zinnbronzen sind etwas härter. In Verbindung mit einer ternären Laufschicht ergibt sich eine sehr verbreitete Ausführung für gehobene Ansprüche. Blei-Zinnbronzen mit hohem Zinnanteil finden besonders als Buchsen Anwendung. Die reinen Zinnbronzen sind mit zunehmendem Zinngehalt härter bis spröde. Ihr Anwendungsgebiet ist der Turbomaschinenbau mit mäßigen Belastungen und aufwendiger Schmierölversorgung. Durch Kaltverformung kann die Neigung zur Seigerungsbildung des Zinns, aus der die Sprödneigung resultiert, gemildert werden. Zinnbronzen sind schon für höhere Belastungen und Gleitgeschwindigkeiten geeignet, allerdings ist ihre Anpassungs- und Einbettfähigkeit schon recht eingeschränkt.

Kupfer-Zinn-Zink-Legierungen (Rotguß) und Kupfer-Zink-Legierungen (Messing) sind wohl eher ein Ersatz für die teueren Zinnbronzen, ohne daß sie voll vergleichbare Gleiteigenschaften erreichen. Aluminiumbronzen sind für solche Anwendungen interessant, wo es darauf ankommt, Lagerbuchsen mit annähernd gleicher Wärmeausdehnung in Leichtmetallgehäuse einzupressen, ohne daß sich

Tabelle 4.1 Gleitlagerwerkstoffe

Gruppe			Bezeichnung	DIN	Chem. Zusammensetzung in %							
					Cu	Pb	Sn	Sb	Zn	Al	Si	Sonstige
Weißmetall auf Basis	Blei		Lg PbSn 5 Lg PbSn 10 (WM 10)	1703	1 1	76 73	6 10	15 16				Rest
	Zinn		Lg PbSn 80 (WM 80) Lg Sn 89	1703 1703	6 3,5	2	80 89	12 7,5				
Bronzen auf Basis	Blei		G-CuPb 25 G-CuPb 11 G-CuPb 13 G-CuPb 22	1716	74 78 70 70	25 11 13 22	1 8 5 6					 3 Ni 3 Ni 3 Ni
	Blei-Zinn		G-CuPb 10 Sn G-CuPb 23 Sn	1716	80 76	10 23	10 1					
	Zinn		G-CuSn 10 Zn CuSn 8	17662	88 92		10 8		2			
Rotguß			G-CuSn 7 ZnPb	1705	83	6	7		4			
Messing			CuZn 31 Si (SoMs 68)	17660	68				31			1 Si
Al-Bronze			CuAl 9 Mn	17665	88					9		3 Mn
Al-Legierung			AlZn 5 Si AlSi 12 CuNiMg (Kolbenlegierung)	17665	1 1	1			5	91 85	1 12	Rest 1 Ni, 1 Mg
Al-Walz-Plattierung			AlSn 6 AlSn 20		1 1		6 20			90 79	3	
Ternäre Galvanik			PbSn 10 Cu		2	88	10					

der Sitz im Betrieb lockert. Gute Gleiteigenschaften haben insbesonders die mit Zinn legierten Aluminiumwerkstoffe. Die bei Kolben verwendeten Aluminiumlegierungen sind wegen ihrer hohen Festigkeit nicht sehr anpassungsfähig; ihre Eignung als Gleitlagerwerkstoffe beziehen sie in erster Linie aus der dort vorhandenen geringen Gleitgeschwindigkeit und den superfinish-geschliffenen Kolbenbolzen.

Die modernen walzplattierten Aluminium-Zinn-Lagerwerkstoffe, bei denen die im Gußzustand vorhandene Zinnseigerung durch eine Kaltverformung zeilenförmig ausgewalzt wird, vereinigen hohe Belastbarkeiten bei insgesamt guten Gleiteigenschaften. Letztere werden insbesonders bezüglich Notlauf durch den Werkstoff AlSn 6 mit zusätzlicher ternärer Laufschicht weiter verbessert.

4.1 Allgemeine und physikalisch-mechanische Eigenschaften von Gleitlagerwerkstoffen

Schmelz-temperatur	Dichte	Wärme-dehnung	Wärme-leitfähigkeit	Härte bei		Zugbeanspruchung			Druckbeanspruchung		Dauerfestigkeit		
				20°C	100°C	$\sigma_{0,2}$	σ_{zB}	E	σ_{dF}	σ_{dB}	σ_{Sch}	σ_{zdW}	σ_{bW}
°C	g/cm³	$\dfrac{m}{m \cdot K} \cdot 10^{-6}$	$\dfrac{W}{m \cdot K}$	N/mm²	N/mm²	N/mm²	N/mm²	N/mm²	N/mm²	N/mm²	N/mm²	N/mm²	N/mm²
243	9,8	24,7	15,8	256	142	29	58	30 500	63	120			28
235	10	24,5	18,1	230	90		70	31 000	78	120			
183	7,4	22	28	270	100	63	91	57 000	63	180			
237	7,4	23,4	31	230	110	47	78	58 000	45	150			
326	9,5	18,5	51,6	500	470	50	80	80 000					
327	9	19,2	38,3	570	530	94	141	66 000	74	571	70	62	71
327	8,8	18,4	36,6	680	650	122	196	86 000	111	674	78	56	78
327	8,9	18,2	38,7	860	790	166	213	87 000	141	715	80	69	89
	9	18		750	670	119	245	83 000	147	900			
	9,2	18	47,3	550	530	70	140	82 000	100	400			
	8,7			850		150	270						
860	8,7	17,5	43	800···2200				110 000					
326	8,9	17,5	34,4	750	650			95 000					
900	8,4	18	48,2	900···2000				100 000					
980	7,6	15	31	1100···1900				105 000					
550	2,9	23	107,5	85	720	230	280	75 000	210				125
	2,7	21	106	1100	1000	320	350	75 000					135
229	2,9	23	112	400	300	60	150	69 000					63
229	3,1	24		330	230	50	120	63 000					50
240	10	22,4		500···600				20 000					

Die ternäre Laufschicht bei modernen 3-Stofflagern wird sehr häufig angewendet. Auf einer Stahlstützschale wird eine tragfähige Zwischenschicht aus Blei-Zinnbronze oder der kaltverformten Aluminium-Zinnlegierung aufgebracht; zur weiteren Verbesserung der Notlaufeigenschaften und der Einbettfähigkeit wird darüber die ternäre Laufschicht in einer Dicke von 10 bis 30 μm galvanisch aufgebracht.

Sinterlager werden bevorzugt in poröser Ausführung hergestellt; durch Tränken in Öl erhalten sie einen gewissen Schmiermittelvorrat, so daß man sie in die Gruppe der wartungsarmen oder der wartungsfreien Lager einordnen muß. Dabei wird ein Porenanteil von 17 bis 30% verwendet. Ähnlich sind gesinterte Tränkelegierungen einzustufen, bei denen auf eine Stahlschale ein Kupferschwamm mit einem Porenanteil von 50% aufgesintert wird, der dann mit Blei gefüllt wird zur Verbesserung der Gleiteigenschaften. Das Sintern wird aber auch aus Kostengründen bei Blei-Zinnbronzen angewendet. Um aber annähernd die Festigkeitseigenschaften der entsprechenden Gußlegierung zu erreichen, ist eine mehrmalige Kaltverfestigung notwendig.

Bei Spezialfällen mit hoher Temperatur, speziellen Atmosphären und völliger Abwesenheit von Schmiermitteln wird Kunstkohle verwendet. Wegen der besonderen Sprödigkeit brechen solche Lager leicht.

Lager ohne Schmierung werden oft mit duroplastischen oder thermoplastischen Kunststoffen ausgekleidet bzw. in ein metallisches Trägerskelett eingebracht und verankert. Mechanische und thermische Belastbarkeit sowie Gleitgeschwindigkeit sind begrenzt. Wegen der besonderen Eigenschaft der Kunststoffe, Wasser aus der Umgebung aufzunehmen und bei geringer Wärmeleitfähigkeit eine hohe Wärmeausdehnung aufzuweisen, ist die Bemessung des Lagerspiels besonders zu beachten.

Kunststofflager werden mit unterschiedlichem Aufbau hergestellt. Massive Kunststofflager werden aus Rohr- oder Stangenmaterial abgestochen und dem Anwendungszweck entsprechend bearbeitet. Als Werkstoff wird Polytetrafluoräthylen (PTFE), auch gemischt mit Graphit oder Bleioxid-Phosphat verwendet. Für höhere Ansprüche wird auf eine Stahlstützschale eine poröse Bronze aufgesintert. In die Poren wird in einem Warmwalzvorgang PTFE, mit Bleipulver gemischt, eingewalzt. Zusätzlich kann eine Laufschicht aus Azetalharz aufgebracht werden, in der bevorzugt eine größere Zahl von Vertiefungen eingebracht werden, die als Schmiermittelreservoirs dienen.

Die Tabelle 4.2 zeigt eine Zuordnung zwischen den verschiedenen Gleitlagerwerkstoffen und den allgemeinen Anforderungen. Sie kann nur eine grobe Hilfe für die Auswahl sein.

Tabelle 4.2 Allgemeine Eigenschaften der Gleitlagerwerkstoffe
Bewertung: 1 sehr gut; 2 gut; 3 ausreichend; 4 mäßig; 5 mangelhaft

Werkstoffe	Weißmetalle auf		Bronzen auf			Alu-Legierung	Poröse Sinterlager	Kunststoffe	Kunstkohle
Eigenschaften	Blei-Basis	Zinn-Basis	Blei-Basis	Zinn-Basis	Alu-Basis				
Gleiteigenschaften	1	2	3 (2[a])	3	3	2…3 (2[a])	3…4	4	4
Einbettfähigkeit	1	2	3 (2[a])	3	3	2…3 (2[a])	3	4	5
Notlaufeigenschaft	1	2	2 (1[a])	3	2	2 (1[a])	1	1	1
Belastbarkeit	4	3	2	2	2	2	3	4	5
Wärmeleitung/ Wärmedehnung	4	4	3	3	3	2	4	5	5
Korrosionsfestigkeit	5	3	4	3	2	2	2…5 je nach Aufbau	3	2
Mangel- oder Trockenschmierung	2	3	4 (3[a])	5	4	3	1	1	1

[a] mit zusätzlicher ternärer Laufschicht

4.2 Aufbau und Ausführungsformen von Gleitlagern

Die einfachste Lagerausführung sind die Massivlager. Es sind dies neben den vollwandigen Kunststoff- und Kunstkohlelagern bei den Einschichtlagern aus Metallen vorwiegend solche, die aus Rohr- oder Stangenmaterial gefertigt werden. Wegen der Formhaltigkeit beim Bearbeiten und Einpressen werden dafür vorwiegend die höherfesten Lagerwerkstoffe verwendet, wie Bronzen, Rotguß und Sondermessing.

Um Lagermaterialien mit günstigen Gleiteigenschaften in einfacher Weise anwenden zu können, werden Verbundlager verwendet. Hier wird der Lagerwerkstoff auf eine Stützschale aufgegossen. Dadurch gewinnt das Lager an mechanischer Festigkeit für die Bearbeitung und Montage und hat dennoch weiche Laufflächen mit günstigen Gleiteigenschaften. Die früher übliche Verklinkung zwischen Lagerwerkstoff und Lagerkörper durch Schwalbenschwanznuten ist heute nur noch bei großen und dickwandigen Lagern mit Weißmetallausguß üblich. In der Regel kann auch durch einen geeigneten Herstellungsvorgang eine gute Bindung zwischen Stützkörper und Ausguß erreicht werden.

Für höchste Anforderungen, wie z. B. in Verbrennungsmotoren, werden Lager aus 3 und mehr Schichten hergestellt. Sie bestehen aus einer Stahlstützschale, einer darüberliegenden Schicht aus hochfestem Lagermetall und einer dritten, galvanisch aufgebrachten Laufschicht aus hochbleihaltigem Weißmetall. Obwohl diese Laufschicht gegenüber gegossenem Weißmetall noch eine wesentlich geringere Festigkeit hat, kann durch eine extrem dünne Schicht von wenigen 10 μm eine gute Gesamtbelastbarkeit erreicht werden. Diese Laufschicht hat gute Einlauf- und Notlaufeigenschaften und eine von der Schichtdicke abhängige Einbettfähigkeit. Wenn auch die Zwischenschicht nicht zu hart ist, wie z. B. bei AlSn6-Lagern, dann kann auch diese Zwischenschicht zur Einbettung größerer Schmutzteilchen herangezogen werden.

Bei Verbundlagern wird die Zwischenschicht im Gießverfahren aufgebracht. Dabei wird das Gefüge und somit auch die Eigenschaften des Lagerwerkstoffes durch die Gießbedingungen stark beeinflußt. So ist beim Schleuderguß eine Entmischung der Lagerlegierung nicht völlig auszuschließen, auch wenn der Ausguß nachträglich weitgehend ausgedreht wird. Kontinuierliche Gießverfahren ergeben ein gleichmäßigeres und feineres Gefüge. Moderne Lager werden deshalb im kontinuierlich arbeitenden Bandgießverfahren hergestellt (Bild 4.1). Gleichartig arbeiten auch Bandsinteranlagen, bei denen aber, soweit eine Porosität nicht erwünscht ist, eine Nachverdichtung zur Erzielung entsprechender Festigkeit unerläßlich ist (Bild 4.2).

Aluminium-Zinn-Legierungen können wegen der Neigung zu Zinnseigerungen nicht unmittelbar vergossen werden. Durch Auswalzen der Gußblöcke zu dünnen Platinen kann die Zinnverteilung sehr verbessert werden. Dieses Material wird unter Zwischenschaltung einer 1 μm starken Folie aus Reinaluminium auf die Stahlstützschale plattiert, wodurch sich eine gute Bindung ergibt (Bild 4.3).

Die ternäre Galvanik-Laufschicht wird heute in praktisch gleicher Zusammensetzung von allen Lagerherstellern verwendet. Wird diese Laufschicht im Betrieb über längere Zeit hohen Temperaturen ausgesetzt, so diffundiert das Zinn hin zur Bleibronze-Zwischenschicht, wodurch als Folge der Zinnverarmung an der Oberfläche eine Korrosionsgefahr entsteht. Das zur Bronze abgewanderte Zinn bildet aber zusätzlich mit dem Kupfer der Bleibronze eine harte und spröde Zwischenschicht, welche die Bindung gefährdet. Um dies zu verhindern, legt man zwischen

62   4 Gleitlagerwerkstoffe

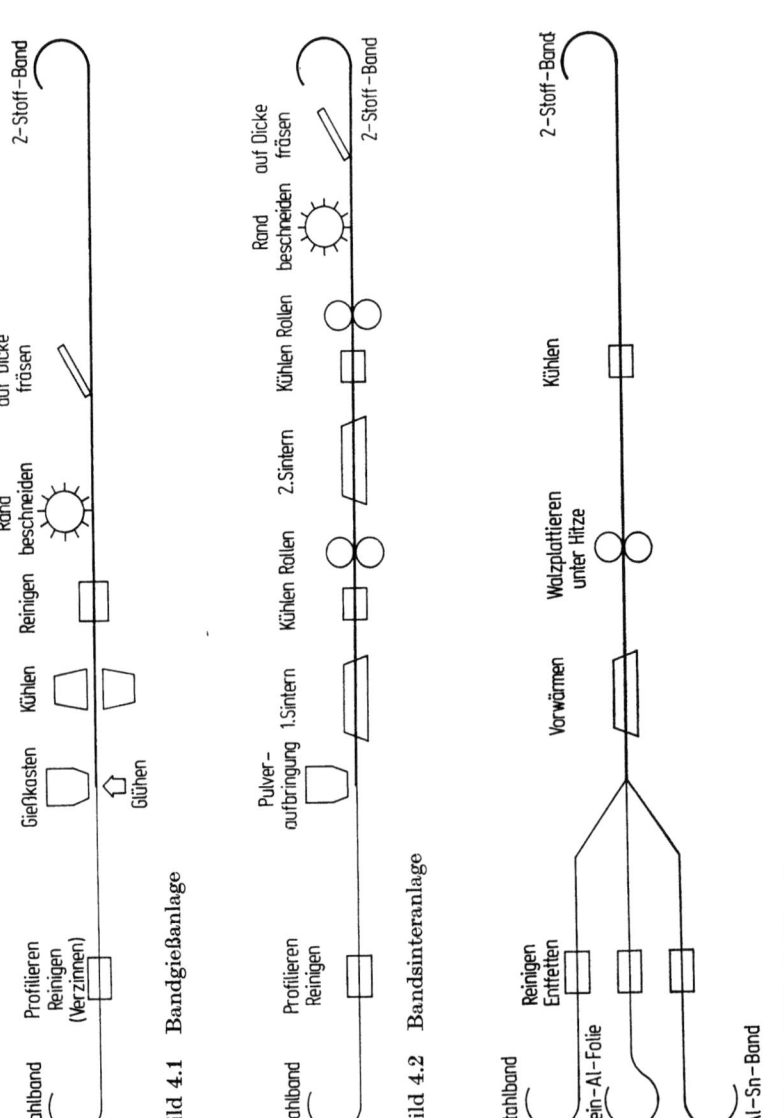

Bild 4.1 Bandgießanlage

Bild 4.2 Bandsinteranlage

Bild 4.3 Walzplattieranlage

Bronze und Laufschicht einen Nickeldamm von 1 bis 2 µm Dicke, wodurch zwar nicht die Diffusion, aber die Bildung der schädlichen Zwischenschicht unterbunden wird. Früher war der Nickeldamm patentrechtlich geschützt. Damals wurden in der Ternärschicht auch Indium an Stelle von Zinn verwendet, weil man glaubte, daß dadurch die Diffusion und die Bildung der Sprödschicht vermieden werden könne. Dies ist jedoch nicht der Fall.

Aluminium-walzplattierte Lager mit geringem Zinngehalt von 6% werden ebenfalls mit ternärer Laufschicht gefahren. Da die Affinität des Zinns gegenüber Aluminium wesentlich geringer ist als gegenüber Kupfer, findet hier kaum eine Diffusion statt und der Nickeldamm könnte deshalb entfallen; er wird dennoch verwendet, um die Bindung der Galvanik zu verbessern.

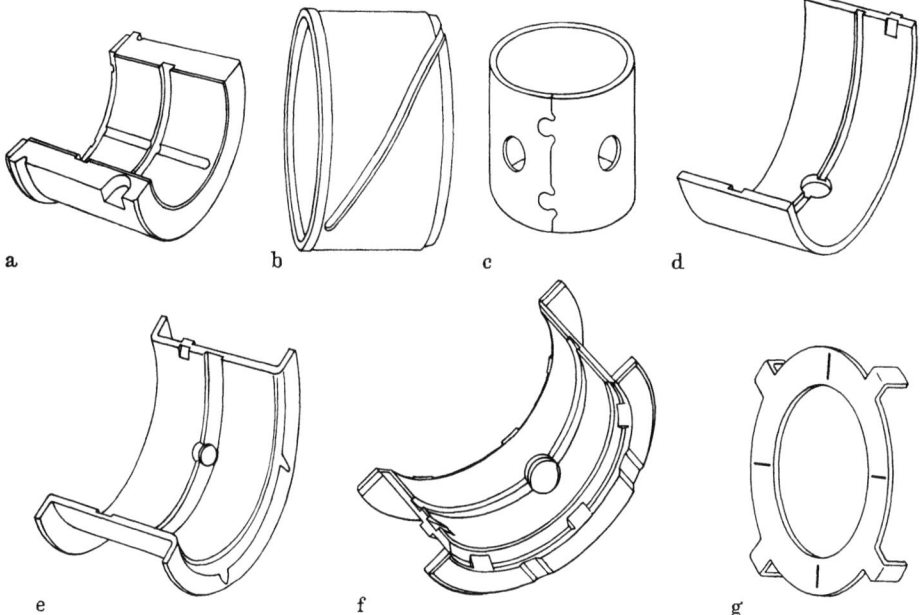

Bild 4.4 Gleitlagerausführungsformen
a) Dickwandiges Lager; b) nahtlose Buchse (Schwimmbuchse); c) Buchse in verklinkter Ausführung; d) dünnwandige Halbschale; e) Bundschale; f) Bundschale mit verklinkten Anlaufscheiben; g) Anlaufscheibe

Es ist anzustreben, daß bei Dreistofflagern die Laufschicht während des Einlaufs und des normalen Betriebes nicht völlig verschlissen wird. Nur so ist für unvorhersehbare Notfälle und zur Schmutzeinbettung eine Reserve vorhanden. Forcierten Betrieb bei erhöhten Umfangsgeschwindigkeiten können Lager mit verschlissener Drittschicht wegen der rapiden Temperaturentwicklung in der härteren Bronze-Zwischenschicht kaum überstehen. Hier können die walzplattierten Aluminiumlager einen Vorteil bieten.

Bild 4.4 zeigt eine Übersicht über die wesentlichen Gleitlagerausführungsformen. Je nach Anwendungszweck verwendet man ungeteilte Lager (Buchsen) oder geteilte Lager (Halbschalen). Buchsen erfordern die axiale Einführmöglichkeit des Wellenzapfens. Massivbuchsen aus einem Material werden von gezogenem Rohr- oder Stangenmaterial abgestochen und sind deshalb nahtlos. Sieht man von den Kunstkohlebuchsen ab, so werden nahtlose Buchsen ausschließlich aus den hochfesteren Werkstoffen Rotguß, Sondermessing oder Aluminiumlegierungen hergestellt. Letztere finden besonders für Lagerungen in Leichtmetallgehäusen Anwendung, wo durch die Angleichung der Wärmeausdehnung der Buchsensitz problemloser wird. Will man die Vorteile eines Lagers mit guter Formsteifigkeit und guten Gleiteigenschaften kombinieren, so muß man auf einen Verbundwerkstoff übergehen. Der Ausgangszustand für Verbundlager ist Bandmaterial, aus dem auch Buchsen mit Stoß hergestellt werden. Zur Erleichterung der Bearbeitung bei einbaufertigen Buchsen und zur Montageerleichterung werden gerollte Buchsen am Stoß auch verklinkt.

Dickwandige Halbschalen, die nicht mehr im Bandverfahren hergestellt werden können, werden im Schleudergußverfahren hergestellt, indem entweder die Trennung zur Halbschale nach dem Ausgießen erfolgt oder zwei Halbschalen mittels einer Bandage zum Gießen zusammengehalten werden. Die modernere Form von Halbschalen mit Verbundaufbau sind die aus Bandmaterial hergestellten Lagerschalen. In dieser Weise können auch Bundlagerschalen hergestellt werden, wobei der Halbschalenrohling im Bereich der anzubiegenden Bunde abgedreht wird und anschließend die Bunde durch Schlagen in eine Matrize oder durch einen Rollvorgang aufgestellt werden. Lose Anlaufscheiben an Stelle der Bundschalen haben sich wegen der Schwierigkeiten bei der Montage nicht sehr durchgesetzt. Hier deutet sich eine Änderung an durch die Verwendung loser, aber mit der Halbschale verklinkter Anlaufscheiben.

Sonderlager für schwingungsgefährdete Turbomaschinen oder für Werkzeugmaschinen mit spielarmer Spindellagerung sind die Mehrgleitflächenlager. Es sind dies dickwandige Verbundlager, bei denen die spezielle Gleitraumform mechanisch bearbeitet wird. Mehrgleitflächen-Radialgleitlager mit beweglichen Segmenten (Kippsegmentlager) sowie die entsprechende Axiallagerausführung mit Kippsegmenten (Mitchell-Lager) stellen spezielle Ausführungsformen des Mehrgleitflächenlagers dar (Kapitel 9 und 10.2).

4.3 Anwendungsgebiete

Bei der Auswahl des geeigneten Werkstoffes für eine bestimmte Anwendung sind mehrere Faktoren maßgebend, wobei die in Abschnitt 4.1 behandelten physikalisch-mechanischen, ebenso wie die allgemeinen Eigenschaften eine Hilfe darstellen. Die Oberflächengüte der Gleitpartner und die Härte des Lagerwerkstoffes beeinflussen die Gleiteigenschaften ebenso wie Menge, Art und Reinheit des Schmiermittels, das in seiner Viskosität unter den Betriebstemperaturen stark veränderlich ist. Hoher Verschleißwiderstand schließt aber die Schmiegsamkeit aus, die zur Kompensation von Form- und Fluchtungsfehlern notwendig sein kann. Hohe Belastungen und Gleitgeschwindigkeiten erfordern spezielle Werkstoffkombinationen wie 3-Stofflager, wobei die Dicke der Laufschicht bestimmend ist für die dauerfest ertragbare Belastbarkeit einerseits und die Gesamtheit der Gleiteigenschaften andererseits. Der großen Vielfalt von Anforderungen steht eine breite Palette von Lagerwerkstoffen gegenüber.

Eine umfassende Übersicht über alle Anwendungsgebiete ist nicht möglich. Die Tabelle 4.3 zeigt eine Auswahl typischer Anwendungsfälle und die Zuordnung der Gleitlagerwerkstoffe. Die in der senkrechten Spalte angeordneten Anwendungsgebiete sind unterteilt nach der Art der Belastung, der Gleitbewegung und der Schmierverhältnisse. Waagrecht aufgetragen sind die Gleitwerkstoffe, geordnet

— soweit es die metallischen Werkstoffe betrifft — im Sinne zunehmender Härte, so daß links die Werkstoffe mit guten Gleiteigenschaften, rechts die weniger schmiegsamen, verschleißfesten und höher belastbaren Werkstoffe stehen.

4.4 Lagerschäden

Auch bei optimaler Auslegung und Dimensionierung eines Gleitlagers und sorgfältiger Auswahl des Lagerwerkstoffes unter Berücksichtigung der im Betrieb zu erwartenden Anforderungen sind Gleitlagerschäden nicht auszuschließen. Die tatsächlichen Betriebsbedingungen — beginnend bei fertigungsbedingten Formabweichungen und Montagefehlern über Wartungsbedingungen hin bis zu außergewöhnlichen Betriebszuständen — sind bei der Konzeption wohl nicht immer vollständig zu überschauen. Daher sollte der mit der Gleitlagerauslegung befaßte Ingenieur dieses Maschinenelement auch während der Erprobung und während des praktischen Einsatzes begleiten und alle Möglichkeiten nutzen, gelaufene Gleitlager zu befunden, aus dem Schadensbefund und der Kenntnis der Betriebsbedingungen Rückschlüsse auf die Schadensursache zu ziehen und daraus Abhilfemaßnahmen abzuleiten. Bei fortgeschrittenen Schäden oder gar Totalschäden ist die Auffindung der primären Ursache nicht mehr möglich. Daher ergeben sich die meisten Aufschlüsse an Lagern aus Maschinen, mit denen gezielte Versuche durchgeführt oder die aus anderen Gründen in größerer Zahl zur Reparatur und/oder Überholung gelangen. Aus diesem Grunde liegen die meisten Erkenntnisse für die Befundung von Lagerschäden bei Verbrennungsmotoren vor.

Die nachfolgende Einteilung in 8 Schadensgruppen schließt nicht aus, daß Schäden auch durch das Zusammentreffen mehrerer Ursachen zustande kommen. Typische Gleitlagerschäden sind auf den Bildtafeln 1 bis 4 (S. 68—71) zusammengestellt.

4.4.1 Verschmutzung

Schäden durch Verschmutzung stellen in vielen Anwendungen die Hauptausfallursache dar. Dabei soll der Ausfall infolge Verschleiß durch erhöhten Anfall feinster Verschleißteilchen, die das Ölfilter nicht aussieben kann, gar nicht einbezogen werden. Größere Schmutzpartikel fallen an bei der Fertigung der Maschine in Form von Spänen oder von Gußsand-Rückständen, die trotz aufwendiger Reinigung der Teile im Fertigungsprozeß nicht vollständig zu beseitigen sind. Hierauf sollte schon bei der konstruktiven Gestaltung der Maschine mehr geachtet werden. Gelangen aber größere und oft auch harte Schmutzteilchen trotz Ölfilterung durch die Verwendung von Nebenstromfiltern oder durch einen Bypaß, der das Filter vor Überlastung schützt, in den Schmierölkreislauf und in die Lager, so kann der Schmutz nur in begrenzter Größe in die Laufschicht eingebettet werden. Dabei wird das verdrängte Material um das eingebettete Schmutzteilchen aufgeworfen; an diesem Wulst tritt neben dem Verschleiß — sichtbar an dem glänzenden Hof um die *Einbettung* herum — auch teilweise noch eine örtliche Erhöhung des Schmierfilmdruckes als Folge der geänderten Spaltgeometrie auf, die zu Ermüdungserscheinungen führen kann. Größere Schmutzteilchen werden nicht bleibend eingebettet und ziehen *Wanderspuren* durch das Lager unter Hinterlassung zahlreicher Einbettungen. Noch größere, harte Schmutzteilchen verursachen *Schmutzriefen*, die zumindest im Hauptbelastungsbereich, oft aber am

Tabelle 4.3 Anwendungsgebiete für Gleitlager-Werkstoffe

Werkstoffe Anwendungsgebiete	Kunst- kohle	Kunst- stoffe	Poröse Sinter- lager	Weiß- metall	Al-Walz- plattiert
Hebel, Gelenke, Gestänge		●			
Feinwerktechnik (Elektrogeräte, Fzg. Zubehör usw.)	●		●	●	
Stehlager				●	
Nockenwellenlager				●	
Anlaufscheiben				●	
Turbo-Maschinen und -Getriebe				●	
Gasturbinen					
Elektro-Großmaschinen				●	
Walzwerke, Schmiedepressen					
Eisenbahn-Achslager Kolbenverdichter				●	
Getriebe Drucksegmentlager					
Achsschenkelbuchsen					
Federbolzenbuchsen					
Bau- und Landmaschinen					
Fördereinrichtungen					
Haupt- und Pleuellager bei Otto-Motoren				●	●[a]
Diesel-Motoren					●[a]
Großdiesel-Motoren				●	
Kältekompressoren					
Pumpen					
Lager in LM-Gehäusen					
Kolbenbolzenbuchsen					
Kipphebelbuchsen					
Lenkgetriebe					
Hydraulik-Pumpen					

[a] mit ternärer Laufschicht

4.4 Lagerschäden

Bleibronze	Blei/Zinn u. Zinn-Bronze	Al-Legierung	Sondermessing	Al-Bronze	Betriebszustände
	•	•	•	•	niedrige, statische Belastung niedrige Gleitgeschwindigkeit, auch intermittierend wartungsfrei, einmalige Schmierung, Schmutzgefahr
•					
•					
•	•				geringe, statische Belastung mittlere bis hohe Gleitgeschw. aber gleichsinnig Ölschmierung, auch Druckschmierung
•	•				
•					
•					
•	•				mittlere, statische Belastung, auch stoßartig niedrige Gleitgeschwindigkeit Ölschmierung
•	•				
•					mittlere, statische Belastung mittlere Gleitgeschwindigkeit Ölschmierung
	•	•	•	•	hohe Belastung, auch stoßartig niedrige Gleitgeschwindigkeit, auch wechselnd Schmierung mangelhaft mit Schmutzgefahr
	•			•	
•	•		•		
•	•		•	•	
•a					
•a					mittlere, dynamische Belastung mittlere bis hohe Gleitgeschwindigkeiten Ölschmierung, erhöhte Temperaturen
•					
		•			
			•		
•	•	•			hohe, dynamische Belastung, auch stoßartig niedrige Gleitgeschwindigkeit, auch wechselnd Ölschmierung sekundär, hohe Temperaturen
•	•				
		•			
•		•			

Bildtafel I

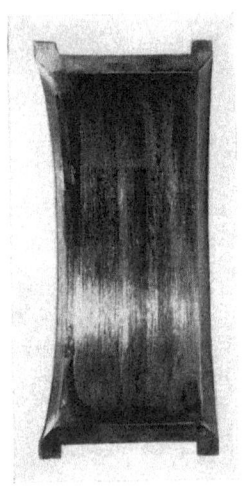 Lagerfresser

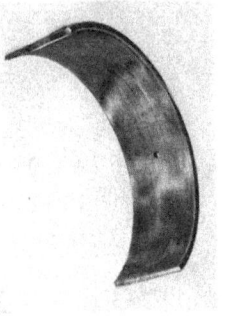 Schmutzriefen

 Dauerverschleiß

 Schmutz-Wanderspuren

 Einlauf- oder Anpassungsverschleiß

 *Verschmutzung:* Schmutz-Einbettungen

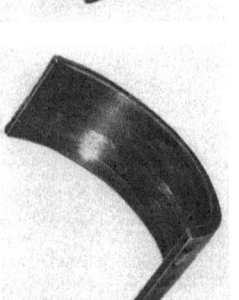 *Verschleiß:* Anreiber

Bildtafel II

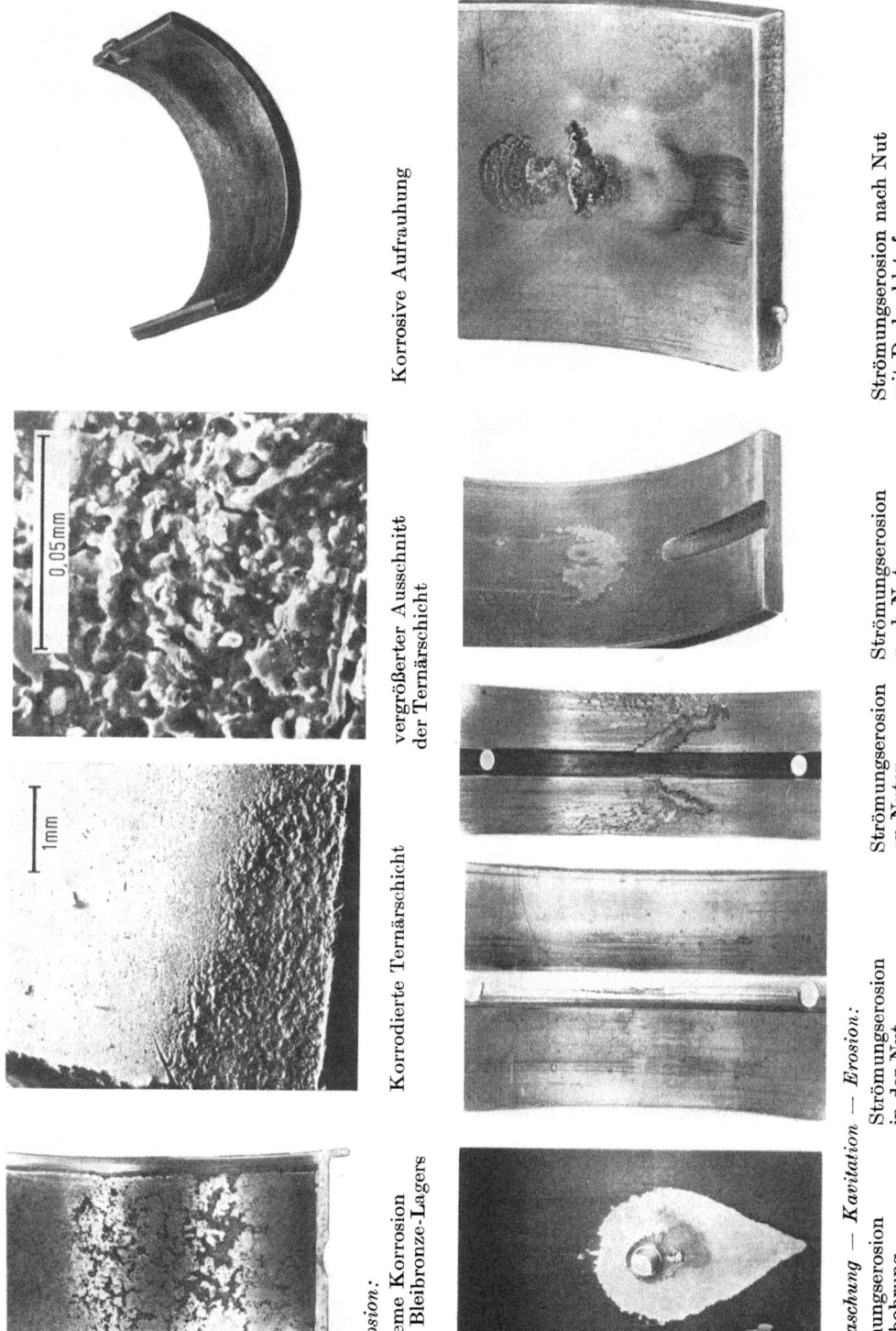

Korrosion:
Extreme Korrosion eines Bleibronze-Lagers

Korrodierte Ternärschicht

vergrößerter Ausschnitt der Ternärschicht

Korrosive Aufrauhung

Auswaschung — Kavitation — Erosion:
Strömungserosion an Ölbohrung

Strömungserosion in der Nut

Strömungserosion an Nuten

Strömungserosion nach Nut

Strömungserosion nach Nut mit Drehzahlstufen

Ermüdungsanriß

AlSn20-Lager
zunehmende Ermüdung
von a nach f

Ermüdungsanriß

WM-Lager
zunehmende Ermüdung
von a nach f

gewalzt, plattiert

AlSn20-Lager
gegossen, ungewalzt

Bindefehler

Ternärschicht-Ermüdung (Borkenkäfer)

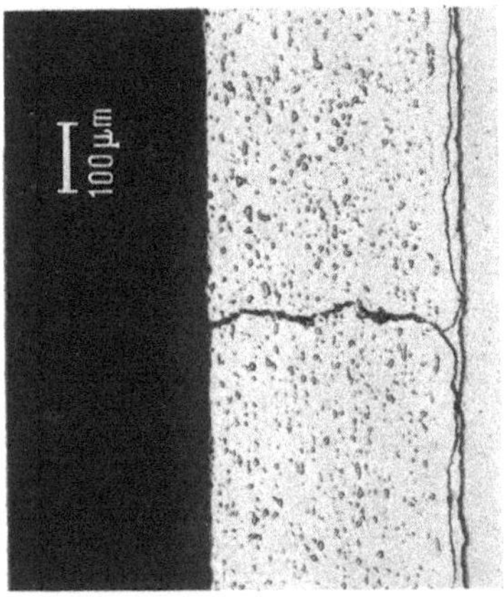

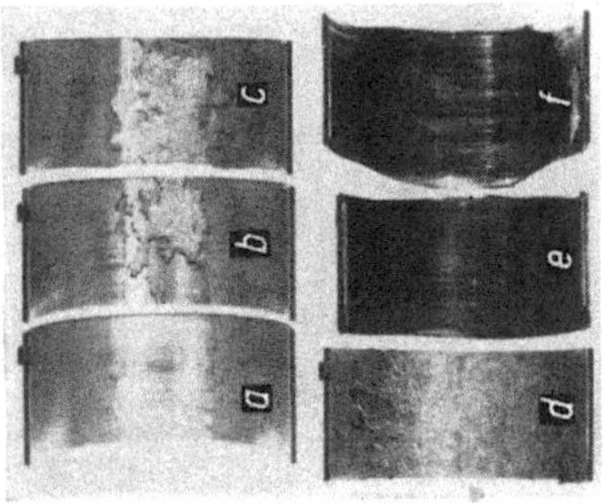

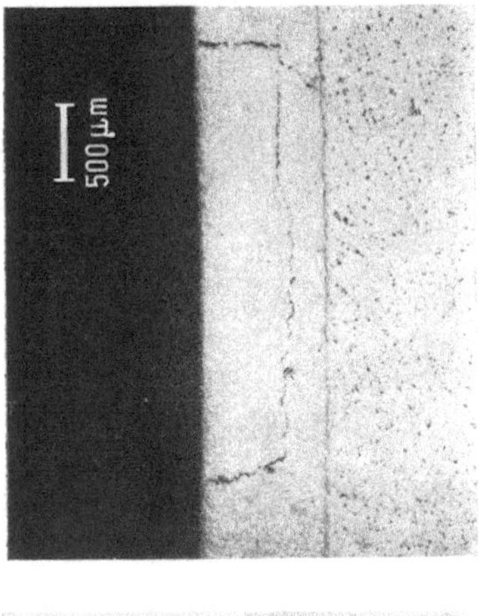

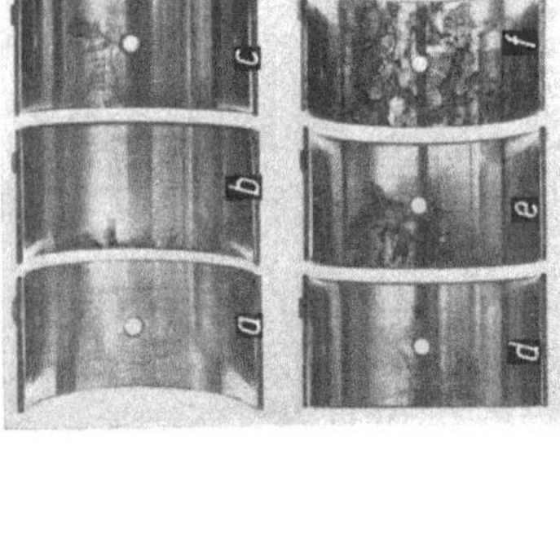

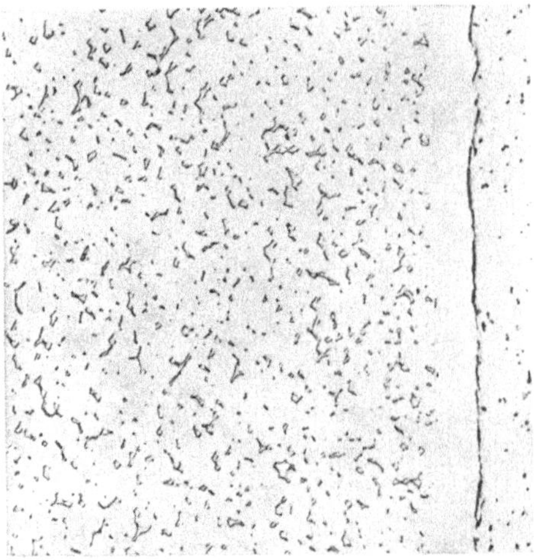

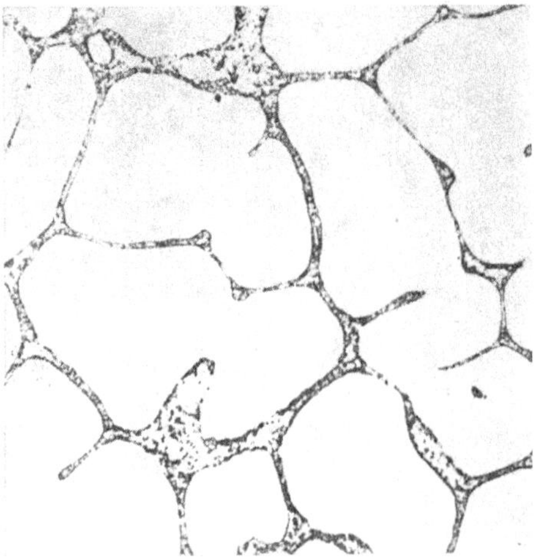

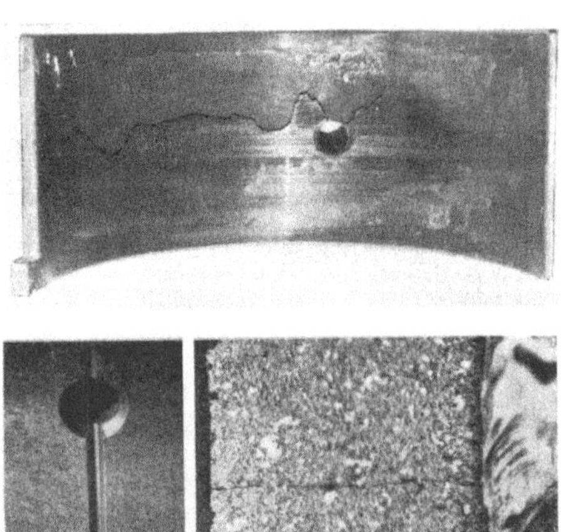

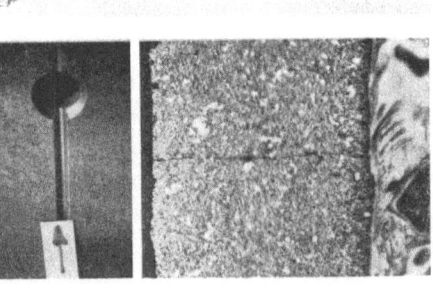

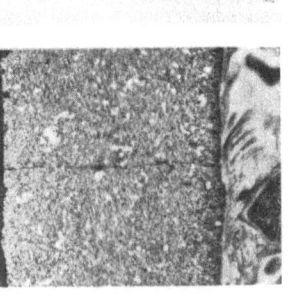

Bildtafel IV — *Einbaufehler*

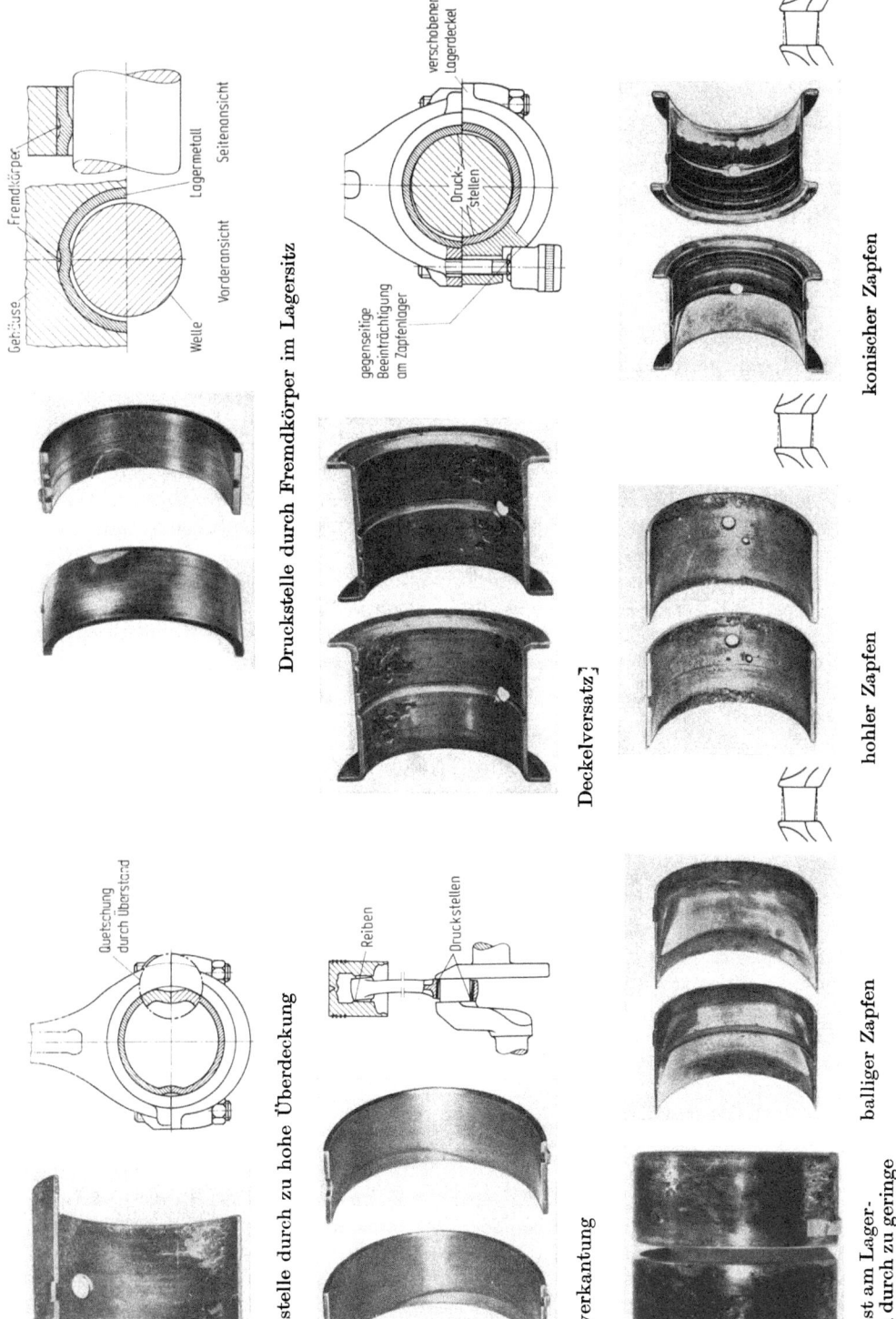

ganzen Lagerumfang, zu finden sind. Schon mäßig tiefe Schmutzriefen haben die gleiche Folge wie eine umlaufende Nut; der axiale Schmierfilmdruckaufbau wird über der Riefe zusammenfallen, und das Lager hat dadurch eine wesentlich geminderte Tragfähigkeit, die sich durch kleinere Schmierspaltdicken bei gleicher Last ausdrückt mit der Folge erhöhten Verschleißes.

4.4.2 Verschleiß

Verschleißerscheinungen sind sehr vielfältig. Ihr wesentliches gemeinsames Kennzeichen ist die örtliche Begrenzung und der allmähliche Übergang am Anfang und Ende der Verschleißzone. Die mildeste und normalste Verschleißerscheinung ist der *Einlauf- oder Anpassungsverschleiß*, der nur bei extremen Einlaufverhältnissen nicht zum Stehen kommt. Im Idealfall konzentriert er sich auf die Hauptbelastungszone und zeigt an, daß eine Verbesserung der Oberflächengüte stattgefunden hat. *Kantenträger* infolge eines hohlen oder unter Last durchgebogenen Wellenzapfens führen zu Tragspuren an den Kanten. *Zapfenverkantungen* führen zu einseitig liegenden, bei extremen Fällen auch diagonal gegenüberliegenden Verschleißzonen in der Ebene der Hauptbelastung. Örtliche Abweichungen von der Geometrie, wie sie unter 4.4.8 behandelt werden, sind an örtlich konzentrierten Verschleißzonen zu erkennen.

Erfolgt der Einlauf kurzzeitig unter forcierten Bedingungen oder Ölmangel, so findet man *Anreiber*, gekennzeichnet durch einen örtlich begrenzten Verschleißvorgang, der im Einlaufbereich dem normalen Anpassungsverschleiß entspricht, im Auslauf aber die massive Verschiebung der obersten, weichen Laufschicht zeigt.

Dauernder Verschleiß, häufig nach entsprechend großen Laufzeiten, zeigt sich durch typische Verschleißzonen in den Hauptbelastungsbereichen mit den allmählichen Übergängen an beiden Enden in Laufrichtung, wobei die ganze Laufschicht verschlissen sein kann. Beim weiteren Lauf in der härteren Zwischenschicht nimmt der Zapfenverschleiß und die Wärmeentwicklung rasch zu, so daß die Gefahr des Fressens wächst.

Unter extremen Voraussetzungen bzw. Betriebsbedingungen eskalieren infolge der damit verbundenen Wärmeentwicklung die verschiedenen Verschleißerscheinungen sehr rasch und es kommt zum *Fressen*. Der Schadensbereich wächst schnell an und erfaßt das ganze Lager; es treten Verschweißungen mit dem Lagerzapfen auf, Materialteilchen werden herausgerissen und ziehen Riefen durch das Lager. Im fortgeschrittenen Zustand zeigen Lager und Welle Überhitzungserscheinungen. Rückschlüsse auf die Ursachen sind nur in den frühen Stadien des Fressens möglich.

4.4.3 Korrosion

Korrosionsschäden sind chemische Angriffe des Schmiermittels. Ursache dafür kann in der Wahl eines ungeeigneten Schmierstoffes, in der Alterung des Schmierstoffes unter den Betriebsverhältnissen oder in der falschen Werkstoffwahl liegen. Die Hauptkomponente Blei von Lagermetallen mit den guten Gleiteigenschaften ist außergewöhnlich korrosionsanfällig. Zusätze von Zinn und Antimon erhöhen den Korrosionswiderstand beträchtlich, was bei Weißmetallen und ternären Laufschichten genutzt wird. Für Drittschichten ist ein Mindestanteil von 7% Zinn oder früher auch Indium allgemein üblich, da unter den bereits erwähnten Diffusionsvorgängen eine Reduzierung des Anteils dieser Korrosionshemmer in den obersten Schichten unvermeidbar ist.

Korrosionsschäden haben oft eine gewisse Ähnlichkeit mit Verschleißschäden, insbesonders wenn sie bis in die Zweitschicht reichen; man hat den Eindruck, daß die Zweitschicht schon freigelegt wäre. Unter Vergrößerung erkennt man jedoch, daß die Laufschicht immer noch in der Form unkorrodierter Inseln vorhanden ist. Außerdem beginnen und enden die Korrosionszonen wesentlich übergangsloser als die der Verschleißzonen. Bei bestimmten Ölen zeigt sich die Korrosion auch durch eine Dunkelfärbung der Laufschicht an. Auch hier ist aber unter Vergrößerung die Aufrauhung durch den chemischen Angriff zu erkennen.

4.4.4 Auswaschungen/Kavitation

Das Spektrum der häufig unter dem Sammelbegriff Kavitation laufenden Schäden ist sehr groß. Es ist sehr zweifelhaft, ob der physikalische Vorgang der Kavitation mit Unterdruck, Dampfblasenbildung und Implosion derselben ursächlich bei allen diesen Schäden ist. Häufig werden deshalb auch die Begriffe Kavitation-Erosion oder Auswaschung verwendet.

Der klassischen Kavitationsvorstellung am nächsten kommen Schäden an Lagerungen von *Turbo-Maschinen und -Getrieben*, die durch hochfrequente zahneingriffserregte Schwingungen hervorgerufen werden und das Material teilweise bis in den Lagerstuhl herauslösen [4.16].

Alle übrigen Auswaschungen beschränken sich häufig auf die weiche Laufschicht. Nur in wenigen Fällen wird auch die härtere Zwischenschicht angegriffen und das praktisch ausschließlich an Stellen, die durch die mechanische Bearbeitung beeinflußt sind, wie z. B. Nutkanten.

Die Hauptgruppe von Auswaschungsschäden sind die *Strömungserosionen*. In Gleitlagern mit erhöhter Umfangsgeschwindigkeit finden an Querschnittsprüngen wie Ölbohrungen, Nuten, Taschen, aber auch am Lagerstoß starke Änderungen der Strömung bis zur Ablösung und Wirbelbildung statt. Unmittelbar anschließend oder in gewisser Entfernung dahinter, bei mehreren Drehzahlstufen auch mehrfach in bestimmter Entfernung hinter oder vor solchen Querschnittsänderungen, findet man örtlich begrenzte, zungenförmige oder zipflige Materialabtragungen, die wohl durch die gestörte Strömungsausbildung verursacht wurden. Da die dafür ursächlichen Nuten u. ä. in der Regel in unbelasteten Bereichen angeordnet werden, sind auch diese Schäden nicht unbedingt nachteilig für das Betriebsverhalten, solange sie nicht bis in die Hauptbelastungszonen reichen und die Auswaschung in feinsten Teilchen ohne unmittelbare Folgewirkung (Verschleiß, Einbettung, Riefen) erfolgt. Eine konstruktive Verbesserung durch eine Milderung der Querschnittssprünge ist kaum möglich, da im Vergleich zur Spaltgeometrie die mechanisch bearbeiteten Übergänge viel zu grob sind. Außerdem reichen die milden Nutausläufe dann weiter an die Hauptbelastungsbereiche heran, so daß sie dort den Druckaufbau beeinträchtigen. Die beste Abhilfemaßnahme ist die Vermeidung von Nuten, Bohrungen und Taschen. Die Vermutung, daß plötzliche Lastwechsel, z. B. der steile Druckgradient bei Verbrennungsmotoren [4.17], an diesen Schäden beteiligt sind, hat sich nicht bestätigt.

Auswaschungsschäden, die nicht auf vorhandene Querschnittssprünge zurückzuführen sind, dürften auch durch Wechseldeformationen im Schmierspalt verursacht werden. Der erste Hinweis dazu wurde an einem glatten Pleuellager gefunden, wo im Bereich eines Anrisses im Pleuelkopf eine Auswaschung auftrat. Dies konnte bestätigt werden durch die systematische Erfassung von Auswaschungsschäden an Pleuellagern mit unterschiedlicher Ausführung des Pleuelkopfes. In den Bereichen großer örtlicher Deformation, hervorgerufen durch die ungleiche Steifigkeit am Umfang des Pleuelkopfes, treten momentan und örtlich größere Verformungen auf, so daß der Schmierspalt dort pulsiert. Unsicher ist, ob diese Spalterweiterung die Strömung so stört, daß dort die Strömungserosion auftritt, oder ob die Wechseldeformation direkt zu diesen Materialablösungen führt.

4.4.5 Ermüdung

Ermüdungserscheinungen sind Dauerbrüche, wenn die Dauerfestigkeit des Werkstoffes unter den Betriebsbedingungen überschritten wird. Bei Weißmetallagern spricht man von *Pflastersteinbildung*, bei Dreistofflagern von *Borkenkäferbildung*. Die Primärrisse verlaufen axial in den Hauptbelastungszonen. Infolge der Kerbwirkung wachsen diese Risse und werden in der Tiefe an der Bindungszone zur darunterliegenden Schicht umgelenkt. Die Risse verzweigen sich und treffen auch zusammen, wodurch ein ganzes Stück, eben der Pflasterstein, ausbricht. Auch beim Dreistofflager läuft der Rißvorgang ähnlich ab, nur sind die Risse und Rißerstreckungen feiner und mehr verzweigt, man erkennt die Ähnlichkeit mit den Gängen eines Borkenkäfers.

Die Ermüdungserscheinungen konzentrieren sich auf die Hauptbelastungszonen sowie auf Druckstellen und dynamisch verursachte Klemmstellen. Ursache dafür sind die sich zeitlich ändernden Druckprofile und besonders der örtliche Druckgradient, unter denen im Material tangentiale Zugbeanspruchungen erzeugt werden. Überschreiten die so hervorgerufenen Wechselbeanspruchungen die Dauerfestigkeit des Materials, so kommt es zum Anriß. Neuere Forschungsarbeiten [4.23] zeigen die Möglichkeit, die Beanspruchungen im Lagermaterial unter dynamischer Last zu erfassen, wobei die so ermittelten Wechselbeanspruchungen im Fall der Ermüdung die Dauerfestigkeit gerade erreichen. Da also letztlich die Form der Druckentwicklung im dynamisch belasteten Lager die Beanspruchungen im Lagermaterial erzeugen, ergeben sich bei Ermüdungsprüfungen auf unterschiedlichen Prüfmaschinen beträchtliche Unterschiede in der zulässigen Flächenpressung, wobei eine Streuung im Verhältnis 1:3 bei gleichem Material, Lagerabmessungen und Betriebsbedingungen keine Ausnahme darstellen. Hierzu werden in nächster Zukunft sicher bessere Prüfverfahren zu erwarten sein. Ein Berechnungsverfahren wird in Kapitel 8 angegeben.

4.4.6 Überhitzung

Überhitzungsschäden sind meist Folgeschäden von Fressern oder Ermüdung. Die rasch eskalierende Wärmeentwicklung beim Betrieb mit zunehmender Mischreibung führt zum Anschmelzen der niedrigschmelzenden Bestandteile, besonders des Bleis, das dann in Form von Bleiperlen am Lagerrand zu finden ist. Der Temperaturgradient führt zu Wärmespannungen, die zu axialen Rissen über die ganze Lagerbreite führen. Auch die im Zapfen zu beobachtenden Wärmerisse verlaufen vorwiegend axial. Überhitzungserscheinungen werden gefördert, wenn bei mangelnder Einbauüberdeckung der Wärmefluß ins Gehäuse behindert wird. So findet man dann oft auch am Lagerrücken Überhitzungsverfärbungen sowie Verkokungserscheinungen.

4.4 Lagerschäden

Tabelle 4.4 Technologische Eigenschaften von Lagerwerkstoffen

			Blei-WM	Zinn-Weißmetall									Kadmium-legierung		Bronzen					
			A	B_1		B_2		B_3		B_4		C		D_1		D_2		D_3		
Chemische Zusammensetzung (Gew.-%)		Pb	75,8	2		max. 0,06		max. 0,06		max. 0,06				11		13		15		
		Sn	6	80		80,5		89		87,5				8		5		2,5		
		Cd	1			1,2				1		98,4								
		Cu	1,2	6		5,5		3,5		3,5				77,5		79,0		79,5		
		Sb	15	12		12		7,5		7,5										
		Ni	0,5			0,3				0,2		1,6		3,5		3		3		
		As	0,5			0,5				0,3										
Härte und Wärmehärte HB in N/mm²		20 °C	25,6	27,4		35,0		22,6		28,0		34,0		51,3		67,5		86,3		
		50 °C	21,0	23,2		27,9		17,0		23,2		28,9		49,1		65,8		80,3		
		100 °C	14,2	13,3		17,3		10,4		15,6		19,7		46,6		64,9		78,6		
		150 °C	8,1	7,3		9,7		—		9,1		11,5		44,5		62,6		76,9		
Beanspruchung auf Zug																				
Streckgrenze	$\sigma_{0,2}$	N/mm²	28,4	61,8		84,4		46,1		65,7		78,5		84,4		120		163		
Zugfestigkeit	σ_{zB}	N/mm²	56,9	89,3		102		76,5		100,0		129		136		192		209		
Dehnung	δ_5	%	1,2	3,0		1,5		11,2		8,4		17,0		6,4		6,4		2,1		
E-Modul	$\sigma_{0,01}$	N/mm²	29900	55700		52500		56500		49500		54200		81500		84000		85100		
Beanspruchung auf Druck			20°C 100°C	20°C	100°C	20°C	100°C	20°C	100°C	20°C	100°C	20°C	100°C	20°C	100°C	20°C	100°C	20°C	100°C	
Quetschgrenze	$\sigma_{d0,2}$	N/mm²	46,1 26,5	61,8	37,3	80,4	48,1	47,1	26,5	62,8	30,4	69,7	50,0	76,5	64,8	109	95,2	138	116	
Druckfestigkeit	σ_{d2}	N/mm²	85,3 58,9	87,3	68,7	122	80,4	75,5	45,1	103	59,8	119	86,3	133	113	175	165	232	215	
Druckfestigkeit	σ_{dB}	N/mm²	134 83,4	189	121	195	126	157	100	235	136	285	226	515	420	661	594	701	666	
Bruchstauchung	$-\delta$	%	33,6 36,5	46,2	53,1	33,7	34,4	47,4	49,7	39,3	44,2	54,2	57,9	39,4	33,5	39,1	36,8	32,9	31,9	
Dauerschwingfestigkeit																				
Biegewechselfestigkeit	σ_{bW}	N/mm²	±27,5	±27,5		±39,2		±29,4		±33,4		±32,4		±60,8		±76,5		±87,3		
Wechselfestigkeit	σ_{zdW}	N/mm²	±23	±25		±37		±31		±31		±22		±53,0		±55,0		±57,7		
Zugschwellfestigkeit	σ_{zSch}	N/mm²	+30	+51		+57,5		+41		+52		+39		+60,8		+76,5		+78,5		
Bindungsfestigkeit nach Chalmers (Stahl C10)		N/mm²	56,9	39,2		88,3		57,9		86,3		104		155		196		217		

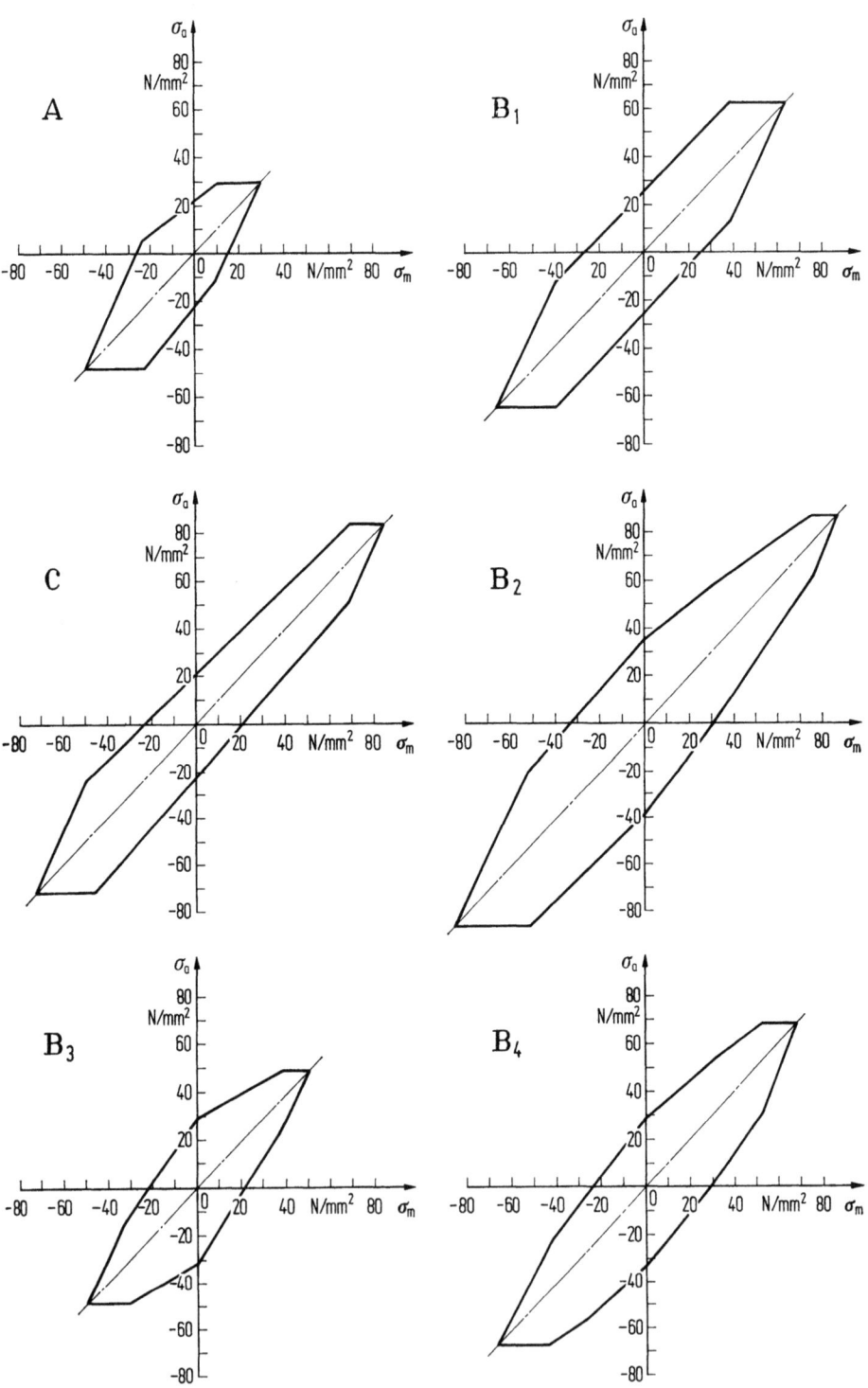

Bild 4.5 Dauerfestigkeitsdiagramme (Smith) für Gleitlagerwerkstoffe (vgl. Tabelle 4.4)

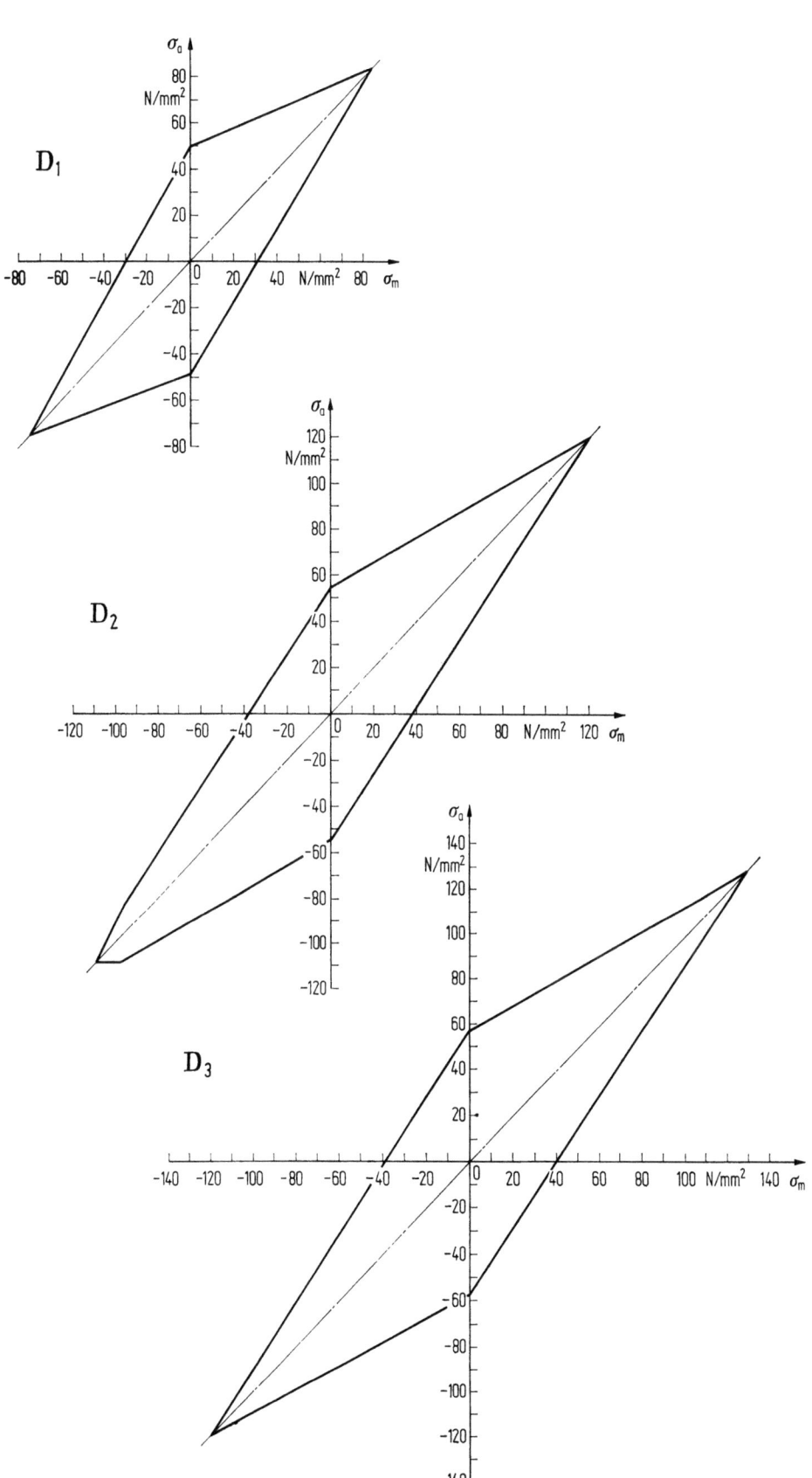

4.4.7 Bindefehler

Bindefehler sind durch die weitgehende Automatisierung und Kontrolle des Herstellungsprozesses selten geworden. Kennzeichnend dafür ist der großflächige Materialausbruch mit einer glatten Abtrennung von der Bindezone. Häufig können auch die Ränder noch unbeschädigter Zonen von der Bindung abgehoben werden.

Speziell an Bronzelagern mit ternärer Laufschicht ohne Nickeldamm traten früher häufig Bindefehler auf, die durch den Diffusionsvorgang und die so hervorgerufene Bildung der amorphen Kupfer-Zinn-Schicht verursacht wurden [4.18].

4.4.8 Einbaufehler

Eine breite Palette von Lagerschäden ist nicht primär auf ein Werkstoffversagen oder eine falsche Auslegung zurückzuführen. Es sind dies die Einbaufehler. Unrunde Lager, örtliche Druckstellen, versetzte Lagerschalenhälften, die axiale Lagerform und vieles mehr verändern die Schmierspaltgeometrie und damit den Druckaufbau. Der an der Lauffläche sichtbare Schaden kann die ganze Palette der Schäden zeigen vom Einlaufverschleiß bis zum örtlichen Fressen oder Ermüden. Aus dem Tragbild auf der Lauffläche und dem Tragbild des Schalenrückens kann man in vielen Fällen auf die Einbaufehler schließen.

Bild 4.6 Entwicklung eines Ermüdungsschadens an einem Treibstangenlager nach [4.22]

4.5 Dauerfestigkeit

Nach neueren Forschungsarbeiten [4.23], deren Ergebnisse und Anwendungen in Kapitel 8 behandelt werden, ist die Gleitlagerermüdung direkt auf die Dauerfestigkeit zurückzuführen. Soweit es sich um die klassischen, in der Regel dickwandig vergossenen Lagerwerkstoffe handelt, wurden diese von Hilgers [4.24] in Form von Probestäben untersucht. Die Ergebnisse sind zusammen mit den statischen Festigkeitswerten in Tabelle 4.4 zusammengestellt. Die Dauerfestigkeitswerte gelten wie auch die zugehörigen Smith-Diagramme nach Bild 4.5 für Raumtemperatur. Der bei den statischen Festigkeitswerten sehr deutlich ausgeprägte Abfall bei erhöhten Temperaturen dürfte — wenn auch in gemilderter Form — auch bei den Dauerfestigkeiten zu erwarten sein. Bei dünnwandigen Lagerausgüssen in guter Qualität, die nicht als Probestäbe untersucht werden können, ergibt sich wegen der besseren Homogenität eher eine Steigerung. Durch nachgeschaltete Verdichtungsvorgänge zur Erzeugung von Druckeigenspannungen, wie sie bei gesinterten Lagern sehr üblich sind, dürfte ebenfalls eine Anhebung der Dauerfestigkeit zu erwarten sein. Da zu diesem Komplex weitere Untersuchungen in der Zukunft zu erwarten sind, sollte die entsprechende Literatur aufmerksam verfolgt werden.

Die typische Erscheinungsform der Ermüdungsschäden ist in ihrer stufenweisen Entwicklung in Bild 4.6 am Beispiel des oberen Treibstangenlagers eines

Bild 4.7 Entwicklung eines Ermüdungsschadens an Turbinen-Axiallagern nach [4.22]

Gasmotors mit Weißmetallausguß dargestellt. Sie beginnt mit einem einzelnen axialen Anriß in der Nähe der Hauptbelastungszone, genauer am Druckbergende mit dem steilen Druckgradienten. In der Folge entstehen in diesem Bereich mehrere axiale Anrisse, die sich oberhalb der Bindezone vereinigen und zu den pflastersteinartigen Ausbrüchen führen. Im fortgeschrittenen Zustand ist die Neigung zu axialen Primäranrissen dann meist nicht mehr erkennbar.

Die Form der Ermüdungsschäden ist in entsprechender Weise auch bei Axiallagern zu finden (Bild 4.7), bei denen neben den nominellen statischen Belastungen auch dynamische Zusatzlasten von außen oder wechselnde Schmierfilmdrücke durch schwingende Kippsegmente auftreten können. Hier liegt der Schadensbereich dann nahe der Austrittskante, also auch dort, wo der steile Druckgradient auftritt. Der Schaden beginnt ebenfalls mit axialen Anrissen und endet mit Pflasterstein-Ausbrüchen. Im dargestellten Endzustand dürfte der großflächige Ausbruch allerdings durch einen Bindefehler begünstigt sein.

Literatur zu Kapitel 4

4.1 Buske, A.: Der Einfluß der Lagergestaltung auf die Belastbarkeit und Betriebssicherheit. Stahl und Eisen (1951) H. 26, S. 1420.
4.2 Kühnel, R.: Werkstoffe für Gleitlager. Berlin, Göttingen, Heidelberg: Springer 1952.
4.3 Anderko, K.; Weber, R.; Grau, E.: Gleitlagerwerkstoffe und ihr Verhalten im Einsatz. VDI-Berichte Nr. 156 (1970).
4.4 Weber, R.: Eigenschaften von Gleitwerkstoffen und Abgrenzung ihrer Anwendungsgebiete. VDI-Berichte 36 (1959) 29.
4.5 Roemer, E.: Übersicht über Zinn-Blei-Lagerweißmetalle. Metall 16 (1962) H. 8.
4.6 Roemer, E.: Ternäre Dreistofflager. Glyco-Ingenieurbericht Nr. 8/67.
4.7 Klauer, R.: Aufbau und Verwendung von Verbundlagerschalen aus Kupferwerkstoffen. Konstruktion 20 (1968) H. 11, S. 431.
4.8 Klauer, R.: Gleitlager aus Glyco-90. Glyco-Ingenieurbericht Nr. 1/67.
4.9 Grobuschek, F.: Dauerfestigkeit von Gleitwerkstoffen. MTZ 25 (1964) H. 5, S. 211.
4.10 Pratt, G. C.: New Developments in Bearing Materials. SAE-Paper 690112/1969.
4.11 Gyde, N.: Ermüdungsbrüche in Gleitlagern. MTZ 31 (1970) H. 8, S. 352.
4.12 Forrester, P. G.: Entwicklung und Anwendung von 20% Zinn enthaltenden Aluminium-Lagermetallen. Metallwissenschaft u. Technik 16 (1962) H. 9, S. 849.
4.13 Semlitsch, M.: Untersuchung von Diffusionsvorgängen an Mehrstoff-Gleitlagern mit der Elektronenstrahl-Mikrosonde. V. Intern. Congress on X-Ray Optics and Mikroanalysis (Tübingen) 1968.
4.14 Roemer, E.: Gleitlagerschäden und ihre Verhütung. Techn. Akademie Wuppertal, Berichte 9, S. 21.
4.15 Möhle, H.: Einige Gedanken zur Kavitation in Gleitlagern. Maschinenschaden 40 (1967) H. 4, S. 125.
4.16 Frössel, W.: Schwingungskavitation in Gleitlagern. Mineralöl-Technik 9 (1964) H. 5.
4.17 Zimmermann, K.: Über das Betriebsverhalten von Gleitlagern im Fahrzeugdieselmotor unter besonderer Berücksichtigung der Lagerkavitation. MTZ 30 (1969) H. 1, S. 24.
4.18 Perrin, H.: Lagerprobleme bei 4-Takt-Lokomotiv-Dieselmotoren. CIMAC-Kolloquium 1965 in London. MTZ 26 (1965) H. 10, S. 415.
4.19 Melish, P. G.: Failures of Automobile Plain Bearings. Tribology May 1969, S. 100.
4.20 Rafique, S. O.: Failures of Plain Bearings and their Causes; Lubrication and Wear, Sc. Conv. May 1964. Proc. Inst. Mech. Engrs. 1963–64, Vol. 178 Pt 3N, Paper 15, S. 180.
4.21 Droste, K.: Gleitlagerschäden und ihre Ursachen. Schmiertechnik 9 (1962) H. 1, S. 11.
4.22 Huppmann, H.: Schäden an Gleit- und Wälzlagern. VDI-Berichte Nr. 141 (1970) 97.
4.23 Lang, O.: Gleitlagerermüdung unter dynamischer Last. VDI-Berichte Nr. 28 (1975) 57.
4.24 Hilgers, W.: Lagerwerkstoffe für höhere Forderungen. VDI-Nachrichten Nr. 38 (1975).

5 Hydrostatische Schmierung und Lager

5.1 Einleitung

Hydrostatisch arbeitende Lager sind etwa seit der Mitte des vorigen Jahrhunderts bekannt. Im Jahre 1865 wurde dem Franzosen Girard ein Patent für ein solches Lager erteilt.

Bei der hydrostatischen Schmierung von Lagern wird der Schmiermitteldruck nicht im Keilspalt zwischen den gepaarten Lagerflächen durch deren Relativbewegung, sondern durch eine Pumpe außerhalb des Lagers erzeugt. Das Prinzip der hydrostatischen Lager ist dem der hydraulischen Hebeböcke oder Pressen vollkommen gleich. Das wichtigste Merkmal der hydrostatischen Lager ist die Schmiermitteldruckkammer zwischen Lagerober- und -unterteil, z. B. zwischen Welle und Lagerschale. Aus diesem Grund findet sich in der Literatur [5.1 u. 5.2] für diese Lager auch die Bezeichnung Druckkammerlager. Bei hydrostatischen Lagern kann im Gegensatz zu den hydrodynamischen Lagern der Schmiermitteldruck unabhängig von der Größe der relativen Umfangsgeschwindigkeit zwischen Welle und Lagerschale gewählt werden. Der mittlere Lager- oder Schmiermitteldruck kann ohne weiteres so weit erhöht werden, wie es die Festigkeit des Lagerwerkstoffes erlaubt, ohne daß die Geometrie des Lagers, insbesondere die des Schmierspalts, zu stark verändert wird. Hierbei spielt vor allem auch die Biegesteifigkeit der Konstruktion eine wichtige Rolle.

Hydrostatisch arbeitende Lager wurden einer größeren Öffentlichkeit erst am Ende des letzten Jahrhunderts bekannt, als im Rahmen der Weltausstellung in Paris im Jahr 1878 eine hydrostatisch arbeitende Apparatur zur „beinahe reibungsfreien" Lagerung eines belasteten Konstruktionselementes gezeigt wurde. Diese Versuchsapparatur wurde zu deutsch „Eis-Eisenbahn" genannt und war so gebaut, daß ein schwerer Metallblock durch eine geringe Reibung zwischen ihm und der Auflagegegenfläche in eine Art Schwebezustand gebracht wurde und mit Leichtigkeit hin- und herbewegt werden konnte. Der „Schwebezustand" wurde in der Weise erreicht, daß zwischen den Metallblock und seine Auflagegegenfläche Öl unter hohem Druck gepumpt wurde.

Hydrostatisch arbeitende Radiallager kennt man erst seit dem Ende der dreißiger Jahre, und hydrostatische Präzisionslager und -schlittenführungen für Werkzeugmaschinen werden erst seit den fünfziger Jahren verwendet.

Die hydrostatische Lagerung oder Schmierung, bei der den Lagerflächen das Schmiermittel unter Druck zugeführt wird, wird vor allem dort angewendet, wo keine (metallische) Berührung der Lagerflächen, d. h. kein Verschleiß auftreten darf, ein möglichst kleiner Reibungskoeffizient verwirklicht werden muß und infolge zu kleiner Relativgeschwindigkeit der Gleitflächen hydrodynamisch über die Keilwirkung kein tragender Schmierfilm verwirklicht und aufrechterhalten werden kann.

Anwendungsbeispiele sind:

1. Walzenstraßenlager (geringe Drehzahl, hohe Belastung),
2. Kreuzkopfführungen (periodische Änderung der Geschwindigkeit in Größe und Richtung),
3. Lagerprüfmaschinen (geringe Reibung),
4. Reibungsprüfgeräte (geringe Reibung),
5. Polsterwirkung zwischen zwei Teilen (weiches Aufschlagen),
6. Lagerung schwerer, verschiebbarer Aggregate (geringer Anfahrwiderstand),
7. Lagerung von Wasserturbinen (geringe Drehzahl, hohe Belastung),
8. Lagerung von Generatoren (geringe Drehzahl, hohe Belastung).

Das schwerste Aggregat, das bis jetzt durch ein hydrostatisches Lager unterstützt wurde, ist das Hale-Teleskop auf dem Mount-Palomar mit einem Gewicht von ca. $4{,}41 \cdot 10^6$ N. Ausschlaggebend für die hydrostatische Lagerung dieses schweren Teleskops (5 m Durchmesser!) war der niedrige Reibungskoeffizient in der Lagerfläche und somit das kleine Reibungsmoment, das bei der Bewegung zu überwinden ist. Die große und schwere Bühne, auf die das Teleskop montiert ist, muß nämlich mit dem Lauf der Gestirne gedreht werden.

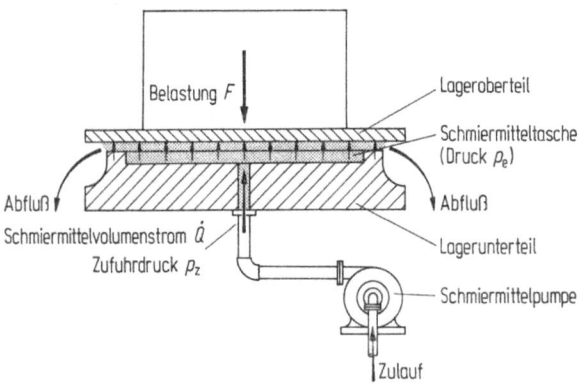

Bild 5.1 Prinzip eines vertikal belasteten, hydrostatisch arbeitenden Lagers

Die bei dieser hydrostatischen Lagerung wichtigen technischen Daten sind:

Gesamtgewicht $\quad\quad\quad\quad\quad\quad\quad\quad\quad\quad\quad\quad\quad$ $4{,}41 \cdot 10^6$ N,
Reibmoment $\quad\quad\quad\quad\quad\quad\quad\quad\quad\quad\quad\quad\quad\quad$ 68,6 Nm,
Reibungskoeffizient für das ganze Tragsystem $\quad$ $\mu \leq 4 \cdot 10^{-6}$.

Der bei dieser hydrostatischen Lagerung auftretende Reibungskoeffizient ist ungefähr um den Faktor 10^{-3} kleiner als der einer sehr guten, präzis gearbeiteten Wälzlagerung, bei der im günstigsten Fall mit einem Reibungskoeffizienten von $\mu \approx 10^{-3}$ gerechnet werden kann.

Eine hydrostatische Lagerung besteht nach Bild 5.1 aus dem Lagerober- und dem Lagerunterteil, einer Schmiermitteltasche (gewöhnlich im Lagerunterteil) und der Schmiermittelpumpe zur Erzeugung des erforderlichen Druckes und zur Nachlieferung des Schmiermittels, das über die Lagerränder abfließt. Durch das Einpressen des Schmiermittels in die Schmiermitteltasche wirkt diese als elastisches Lagerkissen. Zur Vermeidung einer exzentrischen Lastverteilung bzw. einer

5.2 Hydrostatische Druckfilme

Kippneigung, wie sie in Bild 5.2 dargestellt ist, ist bei der Konstruktion von hydrostatischen Lagern darauf zu achten, daß mehr als eine Schmiermitteltasche eingearbeitet wird. Kommt es nämlich zum Kippen des Lageroberteils, so fließt das Schmiermittel nur nach der Seite des größeren Spaltes ab. Dadurch wird die gegenüberliegende Seite nicht angehoben und die metallische Berührung der gepaarten Lagerteile nicht vermieden. Durch den Einbau je einer Drossel oder eines Regelventils in die Schmiermittelzuführungsleitung zu den Schmiermitteltaschen kann das Verkanten oder Kippen in der Weise vermieden werden, daß der Schmiermittelzufluß auf der Seite mit der größeren Spalthöhe gedrosselt wird (Bild 5.3).

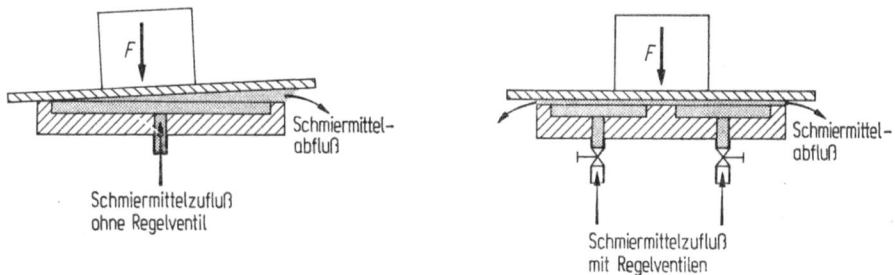

Bild 5.2   Bild 5.3

Bild 5.2 Kippen des Lagers bei exzentrischer Lastverteilung

Bild 5.3 Vermeiden einer Lagerverkantung durch mehrere Schmiermitteltaschen und Schmiermittelzufuhr über Regulierventile

5.2 Hydrostatische Druckfilme

Die Lager vieler Maschinen sind einer stoßartigen, pulsierenden, d. h. dynamischen Belastung unterworfen. In diesen Lagern sollte man eigentlich wegen der hohen Lagerbelastung und der kleinen Relativgeschwindigkeit zwischen den beiden Lagerteilen einen Zusammenbruch des Ölfilms und einen sehr großen Verschleiß erwarten. Dem ist aber nicht so! Der Verschleiß ist auch nicht größer, als es üblicherweise der Fall ist. Kreuzköpfe, Kolbenbolzenlager und Gelenkverbindungen weisen in den seltensten Fällen eine metallische Berührung auf. Der Ölfilm zwischen den beiden Lageroberflächen kann sich offenbar unter diesen ungünstigen Bedingungen noch gut halten.

Dieses Phänomen beruht darauf, daß ein viskoser Schmierstoff nicht augenblicklich aus dem Raum zwischen zwei sich aufeinander zubewegenden Oberflächen herausgequetscht werden kann. Während des Ausquetschens werden durch die inneren Kohäsionskräfte des Schmiermittels, die der Verdrängerkraft entgegenwirken, Druckkräfte im Schmierfilm aufgebaut, die der Belastung entgegenwirken. Ist die Belastung kurzzeitig genug, so kann es sein, daß dadurch überhaupt keine metallische Berührung der gepaarten Lagerteile erfolgt. Sinkt die äußere Belastung wieder oder wechselt sie gar ihre Richtung, so kann sich der Schmierfilm bis zur nächsten Belastungsspitze wieder ausbilden. Voraussetzung ist natürlich, daß die Lagerstelle so konstruiert ist, daß der Schmierfilmaufbau unterstützt und gewährleistet wird.

Die Verhältnisse in einem hydrostatisch aufgebauten Schmierfilm können mit den Grundgleichungen der Hydraulik untersucht werden.

5.2.1 Spaltströmung viskoser Flüssigkeiten

Betrachtet man den in Bild 5.4 gezeigten Spalt der Breite b, der Länge l und der Weite oder Höhe h, so kann man für $l \gg h \ll b$ und unter der Annahme einer eindimensionalen Strömung in y-Richtung ($b \gg l$), d. h. bei Vernachlässigung der kleinen Randeinflüsse, für das Kräftegleichgewicht an einem Flüssigkeitselement der Breite $2x$ innerhalb des Spalts folgende Beziehung aufstellen [5.3 u. 5.4]:

mit
$$K_\mathrm{p} - K_\mathrm{S} = 0 \qquad (5.1)$$

$$K_\mathrm{p} = 2bx\,\Delta p \qquad (5.2)$$

und

$$K_\mathrm{S} = -\eta\,\frac{\mathrm{d}v}{\mathrm{d}x}\,2bl. \qquad (5.3)$$

In diesen Gleichungen sind K_p die Druckkraft, K_S die Scherkraft oder Newtonsche Schubspannung $\times$ Schubfläche, x die Koordinate quer zum Spalt von der

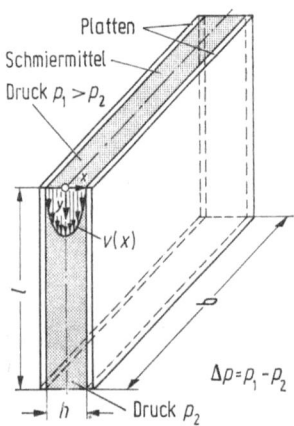

Bild 5.4 Spaltströmung viskoser Flüssigkeiten

Symmetrieebene aus gezählt, y die Koordinate in Längsrichtung des Spaltes (Strömungsrichtung des Schmiermittels), $\Delta p = p_1 - p_2$ der Druckabfall über die Spaltlänge, η die dynamische Viskosität des Schmiermittels und $v = v(x)$ die Geschwindigkeit des Schmiermittels im Spalt. Das negative Vorzeichen in Gl. (5.3) wird durch einen negativen Wert des örtlichen Geschwindigkeitsgradienten $\mathrm{d}v/\mathrm{d}x$ bewirkt.

Aus diesen Gleichungen folgt die Beziehung

$$\mathrm{d}v = -\frac{\Delta p}{\eta l}\,x\,\mathrm{d}x, \qquad (5.4)$$

die nach Integration und Berücksichtigung der Randbedingungen

$$v = 0 \quad \text{für} \quad x = \pm h/2 \qquad (5.5)$$

5.2 Hydrostatische Druckfilme

auf die parabolische Geschwindigkeitsverteilung

$$v = \frac{\Delta p}{2\eta l}\left(\frac{h^2}{4} - x^2\right) \qquad (5.6)$$

führt.

Der Maximal- oder Scheitelwert der Geschwindigkeit an der Stelle $x = 0$ ist

$$v_{\max} = \frac{\Delta p h^2}{8\eta l} \qquad (5.7)$$

und der Mittelwert über die gesamte Spaltweite ist

$$\bar{v} = \frac{1}{h}\int_{x=-h/2}^{x=+h/2} v\,\mathrm{d}x = \frac{2}{3}\,v_{\max} = \frac{\Delta p h^2}{12\eta l}. \qquad (5.8)$$

Der Volumenstrom des Schmiermittels durch den Spalt der Weite h und der Breite b ist

$$\dot{Q} = b\int_{x=-h/2}^{x=+h/2} v\,\mathrm{d}x = bh\bar{v} = \frac{\Delta p b h^3}{12\eta l}. \qquad (5.9)$$

Gleichung (5.9) ist in der Literatur als die Hagen-Poiseuille-Gleichung bekannt und besagt, daß der Fluidstrom in dritter Potenz von der Spalthöhe abhängig ist, dem Druckgefälle und der Spaltbreite direkt und der dynamischen Viskosität des Fluids und der Länge des Spaltes in Strömungsrichtung umgekehrt proportional ist.

Preßt man das viskose Medium durch den Spalt, und zwar entgegen dem durch die Scher- oder Reibkräfte bedingten Widerstand, so wird dieses erwärmt. Das Druckgefälle zwischen der Ein- und Austrittsstelle wird durch die innere Reibung des Fluids hervorgerufen. Die innere Reibleistung im Schmiermittel ist

$$P_\mathrm{R} = \dot{Q}\,\Delta p, \qquad (5.10)$$

und für die bei einer Temperaturdifferenz $\Delta\vartheta$ im Fluid in der Zeiteinheit gespeicherte Energie gilt die Beziehung

$$P_\mathrm{t} = \dot{Q} c \varrho\,\Delta\vartheta. \qquad (5.11)$$

Durch Gleichsetzen dieser Leistungen erhält man bei Vernachlässigung von Verlustleistungen für die Temperaturerhöhung des Fluids infolge der inneren Reibung den Wert

$$\Delta\vartheta = \frac{\Delta p}{c\varrho}. \qquad (5.12)$$

In diesen Gleichungen ist c die spezifische Wärme und ϱ die Dichte des Fluids.

5.2.2 Druckfilm zwischen kreisförmigen Platten

Zur Ableitung der Gleichungen und zur Erläuterung der Entstehung eines Hochdruck-Quetschfilms wird Bild 5.5 betrachtet, das zwei Kreisscheiben vom Radius R oder eine Scheibe vom Radius R und eine größere ebene Platte zeigt, die sich aufeinander zubewegen. Zwischen den beiden Scheiben, die einen momentanen Abstand h haben, befindet sich das Schmiermittel. Durch die Annäherung der Scheiben, d. h. durch die Verkleinerung der Spaltweite h, wird ein Druckgefälle von innen nach außen aufgebaut und das Schmiermittel aus dem Spalt gequetscht.

Berücksichtigt man in Gl. (5.9) für die Spaltlänge in Strömungsrichtung die differential kleine Schrittweite dr und für die Spaltbreite quer zur Strömung das

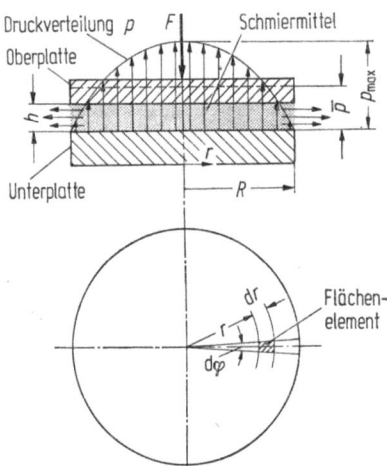

Bild 5.5 Druckfilm zwischen kreisförmigen Platten

Bogenelement $r\,d\varphi$, so kann man für das Element des Schmiermittelvolumenstroms an der Stelle r die Beziehung

$$d\dot{Q} = -\frac{dp\, r\, d\varphi\, h^3}{12\eta\, dr} \tag{5.13}$$

ableiten. Das negative Vorzeichen ist durch $\dfrac{dp}{dr} < 0$ bedingt. Für den gesamten Umfang gilt dann:

$$\dot{Q} = -\frac{dp \cdot 2\pi r h^3}{12\eta\, dr}. \tag{5.14}$$

Durch eine Volumenstrombilanz ergibt sich für jeden Augenblick, daß die zeitliche Änderung des Spaltvolumens, die durch die gegenseitige Annäherung der Platten bewirkt wird, gleich dem radialen Volumenstrom des Schmiermittels sein muß. An der Kontrollstelle r (laufender Radius!) ist der innerhalb davon verdrängte Volumenstrom

$$\dot{Q} = \pi r^2 v \tag{5.15}$$

und der Durchflußstrom

$$\dot{Q} = -\frac{dp \cdot 2\pi r h^3}{12\eta\, dr}. \tag{5.16}$$

Durch Gleichsetzen dieser Volumenströme erhält man die Beziehung

$$dp = -\frac{6\eta v r\, dr}{h^3}. \tag{5.17}$$

5.2 Hydrostatische Druckfilme

In diesen Gleichungen ist v die Geschwindigkeit, mit der sich die Platten aufeinander zubewegen.

Durch Integration von Gl. (5.17) und Berücksichtigung der Randbedingung $p = 0$ an der Stelle $r = R$ (d. h. kein Überdruck!) folgt für die Druckverteilung die Gleichung

$$p = \frac{3\eta v}{h^3}(R^2 - r^2). \tag{5.18}$$

Die Druckverteilung über der Scheibenoberfläche ist somit ein Rotationsparaboloid mit dem Maximalwert im Mittelpunkt der Kreisscheibe.

Der Maximaldruck an der Stelle $r = 0$ ist

$$p_{\max} = \frac{3\eta v R^2}{h^3}, \tag{5.19}$$

und der mittlere Druck über die gesamte Kreisfläche πR^2 ist

$$\bar{p} = \frac{1}{\pi R^2} \int_{r=0}^{r=R} p(r) \cdot 2\pi r \, \mathrm{d}r = \frac{3\eta v R^2}{2h^3}. \tag{5.20}$$

Für die Tragfähigkeit des Schmierfilms gilt:

$$F = \int_{r=0}^{r=R} p(r) \cdot 2\pi r \, \mathrm{d}r = \frac{3\pi \eta v R^4}{2h^3} \tag{5.21}$$

bzw.

$$F = \pi R^2 \bar{p}. \tag{5.22}$$

Gleichung (5.21) kann für verschiedene Anwendungsfälle diskutiert werden. Bei konstanter Belastung F der oberen Kreisscheibe kann die momentane Geschwindigkeit v für die jeweilige Spaltweite h und bei bekannter gleichförmiger Annäherungsgeschwindigkeit v, d. h. gleichförmiger zeitlicher Abnahme der Spaltweite h, die Druckverteilung und die Tragfähigkeit ermittelt werden.

Die zur Verkleinerung der Spaltweite h von h_1 auf h_2 ($h_2 < h_1$) benötigte Zeitspanne kann aus Gl. (5.21) berechnet werden, wenn man für die Geschwindigkeit v die zeitliche Änderung der Spaltweite h, und zwar $-\mathrm{d}h/\mathrm{d}t$ berücksichtigt. Durch Umformen von Gl. (5.21) erhält man für das Zeitelement $\mathrm{d}t$ die Beziehung

$$\mathrm{d}t = -\frac{3\pi \eta R^4 \, \mathrm{d}h}{2F h^3} \tag{5.23}$$

und daraus nach Integration die Gesamtzeit

$$t = \frac{3\pi \eta R^4}{4F}\left(\frac{1}{h_2^2} - \frac{1}{h_1^2}\right). \tag{5.24}$$

Gleichung (5.24) wird auch die Ölpolstergleichung genannt und gibt diejenige Zeit an, die vergeht, bis die Spaltweite von h_1 auf h_2 abgenommen hat.

Um über die Wirksamkeit eines Schmiermittelspaltes oder -polsters eine eindeutige Aussage machen zu können, muß diese Zeit mit der effektiven Dauer der

Lasteinwirkung verglichen werden. Solange die Zeitspanne, die vergeht, bis der Schmiermittelspalt auf die Minimalstärke h_{min} (h_{min} = Summe der gemittelten Rauhtiefen und Wellentiefen von Ober- und Unterteil) zusammengedrückt ist, noch größer ist als die Lasteinwirkungszeit, kann keine direkte Berührung der Oberflächen und damit auch kein Verschleiß auftreten. Bei einer dynamischen, und zwar harmonischen Belastung der oberen Kreisscheibe mit einer Schwingungsdauer T, die kleiner ist als die doppelte Schmiermittelausquetschzeit nach Gl. (5.24) mit $h_2 = h_{min}$, kann der Schmiermittelfilm die Belastung ohne Berührung der Oberflächen aufnehmen und sich jeweils wieder regenerieren.

5.2.3 Druckfilm zwischen rechteckigen Platten

Rechteckige Schmierfilmgeometrien sind in der Technik bei Leisten-, Schlitten- und Kreuzkopfführungen vorhanden.

Bei einer rechteckigen Platte mit den Abmessungen nach Bild 5.6 kann unter der Voraussetzung, daß $b \gg l$ ist, in erster Näherung ein eindimensionaler Schmiermittelstrom in x-Richtung angenommen werden. Der Schmiermittelaustritt erfolgt dann nur in Richtung der x-Achse über die Ränder $x = \pm l/2$.

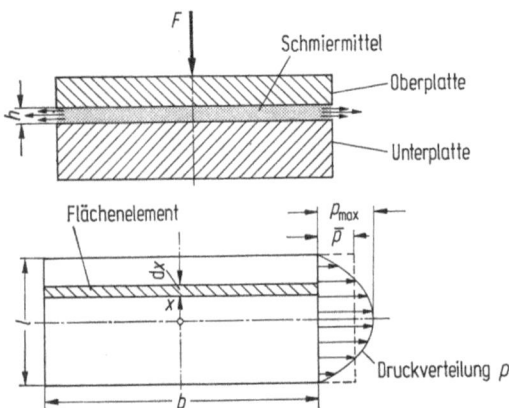

Bild 5.6   Druckfilm zwischen rechteckigen Platten

Nach Gl. (5.9) ist der Volumenstrom des Schmiermittels an der Stelle x

$$\dot{Q} = -\frac{\mathrm{d}p \, b h^3}{12\eta \, \mathrm{d}x} \tag{5.25}$$

und gleich dem Volumenstrom

$$\dot{Q} = bvx, \tag{5.26}$$

der durch die gegenseitige Annäherung der Platten mit der Geschwindigkeit v aus dem Bereich innerhalb der Kontrollstelle x verdrängt wird.

Durch Gleichsetzen dieser Volumenströme ergibt sich die Beziehung

$$\mathrm{d}p = -\frac{12\eta v x \, \mathrm{d}x}{h^3}, \tag{5.27}$$

5.2 Hydrostatische Druckfilme

aus der durch Integration die Druckverteilung

$$p = \frac{6\eta v}{h^3}\left(\frac{l^2}{4} - x^2\right) \tag{5.28}$$

folgt, wenn die Randbedingung $p = 0$ für $x = \pm l/2$ berücksichtigt wird.

Die Druckverteilung in x-Richtung ist parabelförmig und hat an der Stelle $x = 0$ den Maximalwert

$$p_{\max} = \frac{3\eta v l^2}{2h^3}, \tag{5.29}$$

Der mittlere Druck im Spalt ist

$$\overline{p} = \frac{1}{l}\int\limits_{x=-l/2}^{x=+l/2} p(x)\,\mathrm{d}x = \frac{\eta v l^2}{h^3} = \frac{2}{3}\,p_{\max} \tag{5.30}$$

und für die Tragfähigkeit des gesamten Schmiermittelfilmes folgt

$$F = \int\limits_{x=-l/2}^{x=+l/2} p(x)\,b\,\mathrm{d}x = \overline{p}bl \tag{5.31}$$

bzw.

$$F = \frac{\eta v b l^3}{h^3}. \tag{5.32}$$

Für die Ausquetschzeit des Schmiermittels, in der die Schmierspaltweite von h_1 auf h_2 abnimmt, kann aus Gl. (5.32) unter Beachtung der Beziehung $v = -\mathrm{d}h/\mathrm{d}t$ die Bestimmungsgleichung

$$t = \frac{\eta b l^3}{2F}\left(\frac{1}{h_2^2} - \frac{1}{h_1^2}\right) \tag{5.33}$$

abgeleitet werden.

5.2.4 Druckfilm zwischen Welle und Lagerschale

Druckfilme zwischen Wellen und Lagerschalen oder anderen kreisförmigen gepaarten Teilen (z. B. Kolbenbolzen-, Nockenwellen- und Gelenkkettenlager) sind in der Praxis so häufig, daß der Polstereffekt des Schmiermittels bei diesen Anwendungsfällen hier erwähnt werden soll.

Dieser Schmierfilm- oder Ölpolstereffekt ist für ein Zapfenlager, bei dem sich der Zapfen der Schale mit einer Relativgeschwindigkeit v nähert, in Bild 5.7 [5.3] schematisch dargestellt. Man sieht, daß das Schmiermittel vom engsten Schmierspalt aus nach beiden Seiten in Pfeilrichtung weggequetscht wird. Zwischen Zapfen und Lagerschale wird im Schmierfilm ein Druck aufgebaut, so daß die Last tatsächlich eine Zeitlang ohne Berührung der Oberflächen aufgenommen wird. Berücksichtigt man in der Hagen-Poiseuille-Gleichung (5.9) für die Länge l das Bogenelement $r\,\mathrm{d}\varphi$ und für das Druckgefälle Δp den Wert $\mathrm{d}p$, so erhält man für den Volumenstrom die Beziehung

$$\dot{Q} = -\frac{\mathrm{d}p\,b h^3}{12\eta\,\mathrm{d}\varphi}. \tag{5.34}$$

Die Spaltweite oder Schmierfilmstärke h ändert sich mit dem Lagewinkel φ und der relativen Lage des Zapfens in der Schale. Die relative Lage des Zapfens wird durch die relative Exzentrizität ε dargestellt, die Werte im Bereich $0 \leq \varepsilon \leq 1$ annehmen kann. $\varepsilon = 0$ bedeutet konzentrische Lage von Zapfen und Schale, und $\varepsilon = 1$ gilt bei Berührung der Oberflächen. In diesem letzten Fall hat die Spaltweite an der Stelle $\varphi = 0$ den Wert Null bzw. den Wert der Summe der gemittelten Rauhtiefen R_z der gepaarten Teile.

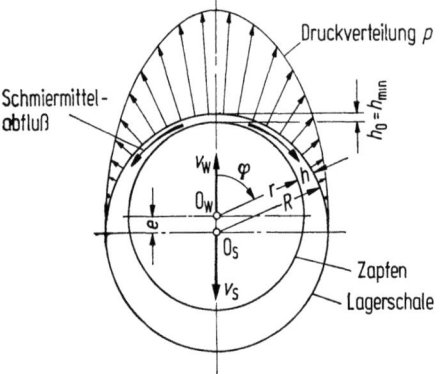

Bild 5.7 Druckfilm zwischen Welle und Lagerschale
v_W = Geschwindigkeit der Welle;
v_S = Geschwindigkeit der Schale;
v = relative Annäherungsgeschwindigkeit von Welle und Schale

Aus der Theorie der hydrodynamisch arbeitenden Gleitlager (Kapitel 6—8) ist für die Spaltweite h bei der Konfiguration Welle—Schale folgende Beziehung bekannt:
$$h = \Delta r(1 - \varepsilon \cos \varphi). \tag{5.35}$$
In dieser Gleichung bedeuten:
Δr = radiales Lagerspiel = $R - r = r\psi$,
R = Schalenradius,
r = Wellen- oder Zapfenradius,
ψ = relatives Lagerspiel $(0{,}0005 \div 0{,}005)$,
φ = Winkel von der vertikalen Ebene aus gezählt,
ε = relative Exzentrizität = $e/\Delta r$,
e = Exzentrizität = $\overline{O_W O_S}$.

Für die kleinste Schmierspalthöhe ergibt sich der Wert
$$h_0 = h_{\min} = r\psi(1 - \varepsilon). \tag{5.36}$$

Führt man die Beziehung für h in Gl. (5.34) ein, so erhält man für den abfließenden Schmiermittelvolumenstrom die Größe
$$\dot{Q} = -\frac{\mathrm{d}p b r^3 \psi^3 (1 - \varepsilon \cos \varphi)^3}{12 \eta r \, \mathrm{d}\varphi}, \tag{5.37}$$
die dem zwischen Zapfen und Schale verdrängtem Volumenstrom
$$\dot{Q} = vbr \sin \varphi \tag{5.38}$$
gleich sein muß.

In den Gln. (5.37) und (5.38) wird nur der Volumenstrom nach einer Seite erfaßt.

5.2 Hydrostatische Druckfilme

Durch Gleichsetzen der beiden Ausdrücke für die Volumenströme ergibt sich für das Druckelement die Beziehung

$$\mathrm{d}p = -\frac{12\eta v \sin\varphi \, \mathrm{d}\varphi}{r\psi^3(1-\varepsilon\cos\varphi)^3} \tag{5.39}$$

und nach Integration dieser Gleichung unter Beachtung der Randbedingung $p=0$ für $\varphi=\pm\pi/2$ für die Druckverteilung in Umfangsrichtung der Ausdruck

$$p = \frac{6\eta v}{r\varepsilon\psi^3}\left[\frac{1}{(1-\varepsilon\cos\varphi)^2} - 1\right]. \tag{5.40}$$

Die Tragfähigkeit F des Druckfilms kann nach Bild 5.8 unter Beachtung der Symmetrie der Geometrie und der Druckverteilung durch die Integration der vertikalen Druckkomponenten über die Lagerfläche ermittelt werden.

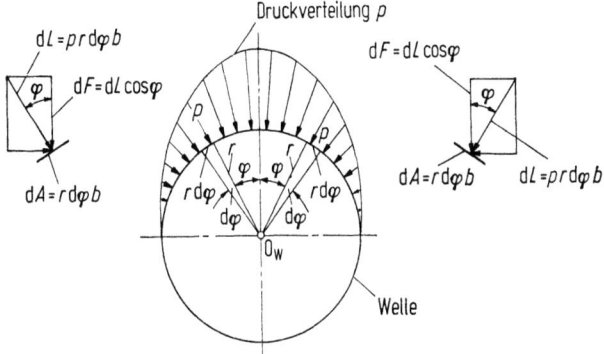

Bild 5.8 Symmetrische Druckverteilung und Element der Tragfähigkeit

Im einzelnen gilt:

$$F = 2\int_{\varphi=0}^{\varphi=\pi/2} br p(\varphi)\cos\varphi\,\mathrm{d}\varphi \tag{5.41}$$

bzw.

$$F = 2\int_{\varphi=0}^{\varphi=\pi/2} br\,\frac{6\eta v}{\psi^3 r\varepsilon}\left[\frac{1}{(1-\varepsilon\cos\varphi)^2}-1\right]\cos\varphi\,\mathrm{d}\varphi \tag{5.42}$$

und nach Auswertung des Integrals

$$F = \frac{12\eta vb}{\varepsilon\psi^3}\underbrace{\left[\frac{1}{1-\varepsilon^2} + \frac{2\varepsilon}{(1-\varepsilon^2)^{3/2}}\arctan\left(\frac{1+\varepsilon}{\sqrt{1-\varepsilon^2}}\right) - 1\right]}_{f(\varepsilon)}. \tag{5.43}$$

Die Ausquetschzeit des Schmiermittels kann aus der Gleichung für die Tragfähigkeit ermittelt werden, wenn für die Geschwindigkeit v die negative zeitliche Änderung der kleinsten Schmierspalthöhe nach Gl. (5.36) eingesetzt wird. Sie beträgt mit

$$v = r\psi\,\frac{\mathrm{d}\varepsilon}{\mathrm{d}t} \tag{5.44}$$

für eine Abnahme der Spaltweite von

$$h_{0,1} = r\psi(1-\varepsilon_1) \quad \text{auf} \quad h_{0,2} = r\psi(1-\varepsilon_2),$$

d. h. bei einer Änderung der relativen Exzentrizität von ε_1 auf ε_2

$$t = \frac{24\eta b r}{\psi^2 F} \left[\arctan\left(\frac{1+\varepsilon}{\sqrt{1-\varepsilon^2}}\right) \cdot \frac{\varepsilon}{\sqrt{1-\varepsilon^2}} \right]_{\varepsilon_1}^{\varepsilon_2}. \tag{5.45}$$

Die Größenordnung für die Ausquetschzeit bei einer Kolbenbolzenlagerung soll für folgendes Zahlenbeispiel ermittelt werden:

Gegebene Daten:

Durchmesser des Kolbenbolzens: $2r = 22$ mm,
Durchmesser des Pleuellagers: $2R = 22{,}015$ mm,
Kolbenkraft: $F = 4903$ N,
Schmiermittel: SAE 20-Öl,
Viskosität bei 80 °C: $\eta = 10{,}78$ cP
$\qquad = 10{,}78 \cdot 10^{-3}$ Pa s bzw. Ns/m²
$\qquad = 10{,}78 \cdot 10^{-7}$ Ns/cm²,
Lagerbreite: $b = 32$ mm,
relative Exzentrizität: $\varepsilon_1 = 0$ (konzentrische Lage von Zapfen und Schale, d. h. $h_{0,1} = h_{0,\max}$), $\varepsilon_2 = 0{,}95$ (fast Berührung von Zapfen und Schale, d. h. $h_{0,2} \approx h_{0,\min} = 0$).

Berechnete Daten:

Relatives Lagerspiel:

$$\psi = \frac{\Delta r}{r} = \frac{0{,}0075}{11} = 0{,}0006818;$$

Hilfsgrößen:

$$\frac{1+\varepsilon_1}{\sqrt{1-\varepsilon_1^2}} = 1, \qquad \frac{1+\varepsilon_2}{\sqrt{1-\varepsilon_2^2}} = 6{,}245$$

$$\frac{\varepsilon_1}{\sqrt{1-\varepsilon_1^2}} = 0, \qquad \frac{\varepsilon_2}{\sqrt{1-\varepsilon_2^2}} = 3{,}042$$

Ausquetschzeit:

$$t = \frac{24 \cdot 10{,}78 \cdot 10^{-7} \cdot 3{,}2 \cdot 1{,}1}{0{,}0006818^2 \cdot 4903} (3{,}042 \cdot \arctan 6{,}245 - 0 \cdot \arctan 1)$$

$t = 0{,}172$ s.

Vergleicht man diese Ausquetschzeit für den Schmierfilm mit der Einwirkungsdauer der Gaskräfte aus der chemischen Reaktion des Kraftstoffes im Verbrennungsraum von ca. 0,01 s bei einer Motordrehzahl von 3000 1/min = 50 1/s, so stellt man fest, daß die Zeit bis zum Zusammendrücken des Schmierfilms auf 5% seines anfänglichen maximalen Wertes rund 17mal größer ist als die Dauer der Lasteinwirkung. Der Polstereffekt des Schmierfilms ist bei diesem Anwendungsfall daher als durchaus ausreichend anzusehen.

5.3 Hydrostatische Axiallager (Spurlager)

Ein bekannter Anwendungsfall für hydrostatische Axiallager ist die bereits erwähnte Lagerung des Hale-Teleskops. Die großen Axialschübe von Turboverdichtern, Gebläsen und Wasserturbinen (Kaplanturbinen) werden sehr oft durch hydrostatische Axiallager aufgenommen. Bei der Lagerung von Königswellen und Drehkränzen finden sich neben Wälzlagern auch hydrostatische Lager. Bei größeren Werkzeugmaschinen, insbesondere bei größeren Fräs- und Hobelmaschinen erfolgt die Schmierung und Lagerung der Gleit- und Führungsbahnen in vielen Fällen hydrostatisch.

Die Berechnung von hydrostatisch geschmierten Lagern ist bei bekannter Tragfähigkeit oder Lagerkraft, Viskosität des Schmiermittels und Lagergeometrie eindeutig möglich. Sie basiert bei vernachlässigbar niedriger Drehzahl im wesentlichen auf der Hagen-Poiseuille-Gleichung (5.9).

5.3.1 Einflächen-Axiallager bei Vernachlässigung der Relativgeschwindigkeit zwischen den gepaarten Lagerkörpern

Sie haben im Prinzip den in Bild 5.9 dargestellten Aufbau. Der Wellenzapfen ist meistens am Ende zu einem wirksamen Spurkranz umgestaltet, der sich mit seiner axialen Begrenzungsfläche über einen Schmierfilm auf einer Spurplatte abstützt.

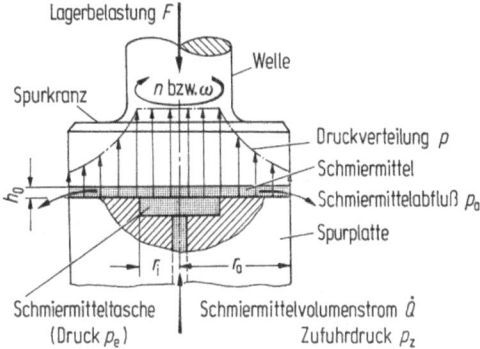

Bild 5.9 Druckverteilung beim Einflächen-Axiallager (Spurlager)

In diesen Spurkranz oder in diese Spurplatte ist eine kreiszylindrische Nut eingedreht, in die das Schmiermittel zentral unter einem Druck p_e gedrückt wird. Das Schmiermittel fließt von dieser Tasche radial nach außen ab und gewährleistet so eine zusammenhängende Schmiermittelschicht der Dicke h_0, d. h. eine Schmierspaltweite h_0.

Nach Gl. (5.14) gilt bei der Drehzahl $n = 0$ für den Schmiermittelvolumenstrom an der beliebigen Stelle r die Beziehung

$$\dot{Q} = -\frac{\mathrm{d}p \cdot 2\pi r h_0^3}{12\eta \, \mathrm{d}r}, \qquad (5.46)$$

aus der für die Druckverteilung die Gleichung

$$p - p_a = \frac{6\eta \dot{Q}}{\pi h_0^3} \ln \frac{r_a}{r} \qquad (5.47)$$

abgeleitet werden kann, wenn die bei der Integration auftretende Integrationskonstante aus der Randbedingung $p = p_\mathrm{a}$ für $r = r_\mathrm{a}$ ermittelt wird.

Das Druckgefälle vom Schmiermitteleintritt bis zum -austritt an der Stelle $r = r_\mathrm{a}$ ist

$$\Delta p = p_\mathrm{e} - p_\mathrm{a} = \frac{6\eta \dot{Q}}{\pi h_0^3} \ln \frac{r_\mathrm{a}}{r_\mathrm{i}}. \tag{5.48}$$

Zur Gewährleistung der vorgesehenen Schmierspaltweite h_0 ist bei einem zur Verfügung stehenden Druckgefälle $\Delta p = p_\mathrm{e} - p_\mathrm{a}$ ein Volumenstrom des Schmiermittels von

$$\dot{Q} = \frac{\Delta p \pi h_0^3}{6\eta \ln \dfrac{r_\mathrm{a}}{r_\mathrm{i}}} \tag{5.49}$$

erforderlich.

Durch Einsetzen von Gl. (5.49) in Gl. (5.47) erhält man für die Druckverteilung in radialer Richtung folgende Beziehung:

$$\frac{p - p_\mathrm{a}}{p_\mathrm{e} - p_\mathrm{a}} = \frac{\ln r_\mathrm{a}/r}{\ln r_\mathrm{a}/r_\mathrm{i}}. \tag{5.50}$$

Mit $p_\mathrm{a} = 0$, d. h. bei drucklosem Abströmen des Schmiermittels gegenüber der Umgebung, folgt daraus:

$$\frac{p}{p_\mathrm{e}} = \frac{\ln r_\mathrm{a}/r}{\ln r_\mathrm{a}/r_\mathrm{i}}. \tag{5.51}$$

Der Druck p_e in der Schmiernut nimmt mit zunehmendem Radius nach einer ln-Funktion ab und hat an der Stelle $r = r_\mathrm{a}$, an welcher das Schmiermittel nach außen drucklos abfließt, den Wert $p = 0$.

Die durch ein Spurlager aufzunehmende Last F ist das Integral der Druckverteilung über die Gesamtfläche und wird in folgender Weise ermittelt:

$$F = \int_{r=0}^{r=r_\mathrm{a}} p \cdot 2\pi r \, dr = p_\mathrm{e} \pi r_\mathrm{i}^2 + \int_{r=r_\mathrm{i}}^{r=r_\mathrm{a}} p \cdot 2\pi r \, dr. \tag{5.52}$$

Führt man für p den Wert nach Gl. (5.47) ein, so ergibt sich für die Tragfähigkeit die Beziehung

$$F = \pi(r_\mathrm{a}^2 - r_\mathrm{i}^2) p_\mathrm{a} + \pi r_\mathrm{i}^2 p_\mathrm{e} + \frac{6\eta \dot{Q}}{\pi h_0^3} \cdot \left[\frac{1}{2}(r_\mathrm{a}^2 - r_\mathrm{i}^2) - r_\mathrm{i}^2 \ln \frac{r_\mathrm{a}}{r_\mathrm{i}} \right]. \tag{5.53}$$

Berücksichtigt man für $\dot{Q}$ den Wert nach Gl. (5.49), so läßt sich die Tragfähigkeit auch aus der Geometrie der Lagerfläche und dem Druckgefälle $\Delta p = p_\mathrm{e} - p_\mathrm{a}$ berechnen. Bei dem in der Praxis fast immer auftretenden Sonderfall $p_\mathrm{a} = 0$, d. h. kein Überdruck gegenüber der Umgebung, gilt:

$$F = \frac{\pi}{2} \cdot \frac{r_\mathrm{a}^2 - r_\mathrm{i}^2}{\ln r_\mathrm{a}/r_\mathrm{i}} p_\mathrm{e}. \tag{5.54}$$

Aus dieser Gleichung kann bei der in der Praxis üblichen Aufgabenstellung, bei der die Lagerlast F und ein Teil der geometrischen Daten bekannt sind und der andere Teil vorgegeben wird, der Stütztaschendruck p_e berechnet werden.

5.3 Hydrostatische Axiallager (Spurlager)

Durch Kombination der Gln. (5.49) und (5.54) ergibt sich für den Schmiermittelvolumenstrom bei vorgegebener Lagerlast die Größe

$$\dot{Q} = \frac{Fh_0^3}{3\eta(r_a^2 - r_i^2)}. \tag{5.55}$$

Für die Pumpenleistung zur Förderung des Schmiermittels gilt bei einem Pumpenwirkungsgrad von $\eta_P = 100\%$ die Beziehung

$$P_P = p_z \dot{Q} \approx p_e \dot{Q} = \frac{2F \ln \frac{r_a}{r_i}}{\pi(r_a^2 - r_i^2)} \cdot \frac{Fh_0^3}{3\eta(r_a^2 - r_i^2)}, \qquad P_P \approx \frac{2F^2 h_0^3 \ln \frac{r_a}{r_i}}{3\pi\eta(r_a^2 - r_i^2)^2}. \tag{5.56}$$

Das Reibmoment wird über den Schubspannungsverlauf im Schmierspalt ermittelt und ist

$$T_R = \int\limits_{r=r_i}^{r=r_a} \tau r \cdot 2\pi r \, dr = \int\limits_{r=r_i}^{r=r_a} \frac{2\pi\eta\omega}{h_0} r^3 \, dr, \qquad \tau = \eta \frac{r\omega}{h_0},$$

$$T_R = \frac{\pi}{2} \cdot \frac{\eta\omega}{h_0} (r_a^4 - r_i^4) \tag{5.57}$$

und die Leistung zur Überwindung dieses Reibmomentes — die Reibleistung — hat die Größe

$$P_R = \frac{\pi}{2} \cdot \frac{\eta\omega^2}{h_0} (r_a^4 - r_i^4). \tag{5.58}$$

Die Gesamtleistung für eine hydrostatische Lagerstelle ist die Summe aus der Pumpen- und der Reibleistung und hat den ungefähren Wert

$$P \approx F\omega h_0 \left[\frac{2F h_0^2 \ln \frac{r_a}{r_i}}{3\pi\eta\omega (r_a^2 - r_i^2)^2} + \frac{\pi\eta\omega}{2h_0^2 F} \cdot (r_a^4 - r_i^4) \right]. \tag{5.59}$$

Die Schmiermittelerwärmung läßt sich bei Vernachlässigung des durch Wärmeübergang an der Lageroberfläche abgeführten kleinen Wärmestromes aus der Gesamtleistung und der Wärmekapazität des Schmiermittelvolumenstromes nach folgender Beziehung ermitteln:

$$\Delta\vartheta = \frac{P}{c\varrho\dot{Q}} \tag{5.60}$$

mit $P =$ dem Schmiermittel zugeführte Leistung,
$c =$ spez. Wärme des Schmiermittels,
$\varrho =$ Dichte des Schmiermittels,
$\dot{Q} =$ Schmiermittelvolumenstrom.

Führt man eine dimensionslose Ähnlichkeitsziffer

$$So^* = \frac{Fh_0^2}{\eta\omega r_a^4} \tag{5.61}$$

und das Radienverhältnis

$$\varrho = \frac{r_\mathrm{i}}{r_\mathrm{a}}$$

ein, so kann man zeigen [5.1], daß die Leistung nach Gl. (5.59) ein Minimum ist, wenn So^* den Wert

$$So^* = \sqrt{\frac{3}{4}\pi^2 \frac{(1-\varrho^4)\cdot(1-\varrho^2)^2}{\ln\frac{1}{\varrho}}} \qquad (5.62)$$

annimmt.

Die numerische Auswertung dieser Gleichung ist in Bild 5.10 graphisch dargestellt. Man kann daraus entnehmen, daß für ein Radienverhältnis $\varrho = 0{,}5$ die Leistung P dann ein Minimum ist, wenn die Ähnlichkeitskennziffer den Wert $So^* = 2{,}4$ hat.

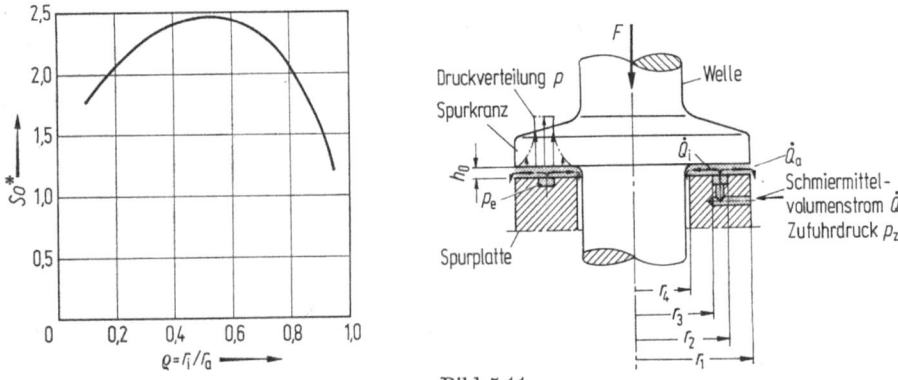

Bild 5.10

Bild 5.11

Bild 5.10 Dimensionslose Lagerbelastung So^* in Abhängigkeit vom Radienverhältnis ϱ bei hydrostatischen Axiallagern mit $n = 0$ nach [5.1]

Bild 5.11 Einflächen-Axiallager mit einer kreisringförmigen Schmiermitteltasche

Für Einflächen-Axiallager gemäß Bild 5.11 mit einer kreisringförmigen Schmiermittelnut, von der das Schmiermittel radial nach innen und nach außen abströmt, ergeben sich für die Druckverteilung folgende Beziehungen:

Druckverteilung im Bereich $r_2 \leqq r \leqq r_1$ (Abströmung nach außen):

$$p_{2-1} = p_\mathrm{e} \frac{\ln r_1/r_2}{\ln r_1/r_2} \qquad (5.63)$$

mit

$$p_\mathrm{e} = \frac{6\eta \dot{Q}_\mathrm{a}}{\pi h_0^3} \ln \frac{r_1}{r_2}. \qquad (5.64)$$

Druckverteilung im Bereich $r_4 \leqq r \leqq r_3$ (Abströmung nach innen):

$$p_{3-4} = p_\mathrm{e} \frac{\ln r/r_4}{\ln r_3/r_4} \qquad (5.65)$$

5.3 Hydrostatische Axiallager (Spurlager)

mit

$$p_\text{e} = \frac{6\eta \dot{Q}_\text{i}}{\pi h_0^3} \ln \frac{r_3}{r_4}. \qquad (5.66)$$

Der Schmiermittelvolumenstrom $\dot{Q}$ setzt sich aus den beiden radial nach innen und außen abfließenden Anteilen $\dot{Q}_\text{i}$ und $\dot{Q}_\text{a}$ zusammen, die durch folgende Beziehungen fixiert sind:

$$\dot{Q} = \dot{Q}_\text{i} + \dot{Q}_\text{a} = \frac{\pi h_0^3 p_\text{e}}{6\eta} \left(\frac{1}{\ln r_1/r_2} + \frac{1}{\ln r_3/r_4} \right) \qquad (5.67)$$

$$\frac{\dot{Q}_\text{a}}{\dot{Q}_\text{i}} = \frac{\ln r_3/r_4}{\ln r_1/r_2}. \qquad (5.68)$$

Gleichung (5.68) ergibt sich durch Gleichsetzen der Beziehungen (5.64) und (5.66) für den Druck in der Kreisringnut.

Die Tragfähigkeit F ist das Integral des Druckes über die gesamte vom Druck beaufschlagte Fläche und kann nach folgender Gleichung ermittelt werden:

$$F = \int_{r=r_2}^{r=r_1} p_{2-1} \cdot 2r\pi \, dr + p_\text{e}\pi(r_2^2 - r_3^2) + \int_{r=r_3}^{r=r_4} p_{3-4} \cdot 2r\pi \, dr. \qquad (5.69)$$

Mit den Ausdrücken für p_{2-1} und p_{3-4} nach den Gln. (5.63) und (5.65) ergibt sich für die Tragfähigkeit der Wert

$$F = \frac{\pi p_\text{e}}{2} \left(\frac{r_1^2 - r_2^2}{\ln r_1/r_2} - \frac{r_3^2 - r_4^2}{\ln r_3/r_4} \right). \qquad (5.70)$$

Für das Reibmoment und die Reibleistung können folgende Beziehungen abgeleitet werden:

Reibmoment:

$$T_\text{R} = \frac{\pi \eta \omega}{2h_0} [(r_1^4 - r_2^4) + (r_3^4 - r_4^4)]. \qquad (5.71)$$

Reibleistung:

$$P_\text{R} = T_\text{R}\omega = \frac{\pi \eta \omega^2}{2h_0} [(r_1^4 - r_2^4) + (r_3^4 - r_4^4)]. \qquad (5.72)$$

5.3.2 Kugelspurlager

Für ein Kugelspurlager nach Bild 5.12 mit konstanter Spaltweite h, d. h. ohne eine Exzentrizität zwischen Kugelzapfen und Lagerpfanne, hat Archibald [5.5] bei $n = 0$ für die Lagerlast F folgende Bestimmungsgleichung abgeleitet:

$$F = \frac{\pi p_\text{e} R_\text{K}^2 (\cos \varphi_\text{e} - \cos \varphi_\text{a})}{\ln \left(\dfrac{\tan \varphi_\text{a}/2}{\tan \varphi_\text{e}/2} \right)}. \qquad (5.73)$$

Die in dieser Gleichung vorkommenden geometrischen Größen sind in der Abbildung angegeben. Die Größe p_e ist der Eintrittsdruck des Schmiermittels in die Nut.

5.3.3 Konische Spurlager

Bei konischen Spurlagern mit zentraler Schmiermittelzuführung über die Lagerschale nach Bild 5.13 wird bei $n = 0$ die Tragfähigkeit F nach der Gleichung [5.3]

$$F = \frac{\pi p_e}{2} \cdot \frac{r_a^2 - r_i^2}{\ln r_a/r_i} \tag{5.74}$$

und der Schmiermittelvolumenstrom $\dot{Q}$ nach der Gleichung [5.3]

$$\dot{Q} = \frac{\pi p_e h_0^3 \sin \alpha}{6\eta \ln r_a/r_i} \tag{5.75}$$

ermittelt.

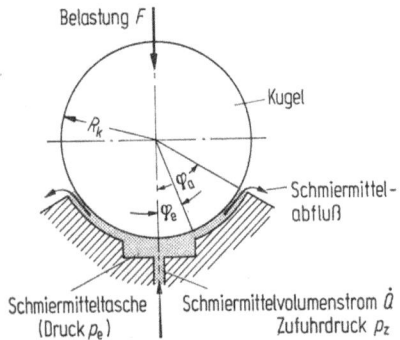

Bild 5.12 Kugelspurlager

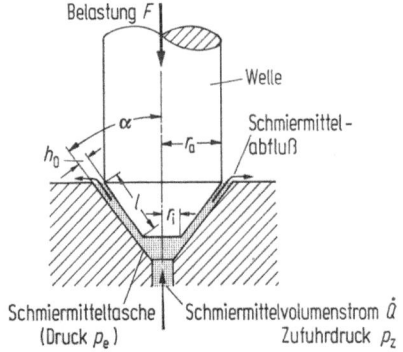

Bild 5.13 Konisches Spurlager

Geht der halbe Kegelwinkel α über in den Winkel $\alpha = \pi/2$, so wird aus dem konischen Spurlager ein ebenes Spurlager. Die Gln. (5.74) und (5.75) sind dann identisch mit den Gln. (5.54) und (5.49).

5.3.4 Einflächen-Axiallager mit Berücksichtigung der Relativgeschwindigkeit zwischen den gepaarten Lagerkörpern

Pinkus und Sternlicht [5.6] haben für die in Bild 5.9 angegebene Konfiguration den Einfluß der Relativdrehzahl n und der zeitlichen Änderung der Schmierspalthöhe h zwischen den beiden Lagerkörpern erfaßt und für die Druckverteilung, die Tragfähigkeit und den Schmiermittelvolumenstrom folgende Beziehungen ermittelt:

Druckverteilung:

$$\frac{p - p_a}{p_e - p_a} = \frac{\ln r_a/r}{\ln r_a/r_i} + C_1 \left[(r^2 - r_a^2) + (r_a^2 - r_i^2) \frac{\ln r_a/r}{\ln r_a/r_i} \right], \tag{5.76}$$

Tragfähigkeit:

$$F = \frac{\pi}{2} (r_a^2 - r_i^2) \left\{ \frac{p_e - p_a}{\ln r_a/r_i} - C_1 \left[(r_a^2 + r_i^2) - \frac{r_a^2 - r_i^2}{\ln r_a/r_i} \right] \right\}, \tag{5.77}$$

5.3 Hydrostatische Axiallager (Spurlager)

Schmiermittelvolumenstrom:

$$\dot{Q} = \frac{\pi h_0^3}{6\eta \ln r_\mathrm{a}/r_\mathrm{i}} \left[(p_\mathrm{e} - p_\mathrm{a}) + C_1(r_\mathrm{a}^2 - r_\mathrm{i}^2) - \frac{6\eta r^2 \dot{h} \ln r_\mathrm{a}/r_\mathrm{i}}{h_0^3} \right]. \quad (5.78)$$

Die Größe C_1 hat dabei folgenden Wert:

$$C_1 = \frac{3}{2}\left(\frac{\varrho\omega^2}{9} + \frac{2\eta\dot{h}}{h_0^3}\right), \quad (5.79)$$

wenn $\omega = \pi n/30$ die Winkelgeschwindigkeit in 1/s, n die Drehzahl in 1/min, ϱ die Dichte des Schmiermittels in kg/m³ und $\dot{h}$ die zeitliche Änderung der Schmierspaltweite in m/s sind.

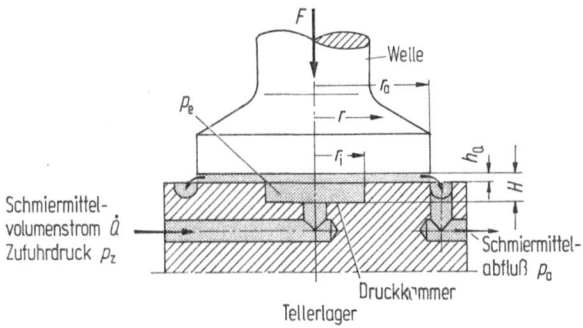

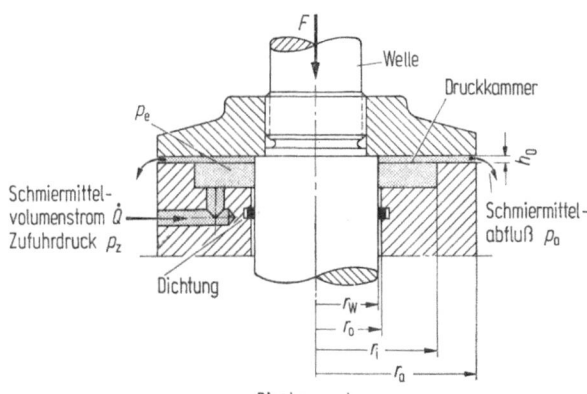

Bild 5.14 Tellerlager und Ringkammerlager als hydrostatische Axiallager nach [5.7]

Für sehr kleine Drehzahlen oder exakt für $n = 0$ lassen sich die Gln. (5.76) bis (5.78) in die Gln. (5.50), (5.54) und (5.49) zurückführen.

Gnadler [5.7] hat den Einfluß der Drehzahl durch eine integrale Mittelwertbildung der Fliehkräfte über die Schmierspalthöhe h für die beiden in Bild 5.14 angegebenen Ausführungsformen eines Axiallagers (Tellerlager und Ringkammerlager) abgeschätzt und folgende Zusammenhänge ermittelt:

Druck in der Druckkammer:

$p(r)$ für $0 \leqq r \leqq r_\mathrm{i}$ beim Tellerlager

bzw. für $r_0 \leqq r \leqq r_\mathrm{i}$ beim Ringkammerlager:

$$p(r) = \frac{6\eta \dot{Q}}{\pi h_0^3} \ln \frac{r_\mathrm{a}}{r_\mathrm{i}} + \frac{\varrho\omega^2}{6}(r_\mathrm{i}^2 - r_\mathrm{a}^2) \quad (5.80)$$

mit $\omega = \pi n/30$ = Winkelgeschwindigkeit in 1/s, n = Drehzahl in 1/min und ϱ = Dichte des Schmiermittels in kg/m³.

Schmiermittelvolumenstrom:

$$\dot{Q} = \frac{h_0^3}{3\eta(r_a^2 - r_i^2 - \alpha_0)} \left[F + \frac{1}{12} \pi\varrho\omega^2(r_a^2 - r_i^2)\left(r_a^2 + r_i^2 + \frac{\alpha_0}{\ln r_a/r_i}\right) \right] \quad (5.81)$$

mit F = Tragfähigkeit des Lagers und $\alpha_0 = 2r_0^2 \ln r_a/r_i$ für das Ringkammerlager bzw. $\alpha_0 = 0$ für das Tellerlager.

Durch Einführen der Tragfähigkeit F für ein Tellerlager nach Gl. (5.77) in die Gl. (5.78) für den Schmiermittelvolumenstrom $\dot{Q}$ kann letztere unter Vernachlässigung der zeitlichen Änderung der Schmierspalthöhe auf die Gl. (5.81) von Gnadler gebracht werden.

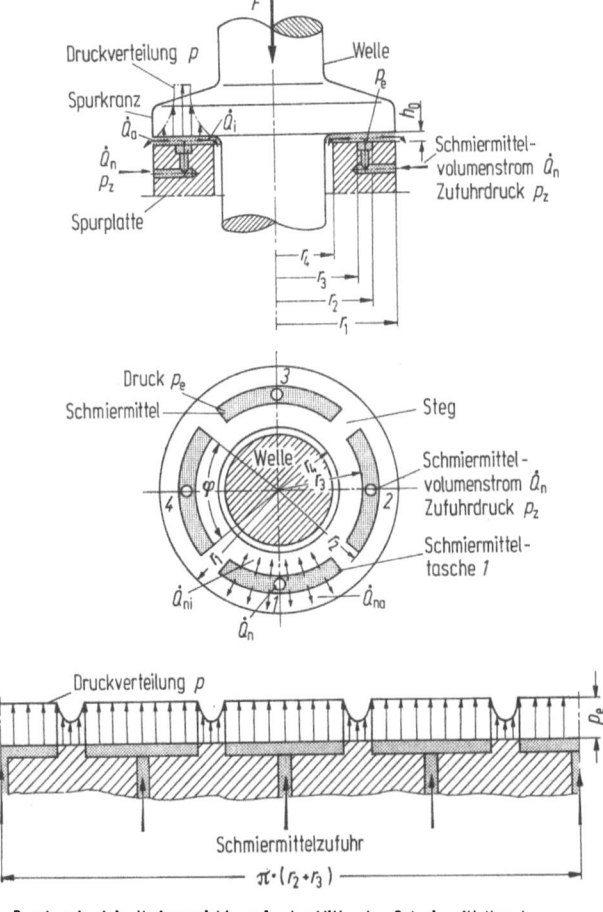

Bild 5.15 Mehrflächen-Axiallager bei symmetrischer Belastung

5.3.5 Mehrflächen-Axiallager

Mehrflächen-Axiallager, wie sie in Bild 5.15 dargestellt sind, werden bei der Drehzahl $n = 0$ und bei kleinen Drehzahlen, bei denen die Scherströmung gegenüber der Druckströmung vernachlässigt werden kann, nach der Hagen-Poiseuille-Gleichung (5.46) berechnet.

Anstelle des Gesamtumfanges $2\pi r$ wird der Bogen $r\hat{\varphi}$ und für den gesamten Schmiermittelvolumenstrom $\dot{Q}$ wird der Schmiermittelvolumenstrom $\dot{Q}_\text{n}$ für eine Schmiertasche eingesetzt. $\dot{Q}_\text{n}$ ergibt sich bei symmetrischer Lagerbelastung F aus dem gesamten Schmiermittelvolumenstrom $\dot{Q}$ durch eine gleichmäßige Aufteilung auf die n Schmiertaschen.

Für die Druckverteilung in radialer Richtung gelten in Anlehnung an die Ergebnisse bei einem Einflächen-Axiallager gemäß der Gln. (5.63) bis (5.69) folgende Beziehungen:

Bereich $r_2 \leqq r \leqq r_1$ (Abströmung nach außen):

$$p_{2\text{-}1} = p_\text{e} \frac{\ln r_1/r}{\ln r_1/r_2} \tag{5.82}$$

mit

$$p_\text{e} = \frac{12\eta \dot{Q}_\text{n,a}}{\hat{\varphi} h_0^3} \ln \frac{r_1}{r_2} ; \tag{5.83}$$

Bereich $r_4 \leqq r \leqq r_3$ (Abströmung nach innen):

$$p_{3\text{-}4} = p_\text{e} \frac{\ln r/r_4}{\ln r_3/r_4} \tag{5.84}$$

mit

$$p_\text{e} = \frac{12\eta \dot{Q}_\text{n,i}}{\hat{\varphi} h_0^3} \ln \frac{r_3}{r_4} . \tag{5.85}$$

Die Anteile des Schmiermittelvolumenstromes, die bei einer Tasche nach innen und nach außen abströmen, können aus folgenden Beziehungen ermittelt werden:

$$\dot{Q}_\text{n} = \dot{Q}_\text{n,a} + \dot{Q}_\text{n,i} = \frac{\dot{Q}}{n} \tag{5.86}$$

$$\frac{\dot{Q}_\text{n,a}}{\dot{Q}_\text{n,i}} = \frac{\ln r_3/r_4}{\ln r_1/r_2} . \tag{5.87}$$

Setzt man voraus, daß die Stege zwischen den n Schmiertaschen zur Tragfähigkeit F nur einen kleinen, vernachlässigbaren Beitrag leisten, was in erster Näherung auch angenommen werden kann, dann ergibt sich für die Tragfähigkeit aller n Schmiertaschen der Wert

$$F = n \left[\int_{r=r_2}^{r=r_1} p_{2\text{-}1} r \hat{\varphi} \, dr + p_\text{e} \frac{\hat{\varphi}}{2} (r_2^2 - r_3^2) + \int_{r=r_3}^{r=r_4} p_{3\text{-}4} r \hat{\varphi} \, dr \right]. \tag{5.88}$$

Mit den Beziehungen für die Drücke p_{2-1} und p_{3-4} nach den Gln. (5.82) und (5.84) hat ein Mehrflächen-Axiallager mit n Schmiertaschen die Tragfähigkeit

$$F = n \cdot \frac{1}{4} \hat{\varphi} p_e \left(\frac{r_1^2 - r_2^2}{\ln r_1/r_2} - \frac{r_3^2 - r_4^2}{\ln r_3/r_4} \right). \tag{5.89}$$

Bei einer Schmiertasche ($n = 1$) mit $\hat{\varphi} = 2\pi$ ist Gl. (5.89) identisch mit Gl. (5.70).

Zu Gl. (5.89) ist zu sagen, daß der daraus berechenbare Wert kleiner ist als der exakte Wert, der sich ergibt, wenn man zusätzlich die Tragfähigkeit der Stege zwischen den Taschen infolge des dort noch herrschenden Druckes p ($p < p_e$) berücksichtigt.

5.4 Hydrostatische Radial- oder Querlager

Bei diesen Lagern wird das Schmiermittel unter Druck zwischen Welle und Schale gepumpt. Bei richtig dimensionierten und geschmierten Lagern schwimmt die Welle auf dem Schmiermittelfilm, so daß keine Berührung von Welle und Schale und somit auch kein Verschleiß der Oberflächen auftreten kann [5.8—5.10].

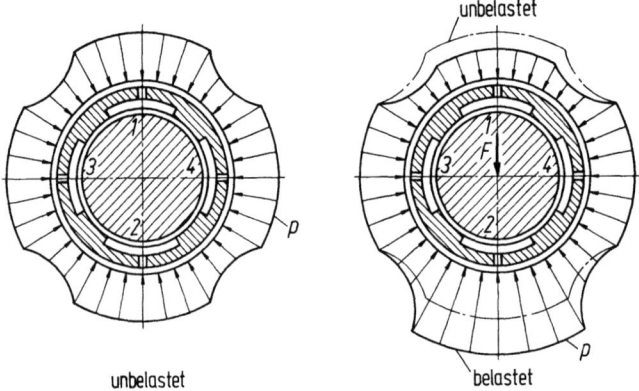

Bild 5.16   Druckverteilung bei einem hydrostatischen Radiallager mit 4 Schmiertaschen

Ist beim hydrostatisch arbeitenden Lager die Lastrichtung festliegend und konstant, so wird das Schmiermittel an der Stelle zugeführt, an der die Welle sich an die Schale anlegen will. Bei variierender Lastrichtung oder bei unbestimmter Lastrichtung müssen am Lagerumfang mehrere Schmiermitteltaschen oder Lagerflächen vorhanden sein, in die das Schmiermittel eingepreßt werden muß. Jeder dieser Stütztaschen muß dann unabhängig vom Druck in der Tasche die für sie berechnete Schmiermittelmenge zugeführt werden. Ein Druckausgleich zwischen den einzelnen Stütztaschen in der Lagerschale darf nicht stattfinden (Bild 5.16).

Beim unbelasteten hydrostatischen Lager liegt bei einer schmiertaschenmittensymmetrischen Lagerbelastung auch eine bezüglich der Schmiertaschenmitten und der Zwischenstegmitten symmetrische Druckverteilung vor, die bei Belastung des Lagers in eine Druckverteilung übergeht, die nur noch bezüglich der Druckbereiche für die einzelnen Schmiertaschen mittensymmetrisch ist. Der

5.4 Hydrostatische Radial- oder Querlager

Druck ist an der Stelle am größten, an der sich die Welle an die Schale anlegen möchte (kleinste Schmierspalthöhe!) und hat seinen kleinsten Wert an der gegenüberliegenden Stelle (größte Schmierspalthöhe!). Der abfließende Schmiermittel-

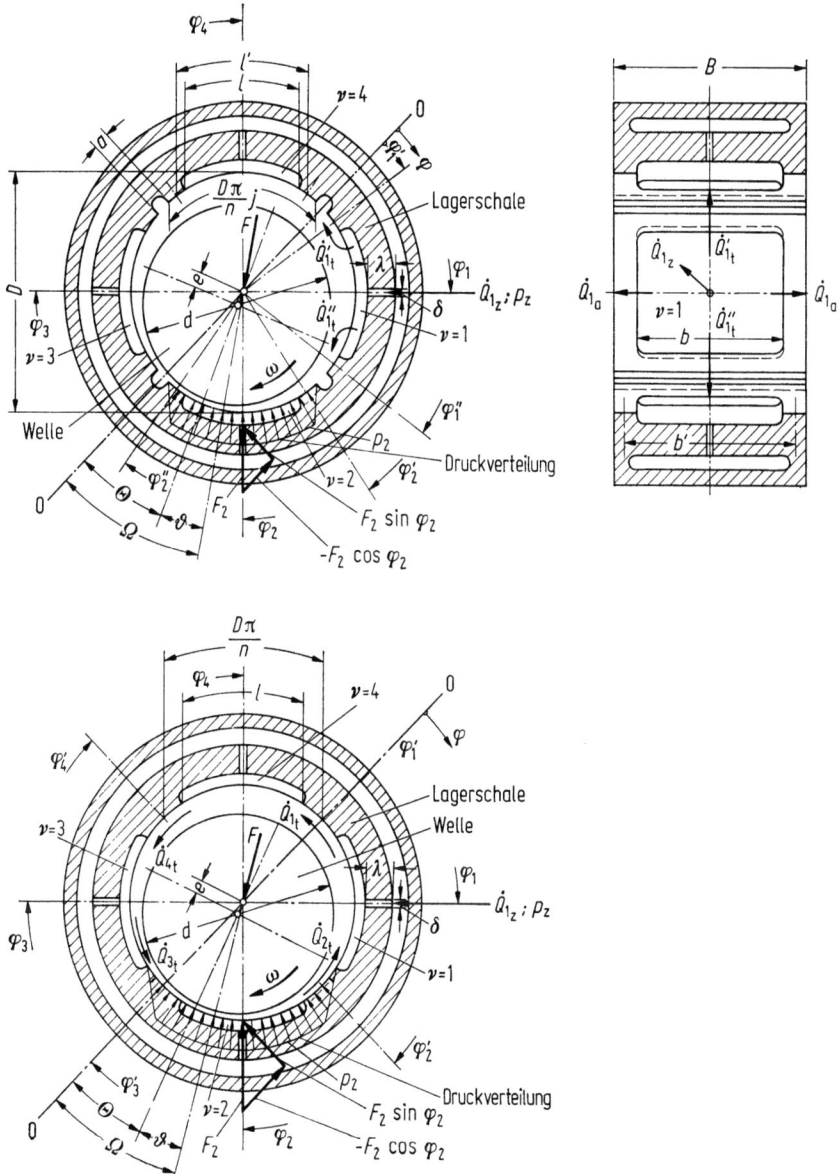

Bild 5.17 Hydrostatische Radiallager mit und ohne Schmiermittelrücklaufnuten

strom muß in den Schmierspalten mit der kleineren Höhe einen größeren Widerstand überwinden und wird dadurch stärker gedrosselt als in den Schmierspalten mit der größeren Höhe. Da bei dieser radialen Wellenverlagerung anfänglich noch der gleiche Schmiermittelvolumenstrom zufließt, sind die Drücke im Bereich der kleinen Schmierspalthöhen größer als im Bereich der großen Schmierspalthöhen. Durch diesen Druckanstieg in der Schmiertasche im Bereich der kleinen Schmierspalthöhen wird die Druckdifferenz über die Schmiermittelzuführungsbohrung (Drossel!) kleiner. Die Folge davon ist eine Abnahme der zugeführten Schmiermittelmenge. Durch diese Rückwirkung des sich vergrößernden Schmiertaschendruckes ergibt sich eine selbsttätige Anpassung der zu- und abfließenden Schmiermittelmenge. Die Welle verlagert sich in radialer Richtung nur so weit, daß zwischen den Druckkräften und der äußeren Lagerbelastung F ein Gleichgewicht besteht.

Das stabile Lagerverhalten wird durch die großen Strömungswiderstände in den Zuführungsbohrungen (Drosseln!) vor den Schmiermitteltaschen bewirkt. Bei einem zu kleinen Strömungswiderstand in den Drosseln im Vergleich zu den Strömungswiderständen in den Schmiertaschen und den sich anschließenden Lagerspalten ist die Gefahr der Lagerinstabilität sehr groß, weil das Schmiermittel dann über die weitesten Schmierspalte abströmt und im Bereich der engsten Schmierspalte keinen ausreichenden Druckaufbau mehr gewährleistet. Die Folge davon ist ein Anlegen der Welle an die Lagerschale und damit ein Verschleiß.

Im Prinzip unterscheidet man hydrostatische Radiallager mit und ohne Rücklaufnuten für das Schmiermittel (Bild 5.17). Die Rücklaufnuten verlaufen in axialer Richtung zwischen den einzelnen Schmiertaschen und nehmen das in Umfangsrichtung aus den Taschen abfließende und sich dabei auf Umgebungsdruck entspannende Schmiermittel auf [5.8].

Bei den Lagern ohne Rücklaufnuten fließt das aus einer Stütztasche in Umfangsrichtung abfließende Schmiermittel in die benachbarten Schmiermitteltaschen.

5.4.1 Einflächen-Radiallager

Einflächen-Radiallager kommen nur bei stationärer Belastung zur Anwendung und haben nur eine Schmiermitteltasche. Diese ist an der Stelle der Lagerschale eingearbeitet, an der sich die Welle an der Lagerschale anlegen möchte. Wegen einer leicht möglichen Welleninstabilität und einer relativ großen Verlagerung der Welle zwischen dem unbelasteten und dem belasteten Zustand sind einflächige Radiallager in der Praxis doch selten. Sie eignen sich aber vorzüglich zur Einführung in die Problematik der hydrostatischen Radiallager.

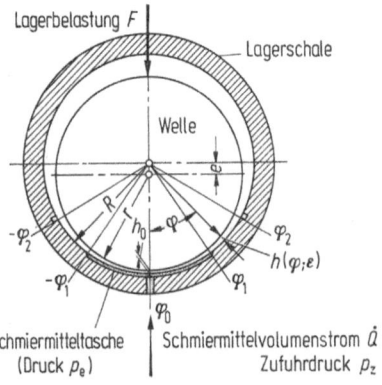

Bild 5.18 Lagergeometrie eines hydrostatischen Radialgleitlagers

5.4.1.1 Schmiermittelbedarf

Der Schmiermittelbedarf bei hydrostatischen Radiallagern wird in den meisten Fällen unter folgenden Voraussetzungen berechnet [5.3]:

1. Vernachlässigung des Schmiermittelabflusses über die Ecken (Flußrichtung zwischen axial und radial),
2. Anwendung der Hagen-Poiseuille-Gleichung für die laminare Spaltströmung,
3. Parallelität zwischen Welle und Schale, d. h. keine Verkantung der Welle,
4. Vernachlässigung der Scherströmung des Schmiermittels infolge der Wellendrehung, d. h. Vernachlässigung der Relativgeschwindigkeit zwischen Welle und Lagerschale.

Bei Beachtung der aus den Bildern 5.18 und 5.19 ersichtlichen Lagergeometrie können die Volumenströme des Schmiermittels berechnet werden.

In axialer Richtung gilt für den

Teilvolumenstrom:

$$\mathrm{d}\dot{Q}_\mathrm{a} = \frac{\Delta p h^3 R \, \mathrm{d}\varphi}{12 \eta l_\mathrm{a}} \tag{5.90}$$

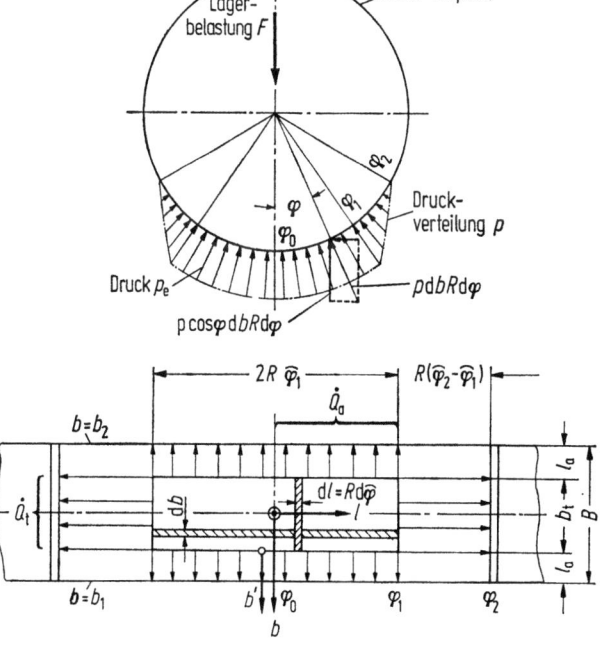

Bild 5.19 Druckkräfte auf den Lagerzapfen und Schmiermittelvolumenströme am abgewickelten Lagerschalenumfang in axialer und tangentialer Richtung (Druck in der Schmiermitteltasche $= p_\mathrm{e}$)

mit $h = \Delta r(1 - \varepsilon \cos \varphi)$ bzw.

$$\dot{Q}_a = \frac{1}{12} \cdot \frac{\Delta p \, \Delta r^3 R}{\eta l_a} \int_{\varphi_0}^{\varphi_1} (1 - \varepsilon \cos \varphi)^3 \, d\varphi$$

$$= \frac{1}{12} \cdot \frac{\Delta p \, \Delta r^3 R}{\eta l_a} [I(\varphi_1, \varepsilon) - I(\varphi_0, \varepsilon)] \qquad (5.91)$$

mit $\quad I(\varphi, \varepsilon) = \varphi - 3\varepsilon \sin \varphi + 3\varepsilon^2 \left(\dfrac{\sin \varphi \cos \varphi}{2} + \dfrac{\varphi}{2}\right)$

$$+ \varepsilon^3 \left(\frac{\sin \varphi \cdot \cos^2 \varphi}{3} + \frac{2}{3} \sin \varphi\right),$$

Gesamtvolumenstrom in axialer Richtung:

$$\dot{Q}_A = 4\dot{Q}_a. \qquad (5.92)$$

In tangentialer oder in Umfangsrichtung ist der

Teilvolumenstrom:

$$d\dot{Q}_t = -\frac{h^3 b_t}{12 \eta R} \frac{dp}{d\varphi}, \qquad (5.93)$$

Druckabfall zwischen der Stütztasche und einer beliebigen Stelle:

$$p(\varphi) - p(\varphi_1) = -\frac{12 \eta R \dot{Q}_t}{b_t} \int_{\varphi_1}^{\varphi} \frac{d\varphi}{h^3} = -\frac{12 \eta R \dot{Q}_t}{b_t \Delta r^3} [I_1(\varphi, \varepsilon) - I_1(\varphi_1, \varepsilon)] \quad (5.94)$$

mit $\quad I_1(\varphi, \varepsilon) = \dfrac{\varepsilon \sin \varphi (4 - \varepsilon^2 - 3\varepsilon \cos \varphi)}{2(1 - \varepsilon^2)^2 (1 - \varepsilon \cos \varphi)^2}$

$$+ \frac{2 + \varepsilon^2}{(1 - \varepsilon^2)^{5/2}} \arctan \left(\frac{1 + \varphi}{\sqrt{1 - \varepsilon^2}} \tan \frac{\varphi}{2}\right),$$

Druckabfall zwischen der Stütztasche und der Abflußnut (Stelle $\varphi = \varphi_2$):

$$\Delta p = p(\varphi_1) - p(\varphi_2) = \frac{12 \eta R \dot{Q}_t}{b_t \Delta r^3} [I_1(\varphi_2, \varepsilon) - I_1(\varphi_1, \varepsilon)], \qquad (5.95)$$

Schmiermittelvolumenstrom:

$$\dot{Q}_t = \frac{\Delta p \, b_t \, \Delta r^3}{12 \eta R} \cdot \frac{1}{I_1(\varphi_2, \varepsilon) - I_1(\varphi_1, \varepsilon)}, \qquad (5.96)$$

Gesamtvolumenstrom in Umfangsrichtung:

$$\dot{Q}_T = 2\dot{Q}_t, \qquad (5.97)$$

Gesamter Schmiermittelvolumenstrom:

$$\dot{Q} = \dot{Q}_A + \dot{Q}_T.$$

5.4.1.2 Stütztaschendruck und Tragfähigkeit

Das Integral der Druckverteilung über der gesamten Lagerfläche ergibt die Tragfähigkeit F des Lagers. Es gilt also:

$$F = \iint\limits_{(A)} p \cos \varphi \, dA = \int\limits_{b_1-\varphi_2}^{b_2+\varphi_2} \int p \cos \varphi R \, d\varphi \, db \tag{5.98}$$

mit dA = Lagerflächenelement,
φ = Umfangskoordinate,
b = Breitenkoordinate in axialer Richtung.

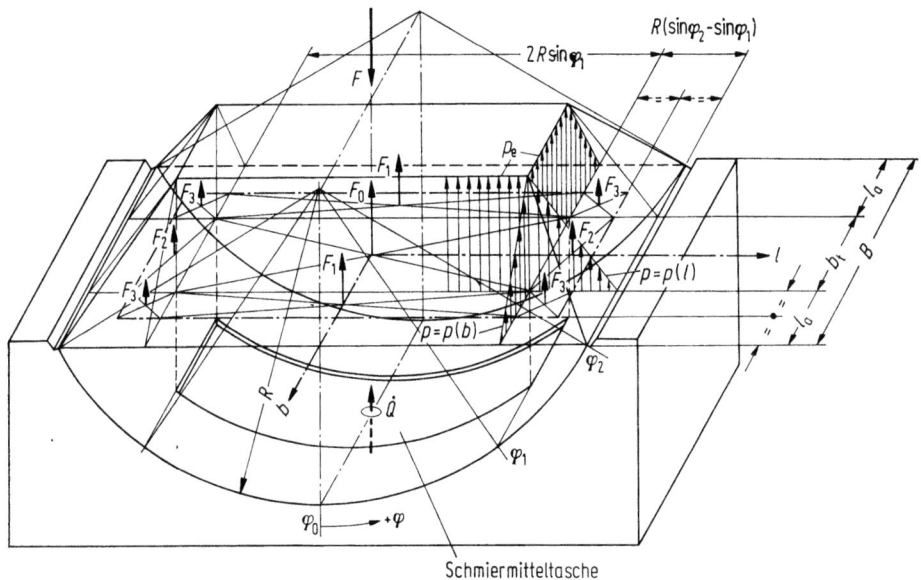

Bild 5.20 Einzelkomponenten der Tragfähigkeit F

Da der Druck im Integral für die Tragfähigkeit in bestimmten Bereichen von der axialen Koordinate b und der Umfangskoordinate φ unabhängig ist, kann man das Integral in mehrere Teilintegrale gemäß Bild 5.20 aufteilen, denen Komponenten der Tragfähigkeit entsprechen.

Für diese Komponenten gelten die nachstehend aufgeführten Beziehungen, wenn p_e der Schmiermitteldruck in der Tasche ist.

Tragfähigkeit der Stütztaschenfläche:

$$F_0 = 2 \int\limits_{\varphi_0}^{\varphi_1} p_e b_t R \cos \varphi \, d\varphi, \tag{5.99}$$

$$F_0 = 2 p_e R b_t \sin \varphi_1. \tag{5.100}$$

Tragfähigkeit der vom axialen Ölstrom überstrichenen Fläche:

$$F_1 = 2 \int\limits_{b'=0}^{l_a} \int\limits_{\varphi=0}^{\varphi_1} p(b) \cos \varphi R \, d\varphi \, db' \tag{5.101}$$

mit
$$p(b) = p_e(1 - b'/l_a), \qquad (5.102)$$
(angenommene lineare Druckverteilung!)
$$F_1 = p_e R l_a \sin \varphi_1. \qquad (5.103)$$
Tragfähigkeit der vom tangentialen Ölstrom überstrichenen Fläche:
$$F_2 = \int_{\varphi=\varphi_1}^{\varphi_2} p(\varphi) \cos \varphi b_t R \, d\varphi \qquad (5.104)$$
mit
$$p(\varphi) = p_e \left(1 - \frac{\sin \varphi - \sin \varphi_1}{\sin \varphi_2 - \sin \varphi_1}\right) \qquad (5.105)$$
(angenommene Druckverteilung!)
$$F_2 = p_e \frac{b_t R}{2} (\sin \varphi_2 - \sin \varphi_1). \qquad (5.106)$$
Tragfähigkeit der Eckflächen:
$$F_3 = \int_{b'=0}^{l_a} \int_{\varphi=\varphi_1}^{\varphi_2} p(\varphi, b') \cos \varphi R \, d\varphi \, db' \qquad (5.107)$$
mit
$$p(\varphi, b') = p(\varphi)(1 - b'/l_a) \qquad (5.108)$$
(angenommene Druckverteilung!)

und $p(\varphi)$ nach Gl. (5.79).

Die Koordinate b' wird in axialer Richtung von der axialen Begrenzung der Schmiermitteltasche aus gezählt.
$$F_3 = \frac{1}{4} p_e l_a R (\sin \varphi_2 - \sin \varphi_1). \qquad (5.109)$$
Unter Berücksichtigung dieser Komponenten gilt für die gesamte Tragfähigkeit:
$$F = F_0 + 2F_1 + 2F_2 + 4F_3, \qquad (5.110)$$
$$F = p_e R (b_t + l_a)(\sin \varphi_1 + \sin \varphi_2). \qquad (5.111)$$

Bei den praktischen Anwendungsfällen ist es meistens so, daß die Lagerbelastung F vorgegeben ist und der erforderliche Stütztaschendruck p_e, d. h. der Druck unter dem das Schmiermittel zugeführt wird, ermittelt werden muß. Durch Umformen von Gl. (5.111) erhält man für den Stütztaschendruck die Beziehung
$$p_e = \frac{F}{R(b_t + l_a)(\sin \varphi_1 + \sin \varphi_2)}. \qquad (5.112)$$

5.4.2 Mehrflächen-Radiallager

Fast alle in der Praxis eingesetzten hydrostatischen Radiallager sind als Mehrflächen-Lager ausgebildet. Im Regelfall liegen vier Schmiermitteltaschen vor; es gibt aber auch Konstruktionen mit drei und mit mehr Schmiermitteltaschen. Gemäß Bild 5.17 gibt es Konstruktionen mit und ohne Schmiermittelrücklaufnuten.

5.4 Hydrostatische Radial- oder Querlager

5.4.2.1 Mehrflächen-Radiallager mit Schmiermittelrücklaufnuten

Setzt man voraus, daß am Lagerumfang n Schmiermitteltaschen und n Schmiermittelrücklaufnuten eingearbeitet sind, dann kann nach Bild 5.17 die zur Ermittlung der Tragfähigkeit einer Tasche erforderliche Länge in Umfangsrichtung (Bogenmaß) nach der Beziehung

$$l' = \pi D j (1+k)/(2n) \tag{5.113}$$

ermittelt werden. Bei der Ableitung dieser Gleichung wurde ein linearer Druckabfall zwischen der Schmiermitteltasche und der Schmiermittelrücklaufnut vorausgesetzt. D ist der Lagerschalendurchmesser und j bzw. k sind Abminderungsfaktoren durch die Breite der Schmiermittelrücklaufnut bzw. die Breite des Zwischensteges in Umfangsrichtung gemessen. Berücksichtigt man ferner die beiden in axialer Richtung zwischen der Schmiermitteltasche und den Stirnflächen verbleibenden Stege durch den Abminderungsfaktor i, dann folgt für die wirksame Breite

$$b' = (B+b)/2 = B(1+i)/2, \tag{5.114}$$

wenn B die Breite der Lagerschale und b die Breite der Schmiermitteltasche sind.

Mit diesen Schmiertaschenabmessungen und der in Bild 5.17 fixierten Geometrie können nach Peeken [5.8–5.10] unter Zuhilfenahme der Hagen-Poiseuille-Gleichung und der Kontinuitätsgleichung für den Schmiermittelvolumenstrom derartige hydrostatische Radiallager einfach berechnet werden.

Für den in eine Schmiermitteltasche ν zugeführten Schmiermittelstrom ergibt sich die Beziehung

$$\dot{Q}_{\nu,z} = \pi \delta^4 (p_z - p_\nu)/(128 \eta \lambda), \tag{5.115}$$

wenn δ und λ den Durchmesser und die Länge der Schmiermittelzufuhrbohrung (Drossel!), p_z den Schmiermittelzufuhrdruck (zur Bohrung), p_ν den Druck in der Schmiermitteltasche und η die dynamische Viskosität des Schmiermittels bedeuten.

Dieser Schmiermittelvolumenstrom teilt sich in mehrere Anteile auf. Diese sind:
Schmiermittelvolumenstrom in axialer Richtung:

$$\dot{Q}_{\nu,A} = 2 \dot{Q}_{\nu,a} \tag{5.116}$$

(bei Symmetrie in axialer Richtung bezogen auf die Lagermitte, d. h. keine Wellenverkantung)
mit

$$\dot{Q}_{\nu,a} = \frac{l' h_{\nu,m}^3 (p_\nu - p_0) \cdot 2}{12 \eta (B-b)}. \tag{5.117}$$

p_0 ist darin der Umgebungsdruck, und $h_{\nu,m}$ ist die für die ν-te Schmiermitteltasche zwischen den Winkeln φ'_ν und φ''_ν der in Umfangsrichtung benachbarten Stege als integraler Mittelwert berechnete Schmierspalthöhe, die bei unverkanteter Welle über die gesamte Lagerbreite gleich groß ist.

Schmiermittelvolumenströme in Umfangsrichtung:

1) in Wellendrehrichtung:

$$\dot{Q}''_{\nu,t} = \frac{b' h_\nu^{''3} \cdot 2n(p_\nu - p_0)}{12 \eta D \pi j (1-k)} + \frac{D \omega b' h''_\nu}{4} \tag{5.118}$$

2) gegen die Wellendrehrichtung:

$$\dot{Q}'_{\nu,t} = \frac{b'h_\nu'^3 \cdot 2n(p_\nu - p_0)}{12\eta D\pi j(1-k)} - \frac{D\omega b' h_\nu'}{4}. \quad (5.119)$$

In den Gln. (5.118) und (5.119) sind h_ν' und h_ν'' die an den Stellen φ_ν' und φ_ν'' vorhandenen Schmierspalthöhen. Das zweite Glied auf der rechten Seite charakterisiert den Anteil des Schmiermittelvolumenstromes, der durch die Schubspannungen infolge der Wellendrehung mit der Winkelgeschwindigkeit $\omega = \pi n/30$ fließt. In Wellendrehrichtung vergrößert dieser Schubanteil den durch die Druckdifferenz hervorgerufenen Schmiermittelvolumenstrom, und gegen die Wellendrehrichtung verkleinert er diesen.

Berücksichtigt man für die Schmierspalthöhe h an einer beliebigen Stelle φ den Wert

$$h = \Delta r[1 + \varepsilon \cos(\theta + \varphi)], \quad (5.120)$$

wobei $\Delta r = R - r$ die Differenz des Lagerschalenradius R und des Wellenradius r, $\varepsilon = e/\Delta r$ die dimensionslose Exzentrizität und $\theta + \varphi$ die von der weitesten Schmierspaltstelle aus gezählte Winkellage einer beliebigen Stelle bedeuten, so ergeben sich für die Schmierspalthöhen h_ν' und h_ν'' und den integralen Mittelwert der Schmierspalthöhe $h_{\nu,m}$ die Beziehungen

$$h_\nu' = \Delta r[1 + \varepsilon \cos(\theta + \varphi_\nu')], \quad (5.121)$$

$$h_\nu'' = \Delta r[1 + \varepsilon \cos(\theta + \varphi_\nu'')], \quad (5.122)$$

$$h_{\nu,m} = \frac{n}{\pi j(1+k)} \Delta r \int_{\varphi_\nu'}^{\varphi_\nu''} [1 + \varepsilon \cos(\theta + \varphi_\nu)] \, d\varphi_\nu \quad (5.123)$$

bzw.

$$h_{\nu,m} = \Delta r + \frac{\Delta r n \varepsilon}{n j(1+k)} [\sin(\theta + \varphi_\nu'') - \sin(\theta + \varphi_\nu')]. \quad (5.124)$$

Die Winkel φ_ν' und φ_ν'' für die Mitte der in Umfangsrichtung benachbarten Stege lassen sich in folgender Weise berechnen:

$$\varphi_\nu' = \frac{\pi}{n}\left(1 - j\frac{1+k}{2}\right) + \frac{2\pi}{n}(\nu - 1) \quad (5.125)$$

$$\varphi_\nu'' = \frac{\pi}{n}\left(1 + j\frac{1+k}{2}\right) + \frac{2\pi}{n}(\nu - 1). \quad (5.126)$$

Berücksichtigt man, daß die einer Schmiermitteltasche zu- und abfließenden Schmiermittelströme nach der Beziehung

$$\dot{Q}_{\nu,z} - 2\dot{Q}_{\nu,a} - \dot{Q}'_{\nu,t} - \dot{Q}''_{\nu,t} = 0 \quad (5.127)$$

im Gleichgewicht stehen, so kann daraus der in der Schmiermitteltasche erforderliche Druck p_ν ermittelt werden. Er beträgt:

$$\frac{p_\nu}{p_z} = \frac{\dfrac{3\pi}{32}u + \dfrac{A}{v} - 6\beta(1+i)w\left(\dfrac{h_\nu''}{\Delta r} - \dfrac{h_\nu'}{\Delta r}\right)}{A + \dfrac{3\pi}{32}u}. \quad (5.128)$$

5.4 Hydrostatische Radial- oder Querlager

In Gl. (5.128) bedeuten:

$$u = \frac{\delta^4}{\lambda \, \Delta r^3} \tag{5.129}$$

$$v = \frac{p_z}{p_0} \tag{5.130}$$

$$w = \frac{\eta \omega}{p_z \psi^2} \quad \text{mit} \quad \psi = \frac{\Delta r}{r} \tag{5.131}$$

$$A = \frac{2\pi j(1+k)}{n\beta(1-i)} \cdot \left(\frac{h_{\nu,\mathrm{m}}}{\Delta r}\right)^3 + \frac{\beta n(1+i)}{\pi j(1-k)} \cdot \left[\left(\frac{h'_\nu}{\Delta r}\right)^3 + \left(\frac{h''_\nu}{\Delta r}\right)^3\right] \tag{5.132}$$

$\beta = B/D =$ Breiten-Durchmesser-Verhältnis.

Die dimensionslose Größe w entspricht einer mit dem Schmiermittelzufuhrdruck p_z gebildeten reziproken Sommerfeld-Zahl.

Durch Multiplikation mit der Größe v ergibt sich aus Gl. (5.128) der auf den Umgebungsdruck p_0 bezogene Schmiertaschendruck p_ν/p_0. Die Tragfähigkeit F_ν der ν-ten Schmiertasche kann durch Integration des Druckes über den Flächenbereich $A = D\pi j/n \cdot B$ ermittelt werden. Wird zur Vereinfachung dieses Problems ein linearer Druckabfall von den Schmiermitteltaschengrenzen bis zu den benachbarten und axial verlaufenden Schmiermittelrücklaufnuten und zu den Stirnflächen der Lagerschale angenommen, dann ergibt sich die Tragfähigkeit als Produkt des auf die Fläche $l'b'$ wirkenden konstanten Druckes p_ν. Beachtet man ferner den Krümmungseinfluß durch den Faktor

$$f_{\mathrm{Kr}} = \frac{2n}{\pi j(1+k)} \sin\left[\frac{j}{2n}(1+k)\right], \tag{5.133}$$

so ergibt sich für die Tragfähigkeit der Wert

$$F_\nu = f_{\mathrm{Kr}} p_\nu l'b'. \tag{5.134}$$

Zum Krümmungsfaktor f_{Kr} ist anzumerken, daß er mit zunehmender Schmiertaschenzahl größer wird und näher an den Wert 1 kommt.

Zur Zerlegung der Tragfähigkeit F_ν in einen Anteil in Richtung der Bezugslinie $O-O$ und in einen Anteil senkrecht zu dieser Bezugslinie ergeben sich folgende Beziehungen:

$$-\frac{F_\nu \cos \varphi_\nu}{DBp_0} = \left(\frac{p_\nu}{p_0}\right) \cdot \frac{\pi v j(1+i)(1+k)}{4n} \cdot \cos \varphi_\nu, \tag{5.135}$$

$$\frac{F_\nu \sin \varphi_\nu}{DBp_0} = \left(\frac{p_\nu}{p_0}\right) \cdot \frac{\pi v j(1+i)(1+k)}{4n} \cdot \sin \varphi_\nu \tag{5.136}$$

mit
$$\varphi_\nu = \frac{\pi}{n} + \frac{2}{n}(\nu - 1). \tag{5.137}$$

Die Gesamttragfähigkeit F des Lagers ergibt sich durch die Vektoraddition der aus den einzelnen Schmiertaschenkräften algebraisch nach den Gln. (5.135) und (5.136) summierten Komponenten in Richtung der Bezugslinie $O-O$ bzw.

in der dazu senkrecht zeigenden Richtung. Mit Einführung des mittleren Schmiertaschendruckes $\bar{p} = F/(BD)$ folgt somit:

$$\frac{\bar{p}}{p_0} = \sqrt{\left(\sum_{\nu=1}^{n} \frac{F_\nu \cos\varphi_\nu}{DBp_0}\right)^2 + \left(\sum_{\nu=1}^{n} \frac{F_\nu \sin\varphi_\nu}{DBp_0}\right)^2}. \qquad (5.138)$$

Die die Tragfähigkeit F charakterisierende Sommerfeld-Zahl läßt sich nach folgender Gleichung ermitteln:

$$So = \frac{\bar{p}}{p_0 vw}. \qquad (5.139)$$

Für die Verlagerung ϑ des Wellenzapfens in Wellendrehrichtung gelten folgende Beziehungen:

$$\vartheta = \Omega - \theta, \qquad (5.140)$$

ϑ = Winkel zwischen der engsten Schmierspaltstelle und der Lastrichtung,
Ω = Winkel zwischen der Bezugslinie $O-O$ und der Lastrichtung,
θ = Winkel zwischen der engsten Schmierspaltstelle und der Bezugslinie $O-O$.

Ω läßt sich aus den Komponenten der Gesamttragfähigkeit nach folgender Gleichung berechnen:

$$\Omega = \arctan \frac{\sum\limits_{\nu=1}^{n} \dfrac{F_\nu \sin\varphi_\nu}{DBp_0}}{\sum\limits_{\nu=1}^{n} \dfrac{F_\nu \cos\varphi_\nu}{DBp_0}} \qquad (5.141)$$

θ wird bei der Berechnung von ϑ als unabhängige Variable angenommen.

Der Schmiermittelverbrauch $\dot{Q}$ ergibt sich als Summe aller den einzelnen Schmiertaschen zugeführten Schmiermittelströme:

$$\dot{Q} = \sum_{\nu=1}^{n} \dot{Q}_{\nu,z}. \qquad (5.142)$$

Unter Berücksichtigung des Druckverhältnisses p_ν/p_z (Schmiertaschendruck/ Zufuhrdruck) nach Gl. (5.128) kann der gesamte Schmiermittelvolumenstrom $\dot{Q}$ nach folgender Gleichung berechnet werden:

$$\dot{Q} = \frac{\pi \Delta r^3 uv p_0}{128\eta} \sum_{\nu=1}^{n} \left[1 - \frac{p_\nu}{p_z}\right]. \qquad (5.143)$$

Für die Reibungskennziffer μ/ψ (Reibungskoeffizient/relatives Lagerspiel) gilt nach [5.8–5.9] folgende Beziehung:

$$\frac{\mu}{\psi} = \frac{T}{2\Delta r B p_0} \cdot \frac{p_0}{\bar{p}} \qquad (5.144)$$

mit

$$\frac{T}{\Delta r B p_0} = \frac{i}{2} \sum_{\nu=1}^{n} \left(\frac{p_\nu}{p_z} v - 1\right) \left(\frac{h'_\nu}{\Delta r} - \frac{h''_\nu}{\Delta r}\right)$$

$$+ \frac{\pi j(1-k) \, ivw}{n} \sum_{\nu=1}^{n} \left(\frac{\Delta r}{h'_\nu} + \frac{\Delta r}{h''_\nu}\right)$$

$$+ \frac{2\pi j(1-i) \, vw}{n} \sum_{\nu=1}^{n} \frac{\Delta r}{h_{\nu.m}} \qquad (5.145)$$

und $\bar{p}/p_0$ nach Gl. (5.138).

5.4 Hydrostatische Radial- oder Querlager

Für ein hydrostatisches Radialgleitlager mit vier Schmiermitteltaschen und vier Schmiermittelrücklaufnuten sind für ein Breiten-Durchmesser-Verhältnis von $\beta = 1$, die Abminderungsfaktoren $i = 0{,}75$, $j = 0{,}85$ und $k = 0{,}6$, ein Verhältnis des Schmiermittelzufuhrdruckes zum Umgebungsdruck von $v = 25$, eine

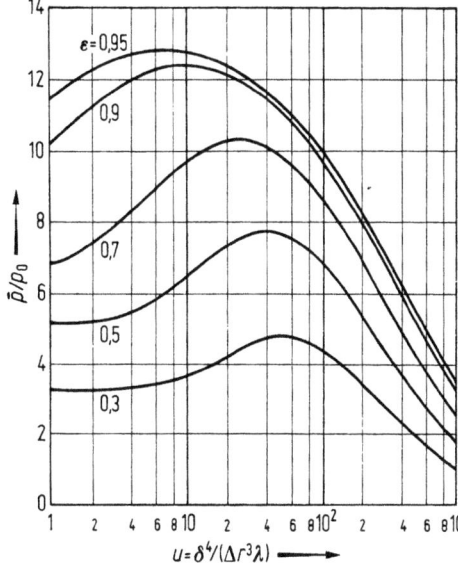

Bild 5.21 Mittlere Flächenpressung eines hydrostatischen Radiallagers in Abhängigkeit von $u = \delta^4/(\Delta r^3 \lambda)$ für verschiedene Exzentrizitäten ε bei einem Lager mit vier Schmiermitteltaschen und vier Schmiermittelrücklaufnuten.
$\theta = 45°$; $v = 25$; $w = 1$; $\beta = 1$; $i = 0{,}75$; $j = 0{,}85$; $k = 0{,}6$ [5.8]

Größe $w = 1$ (Berücksichtigung der Relativgeschwindigkeit zwischen Welle und Lagerschale) und für einen Winkel $\theta = 45°$ (Wellenverlagerung bis zur Mitte einer Schmiermitteltasche) die mittlere Flächenpressung $\bar{p}$ und damit auch die Tragfähigkeit F berechnet und in Bild 5.21 in Abhängigkeit von der dimensions-

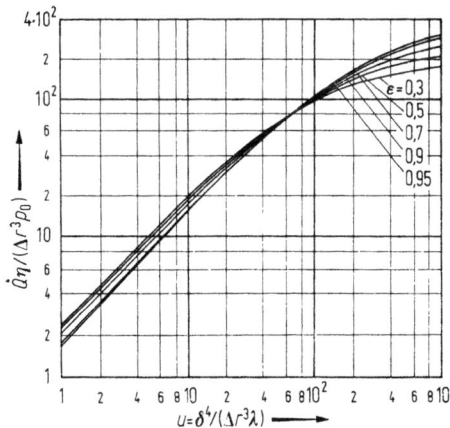

Bild 5.22 Gesamter Schmiermittelbedarf eines hydrostatischen Radiallagers in Abhängigkeit von $u = \delta^4/(\Delta r^3 \lambda)$ für verschiedene Exzentrizitäten ε. Alle anderen Daten sind identisch denen in Bild 5.21 [5.8]

losen Größe u mit der dimensionslosen Exzentrizität ε als Parameter dargestellt. Man erkennt aus dieser Darstellung, daß $\bar{p}/p_0$ mit größer werdendem ε-Wert größer wird und mit zunehmendem u-Wert zuerst ansteigt und dann aber wieder abnimmt.

Für die gleichen Verhältnisse wurden der gesamte Schmiermittelbedarf und die Reibungskennziffer μ/ψ in Abhängigkeit von der Größe u und mit der dimensionslosen Exzentrizität ε als Parameter berechnet und in den Bildern 5.22 und

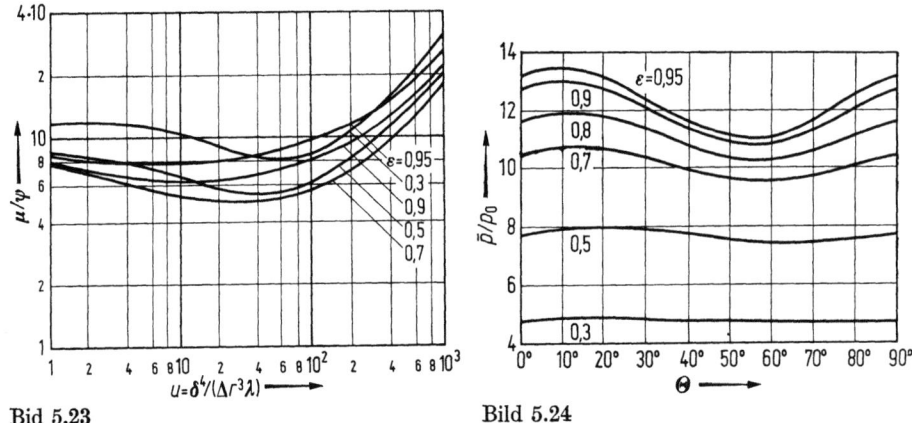

Bild 5.23   Bild 5.24

Bild 5.23 Reibungskennziffer eines hydrostatischen Radiallagers in Abhängigkeit von $u = \delta^4/(\Delta r^3 \lambda)$ für verschiedene Exzentrizitäten ε. Alle anderen Daten sind identisch denen in Bild 5.21 [5.8]

Bild 5.24 Mittlere Flächenpressung eines hydrostatischen Radiallagers in Abhängigkeit vom Winkel θ für verschiedene Exzentrizitäten ε bei einem Lager mit vier Schmiermitteltaschen und vier Schmiermittelrücklaufnuten. $u = 50$; $v = 25$; $w = 1$; $\beta = 1$; $i = 0{,}75$; $j = 0{,}85$; $k = 0{,}6$ [5.8]

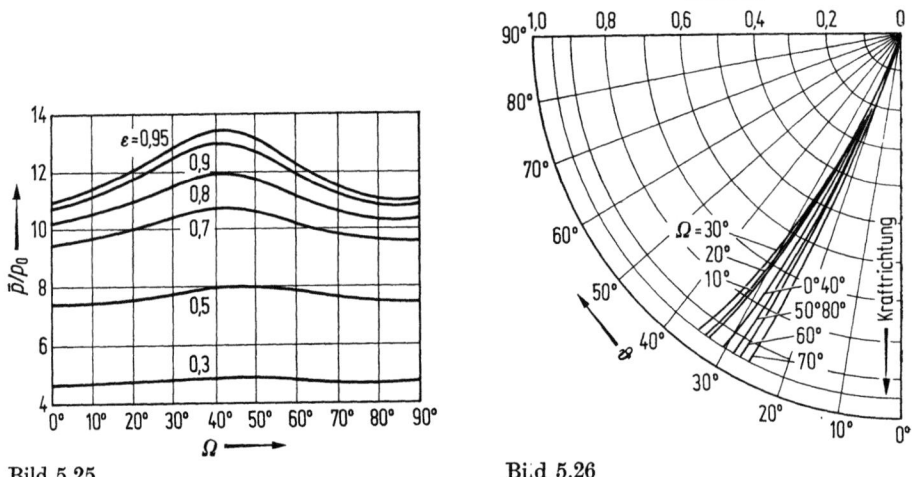

Bild 5.25   Bild 5.26

Bild 5.25 Mittlere Flächenpressung des gleichen Lagers wie in Bild 5.24 in Abhängigkeit vom Winkel Ω [5.8]

Bild 5.26 Wellenverlagerung ϑ für unterschiedliche Winkel Ω des gleichen Lagers wie in Bild 5.24 [5.8]

5.23 grafisch dargestellt. Der Schmiermittelvolumenstrom nimmt mit der Größe u stetig zu, und die Reibungskennziffer nimmt zuerst mit der Größe u leicht ab, steigt aber dann mit noch größer werdendem u stärker an. Die μ/ψ-Kurven haben also einen Bereich mit Minimalwerten.

5.4 Hydrostatische Radial- oder Querlager

Für einen u-Wert von $u = 50$ und sonst gleichen Größen wie in Bild 5.21 ergibt sich für die mittlere Flächenpressung $\bar{p}$ die in den Bildern 5.24 und 5.25 dargestellte θ- und Ω-Abhängigkeit. Man sieht auch hier, daß die mittlere Flächenpressung $\bar{p}$ mit zunehmender relativer Exzentrizität ε zunimmt.

Die Wellenverlagerung ϑ gegenüber der Kraftrichtung ist in Bild 5.26 für unterschiedliche Ω-Winkel in Form eines Polardiagrammes mit der dimensionslosen Exzentrizität ε als radiale Koordinate dargestellt.

5.4.2.2 Mehrflächen-Radiallager ohne Schmiermittelrücklaufnuten

Bei Mehrflächen-Radiallagern, die keine Schmiermittelrücklaufnuten haben, fließt das in Umfangsrichtung austretende Schmiermittel nicht drucklos ab. Es tritt in die angrenzende Schmiermitteltasche ein, in der ein kleinerer Schmiermitteldruck vorliegt. Die übertretende Schmiermittelmenge ist daher eine Funktion des Differenzdruckes zwischen den benachbarten Schmiermitteltaschen.

In Anlehnung an die Geometrie des in Bild 5.17 dargestellten Lagers mit vier Schmiermitteltaschen ergeben sich für die ν-te Schmiermitteltasche folgende Zusammenhänge:

Länge der Schmiermitteltaschen:
$$l = D\pi k/n. \tag{5.146}$$

Winkellage der Stegmitten:
$$\varphi'_\nu = 2\pi(\nu - 1)/n, \tag{5.147}$$
$$\varphi''_\nu = \varphi'_{\nu+1} = \varphi'_\nu + 2\pi/n. \tag{5.148}$$

Mittlere Spalthöhe:
$$h_{\nu,m} = \Delta r + \frac{n\,\Delta r\varepsilon}{2\pi}\left[\sin\left(\theta + \varphi'_\nu + \frac{2\pi}{n}\right) - \sin(\theta + \varphi'_\nu)\right]. \tag{5.149}$$

Für die Breite b' und die Schmierspalthöhe h gelten die bereits angegebenen Gln. (5.114) und (5.120).

Zur Berechnung der in den einzelnen Stütztaschen erforderlichen Drücke p_ν ist eine Bilanz für alle Schmiermittelströme aufzustellen. Da in der Schmiermittelbilanz für die ν-te Schmiermitteltasche zwei in Umfangsrichtung fließende Volumenströme auftreten, die von der Druckdifferenz zu den in Umfangsrichtung benachbarten Schmiermitteltaschen abhängen, muß gleichzeitig eine Gesamtbilanz für alle Schmiermitteltaschen aufgestellt werden.

Im einzelnen gilt für die Schmiermitteltaschen $\nu = 1$ bis n folgende Bilanz:
$$\dot{Q}_{\nu,z} - 2\dot{Q}_{\nu,a} - \dot{Q}_{\nu,t} + \dot{Q}_{\nu+1,t} = 0. \tag{5.150}$$

Mit $\dot{Q}_{\nu,z}$ = über die Drossel zugeführter Schmiermittelvolumenstrom nach Gl. (5.115),

$\dot{Q}_{\nu,a}$ = in axialer Richtung abfließender Schmiermittelvolumenstrom,

$$\dot{Q}_{\nu,a} = \frac{\pi D h_{\nu,m}^3 (p_\nu - p_0)}{6 n \eta (B - b)} \tag{5.151}$$

$\dot{Q}_{\nu,t}$ = in Umfangsrichtung (entgegen der Wellendrehrichtung angenommen!) abfließender Schmiermittelvolumenstrom,

$$\dot{Q}_{\nu,t} = \frac{b h_\nu^{'3}(p_\nu - p_{\nu-1})}{12\eta \dfrac{D\pi}{n}(1-k)} - \frac{D\omega b h'_\nu}{4} \tag{5.152}$$

$\dot Q_{\nu+1,t}=$ in Umfangsrichtung (entgegen der Wellendrehrichtung angenommen!) zuströmender Schmiermittelvolumenstrom,

$$\dot Q_{\nu+1,t}=\frac{bh'^3_{\nu+1}(p_{\nu+1}-p_\nu)}{12\eta\dfrac{D\pi}{n}(1-k)}-\frac{D\omega bh'_{\nu+1}}{4}. \tag{5.153}$$

Bei dem in axialer Richtung abfließenden Schmiermittelvolumenstrom $\dot Q_{\nu,a}$ ist anzumerken, daß er dem für Lager mit Schmiermittelrücklaufnuten nach Gl. (5.117) entspricht, wenn an Stelle der Bogenlänge l' die Länge $\pi D/n$ eingesetzt wird.

Schreibt man die Schmiermittelbilanz Gl. (5.150) für alle n Schmiertaschen an, dann bekommt man ein Gleichungssystem mit n Gleichungen für die n unbekannten Schmiermitteltaschendrücke p_ν.

Peeken [5.8] hat dieses Gleichungssystem für die Schmiermittelströme in ein äquivalentes für die Drücke p_ν bzw. die Druckverhältnisse p_ν/p_z ($p_z=$ Schmiermittelzufuhrdruck vor den Drosseln) umgeformt.

Es hat folgenden Aufbau:

$$\left.\begin{aligned}a_1\frac{p_1}{p_z}+b_1\frac{p_2}{p_z}+0+d_1\frac{p_4}{p_z}&=e_1\\a_2\frac{p_1}{p_z}+b_2\frac{p_2}{p_z}+c_2\frac{p_3}{p_z}+0&=e_2\\0+b_3\frac{p_2}{p_z}+c_3\frac{p_3}{p_z}+d_3\frac{p_4}{p_z}&=e_3\\a_4\frac{p_1}{p_z}+0+c_4\frac{p_3}{p_z}+d_4\frac{p_4}{p_z}&=e_4.\end{aligned}\right\} \tag{5.154}$$

Die Koeffizienten a_1 bis e_4 der Matrix haben folgende Werte:

$$a_1=\frac{\pi}{32}u+\frac{in\beta}{3\pi(1-k)}\left[\left(\frac{h'_2}{\Delta r}\right)^3+\left(\frac{h'_1}{\Delta r}\right)^3\right]+\frac{4\pi}{3n\beta(1-i)}\left(\frac{h_{1m}}{\Delta r}\right)^3$$

$$a_2=-\frac{in\beta}{3\pi(1-k)}\left(\frac{h'_2}{\Delta r}\right)^3$$

$$a_4=-\frac{in\beta}{3\pi(1-k)}\left(\frac{h'_1}{\Delta r}\right)^3$$

$$b_1=-\frac{in\beta}{3\pi(1-k)}\left(\frac{h'_2}{\Delta r}\right)^3=a_2$$

$$b_2=\frac{\pi}{32}u+\frac{in\beta}{3\pi(1-k)}\left[\left(\frac{h'_2}{\Delta r}\right)^3+\left(\frac{h'_3}{\Delta r}\right)^3\right]+\frac{4\pi}{3n\beta(1-i)}\left(\frac{h_{2m}}{\Delta r}\right)^3$$

$$b_3=-\frac{in\beta}{3\pi(1-k)}\left(\frac{h'_3}{\Delta r}\right)^3$$

5.4 Hydrostatische Radial- oder Querlager

$$c_2 = -\frac{in\beta}{3\pi(1-k)}\left(\frac{h_3'}{\Delta r}\right)^3 = b_3$$

$$c_3 = \frac{\pi}{32}u + \frac{in\beta}{3\pi(1-k)}\left[\left(\frac{h_3'}{\Delta r}\right)^3 + \left(\frac{h_4'}{\Delta r}\right)^3\right] + \frac{4\pi}{3n\beta(1-i)}\left(\frac{h_{3m}}{\Delta r}\right)^3$$

$$c_4 = -\frac{in\beta}{3\pi(1-k)}\left(\frac{h_4'}{\Delta r}\right)^3$$

$$d_1 = -\frac{in\beta}{3\pi(1-k)}\left(\frac{h_1'}{\Delta r}\right)^3 = a_4$$

$$d_3 = -\frac{in\beta}{3\pi(1-k)}\left(\frac{h_4'}{\Delta r}\right)^3 = c_4$$

$$d_4 = \frac{\pi}{32}u + \frac{in\beta}{3\pi(1-k)}\left[\left(\frac{h_4'}{\Delta r}\right)^3 + \left(\frac{h_1'}{\Delta r}\right)^3\right] + \frac{4\pi}{3n\beta(1-i)}\left(\frac{h_{4m}}{\Delta r}\right)^3$$

$$e_1 = \frac{\pi}{32}u + 4i\beta w\left[\frac{h_1'}{\Delta r} - \frac{h_2'}{\Delta r}\right] + \frac{4\pi}{3n\beta(1-i)v}\left(\frac{h_{1m}}{\Delta r}\right)^3$$

$$e_2 = \frac{\pi}{32}u + 4i\beta w\left[\frac{h_2'}{\Delta r} - \frac{h_3'}{\Delta r}\right] + \frac{4\pi}{3n\beta(1-i)v}\left(\frac{h_{2m}}{\Delta r}\right)^3$$

$$e_3 = \frac{\pi}{32}u + 4i\beta w\left[\frac{h_3'}{\Delta r} - \frac{h_4'}{\Delta r}\right] + \frac{4\pi}{3n\beta(1-i)v}\left(\frac{h_{3m}}{\Delta r}\right)^3$$

$$e_4 = \frac{\pi}{32}u + 4i\beta w\left[\frac{h_4'}{\Delta r} - \frac{h_1'}{\Delta r}\right] + \frac{4\pi}{3n\beta(1-i)v}\left(\frac{h_{4m}}{\Delta r}\right)^3.$$

Daraus können die Druckverhältnisse p_ν/p_z z. B. nach dem Matrizenverfahren ermittelt werden.

Mit diesen Schmiermitteltaschendrücken können unter der Annahme eines linearen Druckabfalls von der Schmiertasche über die Stege in axialer und in Umfangsrichtung die Stützkräfte F_ν für jede einzelne Schmiermitteltasche nach folgender Beziehung ermittelt werden:

$$F_\nu = f_{Kr}p_\nu b' D\pi/n \tag{5.155}$$

mit f_{Kr} nach Gl. (5.133), wenn $j = 1$ gesetzt wird.

In dimensionsloser Form beträgt die Tragkraft F_ν einer Schmiermitteltasche:

$$\frac{F_\nu}{DBp_0} = \frac{p_\nu}{p_0} \cdot \frac{\pi v(1+i)}{2n}. \tag{5.156}$$

Durch Zerlegen der einzelnen Schmiermitteltaschentragkräfte F_ν in Komponenten in Richtung der Bezugslinie $O-O$ und in der dazu senkrechten Richtung, und durch eine algebraische Addition dieser einzelnen Komponenten kann durch die Vektoraddition der resultierenden Komponenten in den beiden genannten Richtungen die Gesamttragfähigkeit F des Lagers ermittelt werden. Sie beträgt:

$$\frac{F}{DBp_0} = \sqrt{\left(\sum_{\nu=1}^{n}\frac{F_\nu \cos\varphi_\nu}{DBp_0}\right)^2 + \left(\sum_{\nu=1}^{n}\frac{F_\nu \sin\varphi_\nu}{DBp_0}\right)^2}. \tag{5.157}$$

Die Komponenten der Tragkräfte F_ν für die einzelnen Schmiermitteltaschen in Richtung der Bezugslinie $O-O$ und in der dazu senkrechten Richtung sind:

$$-\frac{F_\nu \cos \varphi_\nu}{DBp_0} = \frac{p_\nu}{p_0} \cdot \frac{\pi v(1+i)}{2n} \cdot \cos \varphi_\nu \qquad (5.158)$$

$$\frac{F_\nu \sin \varphi_\nu}{DBp_0} = \frac{p_\nu}{p_0} \cdot \frac{\pi v(1+i)}{2n} \cdot \sin \varphi_\nu. \qquad (5.159)$$

Der mittlere Schmiermitteltaschendruck $\bar{p}$ läßt sich nach Gl. (5.138) unter Beachtung der Gln. (5.158) und (5.159) ermitteln.

Die Wellenverlagerung ist durch die Gln. (5.140) und (5.141) fixiert und kann durch Einsetzen der Ausdrücke für die einzelnen Komponenten der Tragkräfte F_ν nach den Gln. (5.158) und (5.159) berechnet werden.

Der gesamte Schmiermittelbedarf $\dot{Q}$ kann mit den aus dem Gleichungssystem (5.154) bekannten Schmiermitteltaschendrücken p_ν nach Gl. (5.143) ermittelt werden.

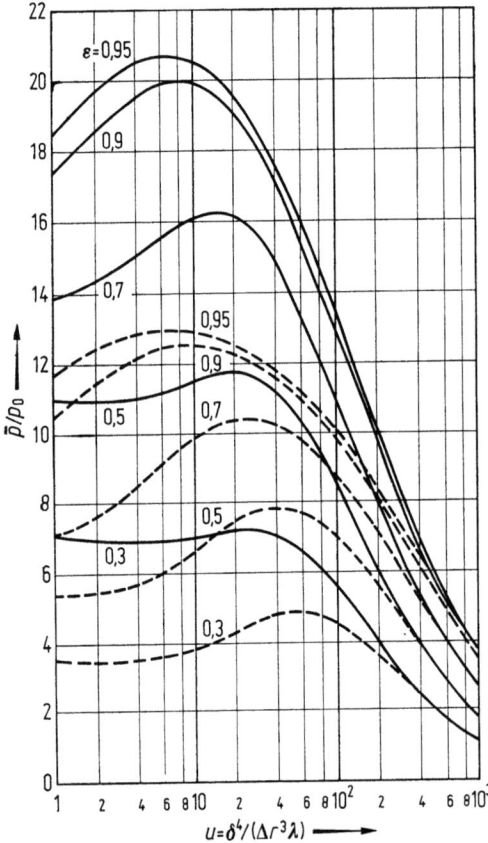

Bild 5.27 Mittlere Flächenpressung eines hydrostatischen Radiallagers mit vier Schmiermitteltaschen ($n=4$) ohne Schmiermittelrücklaufnuten in Abhängigkeit von der Größe u für unterschiedliche Exzentrizitäten. Zum Vergleich sind die entsprechenden Werte für ein Lager mit Schmiermittelrücklaufnuten gestrichelt eingezeichnet. Annahmen: $\theta = 45°$; $v = 25$; $w = 1$; $\beta = 1$; $i = 0{,}75$ und $k = 0{,}66$ bzw. $k = 0{,}6$ und $j = 0{,}85$ für das **Lager** mit Rücklaufnuten

Peeken [5.8] hat die mittlere Flächenpressung $\bar{p}$, die auch als Maß für die gesamte Tragfähigkeit F angesehen werden kann, für ein hydrostatisch arbeitendes Radialgleitlager mit vier Schmiermitteltaschen ohne Schmiermittelrücklaufnuten berechnet. Seine Ergebnisse sind in Bild 5.27 in Abhängigkeit von der dimensionslosen Größe $u = \delta^4/(\Delta r^3 \lambda)$ mit der dimensionslosen Exzentrizität ε als Parameter dargestellt. Zum Vergleich sind auch die Ergebnisse beim Vorhandensein von Schmiermittelrücklaufnuten als gestrichelte Kurven eingetragen. Man sieht, daß die Tragfähigkeit bei hydrostatischen Lagern ohne Schmiermittelrücklaufnuten größer ist als bei Lagern mit Schmiermittelrücklaufnuten. Mit zunehmendem Wert für $u = \delta^4/(\Delta r^3 \lambda)$ wird der Unterschied in der Tragfähigkeit kleiner und ab u-Werten von ca. 400 bis 600 haben hydrostatische Lager mit und ohne Schmiermittelrücklaufnuten etwa die gleiche Tragfähigkeit.

5.5 Hydrostatisches Anheben von hydrodynamisch arbeitenden Lagern

Die hydrodynamisch geschmierten Lager bauen sich den für die Tragfähigkeit oder Lagerbelastung erforderlichen Schmiermittelfilm und -druck selbsttätig auf, solange zwischen den aufeinander gleitenden Lagerflächen eine genügend große Relativgeschwindigkeit besteht.

Bei Anlagen, die einem häufigen Wechsel von Anlauf und Stillstand unterliegen, ist die Gefahr sehr groß, daß die Lager über zu große Zeitbereiche im Mischreibungszustand laufen und daher einem zu starken Verschleiß unterliegen. Während der Anlaufphase ist nämlich noch kein voll wirksamer Schmiermittelfilm und -druck vorhanden, und beim Auslaufen der Maschine reißt der Schmiermittelfilm auch im Bereich der Übergangsdrehzahl ab.

Dieser unerwünschte Verschleiß kann verringert oder ganz vermieden werden, wenn in diesen kritischen Laufphasen der Maschine von außen Schmiermittel unter Druck in den Schmierspalt der Gleitlager eingepumpt wird, d. h. das Lager während dieser kritischen Zeitspannen hydrostatisch geschmiert wird und arbeitet.

Das erste Lager mit einer hydrostatischen Anfahrhilfe war ein Segmentspurlager und wurde bereits 1912 von A. Kingsbury gebaut. Nach 25 Jahren Laufzeit wurden die Lageroberflächen dieses Lagers überprüft und eine Verschleißmessung vorgenommen. Das Ergebnis dieser Untersuchungen war, daß der Verschleiß an den Weißmetallflächen so gering war, daß das Lager ohne eine Überholung wieder zusammengebaut werden konnte und noch heute ohne jede Störung einwandfrei läuft. Bei dieser Lagerkonstruktion werden die einzelnen Segmente durch flexible Zuführungsleitungen mit Öl versorgt, die an einer Ringleitung angeschlossen sind.

Problematisch sind diese Schwerstanläufe von Maschinen besonders im Bergbau, in der Eisenhüttenindustrie, in Walz- und in Kraftwerken, weil der Verschleiß der Lager sehr stark ist und die Reib- und die Anfahrmomente sehr groß sind. Große Reibmomente über einen längeren Zeitraum bedeuten eine starke Erwärmung des Schmiermittels, die eine Verkleinerung der Viskosität und damit auch der Tragfähigkeit des Lagers zur Folge hat.

Aus diesem Grund werden in diesen Einsatzbereichen die großen Radial- und Axialgleitlager sehr oft mit einer hydrostatischen Schmiermittelversorgungsanlage ausgestattet, die mit Beginn des Anfahr- und des Auslaufvorgangs drehzahlgesteuert in Tätigkeit gesetzt wird. Die ruhende oder sich drehende Welle wird durch den hydrostatischen Schmiermitteldruck angehoben und durch den Schmiermittelfilm zwischen Welle und Lagerschale in der Schwebe gehalten.

120   5 Hydrostatische Schmierung und Lager

Im Prinzip besteht eine derartige hydrostatische Anhebevorrichtung gemäß Bild 5.28 aus einer Schmiermittelpumpe, einer Schmiermitteltasche in der unteren Lagerschale bzw. in dem Bereich der Lagerschale, in dem sich die Welle an die Lagerschale anlegen möchte, und der erforderlichen Zuführungsleitung für das Schmiermittel.

In diesem Zusammenhang ist zu beachten, daß durch die in die untere Lagerschale eingearbeitete Schmiertasche der hydrodynamische Druckaufbau in zwei Teilbereichen beiderseits der Schmiertasche erfolgt. Die Maximalwerte des Druckes in diesen beiden Druckbereichen sind größer als der Maximalwert des Druckes im Fall einer nicht eingearbeiteten Schmiermitteltasche oder Schmiernut im Bereich der Belastungszone.

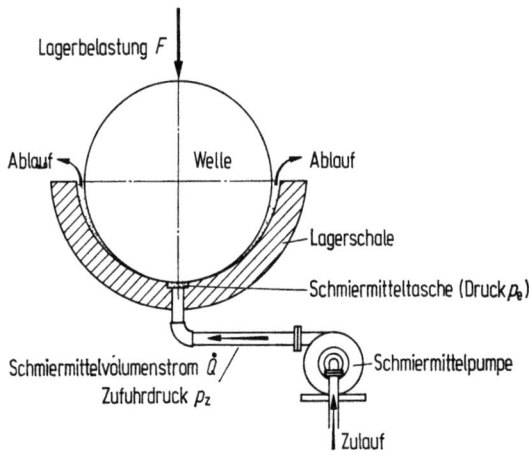

Bild 5.28   Schemaskizze einer hydrostatischen Anhebevorrichtung

5.6 Schmiermittelversorgungssysteme für hydrostatische Lagerungen

Wie in der Einleitung von Kapitel 5 bereits dargelegt, müssen bei hydrostatischen Lagern zur Aufnahme von exzentrischen Belastungen und Kippmomenten mehr als eine Schmiermitteltasche eingearbeitet sein. Die Schmiermittelzufuhr sollte für jede dieser Schmiermitteltaschen konstant und unabhängig von der Lagerbelastung sein. In den einzelnen Schmiermitteltaschen muß sich nämlich ein unterschiedlicher Druck aufbauen können, d. h. zwischen den einzelnen Schmiermitteltaschen muß sich im Betrieb eine Druckdifferenz halten können.

Im Prinzip gibt es folgende Möglichkeiten der Schmiermittelzufuhr:

Konstanter Schmiermittelvolumenstrom

Für jede Schmiermitteltasche werden gemäß Bild 5.29 separate Pumpen vorgesehen, die unabhängig von der Belastung einen konstanten Schmiermittelvolumenstrom gewährleisten. Die größte Tragfähigkeit einer Tasche wird durch den maximalen Pumpendruck vorgegeben. Charakteristisch für die maximale Tragfähigkeit ist, daß gerade noch keine metallische Berührung der gepaarten Gleitflächen und damit kein Verschleiß auftritt.

Bei vorgegebenen konstanten Lagerabmessungen und einer konstanten Schmiermittelviskosität besteht nach der Hagen-Poiseuille-Gleichung zwischen

5.6 Schmiermittelversorgungssysteme für hydrostatische Lagerungen

der Schmierspalthöhe h und der Lagerbelastung F folgender Zusammenhang (Bild 5.29):

$$h \sim 1/\sqrt[3]{F} \quad \text{bzw.} \quad F \sim 1/h^3. \tag{5.160}$$

Die Lagersteifigkeit C gemäß der Definition

$$C = \mathrm{d}F/\mathrm{d}h, \tag{5.161}$$

die die Änderung der Lagerbelastung F mit der Schmierspalthöhe h ist, ist bei konstantem Schmiermittelvolumenstrom eine mit zunehmender Lagerbelastung von Null leicht progressiv ansteigende Größe. Im unteren Belastungsbereich ist die Steifigkeit der Lagerung also gering. In der Praxis wird dieser Bereich fast

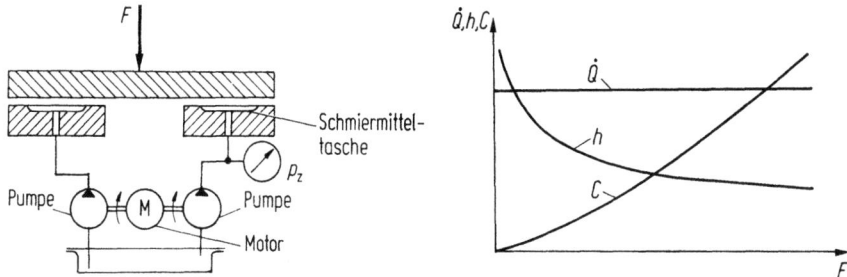

Bild 5.29 Schmiermittelversorgung mit konstanten Schmiermittelvolumenströmen für jede Schmiermitteltasche. Verlauf des Schmiermittelvolumenstromes $\dot{Q}$, der Schmierspalthöhe h und der Lagersteifigkeit C in Abhängigkeit von der Lagerbelastung F

immer durch eine Vorbelastung des Lagers infolge des Eigengewichts der einzelnen Teile überbrückt. Wird eine höhere Lagersteifigkeit gefordert, dann wird durch Anbringen und Druckbeaufschlagung von gegenüberliegenden Schmiermitteltaschen eine stärkere gegenseitige Belastung der Schmiermitteltaschen erzwungen. Dies ist identisch einer Laststeigerung und einer Einspannung der zu lagernden Welle. Bei Radiallagern — insbesondere bei hydrostatischen Radiallagern für Werkzeugmaschinen — wird diese Art der Vergrößerung der Lagersteifigkeit absichtlich und besonders stark angewendet. Man baut hier z. B. Spindellagerungen, bei denen die Spindel durch mehrere Kräfte, die durch die Drücke in den Schmiermitteltaschen bewirkt werden, wie in einem Spannfutter zentrisch gelagert und gehalten wird.

Konstanter Schmiermitteldruck

Eine konstante Schmiermittelzufuhr für die einzelnen Schmiermitteltaschen bedingt separate Schmiermittelpumpen, was bei mehreren Schmiermitteltaschen einen großen Aufwand bedeutet. Dieser kann nach Bild 5.30 in der Weise umgangen werden, daß dem in den einzelnen Schmiermitteltaschen und den dazugehörigen Stegen vorhandenen Strömungswiderstand in der Zufuhrleitung des Schmiermittels zur Schmiermitteltasche ein so großer hydraulischer Widerstand in Reihe vorgeschaltet wird, daß die Änderungen der hydraulischen Widerstände für die einzelnen Schmiertaschenbereiche infolge einer Wellenverlagerung (Änderung der Schmierspalthöhe) vernachlässigt werden können.

Berücksichtigt man, daß zwischen dem Schmiermittelvolumenstrom $\dot{Q}$, der Druckdifferenz Δp zwischen dem Pumpenzufuhrdruck p_z und dem Schmiertaschendruck p_e, sowie dem hydraulischen Widerstand R_h der Zusammenhang

$$\dot{Q} = \Delta p / R_h \qquad (5.162)$$

besteht, dann kann wegen des linearen Zusammenhanges von $\dot{Q}$ und $\Delta p = p_z - p_e$ einerseits und der Tragfähigkeit F und dem Druck p_e in der Schmiermitteltasche andererseits ein mit zunehmender Tragfähigkeit F linear abfallender Schmiermittelvolumenstrom $\dot{Q}$ bereitgestellt werden (Bild 5.30).

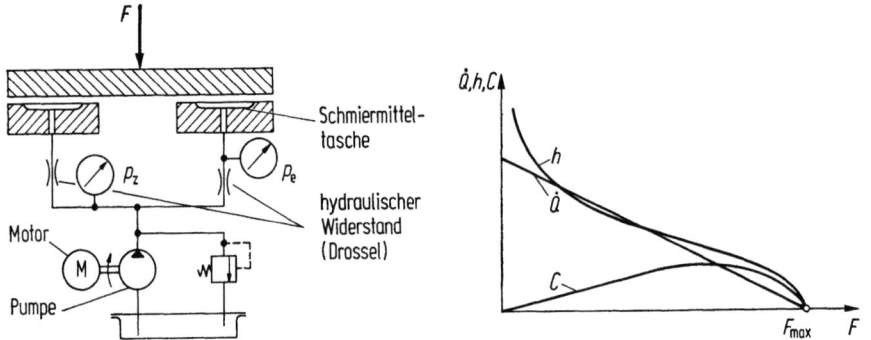

Bild 5.30 Schmiermittelversorgung mit konstantem Schmiermitteldruck für jede Schmiermitteltasche. Verlauf des Schmiermittelvolumenstromes $\dot{Q}$, der Schmierspalthöhe h und der Lagersteifigkeit C in Abhängigkeit von der Lagerbestung F

Nach [5.11] besteht zwischen der Schmierspalthöhe h und der Tragfähigkeit F sowie der maximalen Lagerbelastung $F_{\max}$ die Beziehung

$$h \sim \sqrt[3]{\frac{F_{\max}}{F} - 1}. \qquad (5.162)$$

Gemäß Bild 5.30 liegt im Bereich kleiner F-Werte ein starker hyperbolischer Abfall der Schmierspalthöhe h mit zunehmender Tragfähigkeit F vor, der sich im Bereich größerer F-Werte abschwächt. Bei einer Tragfähigkeit F, die fast dem Maximalwert $F_{\max}$ entspricht, hat die Schmierspalthöhe annähernd den Wert Null, d. h., es kommt fast zu einer Berührung der gepaarten Teile.
Die Lagersteifigkeit C nimmt im Bereich kleiner F-Werte mit zunehmender Tragfähigkeit annähernd linear zu. Im Bereich größerer F-Werte schwächt sich diese lineare Zunahme in eine degressive Zunahme ab. Mit noch größeren F-Werten erreicht die Lagersteifigkeit C einen Maximalwert und fällt dann sogar wieder stark auf den Wert Null ab. Betriebszustände im Bereich der maximalen Tragfähigkeit ($F \approx F_{\max}$) sind wegen des negativen Wertes für den Gradienten dC/dF zu vermeiden, weil sich sehr leicht Instabilitäten einstellen können.

Belastungsabhängiger Schmiermittelvolumenstrom

Mit dieser Art der Schmiermittelzufuhr soll bewirkt werden, daß die Schmierspalthöhe h bei allen Belastungen F konstant bleibt. Dies kann in der Weise erreicht werden, daß für alle Schmiermitteltaschen eine gemeinsame Schmiermittelpumpe vorgesehen wird und in alle Zufuhrleitungen von der Pumpe zu den einzelnen Schmiermitteltaschen je ein hydraulischer Widerstand (Drossel!) eingebaut wird, der selbsttätig und druckabhängig geregelt wird (Bild 5.31). Verändert wird also der Schmiermittelvolumenstrom in Abhängigkeit vom Schmiermitteldruck unmittelbar hinter dem hydraulischen Widerstand. Der Schmiermittelvolumenstrom muß gemäß Bild 5.31 mit zunehmender Tragfähigkeit, d. h. mit zunehmendem Druck in der Schmiertasche und damit auch mit zunehmendem Schmiermitteldruck hinter der Drosselstelle vergrößert werden. Zwischen dem Schmiermittelvolumenstrom $\dot{Q}$ und der Tragfähigkeit F besteht ein linearer Zusammenhang. Für die Lagersteifigkeit C ergibt sich bei konstanter

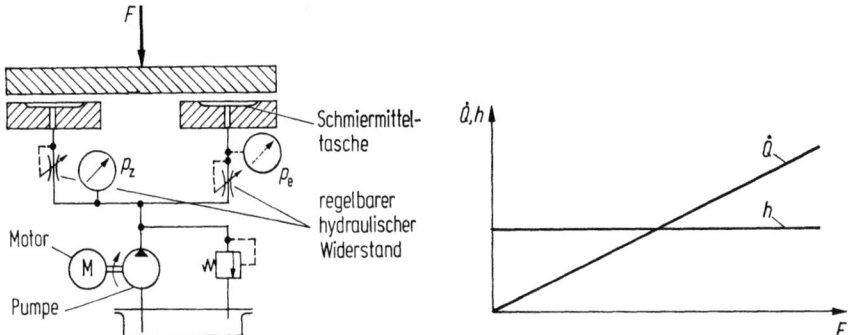

Bild 5.31 Schmiermittelversorgung mit belastungsabhängigem Schmiermittelvolumenstrom für jede einzelne Schmiertasche. Verlauf des Schmiermittelvolumenstromes $\dot{Q}$ und der Schmierspalthöhe h in Abhängigkeit von der Lagerbelastung F. Lagersteifigkeit $C = \infty$

Schmierspalthöhe h ein sehr großer Wert. Theoretisch ist die Lagersteifigkeit C unendlich groß. Diese große Lagersteifigkeit bewirkt eine gute Stabilität der gelagerten Welle.

Literatur zu Kapitel 5

5.1 Leyer, A.: Das optimale Druckkammerlager und seine Anwendung. VDI-Berichte Nr. 141 (1970) 21—24.
5.2 Leyer, A.: Theorie des Gleitlagers bei Vollschmierung (Blaue TR-Reihe, H. 46). Bern: Hallwag-Verlag 1967.
5.3 Fuller, D. D.: Theorie und Praxis der Schmierung. Stuttgart: Berliner Union 1960.
5.4 Fuller, D. D.: Hydrostatic Lubrication. Part I: Oil-Pad Bearings, Machine Design June 1947, p. 110—116. Part II: Oil Lifts, Machine Design July 1947, p. 117—122. Part III: Step Bearings, Machine Design August 1947, p. 115—120. Part IV: Oil Cushions, Machine Design September 1947, p. 127—131 and 188—190.
5.5 Archibald, Fr. A.: A Look at Hydrostatic Thrust Bearings. Machine Design September 1953, p. 170.
5.6 Pinkus, O.; Sternlicht, B.: Theory of Hydrodynamic Lubrication. New York, Toronto, London: McGraw-Hill Book 1961.
5.7 Gnadler, R.: Einfluß der Drehzahl auf Öldurchsatz, Zuführdruck und Tragfähigkeit hydrostatischer Axiallager. Konstruktion 25 (1973) H. 12, S. 477—481.
5.8 Peeken, H.: Hydrostatische Querlager. Konstruktion 16 (1964) H. 7, S. 266—276.
5.9 Peeken, H.: Tragfähigkeit und Steifigkeit von Radiallagern mit fremderzeugtem Tragdruck (Hydrostatische Radiallager). Teil 1: Flüssigkeitslager. Konstruktion 18 (1966) H. 10, S. 414—420. Teil 2: Gaslager. Konstruktion 18 (1966) H. 11, S. 446—451.
5.10 Peeken, H.: Die Berechnung hydrostatischer Lager. VDI-Berichte Nr. 248, 1975, S. 85—94.
5.11 Kunkel, H.; Hållstedt, G.: Hydrostatische Lager. SKF Kugellagerfabriken GmbH, Schweinfurt: Sonderdruck aus „Kugellager-Zeitschrift" 171 und 173.
5.12 Kunkel, H.; Arsenius, T.: Hydrostatische Lager. SKF Kugellagerfabriken GmbH, Schweinfurt: Sonderdruck aus „Kugellager-Zeitschrift" 171 und 173.

6 Hydrodynamische Schmierung und hydrodynamische Lager

6.1 Einleitung

Die meisten der in der Praxis eingesetzten Gleitlager sind hydrodynamisch arbeitende Lager, bei denen sich ein tragfähiger Schmiermittelfilm selbsttätig aufbaut. Dieses physikalische Phänomen der Schmierkeilwirkung wurde erst in den achtziger Jahren des vorigen Jahrhunderts von Tower [6.1] versuchstechnisch gefunden. Es gab nach Hersey [6.2] den Anlaß für die eigentliche Gleitlagertechnik und -forschung. Der englische Physiker Reynolds hat sich dieses von Tower aufgedeckten Problems angenommen und gefunden, daß der Druckaufbau im Lager dadurch zustande kommt, daß das Schmiermittel durch die Scherspannungen im Schmiermittel infolge der rotierenden Welle in den konvergierenden Spalt zwischen Welle und Lagerschale gedrückt wird. In einer bereits 1886 erschienenen Arbeit hat Reynolds [6.3] gezeigt, daß die Schmiermittelströmung in einem Gleitlager mit den Grundlagen der Hydrodynamik untersucht werden kann. Diese Ergebnisse fanden hinsichtlich ihrer Anwendung auf das Maschinenelement Gleitlager aber sehr wenig Beachtung. Erst ein Vierteljahrhundert später hat Gümbel [6.4—6.6] in einigen Arbeiten gezeigt, daß die Reynoldsschen Beziehungen für die praktische Berechnung und Gestaltung von Gleitlagern verwendet werden können. Falz [6.7] hat die von Gümbel gewonnenen Erkenntnisse in eine für den Ingenieur und Konstrukteur praktischere Form gebracht.

Seit den Arbeiten von Gümbel wurde die Berechnung der Gleitlager nach den Gesetzen der Hydrodynamik in einer großen Zahl von Arbeiten praktisch bestätigt und theoretisch für viele Lagerformen und Randbedingungen weiter ausgebaut. Heute besteht kein Zweifel mehr darüber, daß der Druckaufbau im Schmierfilm eines Gleitlagers exakt den Gesetzmäßigkeiten der Hydrodynamik und der Thermodynamik entspricht. Die Lösung der durch die Beachtung der Erhaltungssätze für den Impuls, die Masse und die Energie sich ergebenden Gleichungen zur Berechnung der Druck- und Temperaturverteilung ist mathematisch sehr aufwendig. Eine exakte, analytische Lösung ist in den meisten Fällen nicht möglich, so daß numerische oder graphische Verfahren herangezogen werden müssen. In fast allen Veröffentlichungen sind daher nur einzelne Parameterwerte durchgerechnet, die in vielen praktischen Anwendungsfällen nur näherungsweise verwertbar sind. Man ist bei vielen diskreten Werten auf die Interpolation von Ergebnissen angewiesen, die meistens in Form von Kurven oder Tabellen vorliegen.

6.2 Hydrodynamische Theorie

Die Lagerbelastung oder die Tragkraft F eines Lagers ist eine Funktion der Druckverteilung p über die gesamte Lagerfläche. Die Druckverteilung wiederum ist abhängig von den geometrischen Abmessungen des Lagers, der Relativ-

6.2 Hydrodynamische Theorie

geschwindigkeit zwischen Welle und Lagerschale — in der Regel der Umfangsgeschwindigkeit der Welle —, den Randbedingungen für den Druck in den einzelnen Koordinatenrichtungen und der Zähigkeit η des Schmiermittels.

Die Strömung des Schmiermittels im Lagerspalt kann als die Strömung einer viskosen Flüssigkeit mit der Zähigkeit η aufgefaßt und durch folgende Gleichungen charakterisiert werden [6.8]:

1. Impuls- oder Navier-Stokes-Gleichung:

$$\underbrace{\varrho \frac{D\boldsymbol{v}}{Dt}}_{\substack{\text{Trägheits-}\\\text{kräfte}}} = \underbrace{-\operatorname{grad} p}_{\substack{\text{Druck-}\\\text{kräfte}}} + \underbrace{\eta\, \Delta \boldsymbol{v}}_{\substack{\text{Zähigkeits-}\\\text{kräfte}}} + \text{Dissipationsglieder} \qquad (6.1)$$

2. Massenerhaltungssatz oder Kontinuitätsgleichung:

$$\operatorname{div}(\varrho \boldsymbol{v}) = \frac{\partial(\varrho u)}{\partial x} + \frac{\partial(\varrho v)}{\partial y} + \frac{\partial(\varrho w)}{\partial z}$$

$$= 0 \text{ für kompressible Medien} \qquad (6.2)$$

bzw.

$$\operatorname{div} \boldsymbol{v} = \frac{\partial u}{\partial x} + \frac{\partial v}{\partial y} + \frac{\partial w}{\partial z}$$

$$= 0 \text{ für inkompressible Medien} \qquad (6.3)$$

3. Energieerhaltungssatz:

$$\varrho c \frac{D\vartheta}{Dt} = \lambda\, \Delta \vartheta + \eta \Phi \qquad (6.4)$$

4. Wärmeleitgleichung:

$$\dot{q} = -\int_{(A)} \lambda \frac{\partial \vartheta}{\partial \boldsymbol{n}}\, dA. \qquad (6.5)$$

5. Zustandsgleichung des Schmiermittels:

$$\eta = \eta(\vartheta, p). \qquad (6.6)$$

In diesen Gleichungen sind:

$\boldsymbol{v} = u\boldsymbol{i} + v\boldsymbol{j} + w\boldsymbol{k}$ = Geschwindigkeit (Vektor) des Schmiermittels; ($\boldsymbol{i}, \boldsymbol{j}, \boldsymbol{k}$ = Einheitsvektoren)

$\left.\begin{array}{l}u\\v\\w\end{array}\right\}$ = Geschwindigkeitskomponenten in den Koordinatenrichtungen x, y, z;

p = Druck im Schmiermittel;
t = Zeit;
$\dfrac{D}{Dt}$ = totales Differential nach der Zeit;
η = dynamische Viskosität des Schmiermittels;
ϱ = Dichte des Schmiermittels;
c = spez. Wärme des Schmiermittels;
λ = Wärmeleitfähigkeit des Schmiermittels;
ϑ = Temperatur im Schmierfilm;
Φ = Dissipationsfunktion;
$\boldsymbol{n}$ = Normalvektor (Richtung senkrecht zur Oberfläche!);
A = Lagerfläche.

Diese 5 Gleichungen fixieren das Problem eindeutig und sind maßgebend für die 5 unbekannten Größen u, v, w, p und ϑ.

Die Dissipationsfunktion charakterisiert die durch Reibung in Wärme umgewandelte Energie. Sie ist die Differenz zwischen der gesamten Arbeit der Spannungen und des Anteils der Energie, die in der Flüssigkeit in Form von kinetischer und potentieller Energie steckt. Die durch Reibung bedingte Dissipationsenergie ist also eine Verlustenergie. Für die Dissipationsfunktion gilt die Beziehung [6.9]:

$$\Phi = 2\left[\left(\frac{\partial u}{\partial x}\right)^2 + \left(\frac{\partial v}{\partial y}\right)^2 + \left(\frac{\partial w}{\partial z}\right)^2\right]$$
$$+ \left(\frac{\partial u}{\partial y} + \frac{\partial v}{\partial x}\right)^2 + \left(\frac{\partial v}{\partial z} + \frac{\partial w}{\partial y}\right)^2 + \left(\frac{\partial w}{\partial x} + \frac{\partial u}{\partial z}\right)^2. \quad (6.7)$$

An Stelle der allgemeinen oder vektoriellen Schreibweise von Gl. (6.1) können für die drei interessierenden Koordinatenrichtungen folgende Gleichungen angegeben werden:

x-Richtung:

$$\varrho\left(\frac{\partial u}{\partial t} + u\frac{\partial u}{\partial x} + v\frac{\partial u}{\partial y} + w\frac{\partial u}{\partial z}\right)$$
$$= -\frac{\partial p}{\partial x} + \eta\left(\frac{\partial^2 u}{\partial x^2} + \frac{\partial^2 u}{\partial y^2} + \frac{\partial^2 u}{\partial z^2}\right) + 2\frac{\partial \eta}{\partial x}\cdot\frac{\partial u}{\partial x}$$
$$+ \frac{\partial \eta}{\partial y}\left(\frac{\partial u}{\partial y} + \frac{\partial v}{\partial x}\right) + \frac{\partial \eta}{\partial z}\cdot\left(\frac{\partial w}{\partial x} + \frac{\partial u}{\partial z}\right); \quad (6.8)$$

y-Richtung:

$$\varrho\left(\frac{\partial v}{\partial t} + u\frac{\partial v}{\partial x} + v\frac{\partial v}{\partial y} + w\frac{\partial v}{\partial z}\right)$$
$$= -\frac{\partial p}{\partial y} + \eta\left(\frac{\partial^2 v}{\partial x^2} + \frac{\partial^2 v}{\partial y^2} + \frac{\partial^2 v}{\partial z^2}\right) + \frac{\partial \eta}{\partial x}\left(\frac{\partial u}{\partial y} + \frac{\partial v}{\partial x}\right)$$
$$+ 1\frac{\partial \eta}{\partial y}\cdot\frac{\partial v}{\partial y} + \frac{\partial \eta}{\partial z}\cdot\left(\frac{\partial v}{\partial z} + \frac{\partial w}{\partial y}\right); \quad (6.9)$$

z-Richtung:

$$\varrho\left(\frac{\partial w}{\partial t} + u\frac{\partial w}{\partial x} + v\frac{\partial w}{\partial y} + w\frac{\partial w}{\partial z}\right)$$
$$= -\frac{\partial p}{\partial z} + \eta\left(\frac{\partial^2 w}{\partial x^2} + \frac{\partial^2 w}{\partial y^2} + \frac{\partial^2 w}{\partial z^2}\right) + \frac{\partial \eta}{\partial x}\left(\frac{\partial u}{\partial z} + \frac{\partial w}{\partial x}\right)$$
$$+ \frac{\partial \eta}{\partial y}\left(\frac{\partial v}{\partial z} + \frac{\partial w}{\partial y}\right) + 2\frac{\partial \eta}{\partial z}\cdot\frac{\partial w}{\partial z}. \quad (6.10)$$

Grundsätzlich kann man zu den aufgezählten Gleichungen sagen, daß die Navier-Stokes-Gleichungen das Gleichgewicht der Beschleunigungs- oder Trägheitskräfte, der Druckkräfte und der Reibungskräfte bzw. der Zähigkeitskräfte charakterisieren, die Kontinuitätsgleichung eine Bilanz der in ein Kontrollelement ein- und austretenden Massenströme angibt, die Energiegleichung eine Bilanzgleichung zwischen der durch Wärmeleitung zu- und abgeführten Wärme, der kapazitiven Wärme und der Dissipationsenergie ist, die Wärmeleitungsgleichung die durch die Lagerschale nach außen abfließende Wärme charakterisiert und die Zustandsgleichung des Schmiermittels die Temperatur- und die Druckabhängigkeit der Zähigkeit angibt.

6.3 Anwendung der hydrodynamischen Theorie in der Lagertechnik

Die Integration oder Lösung dieser Gleichungen ist analytisch unmöglich und numerisch auch nur mit sehr großem Aufwand möglich. Zur Vereinfachung werden daher die in der Lagertechnik üblichen und sinnvollen Annahmen getroffen:

1. $\eta \approx$ const, d. h. die Zähigkeit ist keine Funktion des Ortes und der Zeit.
   Diese Annahme ist physikalisch nicht korrekt, aber doch einigermaßen zu rechtfertigen, weil die durch eine Temperaturzunahme bedingte Abnahme der Zähigkeit durch eine Zunahme der Zähigkeit bei einer Drucksteigerung wieder kompensiert wird. Diese Tendenz ist in einem Schmierspalt auch vorhanden, weil mit enger werdendem Schmierspalt die Reibungskräfte größer und damit die Schmiermitteltemperatur höher und gleichzeitig auch der Druck größer werden.

2. Vernachlässigung der Trägheitskräfte gegenüber den Reibungskräften

$$\underbrace{\varrho\, \mathrm{D}\boldsymbol{v}/\mathrm{D}t}_{\substack{\text{Trägheits-}\\ \text{kräfte}}} \ll \underbrace{\eta\, \nabla^2 \boldsymbol{v}}_{\substack{\text{Reib- oder}\\ \text{Zähigkeitskräfte}}} = \eta\, \Delta \boldsymbol{v}.$$

Diese Vernachlässigung ist dann physikalisch gerechtfertigt, wenn die Reynolds-Zahl Re — das Verhältnis der Trägheits- und der Zähigkeitskräfte — einen Wert sehr viel kleiner als 1 hat.

3. Lagerzapfen und Lagerschale, d. h. die gepaarten Lagerteile, sind an ihrer Oberfläche ideal glatt.

4. Bei kreiszylindrischen Gleitlagern sind die Welle und die Schale achsparallel. Eine Exzentrizität zwischen Welle und Schale ist möglich, nicht aber eine Verkantung.

5. Das Lagerspiel $\Delta r = R - r$ zwischen Schale und Welle ist im Vergleich zum Wellenradius r oder Schalenradius R sehr klein. Glieder von der Größenordnung des relativen Lagerspiels $\psi = \Delta r/r$ in einfacher oder höherer Potenz werden gegenüber Gliedern der Größenordnung 1 vernachlässigt.

6. Vernachlässigung der Krümmung des Lagerspaltes. Man denkt sich den Wellen- und den Schalenumfang in die Ebene abgewickelt.

7. Schwache gegenseitige Neigung der Lageroberflächen, d. h. die Änderung der Schmierspalthöhe h in Umfangsrichtung x oder φ ist klein.

8. Vernachlässigung der Geschwindigkeitskomponente v in Richtung der Spalthöhe (y-Richtung) gegenüber den Geschwindigkeitskomponenten u und w in der x- und in der z-Richtung.

9. Vernachlässigung der Geschwindigkeitsgradienten erster und höherer Ordnung in x- und in z-Richtung gegenüber denen in y-Richtung, d. h.

$$\frac{\partial^2 u}{\partial x^2} \ll \frac{\partial^2 u}{\partial y^2} \gg \frac{\partial^2 u}{\partial z^2}$$

$$\frac{\partial^2 v}{\partial x^2} \ll \frac{\partial^2 v}{\partial y^2} \gg \frac{\partial^2 v}{\partial z^2}$$

$$\frac{\partial^2 w}{\partial x^2} \ll \frac{\partial^2 w}{\partial y^2} \gg \frac{\partial^2 w}{\partial z^2}.$$

10. Vernachlässigung der Druckänderung in y-Richtung gegenüber den Druckänderungen in x- und in z-Richtung, d. h.

$$\frac{\partial p}{\partial x} \gg \frac{\partial p}{\partial y} \ll \frac{\partial p}{\partial z}$$

bzw.

$$\frac{\partial p}{\partial y} \approx 0 \quad \text{und} \quad p \neq p(y),$$
$$p = p(x; z; t).$$

Berücksichtigt man diese Voraussetzungen in den Navier-Stokes-Gleichungen, so erhält man in

x-Richtung:
$$\frac{\partial p}{\partial x} = \eta \frac{\partial^2 u}{\partial y^2} \qquad (6.11)$$

y-Richtung:
$$\frac{\partial p}{\partial y} = 0 \qquad (6.12)$$

z-Richtung:
$$\frac{\partial p}{\partial z} = \eta \frac{\partial^2 w}{\partial y^2}. \qquad (6.13)$$

Durch zweimalige Integration erhält man aus den Gln. (6.11) bzw. (6.13) die Geschwindigkeiten

$$u = \frac{1}{2\eta} \cdot \frac{\partial p}{\partial x} y^2 + C_1 y + C_2 \qquad (6.14)$$

$$w = \frac{1}{2\eta} \cdot \frac{\partial p}{\partial z} y^2 + C_3 y + C_4. \qquad (6.15)$$

Die Integrationskonstanten C_1 bis C_4 ergeben sich aus den Randbedingungen, d. h. den Geschwindigkeiten an den Oberflächen der gepaarten Lagerteile, die in Bild 6.1 ersichtlich sind. Ist U_1 die Geschwindigkeit des Lagerunterteils (Lagerschale), U_2 die Geschwindigkeit des Lageroberteils (Welle) in Richtung der Oberfläche und V die Geschwindigkeit des Lageroberteils senkrecht zur Oberfläche, so lauten die Randbedingungen:

$$y = 0: \quad u = U_1; \quad v = 0; \quad w = 0; \qquad (6.16)$$
$$y = h: \quad u = U_2 \cos \alpha - V \sin \alpha;$$
$$v = U_2 \sin \alpha + V \cos \alpha; \quad w = 0. \qquad (6.17)$$

6.3 Anwendung der hydrodynamischen Theorie in der Lagertechnik

Unter Beachtung der bereits genannten Voraussetzung kleiner Änderung der Schmierspalthöhe in Umfangsrichtung gilt in guter Annäherung:

$$y = 0: \quad u = U_1; \quad v = 0; \quad w = 0; \tag{6.18}$$

$$y = h: \quad u = U_2; \quad v = U_2 \frac{\partial h}{\partial x} + V; \quad w = 0. \tag{6.19}$$

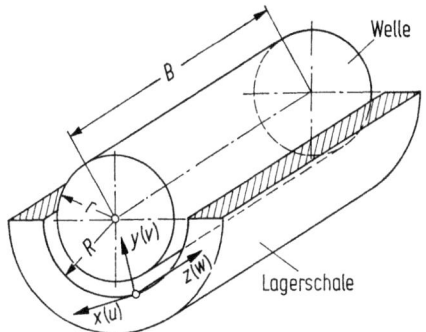
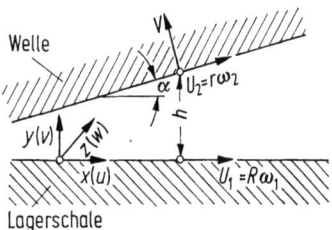

Bild 6.1 Lagergeometrie und Lage des Koordinatensystems.
x Umfangsrichtung; y Richtung in Schmierspalthöhe; z axiale Richtung; r Wellenradius; R Lagerschalenradius; B Lagerbreite; u, v, w Komponenten der Geschwindigkeit in den Koordinatenrichtungen; α Neigungswinkel zwischen den gepaarten Lagerteilen; h Schmierspalthöhe; ω_2 Wellenwinkelgeschwindigkeit; ω_1 Lagerschalenwinkelgeschwindigkeit; U_1, U_2, V Geschwindigkeiten

Nach Ermittlung der Integrationskonstanten ergeben sich für die Geschwindigkeiten u und w die Gleichungen

$$u = \frac{1}{2\eta} \cdot \frac{\partial p}{\partial x}(y^2 - yh) + \frac{h-y}{h} \cdot U_1 + \frac{y}{h} U_2; \tag{6.20}$$

$$w = \frac{1}{2\eta} \cdot \frac{\partial p}{\partial z}(y^2 - yh). \tag{6.21}$$

Sie zeigen, daß die Geschwindigkeit u durch eine Druckströmung und eine Mitnahme- oder Scherströmung zustande kommt und die Geschwindigkeit w aus einer Druckströmung resultiert.

Für den Sonderfall eines Radialgleitlagers mit rotierender Welle ($U_2 = U = r\omega$) und feststehender Lagerschale ($U_1 = 0$) folgt für die Schmiermittelgeschwindigkeit u in Umfangsrichtung die Beziehung:

$$u = \frac{1}{2\eta} \cdot \frac{\partial p}{\partial x}(y^2 - yh) + \frac{y}{h} U. \tag{6.22}$$

Der in diesen Gleichungen stehende Ausdruck $y^2 - yh$ ist dabei immer kleiner als Null.

Eine Diskussion dieser Gleichung zeigt, daß im Prinzip drei Fälle zu unterscheiden sind:

1. *Reine Scherströmung* ($\partial p/\partial x = 0$)

   Dieser Sonderfall liegt vor, wenn die Lagerbelastung F sehr klein und die Wellendrehzahl n oder die Winkelgeschwindigkeit ω sehr groß ist, d. h. wenn

Welle und Lagerschale konzentrisch sind. In diesem Fall liegt dann nach Bild 6.2 ein gleichdicker Schmierspalt vor. Die Geschwindigkeit u des Schmiermittels im Schmierspalt ist

$$u = \frac{y}{h} U \qquad (6.23)$$

und wird allein durch die Rotation der Welle bewirkt.

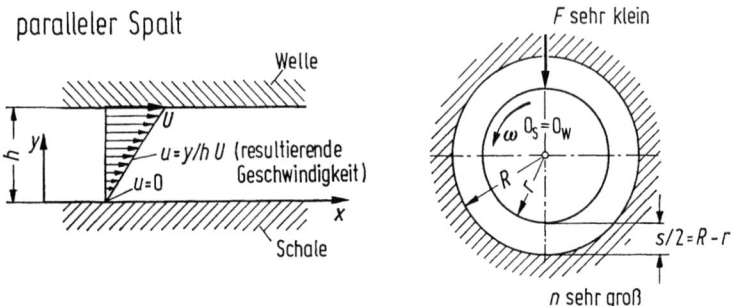

Bild 6.2 Reine Scherströmung im Schmierspalt bei sehr kleiner Lagerlast und sehr großer Differenzdrehzahl zwischen Welle und Lagerschale.
$\partial p/\partial x = 0$, d. h. kein Druckgradient in x- oder φ-Richtung. Lagerspiel: $s = D - d$; $s = 2R - 2r$

2. *Kombinierte Druck- und Scherströmung mit $\partial p/\partial x < 0$*

Eine Scherströmung und eine Druckströmung mit negativem Druckgradienten liegt bei einem Radialgleitlager nach Bild 6.3 im Bereich des divergierenden Schmierspaltes, d. h. nach der engsten Schmierspaltstelle in Umfangsrichtung gesehen, vor. Nach Gl. (6.22) addieren sich die beiden Geschwindigkeitsanteile aus der Druck- und der Scherströmung.

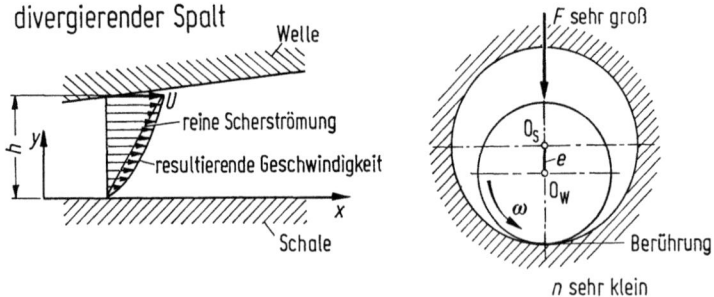

Bild 6.3 Kombinierte Druck- und Scherströmung im sich öffnenden (divergierenden) Schmierspalt
$\partial p/\partial x < 0$, d. h. Druckabfall in x- oder φ-Richtung

3. *Kombinierte Druck- und Scherströmung mit $\partial p/\partial x > 0$*

Der positive Druckgradient liegt gemäß Bild 6.4 im konvergierenden Schmierspalt vor. Im Bereich des Lagers vor dem engsten Schmierspalt ist die aus der

6.3 Anwendung der hydrodynamischen Theorie in der Lagertechnik

Druckströmung resultierende Geschwindigkeitskomponente der Geschwindigkeit infolge der Wellendrehung (Scherströmungsanteil) entgegengerichtet. Dies hat zur Folge, daß in dem Teil des Schmierspaltes, der an die Lagerschale grenzt und in dem die Druckströmung stärker ist als die Scherströmung, eine Rückströmung des Schmiermittels vorliegt.

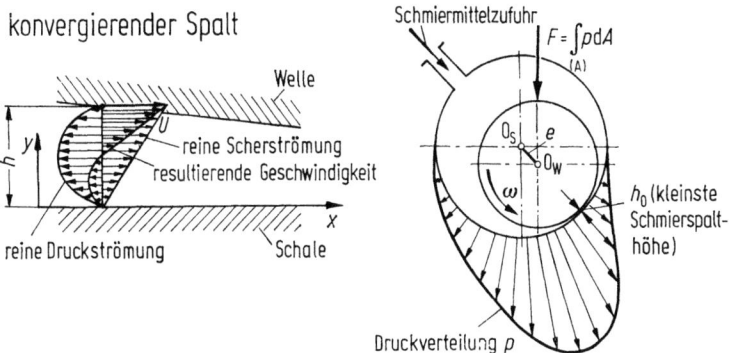

Bild 6.4 Kombinierte Druck- und Scherströmung im sich schließenden (konvergierenden) Schmierspalt
$\partial p/\partial x > 0$, d. h. Druckanstieg in x- oder φ-Richtung

6.3.1 Reynoldssche Gleichung für die Druckverteilung

Führt man die aus den vereinfachten Navier-Stokes-Gleichungen ermittelten Geschwindigkeiten u und w gemäß Gl. (6.20) und (6.21) in die Kontinuitätsgleichung

$$\operatorname{div}(\varrho \boldsymbol{v}) = 0$$

bzw. die daraus durch Umformung gewonnene Beziehung

$$\frac{\partial(\varrho v)}{\partial y} = -\frac{\partial(\varrho u)}{\partial x} - \frac{\partial(\varrho w)}{\partial z} \tag{6.24}$$

ein, so erhält man nach Integration über die Schmierspalthöhe h die Beziehung

$$\int_{y=0}^{h} \frac{\partial(\varrho v)}{\partial y}\,dy = -\int_{y=0}^{y=h} \frac{\partial}{\partial x}\left\{\varrho\left[\frac{1}{2\eta}\cdot\frac{\partial p}{\partial x}(y^2 - yh) + \frac{h-y}{h}U_1 + \frac{y}{h}U_2\right]\right\}dy$$

$$-\int_{y=0}^{y=h} \frac{\partial}{\partial z}\left\{\varrho\left[\frac{1}{2\eta}\cdot\frac{\partial p}{\partial z}(y^2 - yh)\right]\right\}dy. \tag{6.25}$$

Die Integration der linken Seite von Gl. (6.25) ist die Differenz der Geschwindigkeiten v an den Stellen $y = h$ und $y = 0$ multipliziert mit der Dichte ϱ.

Die Integration der rechten Seite ist komplizierter, kann aber nach den Regeln der Mathematik hinsichtlich der bestimmten Integration des Differentialquotienten einer Funktion mit variablen Integrationsgrenzen durchgeführt werden.

Allgemein gilt dafür die Beziehung

$$\int_{a(x)}^{b(x)} \frac{\partial}{\partial x}[f(x,y)]\,dy = \frac{\partial}{\partial x}\int_{a(x)}^{b(x)} f(x,y)\,dy - f(x,b)\frac{db}{dx} + f(x,a)\frac{da}{dx}, \qquad (6.26)$$

die auf die Integrale der rechten Seite von Gl. (6.25) angewendet zu folgenden Ergebnissen führt:

$$\int_0^h \frac{\partial(\varrho u)}{\partial x}\,dy = \frac{1}{2}\left[\frac{\partial}{\partial x}\left(\frac{-\varrho h^3}{6\eta}\cdot\frac{\partial p}{\partial x}\right) + (U_1 - U_2)\frac{\partial(\varrho h)}{\partial x}\right] \qquad (6.27)$$

$$\int_0^h \frac{\partial(\varrho w)}{\partial z}\,dy = \frac{1}{2}\cdot\frac{\partial}{\partial z}\left(\frac{-\varrho h^3}{6\eta}\cdot\frac{\partial p}{\partial z}\right). \qquad (6.28)$$

Führt man für die Differenz der Geschwindigkeiten v den Wert $U_2\,\partial h/\partial x + V$ ein und berücksichtigt man in Gl. (6.25) die Ergebnisse nach den Gln. (6.27) und (6.28), so erhält man die allgemeinste Form der Gleichung für die Druckverteilung in einem Gleitlager. Sie ist:

$$\frac{\partial}{\partial x}\left(\frac{\varrho h^3}{\eta}\cdot\frac{\partial p}{\partial x}\right) + \frac{\partial}{\partial z}\left(\frac{\varrho h^3}{\eta}\cdot\frac{\partial p}{\partial z}\right) = 6\left[(U_1 + U_2)\frac{\partial(\varrho h)}{\partial x} + 2\varrho V\right]. \qquad (6.29)$$

Berücksichtigt man, daß

$$V \approx V\cos\alpha = \partial h/\partial t \qquad (6.30)$$

ist, so kann die Bestimmungsgleichung des Druckes auch in der Form

$$\frac{\partial}{\partial x}\left(\frac{\varrho h^3}{\eta}\cdot\frac{\partial p}{\partial x}\right) + \frac{\partial}{\partial z}\left(\frac{\varrho h^3}{\eta}\cdot\frac{\partial p}{\partial z}\right) = 6\left[(U_1 + U_2)\frac{\partial(\varrho h)}{\partial x} + 2\frac{\partial(\varrho h)}{\partial t}\right] \qquad (6.31)$$

angegeben werden.

Gleichung (6.31) ist die bekannte Reynoldssche Differentialgleichung für die Druckverteilung in einem endlich breiten Lager, bei kompressiblem Schmiermittel und zeitlich veränderlicher Spaltweite, d. h. instationärer oder dynamischer Lagerbelastung. Sie ist eine partielle Differentialgleichung zweiter Ordnung vom elliptischen Typ und beschreibt den Druck p als Funktion der Ortskoordinaten x und z und der Zeit t bei vorgegebener Schmierspalthöhe h und bei den zur Vereinfachung der Navier-Stokes-Gleichungen getroffenen Annahmen. Die Schmierspalthöhe h kann im allgemeinen Fall eine Funktion der Umfangskoordinate x, der Breitenkoordinate z und der Zeit t sein. Eine Verkantung von Welle und Lagerschale ist in dieser allgemeinen Gleichung also erfaßt.

6.3.2 Sonderfälle der Reynoldsschen Gleichung

Da Gleitlager mit flüssigen Schmiermitteln in Druckbereichen arbeiten, bei denen die Kompressibilität des Schmiermittels vernachlässigt werden kann, ist die Dichte ϱ in den Differentialausdrücken der Reynoldsschen Gleichung als konstant zu betrachten und herauszukürzen.

6.3 Anwendung der hydrodynamischen Theorie in der Lagertechnik

Bei stationärer Lagerbelastung ist die Schmierspalthöhe h keine Funktion der Zeit, so daß sich in Gl. (6.31) die rechte Seite um das Glied mit dem Faktor $\partial h/\partial t$ verkürzt.

Beim Sonderfall unendlich oder sehr breiter Lager kann die Ableitung nach der Breitenkoordinate z auf der linken Gleichungsseite vernachlässigt und das Problem nur eindimensional behandelt werden.

6.3.2.1 Ebener, unendlich breiter Gleitschuh bei stationärer Belastung

Bevor die Druck- und die Geschwindigkeitsverteilung für den ebenen Gleitschuh oder Keilspalt ermittelt wird, soll phänomenologisch oder qualitativ die Geschwindigkeitsverteilung des Schmiermittels im Spalt gezeigt werden.

Parallele Gleitflächen:

a) *Tangentiale Relativbewegung:*

Handelt es sich um ein Newtonsches Schmiermittel und nimmt man an, daß sich die eine Lageroberfläche im Vergleich zur anderen mit der Geschwindigkeit U_{rel} bewegt, so haben wir im Schmierspalt hinsichtlich der Schmierspalt-

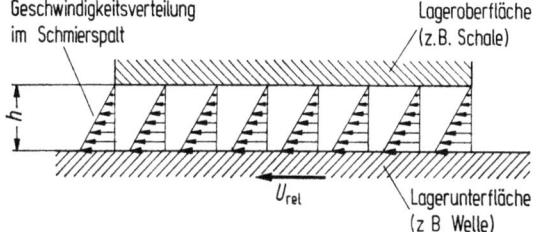

Bild 6.5 Geschwindigkeitsverteilung bei parallelen Gleitflächen und tangentialer Relativbewegung; reine Scherströmung

höhe eine lineare und hinsichtlich der Schmierspaltlänge eine gleiche Geschwindigkeitsverteilung, wie es in Bild 6.5 qualitativ dargestellt ist. Es handelt sich hierbei um eine reine Scherströmung.

b) *Normale Relativbewegung:*

Bewegt sich die obere Lagerfläche mit der Geschwindigkeit $v = \partial h/\partial t$ auf die untere Lagerfläche zu, so liegt im Spalt eine reine Druckströmung des Schmiermittels vor. In der Symmetrieebene hat die Geschwindigkeit über die ganze Spalthöhe den Wert Null, und an einer beliebigen Stelle außerhalb der Sym-

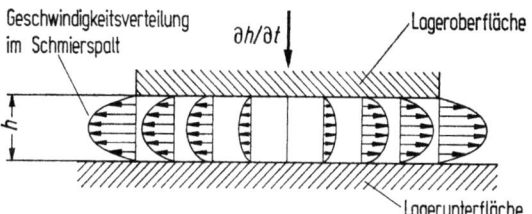

Bild 6.6 Geschwindigkeitsverteilung bei parallelen Gleitflächen und einer Relativbewegung normal zu den Gleitflächen; reine Druckströmung

metrieebene ist der Geschwindigkeitsverlauf quer zum Spalt eine Parabel. Der Maximalwert der Geschwindigkeit, d. h. die Höhe des Parabelscheitels, nimmt, wie in Bild 6.6 dargestellt, mit zunehmender Entfernung von der Symmetrieebene zu.

c) *Tangentiale und normale Relativbewegung*:
Liegt eine tangentiale und eine normale Relativbewegung der gepaarten Lagerteile vor, so ist die Strömung des Schmiermittels im Spalt eine kombinierte Scher- und Druckströmung, deren Gleitgeschwindigkeitsverlauf quer zum Spalt und längs des Spaltes in Bild 6.7 eingezeichnet ist. Man sieht, daß links von der Symmetrieebene die aus der Scher- und aus der Druckströmung resultierenden Geschwindigkeitskomponenten sich addieren und rechts der Symmetrieebene die beiden Geschwindigkeitskomponenten gegensinnig sind. Es gibt auf der rechten Seite daher Stellen im Spalt, an denen das Schmiermittel ruht.

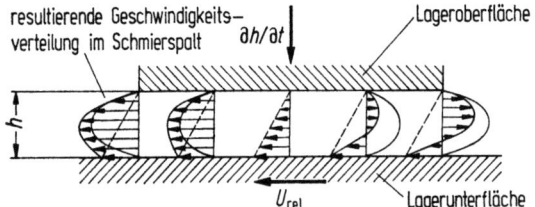

Bild 6.7 Geschwindigkeitsverteilung bei parallelen Gleitflächen und einer kombinierten tangentialen und normalen Relativbewegung; kombinierte Scher- und Druckströmung

Geneigte Gleitflächen:
Bei geneigten Gleitflächen, die einen keilförmigen Spalt bilden, können im Prinzip die gleichen Strömungsverhältnisse wie bei parallel verlaufenden Gleitflächen unterschieden werden. Die Geschwindigkeitsverteilungen im Spalt für die einzelnen Bewegungsverhältnisse sind in Bild 6.8 dargestellt und zeigen, daß mit abnehmender Spalthöhe die Geschwindigkeit des Schmiermittels infolge der Druckströmung größer wird als bei parallelen Gleitflächen.

Beim ebenen und unendlich breiten Gleitschuh (Bild 6.10) mit stationärer Belastung kann unter der Annahme konstanter Werte für die Zähigkeit η und die Dichte ϱ zur Ermittlung der Druckverteilung im Schmierspalt die von Gl. (6.31) abzuleitende Beziehung

$$\frac{\partial}{\partial x}\left(h^3 \frac{\partial p}{\partial x}\right) = -6\eta U \frac{\partial h}{\partial x} \tag{6.32}$$

herangezogen werden. Das Minuszeichen auf der rechten Seite der Gleichung rührt daher, daß die Geschwindigkeit U entgegen der positiven x-Richtung wirkt.

Da die Geometrie des Schmierspalts nach Bild 6.10 durch die Gleichung

$$h = h_0 + \alpha x \quad \text{mit} \quad \alpha = \tan \beta = \frac{t}{L} = \frac{h_1 - h_0}{L} \tag{6.33}$$

fixiert wird und der Druck nur eine Funktion der x-Koordinate ist, können in Gl. (6.32) anstelle der partiellen Differentiale gewöhnliche eingeführt werden. Es gilt dann die Gleichung

$$\frac{\mathrm{d}}{\mathrm{d}x}\left(h^3 \frac{\mathrm{d}p}{\mathrm{d}x}\right) = -6\eta U \frac{\mathrm{d}h}{\mathrm{d}x}, \tag{6.34}$$

6.3 Anwendung der hydrodynamischen Theorie in der Lagertechnik

deren Integration die Beziehung

$$h^3 \frac{dp}{dx} = -6\eta U h + K_1 \qquad (6.35)$$

ergibt.

Die Integrationskonstante K_1 läßt sich an der Stelle $x = \bar{x}$ des Druckmaximums ermitteln, an der $dp/dx = 0$ gilt.

Sie hat den Wert

$$K_1 = 6\eta U \bar{h},$$

wenn $\bar{h} = h_0 + \alpha \bar{x}$ ist.

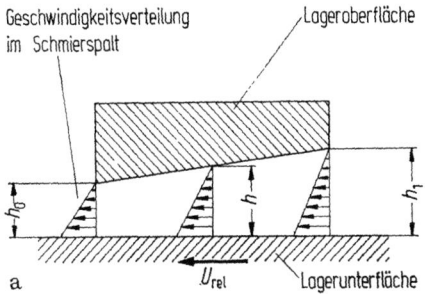

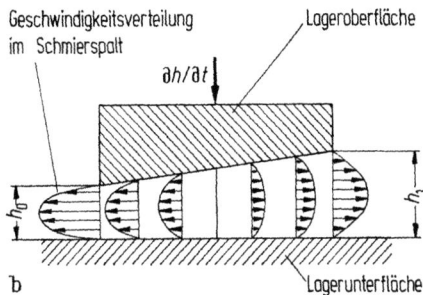

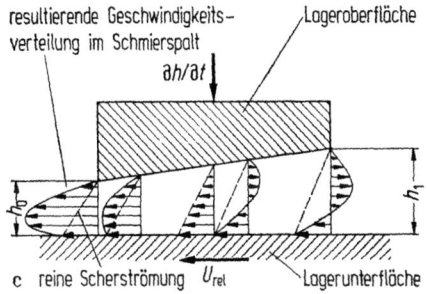

Bild 6.8 Geschwindigkeitsverteilung bei schräg angestellten Gleitflächen und unterschiedlichen Relativbewegungen

a) Tangentiale Relativbewegung; reine Scherströmung; b) normale Relativbewegung; reine Druckströmung; c) tangentiale und normale Relativbewegung; kombinierte Scher- und Druckströmung

Für den Druckgradienten folgt somit die Beziehung

$$\frac{dp}{dx} = -6\eta U \frac{h - \bar{h}}{h^3} \qquad (6.36)$$

bzw.

$$\frac{dp}{dh} = -\frac{6\eta U}{\alpha} \cdot \frac{h - \bar{h}}{h^3}. \qquad (6.37)$$

Die Diskussion der Gl. (6.36) ergibt folgendes:

$$h < \bar{h} : dp/dx > 0,$$
$$h = \bar{h} : dp/dx = 0,$$
$$h > \bar{h} : dp/dx < 0.$$

Die Integration von Gl. (6.37) führt auf die Beziehung

$$p = \frac{6\eta U}{\alpha}\left(\frac{1}{h} - \frac{1}{2}\cdot\frac{\bar{h}}{h^2}\right) + K_2. \qquad (6.38)$$

Die Integrationskonstante K_2 und die noch unbekannte Lage des Druckmaximums können aus den Randbedingungen ermittelt werden, die besagen, daß der Druck an den Stellen $x = 0$, d. h. $h = h_0$, bzw. $x = L$, d. h. $h = h_1$, den Wert Null hat.
Aus der Randbedingung $x = 0$, d. h. $h = h_0$, folgt für K_2 der Wert

$$K_2 = \frac{6\eta U}{\alpha}\cdot\left(\frac{1}{2}\cdot\frac{\bar{h}}{h_0^2} - \frac{1}{h_0}\right), \qquad (6.39)$$

und aus der Randbedingung $x = L$, d. h. $h = h_1$, ergibt sich für die Lage von p_{max}, d. h. die Stelle $x = \bar{x}$ bzw. $h = \bar{h}$, die Beziehung

$$\bar{h} = 2\frac{h_0 h_1}{h_0 + h_1}. \qquad (6.40)$$

Für die Druckverteilung an einer beliebigen Spalthöhe h gilt somit:

$$p = \frac{6\eta U}{\alpha h^2}\cdot\frac{(h_1 - h)(h - h_0)}{h_0 + h_1} \qquad (6.41)$$

bzw.

$$p = \frac{6\eta U L(h_1 - h)(h - h_0)}{h^2(h_1^2 - h_0^2)}. \qquad (6.42)$$

Führt man anstelle der Spalthöhe h die x-Koordinate ein, so gilt nach Fuller [6.10] für die Druckverteilung die Gleichung

$$p = \frac{6\eta U L}{h_0^2}\cdot\underbrace{\frac{m^2(1-\xi)\,\xi}{(1+2m)(m+\xi)^2}}_{K_p} \qquad (6.43)$$

mit

$$m = \frac{h_0}{h_1 - h_0} = \frac{1}{m'} \qquad (6.44)$$

und

$$\xi = x/L. \qquad (6.45)$$

Der auf der rechten Seite der Gl. (6.43) stehende zweite Faktor wird in der Literatur mit K_p bezeichnet und gemäß Bild 6.9 in Abhängigkeit von der dimensionslosen Koordinate ξ mit $m' = 1/m$ als Kurvenparameter dargestellt.

Eine Diskussion dieser Kurven zeigt, daß alle Kurven ein ausgeprägtes Maximum haben, das sich mit zunehmenden Werten m', d. h. mit größer werdendem Keilwinkel oder Neigungswinkel der Oberflächen, zu kleineren ξ-Werten, d. h. näher zur engsten Schmierspaltstelle h_0 hin, verschiebt.

Für das Druckmaximum an der Stelle $x = \bar{x}$ bzw. $h = \bar{h} = 2h_0 \cdot h_1/(h_0 + h_1)$ ergibt sich nach Gl. (6.42) der Wert

$$p_{max} = \frac{3\eta U L}{2h_0 h_1}\cdot\frac{h_1 - h_0}{h_1 + h_0}, \qquad (6.46)$$

der für $h_1/h_0 = 2{,}414$ ein Optimalwert ist.

6.3 Anwendung der hydrodynamischen Theorie in der Lagertechnik

Die Tragfähigkeit F eines Gleitschuhs der Breite B ist das Druckintegral über die gesamte Fläche und zwar gilt:

$$F = B \int_{x=0}^{x=L} p(x)\,dx = B \int_{h=h_0}^{h=h_1} p(h)\,\frac{1}{\alpha}\,dh. \qquad (6.47)$$

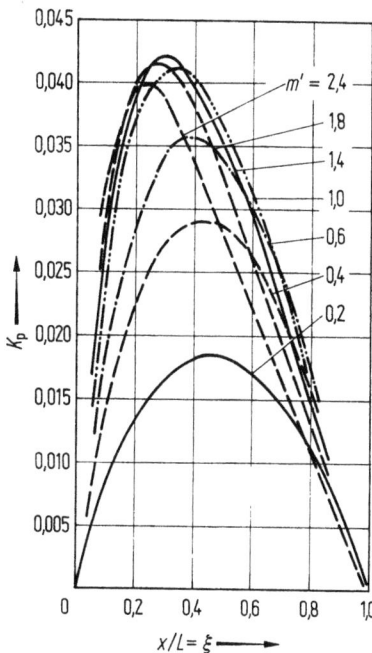

Bild 6.9 Druckverteilungsfaktor K_p in Abhängigkeit von der dimensionslosen Längenkoordinate ξ bei unterschiedlichen Spalthöhenverhältnissen für eine ebene unendlich breite Gleitschuhlagerung

Durch Einsetzen von $p(h)$ nach Gl. (6.42) und α nach Gl. (6.33) folgt nach Durchführung der Integration für die Tragfähigkeit bezogen auf die Keilschuhbreite B die Beziehung

$$\frac{F}{B} = \frac{6\eta U L^2}{(h_1 - h_0)^2}\left(\ln\frac{h_1}{h_0} - 2\,\frac{h_1 - h_0}{h_1 + h_0}\right). \qquad (6.48)$$

Die optimale Tragfähigkeit ergibt sich für ein Spalthöhenverhältnis von $h_1/h_0 = 2{,}189$.

Die Maximalwerte des Druckes und der Tragfähigkeit sind also nicht beim gleichen Spalthöhenverhältnis vorhanden.

In der Literatur findet sich für die auf die Breiteneinheit bezogene Tragfähigkeit auch der Ausdruck

$$\frac{F}{B} = \frac{6\eta U L^2}{h_0^2}\cdot\underbrace{\frac{h_0^2}{(h_1 - h_0)^2}\left(\ln\frac{h_1}{h_0} - 2\,\frac{h_1 - h_0}{h_1 + h_0}\right)}_{K_F}. \qquad (6.49)$$

Der Verlauf dieser Hilfsgröße K_F ist in Bild 6.10 in Abhängigkeit von der Größe m' dargestellt, die die Spalthöhenänderung über die gesamte Gleitschuhlänge bezogen auf die kleinste Spalthöhe bedeutet. Er zeigt, daß die Tragfähigkeit bei $m' = 1{,}2$ einen Maximalwert hat.

Fuller [6.10] hat für den Zusammenhang von K_F und m' die Gleichung

$$K_F = \frac{1}{m'^2} \ln(m'+1) - \frac{2}{m'(m'+2)} \qquad (6.50)$$

angegeben.

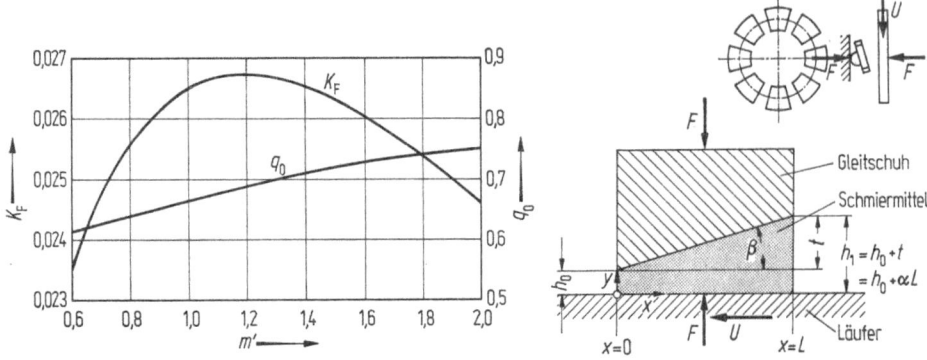

Bild 6.10 Schmierspaltgeometrie für eine unendlich breite Gleitschuhlagerung
Hilfsgröße K_F zur Berechnung der Tragfähigkeit und Hilfsgröße q_0 zur Berechnung des auf die Gleitschuhbreite bezogenen Schmiermittelvolumenstromes in Abhängigkeit vom Schmierspalthöhenverhältnis.
Spalthöhe: $h = h_0(1 + m' \cdot x/L) = h_0 + \alpha x$ mit $\alpha = \tan \beta = t/L$; $m' = (h_1 - h_0)/h_0$; $\alpha = m' \cdot h_0/L$

Der mittlere Schmiermitteldruck im Keilspalt ist

$$\overline{p} = \frac{1}{L} \int\limits_{x=0}^{x=L} p(x)\,dx = \frac{F}{BL} \qquad (6.51)$$

bzw. nach Berücksichtigung von Gl. (6.49)

$$\overline{p} = \frac{6\eta U L}{h_0^2} K_F. \qquad (6.52)$$

Die Schmiermittelgeschwindigkeit u an einer beliebigen Schmierspalthöhe h, die wegen der Annahme eines unendlich breiten Gleitschuhs allein zur Ermittlung des Schmiermitteldurchflusses $\dot{Q}$ erforderlich ist, kann aus der Navier-Stokes-Gleichung (6.11) für die x-Richtung ermittelt werden. Nach zweimaliger Integration von Gl. (6.11) ergibt sich für u die allgemeine Beziehung nach Gl. (6.14), die unter Beachtung der Randbedingungen

$$y = 0 : u = -U, \qquad (6.53)$$

$$y = h : u = 0 \qquad (6.54)$$

speziell für den vorliegenden Anwendungsfall eingerichtet werden kann. Die Ge-

6.3 Anwendung der hydrodynamischen Theorie in der Lagertechnik

schwindigkeit u hat danach die Größe

$$u = \frac{1}{2\eta} \cdot \frac{\partial p}{\partial x}(y^2 - yh) + U\left(\frac{y}{h} - 1\right), \qquad (6.55)$$

wobei der erste Term die Druckströmung und der zweite Term die Schub- oder Scherströmung charakterisiert. Diese Geschwindigkeitsverhältnisse sind in Bild 6.11 eingezeichnet.

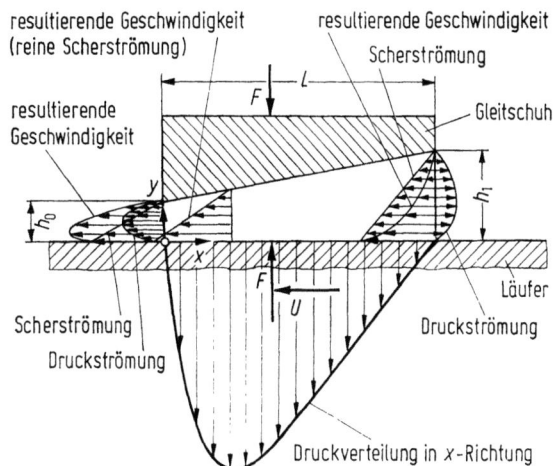

Bild 6.11 Geschwindigkeits- und Druckverteilung bei einem ebenen unendlich breiten Gleitschuh

Berücksichtigt man in Gl. (6.55) für $\partial p / \partial x$ die Beziehung $\partial p / \partial x = \mathrm{d}p/\mathrm{d}x = \mathrm{d}p/\mathrm{d}h \cdot \mathrm{d}h/\mathrm{d}x$, so erhält man unter Beachtung der Gln. (6.33) und (6.42)

$$\frac{\mathrm{d}h}{\mathrm{d}x} = \frac{h_1 - h_0}{L} = \alpha, \qquad (6.56)$$

$$\frac{\mathrm{d}p}{\mathrm{d}h} = \frac{6\eta UL}{h_1^2 - h_0^2}\left(-\frac{h_1 + h_0}{h^2} + 2\frac{h_1 h_0}{h^3}\right) \qquad (6.57)$$

und damit auch

$$u = \frac{3U}{h^3}\left(2\frac{h_1 h_0}{h_1 + h_0} - h\right)(y^2 - yh) + U\left(\frac{y}{h} - 1\right). \qquad (6.58)$$

Der Schmiermitteldurchfluß $\dot{Q}$ — der Volumenstrom des Schmiermittels — ist

$$\dot{Q} = B\int_0^h u\,\mathrm{d}y \qquad (6.59)$$

und hat nach Durchführung der Integration die Größe

$$\dot{Q} = B\left(-\frac{1}{12\eta}\cdot\frac{\mathrm{d}p}{\mathrm{d}h}\cdot\frac{h_1 - h_0}{L}h^3 - \frac{1}{2}Uh\right), \qquad (6.60)$$

wobei $(\mathrm{d}p/\mathrm{d}h)(h_1 - h_0)/L = \mathrm{d}p/\mathrm{d}x$ ist.

Der Schmiermitteldurchfluß läßt sich wie die Geschwindigkeit in einen Druck- und in einen Schubströmungsanteil zerlegen.

An der Stelle des Druckmaximums, für die $p = p_{\max}$ und $\mathrm{d}p/\mathrm{d}x = 0$ gilt und die Spaltweite den Wert $h = \bar{h} = 2h_0 h_1/(h_0 + h_1)$ hat, hat der Anteil von $\dot{Q}$ aus der Druckströmung den Wert Null, so daß gilt:

$$\dot{Q} = -\frac{1}{2} U B \bar{h}. \qquad (6.61)$$

Das Minuszeichen in den Gln. (6.61) und (6.63) kommt daher, daß der Volumenstrom in die negative x-Richtung fließt.

Da nach der Kontinuitätsbedingung an jeder Stelle x oder Spaltweite h die gleiche Schmiermittelmenge durchfließen muß, ist der Schmiermittelvolumenstrom $\dot{Q}$ nach Gl. (6.61) für die gesamte Gleitschuhlänge verbindlich.

Durch Gleichsetzen der Ausdrücke für $\dot{Q}$ nach den Gln. (6.60) und (6.61) kann man für den Druckgradienten an einer beliebigen Spaltweite h die Beziehung

$$\frac{\mathrm{d}p}{\mathrm{d}x} = \frac{6\eta U(\bar{h} - h)}{h^3} \qquad (6.62)$$

ableiten.

Für den auf die Gleitschuhbreite bezogenen Schmiermittelvolumenstrom gilt somit

$$\dot{q} = \dot{Q}/B = -\frac{1}{2} U \bar{h} = -U h_0 \frac{1 + m'}{2 + m'} = -U h_0 q_0. \qquad (6.63)$$

Die dimensionslose Größe q_0 ist in Bild 6.10 in Abhängigkeit von m' graphisch dargestellt. Man sieht, daß q_0 in dem für die Praxis interessierenden Bereich $0{,}6 < m' < 2$ fast linear mit der Größe m' ansteigt.

Im Grenzfall eines gleichdicken Schmierspaltes, d. h. paralleler Gleitflächen, gelten die Werte $m' = 0$ und $q_0 = 0{,}5$.

Die Reibungsverluste im Schmierspalt lassen sich über das Newtonsche Schubspannungsgesetz ermitteln. Für ein Reibkraftelement gilt

$$\mathrm{d}K = \tau \, \mathrm{d}A = \eta \frac{\mathrm{d}u}{\mathrm{d}y} \mathrm{d}A = \eta B \frac{\mathrm{d}u}{\mathrm{d}y} \, \mathrm{d}x \qquad (6.64)$$

und nach Berücksichtigung des Geschwindigkeitsgefälles $\mathrm{d}u/\mathrm{d}y$ aus Gl. (6.55)

$$\mathrm{d}K = B \left[\frac{1}{2} \cdot \frac{\mathrm{d}p}{\mathrm{d}x}(2y - h) + \eta \frac{U}{h}\right] \mathrm{d}x. \qquad (6.65)$$

Unter Beachtung von Gl. (6.62) und der Beziehung

$$\mathrm{d}x = \frac{L}{h_1 - h_0} \, \mathrm{d}h$$

ergibt sich für das Reibkraftelement die Beziehung

$$\mathrm{d}K = \frac{BL\eta U}{h_1 - h_0} \left[\frac{3}{h^3}\left(2 \frac{h_0 h_1}{h_0 + h_1} - h\right)(2y - h) + \frac{1}{h}\right] \mathrm{d}h. \qquad (6.66)$$

Für die Reibkraft an der mit der Geschwindigkeit $-U$ sich bewegenden Läuferplatte ergibt sich aus Gl. (6.66) unter Beachtung von $y = 0$ die Beziehung

$$dK_L = \frac{BL\eta U}{h_1 - h_0}\left[-6\frac{h_0 h_1}{h^2(h_0 + h_1)} + \frac{4}{h}\right]dh \tag{6.67}$$

bzw. nach Integration von h_0 bis h_1

$$K_L = \frac{BL\eta U}{h_1 - h_0}\left[6\frac{h_0 h_1}{h_0 + h_1}\left(\frac{1}{h_1} - \frac{1}{h_0}\right) + 4\ln\frac{h_1}{h_0}\right]. \tag{6.68}$$

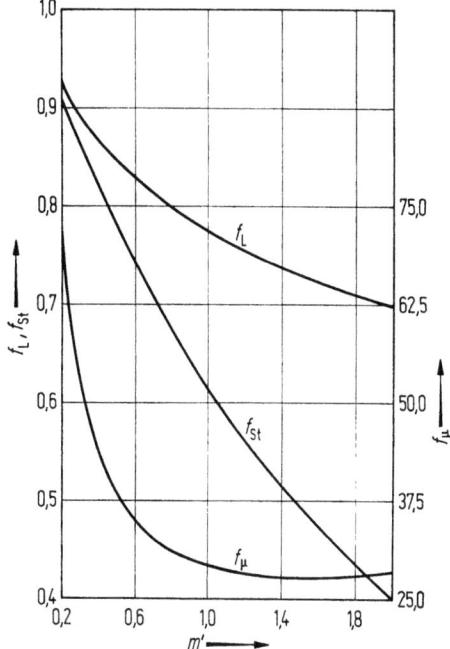

Bild 6.12 Faktoren f_L und f_{St} für die Reibkräfte am Läufer und Stator sowie Faktor f_μ zur Berechnung des Reibkoeffizienten in Abhängigkeit vom Schmierspalthöhenverhältnis

Durch Umformen ergibt sich für die Reibkraft an der Läuferplatte:

$$K_L = \frac{BL\eta U}{h_0}\left[\frac{4}{m'}\ln(m' + 1) - \frac{6}{m' + 2}\right] \tag{6.69}$$

$$K_L = \frac{BL\eta U}{h_0}f_L. \tag{6.70}$$

Der Faktor f_L ist in Bild 6.12 in Abhängigkeit von m' dargestellt und nimmt mit zunehmenden Werten von m' ab.

Für die Reibkraft am ruhenden Gleitschuh folgt aus Gl. (6.66), da $y = h$ ist, die Bestimmungsgleichung

$$dK_{St} = \frac{BL\eta U}{h_1 - h_0}\left[6\frac{h_0 h_1}{h^2(h_0 + h_1)} - \frac{2}{h}\right]dh, \tag{6.71}$$

die nach Durchführung der Integration auf die Beziehung

$$K_{St} = \frac{BL\eta U}{h_1 - h_0}\left[-6\frac{h_0 h_1}{h_0 + h_1}\left(\frac{1}{h_1} - \frac{1}{h_0}\right) - 2\ln\frac{h_1}{h_0}\right] \tag{6.72}$$

führt.

Durch Umformen erhält man für die Reibkraft am ruhenden Gleitschuh die Beziehung

$$K_{St} = \frac{BL\eta U}{h_0} \left[\frac{6}{m'+2} - \frac{2}{m'} \ln(m'+1) \right] \qquad (6.73)$$

$$K_{St} = \frac{BL\eta U}{h_0} f_{St}. \qquad (6.74)$$

Ein Vergleich der Gln. (6.69) und (6.73) ergibt, daß die Reibkraft am ruhenden Gleitschuh kleiner ist als die am umlaufenden Läuferteil.

Die graphische Darstellung des Faktors f_{St} über der Größe m' zeigt, daß f_{St} mit zunehmenden Werten von m' kleiner wird und außerdem kleiner ist als der Faktor f_L.

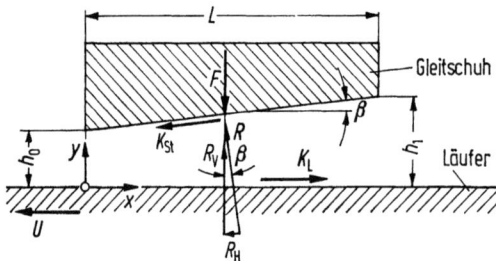

Bild 6.13 Kraftverhältnisse am Gleitschuh
F = Abstützkraft am Gleitschuh; R = resultierende Druckkraft vom Schmiermittel auf den Gleitschuh; R_V, R_H = Komponenten von R in vertikaler und horizontaler Richtung; K_{St} = Kraft vom Schmiermittel auf den Gleitschuh; K_L = Kraft vom Schmiermittel auf den Läufer

Eine Untersuchung der Kraftverhältnisse am Gleitschuh und an der Läuferplatte führt nach Bild 6.13 auf folgende Beziehungen:

$$K_{St} \cos\beta + R_H = K_L \quad \text{(Horizontalkräfte)}, \qquad (6.75)$$

$$R_V = F \quad \text{(Vertikalkräfte)}. \qquad (6.76)$$

Beachtet man, daß $\cos\beta \approx 1$ ist und gemäß Gl. (6.33) auch die Beziehung

$$\tan\beta = \frac{h_1 - h_0}{L} = m' \frac{h_0}{L}$$

gültig ist, so kann für die Verknüpfung der Reibkräfte K_L und K_{St} die Gleichung

$$K_L = K_{St} + m' \frac{h_0}{L} F \qquad (6.77)$$

abgeleitet werden.

Für den Reibungskoeffizienten μ gilt schließlich die Beziehung

$$\mu = \frac{K_L}{F} = \frac{h_0}{6L} \cdot \frac{\dfrac{4}{m'} \ln(m'+1) - \dfrac{6}{m'+2}}{\dfrac{1}{m'^2} \ln(m'+1) - \dfrac{2}{m'(m'+2)}} \qquad (6.78)$$

bzw.

$$\mu = \frac{h_0}{6L} f_\mu. \tag{6.79}$$

Der Faktor f_μ zur Bestimmung des Reibungskoeffizienten μ ist in Bild 6.12 in Abhängigkeit von m' dargestellt. Im Bereich $0{,}2 < m' < 1{,}0$ ist f_μ mit zunehmenden Werten von m' sehr stark abnehmend, und im Bereich $1{,}0 < m' < 2{,}0$ ist nur noch eine geringe Änderung von f_μ festzustellen.

6.3.2.2 Ebener, endlich breiter Gleitschuh bei stationärer Belastung

Beim ebenen, endlich breiten Gleitschuh unter stationärer Belastung (Bild 6.14) gilt unter der Annahme, daß die Zähigkeit η und die Dichte ϱ sich nicht oder nur sehr schwach ändern, zur Ermittlung der Druckverteilung nach Gl. (6.31) die Beziehung

$$\frac{\partial}{\partial x}\left(h^3 \cdot \frac{\partial p}{\partial x}\right) + \frac{\partial}{\partial z}\left(h^3 \cdot \frac{\partial p}{\partial z}\right) = -6\eta U \frac{\partial h}{\partial x}. \tag{6.80}$$

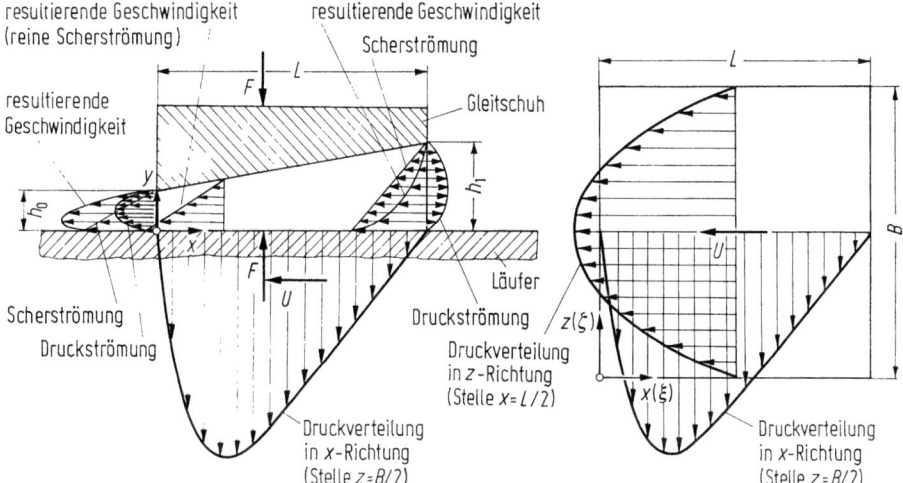

Bild 6.14 Druckverteilung in Längs- und in Querrichtung bei einem ebenen, endlich breiten Gleitschuh

Das Minuszeichen auf der rechten Seite der Gleichung kommt dadurch zustande, daß, wie es in Bild 6.14 eingezeichnet ist, die Geschwindigkeit U in negativer x-Richtung weist.

Michell [6.11—6.13], Muskat, Morgan, Meres [6.14] und Frössel [6.15] haben für konstante Zähigkeit des Schmiermittels eine analytische Lösung angegeben. Duffing [6.16] löste die Reynoldssche Differentialgleichung auch für den Fall, daß die Schmiermittelzähigkeit in Bewegungsrichtung veränderlich ist.

Die Lösungen, die in diesen Arbeiten angegeben sind, haben die Form von Doppelreihen, deren einzelne Glieder Produkte aus Kreis- und Besselfunktionen sind. Der Rechenaufwand für die praktische Anwendung dieser Lösungen ist natürlich sehr groß.

Jakobsson und Floberg [6.17] haben eine numerische Auswertung der Reynoldsschen Differentialgleichung unter Zuhilfenahme des Differenzenverfahrens vorgenommen und die Ergebnisse in tabellarischer und graphischer Form angegeben. Für den Sonderfall $\nu = B/L = 1$, d. h. einen quadratischen Gleitschuh,

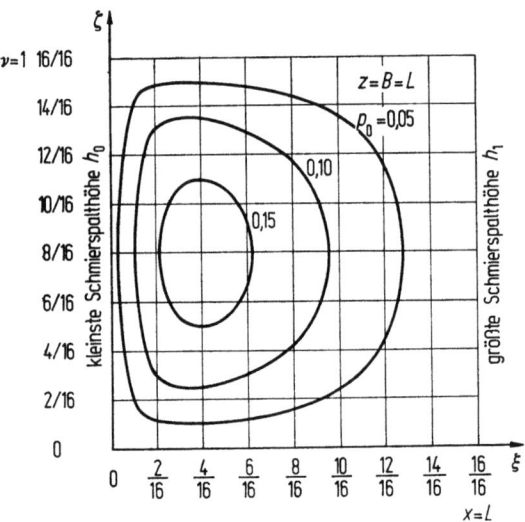

Bild 6.15 Linien gleichen Druckes (Isobaren) bei einem ebenen endlich breiten Gleitschuh für $\nu = B/L = 1$ und $m' = (h_1 - h_0)/h_0 = 1{,}5$. Dimensionslose Koordinaten: $\xi = x/L$; $\zeta = z/B$

und $m' = (h_1 - h_0)/h_0 = 1{,}5$ sind nach [6.17] die Werte für den dimensionslosen Druck p_0 an den Gitterstellen (Bild 6.15) bei einer Schrittweite von $\Delta\xi = \Delta\zeta = 1/16$ in Tabelle 6.1 angegeben und der Verlauf der Linien gleichen Druckes (Isobaren) in Form eines Höhenlinien- oder Schichtendiagramms in Bild 6.15 dargestellt.

Tabelle 6.1 Dimensionsloser Druck $p_0 = p \cdot h_0^2/(\eta \cdot U \cdot L)$ an den Gitterpunkten (ξ/ζ) bei einer Schrittweite $\Delta\xi = \Delta\zeta = 1/16$, einem Breiten-Längen-Verhältnis $\nu = B/L = 1$ und einem Schmierspalthöhenverhältnis $(h_1 - h_0)/h_0 = 1{,}5$ nach [6.17]

(ξ/ζ)	1/16	2/16	3/16	4/16	5/16	6/16	7/16	8/16
1/16	0,03287	0,05347	0,06737	0,07702	0,08370	0,08809	0,09059	0,09141
2/16	0,04542	0,07705	0,09949	0,11550	0,12673	0,13418	0,13843	0,13982
3/16	0,04891	0,08513	0,11187	0,13143	0,14536	0,15468	0,16004	0,16179
4/16	0,04809	0,08511	0,11326	0,13428	0,14945	0,15970	0,16562	0,16756
5/16	0,04519	0,08089	0,10861	0,12964	0,14501	0,15547	0,16155	0,16354
6/16	0,04134	0,07457	0,10076	0,12088	0,13571	0,14587	0,15180	0,15375
7/16	0,03712	0,06730	0,09134	0,10995	0,12378	0,13330	0,13887	0,14070
8/16	0,03283	0,05970	0,08125	0,09803	0,11055	0,11920	0,12427	0,12595
9/16	0,02860	0,05210	0,07099	0,08576	0,09680	0,10444	0,10893	0,11041
10/16	0,02451	0,04464	0,06082	0,07347	0,08294	0,08950	0,09335	0,09462
11/16	0,02055	0,03735	0,05081	0,06131	0,06916	0,07459	0,07778	0,07883
12/16	0,01670	0,03020	0,04095	0,04929	0,05550	0,05979	0,06231	0,06314
13/16	0,01288	0,02310	0,03113	0,03731	0,04189	0,04505	0,04690	0,04751
14/16	0,00898	0,01588	0,02120	0,02524	0,02822	0,03027	0,03147	0,03186
15/16	0,00482	0,00830	0,01092	0,01288	0,01432	0,01531	0,01588	0,01607

6.3 Anwendung der hydrodynamischen Theorie in der Lagertechnik

Man sieht, daß der Druckverlauf bezogen auf die Achse $z = B/2$ symmetrisch ist, der Betrag des Druckgradienten im Bereich der engsten Schmierspaltstelle größer ist als der im Bereich des weitesten Schmierspaltes und das Druckmaximum etwa bei $\xi = x/L = 0{,}25$ liegt. Zu beachten ist, daß der Kurvenparameter p_0 ein dimensionsloser Druck und in folgender Weise definiert ist:

$$p_0 = \frac{p h_0^2}{\eta U L}. \qquad (6.81)$$

Brauchbare Näherungslösungen für den praktischen Bedarf haben Schiebel [6.18], Steller [6.19—6.20] und Drescher [6.21] angegeben. Bei ihrer Ableitung wurde angenommen, daß die Form des Druckverlaufs in der x-Richtung mit der beim Gleitschuh ohne seitlichen Ölabfluß, d. h. mit unendlicher Breite, bis auf einen Proportionalitätsfaktor übereinstimmt und in der z-Richtung nach einer Sinus- oder Kosinusfunktion (je nach Wahl des Koordinatensystems!) verläuft.

Gümbel [6.6] nahm die Kosinuskurve und Schiebel [6.18] eine Parabel für den Druckverlauf in der z- oder Querrichtung an. Den Proportionalitätsfaktor bestimmte Gümbel aus der Kontinuitätsgleichung. Schiebel richtete den Potenzexponenten seiner Parabelfunktion so ein, daß die Abweichungen zwischen der von ihm gefundenen Näherungslösung und der wirklichen Lösung ein Minimum sind. Die von Schiebel aufgezeigte Lösungsmöglichkeit ergibt die kleinsten Fehler.

Nach Schiebel gilt für die Tragfähigkeit F eines endlich breiten Gleitschuhs der Potenzansatz

$$F = \frac{5}{6} \cdot \frac{F_\infty}{1 + a\left(\dfrac{L}{B}\right)^2}, \qquad (6.82)$$

wenn F_∞ die Tragfähigkeit eines unendlich breiten Gleitschuhs ist, die nach Gl. (6.49) berechnet werden kann.

Der dimensionslose Faktor a kann bei bekannter Geometrie des Schmierspaltes nach der Beziehung

$$a = \frac{10}{(1+2m)^2} \left\{ (m+m^2)^2 + \frac{1 - 2(m+m^2)}{12\left[(1+2m)\ln\dfrac{1+m}{m} - 2\right]} \right\} \qquad (6.83)$$

ermittelt werden. Man sieht, daß a also nur eine Funktion von m, d. h. der Geometrie des Schmierspaltes ist. Dies ist physikalisch keine notwendige Bedingung, sondern es resultiert aus der Tatsache, daß beim Potenzansatz in Gl. (6.82) nur ein Glied mit von Null verschiedenem Exponenten gewählt wurde. Für die Größe m gilt der Wert nach Gl. (6.44).

Für den mittleren Druck $\bar{p}$ nach Gl. (6.51) kann unter Beachtung von Gl. (6.49) und Gl. (6.44) die Beziehung

$$\bar{p} = 5\,\frac{\eta U L}{h_0^2} \cdot \frac{1}{1 + a\left(\dfrac{L}{B}\right)^2} \cdot m^2 \left(\ln\frac{1+m}{m} - \frac{2}{1+2m} \right) \qquad (6.84)$$

abgeleitet werden.

Der Verlauf des mittleren Druckes $\bar{p}$ bzw. der dimensionslosen Größe $\bar{p} h_0^2/(\eta U L)$ ist in Bild 6.16 in Abhängigkeit von der Größe m dargestellt. Kurvenparameter ist das Verhältnis der Gleitschuhbreite B zur Gleitschuhlänge L. Man sieht, daß der mittlere Druck und damit auch die Tragfähigkeit mit abnehmenden Werten für B/L kleiner werden, was natürlich durch das Abströmen des Schmiermittels in der Querrichtung (z-Richtung) bedingt ist. Ferner ist zu beachten, daß der mittlere Druck im Bereich $m < 0,8$ zunimmt, bei $m \approx 0,8$ seinen Maximalwert hat und dann im Bereich $m > 0,8$ wieder abnimmt. Dies bedeutet, wenn ein

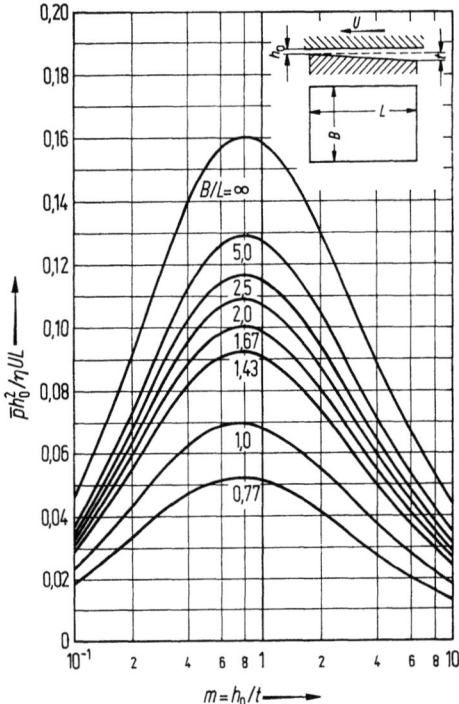

Bild 6.16 Mittlerer Druck (Tragfähigkeit) in dimensionsloser Form in Abhängigkeit vom Schmierspalthöhenverhältnis bei unterschiedlichem Breiten-Längen-Verhältnis für einen ebenen Gleitschuh. Der dimensionslose Druck $\bar{p}h_0^2/(\eta UL)$ wird sehr oft auch die Sommerfeld-Zahl So_G bei Gleitschuhen genannt.

maximaler mittlerer Druck oder eine maximale Tragfähigkeit bei einem vorgegebenen B/L-Wert gefordert wird, daß die Neigung der Keilschuhoberfläche so groß sein muß, daß

$$m = \frac{h_0}{h_1 - h_0} = \frac{h_0}{t}$$

den Wert $m \approx 0,8$ hat.

In Bild 6.17 ist der mittlere Druck $\bar{p}$ unter Bezug auf die Gleitschuhbreite B, d. h. der dimensionslose Ausdruck $100\bar{p}h_0^2/(\eta UB)$, in Abhängigkeit von der Größe m dargestellt. Kurvenparameter ist wieder das Verhältnis B/L. Der Verlauf der Kurven ist dem der Kurven in Bild 6.16 sehr ähnlich.

Die in der gleichen Abbildung eingezeichnete Kurvenschar $\mu\sqrt{\bar{p}B/(\eta U)}$ charakterisiert den Reibungskoeffizienten μ. Der Einfluß der Gleitflächenneigung ist in der Art, daß im Bereich kleiner m-Werte ($m = 0,35$ bis $0,5$) der Reibungskoeffizient mit zunehmenden m-Werten, d. h. mit kleiner werdender Neigung, abnimmt, bei $m \approx 0,4$ bis $0,5$ ein Minimum hat und dann mit größer werdenden m-Werten, d. h. mit flacher werdender Keilflächenneigung, wieder ansteigt.

6.3 Anwendung der hydrodynamischen Theorie in der Lagertechnik

Der Reibungskoeffizient kann nach [6.22] für ein beliebiges Seiten- oder Breitenverhältnis nach der Beziehung

$$\mu = \frac{\eta U}{\bar{p} h_0} \cdot \frac{4m}{1+2m} \left[(1+2m) \ln \frac{1+m}{m} - 1{,}5 \right] \qquad (6.85)$$

ermittelt werden.

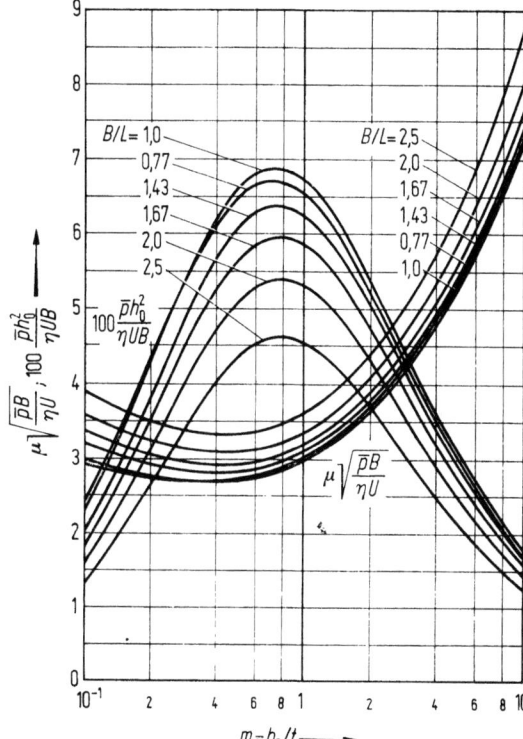

Bild 6.17 Mittlerer Druck (Tragfähigkeit) und Reibungskoeffizient in dimensionsloser Form in Abhängigkeit vom Schmierspalthöhenverhältnis bei unterschiedlichem Breiten-Längen-Verhältnis für einen ebenen Gleitschuh

Berücksichtigt man für den mittleren Druck $\bar{p}$ den Ausdruck nach Gl. (6.84), so folgt für den Reibungskoeffizienten μ schließlich die Beziehung

$$\mu = \frac{4}{5} \cdot \frac{(1+2m) \ln \dfrac{1+m}{m} - 1{,}5}{\dfrac{L}{h_0} \cdot \dfrac{m}{1+a\left(\dfrac{L}{B}\right)^2} \left[(1+2m) \ln \dfrac{1+m}{m} - 2 \right]}. \qquad (6.86)$$

Der Einfluß des Seitenverhältnisses B/L auf den Maximalwert des mittleren Druckes bzw. der Tragfähigkeit und auf den dabei vorliegenden Reibungskoeffizienten ist in Bild 6.18 dargestellt. In erster Näherung kann man annehmen, daß diesen Kurven eine Neigung der Keilschuhfläche von $m \approx 0{,}8$ zugrunde liegt. Die ausgezogenen Kurven resultieren aus einer Näherungsrechnung nach Schiebel [6.18], und die gestrichelten Kurven stellen die Ergebnisse der exakten Rechnung nach Frössel [6.15] dar.

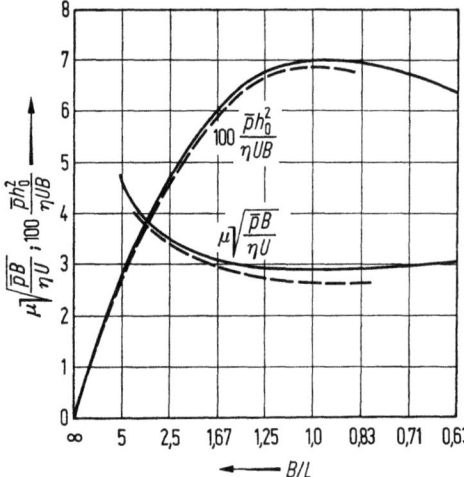

Bild 6.18 Einfluß des Breiten-Längen-Verhältnisses auf den mittleren Druck (Tragfähigkeit) und den Reibungskoeffizienten und Vergleich der Ergebnisse nach der exakten Rechnung und einer Näherungsrechnung.

—— Näherungsrechnung nach Schiebel;
--- exakte Rechnung nach Frössel

6.3.2.3 Gleitschuh mit beliebiger Schmierspaltgeometrie bei stationärer Belastung

Hinsichtlich der Schmierspalthöhe $h(x)$ gibt es in der Praxis sehr viele Variationsmöglichkeiten. Neben der ebenen geneigten Gleitschuhoberfläche, die in Strömungsrichtung des Schmiermittels einen linear sich verengenden Schmierspalt ergibt, ist der Fall in der Praxis sehr häufig, bei dem die Gleitschuhoberfläche parallel abgesetzt und nicht geneigt zur Lagergegenfläche ist. Interessant sind ferner Paarungen, bei denen die Schmierspalthöhe parabolisch, exponentiell und auch kreisförmig abnimmt.

6.3.2.3.1 Abgestufte, konstante Schmierspalthöhe

Bei einer konstanten Schmierspalthöhe weist ein Gleitschuh unter der Annahme isothermer Bedingungen im Schmierfilm keine Tragfähigkeit auf. Wenn der Spalt in Strömungsrichtung, wie es in Bild 6.19 dargestellt ist, aber stufenartig parallel abgesetzt, und zwar verkleinert wird, dann ist ein Druckaufbau über die Gleitschuhlänge und damit auch eine Tragfähigkeit gewährleistet.

Unter der Annahme, daß der Gleitschuh senkrecht zur Zeichenebene unendlich breit ist, gilt für den Bereich $0 \leq x \leq L_2$ ($h = h_2$) die Reynoldssche Gleichung (6.32). Für den Bereich $0 \leq x \leq L_1$ ($h = h_1$) hat die rechte Seite von Gl. (6.32) ein positives Vorzeichen. Die Integration dieser beiden Reynoldsschen Gleichungen führt bei $h = \text{const}$ — und zwar gilt $h = h_1$ für $0 \leq x \leq L_1$ bzw. $h = h_2$ für $0 \leq x \leq L_2$ — auf folgende Gleichungen für den Druckverlauf:

$$p = 6\eta U \frac{h_1 - h_0}{h_1^3} x \quad \text{für} \quad 0 \leq x \leq L_1 \qquad (6.87)$$

$$p = 6\eta U \frac{h_0 - h_2}{h_2^3} x \quad \text{für} \quad 0 \leq x \leq L_2 \qquad (6.88)$$

mit

$$h_0 = \frac{h_1 h_2 (L_1 h_2^2 + L_2 h_1^2)}{L_1 h_2^3 + L_2 h_1^3}. \qquad (6.89)$$

6.3 Anwendung der hydrodynamischen Theorie in der Lagertechnik

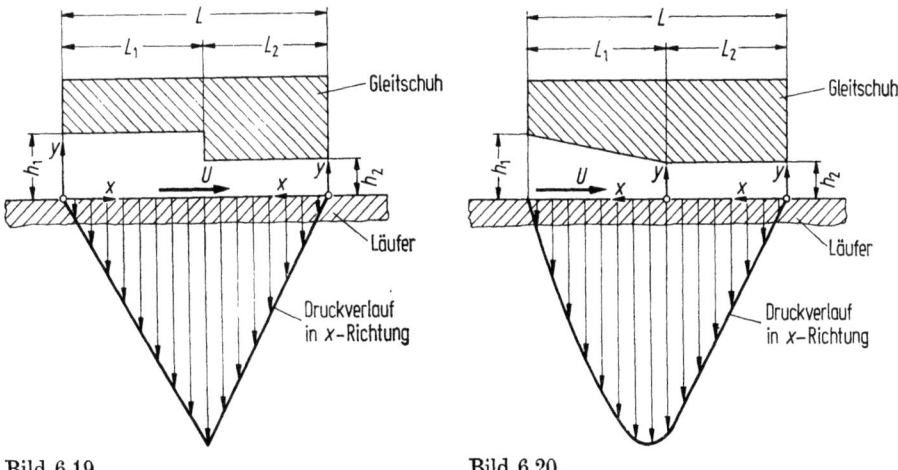

Bild 6.19

Bild 6.20

Bild 6.19 Gleitschuhgeometrie und Druckverteilung bei abgestufter konstanter Schmierspalthöhe und unendlicher Breite

Bild 6.20 Gleitschuhgeometrie und Druckverteilung bei abschnittsweise linear sich verändernder und konstanter Schmierspalthöhe und unendlicher Breite

Für die auf die Breiteneinheit bezogene Tragfähigkeit gilt die Beziehung

mit
$$\frac{F}{B} = \frac{3\eta U L L_2 L_1 (a-1)}{(L_2 a + L - L_2) h_2^2} \tag{6.90}$$

$$a = h_1/h_2. \tag{6.91}$$

Das Optimum der Tragfähigkeit F wird erreicht, wenn das Höhenverhältnis $a = h_1/h_2$ den Wert $a = 1{,}866$ und das Längenverhältnis L_1/L_2 den Wert $L_1/L_2 = 2{,}549$ annimmt.

6.3.2.3.2 Kombinierte, linear sich ändernde und konstante Schmierspalthöhe

Bei dieser Schmierspaltgeometrie gelten gemäß Bild 6.20 für die Spalthöhe die Gleichung

$$h = h_2 \quad \text{für} \quad 0 \leq x \leq L_2 \tag{6.92}$$

bzw.

$$h = h_2 + \frac{h_1 - h_2}{L_1} x \quad \text{für} \quad 0 \leq x \leq L_1. \tag{6.93}$$

Durch Integration der Reynoldsschen Gleichung (6.32) kann nach Pinkus und Sternlicht [6.23] unter Beachtung der Kettenregel

$$dp/dx = dp/dh \cdot dh/dx = dp/dh (h_1 - h_2)/L_1$$

für die Druckverteilung in Abhängigkeit von der Schmierspalthöhe h im Bereich $0 \leq x \leq L_1$ folgende Beziehung abgeleitet werden:

$$p = 6\eta U \left\{ L_2 \left(\frac{h_0}{h_2^3} - \frac{1}{h_2^2} \right) + \frac{L_1}{h_1 - h_2} \left[\left(\frac{1}{h} - \frac{1}{h_2} \right) - \left(\frac{h_0}{2h^2} - \frac{h_0}{2h_2^2} \right) \right] \right\} \tag{6.94}$$

mit
$$h_0 = \frac{2h_1 h_2 (L_1 h_2 + L_2 h_1)}{(h_1 + h_2)\left[L_1 h_2 + 2L_2 h_1^2/(h_1+h_2)\right]}. \tag{6.95}$$

Im Bereich $0 \leq x \leq L_2$ gilt für die Druckverteilung in Abhängigkeit von der x-Koordinate die Gleichung

$$p = 6\eta U \frac{h_0 - h_2}{h_2^3} x. \tag{6.96}$$

Für die gesamte auf die Breiteneinheit bezogene Tragfähigkeit geben Pinkus und Sternlicht [6.23] die Beziehung

$$\frac{F}{B} = \frac{6\eta U L_1^2}{h_2^2} \left\{ \frac{L_2}{L_1}\left(\frac{L_2}{L_1} + 2\right)\left(\frac{a}{a+1} - \frac{1}{2} - b\,\frac{a}{a+1}\right) \right. \\ \left. - \frac{b}{a+1} + \frac{1}{a-1}\left[\frac{\ln a}{a-1} - \frac{2}{a+1}\right] \right\} \tag{6.97}$$

an.

In Gl. (6.97) ist die Größe a nach Gl. (6.91) definiert und b die Abkürzung für den Ausdruck

$$b = \frac{(L_2/L_1)(a-1)a}{2(L_2/L_1)a^2 + a + 1}. \tag{6.98}$$

Das Optimum der Tragfähigkeit wird erreicht, wenn das Höhenverhältnis $a = h_1/h_2 = 2{,}25$ und das Längenverhältnis $L_1/L_2 = 4$ ist.

6.3.2.3.3 Nichtlinear sich ändernde Schmierspalthöhe

Pinkus und Sternlicht [6.23] haben für die Spalthöhe h auch die allgemeine Potenzfunktion $h = x^n$ und die e-Funktion $h = e^{\beta x}$ angesetzt und sind zu den Ergebnissen gekommen, daß bei vorgegebener maximaler und minimaler Schmierspalthöhe, d. h. bei vorgegebenem Wert für $a = h_1/h_2$ die exakte Form des Schmierspaltes hinsichtlich der Tragfähigkeit keine große Rolle spielt.

Für den Fall $h = h(x^n)$ mit $n = 2$ und dem für die Tragfähigkeit optimalen Wert $a = 2{,}3$ gilt für die Tragfähigkeit die Beziehung

$$F = 0{,}163\,\frac{\eta U B L^2}{h_2^2} \tag{6.99}$$

und für den Fall $h = h(e^{\beta x})$ mit $\beta = \ln a/L$ sowie $a = 2{,}3$ gilt für die Tragfähigkeit

$$F = 0{,}165\,\frac{\eta U B L^2}{h_2^2}. \tag{6.100}$$

6.3.2.4 Vergleich von Gleitschuhlagerungen unterschiedlicher Schmierspaltgeometrie

In Tabelle 6.2 sind für Gleitschuhlagerungen unterschiedlicher Schmierspaltgeometrie, aber gleicher minimaler Schmierspalthöhe h_2 die Werte für die maximale Tragfähigkeit F bei den dazugehörigen Optimalwerten für das Schmierspalthöhenverhältnis $a = h_1/h_2$ zusammengestellt. Die Diskussion dieser Werte zeigt,

Tabelle 6.2 Vergleich der maximalen Tragfähigkeit von Gleitschuhlagerungen bei unterschiedlicher Schmierspaltgeometrie und Vernachlässigung der Schmiermittelströmung in z-Richtung (Gleitschuhbreite $= B$)

Spaltgeometrie	Bezeichnung	$a = h_1/h_2$ für $F = F_{max}$	L_1/L_2	max. Tragfähigkeit F_{max}	Schmierspalthöhe $h = h(x)$	Lit.
	ebene, geneigte Gleitschuhfläche	2,189	—	$0{,}1603 \dfrac{\eta \cdot U \cdot B \cdot L^2}{h_2^2}$	$0 \leq x \leq L$ $h = h_2 + \dfrac{h_1 - h_2}{L} \cdot x$	[6.10] [6.22] [6.23] [6.25] [6.26]
	abgestufte, konstante Schmierspalthöhe	1,866	2,549	$0{,}2052 \dfrac{\eta \cdot U \cdot B \cdot L^2}{h_2^2}$	$0 \leq x \leq L_2$ $h = h_2$ $0 \leq x \leq L_1$ $h = h_1$	[6.23] [6.24] [6.25]
	linear abnehmende und konstante Schmierspalthöhe	2,25	4	$0{,}1920 \dfrac{\eta \cdot U \cdot B \cdot L^2}{h_2^2}$	$0 \leq x \leq L_2$ $h = h_2$ $0 \leq x \leq L_1$ $h = h_2 + \dfrac{h_1 - h_2}{L_1} \cdot x$	[6.23] [6.25]
	parabelförmige Schmierspalthöhe	2,3	—	$0{,}1630 \dfrac{\eta \cdot U \cdot B \cdot L^2}{h_2^2}$	$0 \leq x \leq L$ $h = h_2 + \dfrac{h_1 - h_2}{L^2} \cdot x^2$	[6.23]
	Exponentialverlauf der Schmierspalthöhe	2,3	—	$0{,}1650 \dfrac{\eta \cdot U \cdot B \cdot L^2}{h_2^2}$	$0 \leq x \leq L$ $h = h_2 \cdot \exp(\ln a \cdot x/L)$	[6.23]

daß die Unterschiede in der Tragfähigkeit für diejenigen Schmierspaltformen, die keinen Sprung in der Schmierspalthöhe aufweisen, im Bereich 1 bis 2% liegen und daher technisch vernachlässigbar sind. Beim parallel abgestuften Schmierspalt, der die Höhen h_2 und h_1 hat, ist die maximale Tragfähigkeit um etwa 26% größer als die Tragfähigkeit beim ebenen und linear abnehmenden Schmierspalt.

Diese Ergebnisse gelten nur für den eindimensionalen Fall, bei dem die Schmiermittelströmung in der Querrichtung (z-Richtung) vernachlässigt ist.

Literatur zu Kapitel 6

6.1 Tower, B.: First Report on Friction Experiments. Proc. Instn. mech. Engrs., London 1883, p. 632—659 und 1884, p. 29—35. Vgl. auch E. Müller, Z. VDI 29 (1885) 836—842.
6.2 Hersey, M. D.: Theory and Research in Lubrication Foundations for Future Developments. New York, London, Sydney: John Wiley 1966.
6.3 Reynolds, O.: On the Theory of Lubrication and its Application to Mr. B. Tower's Experiments, including an experimental determination of the viscosity of olive oil. Phil. Trans. roy. Soc., London 177 (1886) 157—234.
Deutsch: Ostwald's Klassiker der exakten Wissenschaften Nr. 218. Leipzig: Akademische Verlagsgesellschaft 1927.
6.4 Gümbel, L.: Das Problem der Lagerreibung. Mbl. Berlin. Bez.-Ver. dtsch. Ing. 5 (1914) 87—104 und 109—120.

6.5 Gümbel, L.: Der Einfluß der Schmierung auf die Konstruktion. Jahrb. schiffbautechn. Ges. Bd. 18 (1917) 236—322.
6.6 Gümbel, L.; Everling, E.: Reibung und Schmierung im Maschinenbau. Berlin: Krayn 1925.
6.7 Falz, E.: Grundzüge der Schmiertechnik. Berlin: Springer 1926.
6.8 Schlichting, H.: Grenzschichttheorie. Karlsruhe: G. Braun 1964.
6.9 Hahn, H.: Das zylindrische Gleitlager endlicher Breite und zeitlich veränderlicher Belastung. Diss. Universität Karlsruhe 1957.
6.10 Fuller, D. D.: Theorie und Praxis der Schmierung. Stuttgart: Berliner Union 1960.
6.11 Michell, A. G. M.: The Lubrication of Plane Surfaces. Z. Math. Phys. 52 (1905) 123—127.
6.12 Michell, A. G. M.: Progress of Fluid-Film Lubrication. Trans. ASME 51 (1929), APM 51—15, p. 153—163.
6.13 Michell, A. G. M.: Lubrication. London, Glasgow: Blackie 1950.
6.14 Muskat, M.; Morgan, F.; Meres, M. W.: Studies in Lubrication VII: The Lubrication of plane sliders of finite width. J. appl. Physics (N.Y.) 11 (1940) 208—219.
6.15 Frössel, W.: Berechnung der Reibung und Tragkraft eines endlich breiten Gleitschuhes auf einer ebenen Gleitbahn. Z. angew. Math. Mech. 21 (1941) 321—340.
6.16 Duffing, G.: Die Schmiermittelreibung bei Gleitflächen von endlicher Breite. Handbuch der phys. u. techn. Mechanik von Auerbach-Hort, Bd. 5, S. 839—850. Leipzig: Barth 1931.
6.17 Jakobsson, B.; Floberg, L.: The rectangular plane pad bearing. Transactions of Chalmers University of Technology Gothenburg, Sweden Nr. 203, 1958.
6.18 Schiebel, A.; Körner, K.: Die Gleitlager (Längs- und Querlager), Berechnung und Konstruktion. Berlin: Springer 1933.
6.19 Steller, A.: Der Einfluß von Länge, Neigung und kleinster Spaltweite auf Tragfähigkeit, Reibungsbeiwert und hydrodynamischen Höchstdruck beim ebenen, keilförmigen Schmierspalt. Maschinenbau und Wärmewirtschaft 5 (1950) 113—119.
6.20 Steller, A.: Die Berechnung von Gleitlagern mit Flüssigkeitsreibung. Z. VDI 96 (1954) 89—97.
6.21 Drescher, H.: Zur Berechnung von Axial-Gleitlagern mit hydrodynamischer Schmierung. Konstruktion 8 (1956) 94—104.
6.22 Vogelpohl, G.: Betriebssichere Gleitlager. Berechnungsverfahren für Konstruktion und Betrieb. Berlin, Heidelberg, New York: Springer 1967.
6.23 Pinkus, O.; Sternlicht, B.: Theory of Hydrodynamic Lubrication. New York, Toronto, London: McGraw-Hill 1961.
6.24 Cameron, A.: Principles of Lubrication. London: Longmans Green 1966.
6.25 Cameron, A.: Basic Lubrication Theory. New York, London, Sydney, Toronto: John Wiley 1976
6.26 Tipei, N.: Theory of Lubrication. With Application to Liquid- and Gas-Film Lubrication. Stanford: Stanford University Press (California) 1962.

7 Radialgleitlager — Theoretische Grundlagen

Wenn auch im Abschnitt 6.2 die Reynoldssche Differentialgleichung in allgemeiner Form schon abgeleitet wurde, so soll dies hier nochmals in einer vereinfachten, aber häufig anzutreffenden Form geschehen. Dabei werden folgende Voraussetzungen gemacht:

1. Schwerkraft und Trägheitskräfte des Schmiermittels sind vernachlässigbar.
2. Die den Schmierspalt berandenden Oberflächen sind starr und glatt.
3. Die Krümmung des Spaltes ist vernachlässigbar.
4. Die Strömung im Spalt ist laminar.
5. Der Druck ist über die Schmierspalthöhe konstant.
6. Schubspannungs- und Geschwindigkeitsgradienten sind nur in Richtung der Spalthöhe zu berücksichtigen.
7. Die Spalthöhe ist klein im Verhältnis zu den übrigen Lagerabmessungen.
8. Das Schmiermittel haftet ohne Schlupf an den Oberflächen.
9. Der Schmierstoff entspricht einer Newtonschen Flüssigkeit.
10. Viskosität und Dichte sind im gesamten Schmierfilm konstant.

Nach Newton setzt eine zähe Flüssigkeit einer Verschiebung einen Widerstand entgegen; die so erzeugte Schubspannung ist proportional dem Geschwindigkeitsgradient senkrecht zur Verschiebungsgeschwindigkeit:

$$\tau = \eta \frac{\partial u}{\partial y}. \tag{7.1}$$

Betrachtet man einen Ausschnitt aus einem Schmierspalt nach Bild 7.1, so treten an einem Volumenelement $dx\, dy\, dz$ unter Annahme eines variablen Geschwindigkeitsgradienten $\partial u/\partial y$ ungleiche Schubspannungen an den oberen und unteren

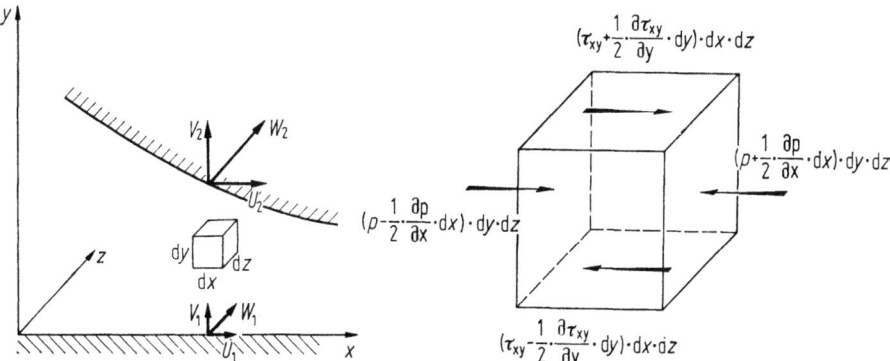

Bild 7.1 Geschwindigkeiten im Schmierspalt und Kräftegleichgewicht am Element

Druckflächen des Elementes auf. Aus Gleichgewichtsgründen müssen auf die Seitenflächen des Elementes entsprechende ungleiche Drücke wirken, wie im Bild 7.1 dargestellt. Die Gleichgewichtsbedingung lautet

$$\frac{\partial p}{\partial x} = \frac{\partial \tau_{xy}}{\partial y} \qquad (7.2)$$

und unter Verwendung von Gl. (7.1)

$$\frac{\partial p}{\partial x} = \eta \frac{\partial^2 u}{\partial y^2}. \qquad (7.3)$$

In z-Richtung (Geschwindigkeit w) ergibt sich entsprechend zu Gl. (7.3)

$$\frac{\partial p}{\partial z} = \eta \frac{\partial^2 w}{\partial y^2}.$$

Nach Umformung zu

$$\frac{\partial^2 u}{\partial y^2} = \frac{1}{\eta} \cdot \frac{\partial p}{\partial x} \qquad (7.4)$$

$$\frac{\partial^2 w}{\partial y^2} = \frac{1}{\eta} \cdot \frac{\partial p}{\partial z} \qquad (7.5)$$

erhält man nach zweimaliger Integration

$$u = \frac{1}{2\eta} \cdot \frac{\partial p}{\partial x} y^2 + a_1 y + b_1 \qquad (7.6)$$

$$w = \frac{1}{2\eta} \cdot \frac{\partial p}{\partial z} y^2 + a_2 y + b_2. \qquad (7.7)$$

Die Integrationskonstanten ergeben sich aus den Randbedingungen:

$$\left. \begin{array}{lll} y = 0: & u = U_1 & w = W_1 \\ y = h: & u = U_2 & w = W_2 \end{array} \right\} \rightarrow \left\{ \begin{array}{ll} b_1 = U_1 & a_1 = \dfrac{U_2 - U_1}{h} - \dfrac{1}{2\eta} \dfrac{\partial p}{\partial x} \cdot h \\ b_2 = W_1 & a_2 = \dfrac{W_2 - W_1}{h} - \dfrac{1}{2\eta} \cdot \dfrac{\partial p}{\partial z} h. \end{array} \right.$$

Damit ergeben sich die Geschwindigkeitsverteilungen

$$u = \frac{1}{2\eta} \cdot \frac{\partial p}{\partial x} (y^2 - yh) + (U_2 - U_1) \frac{y}{h} + U_1 \qquad (7.8)$$

$$w = \frac{1}{2\eta} \cdot \frac{\partial p}{\partial z} (y^2 - yh) + (W_2 - W_1) \frac{y}{h} + W_1. \qquad (7.9)$$

Eine Betrachtung der im Volumenelement umgesetzten Ölmengen ergibt

$$q_x = \int_0^h u \, dy = -\frac{h^3}{12\eta} \cdot \frac{\partial p}{\partial x} + (U_2 + U_1) \frac{h}{2} \qquad (7.10)$$

$$q_z = \int_0^h w \, dy = -\frac{h^3}{12\eta} \cdot \frac{\partial p}{\partial z} + (W_2 + W_1) \frac{h}{2}, \qquad (7.11)$$

7 Radialgleitlager — Theoretische Grundlagen

wobei im benachbarten Querschnitt entsprechende Änderungen $\partial q_x/\partial x$ und $\partial q_z/\partial z$ hinzukommen. Bewegen sich die spaltberandenden Oberflächen auch mit der Geschwindigkeit V_1 und V_2, so tritt eine Volumenänderung

$$\frac{\partial q_y}{\partial y} = V_2 - V_1 = \frac{\partial h}{\partial t} \qquad (7.12)$$

hinzu. Zur Erfüllung der Kontinuitätsbedingung müssen diese Ölmengen einschließlich ihrer Änderungen unter sich im Gleichgewicht sein:

$$\left(q_x + \frac{\partial q_x}{\partial x}\,dx\right)dz + \left(q_z + \frac{\partial q_z}{\partial z}\,dz\right)dx + \frac{\partial q_y}{\partial y}\,dx\,dz = q_x\,dz + q_z\,dx$$

oder

$$\left(\frac{\partial q_x}{\partial x} + \frac{\partial q_z}{\partial z} + \frac{\partial q_y}{\partial y}\right)dx\,dz = 0. \qquad (7.13)$$

Mit den Gln. (7.10) bis (7.12) ergibt sich

$$\frac{\partial}{\partial x}\left[(U_1+U_2)\frac{h}{2} - \frac{h^3}{12\eta}\cdot\frac{\partial p}{\partial x}\right] + \frac{\partial}{\partial z}\left[(W_1+W_2)\frac{h}{2} - \frac{h^3}{12\eta}\cdot\frac{\partial p}{\partial z}\right] + \frac{\partial h}{\partial t} = 0. \qquad (7.14)$$

Durch Umformen erhält man schließlich die Reynoldssche Differentialgleichung für den dreidimensionalen Fall:

$$\frac{\partial}{\partial x}\left(\frac{h^3}{\eta}\cdot\frac{\partial p}{\partial x}\right) + \frac{\partial}{\partial z}\left(\frac{h^3}{\eta}\cdot\frac{\partial p}{\partial z}\right)$$
$$= 6\left[\frac{\partial}{\partial x}(U_1+U_2)h + \frac{\partial}{\partial z}(W_1+W_2)h + 2\frac{\partial h}{\partial t}\right] \qquad (7.15)$$

Da in der Regel die Bewegung nur in x-Richtung erfolgt, ist $W_1 = W_2 = 0$, und die Gl. (7.15) vereinfacht sich unter der Annahme $\eta = $ const zu

$$\frac{\partial}{\partial x}\left(h^3\frac{\partial p}{\partial x}\right) + \frac{\partial}{\partial z}\left(h^3\frac{\partial p}{\partial z}\right) = 6\eta\left[(U_1+U_2)\frac{\partial h}{\partial x} + 2\frac{\partial h}{\partial t}\right]. \qquad (7.16)$$

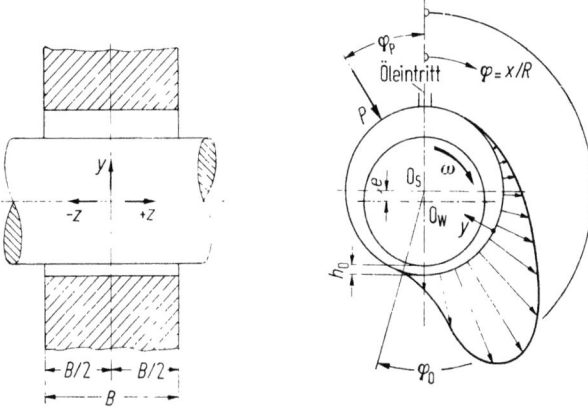

Bild 7.2 Kreiszylindrisches Radialgleitlager

Beim Radialgleitlager verwendet man anstelle der kartesischen Koordinaten besser ein im Lagerschalen-Mittelpunkt fixiertes Polarkoordinatensystem (Bild 7.2).

Die Geschwindigkeiten U_1 und U_2 ersetzt man durch die Winkelgeschwindigkeiten des Zapfens und der Schale

$$U_1 = r\omega_z, \quad U_2 = R\omega_s, \quad U_1 + U_2 \approx R(\omega_z + \omega_s) = R\overline{\omega}.$$

Mit den Koordinatentransformationen

$$\varphi = \frac{x}{R} \qquad \bar{z} = \frac{z}{B/2}$$

erhält man aus Gl. (7.16)

$$\frac{1}{R} \cdot \frac{\partial}{\partial \varphi} \left[h^3 \frac{\partial p}{R \, d\varphi} \right] + \frac{2}{B} \cdot \frac{\partial}{\partial \bar{z}} \left[h^3 \frac{2}{B} \cdot \frac{\partial p}{\partial \bar{z}} \right] = 6\eta \left[R\overline{\omega} \frac{\partial h}{R \, \partial \varphi} + 2 \frac{\partial h}{\partial t} \right]. \quad (7.17)$$

Zur Einführung der bei der Gleitlagerberechnung üblichen dimensionslosen Größen nach Bild 7.2

Breitenverhältnis $\quad \dfrac{B}{D}$,

relatives Lagerspiel $\quad \psi = \dfrac{R-r}{R}$,

relative Exzentrizität $\quad \varepsilon = \dfrac{e}{R-r} = \dfrac{e}{R\psi}$,

und relative Spalthöhe $\quad H = \dfrac{h}{R-r} = \dfrac{h}{R\psi}$

erweitert man diese Gleichung mit dem Faktor $1 : (R-r)^3$

$$\frac{\partial}{\partial \varphi}\left[\frac{h^3}{(R-r)^3}\cdot\frac{1}{R^2}\cdot\frac{\partial p}{\partial \varphi}\right] + \frac{4R^2}{B^2}\cdot\frac{\partial}{\partial \bar{z}}\left[\frac{h^3}{(R-r)^3}\cdot\frac{1}{R^2}\cdot\frac{\partial p}{\partial \bar{z}}\right]$$
$$= 6\eta\overline{\omega}\,\frac{1}{(R-r)^2}\cdot\left[\frac{1}{R-r}\cdot\frac{\partial h}{\partial \varphi} + \frac{2}{\overline{\omega}}\cdot\frac{1}{R-r}\cdot\frac{\partial h}{\partial t}\right],$$

bringt den Term $\eta\overline{\omega}/(R-r)^2$ von der linken auf die rechte Seite

$$\frac{\partial}{\partial \varphi}\left[\left(\frac{h}{R-r}\right)^3 \left(\frac{R-r}{R}\right)^2 \frac{1}{\eta\overline{\omega}}\cdot\frac{\partial p}{\partial \varphi}\right] + \left(\frac{D}{B}\right)^2 \frac{\partial}{\partial \bar{z}}\left[\left(\frac{h}{R-r}\right)^3 \left(\frac{R-r}{R}\right)^2 \frac{1}{\eta\overline{\omega}}\cdot\frac{\partial p}{\partial \bar{z}}\right]$$
$$= 6\left[\frac{\partial \frac{h}{R-r}}{\partial \varphi} + \frac{2}{\overline{\omega}}\cdot\frac{\partial \frac{h}{R-r}}{\partial t}\right]$$

und erhält unter Benutzung der dimensionslosen Größen

$$\frac{\partial}{\partial \varphi}\left[H^3 \frac{\partial}{\partial \varphi}\left(\frac{p\psi^2}{\eta\overline{\omega}}\right)\right] + \left(\frac{D}{B}\right)^2 \frac{\partial}{\partial \bar{z}}\left[H^3 \frac{\partial}{\partial \bar{z}}\left(\frac{p\psi^2}{\eta\overline{\omega}}\right)\right] = 6\left[\frac{\partial H}{\partial \varphi} + \frac{2}{\overline{\omega}}\cdot\frac{\partial H}{\partial t}\right]. \quad (7.18)$$

7 Radialgleitlager — Theoretische Grundlagen

Hier bietet sich eine weitere dimensionslose Kennzahl an, die

$$\text{Druck-Kennzahl} \quad \Pi = \frac{p\psi^2}{\eta\bar{\omega}}.$$

So erhält man die am häufigsten anzutreffende Form der Reynoldsschen Differentialgleichung für das Radialgleitlager allgemeiner Spaltfunktion H im instationären Fall

$$\frac{\partial}{\partial \varphi}\left(H^3 \frac{\partial \Pi}{\partial \varphi}\right) + \left(\frac{D}{B}\right)^2 \frac{\partial}{\partial \bar{z}}\left(H^3 \frac{\partial \Pi}{\partial \bar{z}}\right) = 6\left[\frac{\partial H}{\partial \varphi} + \frac{2}{\bar{\omega}} \cdot \frac{\partial H}{\partial t}\right]. \qquad (7.19)$$

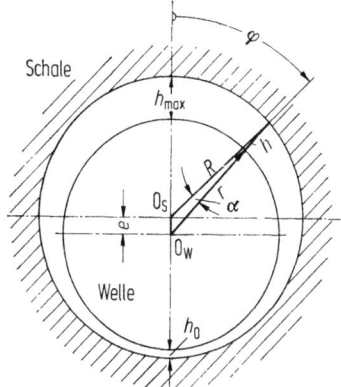

Bild 7.3 Zur Ableitung der Spaltfunktion

Für ein zylindrisches Radialgleitlager ohne Wellenverkantung ergibt sich die Spaltfunktion nach Bild 7.3 mit dem Winkel φ bezogen auf den Zapfenmittelpunkt und unter Verwendung des Sinussatzes

$$\frac{\sin \alpha}{e} = \frac{\sin \varphi}{R} \quad \text{mit} \quad \cos \alpha = \sqrt{1 - \frac{e^2}{R^2}\sin^2 \varphi}$$

zu

$$h = -r + e\cos\varphi + R\sqrt{1 - \frac{e^2}{R^2}\sin^2 \varphi}. \qquad (7.20)$$

Entwickelt man die Wurzel in eine Reihe

$$\sqrt{1 - x^2} = 1 - \frac{1}{2}x^2 - \frac{1}{8}x^4 - \frac{1}{16}x^6 - \cdots$$

und beachtet, daß $e/R \ll 1$ ist, so erhält man mit sehr guter Näherung

$$h = -r + e\cos\varphi + R\left(1 - \frac{e^2}{2R^2}\sin^2\varphi\right)$$
$$h = R - r + e\cos\varphi - \frac{e^2}{2R}\sin^2\varphi. \qquad (7.21)$$

Mit den dimensionslosen Größen ψ und ε erhält man weiter

$$h = (R-r)\left[1 + \frac{e}{R-r}\cos\varphi - \frac{1}{2}\frac{e^2}{(R-r)^2}\cdot\frac{R-r}{R}\sin^2\varphi\right]$$

$$h = R\psi\left[1 + \varepsilon\cos\varphi - \frac{1}{2}\varepsilon^2\psi\sin^2\varphi\right]. \tag{7.22}$$

Da ψ üblicherweise bei 10^{-3} liegt, kann auch das letzte Glied vernachlässigt werden. So ergibt sich schließlich die Spaltfunktion

$$h = R\psi(1 + \varepsilon\cos\varphi) \tag{7.23}$$

bzw. die relative Spaltfunktion

$$H = 1 + \varepsilon\cos\varphi. \tag{7.24}$$

Streng gilt diese Ableitung nur im zapfenfesten System. Da im realen Gleitlager aber e im Vergleich zu R oder r sehr klein ist, kann die Spaltfunktion auch für das schalenfeste System angesetzt werden.

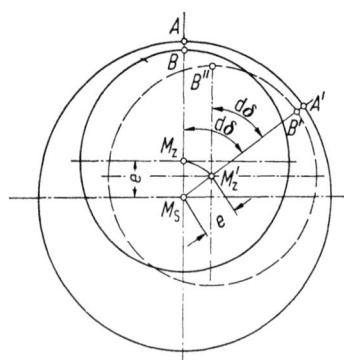

Bild 7.4 Hydrodynamisch wirksame Geschwindigkeit (Spaltdrehung)

Nunmehr kann Gl. (7.19) unter Verwendung der Spaltfunktion für das zylindrische Radiallager nach Gl. (7.24) entwickelt werden:

$$\frac{\partial}{\partial\varphi}\left[(1+\varepsilon\cos\varphi)^3\frac{\partial\Pi}{\partial\varphi}\right] + \left(\frac{D}{B}\right)^2\frac{\partial}{\partial\bar{z}}\left[(1+\varepsilon\cos\varphi)^3\frac{\partial\Pi}{\partial\bar{z}}\right]$$

$$= 6\frac{\partial}{\partial\varphi}(1+\varepsilon\cos\varphi) + \frac{12}{\bar{\omega}}\cdot\frac{\partial}{\partial t}(1+\varepsilon\cos\varphi). \tag{7.25}$$

Diese Differentialgleichung beschreibt also die Druckentwicklung in Umfangs- und Breitenrichtung eines Radialgleitlagers, wobei die beiden Glieder auf der rechten Seite allgemeine Bewegungen des Zapfens im Lager beschreiben. Das erste Störglied beschreibt den Druckaufbau infolge reiner Drehungsbewegung bei konstanter Exzentrizität. Von den 3 möglichen Drehungsbewegungen sind die des Zapfens ω_z und die der Schale ω_s schon erwähnt. Für eine allgemeine Bewegung bei konstanter Exzentrizität kommt noch die des Spaltes $d\delta/dt$ hinzu. Um ihre Auswirkung zu verdeutlichen, wird auf Bild 7.4 verwiesen. Der Mittelpunkt M_z des Zapfens drehe sich um den Schalenmittelpunkt M_s ohne Eigendrehung von Schale und Zapfen. Um die vergleichbare Winkelgeschwindigkeit des Spaltes zu ermitteln, soll dieser Vorgang in endlicher Zeit dt vorgenommen werden. Dreht man zunächst Zapfen und Schale gemeinsam um dδ im hier positiv gezeigten Sinne, so bewegen sich die Punkte B nach B' und A nach A', ohne daß dabei eine Auswirkung auf die Schmierfilmdruckentwicklung entstehen kann, da ja der Schmierspalt relativ zu Zapfen oder Schale in Ruhe ist. Da aber vereinbarungsgemäß keine Zapfen- und Schalendrehung auftreten soll, müssen diese Teile nun wieder um dδ zurückgedreht werden, so daß A' nach A und B' nach B'' kommen. Es müssen also beide Teile um dδ zurückgedreht werden, und hierbei entstehen druckerzeugende Drehungsbewegungen im Schmierspalt, die durch die Winkelgeschwindigkeit

$$\omega_{\mathrm{Sp}} = -2\,\frac{\mathrm{d}\delta}{\mathrm{d}t}$$

erfaßt werden. Alle drei Drehungsbewegungen können zusammengefaßt werden zu der hydrodynamisch wirksamen Winkelgeschwindigkeit

$$\bar{\omega} = \omega_{\mathrm{z}} + \omega_{\mathrm{S}} - 2\omega_{\mathrm{Sp}}, \tag{7.26}$$

wobei alle Drehbewegungen gleichsinnig anzusetzen sind.

Das zweite Störglied dH/dt auf der rechten Seite der Reynoldsschen Differentialgleichung erfaßt die reine Radial- oder Verdrängungsbewegung. Unter zeitlich veränderlicher, d. h. instationärer Belastung bewegt sich der Zapfenmittelpunkt ebenfalls auf einer instationären Bahnkurve innerhalb des Lagerspieles. Diese allgemeine Zapfenbewegung kann in jedem Zeitpunkt durch die beiden Komponenten Drehungsbewegung ω_{Sp} und Verdrängungsbewegung dH/d$t = \dot{\varepsilon}$ erfaßt werden.

Die Lösung der Reynoldsschen Differentialgleichung für den allgemeinen Fall besteht also aus zwei Grundlösungen, nämlich der für reine Drehung und der für reine Verdrängung. Jede Grundlösung beschreibt einen bestimmten Schmierfilmdruckaufbau. Für eine allgemeine Zapfenbewegung mit einer gegebenen Kombination von ω_{Sp} und $\dot{\varepsilon}$ sind die Schmierfilmdrücke aus den beiden Grundlösungen zu überlagern.

7.1 Stationäres Radialgleitlager

Im stationären Zustand entfallen die zeitlich veränderlichen Größen $\dot{\varepsilon}$ und ω_{Sp}, so daß die Reynoldssche Differentialgleichung für allgemeine Spaltformen nach

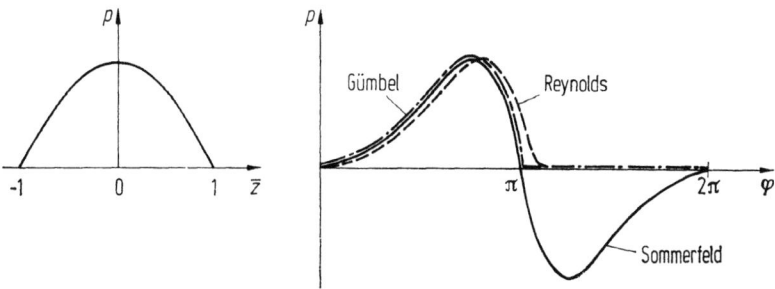

Bild 7.5   Randbedingungen für die Druckentwicklung

Gl. (7.19) sich vereinfacht zu

$$\frac{\partial}{\partial \varphi}\left(H^3 \frac{\partial \Pi}{\partial \varphi}\right) + \left(\frac{D}{B}\right)^2 \frac{\partial}{\partial \bar{z}}\left(H^3 \frac{\partial \Pi}{\partial \bar{z}}\right) = 6\,\frac{\partial H}{\partial \varphi}. \qquad (7.27)$$

Zur Lösung dieser Differentialgleichung des stationären Lagers sind Randbedingungen zu formulieren, welche die Ränder der Druckentwicklung beschreiben. Für das vollumschlossene 360°-Lager sind dazu in der Literatur folgende Angaben zu finden, die im Bild 7.5 dargestellt sind:

1. in axialer Richtung $\qquad p(\varphi; \bar{z} = \pm 1) = 0 \qquad (7.28)$

2. in Umfangsrichtung
   a) nach Sommerfeld $\qquad p(\varphi; \bar{z}) = p(\varphi + 2\pi; \bar{z}) \qquad (7.29)$
   b) nach Gümbel $\qquad p(\varphi; \bar{z}) = p(\varphi + 2\pi; \bar{z}) \qquad (7.30)$
   $\qquad$ aber $p = 0$ für $p < 0$
   c) nach Reynolds $\qquad p(\varphi = \varphi_1; \bar{z}) = 0 \quad$ Druckanfang $\qquad (7.31)$
   und $\qquad p(\varphi = \varphi_0; \bar{z}) = 0$
   $\qquad \left.\dfrac{\partial p}{\partial \varphi}\right|_{\varphi=\varphi_0} = 0 \quad \Big\}$ Druckende.

Diese Randbedingungen gelten entsprechend für den dimensionslosen Druck Π.

Nach der Sommerfeldschen Randbedingung [7.1] ergibt sich eine 2π-periodische Druckfunktion, die zum engsten Spalt bei $\varphi = \pi$ spiegelsymmetrisch ist und daher im divergierenden Spalt ebenso große Zugkräfte ergibt wie im konvergierenden Spalt Druckkräfte. Flüssigkeiten können aber Zugkräfte nicht oder allenfalls nur mit kleinsten Amplituden übertragen.

Gümbel [7.2] trägt dieser physikalischen Gegebenheit dadurch Rechnung, daß er die negativen Drücke Null setzt. Er kann dadurch die für eine analytische Behandlung mathematisch einfachen Randbedingungen weiter benützen und deshalb werden sie in der Literatur häufig verwendet. Die Druckfunktion zeigt aber bei $\varphi = \pi$ eine Unstetigkeit, die mit der Kontinuitätsbedingung nicht verträglich ist. Weil die Lösung der Reynoldsschen Differentialgleichung lange Zeit nur analytisch unter Verwendung der mathematisch einfachen Gümbelschen Randbedingungen möglich war, wurden zahllose Untersuchungen zur Klärung dieser Frage durchgeführt. Allerdings geben Versuche an Glaslagern zur Sichtbarmachung der Schaumbildung oder des Aufreißens des Schmierfilms nach dem engsten Spalt hierzu keine Antwort; sie zeigen nur, daß die im Bereich hinter dem engsten Spalt austretende Ölmenge nicht mehr ausreicht, den nunmehr divergierenden Spalt zu füllen. Zugleich sind solche Lager immer extrem niedrig belastet, so daß im Lager nur mäßige Drücke entwickelt werden; dabei können im divergierenden Spalt dann auch entsprechend geringe Unterdrücke auftreten, soweit sie das Schmiermittel eben gerade noch aufnehmen kann. Neuere Druckmessungen in höher belasteten Lagern haben die Frage nach den Randbedingungen am Druckende aber eindeutig zugunsten der Reynoldsschen Randbedingungen entschieden.

Reynolds [7.3] hat seine Randbedingungen, die den beiden physikalischen Bedingungen nach der Unmöglichkeit von Zugkräften in Flüssigkeiten und nach der Kontinuitätsbedingung entsprechen, am frühesten formuliert. Durch die Schwierigkeiten, sie in einer numerischen Lösung zu verwenden, gerieten sie längere Zeit in Vergessenheit. Diese Schwierigkeiten werden deutlich bei einem

7.1 Stationäres Radialgleitlager

Lager endlicher Breite, wo das Druckende dann nicht mehr auf einer Mantellinie $\varphi_0 = $ const, sondern auf einer Linie $\varphi_0 = f(\bar{z})$ liegt, so daß also bei der Integration mit einer veränderlichen Integrationsgrenze zu arbeiten ist. Reynolds selbst versuchte eine analytische Lösung unter Verwendung eines Fourieransatzes, dessen Konvergenz aber sehr mäßig war. Auch Gümbel und Swift [7.4] haben, angeregt durch Versuchsergebnisse von Lasche [7.5] mit einer groben Bestätigung der Reynoldsschen Randbedingung, entsprechende Lösungen mit begrenzter Genauigkeit erstellt. Schiebel [7.6] verwendete zum ersten Male den numerischen Weg über die Ritzsche Methode und stellte dabei den Minimalsatz der Gleitlagerreibung auf. Die für die praktische Anwendung vollständigste Lösung mit den physikalischen Randbedingungen ist die von Sassenfeld-Walther [7.7] und Hakansson [7.8], wozu sehr aufwendige numerische Verfahren entwickelt wurden, die im Abschnitt 7.1.3 näher beschrieben werden. Der Aufwand für diese numerischen Lösungen ohne die modernen Möglichkeiten der elektronischen Datenverarbeitung sollte die Wertschätzung dieser Arbeiten herausstellen, auch wenn sie in den wichtigen Bereichen praktischer Anwendung, nämlich bei hohen Exzentrizitäten, unvollständig sind. Mit den modernen Möglichkeiten der EDV hat Butenschön [7.9] auch diesen Mangel behoben und die Genauigkeit noch verbessert durch die Verwendung eines numerischen Lösungsverfahrens mit gesteuerter Schrittweite.

Die Lösung der Reynoldsschen Differentialgleichung gestaltet sich deshalb so schwierig, weil sie zwei unabhängige Variable φ und $\bar{z}$ aufweist. Man hat daher lange Zeit Näherungslösungen verwendet mit der vereinfachenden Annahme über die Druckverteilung in Breitenrichtung. Es sind dies die Lösungen für das unendlich breite Lager ohne Seitenfluß und für das sehr schmale Lager.

Die Behandlung der für die praktische Anwendung recht abstrahierten Fälle unendlich breiter bzw. sehr schmaler Lager ist nicht allein deshalb zweckmäßig, weil sie auch heute noch in der Literatur immer wieder zu finden sind. Sie sind auch sehr gut dazu geeignet, die Grundvorstellungen über die Vorgänge im Gleitlager zu verdeutlichen und die logische Entwicklung spezieller und häufig verwendeter Gleitlager-Kenngrößen darzulegen. Schließlich können diese vereinfachten Lösungen unendlich breiter bzw. sehr schmaler Lager dazu benutzt werden, die exakten, numerisch aber sehr aufwendigen Lösungen für Lager endlicher Breite unter den physikalisch richtigen Randbedingungen in der Form von analytischen Formeln zu approximieren, so daß sie mit hoher Genauigkeit bei der praktischen Anwendung gut zu handhaben sind.

Der analytische Lösungsweg für diese abstrahierten Fälle kann hier nicht bis in die letzten Detailschritte dargestellt werden. Eine wertvolle Hilfe für die Ableitung aller behandelten Versionen stellen die in Abschnitt 7.3 zusammengestellten, in der Gleitlagertheorie häufig benutzten Integrale dar. Der Vergleich zwischen den abstrakten Lösungen und den exakten numerischen Lösungen erfolgt dann im Abschnitt 7.4.

Da die Herleitung einiger Kenngrößen in allen Fällen auf ganz bestimmten Verfahrensweisen basiert, sollen diese vorweg dargestellt werden.

Ausgangspunkt ist immer die Reynoldssche Differentialgleichung für konstante Dichte und Viskosität, die je nach Abstrahierung auf das unendlich breite bzw. sehr schmale Lager in einer entsprechend reduzierten Form zu nehmen ist. Dadurch reduziert sie sich auf eine gewöhnliche Differentialgleichung, die unter Berücksichtigung der verschiedenen Randbedingungen für die Druckentwicklung — ganz besonders für das Druckbergende bei φ_0 zu integrieren ist.

Dabei werden die im Abschnitt 7.3 dargestellte Sommerfeld-Transformation sowie die darauf aufgebauten, speziell in der Gleitlagertheorie häufig vorkommenden Integrale benutzt. Als Ergebnis erhält man die Druckfunktion und deren später häufig notwendigen Ableitung in der dimensionslosen Form

$$\Pi(\varphi, \varepsilon, B/D) = \frac{p\psi^2}{\eta\overline{\omega}} \, (\varphi, \varepsilon, B/D) \tag{7.32}$$

$$\frac{d\Pi}{d\varphi} = f(\varphi, \varepsilon, B/D). \tag{7.33}$$

Daraus ermittelt man durch Nullsetzen der Ableitung die Lage des Druckmaximums und die Amplitude des Druckmaximums

$$\varphi_{max} = f(\varepsilon, B/D) \tag{7.34}$$

und

$$\Pi_{max} = f(\varepsilon, B/D). \tag{7.35}$$

Die Integration über die im Lager entwickelten Drücke ergibt die Tragfähigkeit. Zu diesem Zweck betrachtet man einen Ausschnitt aus der Druckentwicklung im Lager nach Bild 7.6. Auf das Element $R \, d\varphi$ wirkt ein Druck mit den beiden Komponenten $pR \sin \varphi \, d\varphi$ und $pR \cos \varphi \, d\varphi$, jeweils bezogen auf ein nach dem Spalt-Extremlagen orientiertem x-y-Koordinatensystem. Die Integration über den druckbeaufschlagten Bereich ergibt die Komponenten F_x und F_y der äußeren Last

$$F_x = F \cos(\pi - \varphi_p) = RB \int_0^{\varphi_0} p \cos \varphi \, d\varphi = RB \frac{\eta\overline{\omega}}{\psi^2} \int_0^{\varphi_0} \Pi \cos \varphi \, d\varphi \tag{7.36}$$

$$F_y = F \sin(\pi - \varphi_p) = RB \int_0^{\varphi_0} p \sin \varphi \, d\varphi = RB \frac{\eta\overline{\omega}}{\psi^2} \int_0^{\varphi_0} \Pi \sin \varphi \, d\varphi. \tag{7.37}$$

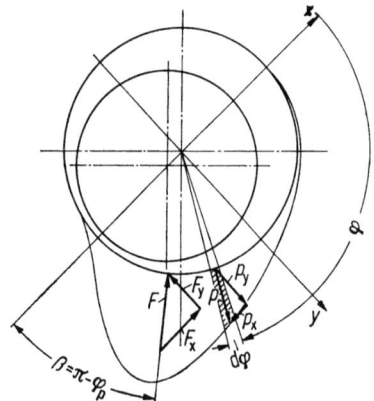

Bild 7.6 Tragfähigkeit unter Drehungsdruck

Die resultierende Tragfähigkeit in dimensionsloser Schreibweise ist

$$So = \frac{F\psi^2}{BD\eta\overline{\omega}} = \frac{\sqrt{F_x^2 + F_y^2}}{BD\eta\overline{\omega}/\psi^2}$$

$$= \frac{1}{2}\left[\left(\int_0^{\varphi_0} \Pi \cos \varphi \, d\varphi\right)^2 + \left(\int_0^{\varphi_0} \Pi \sin \varphi \, d\varphi\right)^2\right]^{1/2} \tag{7.38}$$

7.1 Stationäres Radialgleitlager

Die äußere Last erscheint unter dem Lastwinkel

$$\tan \beta = \tan(\pi - \varphi_p) = \frac{F_y}{F_x} = \frac{\int_0^{\varphi_0} \Pi \sin\varphi \, d\varphi}{\int_0^{\varphi_0} \Pi \cos\varphi \, d\varphi}. \tag{7.39}$$

Zur Ermittlung der Lagerreibung greifen wir zurück auf die an der Welle angreifenden Schubspannungen

$$\tau = \frac{\eta \Delta U}{h} + \frac{h}{2R} \cdot \frac{dp}{d\varphi}. \tag{7.40}$$

Es erübrigt sich, die Reibungsbetrachtung auch an der Schale anzustellen, da bei richtiger Ableitung die beiden Reibungsmomente gleich sind, wie Vogelpohl [7.10] nachgewiesen hat. Durch die Einführung der dimensionslosen Größen und der Integration über den druckbeaufschlagten Bereich erhält man die Reibkraft

$$\begin{aligned}F_R &= \int_{-B/2}^{B/2} \int_{\varphi_1}^{\varphi_2} \tau R \, d\varphi \, dz \\ &= R \int_{-B/2}^{+B/2} \int_{\varphi_1}^{\varphi_2} \left[\eta \frac{R\omega_{gl}}{h} + \frac{h}{2R} \cdot \frac{dp}{d\varphi} \right] d\varphi \, dz. \end{aligned} \tag{7.41}$$

Nach Gl. (7.8) ist $\Delta U = U_2 - U_1 = R\omega_{gl}$. Weiter kann man zur Abkürzung setzen $\omega_{gl}/\omega = \omega_{gl}^*$.

Mit der üblichen Definition des Reibwertes $\mu = F_R/F$ und der Tragfähigkeit aus der So-Zahl ergibt sich der auf das relative Lagerspiel bezogene Reibwert

$$\begin{aligned}\frac{\mu}{\psi} &= \frac{F_R}{F\psi} = \frac{F_R \psi^2}{So B D \eta \overline{\omega} \psi} \\ &= \frac{B}{2} \cdot \frac{D}{2} \cdot \frac{\psi^2}{So B D \eta \overline{\omega} \psi} \int_{-1}^{+1} \int_{\varphi_1}^{\varphi_2} \left[\eta \frac{R\omega_{gl}}{h} + \frac{h}{2R} \cdot \frac{dp}{d\varphi} \right] d\varphi \, d\bar{z} \\ &= \frac{1}{4 So \overline{\omega}} \left[2\omega_{gl} \int_{\varphi_1}^{\varphi_2} \frac{d\varphi}{H} + \frac{\psi}{\eta} \int_{-1}^{+1} \int_{\varphi_1}^{\varphi_2} \frac{h}{2R} \cdot \frac{dp}{d\varphi} d\varphi \, d\bar{z} \right] \\ &= \frac{\omega_{gl}^*}{2So} \int_{\varphi_1}^{\varphi_2} \frac{d\varphi}{H} + \frac{1}{8So} \int_{-1}^{+1} \int_{\varphi_1}^{\varphi_2} H \frac{d\Pi}{d\varphi} d\varphi \, d\bar{z} \\ &= \frac{\omega_{gl}^*}{2So} I_1 \Big|_{\varphi_1}^{\varphi_2} + \frac{1}{4So} I_2 \Big|_{\varphi_1}^{\varphi_2}. \end{aligned} \tag{7.42}$$

11*

7.1.1 Unendlich breites Radialgleitlager

Beim unendlich breiten Lager findet in Breitenrichtung kein Ölfluß statt. Auch ist der Druckgradient in Breitenrichtung gleich Null, so daß sich die Reynoldssche Differentialgleichung wie folgt vereinfacht

$$\frac{\partial}{\partial \varphi}\left(H^3 \frac{\partial \Pi}{\partial \varphi}\right) = 6 \frac{\partial H}{\partial \varphi}. \tag{7.43}$$

Da sowohl die Spaltfunktion H wie die Druckfunktion Π hier nur von der einen Variablen abhängen, verliert die Differentialgleichung ihren partiellen Charakter. Ihre Integration führt zu der gewöhnlichen Differentialgleichung

$$H^3 \frac{d\Pi}{d\varphi} = 6(H + C_1). \tag{7.44}$$

Zur Bestimmung der Integrationskonstante C_1 wird zunächst nur angenommen, daß im Druckverlauf $\Pi(\varphi)$ an einer bestimmten Stelle $H_0 = H(\varphi_0)$ der Druckgradient zu Null wird

$$\left.\frac{d\Pi}{d\varphi}\right|_{\varphi_0} = \frac{6}{H_0^3}(H_0 + C_1) = 0. \tag{7.45}$$

Mit der Integrationskonstante $C_1 = -H_0$ ergibt sich nun

$$\frac{\partial \Pi}{\partial \varphi} = 6 \frac{H - H_0}{H^3} \tag{7.46}$$

und nach Einbringen der bereits bekannten Spaltfunktion des zylindrischen Radialgleitlagers

$$\frac{d\Pi}{d\varphi} = 6\left[\frac{1}{(1 + \varepsilon \cos \varphi)^2} - \frac{1 + \varepsilon \cos \varphi_0}{(1 + \varepsilon \cos \varphi)^3}\right]. \tag{7.47}$$

Zur weiteren Verarbeitung wird nun die in Abschnitt 7.3 behandelte Sommerfeld-Transformation eingeführt.

Damit kann nun die Integration der Gl. (7.47) in Teilschritten vorgenommen werden

$$\int \frac{d\varphi}{(1 + \varepsilon \cos \varphi)^2} = \int \frac{(1 - \varepsilon \cos \chi)^2}{(1 - \varepsilon^2)^2} \cdot \frac{\sqrt{1 - \varepsilon^2}}{1 - \varepsilon \cos \chi} d\chi$$
$$= (1 - \varepsilon^2)^{-3/2}(\chi - \varepsilon \sin \chi) \tag{7.48}$$

$$\int \frac{d\varphi}{(1 + \varepsilon \cos \varphi)^3} = \int \frac{(1 - \varepsilon \cos \chi)^3}{(1 - \varepsilon^2)^3} \cdot \frac{\sqrt{1 - \varepsilon^2}}{1 - \varepsilon \cos \chi} d\chi$$
$$= (1 - \varepsilon^2)^{-5/2}\left[\chi - 2\varepsilon \sin \chi + \frac{\varepsilon^2}{2}(\sin \chi \cos \chi + \chi)\right]. \tag{7.49}$$

Zusammen mit dem speziellen Term aus (7.47) in der entsprechenden Form nach Abschnitt 7.3

$$1 + \varepsilon \cos \varphi_0 = \frac{1 - \varepsilon^2}{1 - \varepsilon \cos \chi_0} \tag{7.50}$$

7.1 Stationäres Radialgleitlager

ergibt schließlich die Integration von Gl. (7.47) die Druckfunktion

$$\Pi(\varphi) = 6(1-\varepsilon^2)^{-3/2}$$
$$\times \left[\chi - \varepsilon \sin \chi - \frac{\chi - 2\varepsilon \sin \chi + \frac{\varepsilon^2}{2}(\sin \chi \cos \chi + \chi) = \varepsilon^2(\sin \chi \cos \chi + \chi)/2}{1-\varepsilon \cos \chi_0} \right]. \tag{7.51}$$

Im folgenden ist nun zu trennen zwischen den Randbedingungen nach Reynolds und Gümbel.

7.1.1.1 Reynoldssche Randbedingungen

Nach den Reynoldsschen Randbedingungen soll der Druckgradient am Druckbergende bei φ_0 bzw. χ_0 zu Null werden. Dazu sind in Gl. (7.47) die Beziehungen (7.48), (7.49) und (7.50) für $\chi = \chi_0$ einzusetzen:

$$(1-\varepsilon^2)^{-3/2}(\chi_0 - \varepsilon \sin \chi_0)$$
$$- \frac{1-\varepsilon^2}{1-\varepsilon \cos \chi_0}(1-\varepsilon^2)^{-5/2}\left[\chi_0 - 2\varepsilon \sin \chi_0 + \frac{\varepsilon^2}{2}(\sin \chi_0 \cos \chi_0 + \chi_0)\right] = 0. \tag{7.52}$$

Nach einigen Umformungen ergibt sich daraus eine Bestimmungsgleichung für das Druckbergende bei χ_0

$$\varepsilon(\sin \chi_0 \cos \chi_0 - \chi_0) + 2(\sin \chi_0 - \chi_0 \cos \chi_0) = 0. \tag{7.53}$$

Diese transzendente Gleichung ist mit einigem Aufwand numerisch zu lösen (vgl. Bild 7.7). Transformiert man aber die Lösung für χ_0 auf den eigentlichen Spaltwinkel φ_0, so ergeben sich zwei, zu π symmetrische Lösungen. Dies erklärt sich daraus, daß χ_0 bzw. φ_0 entsprechend der Reynoldsschen Randbedingung ja die Stelle kennzeichnet, an der der Druckgradient verschwindet. Hierfür gibt es aber zwei Stellen, nämlich neben dem Druckende auch noch das Druckmaximum. In Bild 7.7 ist deshalb sowohl die Ortskurve für das Druckende φ_0 wie für das Druckmaximum φ_{max} dargestellt.

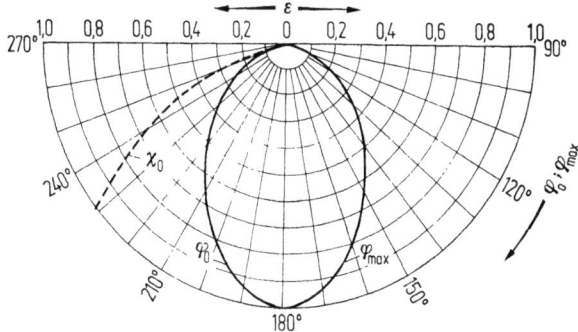

Bild 7.7 Lage des Druckendes und des Druckmaximums im unendlich breiten Lager unter Reynoldsschen Randbedingungen

Für die Tragfähigkeit können wir auf die Gln. (7.36) und (7.37) zurückgreifen, wobei folgende Teilintegrale partiell zu integrieren sind:

$$I_1 = \int_0^{\varphi_0} \Pi \cos \varphi \, d\varphi = \underbrace{\Pi \sin \varphi \Big|_0^{\varphi_0}}_{=0} - \int_0^{\varphi_0} \frac{d\Pi}{d\varphi} \sin \varphi \, d\varphi$$

$$= - \int_0^{\varphi_0} \frac{d\Pi}{d\varphi} \sin \varphi \, d\varphi \tag{7.54}$$

$$I_2 = \int_0^{\varphi_0} \Pi \sin \varphi \, d\varphi = \underbrace{-\Pi \cos \varphi \Big|_0^{\varphi_0}}_{=0} - \int_0^{\varphi_0} \frac{d\Pi}{d\varphi} \cos \varphi \, d\varphi$$

$$= \int_0^{\varphi_0} \frac{d\Pi}{d\varphi} \cos \varphi \, d\varphi. \tag{7.55}$$

Die Ableitung der Gl. (7.51) ergibt

$$\frac{d\Pi}{d\varphi} = 6(1-\varepsilon^2)^{-3/2} \left[1 - \varepsilon \cos \chi - \frac{1 - 2\varepsilon \cos \chi + \frac{\varepsilon^2}{2}(\cos^2 \chi - \sin^2 \chi + 1)}{1 - \varepsilon \cos \chi_0} \right] \frac{\partial \chi}{\partial \varphi}. \tag{7.56}$$

Damit können die Teilintegrale I_1 und I_2 gelöst werden

$$I_1 = -\frac{3}{1-\varepsilon^2} \cdot \frac{\varepsilon(1-\cos \chi_0)^2}{1-\varepsilon \cos \chi_0} \tag{7.57}$$

$$I_2 = 6(1-\varepsilon^2)^{-1/2} \cdot \frac{\sin \chi_0 - \chi_0 \cos \chi_0}{1-\varepsilon \cos \chi_0}. \tag{7.58}$$

Damit erhält man schließlich nach einigen Umformungen über Gl. (7.38) die *So*-Zahl

$$So = \frac{3}{(1-\varepsilon^2)(1-\varepsilon \cos \chi_0)} \sqrt{\frac{\varepsilon^2}{4}(1-\cos \chi_0)^4 + (1-\varepsilon^2)(\sin \chi_0 - \chi_0 \cos \chi_0)^2} \tag{7.59}$$

und den Lastwinkel

$$\tan \beta = 2\sqrt{1-\varepsilon^2} \frac{\sin \chi_0 - \chi_0 \cos \chi_0}{\varepsilon(1-\varepsilon \cos \chi_0)^2}. \tag{7.60}$$

Zur Ermittlung des Reibwertes geht man von Gl. (7.42) aus; im unendlich breiten Lager ist $B = 1$ zu setzen. Zu lösen sind die beiden Teilintegrale

$$I_1 = \int_0^{2\pi} \frac{d\varphi}{H} = \int_0^{2\pi} \frac{d\varphi}{1+\varepsilon \cos \varphi} = \Pi_1^{00} \Big|_0^{2\pi} = \frac{2\pi}{\sqrt{1-\varepsilon^2}} \tag{7.61}$$

$$I_2 = \int_0^{2\pi} H \frac{d\Pi}{d\varphi} d\varphi = \underbrace{H\Pi \Big|_0^{2\pi}}_{=0} - \int_0^{2\pi} \frac{dH}{d\varphi} \Pi \, d\varphi = \varepsilon \int_0^{2\pi} \Pi \sin \varphi \, d\varphi. \tag{7.62}$$

7.1 Stationäres Radialgleitlager

Das Letzte ist aus der Berechnung der Tragfähigkeit bekannt:

$$\int_0^{2\pi} \Pi \sin \varphi \, d\varphi \, d\bar{z} = 2 So \sin \beta. \tag{7.63}$$

Damit wird
$$I_2 = 2\varepsilon So \sin \beta. \tag{7.64}$$

Für den bezogenen Reibwert erhält man somit

$$\frac{\mu}{\psi} = \frac{\pi \omega_{\text{gl}}^*}{So \sqrt{1-\varepsilon^2}} + \frac{\varepsilon}{2} \sin \beta. \tag{7.65}$$

Die numerische Auswertung aller Gleitlager-Kenngrößen für das unendlich breite Lager unter den Reynoldsschen Randbedingungen ist in Tabelle 7.1 zusammengestellt.

Tabelle 7.1 Gleitlager-Kenngrößen für das unendlich breite, vollumschlossene Radialgleitlager unter reiner Drehung mit den Reynoldsschen Randbedingungen

Relative Exzentrizität	Sommerfeldzahl	Verlagerungswinkel	Bezogene Reibungszahl	Maximal-Druckzahl	Bezogener Maximaldruck	Druckende
ε	So	β	μ/ψ	$\Pi_{\max}$	$\Pi_{\max}/So$	φ_0
0,100	0,6729	69,44	4,7392	0,7994	1,1881	249,16
0,300	1,8923	64,37	1,8756	2,3963	1,2663	233,82
0,500	3,2232	58,26	1,3381	4,4731	1,3878	219,71
0,700	5,3217	49,12	1,0913	8,9378	1,6795	206,62
0,900	13,8331	31,68	0,7574	38,5847	2,7893	193,19
0,910	15,2085	30,25	0,7275	44,6667	2,9370	192,41
0,930	19,1243	27,04	0,6584	63,5741	3,3243	190,78
0,950	26,1472	23,18	0,5718	102,7239	3,9287	188,96
0,970	42,4919	18,22	0,4558	215,4082	5,0694	186,83
0,990	124,0912	10,68	0,2712	1089,8786	8,7829	183,88
0,991	137,6875	10,14	0,2577	1274,7527	9,2583	183,68
0,995	246,4514	7,58	0,1933	3061,7614	12,4234	182,73
0,999	1225,2769	3,40	0,0870	34044,5396	27,7852	181,22

7.1.1.2. Gümbelsche Randbedingungen

Aufbauend auf der Ableitung nach Abschnitt 7.1.1 hat hier φ_0 die Bedeutung, daß es die Lage des Druckmaximums beschreibt, da ja am Druckbergende nach den Gümbelschen Randbedingungen keine Vorschrift zum Druckgradienten gegeben ist. Diese Randbedingungen fordern allein die 2π-Periodizität, d. h. insbesonders, daß für $\chi = 2\pi$ die Gl. (7.51)

$$\Pi(2\pi) = 0 \tag{7.66}$$

werden muß:

$$\Pi(2\pi) = 6(1-\varepsilon^2)^{-3/2} \left[2\pi - \frac{2\pi + \frac{\varepsilon^2}{2} 2\pi}{1 - \varepsilon \cos \chi_0} \right] = 0. \tag{7.67}$$

Daraus ergibt sich die Lage des Druckmaximums bei $\chi_0 = \chi_{\max}$ zu

$$\cos \chi_{\max} = -\frac{\varepsilon}{2} \tag{7.68}$$

und mit Abschnitt 7.3
$$\cos \varphi_{\max} = \frac{-3\varepsilon}{2 + \varepsilon^2}. \tag{7.69}$$

Die Druckfunktion (7.51) ist damit aber weiterzuentwickeln zu

$$\Pi = \frac{12}{(1-\varepsilon^2)^{3/2}(2+\varepsilon^2)} \left[\chi - \varepsilon \sin \chi + \frac{\varepsilon^2}{2} \chi \right.$$
$$\left. - \frac{\varepsilon^3}{2} \sin \chi - \chi + 2\varepsilon \sin \chi - \frac{\varepsilon^2}{2} \sin \chi \cos \chi - \frac{\varepsilon^2}{2} \chi \right], \tag{7.70}$$

woraus man nach einigen Umformungen schließlich

$$\Pi = \frac{6\varepsilon \sin \chi}{(1-\varepsilon^2)^{3/2}(2+\varepsilon^2)} [2 - \varepsilon(\varepsilon + \cos \chi)] \tag{7.71}$$

und nach Einführen der bekannten Gleichungen aus Abschnitt 7.3

$$\Pi(\varphi) = \frac{6\varepsilon \sin \varphi (2 + \varepsilon \cos \varphi)}{(2+\varepsilon^2)(1+\varepsilon \cos \varphi)^2} \tag{7.72}$$

erhält.

Die Lage des Druckmaximums ist ja aus (7.69) bekannt, so daß durch Einsetzen in (7.72) dessen Amplitude zu bestimmen ist. Auch hier erhält man nach einigen Umformungen

$$\Pi_{\max} = \frac{3}{2} \cdot \frac{\varepsilon(4-\varepsilon^2)\sqrt{2 - 5\varepsilon^2 + \varepsilon^4}}{(2+\varepsilon^2)(1-\varepsilon^2)^2}. \tag{7.73}$$

Für die Tragfähigkeit ist noch die Druck-Ableitung erforderlich, wozu man Gl. (7.47) benützt in Verbindung mit der aus (7.69) erhältlichen Beziehung

$$1 + \varepsilon \cos \varphi_0 = \frac{2(1-\varepsilon^2)}{2+\varepsilon^2} \tag{7.74}$$

$$\frac{d\Pi}{d\varphi} = 6 \left[\frac{1}{(1+\varepsilon \cos \varphi)^2} - \frac{2(1-\varepsilon^2)}{2+\varepsilon^2} \cdot \frac{1}{(1+\varepsilon \cos \varphi)^3} \right]. \tag{7.75}$$

Die Tragfähigkeit und der Lastwinkel bestimmen sich ja nach (7.38) unter Einbeziehung der Gln. (7.54) und (7.55) zu

$$So = \frac{1}{2} \sqrt{I_1^2 + I_2^2} \Big|_0^\pi \tag{7.76}$$

$$\tan \beta = I_2/I_1 \tag{7.77}$$

mit

$$I_1 = -\int_0^\pi \frac{d\Pi}{d\varphi} \sin \varphi \, d\varphi$$
$$= -6 \int_0^\pi \frac{\sin \varphi}{(1+\varepsilon \cos \varphi)^2} d\varphi + 6 \frac{2(1-\varepsilon^2)}{2+\varepsilon^2} \int_0^\pi \frac{\sin \varphi}{(1+\varepsilon \cos \varphi)^3} d\varphi$$
$$= -6 I_2^{10} \Big|_0^\pi + \frac{12(1-\varepsilon^2)}{2+\varepsilon^2} I_3^{10} \Big|_0^\pi \tag{7.78}$$

7.1 Stationäres Radialgleitlager

$$I_2 = -\int_0^\pi \frac{dII}{d\varphi} \cos\varphi \, d\varphi$$

$$= -6 \int_0^\pi \frac{\cos\varphi}{(1+\varepsilon\cos\varphi)^2} d\varphi + 6\frac{2(1-\varepsilon^2)}{2+\varepsilon^2} \int_0^\pi \frac{\cos\varphi}{(1+\varepsilon\cos\varphi)^3} d\varphi$$

$$= -6 \, I_2^{01} \Big|_0^\pi + \frac{12(1-\varepsilon^2)}{2+\varepsilon^2} I_3^{01} \Big|_0^\pi. \tag{7.79}$$

Mit der Integral-Zusammenstellung aus Abschnitt 7.3 erhält man dafür

$$I_1 = -\frac{12\varepsilon^2}{(1-\varepsilon^2)(2+\varepsilon^2)} \tag{7.80}$$

$$I_2 = -\frac{6\pi\varepsilon}{(2+\varepsilon^2)\sqrt{1-\varepsilon^2}} \tag{7.81}$$

und nach Einsetzen in (7.76) und (7.77)

$$So = \frac{3\varepsilon\sqrt{4\varepsilon^2 + \pi^2(1-\varepsilon^2)}}{(1-\varepsilon^2)(2+\varepsilon^2)} \tag{7.82}$$

$$\tan\beta = \frac{\pi\sqrt{1-\varepsilon^2}}{2\varepsilon}. \tag{7.83}$$

Nunmehr kann auch noch die häufig verwendete Kenngröße „bezogener Maximaldruck", d. h. der auf die mittlere Flächenpressung bezogene Maximal-

Tabelle 7.2 Gleitlager-Kenngrößen für das unendlich breite, vollumschlossene Radialgleitlager unter reiner Drehung mit den Gümbelschen Randbedingungen

Relative Exzentrizität ε	Sommerfeldzahl So	Verlagerungswinkel β	Bezogene Reibungszahl μ/ψ	Maximal-Druckzahl Π_{max}	Stelle des Maximaldruckes φ_{max}	Bezogener Maximaldruck Π_{max}/So
0,100	0,4722	86,34	6,7362	0,6038	98,58	1,2787
0,300	1,4463	78,68	2,4241	1,9176	115,51	1,3259
0,500	2,5766	69,82	1,6426	3,7268	131,81	1,4464
0,700	4,3732	58,04	1,3029	7,6137	147,50	1,7410
0,900	11,4376	37,26	0,9026	33,0509	163,92	2,8897
0,910	12,5680	35,59	0,8677	38,2563	164,86	3,0439
0,930	15,7813	31,83	0,7869	54,4326	166,87	3,4492
0,950	21,5345	27,31	0,6851	87,9129	169,09	4,0824
0,970	34,9072	21,49	0,5479	184,2434	171,69	5,2781
0,990	101,6138	12,62	0,3273	931,5472	175,28	9,1675
0,991	112,7269	11,98	0,3110	1089,5225	175,53	9,6651
0,995	201,6239	8,96	0,2335	2616,4624	176,68	12,9769
0,999	1001,6318	4,02	0,1052	29088,5181	178,52	29,0411

druck nachgetragen werden

$$\frac{\Pi_{max}}{So} = \frac{p_{max}}{\frac{F}{BD}} = \frac{1}{2} \frac{(4-\varepsilon^2)\sqrt{2-5\varepsilon^2+\varepsilon^4}}{(1-\varepsilon^2)\sqrt{4\varepsilon^2+\pi^2(1-\varepsilon^2)}}. \tag{7.84}$$

Der bezogene Reibwert aus (7.42) ist identisch mit Gl. (7.65)

$$\frac{\mu}{\psi} = \frac{\pi \omega_{gl}^*}{So\sqrt{1-\varepsilon^2}} + \frac{\varepsilon}{2}\sin\beta, \tag{7.85}$$

wobei der erste Term die Newtonsche Reibung, der zweite Term das rückdrehende Moment zwischen äußerer Last an der Schale und resultierender Tragkraft an der sich exzentrisch einstellenden Welle beschreibt.

Die numerischen Werte für die wichtigsten Gleitlager-Kenngrößen dieses Abschnittes sind in Tabelle 7.2 zusammengestellt.

7.1.2 Sehr kurzes Radialgleitlager

Beim sehr schmalen Lager ist der Druckgradient in Breitenrichtung so dominierend, daß in der Reynoldsschen Differentialgleichung (7.27) das erste Glied vernachlässigbar ist. Dadurch reduziert sich die Reynoldssche Differentialgleichung auf

$$\left(\frac{D}{B}\right)^2 \frac{\partial}{\partial \bar{z}}\left(H^3 \frac{\partial \Pi}{\partial \bar{z}}\right) = 6\frac{\partial H}{\partial \varphi}. \tag{7.86}$$

Allerdings ändern sich dann auch die beiden Teil-Ölmengen

$$q_x = \int_0^h u\,dy\,dz = \left[\frac{Uh}{2} - \frac{h^3}{12\eta} \cdot \frac{\partial p}{\partial x}\right] dz \cong \frac{Uh}{2}\,dz \tag{7.87}$$

$$q_z = \int_0^h w\,dy\,dx = -\left(\frac{h^3}{12\eta} \cdot \frac{\partial p}{\partial z}\right) dx. \tag{7.88}$$

Auch hier kann die partielle Differentialgleichung (7.86) als gewöhnliche behandelt und integriert werden.

$$\left(\frac{D}{B}\right)^2 H^3 \frac{d^2\Pi}{d\bar{z}^2} = 6\frac{dH}{d\varphi} \tag{7.89}$$

$$H^3 \frac{d\Pi}{d\bar{z}} = 6\left(\frac{B}{D}\right)^2 \frac{dH}{d\varphi}\bar{z} + C_1 \tag{7.90}$$

$$\Pi = 6\left(\frac{B}{D}\right)^2 \frac{1}{H^3} \cdot \frac{dH}{d\varphi} \cdot \frac{1}{2}\bar{z}^2 + \frac{1}{H^3}C_1\bar{z} + C_2. \tag{7.91}$$

Die Integrationskonstanten sind aus den Randbedingungen für den Druckverlauf in Breitenrichtung zu ermitteln. In Lagermitte ($\bar{z} = 0$) ist der Druck-

7.1 Stationäres Radialgleitlager

gradient gleich Null und am Lagerrand ($\bar{z} = \pm 1$) muß der Druck selbst zu Null werden:

$$\left(\frac{d\Pi}{d\bar{z}}\right)_{\bar{z}=0} = 0 \qquad \Pi_{\bar{z}=\pm 1} = 0. \tag{7.92}$$

Hieraus ergibt sich über (7.90) sofort $C_1 = 0$; mit der zweiten Bedingung in (7.91) erhält man

$$C_2 = -3\left(\frac{B}{D}\right)^2 \frac{1}{H^3} \cdot \frac{dH}{d\varphi}, \tag{7.93}$$

so daß sich schließlich die Druckfunktion

$$\Pi = 3\left(\frac{B}{D}\right)^2 (1 - \bar{z}^2) \frac{\varepsilon \sin\varphi}{(1 + \varepsilon \cos\varphi)^3} \tag{7.94}$$

und deren Ableitung

$$\frac{d\Pi}{d\bar{z}} = 6\left(\frac{B}{D}\right)^2 \bar{z} \frac{-\varepsilon \sin\varphi}{(1 + \varepsilon \cos\varphi)^3} \tag{7.95}$$

ergibt. Die Druckfunktion läßt erkennen, daß der Druckverlauf einen der sin-Funktion entsprechenden, um π antisymmetrischen Verlauf aufweist. Sie entspricht insoweit also den Sommerfeldschen Randbedingungen bzw. innerhalb des Bereiches 0 bis π den Gümbelschen Randbedingungen.

Im Unterschied zu den Gln. (7.36) bis (7.38) sind hier entsprechend der zweidimensionalen Druckverteilung auch die Druck-Integrationen in φ- und z-Richtung durchzuführen.

$$So_x = \frac{F\psi^2}{BD\eta\bar{\omega}}\cos\beta = \frac{1}{4}\int_0^\pi \int_{-1}^{+1} \Pi \cos\varphi \, d\varphi \, d\bar{z}$$

$$= \frac{3}{4} \cdot 2\left(\frac{B}{D}\right)^2 \varepsilon \int_0^\pi \frac{\sin\varphi \cos\varphi}{(1 + \varepsilon \cos\varphi)^3} \left(\bar{z} - \frac{\bar{z}^3}{3}\right)\bigg|_0^1 d\varphi$$

$$= \frac{3}{4} \cdot 2\left(\frac{B}{D}\right)^2 \varepsilon \frac{2}{3} I_3^{11}\bigg|_0^\pi$$

$$= \left(\frac{B}{D}\right)^2 \frac{-2\varepsilon^2}{(1-\varepsilon^2)^2} \tag{7.96}$$

$$So_y = \frac{F\psi^2}{BD\eta\bar{\omega}}\sin\beta = \frac{1}{4}\int_0^\pi \int_{-1}^{+1} \Pi \sin\varphi \, d\varphi \, d\bar{z}$$

$$= \frac{3}{4} \cdot 2\left(\frac{B}{D}\right)^2 \varepsilon \int_0^\pi \frac{\sin^2\varphi}{(1 + \varepsilon \cos\varphi)^3} \left(\bar{z} - \frac{\bar{z}^3}{3}\right)\bigg|_0^1 d\varphi$$

$$= \left(\frac{B}{D}\right)^2 \varepsilon I_3^{20}\bigg|_0^\pi = \left(\frac{B}{D}\right)^2 \frac{\pi\varepsilon}{2(1-\varepsilon^2)^{3/2}}. \tag{7.97}$$

Die resultierende Tragkraft ist

$$So = \sqrt{So_x^2 + So_y^2}$$

$$So = \left(\frac{B}{D}\right)^2 \cdot \frac{\varepsilon}{2(1-\varepsilon^2)^2} \sqrt{\pi^2(1-\varepsilon^2) + 16\varepsilon^2} \tag{7.98}$$

und der Lastwinkel

$$\tan \beta = \frac{\pi \sqrt{1-\varepsilon^2}}{4\varepsilon}. \tag{7.99}$$

Bei der Ermittlung der Reibung ist zu berücksichtigen, daß der Druckgradient in Umfangsrichtung vernachlässigbar ist; daher verbleibt von (7.40) nur

$$\tau = \eta \, \Delta U/h \tag{7.100}$$

und von (7.42)

$$\frac{\mu}{\psi} = \frac{\omega_{gl}^*}{2So} I_1, \tag{7.101}$$

dessen Lösung ebenfalls schon bekannt ist

$$\frac{\mu}{\psi} = \frac{\pi \omega_{gl}^*}{So \sqrt{1-\varepsilon^2}}. \tag{7.102}$$

Der Öldurchsatz ist aus (7.88) zu integrieren unter Einführung der dimensionslosen Größen

$$q_z = -\frac{(1+\varepsilon \cos \varphi)^3}{12\eta} \Delta r^3 \frac{\eta \overline{\omega}}{\psi^2} \cdot 6 \left(\frac{B}{D}\right)^2 \frac{2}{B} \overline{z} \frac{-\varepsilon \sin \varphi}{(1+\varepsilon \cos \varphi)^3} R \, d\varphi. \tag{7.103}$$

Unter Berücksichtigung der beiden freien Ränder ergibt sich

$$\dot{Q}_z = 2 \cdot \frac{6}{12} \cdot \frac{\Delta r^3}{R^3} R^4 \frac{\overline{\omega}}{\psi^2} \left(\frac{B}{D}\right)^2 \frac{2}{B} \varepsilon \int_0^\pi \sin \varphi \, d\varphi = \frac{1}{2} R^3 \psi \overline{\omega} \frac{B}{D} \varepsilon \cdot 2 \cdot 2 \tag{7.104}$$

oder als bezogener Öldurchsatz

$$\overline{Q}_z = \frac{\dot{Q}_z}{R^3 \psi \overline{\omega}} = 2 \frac{B}{D} \varepsilon. \tag{7.105}$$

Schließlich wäre noch das Druckmaximum und seine Lage zu bestimmen. Aus der Maximum-Bedingung unter Verwendung von (7.94) ergibt sich

$$\left(\frac{d\Pi}{d\varphi}\right)_{\overline{z}=0} = 3 \left(\frac{B}{D}\right)^2 \varepsilon \frac{(1+\varepsilon \cos \varphi)^3 \cos \varphi + 3(1+\varepsilon \cos \varphi)^2 \varepsilon \sin^2 \varphi}{(1+\varepsilon \cos \varphi)^6}$$

$$\cos^2 \varphi - \frac{1}{2\varepsilon} \cos \varphi - \frac{3}{2} = 0. \tag{7.106}$$

Die Lösung dieser quadratischen Gleichung ist

$$\cos \varphi_{1,2} = \frac{1}{4\varepsilon} \left(1 \pm \sqrt{1 + 24\varepsilon^2}\right). \tag{7.107}$$

7.1 Stationäres Radialgleitlager

Man erhält hier zwei Lösungen, da ja die Druckfunktion eigentlich für einen Druckverlauf entsprechend der Sommerfeldschen Randbedingung gilt. Die Überlegung zeigt, daß das positive Vorzeichen für das zweite Maximum, die negative Druckspitze gilt. Hier interessiert die positive Druckspitze unter

$$\cos \varphi_{\max} = \frac{1}{4\varepsilon}\left(1 - \sqrt{1 + 24\varepsilon^2}\right) \qquad (7.108)$$

Korrespondierend dazu erhält man

$$\sin \varphi_{\max} = \sqrt{1 - \cos^2 \varphi_{\max}} = \frac{1}{4\varepsilon}\sqrt{2(\sqrt{1 + 24\varepsilon^2} - 1) - 8\varepsilon^2} \qquad (7.109)$$

und damit nach Einsetzen in (7.101) im Mittelschnitt $\bar{z} = 0$

$$\Pi_{\max} = 3\left(\frac{B}{D}\right)^2 \frac{\frac{1}{4}\sqrt{2(\sqrt{1 + 24\varepsilon^2} - 1) - 8\varepsilon^2}}{\left[1 + \frac{1}{4}\left(1 - \sqrt{1 + 24\varepsilon^2}\right)\right]^3}. \qquad (7.110)$$

Tabelle 7.3 Gleitlager-Kenngrößen für das unendlich kurze, vollumschlossene Radialgleitlager unter reiner Drehung für die Breitenverhältnisse $B/D = 1/4$ und $1/8$

B/D	Relative Exzentrizität ε	Sommerfeldzahl So	Verlagerungswinkel β	Bezogene Reibungszahl μ/ψ	Bezogener Öldurchsatz $\bar{Q}$	Maximaldruckzahl $\Pi_{\max}$	Stelle des Maximaldruckes $\varphi_{\max}$	Bezogener Maximaldruck $\Pi_{\max}/So$
1/4	0,100	0,0100	82,71	314,2872	0,0500	0,0196	106,49	1,9508
	0,300	0,0365	68,18	90,2505	0,1500	0,0819	130,39	2,2421
	0,500	0,0938	53,68	38,8762	0,2500	0,2613	145,37	2,7856
	0,700	0,3018	38,70	14,7972	0,3500	1,1402	156,72	3,7785
	0,900	3,0008	20,83	2,5618	0,4500	20,4738	167,98	6,8229
	0,910	3,7205	19,69	2,1899	0,4550	26,8075	168,65	7,2053
	0,930	6,2021	17,24	1,5160	0,4650	50,8570	170,09	8,1999
	0,950	12,2562	14,47	0,9396	0,4750	119,3389	171,71	9,7370
	0,970	34,3189	11,14	0,4702	0,4850	432,9113	173,64	12,6144
	0,990	311,2983	6,39	0,1266	0,4950	6824,7352	176,36	21,9234
	0,991	384,4678	6,06	0,1133	0,4955	8886,2984	176,55	23,1132
	0,995	1247,6011	4,51	0,0643	0,4975	38713,7236	177,43	31,0305
	0,999	31238,0195	2,01	0,0198	0,4995	2168944,9906	178,85	69,4328
1/8	0,100	0,0025	82,71	1257,0000	0,0250	0,0049	106,49	1,9508
	0,300	0,0091	68,18	360,5842	0,0750	0,0205	130,39	2,2421
	0,500	0,0234	53,68	154,9004	0,1250	0,0653	145,37	2,7856
	0,700	0,0754	38,70	58,5323	0,1750	0,2850	156,72	3,7785
	0,900	0,7502	20,83	9,7673	0,2250	5,1185	167,98	6,8229
	0,910	0,9301	19,69	8,2997	0,2275	6,7019	168,65	7,2053
	0,930	1,5505	17,24	5,6503	0,2325	12,7142	170,09	8,1999
	0,950	3,0641	14,47	3,4023	0,2375	29,8347	171,71	9,7370
	0,970	8,5797	11,14	1,5999	0,2425	108,2278	173,64	12,6144
	0,990	77,8246	6,39	0,3412	0,2475	1706,1838	176,36	21,9234
	0,991	96,1170	6,06	0,2964	0,2478	2221,5746	176,55	23,1132
	0,995	311,9001	4,51	0,1399	0,2488	9678,4309	177,43	31,0305
	0,999	7809,5039	2,01	0,0265	0,2498	542236,2477	178,85	69,4329

Der bezoegene Maximaldruck schließlich ist

$$\frac{\Pi_{\max}}{So} = \frac{3}{2} \cdot \frac{(1-\varepsilon^2)^2}{\varepsilon} \cdot \frac{\sqrt{2(\sqrt{1+24\varepsilon^2}-1)-8\varepsilon^2}}{\left[1+\frac{1}{4}\left(1-\sqrt{1+24\varepsilon^2}\right)\right]^3 \sqrt{\pi^2(1-\varepsilon^2)+16\varepsilon^2}}. \quad (7.111)$$

Die numerischen Werte für die Gleitlager-Kenngrößen dieses Abschnittes sind in Tabelle 7.3 zusammengestellt.

Die Anwendung der Lösungen für das sehr kurze Lager ist besonders in englisch sprechenden Ländern sehr verbreitet. Ihre Anfänge gehen zurück auf Michell [7.11]. Aber erst durch die Veröffentlichung von Ocvirk und du Bois [7.12 und 7.13] fanden sie dort eine breite Anwendung unter der Bezeichnung „Ocvirk-Lösung".

7.1.3 Radialgleitlager endlicher Breite

Die Anwendbarkeit der abstrahierten Lösungen ist naturgemäß für praktische Anwendungen mit endlicher Lagerbreite recht begrenzt. Mit nicht all zu hohen Ansprüchen an die Genauigkeit dürfte die Lösung für das sehr kurze Lager auf Breitenverhältnisse $B/D < 1/4$ beschränkt sein. Die Ergebnisse des unendlich breiten Lagers sind nur für Breitenverhältnisse $B/D > 4$ mit Abstrichen hinsichtlich der Genauigkeit gültig.

Praktische Lagerausführungen liegen jedoch in aller Regel gerade zwischen den angegebenen Breitenverhältnissen. In den vergangenen Jahren wurde häufig der Weg beschritten, daß ausgehend von der Druckfunktion des unendlich breiten Lagers folgender Näherungsansatz verwendet wurde:

$$\Pi_{B/D}(\varphi; \bar{z}) = \Pi_\infty(\varphi)\, q_{B/D}(1-\bar{z}^m). \quad (7.112)$$

Der im Lager-Mittelschnitt ($\bar{z} = 0$) vorhandene Druckverlauf wird also bis auf den vom endlichen Breitenverhältnis abhängigen Minderungsfaktor $q_{B/D} < 1$ grundsätzlich ähnlich dem Druckverlauf Π_∞ des unendlich breiten Lagers; in Breitenrichtung wird ein parabolischer Druckverlauf ergänzt unter der Annahme, daß der Parabelexponent m konstant wäre, wobei für m in der Regel der Wert 2,0 aus der Lösung für das sehr kurze Lager angesetzt wird. Zur Bestimmung des Minderungsfaktors q benutzt man das Minimalprinzip der Variationsrechnung zur Lösung Eulerscher Differentialgleichungen, das besagt, daß die Näherungsfunktion so zu bestimmen sei, daß das Integral einen Minimalwert annimmt. Die damit erhaltene Lösung liegt immer über der exakten Lösung. Diesen Weg hat unter anderem auch Schiebel [7.6] für die Lösung der statisch belasteten Radialgleitlager beschritten. Auch die von Holland [7.14] vorgeschlagene Lösung für die Verdrängungsdruckerzeugung in endlich breiten Lagern benutzt den Ansatz nach Gl. (7.112). Er formuliert das Minimalprinzip physikalisch in der Art, daß die am drucklosen Rand des Lagers austretende Ölmenge gleich dem verdrängten Volumen sein muß. Der Minderungsfaktor $q_{B/D}$, der den Druck des unendlich breiten Lagers auf den Druck im Lager endlicher Breite absenkt, ist natürlich in entsprechend der mathematischen Ableitung veränderter Form als Faktor $\bar{q}_{B/D}$ bei den integralen Kenngrößen wie Tragfähigkeit, Reibung und Öldurchsatz vorhanden, z. B.

$$So(\varepsilon, B/D) = So_\infty\, \bar{q}_{B/D}. \quad (7.113)$$

7.1 Stationäres Radialgleitlager

Die Genauigkeit dieser Näherungslösungen mit dem Parabelansatz sind stark abhängig von der gewählten Ergänzungsfunktion, d. h. letztlich vom Parabelexponenten. Dieser ist nämlich nicht konstant, sondern vielmehr entlang der Druckentwicklung in weiten Grenzen veränderlich, und zwar jeweils in Abhängigkeit von der Verlagerung ε, dem Breitenverhältnis B/D und der Art der Druckerzeugung. Der Vorschlag von Varga [7.25], für jede Kenngröße Tragfähigkeit, Maximaldruck, Öldurchsatz und Reibung einen speziellen mittleren Parabelexponenten zu ermitteln, wäre formal zwar durchführbar, setzt aber die Kenntnis der strengen Lösungen voraus.

Dem Parabelansatz sehr ähnlich ist der von Vogelpohl [7.11]

$$p_{B/D} = p_\infty \sum_{\nu=1}^{\infty} c_\nu \sin \frac{\pi z}{B}, \qquad (\nu = 1, 3, 5, \ldots). \tag{7.114}$$

Auch hier wird der Druckverlauf des unendlich breiten Lagers mit dem Korrekturfaktor $\sum c_\nu$ auf das Lager endlicher Breite übertragen. Der Anreiz für diese beiden Ansätze liegt darin, daß die Gleichgewichtsbedingungen, die Integrationsgrenzen und die Bahnkurve des Wellenmittelpunktes erhalten bleiben. Da aber das Druckprofil in Breitenrichtung über den Lagerumfang in Abhängigkeit von ε und B/D in weiten Grenzen veränderlich ist, müßte in Gl. (7.114) die Größe ν in Abhängigkeit von all diesen Einflußgrößen gewählt werden.

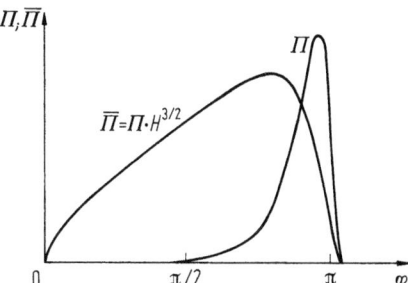

Bild 7.8 Transformierte Druckfunktion $\overline{\Pi} = \Pi H^{3/2}$

Eine strenge Lösung der Reynoldsschen Differentialgleichung für endliche Lagerbreite kann nur auf numerischem Wege gefunden werden. Numerische Schwierigkeiten ergeben sich aus der Tatsache, daß besonders bei hohen Exzentrizitäten äußerst unterschiedliche Schmierfilmdrücke zu ermitteln sind mit Größenunterschieden von mehreren 10er Potenzen. Auch müßte wegen der sehr steilen Druckverläufe ein extrem enges Netz für die numerischen Stützstellen verwendet werden. So hat schon Vogelpohl [7.16] eine Transformation des Druckes vorgeschlagen

$$\Pi = \overline{\Pi} H^{-3/2}, \tag{7.115}$$

wodurch sich ein wesentlich gleichförmiger Druckverlauf ergibt mit geringeren numerischen Schwierigkeiten. Bild 7.8 zeigt den Unterschied deutlich.

Mit dieser auch von Sassenfeld-Walther [7.7], Hakansson [7.8] und Butenschön [7.9] benutzten Transformation läßt sich die Reynoldssche Differentialgleichung (7.27) umformen zu

$$\frac{d^2 \overline{\Pi}}{d\varphi^2} + \left(\frac{D}{B}\right)^2 \frac{d^2 \overline{\Pi}}{d\bar{z}^2} + a(\varphi) \overline{\Pi} + b(\varphi) = 0 \tag{7.116}$$

mit

$$a = \frac{3\varepsilon}{4H^2}\left[(3H-1)\cos\varphi - \varepsilon\right], \qquad (7.117)$$

$$b = 6H^{-3/2}\varepsilon \sin\varphi. \qquad (7.118)$$

Nun ersetzt man in dieser Differentialgleichung die Differentialquotienten durch Differenzenquotienten mit der bekannten Approximation über 5 äquidistante Stützstellen

$$\left(\frac{\mathrm{d}^2 f}{\mathrm{d}x^2}\right)_i = \frac{1}{12\Delta x^2}\left[-f_{i-2} + 16f_{i-1} - 30f_i + 16f_{i+1} - f_{i+2}\right]. \qquad (7.119)$$

Andererseits belegt man die abgewickelte Lageroberfläche mit einem Gitternetz nach Bild 7.9 mit m Stützstellen im Abstand $\Delta\bar{z}$ und n Stützstellen im Abstand $\Delta\varphi$.

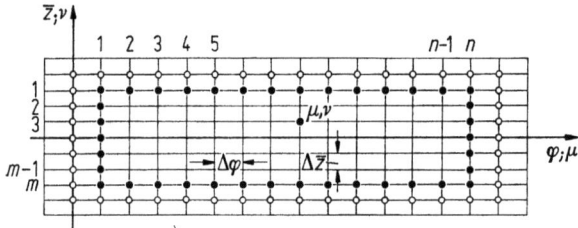

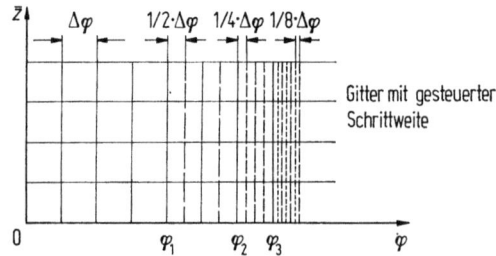

Bild 7.9 Gitternetz zur numerischen Integration

Für einen inneren Gitterpunkt μ, ν mit dem Funktionswert $\overline{\Pi}_{\mu,\nu}$ ergibt sich dann die lineare Gleichung

$$\frac{1}{12\Delta\varphi^2}\left[-\overline{\Pi}_{\mu-2,\nu} + 16\overline{\Pi}_{\mu-1,\nu} + 16\overline{\Pi}_{\mu+1,\nu} - \overline{\Pi}_{\mu+2,\nu}\right]$$
$$+ \left(\frac{D}{B}\right)^2 \frac{1}{12\Delta\bar{z}^2}\left[-\overline{\Pi}_{\mu,\nu-2} + 16\overline{\Pi}_{\mu,\nu-1} + 16\overline{\Pi}_{\mu,\nu+1} - \overline{\Pi}_{\mu,\nu+2}\right]$$
$$+ \left[a_\mu - \frac{30}{12\Delta\varphi^2} - \left(\frac{D}{B}\right)^2 \frac{30}{12\Delta\bar{z}^2}\right]\overline{\Pi}_{\mu,\nu} + b_\mu = 0. \qquad (7.120)$$

Entsprechende lineare Gleichungen sind für alle inneren Gitterpunkte aufzustellen. An den zusätzlich notwendigen $2(m+n)$ Punkten außerhalb des eigentlichen Lagerrandes gewinnt man durch den Differentialquotienten über 3 Stütz-

7.1 Stationäres Radialgleitlager

stellen

$$\left(\frac{d^2 f}{dx^2}\right)_i = \frac{1}{\Delta x^2}\left[f_{i-1} - 2f_i + f_{i+1}\right] \tag{7.121}$$

weitere lineare Gleichungen der Form

$$\frac{1}{\Delta \varphi^2}\left[\overline{\Pi}_{\rho-1,\sigma} + \overline{\Pi}_{\rho+1,\sigma}\right] + \left(\frac{D}{B}\right)^2 \frac{1}{\Delta \bar{z}^2}\left[\overline{\Pi}_{\rho,\sigma-1} + \overline{\Pi}_{\rho,\sigma+1}\right]$$
$$+ \left[a_\rho - \frac{2}{\Delta \varphi^2} - \left(\frac{D}{B}\right)^2 \frac{2}{\Delta \bar{z}^2}\right]\overline{\Pi}_{\rho,\sigma} + b_\rho = 0. \tag{7.122}$$

Zur Ermittlung der $mn + 2(m+n)$ Funktionswerte ist ein lineares Gleichungssystem mit ebenso vielen Gleichungen zu lösen, wobei die vorgegebenen Randbedingungen zu beachten sind. Feste Randwerte sind bekannt für die beiden seitlichen Begrenzungen sowie für den Anfang der Druckentwicklung bei $\varphi = 0$ über die ganze Lagerbreite; dort muß der Druck $\overline{\Pi} = 0$ gesetzt werden. Am rechten Rand, dem Druckbergende muß auf einer unbekannten Randkurve $\varphi_0 = \varphi(\bar{z})$ zugleich der Druck und seine Ableitung verschwinden. Zum Einstellen dieser Randbedingung wählt man zunächst einen geschätzten Rand außerhalb der gesuchten Randkurve. Jeder Randwert beeinflußt die Lösungsfunktion des linearen Gleichungssystems linear und unabhängig von allen übrigen Randwerten. Wählt man daher zunächst alle Randwerte auf der ersten geschätzten Randkurve zu Null, so ergeben sich als grobe Näherungen Druckverläufe, die negative Minimalwerte auf einer Kurve $\varphi_0 = \varphi(\bar{z})$ aufweisen. Um nun an diesen Minimalstellen nicht nur $d\overline{\Pi}/d\varphi = 0$, sondern auch $\overline{\Pi} = 0$ zu verwirklichen, sind die neuen Randwerte entsprechend einzustellen, wozu man Linearkombinationen der speziellen Lösungen verwendet, bei denen abwechselnd immer nur ein Randwert zu 1 und alle übrigen zu 0 gewählt werden. Durch Iteration wird das Einstellen des rechten Randes auf die physikalischen Randbedingungen bis zu einer zweckmäßigen Genauigkeit gesteigert. Als Ergebnis findet man eine mehr oder weniger ausgeprägt gekrümmte Randkurve $\varphi_0 = \varphi(\bar{z})$ für das Druckbergende.

Der damit verbundene Rechenaufwand ist so beträchtlich, daß den frühen Arbeiten von Sassenfeld-Walther [7.7] und Hakansson [7.8], die ja noch mit recht bescheidenen mechanischen Rechenmaschinen arbeiten mußten, alle Achtung zukommt. Dies wird deutlich, wenn man die von Sassenfeld-Walther verwendeten

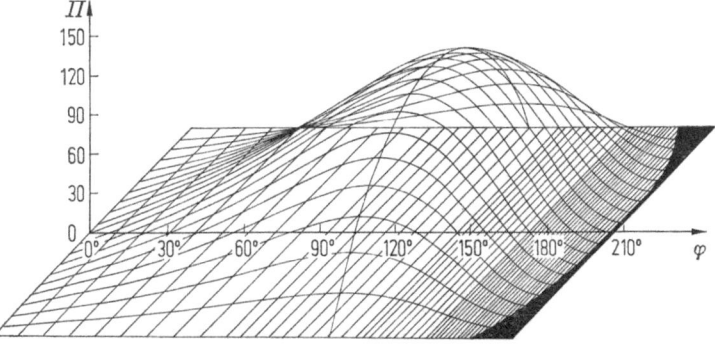

Bild 7.10 Druckverteilung im vollumschlossenen Lager unter reiner Drehung; $B/D = 1$; $\varepsilon = 0{,}4$; numerische Integration mit gesteuerter Schrittweite

Tabelle 7.4 So-Zahl für das vollumschlossene Radialgleitlager endlicher Breite unter Drehung

B/D ε	1	1/2	1/2,5	1/3	1/4	1/5	1/6	1/8
0,100	0,1196	0,0368	0,0243	0,0171	0,0098	0,0063	0,0044	0,0025
0,200	0,2518	0,0783	0,0518	0,0366	0,0210	0,0136	0,0095	0,0054
0,300	0,4091	0,1304	0,0867	0,0615	0,0354	0,0029	0,0160	0,0091
0,400	0,6108	0,2026	0,1357	0,0968	0,0560	0,0364	0,0254	0,0144
0,500	0,8903	0,3124	0,2117	0,1522	0,0888	0,0579	0,0406	0,0231
0,600	1,3146	0,4982	0,3435	0,2496	0,1476	0,0969	0,0682	0,0390
0,700	2,0432	0,8595	0,6079	0,4492	0,2708	0,1797	0,1274	0,0732
0,800	3,5663	1,7339	1,2756	0,9687	0,6043	0,4085	0,2930	0,1706
0,900	8,4392	5,0881	4,0187	3,2201	2,1595	1,5261	1,1263	0,6776
0,950	18,7895	13,3083	11,2225	9,4993	6,9248	5,1833	3,9831	2,5202
0,960	24,1172	17,7934	15,2823	13,1525	9,8517	7,5257	5,8712	3,7907
0,970	33,1297	25,5920	22,4503	19,7054	15,2697	11,9804	9,5425	6,3397
0,980	51,4774	41,9230	37,7412	33,9523	27,5040	22,3956	18,3874	12,7695
0,990	107,7868	93,7881	87,2906	81,1597	70,3590	60,3874	52,1425	39,2568
0,995	223,8850	203,2450	193,3490	183,8040	166,1540	149,8690	134,8910	109,6090
0,999	1174,540	1124,620	1102,070	1078,310	1032,870	989,1500	945,6700	864,7400

Tabelle 7.5 Verlagerungswinkel β für das vollumschlossene Radialgleitlager endlicher Breite unter Drehung

B/D ε	1	1/2	1/2,5	1/3	1/4	1/5	1/6	1/8
0,100	79,4100	81,7670	82,1190	82,2990	82,4810	82,5610	82,6080	82,6530
0,200	73,8580	75,1420	75,2830	75,3440	75,3870	75,4060	75,4140	75,4220
0,300	68,2640	68,4930	68,4230	68,3680	68,3040	68,2610	68,2380	68,2110
0,400	62,5710	61,7780	61,5440	61,3820	61,2080	61,1150	61,0620	61,0070
0,500	56,7040	54,9930	54,6030	54,3480	54,0690	53,9320	53,8630	53,7840
0,600	50,5360	48,0490	47,5210	47,1910	46,8250	46,6470	46,5540	46,4490
0,700	43,8590	40,8030	40,1560	39,7560	39,3260	39,1080	38,9830	38,8560
0,800	36,2350	32,9380	32,2160	31,7610	31,2490	30,9880	30,8400	30,6920
0,900	26,4820	23,5660	22,8490	22,3680	21,7900	21,4760	21,2890	21,0890
0,950	19,4500	17,7265	16,6480	16,2070	15,6320	15,2910	15,0750	14,8320
0,960	17,6090	15,6600	15,0890	14,6690	14,1090	13,7680	13,5470	13,2620
0,970	15,4840	13,8180	13,3130	12,9290	12,3990	12,0620	11,8380	11,5710
0,980	12,9030	11,5980	11,1780	10,8500	10,3750	10,0570	9,8350	9,5580
0,990	9,4160	8,5870	8,3010	8,0660	7,7030	7,4400	7,2420	6,9750
0,995	6,8290	6,3250	6,1430	5,9870	5,7330	5,5360	5,3800	5,1510
0,999	3,1960	3,0480	2,9890	2,9400	2,8480	2,7690	2,7080	2,5990

Schrittweiten $\Delta \bar{z} = 0,5$ und $\Delta \varphi = 0,1$ entsprechend $m = 5$ und $n = 32$ in ein lineares Gleichungssystem von 234 Unbekannten umsetzt, das ja für jede Exzentrizität und für jedes Breitenverhältnis mehrfach zu lösen war. Mit Hilfe der modernen elektronischen Rechenanlagen sind diese Aufgaben heute schneller und genauer zu lösen. Sie ermöglichen sogar eine weitere Verbesserung durch die Anwendung einer gesteuerten Schrittweite, insbesondere in den wichtigen Bereichen um den engsten Schmierspalt, wo hohe Schmierfilmdrücke und steile Druckgradienten vorliegen und die Einstellung des Druckberges vorzunehmen ist. Dort erhält man durch die im Bild 7.10 gezeigte Verdichtung des Gitternetzes eine Steigerung der Rechengenauigkeit. Butenschön [7.9] hat damit die Integration

7.1 Stationäres Radialgleitlager

Tabelle 7.6 Bezogener Reibwert μ/ψ für das vollumschlossene Radialgleitlager endlicher Breite unter Drehung

B/D \ ε	1	1/2	1/2,5	1/3	1/4	1/5	1/6	1/8
0,100	26,4427	85,8907	130,2185	184,3218	321,9239	498,7551	714,8460	1264,8260
0,200	12,8311	41,0398	62,0412	87,6606	152,7858	236,4620	338,7033	598,9066
0,300	8,1894	25,3883	38,1456	53,6956	93,2048	143,9332	205,9145	363,6555
0,400	5,7896	17,0974	25,4433	35,5988	61,3788	94,4678	134,8827	237,7137
0,500	4,2835	11,8170	17,3382	24,0429	41,0381	62,8350	89,4597	157,1831
0,600	3,2188	8,1048	11,6525	15,9504	26,8217	40,7521	57,7593	100,9919
0,700	2,3956	5,3468	7,4625	10,0173	16,4648	24,7073	34,7567	60,3122
0,800	1,7046	3,2373	4,3180	5,6156	8,8721	13,0223	18,0740	30,9000
0,900	1,0547	1,5964	1,9682	2,4095	3,5045	4,8874	6,5626	10,7977
0,950	0,6936	0,8970	1,0326	1,1917	1,5809	2,0663	2,6495	4,1137
0,960	0,6104	0,7601	0,8591	0,9746	1,2559	1,6051	2,0235	3,0702
0,970	0,5195	0,6208	0,6873	0,7643	0,9504	1,1800	1,4537	2,1357
0,980	0,4161	0,4751	0,5133	0,5573	0,6622	0,7905	0,9423	1,3177
0,990	0,2876	0,3114	0,3266	0,3439	0,3843	0,4329	0,4895	0,6274
0,995	0,1997	0,2096	0,2158	0,2229	0,2390	0,2579	0,2797	0,3316
0,999	0,0877	0,0889	0,0897	0,0910	0,0928	0,0950	0,0979	0,1038

Tabelle 7.7 Bezogener Öldurchsatz $\bar{Q}_D$ für das vollumschlossene Radialgleitlager endlicher Breite unter Drehung

B/D \ ε	1	1/2	1/2,5	1/3	1/4	1/5	1/6	1/8
0,100	0,1608	0,0939	0,0768	0,0648	0,0492	0,0396	0,0331	0,0249
0,200	0,3196	0,1878	0,1536	0,1296	0,0984	0,0792	0,0662	0,0498
0,300	0,4765	0,2816	0,2304	0,1944	0,1476	0,1188	0,0993	0,0747
0,400	0,6318	0,3755	0,3072	0,2592	0,1968	0,1583	0,1324	0,0996
0,500	0,7852	0,4694	0,3840	0,3240	0,2460	0,1980	0,1655	0,1245
0,600	0,9374	0,5634	0,4610	0,3889	0,2953	0,2376	0,1986	0,1494
0,700	1,0888	0,6578	0,5383	0,4540	0,3446	0,2772	0,2317	0,1743
0,800	1,2392	0,7529	0,6159	0,5193	0,3940	0,3169	0,2648	0,1992
0,900	1,3898	0,8493	0,6944	0,5852	0,4436	0,3567	0,2980	0,2241
0,950	1,4655	0,8984	0,7343	0,6186	0,4687	0,3767	0,3147	0,2366
0,960	1,4808	0,9084	0,7425	0,6254	0,4737	0,3807	0,3181	0,2391
0,970	1,4968	0,9185	0,7507	0,6322	0,4788	0,3848	0,3214	0,2417
0,980	1,5124	0,9287	0,7589	0,6391	0,4840	0,3889	0,3248	0,2442
0,990	1,5277	0,9391	0,7674	0,6461	0,4892	0,3930	0,3282	0,2467
0,995	1,5354	0,9441	0,7716	0,6496	0,4918	0,3951	0,3300	0,2480
0,999	1,5409	0,9482	0,7749	0,6525	0,4940	0,3968	0,3314	0,2491

der Reynoldsschen Differentialgleichung für endlich breite Lager unter Berücksichtigung der physikalischen Randbedingungen sowohl für reine Drehung wie für reine Verdrängung durchgeführt.

Die Gleitlager-Kenngrößen Sommerfeld-Zahl So, Verlagerungswinkel β, bezogener Maximaldruck $p_{max}/\bar{p}$, bezogener Öldurchsatz $\bar{Q}$ und Reibung μ/ψ ergeben sich aus den in allen Gitterpunkten bekannten Drücken durch numerische Integration und Differentiation. Diese Ergebnisse, die von Butenschön insbesonders über Sassenfeld-Walther hinausgehend bis zu praktisch sehr wohl interessierenden Werten von $\varepsilon = 0,999$ erarbeitet wurden, sind in den Tabellen 7.4 bis 7.9 zu-

Tabelle 7.8 Bezogener Maximaldruck $p_{max}/\bar{p}$ für das vollumschlossene Radialgleitlager endlicher Breite unter Drehung

B/D \ ε	1	1/2	1/2,5	1/3	1/4	1/5	1/6	1/8
0,100	1,8528	1,9130	1,9218	1,9357	1,9388	1,9436	1,9545	1,9600
0,200	1,8932	1,9860	2,0077	2,0246	2,0429	2,0483	2,0526	2,0612
0,300	1,9668	2,1035	2,1384	2,1642	2,1949	2,2096	2,2187	2,2198
0,400	2,0730	2,2601	2,3139	2,3502	2,3982	2,4203	2,4449	2,4583
0,500	2,2176	2,4645	2,5366	2,5880	2,6565	2,6960	2,7241	2,7489
0,600	2,4131	2,7284	2,8239	2,8946	2,9905	3,0495	3,0894	3,1282
0,700	2,6903	3,0926	3,2160	3,3130	3,4487	3,5337	3,5934	3,6653
0,800	3,1291	3,6523	3,8230	3,9559	4,1416	4,2859	4,3826	4,5041
0,900	4,0360	4,7867	5,0383	5,2469	5,5641	5,8024	5,9792	6,2314
0,950	5,2253	6,2086	6,5640	6,8596	7,3341	7,6949	7,9812	8,4109
0,960	5,6924	6,7398	7,1338	7,4627	7,9925	8,4042	8,7319	9,2303
0,970	6,3655	7,4991	7,9401	8,3138	8,9195	9,4007	9,7838	10,3851
0,980	7,4978	8,7188	9,2278	9,6678	10,3938	10,9901	11,4659	12,2076
0,990	10,0697	11,3417	11,9415	12,4931	13,4660	14,2633	14,9267	15,9866
0,995	13,6566	14,9427	15,6002	16,2400	17,3952	18,3985	19,3139	20,7714
0,999	28,9861	30,2556	30,8662	31,5195	32,8032	34,0518	35,3986	37,7849

Tabelle 7.9 Lage des Druckmaximums $\bar{\varphi}_m$ für das vollumschlossene Radialgleitlager endlicher Breite unter Drehung

B/D \ ε	1	1/2	1/2,5	1/3	1/4	1/5	1/6	1/8
0,100	3,5720	6,2710	7,0080	7,5370	8,2130	8,4870	8,6600	8,8430
0,200	9,3050	12,1550	12,8350	13,3800	14,1970	14,4960	14,6920	14,9250
0,300	13,6550	15,6240	16,2620	16,6640	17,3040	17,6310	17,8830	18,1600
0,400	16,5530	17,1850	17,6250	17,8210	18,3980	18,6380	18,8560	19,1060
0,500	18,3030	17,7610	17,7260	17,8180	18,0610	18,2180	18,4190	18,5980
0,600	18,7760	17,1380	16,8150	16,7640	16,7090	16,8860	16,9390	17,1290
0,700	18,2940	15,8050	15,2540	15,0280	14,8270	14,7960	14,8620	14,9590
0,800	16,6560	13,6710	13,0990	12,6620	12,3260	12,1760	12,1330	12,1830
0,900	13,5280	10,7880	10,0840	9,6370	9,0620	8,7750	8,6090	8,4980
0,950	10,5310	8,4600	7,8570	7,4210	6,8820	6,5530	6,3280	6,0940
0,960	9,6940	7,8350	7,2740	6,8820	6,3270	5,9990	5,7620	5,5120
0,970	8,6600	7,0730	6,5730	6,2040	5,7080	5,3900	5,1190	4,8470
0,980	7,3650	6,0920	5,6900	5,3620	4,9110	4,6160	4,3650	4,0760
0,990	5,5080	4,6980	4,4230	4,2000	3,8650	3,6090	3,4000	3,1300
0,995	4,0680	3,5700	3,3920	3,2520	3,0160	2,8120	2,6730	2,4350
0,999	1,9740	1,8310	1,7690	1,7170	1,6300	1,5580	1,4980	1,3870

sammengestellt. Die grafische Darstellung dieser Abhängigkeiten findet sich in den Bildern 7.11 bis 7.17.[1]

Die in entsprechender Weise für das halbumschlossene Lager ermittelten Zusammenhänge sind in den Tabellen 7.10 bis 7.15 zusammengestellt und ihre grafische Darstellung findet sich auf den Bildern 7.18 bis 7.24.[1]

---

[1] Die Bilder 7.11, 7.12, 7.14, 7.18 und 7.21 liegen zusätzlich als Arbeitsblätter für praktische Anwendungen vor (s. Tafeltasche).

7.1 Stationäres Radialgleitlager

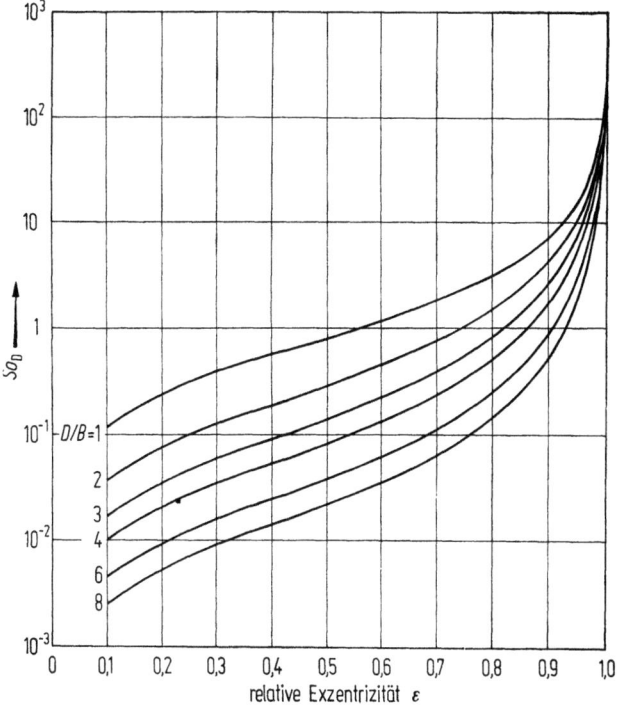

Bild 7.11 $So_D = f(\varepsilon, B/D)$ — vollumschlossenes Lager; Drehung

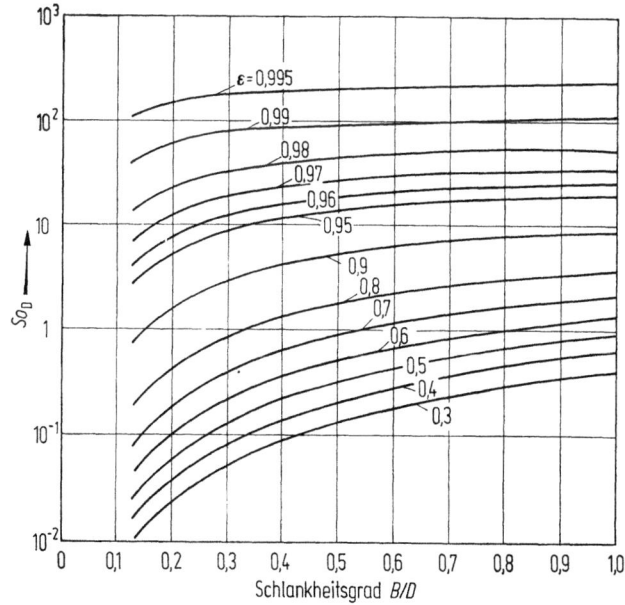

Bild 7.12 $So_D = f(B/D, \varepsilon)$ — vollumschlossenes Lager; Drehung

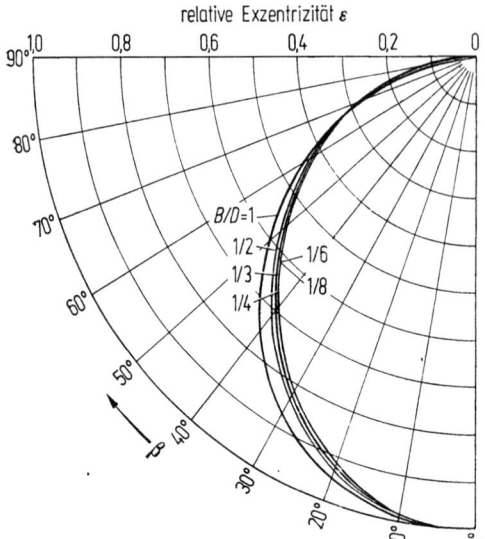

Bild 7.13 $\beta = f(\varepsilon, B/D)$ — vollumschlossenes Lager; Drehung

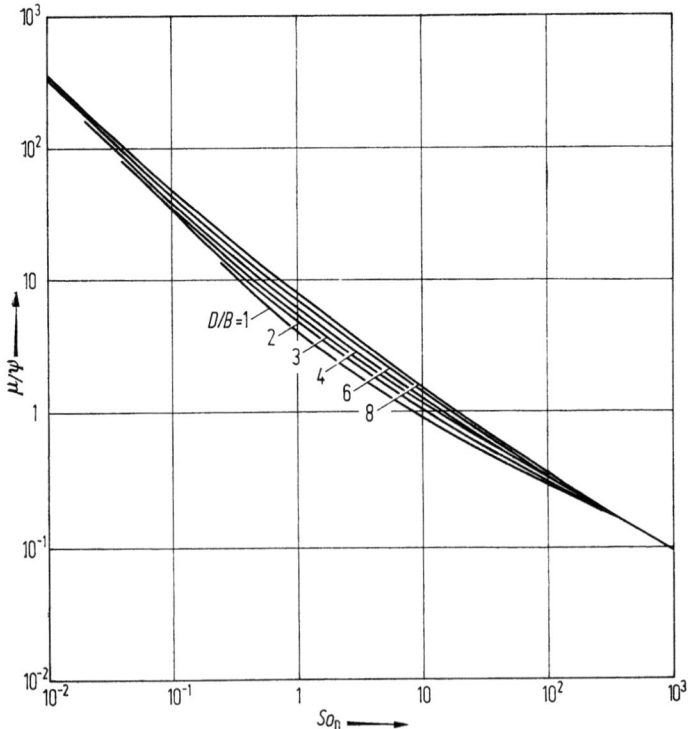

Bild 7.14 $\mu/\psi = f(So_D, B/D)$ — vollumschlossenes Lager; Drehung

7.1 Stationäres Radialgleitlager

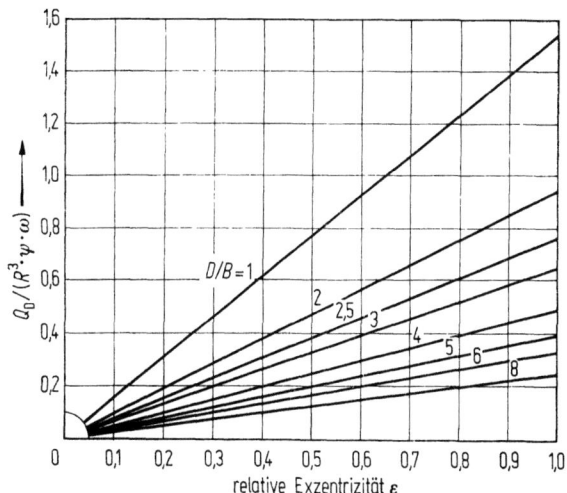

Bild 7.15 $\overline{Q}_D = f(\varepsilon, B/D)$ — vollumschlossenes Lager; Drehung

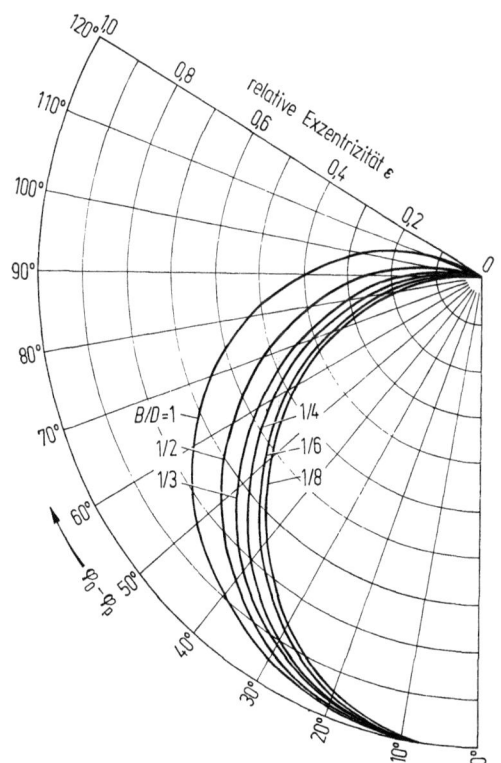

Bild 7.16 $\varphi_0 - \varphi_p = f(\varepsilon, B/D)$ — vollumschlossenes Lager; Drehung

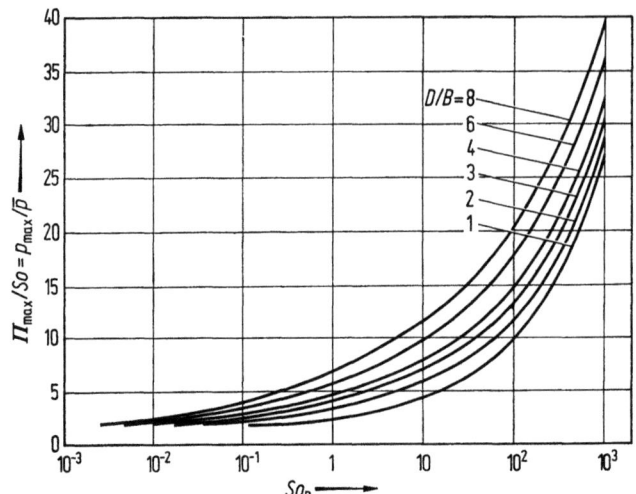

Bild 7.17 $p_{max}/\bar{p} = f(So, B/D)$ — vollumschlossenes Lager; Drehung

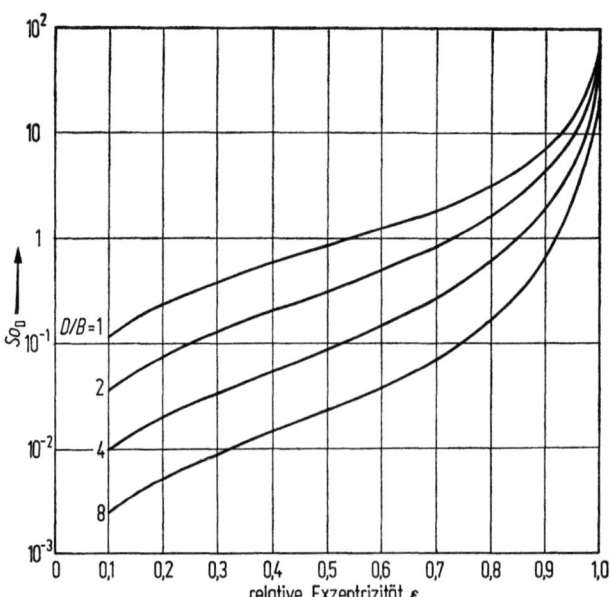

Bild 7.18 $So_D = f(\varepsilon, B/D)$ — 180°-Lager; Drehung

7.1 Stationäres Radialgleitlager

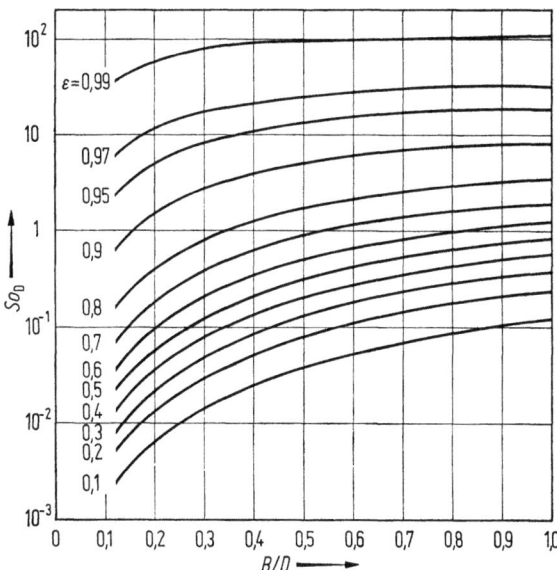

Bild 7.19 $So_\mathrm{D} = f(B/D, \varepsilon)$ — 180°-Lager; Drehung

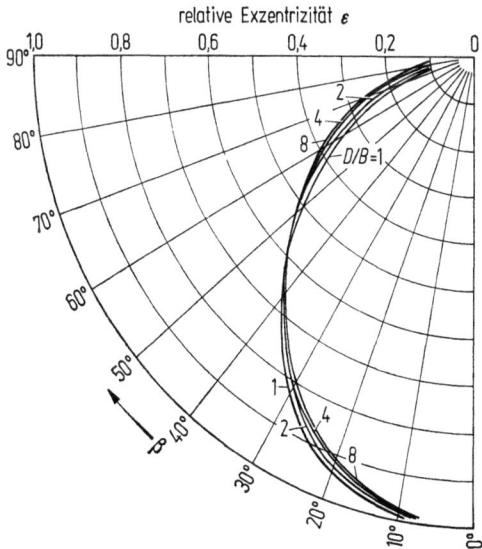

Bild 7.20 $\beta = f(\varepsilon, B/D)$ — 180°-Lager; Drehung

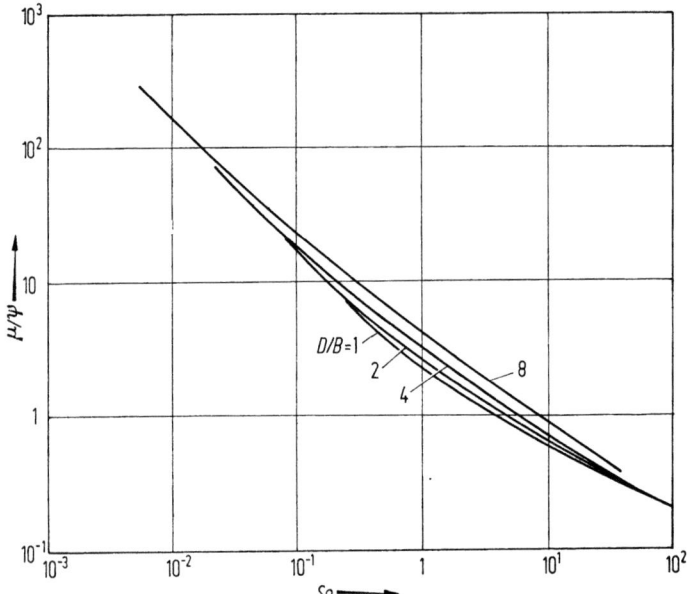

Bild 7.21 $\mu/\psi = f(So, B/D)$ — 180°-Lager; Drehung

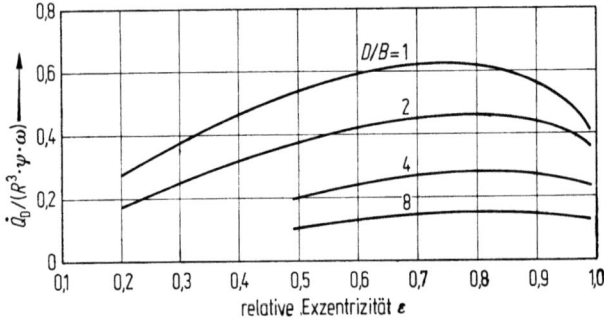

Bild 7.22 $\bar{Q}_D = f(\varepsilon, B/D)$ — 180°-Lager; Drehung

7.1 Stationäres Radialgleitlager

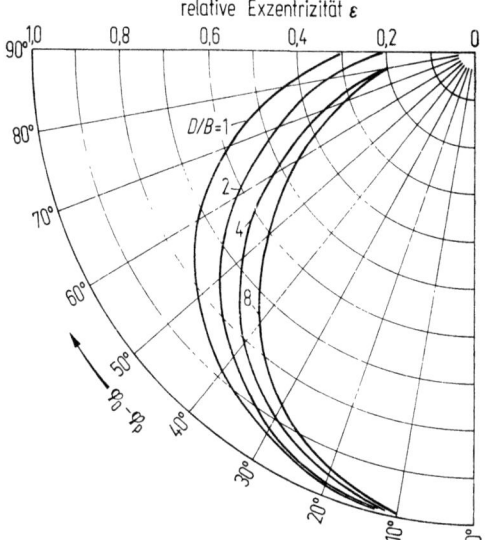

Bild 7.23 $\varphi_0 - \varphi_p = f(\varepsilon, B/D)$ — 180°-Lager; Drehung

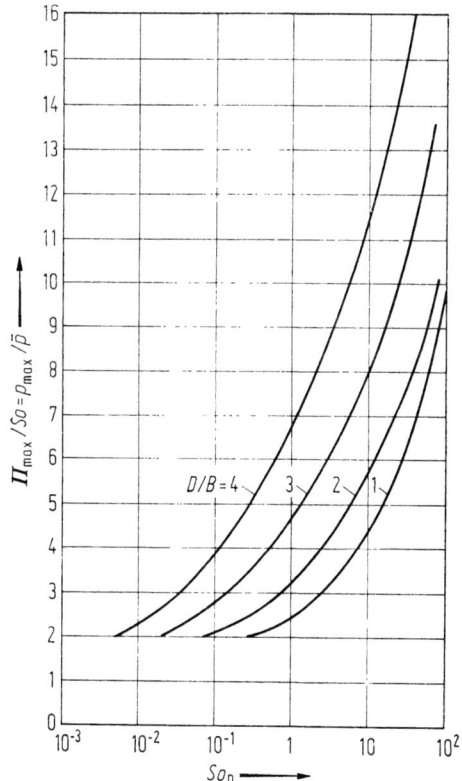

Bild 7.24 $p_{max}/\bar{p} = f(So, B/D)$ — 180°-Lager; Drehung

Tabelle 7.10 So-Zahl für das 180°-Lager endlicher Breite unter Drehung

ε	$B/D = 1$	$B/D = 1/2$	$B/D = 1/4$	$B/D = 1/8$
0,100	0,1138	0,0364	0,0098	0,0025
0,200	0,2377	0,0774	0,0210	0,0054
0,300	0,3844	0,1290	0,0354	0,0091
0,400	0,5731	0,2005	0,0561	0,0145
0,500	0,8373	0,3099	0,0890	0,0232
0,600	1,2434	0,4954	0,1480	0,0391
0,700	1,9484	0,8560	0,2716	0,0735
0,800	3,4399	1,7292	0,6056	0,1710
0,900	8,2632	5,0799	2,1616	0,6783
0,950	18,5663	13,2951	6,9264	2,5212
0,970	32,8798	25,5701	15,2715	6,3408
0,990	107,4968	93,7613	70,0273	39,2475

Tabelle 7.11 Verlagerungswinkel β für das 180°-Lager endlicher Breite unter Drehung

ε	$B/D = 1$	$B/D = 1/2$	$B/D = 1/4$	$B/D = 1/8$
0,100	78,410	80,449	81,522	81,996
0,200	68,936	72,208	73,656	74,138
0,300	61,857	64,916	66,073	66,496
0,400	55,861	58,046	58,856	59,142
0,500	50,191	51,447	51,877	52,020
0,600	44,611	44,982	44,977	44,988
0,700	38,803	38,387	37,958	37,802
0,800	32,369	31,293	30,408	30,068
0,900	24,171	22,738	21,446	20,862
0,950	18,117	16,844	15,493	14,751
0,970	14,613	13,565	12,325	11,534
0,990	9,082	8,497	7,684	6,970

Tabelle 7.12 Bezogener Reibwert μ/ψ für das 180°-Lager endlicher Breite unter Drehung

ε	$B/D = 1$	$B/D = 1/2$	$B/D = 1/4$	$B/D = 1/8$
0,100	17,1960	46,8258	162,8536	624,4369
0,200	7,4816	21,3922	75,2886	286,8022
0,300	4,7594	13,0785	45,0810	170,1190
0,400	3,3683	8,7887	29,3834	109,4756
0,500	2,5194	6,0948	19,6071	71,8594
0,600	1,9192	4,2393	12,9092	46,2414
0,700	1,4548	2,8719	8,0817	27,9466
0,800	1,0619	1,8150	4,5124	14,6959
0,900	0,6838	0,9589	1,9139	5,4297
0,950	0,4655	0,5711	0,9264	2,1977
0,970	0,3565	0,4091	0,5819	1,1929
0,990	0,2050	0,2165	0,2544	0,3838

7.1 Stationäres Radialgleitlager

Tabelle 7.13 Bezogener Öldurchsatz $\bar{Q}_D$ für das 180°-Lager endlicher Breite unter Drehung

ε	$B/D = 1$	$B/D = 1/2$	$B/D = 1/4$	$B/D = 1/8$
0,100	0,1480	0,0909	0,0484	0,0246
0,200	0,2770	0,1749	0,0943	0,0486
0,300	0,3837	0,2504	0,1365	0,0702
0,400	0,4723	0,3161	0,1747	0,0901
0,500	0,5403	0,3717	0,2081	0,1077
0,600	0,5874	0,4154	0,2354	0,1226
0,700	0,6102	0,4452	0,2565	0,1342
0,800	0,6054	0,4582	0,2690	0,1417
0,900	0,5599	0,4444	0,2686	0,1427
0,950	0,5044	0,4172	0,2583	0,1379
0,970	0,4691	0,3971	0,2504	0,1342
0,990	0,4109	0,3611	0,2355	0,1273

Tabelle 7.14 Bezogener Maximaldruck $p_{max}/\bar{p}$ für das 180°-Lager endlicher Breite unter Drehung

ε	$B/D = 1$	$B/D = 1/2$	$B/D = 1/4$	$B/D = 1/8$
0,100	1,8981	1,9313	1,9388	1,9420
0,200	1,9516	2,0065	2,0381	2,0420
0,300	2,0317	2,1233	2,1921	2,2198
0,400	2,1438	2,2813	2,3939	2,4483
0,500	2,2889	2,4798	2,6517	2,7371
0,600	2,4847	2,7426	2,9824	3,1202
0,700	2,7585	3,1018	3,4374	3,6490
0,800	3,1879	3,6590	4,1404	4,4947
0,900	4,0831	4,7869	5,5566	6,2247
0,950	5,2620	6,2121	7,3330	8,4115
0,970	6,4031	7,5050	8,9178	10,3790
0,990	10,0884	11,3403	13,4510	15,9987

Tabelle 7.15 Lage des Druckmaximums $\bar{\varphi}_m$ für das 180°-Lager endlicher Breite unter Drehung

ε	$B/D = 1$	$B/D = 1/2$	$B/D = 1/4$	$B/D = 1/8$
0,100	2,976	5,041	7,167	8,188
0,200	5,880	9,237	12,319	13,680
0,300	8,658	12,075	14,918	16,297
0,400	10,914	13,534	15,799	17,159
0,500	12,446	14,176	15,818	16,862
0,600	13,338	14,076	14,889	15,670
0,700	13,549	13,412	13,422	13,911
0,800	13,010	12,093	11,486	11,522
0,900	11,195	9,958	8,663	8,316
0,950	9,228	8,030	6,751	5,998
0,970	7,780	6,792	5,575	4,772
0,990	5,180	4,625	3,845	3,125

Die numerisch ermittelten Druckverläufe ermöglichen auch eine Auswertung der Druckprofile in Breitenrichtung, d. h. des Parabelexponenten. Bild 7.25 zeigt, daß der Parabelexponent entlang des Lagerumfangs stark veränderlich ist; ganz besonders gilt dies bei hohen Exzentrizitäten und breiten Lagern. Der Exponent $m = 2{,}0$ gilt nur in Bereichen relativ niedriger Exzentrizitäten und bei schmalen Lagern. Zum Druckmaximum hin steigt er stark an. Bild 7.26 zeigt die Abhängigkeit des Parabelexponenten von der Exzentrizität und dem Breitenverhältnis im Druckmaximum. Für das Breitenverhältnis $B/D = 1$ und hohe Exzentrizitäten erreicht der Parabelexponent den Wert 24. Daraus wird klar, daß Näherungslösungen mit dem Parabelansatz nach Gl. (7.112), aufgebaut auf der analytischen Lösung für das unendlich breite Lager, doch recht schlechte Ergebnisse liefern.

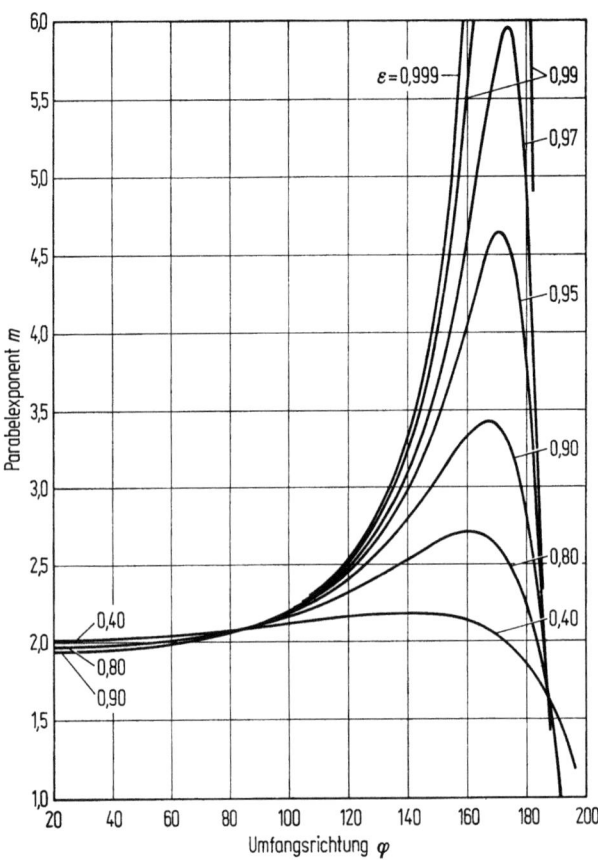

Bild 7.25   Parabelexponent $m = f(\varphi, \varepsilon)$ für $B/D = 1$ bei Drehung

7.2 Radialgleitlager unter Verdrängungsbewegung

Die reine Verdrängungsbewegung eines Lagers ist der Zustand, wo weder der Zapfen noch die Schale rotieren, andererseits aber sich die beiden Gleitpartner mit der Geschwindigkeit

$$V = \mathrm{d}h/\mathrm{d}t = \dot{\varepsilon} \tag{7.123}$$

7.2 Radialgleitlager unter Verdrängungsbewegung

aufeinander zu bewegen. In der allgemeinen Reynoldsschen Differentialgleichung drückt sich dies dadurch aus, daß das erste Störglied der rechten Seite verschwindet. Ersetzt man im dimensionslosen Druck Π die darin enthaltene Drehgeschwindigkeit $\overline{\omega}$ durch $\dot{\varepsilon}$

$$\Pi_\mathrm{V} = \frac{p\psi^2}{\eta\dot{\varepsilon}}, \tag{7.124}$$

so erhält man die Reynoldssche Differentialgleichung für reine Verdrängung

$$\frac{\partial}{\partial \varphi}\left(H^3 \frac{\partial \Pi_\mathrm{V}}{\partial \varphi}\right) + \left(\frac{D}{B}\right)^2 \frac{\partial}{\partial \bar{z}}\left(H^3 \frac{\partial \Pi_\mathrm{V}}{\partial \bar{z}}\right) = 12 \cos\varphi. \tag{7.125}$$

Auch hierzu sollen für die abstrahierten Fälle des unendlich breiten bzw. sehr schmalen Lagers die Lösungen abgeleitet und mit den exakten Lösungen für Lager endlicher Breite verglichen werden. Genau wie bei der Behandlung der reinen

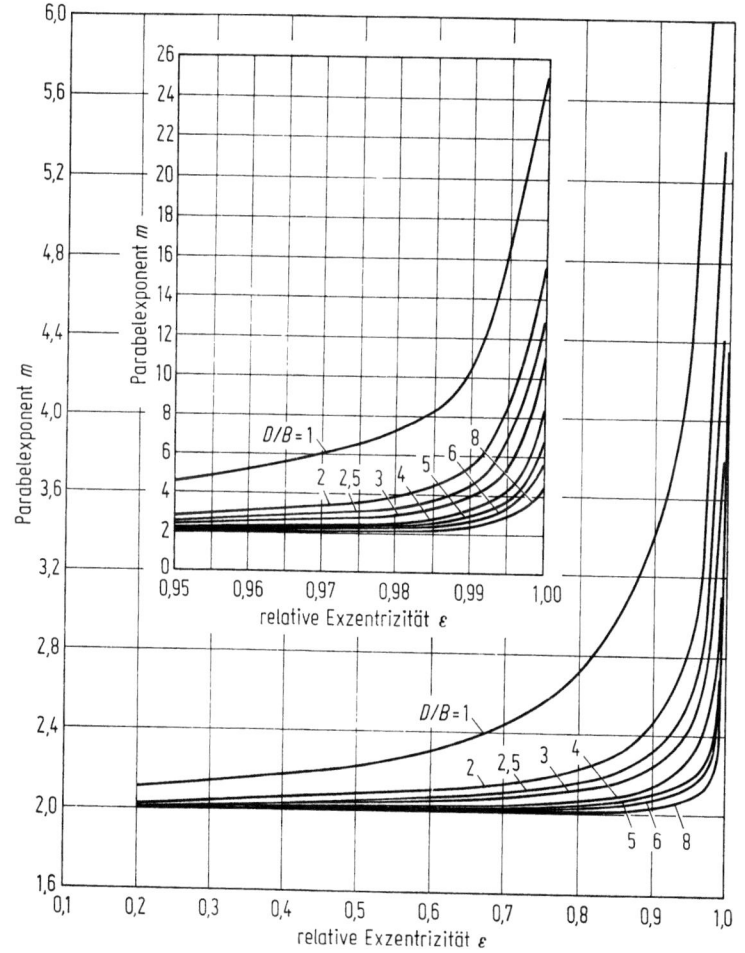

Bild 7.26 Parabelexponent $m = f(\varepsilon, B/D)$ für $\varphi = \varphi_\mathrm{max}$ bei Drehung

Drehungsdruckerzeugung sind auch hierbei verschiedene Randbedingungen für die Druckentwicklung unter Verdrängung zu unterscheiden.

Da die Behandlung dieses Problems erst in den 50er Jahren auf breiter Basis aufgegriffen wurde, sind die Randbedingungen weniger bestimmten Persönlichkeiten zuzuordnen. Sehr verbreitet ist bisher die mathematisch-einfache Randbedingung:

$$\Pi_V(\pi/2) = \Pi_V(3\pi/2) = 0, \qquad (7.126)$$

zumal die Druckgradienten an diesen Stellen ohnehin relativ niedrig sind. Hierzu kommt, daß ein eventuell vorhandener Druck im Bereich um $\pi/2$ bzw. $3\pi/2$ zur Tragfähigkeit keinen Beitrag leisten. Es ist aber festzuhalten, daß diese Randbedingung nicht der Kontinuitätsbedingung entspricht.

Hahn [7.17] verwendete für die Integration des Verdrängungsdruckes nur die Symmetriebedingung

$$\Pi_V(\pi + \varphi_0) = \Pi_V(\pi - \varphi_0) \qquad (7.127)$$

und stellte fest, daß sich der Verdrängungsdruck über mehr als $\pm 90°$ erstreckt, wie es den mathematisch einfachen Randbedingungen entsprechen würde. Da er allerdings für die eigentlichen Druckenden keine weiteren Bedingungen aufstellte, ergab sich dort immer noch ein endlicher Druckgradient. Zur Erfüllung der Kontinuitätsbedingung muß jedoch auch hier die Stetigkeit im Druckverlauf gewahrt sein, wozu weiter

$$\left(\frac{d\Pi_V}{d\varphi}\right)_{\pi+\varphi_0} = \left(\frac{d\Pi_V}{d\varphi}\right)_{\pi-\varphi_0} = 0 \qquad (7.128)$$

zu fordern ist. Diese Randbedingung entspricht der von Reynolds für reine Drehung. Sie wird im folgenden als die physikalische Randbedingung bezeichnet.

7.2.1 Unendlich breites Radialgleitlager

Bei unendlicher Lagerbreite ist wegen des vernachlässigbaren Druckgradienten in Breitenrichtung die reduzierte Reynoldssche Gleichung gültig:

$$\frac{\partial}{\partial \varphi}\left(H^3 \frac{\partial \Pi_V}{\partial \varphi}\right) = 12 \cos \varphi. \qquad (7.129)$$

Nach Einführung der bekannten Spaltfunktion

$$H = 1 + \varepsilon \cos \varphi \qquad (7.130)$$

kann zweimal integriert werden

$$\frac{d\Pi_V}{d\varphi} = 12 \frac{\sin \varphi}{(1 + \varepsilon \cos \varphi)^3} + C_1, \qquad (7.131)$$

$$\Pi_V = 12 \cos \varphi \cdot \frac{1}{2} \cdot \frac{1}{(1 + \varepsilon \cos \varphi)^2 \varepsilon \cos \varphi} + C_1 \varphi + C_2. \qquad (7.132)$$

Die erste Integrationskonstante kann aus der Bedingung nach einer zu π symmetrischen Druckverteilung ermittelt werden:

$$\left(\frac{d\Pi_V}{d\varphi}\right)_{\varphi=\pi} = 0 \rightarrow C_1 = 0. \qquad (7.133)$$

7.2 Radialgleitlager unter Verdrängungsbewegung

Damit verbleibt

$$\Pi_\mathrm{V} = \frac{6}{\varepsilon(1+\varepsilon\cos\varphi)^2} + C_2 \qquad (7.134)$$

als Ausgangspunkt für die weitere Behandlung.

7.2.1.1 Physikalische Randbedingung

Nach der physikalischen Randbedingung wird der Druck an den Stellen $\pi + \varphi_0$ und $\pi - \varphi_0$ zu Null, wo auch zugleich der Druckgradient verschwindet. Dies ist nach (7.131) zusammen mit $C_1 = 0$ dann der Fall, wenn

$$\sin(\pi+\varphi_0) = \sin(\pi-\varphi_0) = 0 \qquad (7.135)$$

wird, also bei 0 und 2π. Dies bedeutet, daß sich die Verdrängungsdruckentwicklung also über den ganzen Lagerumfang erstreckt. Mit diesem Ergebnis kann nun auch die zweite Integrationskonstante ermittelt werden:

$$\Pi_\mathrm{V}(\varphi_0) = \frac{6}{\varepsilon} \cdot \frac{1}{(1+\varepsilon)^2} + C_2 = 0 \qquad (7.136)$$

$$C_2 = -\frac{6}{\varepsilon(1+\varepsilon)^2}. \qquad (7.137)$$

So ergibt sich die Druckfunktion

$$\Pi_\mathrm{V} = \frac{6}{\varepsilon}\left[\frac{1}{(1+\varepsilon\cos\varphi)^2} - \frac{1}{(1+\varepsilon)^2}\right]. \qquad (7.138)$$

Wegen des zu π symmetrischen Druckverlaufes ergibt sich die Tragfähigkeit nach Bild 7.27 allein aus den cos-Komponenten, da sich die sin-Komponenten bei der Integration zu Null ergeben.

$$BDSo_\mathrm{V}\frac{\eta\dot\varepsilon}{\psi^2} = \int_0^{2\pi} \frac{\eta\dot\varepsilon}{\psi^2} \Pi_\mathrm{V} \cos(\pi-\varphi)\, BR\, d\varphi \qquad (7.139)$$

$$So_\mathrm{V} = -\frac{1}{2}\int_0^{2\pi} \Pi_\mathrm{V}\cos\varphi\, d\varphi. \qquad (7.140)$$

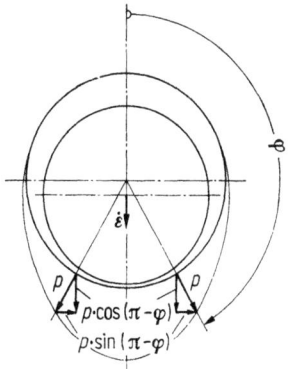

Bild 7.27 Tragfähigkeit unter Verdrängungsdruck

Mit der Druckfunktion nach (7.138) und den Integrationsgrenzen 0 und π erhält man unter Verwendung der Integral-Zusammenstellung in Abschnitt 7.3

$$So_V = -\frac{3}{\varepsilon} 2 \int_0^\pi \frac{\cos \varphi}{(1+\varepsilon \cos \varphi)^2} \, d\varphi = -\frac{6}{\varepsilon} I_2^{01} \Big|_0^\pi \qquad (7.141)$$

$$So_V = \frac{6\pi}{(1-\varepsilon^2)^{3/2}}. \qquad (7.142)$$

Der maximale Schmierfilmdruck tritt auf bei $\varphi_{\max} = \pi$

$$\Pi_{\max} = \frac{6}{\varepsilon} \left[\frac{1}{(1-\varepsilon)^2} - \frac{1}{(1+\varepsilon)^2} \right] \qquad (7.143)$$

$$\Pi_{\max} = \frac{24}{(1-\varepsilon^2)^2}. \qquad (7.144)$$

Der auf die So-Zahl bezogene Maximaldruck ist

$$\frac{\Pi_{\max}}{So_V} = \frac{4}{\pi \sqrt{1-\varepsilon^2}}. \qquad (7.145)$$

In der Tabelle 7.16 sind die numerischen Werte für die wichtigsten Gleitlager-Kenngrößen zusammengestellt. Zu beachten ist bei dieser Lösung für das unendlich breite Lager, daß die Ergebnisse für die positive Verdrängungsbewegung in Richtung auf den engsten Spalt identisch sind mit den Ergebnissen unter negativer Verdrängungsbewegung in Richtung auf den weitesten Spalt.

7.2.1.2 Mathematisch einfache Randbedingung

Wendet man die mathematisch einfache Randbedingung

$$(\Pi_V)_{\varphi=\pm\pi/2} = 0 \qquad (7.146)$$

auf die Druckfunktion (7.134) an, so ergibt sich die Integrationskonstante C_2 zu

$$C_2 = -6/\varepsilon \qquad (7.147)$$

und die Druckfunktion

$$\Pi_V = \frac{6}{\varepsilon} \left[\frac{1}{(1+\varepsilon \cos \varphi)^2} - 1 \right]. \qquad (7.148)$$

Ausgehend von Gl. (7.140) erhält man die Tragfähigkeit für eine Verlagerungsbewegung, die auf den engsten Spalt zu gerichtet ist und der Einfachheit halber als positive Verdrängung bezeichnet wird

$$So_V^{(+)} = -\frac{1}{2} \int_{\pi/2}^{3\pi/2} \Pi_V \cos \varphi \, d\varphi \qquad (7.149)$$

7.2 Radialgleitlager unter Verdrängungsbewegung

Tabelle 7.16 Gleitlager-Kenngrößen für das unendlich breite, vollumschlossene Radialgleitlager unter reiner Verdrängung mit den physikalischen Randbedingungen

Relative Exzentrizität ε	Sommerfeld-zahl So	Maximal-Druckzahl Π_{max}	Bezogener Maximaldruck Π_{max}/So	Relative Exzentrizität ε	Sommerfeld-zahl So	Maximal-Druckzahl Π_{max}	Bezogener Maximaldruck Π_{max}/So
0,100	19,1359	24,4873	1,2797	−0,100	19,1359	24,4873	1,2797
0,300	21,7140	28,9820	1,3347	−0,300	21,7140	28,9820	1,3347
0,500	29,0208	42,6667	1,4702	−0,500	29,0208	42,6667	1,4702
0,700	51,7542	92,2722	1,7829	−0,700	51,7542	92,2722	1,7829
0,900	227,5992	664,8199	2,9210	−0,900	227,5992	664,8199	2,9210
0,910	264,4766	812,1935	3,0709	−0,910	264,4766	812,1935	3,0709
0,930	379,5928	1314,9237	3,4640	−0,930	379,5928	1314,9237	3,4640
0,950	619,1475	2524,6548	4,0776	−0,950	619,1475	2524,6548	4,0776
0,970	1311,9578	6871,2584	5,2374	−0,970	1311,9578	6871,2584	5,2374
0,990	6714,6172	60604,5302	9,0258	−0,990	6714,6172	60604,5302	9,0258
0,991	7858,3320	74745,2679	9,5116	−0,991	7858,3320	74745,2679	9,5116
0,995	18920,4609	241204,5150	12,7483	−0,995	18920,4609	241204,5150	12,7483
0,999	210902,5625	6006004,5030	28,4776	−0,999	210902,5625	6006004,5030	28,4776

13*

bzw. die Tragfähigkeit unter negativer Verdrängungsbewegung

$$So_V^{(-)} = -\frac{1}{2} \int_{3\pi/2}^{5\pi/2} \Pi_V \cos\varphi \, d\varphi. \tag{7.150}$$

Diese Integrationen sind teilweise mit einfachen Kenntnissen durchzuführen

$$So_V^{(+)} = -\frac{3}{\varepsilon} \left[\int_{\pi/2}^{3\pi/2} \frac{\cos\varphi}{(1+\varepsilon\cos\varphi)^2} d\varphi - \int_{\pi/2}^{3\pi/2} \cos\varphi \, d\varphi \right]$$

$$= -\frac{3}{\varepsilon} \left[I_2^{01} \Big|_{\pi/2}^{3\pi/2} + 2 \right] \tag{7.151}$$

$$So_V^{(-)} = -\frac{3}{\varepsilon} \left[\int_{3\pi/2}^{5\pi/2} \frac{\cos\varphi}{(1+\varepsilon\cos\varphi)^2} d\varphi - \int_{3\pi/2}^{5\pi/2} \cos\varphi \, d\varphi \right]$$

$$= -\frac{3}{\varepsilon} \left[I_2^{01} \Big|_{3\pi/2}^{5\pi/2} - 2 \right]. \tag{7.152}$$

Aus Abschnitt 7.3 kann das Integral I_2^{01} entnommen werden

$$I_2^{01} = \frac{\sin\varphi}{(1-\varepsilon^2)(1+\varepsilon\cos\varphi)} - \frac{2\varepsilon}{(1-\varepsilon^2)^{3/2}} \arctan\left(\sqrt{\frac{1-\varepsilon}{1+\varepsilon}} \tan\frac{\varphi}{2}\right). \tag{7.153}$$

Für die gegebenen Integrationsgrenzen erhält man daraus die Teil-Integrale

$$I_2^{01} \Big|_{\pi/2}^{3\pi/2} = -\frac{2}{(1-\varepsilon^2)} \left[1 + \frac{\varepsilon}{\sqrt{1-\varepsilon^2}} \left(\pi - 2\arctan\sqrt{\frac{1-\varepsilon}{1+\varepsilon}} \right) \right] \tag{7.154}$$

$$I_2^{01} \Big|_{3\pi/2}^{5\pi/2} = \frac{2}{(1-\varepsilon^2)} \left[1 + \frac{\varepsilon}{\sqrt{1-\varepsilon^2}} \left(0 - 2\arctan\sqrt{\frac{1-\varepsilon}{1+\varepsilon}} \right) \right] \tag{7.155}$$

und die Tragfähigkeit

$$So_V^{(+)} = \frac{6}{\varepsilon} \left[\frac{\varepsilon^2}{1-\varepsilon^2} + \frac{\varepsilon}{(1-\varepsilon^2)^{3/2}} \left(\pi - 2\arctan\sqrt{\frac{1-\varepsilon}{1+\varepsilon}} \right) \right] \tag{7.156}$$

$$So_V^{(-)} = -\frac{6}{\varepsilon} \left[\frac{\varepsilon^2}{1-\varepsilon^2} + \frac{\varepsilon}{(1-\varepsilon^2)^{3/2}} \left(0 - 2\arctan\sqrt{\frac{1-\varepsilon}{1+\varepsilon}} \right) \right]. \tag{7.157}$$

Führt man hier folgende Vereinbarung ein

$$\varepsilon^* = \varepsilon \, \text{sign}(\dot\varepsilon), \qquad \varepsilon = |\varepsilon|, \tag{7.158}$$

so ergibt sich eine gemeinsame Beziehung für beide Verdrängungsbewegungen

$$So_V = \frac{6}{\varepsilon^*} \left[\frac{\varepsilon^2}{1-\varepsilon^2} + \frac{\varepsilon}{(1-\varepsilon^2)^{3/2}} \left(\frac{\pi + \text{sign}(\dot\varepsilon)\pi}{2} - 2\arctan\sqrt{\frac{1-\varepsilon}{1+\varepsilon}} \right) \right]. \tag{7.159}$$

Der maximale Schmierfilmdruck tritt bei positiver Verdrängungsbewegung unter $\varphi = \pi$, bei negativer Verdrängungswirkung unter $\varphi = 0$ auf. Mit der obigen Vereinbarung erhält man

$$\Pi_{\max} = \frac{6(2 - \varepsilon^*)}{(1 - \varepsilon^*)^2} \tag{7.160}$$

und als bezogenen Maximaldruck

$$\frac{\Pi_{\max}}{So_V} = \frac{\varepsilon^*(2 - \varepsilon^*)}{(1 - \varepsilon^*)^2} \cdot \frac{1}{\dfrac{\varepsilon^2}{1 - \varepsilon^2} - \dfrac{\varepsilon}{(1 - \varepsilon^2)^{3/2}} \left(\dfrac{\pi + \operatorname{sign}(\dot{\varepsilon})\,\pi}{2} - 2 \arctan \sqrt{\dfrac{1 - \varepsilon}{1 + \varepsilon}} \right)}. \tag{7.161}$$

In Tabelle 7.17 sind die numerischen Werte dieser Lösung zusammengestellt.

7.2.2 Sehr schmales Radialgleitlager

Durch die Vernachlässigung des Druckgradienten in Umfangsrichtung vereinfacht sich die Reynoldssche Gleichung zu

$$\frac{\partial}{\partial \bar{z}}\left(H^3 \frac{\partial \Pi_V}{\partial \bar{z}}\right) = \left(\frac{B}{D}\right)^2 \cdot 12 \cos \varphi. \tag{7.162}$$

Nach Integration erhält man

$$\frac{d\Pi_V}{d\bar{z}} = \left(\frac{B}{D}\right)^2 \frac{12}{H^3} \cos \varphi\, \bar{z} + C_1 \tag{7.163}$$

und nach Anwendung der Randbedingung über die Breitensymmetrie des Druckes

$$\left(\frac{d\Pi_V}{d\bar{z}}\right)_{\bar{z}=0} = 0, \tag{7.164}$$

ergibt sich $C_1 = 0$. Auf die nochmalige Integration

$$\Pi_V = \left(\frac{B}{D}\right)^2 \frac{12}{H^3} \cos \varphi\, \frac{\bar{z}^2}{2} + C_2 \tag{7.165}$$

wird die eigentliche Randbedingung

$$\Pi_V(\varphi, \bar{z} = \pm 1) = 0 \tag{7.166}$$

angewendet mit dem Ergebnis

$$C_2 = -\left(\frac{B}{D}\right)^2 \frac{6}{H^3} \cos \varphi, \tag{7.167}$$

so daß schließlich der Druckverlauf nach Einführung der Spaltfunktion

$$\Pi_V = \left(\frac{B}{D}\right)^2 \frac{6 \cos \varphi}{(1 + \varepsilon \cos \varphi)^3} (\bar{z}^2 - 1) \tag{7.168}$$

wird.

Tabelle 7.17 Gleitlager-Kenngrößen für das unendlich breite, vollumschlossene Radialgleitlager unter reiner Verdrängung mit den mathematisch einfachen Randbedingungen

Relative Exzentrizität ε	Sommerfeldzahl So	Maximal-Druckzahl Π_{max}	Bezogener Maximaldruck Π_{max}/So	Relative Exzentrizität ε	Sommerfeldzahl So	Maximal-Druckzahl Π_{max}	Bezogener Maximaldruck Π_{max}/So
0,100	10,7841	14,0741	1,3051	−0,100	8,3517	10,4132	1,2468
0,300	14,9410	20,8163	1,3932	−0,300	6,7730	8,1657	1,2056
0,500	23,3472	36,0000	1,5419	−0,500	5,6736	6,6667	1,1750
0,700	46,8862	86,6667	1,8484	−0,700	4,8680	5,6055	1,1515
0,900	223,3447	660,0000	2,9551	−0,900	4,2545	4,8199	1,1329
0,910	260,2488	807,4074	3,1024	−0,910	4,2277	4,7861	1,1321
0,930	375,4177	1310,2041	3,4900	−0,930	4,1750	4,7196	1,1304
0,950	615,0239	2520,0000	4,0974	−0,950	4,1235	4,6548	1,1288
0,970	1307,8845	6866,6667	5,2502	−0,970	4,0733	4,5917	1,1273
0,990	6710,5938	60600,0000	9,0305	−0,990	4,0241	4,5302	1,1258
0,991	7854,3086	74740,7407	9,5159	−0,991	4,0217	4,5272	1,1257
0,995	18916,4492	241200,0000	12,7508	−0,995	4,0120	4,5150	1,1254
0,999	210898,5625	6006000,0000	28,4781	−0,999	4,0023	4,5030	1,1251

7.2 Radialgleitlager unter Verdrängungsbewegung

Zur Tragfähigkeits-Berechnung sind auch hier entsprechend (7.149) und (7.150) die Verdrängungsbewegungen der Richtung nach zu unterscheiden. Zusätzlich muß auch die Integration in Breitenrichtung vorgenommen werden:

$$So_V^{(+)} = -\frac{1}{4} \int_{\pi/2}^{3\pi/2} \int_{-1}^{+1} \Pi_V \cos\varphi \, d\varphi \, d\bar{z}$$

$$= -\left(\frac{B}{D}\right)^2 \cdot 6 \int_{\pi/2}^{\pi} \int_0^1 \frac{\cos^2\varphi}{(1+\varepsilon\cos\varphi)^3} (\bar{z}^2 - 1) \, d\varphi \, d\bar{z}$$

$$= -4\left(\frac{B}{D}\right)^2 I_3^{02} \Big|_{\pi/2}^{\pi}$$

$$= -4\left(\frac{B}{D}\right)^2 \cdot \frac{1}{(1-\varepsilon^2)^{5/2}} \left[\frac{3}{2}\varepsilon\sqrt{1-\varepsilon^2} + (1+2\varepsilon^2)\left(\frac{\pi}{2} - \arctan\sqrt{\frac{1-\varepsilon}{1+\varepsilon}}\right)\right].$$
(7.169)

$$So_V^{(-)} = -\frac{1}{4} \int_{3\pi/2}^{5\pi/2} \int_{-1}^{+1} \Pi_V \cos\varphi \, d\varphi \, d\bar{z} = 4\left(\frac{B}{D}\right)^2 I_3^{02} \Big|_0^{\pi/2}$$

$$= 4\left(\frac{B}{D}\right)^2 \frac{1}{(1-\varepsilon^2)^{5/2}} \left[-\frac{3}{2}\varepsilon\sqrt{1-\varepsilon^2} + (1+2\varepsilon^2)\arctan\sqrt{\frac{1-\varepsilon}{1+\varepsilon}}\right]. \quad (7.170)$$

Die Gln. (7.169) und (7.170) lassen sich unter Verwendung der Beziehung (7.158) zusammenfassen zu

$$So_V = \left(\frac{B}{D}\right)^2 \frac{4}{(1-\varepsilon^2)^{5/2}} \left[\frac{3\varepsilon^*}{2}\sqrt{1-\varepsilon^2} - (1+2\varepsilon^2)\left(\text{sign}(\dot{\varepsilon})\arctan\sqrt{\frac{1-\varepsilon}{1+\varepsilon}}\right. \right.$$
$$\left.\left. - \frac{\pi/2 + \text{sign}(\dot{\varepsilon})\,\pi/2}{2}\right)\right]. \quad (7.171)$$

Der maximale Schmierfilmdruck in Lagermitte ($\bar{z} = 0$) liegt bei $\varphi = \pi$ bzw. $\varphi = 0$:

$$\Pi_{\max} = \left(\frac{B}{D}\right)^2 \frac{6}{(1-\varepsilon^*)^3}. \quad (7.172)$$

Der seitliche Öldurchsatz ergibt sich aus der bekannten Beziehung

$$q_z = -\left(\frac{h^3}{12\eta} \cdot \frac{\partial p}{\partial z}\right) dx \quad (7.173)$$

und nach Einsetzen der dimensionslosen Kenngrößen

$$q_z = -\dot{\varepsilon}\psi R^3 \frac{B}{D} \cos\varphi \, d\varphi. \quad (7.174)$$

Die Integration über den druckbeaufschlagten Bereich ergibt unabhängig von der Verdrängungsrichtung

$$\dot{Q}_V = 2\int_{\pi/2}^{3\pi/2} q_z \, d\varphi = -2R^3\psi\dot{\varepsilon}\frac{B}{D}(-2) \quad (7.175)$$

Tabelle 7.18 Gleitlager-Kenngrößen für das unendlich kurze, vollumschlossene Radialgleitlager unter reiner Verdrängung für die Breitenverhältnisse $B/D = 1/4$ und $1/8$

B/D	Relative Exzentrizität ε	Sommerfeld-zahl So	Bezogener Öldurchsatz $\bar{Q}$	Maximal-Druckzahl Π_{max}	Bezogener Maximaldruck Π_{max}/So	Relative Exzentrizität ε	Sommerfeldzahl So	Bezogener Öldurchsatz $\bar{Q}$	Maximal-Druckzahl Π_{max}	Bezogener Maximaldruck Π_{max}/So
1/4	0,100	0,2567	1,0000	0,5144	2,0037	−0,100	0,1540	1,0000	0,2817	1,8293
	0,300	0,4860	1,0000	1,0933	2,2494	−0,300	0,1006	1,0000	0,1707	1,6975
	0,500	1,1395	1,0000	3,0000	2,6328	−0,500	0,0697	1,0000	0,1111	1,5934
	0,700	4,1354	1,0000	13,8889	3,3585	−0,700	0,0506	1,0000	0,0763	1,5085
	0,900	65,3468	1,0000	375,0000	5,7386	−0,900	0,0380	1,0000	0,0547	1,4376
	0,910	85,1019	1,0000	514,4033	6,0446	−0,910	0,0375	1,0000	0,0538	1,4343
	0,930	159,7545	1,0000	1093,2945	6,8436	−0,930	0,0365	1,0000	0,0522	1,4279
	0,950	371,0559	1,0000	3000,0000	8,0850	−0,950	0,0356	1,0000	0,0506	1,4216
	0,970	1332,7346	1,0000	13888,8889	10,4213	−0,970	0,0347	1,0000	0,0490	1,4154
	0,990	20808,8242	1,0000	375000,0000	18,0212	−0,990	0,0338	1,0000	0,0476	1,4093
	0,991	27081,7578	1,0000	514403,2922	18,9944	−0,991	0,0337	1,0000	0,0475	1,4090
	0,995	117760,8750	1,0000	3000000,0000	25,4753	−0,995	0,0335	1,0000	0,0472	1,4078
	0,999	6585215,0000	1,0000	374999999,9999	56,9457	−0,999	0,0334	1,0000	0,0469	1,4066
1/8	0,100	0,0642	0,5000	0,1286	2,0037	−0,100	0,0385	0,5000	0,0704	1,8293
	0,300	0,1215	0,5000	0,2733	2,2494	−0,300	0,0251	0,5000	0,0427	1,6975
	0,500	0,2849	0,5000	0,7500	2,6328	−0,500	0,0174	0,5000	0,0278	1,5934
	0,700	1,0339	0,5000	3,4722	3,3585	−0,700	0,0126	0,5000	0,0191	1,5085
	0,900	16,3367	0,5000	93,7500	5,7386	−0,900	0,0095	0,5000	0,0137	1,4376
	0,910	21,2755	0,5000	128,6608	6,0446	−0,910	0,0094	0,5000	0,0135	1,4343
	0,930	39,9386	0,5000	273,3236	6,8436	−0,930	0,0091	0,5000	0,0130	1,4279
	0,950	92,7640	0,5000	750,0000	8,0850	−0,950	0,0089	0,5000	0,0126	1,4216
	0,970	333,1836	0,5000	3472,2222	10,4213	−0,970	0,0087	0,5000	0,0123	0,4154
	0,990	5202,2031	0,5000	93750,0000	18,0212	−0,990	0,0084	0,5000	0,0119	1,4093
	0,991	6770,4375	0,5000	128600,8230	18,9945	−0,991	0,0084	0,5000	0,0119	1,4090
	0,995	29440,2188	0,5000	750000,0000	25,4753	−0,995	0,0084	0,5000	0,0118	1,4078
	0,999	1646303,0000	0,5000	93750000,0000	56,9458	−0,999	0,0083	0,5000	0,0117	1,4066

7.2 Radialgleitlager unter Verdrängungsbewegung 201

Tabelle 7.19 *So*-Zahl für das vollumschlossene Radialgleitlager endlicher Breite unter Verdrängung

ε^* \ B/D	1	1/2	1/2,5	1/3	1/4	1/5	1/6	1/8
−0,990	0,4925	0,1303	0,0842	0,0588	0,0333	0,0214	0,0149	0,0084
−0,980	0,4986	0,1319	0,0853	0,0596	0,0338	0,0217	0,0151	0,0085
−0,970	0,5049	0,1337	0,0864	0,0604	0,0342	0,0220	0,0153	0,0086
−0,960	0,5113	0,1354	0,0875	0,0612	0,0347	0,0223	0,0155	0,0087
−0,950	0,5177	0,1372	0,0887	0,0620	0,0351	0,0226	0,0157	0,0089
−0,900	0,5518	0,1466	0,0948	0,0663	0,0376	0,0241	0,0168	0,0095
−0,800	0,6293	0,1685	0,1089	0,0761	0,0432	0,0277	0,0193	0,0109
−0,700	0,7242	0,1944	0,1260	0,0881	0,0500	0,0321	0,0223	0,0126
−0,600	0,8342	0,2265	0,1469	0,1028	0,0583	0,0375	0,0261	0,0147
−0,500	0,9710	0,2664	0,1730	0,1211	0,0688	0,0442	0,0308	0,0174
−0,400	1,1391	0,3164	0,2058	0,1443	0,0820	0,0527	0,0367	0,0207
−0,300	1,3494	0,3803	0,2479	0,1739	0,0989	0,0637	0,0444	0,0250
−0,200	1,6154	0,4632	0,3027	0,2127	0,1212	0,0780	0,0544	0,0307
−0,100	1,9579	0,5732	0,3757	0,2645	0,1509	0,0973	0,0678	0,0383
0,0	2,4076	0,7226	0,4754	0,3355	0,1919	0,1238	0,0863	0,0488
0,100	3,0122	0,9314	0,6158	0,4357	0,2499	0,1614	0,1127	0,0637
0,200	3,8485	1,2336	0,8205	0,5826	0,3354	0,2171	0,1517	0,0859
0,300	5,0479	1,6904	1,1329	0,8081	0,4675	0,3033	0,2122	0,1203
0,400	6,8503	2,4202	1,6382	1,1756	0,6845	0,4455	0,3123	0,1774
0,500	9,7319	3,6750	2,5206	1,8236	1,0715	0,7005	0,4923	0,2803
0,600	14,7690	6,0649	4,2362	3,1002	1,8455	1,2147	0,8570	0,4899
0,700	24,8424	11,3728	8,1560	6,0733	3,6891	2,4543	1,7424	1,0027
0,800	50,3492	26,6761	19,9404	15,2817	9,6161	6,5237	4,6863	2,7312
0,900	160,2465	104,7477	84,3897	68,4841	46,5594	33,1022	24,4995	14,7697
0,950	490,1788	371,9835	320,5824	275,7647	205,1454	155,2293	119,9911	76,3148
0,960	698,5832	549,6637	482,4863	422,2048	323,3431	250,1455	196,5876	127,7845
0,970	1099,572	900,0513	806,7322	720,3453	571,8770	455,4231	366,0961	245,4849
0,980	2073,526	1774,283	1629,399	1490,849	1239,401	1027,179	853,4194	600,6621
0,990	6057,899	5486,895	5171,824	4884,938	4335,254	3813,699	3330,974	2560,112
0,995	17663,15	16409,77	15821,31	15230,24	14058,50	12919,73	11831,27	9849,972
0,999	204585,0	198291,7	195307,7	192330,7	186378,7	180387,8	174415,6	162576,1

oder den bezogenen Öldurchsatz

$$\bar{Q}_V = \frac{\dot{Q}_V}{R^3 \psi \dot{\varepsilon}} = 4\frac{B}{D}. \qquad (7.176)$$

In Tabelle 7.18 sind die Zahlenwerte für die analytische Lösung des unendlich kurzen Lagers zusammengestellt.

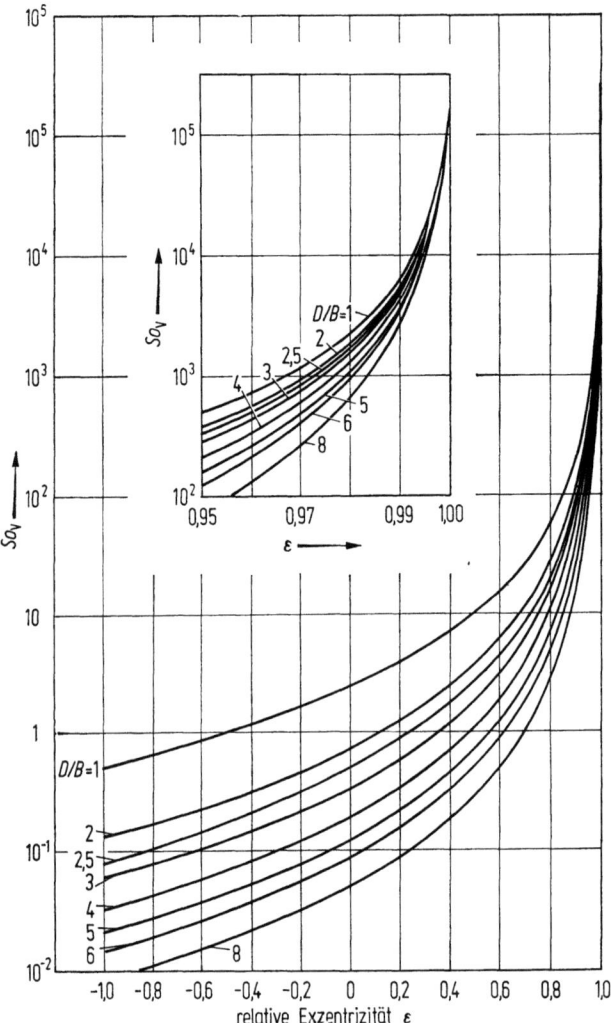

Bild 7.28 $So_V = f(\varepsilon, B/D)$ — vollumschlossenes Lager; Verdrängung

7.2.3 Radialgleitlager endlicher Breite

Die abstrahierten Lösungen für die Verdrängungsdruckentwicklung in unendlich breiten bzw. sehr schmalen Lagern sind für eine praktische Anwendung auf endlich breite Lager ebenso beschränkt wie die entsprechenden Lösungen für die Drehungsdruckentwicklung. Auch die Lösungen, die ausgehend von unendlich

7.2 Radialgleitlager unter Verdrängungsbewegung

breiten Lagern dessen Ergebnisse durch einen Parabelansatz zur Berücksichtigung der endlichen Lagerbreite erweitern, sind in ihrer Genauigkeit begrenzt. Der Grund dafür liegt im stark veränderlichen Parabel-Exponenten und in den vereinfachten Randbedingungen bei den Lösungen für das unendlich breite Lager. Diese Auswirkungen betreffen aber weniger die Tragfähigkeit, da sich die Unter-

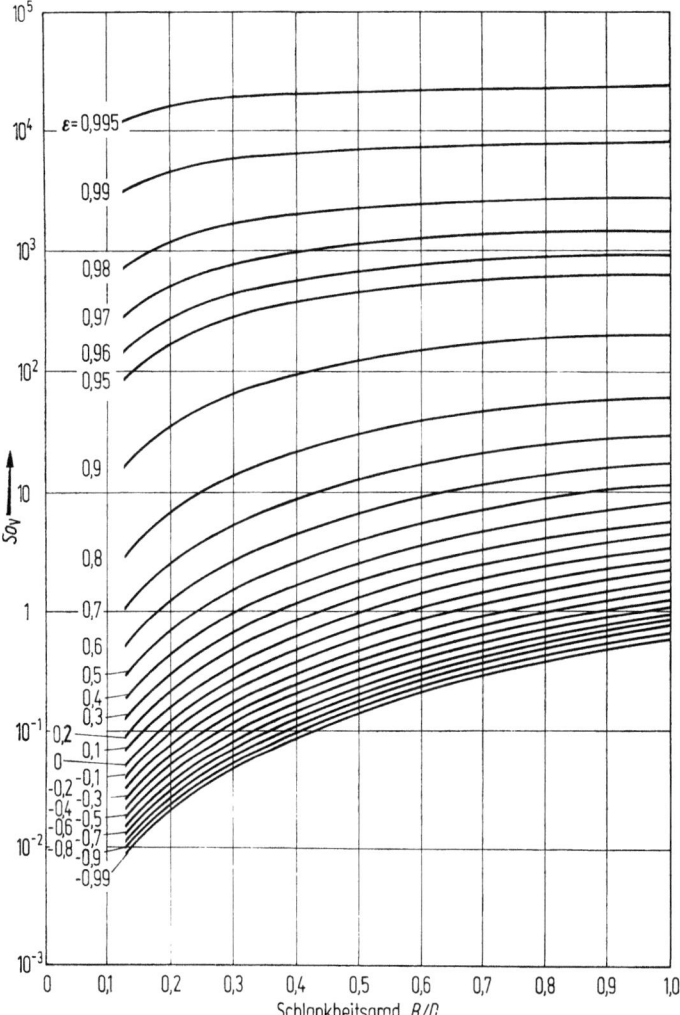

Bild 7.29 $So_V = f(B/D, \varepsilon)$ — vollumschlossenes Lager; Verdrängung

schiede ja vorwiegend auf die Druckbereiche beziehen, die senkrecht zur Verdrängungsrichtung liegen und deshalb keine wesentlichen Traganteile liefern; sie betreffen vorwiegend den Öldurchsatz und auch noch den Maximaldruck.

Mit modernen EDV-Methoden kann aber in ähnlicher Weise, wie in Abschnitt 7.1.3 dargestellt, auch für die Verdrängungswirkung eine numerische Lösung für Lager endlicher Breite unter Berücksichtigung der physikalischen Randbedingungen erstellt werden. Die Einstellung der Randbedingung an den beiden

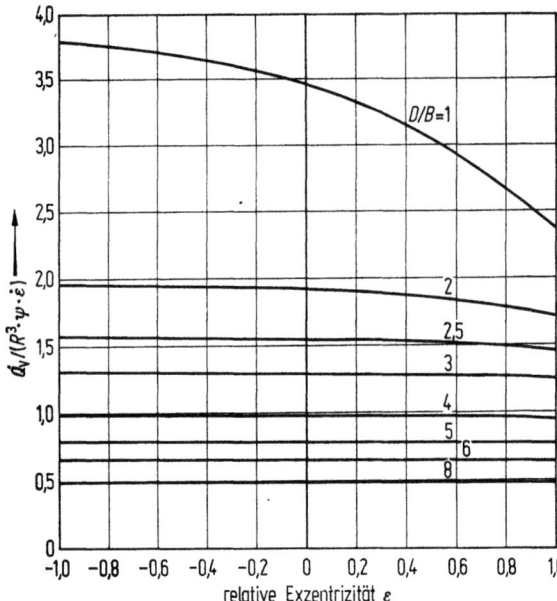

Bild 7.30 $\bar{Q}_\text{V} = f(\varepsilon, B/D)$
— vollumschlossenes Lager;
Verdrängung

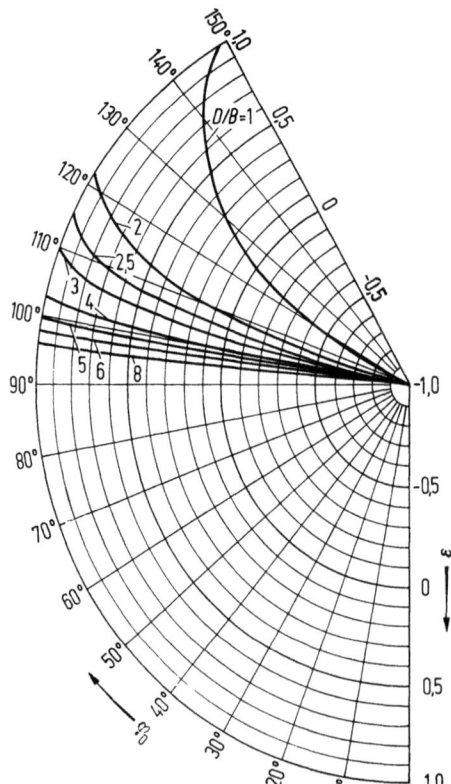

Bild 7.31 $\varphi_0 = f(\varepsilon, B/D)$
— vollumschlossenes Lager;
Verdrängung

7.2 Radialgleitlager unter Verdrängungsbewegung

Tabelle 7.20 Bezogener Öldurchsatz $\bar{Q}_V$ für das vollumschlossene Radialgleitlager endlicher Breite unter Verdrängung

ε^* \ B/D	1	1/2	1/2,5	1/3	1/4	1/5	1/6	1/8
−0,990	3,7975	1,9601	1,5761	1,3172	0,9917	0,7954	0,6638	0,4988
−0,980	3,7949	1,9601	1,5761	1,3172	0,9917	0,7954	0,6638	0,4988
−0,970	3,7927	1,9600	1,5760	1,3172	0,9917	0,7954	0,6638	0,4988
−0,960	3,7901	1,9600	1,5760	1,3172	0,9916	0,7954	0,6638	0,4988
−0,950	3,7878	1,9599	1,5759	1,3171	0,9916	0,7953	0,6638	0,4988
−0,900	3,7749	1,9594	1,5755	1,3171	0,9915	0,7953	0,6638	0,4988
−0,800	3,7498	1,9577	1,5743	1,3170	0,9914	0,7952	0,6637	0,4988
−0,700	3,7216	1,9549	1,5723	1,3164	0,9912	0,7951	0,6637	0,4988
−0,600	3,6937	1,9512	1,5706	1,3156	0,9909	0,7950	0,6636	0,4988
−0,500	3,6648	1,9470	1,5688	1,3144	0,9906	0,7949	0,6635	0,4988
−0,400	3,6338	1,9422	1,5664	1,3133	0,9903	0,7948	0,6635	0,4987
−0,300	3,5994	1,9369	1,5639	1,3119	0,9899	0,7947	0,6634	0,4987
−0,200	3,5585	1,9308	1,5611	1,3104	0,9895	0,7945	0,6633	0,4987
−0,100	3,5124	1,9231	1,5581	1,3090	0,9890	0,7943	0,6632	0,4987
0,0	3,4640	1,9152	1,5549	1,3072	0,9885	0,7941	0,6632	0,4986
0,100	3,4002	1,9063	1,5512	1,3051	0,9879	0,7939	0,6631	0,4986
0,200	3,3313	1,8961	1,5476	1,3031	0,9873	0,7937	0,6630	0,4986
0,300	3,2523	1,8858	1,5431	1,3010	0,9866	0,7935	0,6629	0,4985
0,400	3,1603	1,8738	1,5381	1,2987	0,9860	0,7932	0,6627	0,4985
0,500	3,0839	1,8603	1,5328	1,2959	0,9852	0,7929	0,6626	0,4985
0,600	2,9292	1,8455	1,5266	1,2927	0,9843	0,7925	0,6625	0,4984
0,700	2,8114	1,8257	1,5188	1,2889	0,9832	0,7921	0,6623	0,4984
0,800	2,6815	1,8013	1,5086	1,2841	0,9819	0,7917	0,6622	0,4984
0,900	2,5363	1,7723	1,4934	1,2779	0,9803	0,7911	0,6620	0,4983
0,950	2,4560	1,7543	1,4843	1,2735	0,9793	0,7908	0,6619	0,4983
0,960	2,4407	1,7503	1,4822	1,2725	0,9791	0,7907	0,6618	0,4983
0,970	2,4244	1,7463	1,4799	1,2715	0,9788	0,7906	0,6618	0,4982
0,980	2,4089	1,7416	1,4773	1,2702	0,9785	0,7905	0,6618	0,4982
0,990	2,3933	1,7362	1,4746	1,2690	0,9782	0,7904	0,6617	0,4982
0,995	2,3863	1,7343	1,4734	1,2683	0,9780	0,7904	0,6617	0,4982
0,999	2,3803	1,7336	1,4782	1,2675	0,9777	0,7904	0,6617	0,4982

Druckbergenden mit verschwindendem Druckgradienten erfolgt in entsprechender Weise. Dabei zeigt sich, daß für endliche Lagerbreiten die Druckbergenden zwischen den beiden Extremwerten der analytischen Lösungen liegen. Zu beachten ist auch, daß die Verdrängungswirkungen in beiden Richtungen, also in Richtung auf den engsten und in Richtung auf den weitesten Spalt getrennt zu untersuchen sind. Die Ergebnisse dieser numerischen Integration nach Butenschön [7.9] sind für die wesentlichen Gleitlager-Kenngrößen in den Tabellen 7.19 bis 7.22 zusammengestellt. Dabei wird von der Vereinbarung (7.158) Gebrauch gemacht; die vorzeichenbehaftete Exzentrizität ε^* kennzeichnet die Verdrängungsrichtung, und zwar gilt das positive Vorzeichen für Verdrängungsbewegungen in Richtung des engsten Spaltes, das negative Vorzeichen für Bewegungen in Richtung des weitesten Spaltes. Die graphische Darstellung dieser Abhängigkeiten findet sich in den Bildern 7.28 bis 7.32.[1]

Schließlich soll auch hier noch die Form der Druckverteilung in Breitenrichtung kurz gestreift werden, um eine Relativierung der Lösungen mit Parabel-

---
[1] Bild 7.28 liegt zusätzlich als Arbeitsblatt für die praktische Anwendung vor (s. Tafeltasche).

ansatz aufzuzeigen. Wie schon bei der Drehungsdruckentwicklung ist auch unter Verdrängung der Parabelexponent am Lagerumfang stark veränderlich, wie Bild 7.33 zeigt. Der Exponent $m = 2{,}0$ gilt nur in Bereichen niedriger Drücke und bei sehr schmalen Lagern. Hier schließt also die numerische Lösung an das Ergebnis des sehr schmalen Lagers an. Zum Druckmaximum hin steigen aber die Exponenten stark an. Bild 7.34 zeigt die Abhängigkeit des Parabelexponenten im Druckmaximum von der Exzentrizität und dem Breitenverhältnis. Im Extremfall wird auch hier $m > 24$ erreicht.

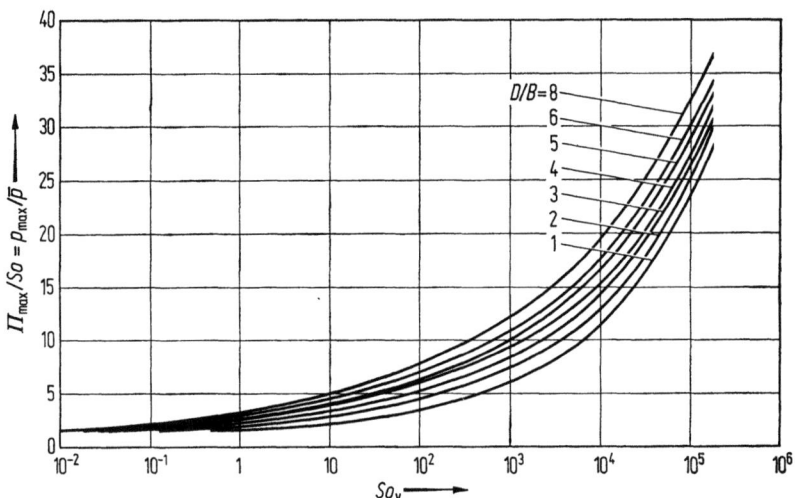

Bild 7.32 $p_{max}/\bar{p} = f(So_V, B/D)$ — vollumschlossenes Lager; Verdrängung

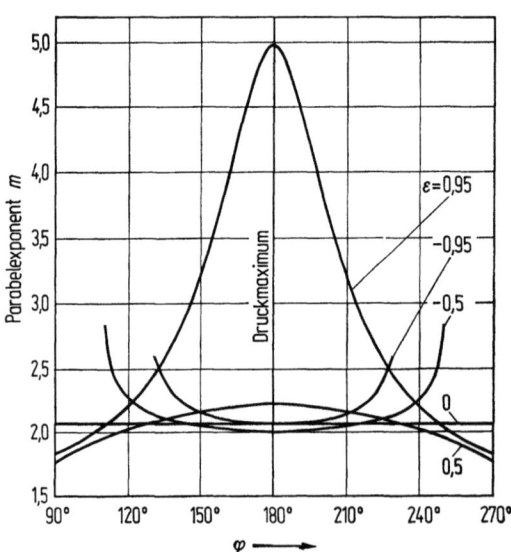

Bild 7.33
Parabelexponent $m = f(\varphi, \varepsilon)$ für $B/D = 1$ bei Verdrängung

7.3 Häufige Integrale der Gleitlagertheorie

Tabelle 7.21 Bezogener Maximaldruck $p_{max}/\bar{p}$ für das vollumschlossene Radialgleitlager endlicher Breite unter Verdrängung

ε^* \ B/D	1	1/2	1/2,5	1/3	1/4	1/5	1/6	1/8
−0,990	1,5551	1,5579	1,5748	1,5901	1,6126	1,6262	1,6376	1,6429
−0,980	1,5568	1,5580	1,5733	1,5872	1,6065	1,6221	1,6358	1,6471
−0,970	1,5581	1,5565	1,5718	1,5844	1,6082	1,6182	1,6275	1,6395
−0,960	1,5596	1,5569	1,5714	1,5833	1,6023	1,6143	1,6258	1,6437
−0,950	1,5613	1,5561	1,5682	1,5806	1,6040	1,6106	1,6242	1,6292
−0,900	1,5690	1,5539	1,5633	1,5732	1,5878	1,6017	1,6071	1,6105
−0,800	1,5860	1,5555	1,5583	1,5637	1,5694	1,5668	1,5803	1,5780
−0,700	1,6002	1,5751	1,5667	1,5653	1,5640	1,5670	1,5695	1,5714
−0,600	1,6256	1,6057	1,5943	1,5856	1,5780	1,5733	1,5709	1,5714
−0,500	1,6487	1,6393	1,6306	1,6243	1,6134	1,6086	1,6039	1,5977
−0,400	1,6751	1,6773	1,6720	1,6667	1,6585	1,6546	1,6512	1,6473
−0,300	1,7045	1,7192	1,7172	1,7148	1,7108	1,7049	1,7027	1,7040
−0,200	1,7383	1,7668	1,7687	1,7687	1,7657	1,7654	1,7629	1,7622
−0,100	1,7772	1,8208	1,8270	1,8295	1,8317	1,8304	1,8319	1,8303
0,0	1,8224	1,8825	1,8936	1,8990	1,9046	1,9071	1,9096	1,9078
0,100	1,8755	1,9543	1,9703	1,9800	1,9904	1,9957	1,9982	2,0016
0,200	1,9391	2,0389	2,0612	2,0754	2,0915	2,0990	2,1035	2,1083
0,300	2,0167	2,1407	2,1704	2,1900	2,2128	2,2249	2,2319	2,2394
0,400	2,1136	2,2663	2,3048	2,3308	2,3626	2,3800	2,3903	2,4008
0,500	2,2388	2,4263	2,4759	2,5104	2,5534	2,5780	2,5929	2,6093
0,600	2,4072	2,6402	2,7041	2,7500	2,8090	2,8437	2,8653	2,8898
0,700	2,6519	2,9473	3,0314	3,0936	3,1767	3,2275	3,2604	3,2981
0,800	3,0518	3,4458	3,5623	3,6511	3,7751	3,8551	3,9090	3,9740
0,900	3,9112	4,5039	4,6895	4,8354	5,0507	5,2002	5,3082	5,4488
0,950	5,0754	5,8765	6,1534	6,3762	6,7155	6,9631	7,1513	7,4146
0,960	5,5398	6,3994	6,7100	6,9626	7,3504	7,6367	7,8571	8,1713
0,970	6,2209	7,1431	7,4984	7,7926	8,2503	8,5924	8,8593	9,2481
0,980	7,3687	8,3489	8,7646	9,1211	9,6905	10,1243	10,4678	10,9801
0,990	10,0010	10,9599	11,4886	11,9308	12,6732	13,2964	13,8584	14,6414
0,995	13,6547	14,6771	15,1801	15,6826	16,6310	17,4636	18,1765	19,3198
0,999	29,3570	30,2879	30,7491	31,2217	32,2006	33,2185	34,2440	36,2244

7.3 Häufige Integrale der Gleitlagertheorie

Bei der analytischen Behandlung der Reynoldsschen Differentialgleichung für unendlich breite bzw. sehr schmale Lager sowie bei der Integration zur Bestimmung der Tragfähigkeit, des Öldurchsatzes und der Reibung treten immer wieder Integrale der Form

$$I_c^{ab} = \int \frac{\sin^a \varphi \cos^b \varphi}{(1 + \varepsilon \cos \varphi)^c} \, d\varphi \tag{7.177}$$

auf, die in allgemeinen Integraltafeln nicht zu finden sind. Die Lösung dieser Integrale mit der für Gleitlager zutreffenden Einschränkung für den Parameter ε

$$0 < \varepsilon < 1 \tag{7.178}$$

ist möglich unter Verwendung der Substitution

$$\chi = \tan \varphi/2 \tag{7.179}$$

Tabelle 7.22 Druckbereich $2\varphi_0$ in der Mittelebene des vollumschlossenen Radialgleitlagers endlicher Breite bei Verdrängung

ε^* \ B/D	1	1/2	1/2,5	1/3	1/4	1/5	1/6	1/8
−0,990	230,000	212,400	207,300	203,900	199,200	196,300	194,000	190,900
−0,980	230,100	212,400	207,300	203,900	199,200	196,300	194,000	190,900
−0,970	230,100	212,400	207,400	203,900	199,200	196,300	194,000	190,900
−0,960	230,200	212,400	207,400	204,000	199,200	196,300	194,000	190,900
−0,950	230,300	212,500	207,400	204,000	199,200	196,300	194,100	190,900
−0,900	230,500	212,700	207,500	204,000	199,300	196,300	194,100	190,900
−0,800	231,800	212,900	207,600	204,100	199,300	196,400	194,100	190,900
−0,700	233,300	213,300	207,800	204,200	199,400	196,400	194,100	190,900
−0,600	235,000	213,700	208,100	204,300	199,400	196,400	194,100	191,000
−0,500	237,000	214,200	208,400	204,500	199,500	196,500	194,100	191,000
−0,400	239,200	214,800	208,800	204,700	199,600	196,600	194,200	191,000
−0,300	241,600	215,600	209,300	205,000	199,700	196,700	194,200	191,000
−0,200	244,300	216,400	209,900	205,400	199,800	196,800	194,200	191,000
−0,100	247,100	217,300	210,700	205,900	199,900	196,800	194,300	191,100
0,0	250,200	218,400	211,400	206,400	200,100	196,900	194,300	191,100
0,100	253,500	219,600	212,200	206,900	200,400	197,000	194,400	191,100
0,200	257,000	220,900	213,000	207,600	200,700	197,100	194,400	191,200
0,300	260,700	222,300	213,800	208,200	201,000	197,200	194,500	191,200
0,400	264,700	223,900	214,800	208,800	201,400	197,400	194,500	191,200
0,500	269,000	225,700	216,000	209,500	201,800	197,600	194,600	191,300
0,600	273,600	227,900	217,300	210,400	202,200	197,700	194,700	191,300
0,700	278,500	230,600	218,900	211,600	202,700	197,800	194,700	191,300
0,800	283,900	233,800	221,100	213,000	203,300	198,000	194,800	191,400
0,900	289,700	237,500	224,100	214,800	204,100	198,300	194,900	191,400
0,950	292,700	239,900	225,800	216,000	204,400	198,400	194,900	191,500
0,960	293,500	240,400	226,200	217,300	204,600	198,400	195,000	191,500
0,970	294,300	240,800	226,600	217,600	204,700	198,500	195,000	191,500
0,980	295,200	241,400	227,100	217,900	204,800	198,600	195,000	191,500
0,990	296,100	242,000	227,600	218,200	205,000	198,700	195,100	191,500
0,995	296,600	242,300	227,900	218,400	205,100	198,700	195,100	191,500
0,999	297,100	242,700	228,300	218,600	205,300	198,700	195,100	191,500

und

$$1 + \varepsilon \cos \varphi = \frac{1 - \varepsilon^2}{1 - \varepsilon \cos \chi}, \tag{7.180}$$

die auch Sommerfeld-Substitution genannt wird, was allerdings nach Booker [7.18] nicht unbedingt zutreffend ist. Sie wurde von Sommerfeld zwar erstmals in Zusammenhang mit Gleitlagerproblemen veröffentlicht, war jedoch vorher schon in anderem Zusammenhang bekannt.

Aus der vorgenannten Substitution lassen sich unter Anwendung der bekannten trigonometrischen Formeln einige weitere, häufig benötigte Beziehungen ableiten:

$$\cos \varphi = \frac{\cos \chi - \varepsilon}{1 - \varepsilon \cos \chi} \tag{7.181}$$

$$\varphi = \arccos \frac{\cos \chi - \varepsilon}{1 - \varepsilon \cos \chi} \tag{7.182}$$

7.3 Häufige Integrale der Gleitlagertheorie

$$d\varphi = \frac{\sqrt{1-\varepsilon^2}}{1-\varepsilon\cos\chi}\,d\chi \qquad (7.183)$$

$$\cos\chi = \frac{\cos\varphi + \varepsilon}{1+\varepsilon\cos\varphi} \qquad (7.184)$$

$$\sin\chi = \frac{\sqrt{1-\varepsilon^2}\sin\varphi}{1+\varepsilon\cos\varphi}. \qquad (7.185)$$

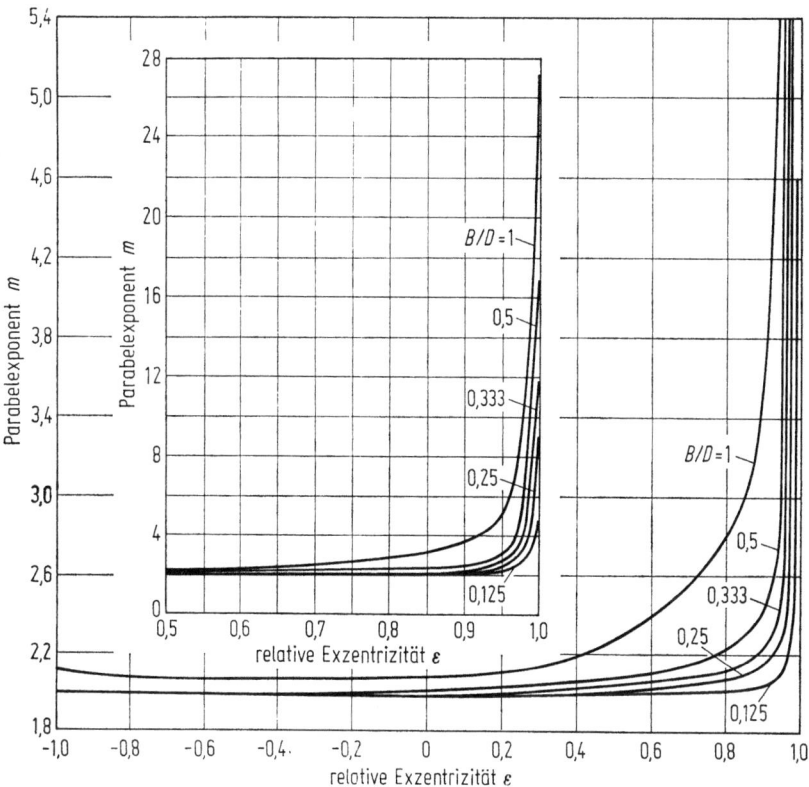

Bild 7.34   Parabelexponent $m = f(\varepsilon, B/D)$ für $\varphi = \varphi_{\max}$ bei Verdrängung

Die nachfolgend zusammengestellten Integrale gelten nicht für die Grenzwerte $\varepsilon = 0$ und $\varepsilon = 1$. Für $\varepsilon = 0$ reduzieren sich diese Integrale ja auf

$$\int \sin^a\varphi \cos^b\varphi\,d\varphi,$$

die in der allgemeinen Literatur zu finden sind. Für $\varepsilon \geqq 1$, was ja in Zusammenhang mit Gleitlagerproblemen uninteressant ist, gilt die Zusammenstellung nicht. Die Zusammenstellung enthält auch die bestimmten Integrale mit den Integrationsgrenzen, die bei Gleitlagern vorkommen.

$$I_1^{00} = \frac{2}{\sqrt{1-\varepsilon^2}} \arctan\left(\sqrt{\frac{1-\varepsilon}{1+\varepsilon}} \tan\frac{\varphi}{2}\right) \qquad (7.186)$$

$$I_1^{00}\Big|_0^\pi = \frac{\pi}{\sqrt{1-\varepsilon^2}} \qquad (7.187)$$

$$I_1^{00}\Big|_0^{\pi/2} = \frac{2}{\sqrt{1-\varepsilon^2}} \arctan\sqrt{\frac{1-\varepsilon}{1+\varepsilon}} \qquad (7.188)$$

$$I_2^{00} = \frac{2}{(1-\varepsilon^2)^{3/2}} \arctan\left(\sqrt{\frac{1-\varepsilon}{1+\varepsilon}}\tan\frac{\varphi}{2}\right) - \frac{\varepsilon \sin\varphi}{(1-\varepsilon^2)(1+\varepsilon\cos\varphi)} \qquad (7.189)$$

$$I_2^{00}\Big|_0^\pi = \frac{\pi}{(1-\varepsilon^2)^{3/2}} \qquad (7.190)$$

$$I_2^{00}\Big|_0^{\pi/2} = \frac{2}{(1-\varepsilon^2)^{3/2}} \arctan\sqrt{\frac{1-\varepsilon}{1+\varepsilon}} - \frac{\varepsilon}{1-\varepsilon^2} \qquad (7.191)$$

$$I_3^{00} = \frac{1}{2(1-\varepsilon^2)} \cdot \left[\frac{2(2+\varepsilon^2)}{(1-\varepsilon^2)^{3/2}} \arctan\left(\sqrt{\frac{1-\varepsilon}{1+\varepsilon}}\tan\frac{\varphi}{2}\right)\right.$$
$$\left. - \frac{\varepsilon \sin\varphi}{(1+\varepsilon\cos\varphi)^2} - \frac{3\varepsilon \sin\varphi}{(1-\varepsilon^2)(1+\varepsilon\cos\varphi)}\right] \qquad (7.192)$$

$$I_3^{00}\Big|_0^\pi = \frac{\pi(2+\varepsilon^2)}{2(1-\varepsilon^2)^{5/2}} \qquad (7.193)$$

$$I_3^{00}\Big|_0^{\pi/2} = \frac{2+\varepsilon^2}{(1-\varepsilon^2)^{5/2}} \arctan\sqrt{\frac{1-\varepsilon}{1+\varepsilon}} - \frac{\varepsilon(4-\varepsilon^2)}{2(1-\varepsilon^2)^2} \qquad (7.194)$$

$$I_2^{10} = \frac{1}{\varepsilon(1+\varepsilon\cos\varphi)} \qquad (7.195)$$

$$I_2^{10}\Big|_0^\pi = \frac{2}{1-\varepsilon^2} \qquad (7.196)$$

$$I_2^{10}\Big|_0^{\pi/2} = \frac{1}{1+\varepsilon} \qquad (7.197)$$

$$I_2^{01} = \frac{\sin\varphi}{(1-\varepsilon^2)(1+\varepsilon\cos\varphi)} - \frac{2\varepsilon}{(1-\varepsilon^2)^{3/2}} \arctan\left(\sqrt{\frac{1-\varepsilon}{1+\varepsilon}}\tan\frac{\varphi}{2}\right) \qquad (7.198)$$

$$I_2^{01}\Big|_0^\pi = -\frac{\pi\varepsilon}{(1-\varepsilon^2)^{3/2}} \qquad (7.199)$$

$$I_2^{01}\Big|_{\pi/2}^{3\pi/2} = -\frac{2}{1-\varepsilon^2}\left[1 + \frac{\varepsilon}{\sqrt{1-\varepsilon^2}}\left(\pi - 2\arctan\sqrt{\frac{1-\varepsilon}{1+\varepsilon}}\right)\right] \qquad (7.200)$$

$$I_2^{01}\Big|_{3\pi/2}^{5\pi/2} = \frac{2}{1-\varepsilon^2}\left[1 + \frac{\varepsilon}{\sqrt{1-\varepsilon^2}}\left(0 - 2\arctan\sqrt{\frac{1-\varepsilon}{1+\varepsilon}}\right)\right] \qquad (7.201)$$

7.3 Häufige Integrale der Gleitlagertheorie

$$I_3^{10} = \frac{1}{2\varepsilon} \cdot \frac{1}{(1+\varepsilon\cos\varphi)^2} \tag{7.202}$$

$$I_3^{10}\Big|_0^\pi = \frac{2}{(1-\varepsilon^2)^2} \tag{7.203}$$

$$I_3^{10}\Big|_0^{\pi/2} = \frac{2+\varepsilon}{2(1+\varepsilon)^2} \tag{7.204}$$

$$I_3^{01} = \frac{\sin\varphi}{(1-\varepsilon^2)^2 (1+\varepsilon\cos\varphi)^2}\left[1+\frac{\varepsilon^2}{2}+\left(\frac{\varepsilon}{2}+\varepsilon^3\right)\cos\varphi\right.$$
$$\left. - \frac{3\varepsilon}{(1-\varepsilon^2)^{5/2}}\arctan\left(\sqrt{\frac{1-\varepsilon}{1+\varepsilon}}\tan\frac{\varphi}{2}\right)\right] \tag{7.205}$$

$$I_3^{01}\Big|_0^\pi = -\frac{3\pi\varepsilon}{2(1-\varepsilon^2)^{5/2}} \tag{7.206}$$

$$I_3^{20} = \frac{\sin\varphi}{2\varepsilon(1+\varepsilon\cos\varphi)^2} - \frac{\sin\varphi}{2\varepsilon(1-\varepsilon^2)(1+\varepsilon\cos\varphi)}$$
$$+ \frac{1}{(1-\varepsilon^2)^{3/2}}\arctan\left(\sqrt{\frac{1-\varepsilon}{1+\varepsilon}}\tan\frac{\varphi}{2}\right) \tag{7.207}$$

$$I_3^{20}\Big|_0^\pi = \frac{\pi}{2(1-\varepsilon^2)^{3/2}} \tag{7.208}$$

$$I_3^{02} = \frac{1+2\varepsilon^2}{(1-\varepsilon^2)^{5/2}}\arctan\left(\sqrt{\frac{1-\varepsilon}{1+\varepsilon}}\tan\frac{\varphi}{2}\right) + \frac{(1-5\varepsilon^2-\varepsilon^3)\sin\varphi}{2\varepsilon(1-\varepsilon^2)^2(1+\varepsilon\cos\varphi)}$$
$$+ \frac{\sin\varphi}{(1+\varepsilon\cos\varphi)^2}\left[\frac{\varepsilon^2(1+\varepsilon)}{(1-\varepsilon^2)^2}\cos^2\frac{\varphi}{2} - \frac{1}{2\varepsilon}\right] \tag{7.209}$$

$$I_3^{02}\Big|_\pi^0 = \frac{\pi(1+2\varepsilon^2)}{2(1-\varepsilon^2)^{5/2}} \tag{7.210}$$

$$I_3^{02}\Big|_0^{\pi/2} = \frac{1+2\varepsilon^2}{(1-\varepsilon^2)^{5/2}}\arctan\sqrt{\frac{1-\varepsilon}{1+\varepsilon}} - \frac{3\varepsilon}{2(1-\varepsilon^2)^2} \tag{7.211}$$

$$I_3^{02}\Big|_{\pi/2}^\pi = \frac{1+2\varepsilon^2}{(1-\varepsilon^2)^{5/2}}\left(\frac{\pi}{2}-\arctan\sqrt{\frac{1-\varepsilon}{1+\varepsilon}}\right) + \frac{3\varepsilon}{2(1-\varepsilon^2)^2} \tag{7.212}$$

$$I_3^{11} = \frac{1+2\varepsilon\cos\varphi}{2\varepsilon^2(1+\varepsilon\cos\varphi)^2} \tag{7.213}$$

$$I_3^{11}\Big|_0^\pi = -\frac{2\varepsilon}{(1-\varepsilon^2)^2} \tag{7.214}$$

$$I_3^{11}\Big|_0^{\pi/2} = \frac{1}{2(1+\varepsilon)^2}. \tag{7.215}$$

7.4 Vergleich verschiedener Lösungen

Neben den in den Abschnitten 7.1 und 7.2 entwickelten Lösungen der Reynoldsschen Differentialgleichung findet man in der Literatur noch weiter vereinfachte Formeln. So haben Falz [7.19], Vogelpohl [7.20] und Kochanowsky [7.21] aus der Gl. (7.59) für das unendlich breite Lager unter stationärer Last mit Reynoldsschen Randbedingungen einen Grenzwert für $\varepsilon \to 1$ abgeleitet. Unter Verwendung des entsprechenden Grenzwertes $\chi_0 = 230{,}8°$ nach Bild 7.7 erhält man

$$So(1-\varepsilon) = \frac{3}{(1+\varepsilon)(1+0{,}632)} \sqrt{\frac{1}{4}(1+0{,}632)^4 + 0}$$

$$= \frac{3 \cdot 1{,}632^2}{2 \cdot 1{,}632 \cdot 2} = \frac{3 \cdot 1{,}632}{4} = 1{,}224. \qquad (7.216)$$

Dieser Grenzwert wird häufig auch auf endliche Lagerbreiten übertragen, was jedoch nicht richtig ist. Er wäre nur dann gültig, wenn die Näherungslösungen mit dem Parabel- oder sin-Ansatz hinreichend genau wären. Aber selbst dann müßte der zugehörige Minderungsfaktor $\bar{q}_{B/D}$ entsprechend Gl. (7.213) berück-

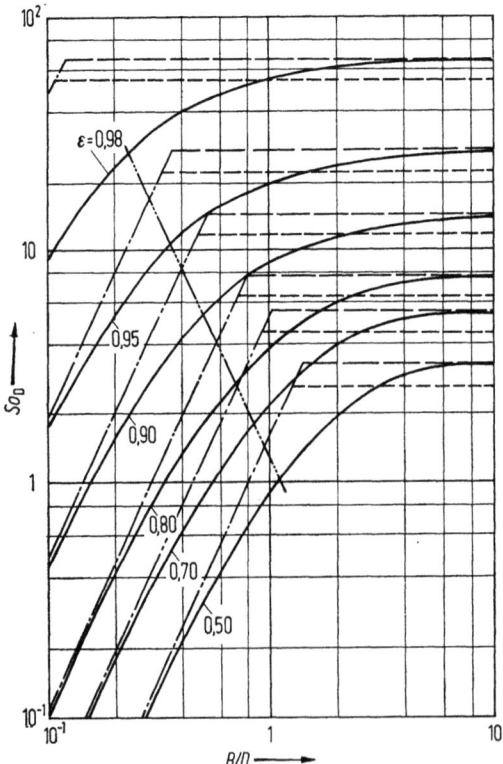

Bild 7.35 $So_D = f(B/D, \varepsilon)$ — Vergleich der Näherungslösungen mit der exakten numerischen Lösung
———— numerische Lösung, endliche Breite; — — — unendlich breit, physikalische Randbedingungen; - - - - - unendlich breit, mathematisch-einfache Randbedingungen; — · — sehr schmal, mathematisch-einfache Randbedingungen; — · · — · · — nach Falz

7.4 Vergleich verschiedener Lösungen

sichtigt werden, so daß der Grenzwert $1{,}224 \cdot \bar{q}_{B/D}$ wäre. Falz hat auf dieser Basis für früher übliche Breitenverhältnisse $B/D \cong 1$ eine Näherung

$$So = \frac{0{,}52}{1 - \varepsilon} \tag{7.217}$$

angegeben, die aber allenfalls bei mittleren Exzentrizitäten eine grobe Annäherung an die exakte Lösung darstellt. Auf Bild 7.35 ist diese grobe Näherung zusammen mit der exakten numerischen Lösung sowie mit den analytischen Lösungen für die abstrahierten Lagerbreiten dargestellt. Man erkennt, daß die Falzsche Näherung praktisch unbrauchbar ist. Die abstrahierten Lösungen ergeben sich als Asymptoten zur exakten Lösung. Ihre Annäherung an die exakten Lösungen ist allerdings beschränkt auf sehr kleine bzw. sehr große Breitenverhältnisse, und zwar um so ausgeprägter, je höher die Exzentrizität ist. Dies gilt in ähnlicher Weise für die Verdrängungslösung, wie Bild 7.36 zeigt. Selbst bei Beschränkung auf $\varepsilon < 0{,}90$ ist die analytische Lösung für sehr schmale Lager allenfalls brauchbar bis $B/D \leqq 1/4$, die für unendlich breite Lager allenfalls für $B/D \geqq 4$.

Die besonders bei hohen Exzentrizitäten recht grobe Näherung von Falz nach (7.217) war aber Ausgangspunkt für die Vogelpohlsche Volumensformel zur Ermittlung der Übergangsdrehzahl, also gerade des Zustandes bei höchsten Ex-

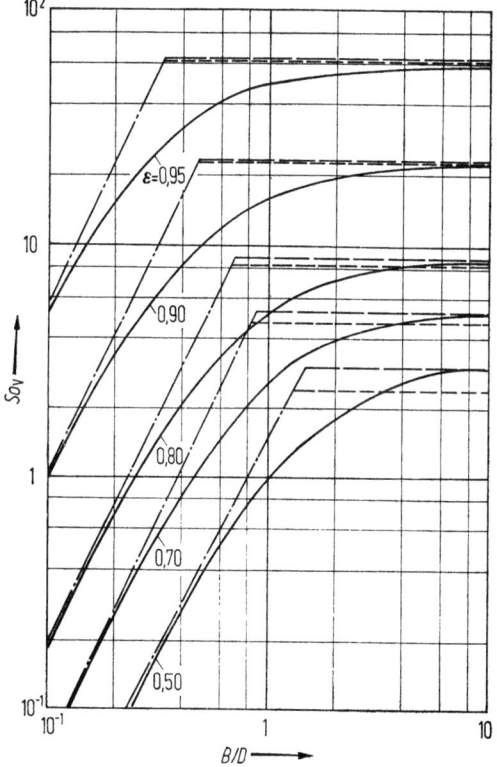

Bild 7.36 $So_V = f(B/D, \varepsilon)$ — Vergleich der Näherungslösungen mit der exakten numerischen Lösung
——— numerische Lösung, endliche Breite; — — unendlich breit, physikalische Randbedingungen; - - - - unendlich breit, mathematisch-einfache Randbedingungen; —·— sehr schmal, mathematisch-einfache Randbedingungen

zentrizitäten, bei dem die Mischreibung einsetzt. Gleichung (7.217) läßt sich mit der Definition der *So*-Zahl

$$So = \frac{\bar{p}\psi^2}{\eta\omega} \qquad (7.218)$$

und der minimalen Spalthöhe

$$h_0 = \frac{D}{2}\psi(1-\varepsilon) \qquad (7.219)$$

umwandeln zu

$$\bar{p} = 0{,}26\,\frac{D\eta\omega}{\psi h_0}. \qquad (7.220)$$

Erweitert man diese Beziehung mit BD, setzt

$$\omega = \frac{\pi}{30}\,n_\text{ü} \qquad (7.221)$$

und definiert man ein „Lagervolumen"

$$\text{Vol} = \frac{\pi}{4}\,D^2 B, \qquad (7.222)$$

so ergibt sich

$$F = \bar{p}DB = \frac{\text{const}}{\psi h_0}\,\eta\,\text{Vol}\,n_\text{ü} \qquad (7.223)$$

oder in der Auflösung nach der Übergangsdrehzahl die Vogelpohlsche Volumensformel

$$n_\text{ü} = \frac{F}{C_\text{ü}\,\text{Vol}\,\eta} \qquad (7.224)$$

mit

$$C_\text{ü} = \frac{\text{const}}{\psi h_0}. \qquad (7.225)$$

Zur weiteren Vereinfachung unterstellte Vogelpohl, daß das Produkt ψh_0 konstant wäre mit der Begründung, daß sich ein Lager mit großem Spiel ψ durch den Einlauf ein kleines h_0 schaffen würde, während bei kleinem Spiel nur ein geringer Einlauf erfolgen könnte und somit auch h_0 relativ groß bliebe. Beide Begründungen repräsentieren allenfalls eine empirische Erfahrung früherer Zeiten und begrenzter Anwendungsbreite, sie sind jedoch nicht allgemein zutreffend. Daher konnte sein empfohlener Wert $C_\text{ü} = 1$ experimentell durch die neueren Arbeiten von Dietz [7.22] oder Katzenmeier [7.23] nicht bestätigt werden. Dort wurden vielmehr $C_\text{ü}$-Werte von 20 und mehr gefunden. Im Gegensatz dazu lagen die mit den exakten Lösungen ermittelten minimalen Schmierspaltdicken nach einer Auswertung von Lang [7.24] in einer sehr engen Beziehung zu der Oberflächenrauhigkeit, so daß es zweckmäßiger erscheint, die Übergangsdrehzahl durch die Berechnung der minimalen Schmierfilmdicke h_0 zu ersetzen und diese an der kleinsten zulässigen Filmdicke $h_{0\,\text{zul}}$ in Abhängigkeit von der Oberflächengüte und dem Einlaufzustand zu orientieren. Einzelheiten dazu sind im Abschnitt 8 enthalten.

Auch zum Reibungsverhalten gibt es eine Reihe stark vereinfachter Näherungsformeln, deren Gültigkeit auch untersucht werden soll. Die Petroffsche

7.4 Vergleich verschiedener Lösungen

Formel (7.25) setzt die konzentrische, d. h. unbelastete Zapfenlage mit der linearen Geschwindigkeitsverteilung im Spalt voraus:

$$\tau = \eta \frac{U}{h} = \eta \frac{R\omega}{R\psi} = \eta \frac{\omega}{\psi}. \tag{7.226}$$

Ihre Integration über die Lagerfläche πBD ergibt sofort den bezogenen Reibwert

$$\frac{\mu}{\psi} = \frac{F_R}{\psi F} = \pi BD\eta \frac{\omega}{\psi} \cdot \frac{1}{\psi F} = \frac{BD\eta\omega}{F\psi^2} \pi = \frac{\pi}{So}. \tag{7.227}$$

Für höher belastete Lager empfahl Falz die Formel

$$\frac{\mu}{\psi} = \frac{K}{\sqrt{So}} \tag{7.228}$$

und Vogelpohl setzte $K = \pi$. Beide Formeln kombinierte er bei Aufteilung des Anwendungsbereiches in den

Schnellaufbereich $So < 1$: $\quad \dfrac{\mu}{\psi} = \dfrac{\pi}{So}$ \hfill (7.229)

und den Schwerlastbereich $So > 1$: $\quad \dfrac{\mu}{\psi} = \dfrac{\pi}{\sqrt{So}}.$ \hfill (7.230)

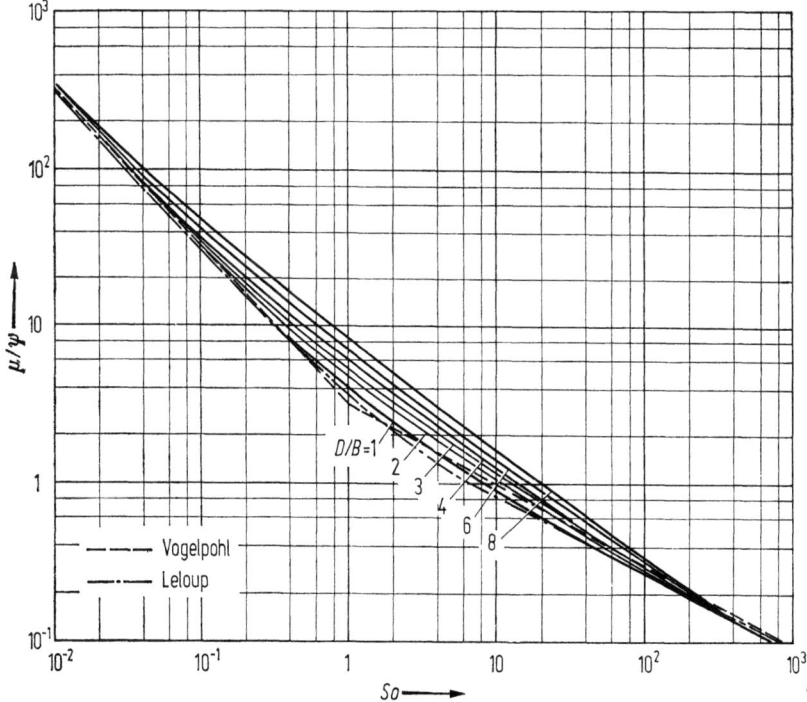

Bild 7.37 $\mu/\psi = f(So, B/D)$ — Vergleich der Näherungsformeln von Vogelpohl — — — und Leloup — · — · —

Leloup (7.26) gab eine ähnliche Aufteilung vor:

$So < 5{,}3$:
$$\frac{\mu}{\psi} = 0{,}72 + \frac{2{,}6}{So} \qquad (7.231)$$

$So > 5{,}3$:
$$\frac{\mu}{\psi} = \frac{2{,}88}{\sqrt{So}}. \qquad (7.232)$$

All diesen Formeln ist zu eigen, daß sie das Breitenverhältnis nicht berücksichtigen, wie es nach dem Ergebnis der exakten numerischen Lösung eigentlich notwendig wäre. Der Vergleich in Bild 7.37 zeigt, daß diese Näherungen allenfalls im Bereich extrem niedriger und extrem hoher So-Zahlen für alle Breitenverhältnisse gelten; im mittleren So-Bereich erfassen sie das Breitenverhältnis $B/D = 1$ nur grob, für das durchaus übliche Breitenverhältnis $B/D = 1/3$ ergeben sich bis zu 100% Abweichung, wobei die logarithmische Darstellung zu beachten ist.

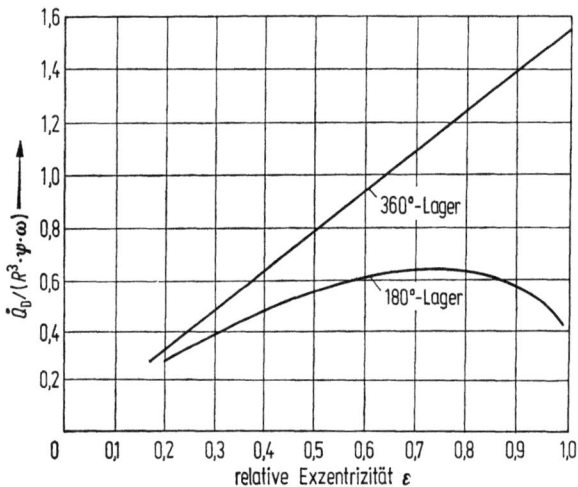

Bild 7.38 $\overline{Q}_D = f(\varepsilon, B/D = 1)$ — Vergleich zwischen dem vollumschlossenen und dem halbumschlossenen Lager

Auf einen Vergleich der auch sehr zahlreichen Näherungsformeln für den Öldurchsatz soll hier verzichtet werden, zumal einige Formeln nicht unmittelbar mit dem bezogenen Öldurchsatz zu vergleichen sind. Auch muß darauf hingewiesen werden, daß zu unterscheiden ist zwischen dem Öldurchsatz infolge Eigenförderung und Druckaufbau im Lager einerseits und dem Durchsatz infolge Zuführdruck andererseits, worauf in Kapitel 8 näher eingegangen wird.

Nur eine oft falsch verstandene Erscheinung in der Abhängigkeit des Öldurchsatzes von der Exzentrizität soll anhand von Bild 7.38 diskutiert werden. Von Vogelpohl [7.20] und Kochanowsky [7.27] wurde diese Frage nur für das 180°-Lager behandelt. Dieses hat im Gegensatz zum vollumschlossenen Lager eine deutlich andere Charakteristik. Der bei hohen Exzentrizitäten auftretende Abfall des Öldurchsatzes beim 180°-Lager ist im vollumschlossenen Lager nicht vorhanden, da hier in der unbelasteten oberen Lagerhälfte mit den sehr großen

Schmierspalten ein wenn auch mäßiger Druck aufgebaut wird, woraus sich ein überproportional hoher Öldurchsatz ergibt.

Zusammenfassend muß man feststellen, daß alle im Breitenverhältnis abstrahierten Lösungen sowie alle einfachen Näherungslösungen deutliche Mängel aufweisen und allenfalls in sehr begrenzten Bereichen brauchbar sind. Nachdem nun aber exakte Lösungen für endliche Breitenverhältnisse vorliegen, sollten diese bei der praktischen Anwendung berücksichtigt werden.

7.5 Näherungsformeln

Für einfache Gleitlagerberechnungen sind die exakten Ergebnisse in Form der tabellierten Werte und Diagramme ausreichend und ohne Schwierigkeiten zu interpolieren. Programmiert man die Berechnung insbesondere für instationäre Belastung, so ist es vorteilhafter, diese Lösungen durch gute mathematische Approximationen zu beschreiben. Als Ausgangspunkt für die Approximationen der *So*-Zahlen und des Verlagerungswinkels β sind die analytischen Lösungen für das unendlich breite bzw. sehr schmale Lager recht gut geeignet. Die so vorhandenen Lösungen sind durch geeignete Funktionen zu erweitern, so daß die Gesamtfunktionen die exakten Tabellenwerte möglichst gut erfassen. Dabei handelt es sich in der Regel um eine Polynom-Erweiterung in Potenzen von ε oder *So*, wobei die Polynomkoeffizienten selbst wieder Polynome in B/D darstellen. Dies hat den Vorteil, daß bei der Berechnung eines bestimmten Lagers das Breitenverhältnis ja bekannt ist und so die Polynomkoeffizienten im voraus zu bestimmen sind. Butenschön [7.9] hat solche Approximationen erarbeitet und sie auf den praktisch interessierenden Bereich

$$0 \leq \varepsilon \leq 0{,}99, \qquad 1/8 \leq B/D \leq 1$$

abgestimmt. Die maximalen Abweichungen liegen unter 6% bzw. unter 1,5°, bei den besonders wichtigen hohen Exzentrizitäten und den üblichen mittleren Breitenverhältnissen sogar wesentlich niedriger.

7.5.1 Vollumschlossenes Gleitlager

Sommerfeldzahl bei reiner Drehung $So_D = f(\varepsilon, B/D)$

$$So_D = \left(\frac{B}{D}\right)^2 \frac{\varepsilon}{2(1-\varepsilon^2)^2} \sqrt{\pi^2(1-\varepsilon^2) + 16\varepsilon^2} \, \frac{a_1(\varepsilon - 1)}{a_2 + \varepsilon} \qquad (7.233)$$

mit

$a_1 = 1{,}1642 - 1{,}9456 B/D + 7{,}1161 (B/D)^2 - 10{,}1073 (B/D)^3 + 5{,}0141 (B/D)^4,$

$a_2 = -1{,}000026 - 0{,}023634 B/D - 0{,}4215 (B/D)^2 - 0{,}038817 (B/D)^3$
$\quad - 0{,}090551 (B/D)^4.$

Verlagerungswinkel bei reiner Drehung $\beta = f(\varepsilon, B/D)$

$$\beta = \arctan\left(\frac{\pi \sqrt{1-\varepsilon^2}}{2\varepsilon}\right) [a_1 + a_2 \varepsilon + a_3 \varepsilon^2 + a_4 \varepsilon^3 + a_5 \varepsilon^4] \qquad (7.234)$$

mit

$$a_1 = 1{,}152\,624 - 0{,}105\,465 B/D,$$
$$a_2 = -2{,}5905 + 0{,}798\,745 B/D,$$
$$a_3 = 8{,}733\,93 - 2{,}329\,1 B/D,$$
$$a_4 = -13{,}341\,5 + 3{,}424\,337 B/D,$$
$$a_5 = 6{,}6294 - 1{,}591\,732 B/D.$$

Bezogene Reibungszahl bei reiner Drehung
Hierfür kann die analytische Lösung

$$\frac{\mu}{\psi} = \frac{\pi}{So_D \sqrt{1-\varepsilon^2}} + \frac{\varepsilon}{2} \sin \beta \qquad (7.235)$$

verwendet werden, da die Größen So_D und β in der Regel ohnehin bekannt sind.
Bezogener Öldurchsatz bei reiner Drehung $\bar{Q}_D = f(\varepsilon, B/D)$

$$\bar{Q}_D = \frac{\dot{Q}_D}{R^3 \psi \bar{\omega}} = 2 \left[\frac{B}{D} - 0{,}223 \left(\frac{B}{D}\right)^3\right] \varepsilon. \qquad (7.236)$$

Sommerfeldzahl bei reiner Verdrängung $So_V = f(\varepsilon^*, B/D)$
(bei negativer Verdrängung ist $\varepsilon^* = -\varepsilon$ zu setzen)

$$So_V = 4 \left(\frac{B}{D}\right)^2 (1-\varepsilon^2)^{-5/2} \left[\left(\frac{\pi}{2} - \frac{1}{2} \arccos \varepsilon^*\right)(1+2\varepsilon^2) + \frac{3}{2}\varepsilon^* \sqrt{1-\varepsilon^2}\right]$$
$$\times \frac{a_1(1-\varepsilon^*)}{-a_2 - \varepsilon^*} \qquad (7.237)$$

mit

$a_1 = 0{,}700\,38 + 3{,}2415 B/D - 12{,}2486(B/D)^2 + 18{,}895(B/D)^3 - 9{,}3561(B/D)^4,$
$a_2 = -0{,}999\,936 + 0{,}015\,7434 B/D - 0{,}74224(B/D)^2 + 0{,}42278(B/D)^3$
$\quad - 0{,}368\,928(B/D)^4.$

Bezogener Öldurchsatz bei reiner Verdrängung $\bar{Q}_V = f(\varepsilon, B/D)$

$$\bar{Q}_V = \frac{\dot{Q}_V}{R^3 \psi \dot{\varepsilon}} = a_1 + a_2 \varepsilon + a_3 \varepsilon^2 \qquad (7.238)$$

mit

$a_1 = -0{,}004\,01 + 4{,}053\,471 B/D - 0{,}235\,79(B/D)^2 - 0{,}3546(B/D)^3,$
$a_2 = -0{,}3021 + 0{,}3434 B/D - 0{,}964\,01(B/D)^2 - 0{,}0358(B/D)^3,$
$a_3 = -0{,}026\,09 + 0{,}3017 B/D - 0{,}893\,76(B/D)^2 + 0{,}240\,87(B/D)^3.$

7.5.2 Halbumschlossenes Gleitlager

Sommerfeldzahl für reine Drehung $So_D = f(\varepsilon, B/D)$

Hierfür kann die Gl. (7.233) des vollumschlossenen Lagers verwendet werden, da nur mit geringen Abstrichen an Genauigkeit, und zwar nur im Bereich niedriger Exzentrizitäten, zu rechnen ist.

7.6 Zur Frage der Randbedingungen bei der Druckentwicklung

Bezogene Reibungszahl für reine Drehung $\mu/\psi = f(So_D, B/D)$

$$\frac{\mu}{\psi} = 10^{[a_1 + a_2 \lg So_D + a_3 (\lg So_D)^2 + a_4 (\lg So_D)^3]} \tag{7.239}$$

mit

$a_1 = 0{,}688\,258\,3 - 0{,}786\,309\,6 B/D + 0{,}445\,440\,2(B/D)^2,$
$a_2 = -0{,}685\,354\,5 - 0{,}039\,639\,17 B/D - 0{,}057\,638\,78(B/D)^2,$
$a_3 = 0{,}019\,296\,97 + 0{,}159\,556\,1 B/D + 0{,}025\,553\,21(B/D)^2.$
$a_4 = -0{,}009\,359\,96 + 0{,}009\,127\,429 B/D - 0{,}054\,069\,87(B/D)^2$

Bezogener Öldurchsatz für reine Drehung $\bar{Q}_D = f(\varepsilon, B/D)$

$$\bar{Q}_D = \frac{\dot{Q}_D}{R^3 \psi \bar{\omega}} = a_1 \varepsilon + a_2 \varepsilon^2 + a_3 \varepsilon^3 + a_4 \varepsilon^4 \tag{7.240}$$

mit

$a_1 = 2{,}234\,63 B/D + 0{,}108\,367 (B/D)^2 - 0{,}564\,116\,7 (B/D)^3,$
$a_2 = -1{,}542\,086 B/D - 2{,}821\,453 (B/D)^2 + 1{,}955\,046 (B/D)^3,$
$a_3 = 2{,}235\,13 B/D + 4{,}208\,715 (B/D)^2 - 3{,}481\,291 (B/D)^3,$
$a_4 = -1{,}751\,036 B/D - 2{,}511\,278 (B/D)^2 + 2{,}342\,575 (B/D)^3.$

Da wesentliche Verdrängungsbewegungen im 180°-Lager nicht möglich sind, wurden diese Lösungen noch nicht erstellt.

Bei der üblichen Anwendung wäre auch eine Approximation der Funktion $\varepsilon = f(So_D, B/D)$ erwünscht. Aber schon die als Ausgangsbasis dafür zweckmäßige analytische Funktion $So_D = f(\varepsilon, B/D)$ ist praktisch kaum nach ε auflösbar. Auch eine von der analytischen Lösung völlig unabhängige Approximation ist mit relativ großen Fehlern behaftet. Dem kann aber in einfacher Weise dadurch begegnet werden, daß man die hier angegebenen guten Approximationen $So_D = f(\varepsilon, B/D)$ nach Gl. (7.233) zusammen mit einem Interpolationsverfahren, z. B. nach Newton, benützt, um ausgehend von einem grob geschätzten ε-Wert und einer iterativen Einschachtelung den vorgegebenen So_D-Wert mit beliebiger Genauigkeit in ε zu realisieren.

7.6 Zur Frage der Randbedingungen bei der Druckentwicklung

Diese Frage stellt sich nicht beim ebenen Gleitschuh, weil dort Anfang und Ende der Druckentwicklung mit der Begrenzung des Gleitschuhs zusammenfallen. Beim zylindrischen Lager wird diese Frage oft sehr kontrovers behandelt, so daß es notwendig erscheint, auf sie besonders einzugehen. Dabei ist weniger an die Randbedingung für den Beginn des Druckberges zu denken, der praktisch immer im weitesten Spalt, also am Anfang des konvergierenden Spaltes angesetzt wird. Sie ist in ihrer Auswirkung auch nicht bedeutend, da die dort noch recht geringe Spaltkonvergenz nur geringe Druckanstiege bewirkt, so daß sie die Höhe des Druckmaximums und die Tragfähigkeit kaum beeinflussen. Das Druckbergende und die es beschreibende Randbedingung ist aber auch unter Gleitlager-Experten heute noch Gegenstand der Diskussion, obwohl die physikalische Bedingung der Kontinuität im Öldurchsatz ganz eindeutig das Druckende dort fordert, wo der Druck selbst zusammen mit dem Druckgradienten zu Null werden.

Schon die grundlegende Arbeit von Reynolds [7.3] aus dem Jahre 1886 über die hydrodynamische Schmierung enthält, wenn auch in der etwas allgemeinen Aussage, mit der Forderung, daß Schmiermittel keine wesentlichen Unterdrücke aufnehmen können, die Umschreibung der physikalischen Randbedingungen. Er stellte auch fest, daß das Druckende hinter dem engsten Spalt liegt. Es ist daher sicher gerechtfertigt, diese Randbedingungen als die Reynoldsschen zu bezeichnen.

Als dann im Jahre 1904 Sommerfeld [7.1] erstmals eine analytische Integration der Reynoldsschen Differentialgleichung vornahm, war er selbst unsicher über die von ihm gewählten periodischen Randbedingungen, welche die mathematische Behandlung des Problems erleichterten. Leider wurde seine Feststellung wenig beachtet, daß wegen der Unfähigkeit zur Aufnahme größerer Unterdrücke im Schmiermittel seine Theorie nur bis zu dem Punkt gültig sei, an dem sich negative Drücke einstellen würden. So werden die periodischen Randbedingungen bis heute, letztlich aber wohl zu Unrecht, als die Sommerfeldschen bezeichnet.

In den zwanziger Jahren brachte Gümbel [7.2] einige Veröffentlichungen heraus, in denen er die eigentlich schon von Sommerfeld vorgeschlagenen Randbedingungen benutzte, ohne sie jedoch theoretisch zu begründen. So werden die periodischen Randbedingungen mit der Weglassung der Unterdrücke meist als die Gümbelschen bezeichnet, während sie in anglikanischen Ländern als ,,Halb-Sommerfeld-Randbedingungen" bezeichnet werden.

Die so entstandene Unsicherheit wurde durch experimentelle Ergebnisse an äußerst gering belasteten Glaslagern eher noch vergrößert. Diese Ergebnisse sind eng mit dem ebenfalls häufig mißverstandenen Begriff der Kavitation in Gleitlagern verbunden. 1904 beobachtete Skinner [7.28] bei der Untersuchung Newtonscher Ringe, daß hinter einem mit Glyzerin geschmierten Zylinder, der auf einer ebenen Glasplatte rotierte, Aufreißerscheinungen auftraten, die er mit cavitation bezeichnete. Dabei verstand er darunter wohl mehr das Phänomen der Höhlen- oder Streifenbildung und nicht so sehr den physikalischen Vorgang Kavitation mit Unterdruckabsenkung unter den Dampfdruck, Dampfblasenbildung und deren Implosion mit erheblichen Materialbeanspruchungen. Die ersten Untersuchungen an einem wirklichen Glaslager wurden durch einen unbekannt gebliebenen Mr. Hyde [7.29] durchgeführt. Er beobachtete, daß der Ölfilm im Bereich der kleinsten Drücke in einzelnen Ölsträhnen aufgerissen wurde, welche — wie er meinte — durch Lufteinbrüche vom Lagerrand her separiert würden. Später wurden diese Untersuchungen in Schweden von Floberg [7.30] mit großem Aufwand wieder aufgegriffen. Er entwickelte daraus sogar eine entsprechende Theorie, bei welcher auch eine noch mögliche Druckentwicklung in den Ölsträhnen unterstellt wurde. Bis in die jüngste Zeit fanden weitere Experimentatoren großen Gefallen daran, diese Glaslagerversuche nachzufahren.

Diese Versuche mit Glaslagern unter extrem niedrigen Belastungen geben bis heute das wesentlichste Argument in der Diskussion um die Randbedingungen ab. Dabei wird eine relativ einfache Kontrollmöglichkeit einfach mißachtet. In einem nahezu unbelasteten Lager weicht der Zapfen praktisch senkrecht zur Last aus. Dies bedeutet, daß die — wenn auch geringen — Tragdrücke natürlich immer noch gegenüber der Belastungsrichtung aufgebaut werden müssen und nach den Halb-Sommerfeld-Bedingungen der Druck eben im engsten Spalt enden müßte. Tatsächlich liegt jedoch der Aufreißbeginn ganz deutlich hinter der engsten Spaltstelle, so daß das Glaslagerexperiment eher gegen diese Randbedingung und für die Reynoldssche Randbedingung sprechen. Ganz offensichtlich überspielt die Faszination des Aufreißens aber jegliche weitere Überlegung.

7.6 Zur Frage der Randbedingungen bei der Druckentwicklung

Neben diesen experimentellen Ergebnissen, deren Demonstration ja sehr überzeugend wirkte, gab es schon früh theoretische Arbeiten, die sich mit dem physikalischen Grundgesetz des Minimalprinzips beschäftigten und dadurch eine Bestätigung der Reynoldsschen Randbedingungen brachten. Leider sind diese mathematisch etwas anspruchsvolleren Ableitungen den Praktikern weniger zugänglich.

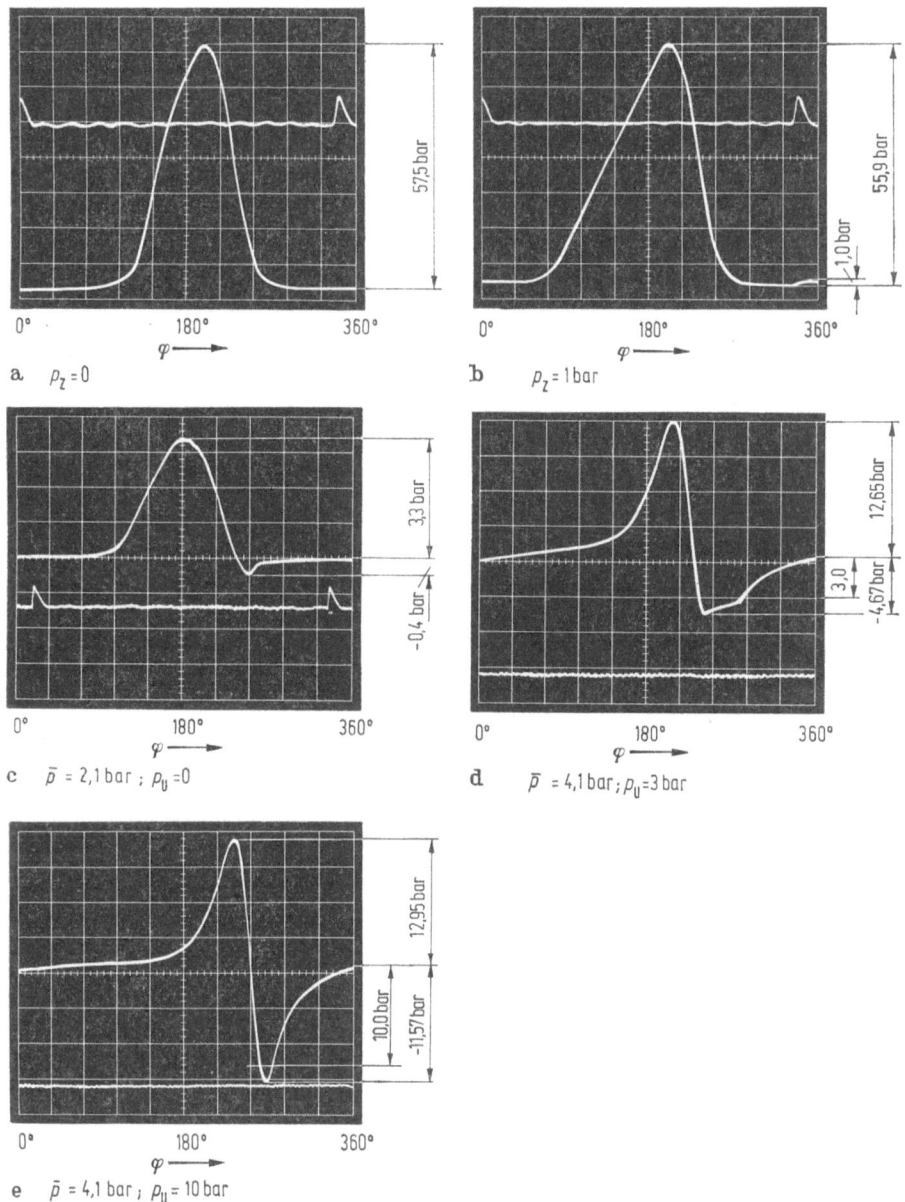

Bild 7.39 Druckmessungen an mäßig belasteten Gleitlagern; Unterdruckbildung und Betrieb unter erhöhtem Umgebungsdruck
a) und b): Einfluß des Zuführdruckes $\bar{p}_z$ bei mittleren Belastungen $\bar{p} = 25{,}7$ bar; c), d), e): Einfluß des Umgebungsdruckes p_u bei mäßiger Belastung $\bar{p}$

1931 bestätigte Swift [7.31] das Minimalprinzip der Potentialenergie für die Hydrodynamik, indem er nachwies, daß der Zapfen sich nur unter den Reynoldsschen Randbedingungen auf die tiefst mögliche Lage eines stabilen Gleichgewichts einstellt. Noch früher hatte Martin [7.32] an geschmierten Walzen gefunden, daß die Reynoldsschen Randbedingungen zu der größten Tragfähigkeit führten. Vogelpohl [7.33] schließlich bewies am Minimalprinzip der Reibungsenergie im Lager unter Benutzung der dazu üblichen Variationsrechnung, daß auch diese Betrachtungsweise auf die Reynoldsschen Randbedingungen führte.

Bei neueren Druckmessungen in Lagern mit entsprechend empfindlichen Gebern wird manchmal am Druckende eine leichte Unterdruckbildung beobachtet. Die Erscheinung beschränkt sich allerdings auf sehr gering belastete Lager, und sie erklärt sich letztlich aus der eben nur sehr gering ausgeprägten Fähigkeit von Schmiermitteln zur Aufnahme von Zugkräften etwa in der Größenordnung von Oberflächenspannungen, die bei Flüssigkeitstropfen auf festen, glatten Oberflächen zur Meniskusbildung führen. Bei wohl noch mäßig belasteten Lagern mit Flächenpressungen $\bar{p} = 25{,}7$ bar konnte z. B. Wissussek [7.33] noch keine Unterdruckbildung feststellen, wie Bild 7.39 zeigt. Dabei ist die örtliche Absenkung unter den Zuführdruck noch nicht als Unterdruckbildung anzusprechen. Bei sehr geringen spezifischen Belastungen von $\bar{p} = 2{,}1$ bar ist die Unterdruckabsenkung zu beobachten. Eine weitere Annäherung an die periodischen Randbedingungen ergibt sich, wenn man mäßig belastete Lager in einer Überdruckatmosphäre betreibt. Bei Umgebungsdrücken in Höhe des Druckmaximums ergibt sich ein Sommerfeld-ähnlicher Druckverlauf. Dabei werden aber auch hier keine wesentlichen Unterdrücke erreicht, weil der größte Teil der Druckabsenkung noch im Überdruckbereich liegt und somit noch keine Zugspannungen auftreten. Bei Lagern, die unter erhöhtem Umgebungsdruck arbeiten, wäre dies allerdings zu berücksichtigen, solange die spezifischen Belastungen in der gleichen Größenordnung liegen wie der erhöhte Umgebungsdruck.

Die Erscheinung der Strähnenbildung am Druckbergende ist nach Taylor [7.34] auf Oberflächenspannungen zurückzuführen, unter deren Einwirkung zusammen mit der Benetzbarkeit metallischer Oberflächen das Öl sich einschnürt. Die Strähnenbildung wird also weniger durch Unterdrücke und Lufteinbrüche von außen bewirkt als vielmehr durch eine Form der bekannten Meniskusbildung an Flüssigkeiten auf glatten Oberflächen. Sie tritt dann auf, wenn die durch den engsten Spalt und das Druckende durchtretende Ölmenge, die vom Zapfen weitergeschleppt wird, nicht mehr ausreicht, um den divergierenden Spalt zu füllen. Im druckgeschmierten Lager wird eine Auffüllung des divergierenden Spaltes die Strähnenbildung ohnehin verhindern.

Literatur zu Kapitel 7

7.1 Sommerfeld, A.: Zur hydrodynamischen Theorie der Schmiermittelreibung. Z. Math. Phys. 50 (1904) 97/155.
7.2 Gümbel, L.; Everling, E.: Reibung und Schmierung im Maschinenbau. Berlin: Krayn 1925.
7.3 Reynolds, D.: Über die Theorie der Schmierung und ihre Anwendung. Phil. Trans. Roy. Soc. 177 (1886) 157—234.
Deutsch: Ostwald's Klassiker Nr. 218, S. 39—107.
7.4 Swift, H. W.: Fluctuating Loads in Sleeve Bearings. J. Inst. Civil Engrs. (London), 5 (1937) 161.
7.5 Lasche, O.: Konstruktion und Material im Bau von Dampfturbinen und Turbodynamos. Berlin: Springer 1921.

7.6 Schiebel, A.; Körner, K.: Die Gleitlager (Längs- und Querlager), Berechnung und Konstruktion. Berlin: Springer 1921.
7.7 Sassenfeld, H.; Walther, A.: Gleitlagerberechnungen. VDI-Forsch.Heft 441. Düsseldorf: VDI-Verlag 1954.
7.8 Hakansson, B.: The Journal Bearing Considering Variable Viscosity. Trans. of Chalmers University of Technology, Gothenburg, 1965.
7.9 Butenschön, H.-J.: Das hydrodynamische Radialgleitlager endlicher Breite unter instationärer Belastung. Diss. Universität Karlsruhe 1976.
7.10 Vogelpohl, G.: Zur Integration der Reynoldsschen Gleichung für das Zapfenlager endlicher Breite. Ing.-Arch. 14 (1943/44) Nr. 2, S. 192—212.
7.11 Michell, A. G. M.: Progress in Fluid Film Bearings. Trans. ASME (1933), 51, M.S.P. 51, 21, p. 152.
7.12 Ocvirk, F. W.: Short Bearing Approximation for Full Journal Bearings. NACA Technical Note 2808 (1952).
7.13 Ocvirk, F. W.; Dubois, G. B.: Analytical Derivation and Experimental Evaluation of Short Bearing Approximation of Full Journal Bearings. NACA Techn. Report (1953), Nr. 1157.
7.14 Holland, J.: Beitrag zur Erfassung der Schmierverhältnisse in Verbrennungskraftmaschinen. VDI-Forsch.Heft 475 (1959).
7.15 Varga, Z. E.: Wellenbewegung, Reibung und Öldurchsatz beim segmentierten Radialgleitlager von beliebiger Spaltform unter konstanter und zeitlich veränderlicher Belastung. Diss. ETH Zürich 1971.
7.16 Vogelpohl, G.: Beiträge zur Kenntnis der Gleitlagerreibung. VDI-Forsch.-Heft 386 (1937).
7.17 Hahn, H. W.: Das zylindrische Gleitlager endlicher Breite unter zeitlich veränderlicher Belastung. Diss. Universität Karlsruhe 1957.
7.18 Booker, J. F.: A Table of the Journal-Bearing-Integrals. Journal of Basic Engineering; Trans. ASME, Vol. 87, Nr. 2 Ser. D, Juni 1965, S. 533.
7.19 Falz, E.: Grundzüge der Schmiertechnik, 2. Aufl. Berlin: Springer 1931.
7.20 Vogelpohl, G.: Betriebssichere Gleitlager. Berlin, Göttingen, Heidelberg: Springer 1958.
7.21 Kochanowsky, W.: Grenzwerte von Tragfähigkeit und Reibung des Gleitlagers. Schmiertechnik 2 (1955) Nr. 4, S. 152—153.
7.22 Dietz, R.: Verhalten von statisch belasteten kreiszylindrischen Gleitlagern im Betriebsbereich des Reibungsminimum. Diss. Universität Karlsruhe 1968.
7.23 Katzenmeier, G.: Das Verschleißverhalten und die Tragfähigkeit von Gleitlagern im Übergangsbereich von der Vollschmierung zu partiellem Tragen — Untersuchung mit Hilfe von Radioisotopen. Diss. Universität Karlsruhe 1972.
7.24 Lang, O. R.: Geringste zulässige Schmierfilmdicke oder Übergangsdrehzahl. Konstruktion 27 (1975) 270—275.
7.25 Petroff, N.: Neue Theorie der Reibung; Abhandlung über die hydrodynamische Theorie der Schmiermittelreibung. Ostwalds Klassiker Nr. 218, Leipzig: Akad. Verlagsges. 1927.
7.26 Leloup, L.: Die Berechnung von Gleitlagern. Schmiertechnik 2 (1955) 47.
7.27 Kochanowsky, W.: Die Brauchbarkeit der Reynoldsschen Theorie für die Berechnung des Ölbedarfs eines Gleitlagers. Z. angew. Math., Bd. 36, Nr. 5/6, Mai/Juni 1956, S. 212.
7.28 Skinner, S.: On the occurence of cavitation in lubrication. Phil. Mag. (1904) Nr. 7, S. 329.
7.29 Hyde: Report of lubricants and lubrication Inquiry Committee. D.S.I.R., London 1920, Nr. 28.
7.30 Floberg, L.: The two groove journal bearing considering cavitation. Trans. Chalmers University of Technology, Gothenburg/Schweden, Nr. 232 (1960).
—: Lubrication of two cylindrical surfaces considering cavitation. Trans. CUT, Nr. 234 (1961).
—: Attitude-excentricity curves and stability condition of the infinit journal bearing. Trans. CUT, Nr. 235 (1961).
—: Experimental investigations of cavitation region in journal bearings. Trans. CUT, Nr. 239 (1961).
7.32 Martin, H. M.: The lubrication of gear teeth. Engineering Nr. 102 (1916) 119.
7.33 Wissussek, D.: Der Einfluß reversibler und irreversibler Viskositätsänderungen auf das Verhalten stationär belasteter Gleitlager. Diss. TU Hannover 1975.
7.34 Taylor, G. I.: Cavitation of a viscous fluid in narrow passages. Journal of Fluid Mechanics 16 (1963) 595.

8 Stationäres Radialgleitlager — Praktische Anwendung

In Kapitel 7 wurden die Grundgleichungen der hydrodynamischen Vorgänge in Gleitlagern entwickelt. Praktisch ausgeführte Gleitlager, insbesondere wenn sie in einem Maschinenverband eingebaut sind, werden häufig druckgeschmiert. Sie erfahren durch die Druckschmierung eine beträchtliche Steigerung des Öldurchsatzes. Druckschmierung wird nicht nur angewendet, um eine für die Druckentwicklung notwendige Mindestölmenge bereitzustellen, sondern auch um die Abfuhr der im Lager durch Reibung entwickelten Wärme zu verbessern. Sehr wichtig für die Auslegung stationär belasteter Lager ist die Wärmebilanz, d. h. die Ermittlung des thermischen Gleichgewichts. In die Wärmebilanz gehen neben der vom Öl abgeführten Wärmemenge auch die Wärmeabfuhr aus dem Lagergehäuse und der Welle ein, wobei unter ungünstigen Umgebungsbedingungen auch eine Wärmezufuhr stattfinden kann.

Während die Wärmebilanz das Lager als Einheit betrachtet, erfolgt im Schmierspalt eine am Umfang veränderliche Energieumsetzung, wodurch sowohl das Öl im Spalt als auch das Lager am Umfang ungleichmäßig erwärmt wird. Eine simultane Lösung der Reynoldsschen Differentialgleichung und der ebenfalls als Differentialgleichung darzustellenden Energiegleichung stellt die eigentlich exakte Lösung des Problems dar. Die größere Schwierigkeit ergibt sich dabei in der Beschreibung der örtlichen Wärmeabfuhr aus dem Gehäuse und dem Lagerverband. In den Arbeiten von Czeguhn [8.1] und Romacker [8.8] wurden mit erheblichem Aufwand Lösungen für eine stark vereinfachte Lagerkonstruktion gefunden, die auch in guter Übereinstimmung mit labormäßigen Prüfstandsuntersuchungen waren. Der hohe Aufwand und die Schwierigkeiten zur Beschreibung der örtlichen Wärmeabfuhr verhinderten jedoch eine praktische Anwendung dieser Methoden. In der Regel werden deshalb zwei Wege praktiziert. Der erste erfaßt das Lager als Einheit und ermittelt das thermische Gleichgewicht in Form einer mittleren, im ganzen Schmierspalt effektiven Öltemperatur. Der zweite Weg geht aus von der Annahme einer adiabaten Wärmeumsetzung allein in das Schmiermittel bei wärmedichten Wänden. Er wird besonders im Turbomaschinenbau angewendet, wo druckgeschmierte Lager mit hohem Öldurchsatz in thermisch angehobener Umgebung verwendet werden. Das Bedürfnis nach einer verfeinerten Energiebetrachtung resultiert nicht zuletzt auch daraus, daß Turbomaschinen mit vergleichsweise niedrigen Öleintrittstemperaturen von etwa 50 °C arbeiten, wo relativ geringe Temperaturunterschiede zu größeren Viskositätsänderungen führen. Dies wird klarer, wenn man anstelle der üblichen doppeltlogarithmischen Darstellung der Viskosität mit der linearen Viskositäts-Temperatur-Abhängigkeit eine unverzerrte Darstellung verwendet. Verbrennungsmotoren arbeiten dagegen sehr häufig mit Öleintrittstemperaturen von über 100 °C, wo die Temperaturabhängigkeit wesentlich geringer ist.

Bei stationär oder instationär, d. h. nach Größe und Richtung zeitlich veränderlich belasteten Gleitlagern ist die Dimensionierung sehr mit der Frage der kleinsten zulässigen Schmierspalthöhe verknüpft. Diese beschreibt den Übergang zwischen der hydrodynamischen Vollschmierung mit vollständiger Trennung der beiden Lageroberflächen und der Mischreibung mit beginnendem Kontakt einzelner Rauhigkeitsspitzen. Die kleinste zulässige Schmierspalthöhe kennzeichnet also den Verschleißbeginn.

8.1 Öldurchsatz

Die hydrodynamische Schmierfilmtheorie geht davon aus, daß die durch unterschiedliche Zapfenbewegungen (Drehungs- und Verdrängungsbewegung) erzeugten Geschwindigkeits- und Druckverteilungen sich ungestört überlagern. Mathematisch ist dies die Superposition von zwei Teillösungen einer Differentialgleichung. Dies gilt auch für die Folgewirkungen der Druckentwicklung wie die Tragfähigkeit oder den Öldurchsatz, insbesondere nachdem experimentell die physikalischen Randbedingungen für die Teillösungen immer wieder bestätigt werden. Da auch der Öldurchsatz-Anteil $\dot{Q}_{pz}$ infolge Zuführdruck unmittelbare Folgen eines durch den Zuführdruck p_z erzeugten Druck- und Geschwindigkeitsfeldes ist, muß auch für diesen das Superpositionsgesetz gelten:

$$\dot{Q}_{ges} = \dot{Q}_D + \dot{Q}_V + \dot{Q}_{pz}. \tag{8.1}$$

Diese Superposition gilt unabhängig davon, ob die Ölzufuhr über eine Nut, eine Tasche oder eine Bohrung erfolgt. Der Unterschied zwischen einer sich über einen größeren oder gar den vollen Bereich des Lagerumfanges erstreckenden Nut in der Lagermittelebene einerseits und einer Tasche oder Bohrung andererseits liegt darin, daß der Ölzuführdruck aus der Nut praktisch eine rein axiale, eindimensionale Strömung erzeugt, während die Tasche oder Bohrung mehr einer Punktquelle mit einer polaren Strömung entsprechen.

8.1.1 Eindimensionale Strömung aus einer Nut unter Zuführdruck

Das einfachste Modell der eindimensionalen Strömung einer viskosen Flüssigkeit unter einem Druckgefälle Δp liegt an einem einfachen Plattenmodell nach Bild 8.1 vor. Zwischen den Platten im Abstand h herrsche ein Druckgefälle $\Delta p = p_1 - p_2$ in z-Richtung. An einem Volumenelement der Größe $2xz_0l_0$ greifen die Druckkräfte aus dem Druckgefälle sowie die Newtonschen Schubspannungen an, die

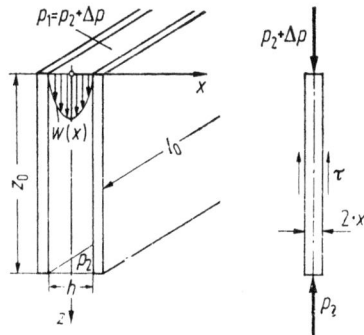

Bild 8.1
Eindimensionale Strömung am Plattenmodell

im Gleichgewicht sein müssen:

$$\Delta p \cdot 2x l_0 = -2\eta \frac{dw}{dx} l_0 z_0. \tag{8.2}$$

Daraus ergibt sich unmittelbar

$$dw = -\frac{\Delta p}{\eta z_0} x\, dx. \tag{8.3}$$

Integriert man unter Beachtung der Randbedingung

$$\text{bei} \quad x = \pm h/2 \quad \text{ist} \quad w = 0,$$

so erhält man eine parabolische Geschwindigkeitsverteilung

$$w = \frac{\Delta p}{2\eta z_0}\left(\frac{h^2}{4} - x^2\right). \tag{8.4}$$

Die maximale Geschwindigkeit bei $x = 0$ in der Mitte zwischen den beiden Platten ist

$$w_{\max} = \frac{\Delta p h^2}{8\eta z_0} \tag{8.5}$$

und die mittlere Geschwindigkeit ist

$$w_{\mathrm{mi}} = \frac{1}{h}\int_{-h/2}^{+h/2} w\, dx = \frac{2}{3} w_{\max} = \frac{\Delta p h^2}{12\eta z_0}. \tag{8.6}$$

Der Öldurchsatz in z-Richtung ist

$$\dot{Q}_z = l_0 \int_{-h/2}^{+h/2} w\, dx = l_0 h w_{\mathrm{mi}} = \frac{\Delta p l_0 h^3}{12\eta z_0}. \tag{8.7}$$

Dies ist die aus Abschnitt 5 für das hydrostatische Lager bekannte Hagen-Poiseuille-Gleichung. Für ein allgemeines Volumenelement $dz x l_0 = 1$ unter der Druckdifferenz dp ergibt sich daraus die Beziehung

$$q_z = \int_0^h w\, dz = -\frac{h^3}{12\eta} \cdot \frac{dp}{dz}, \tag{8.8}$$

welche aus Kapitel 7 bekannt ist als Bestandteil der Reynoldsschen Differentialgleichung.

Eine eindimensionale Strömung in axialer Richtung als Folge des Zuführdrucks liegt dann vor, wenn in der Umfangsnut der konstante Zuführdruck herrscht. Dazu muß die Nut — im Vergleich zur Spalthöhe — nur genügend breit und tief sein. Diese Voraussetzung trifft in der Praxis für alle mechanisch bearbeiteten Nuten zu. Da der Ausfluß gegen den Umgebungsdruck erfolgt, ist das Druckgefälle gleich dem Zuführdruck p_z. Außerdem ist h beim Radialgleitlager nicht konstant, sondern entsprechend der bekannten Spaltfunktion

$$h = R\psi(1 + \varepsilon \cos \varphi) \tag{8.9}$$

8.1 Öldurchsatz

in Gl. (8.7) einzusetzen. Dann ergibt sich der Öldurchsatz $\dot{Q}_{\text{pz,R}}$ infolge des Ölzuführdruckes p_z aus einer Ringnut an den beiden Lagerrändern zu

$$\dot{Q}_{\text{pz,R}} = 2\int q_z R \, d\varphi = 4\frac{p_z R^3 \psi^3}{12\eta B/R}\int_0^{2\pi}(1+\varepsilon\cos\varphi)^3 \, d\varphi$$

$$= 2\frac{p_z R^3 \psi^3}{12\eta B/D} 2\pi\left(1+\frac{3}{2}\varepsilon^2\right)$$

$$= \frac{\pi}{3}\cdot\frac{p_z R^3 \psi^3}{\eta B/D}\left(1+\frac{3}{2}\varepsilon^2\right). \tag{8.10}$$

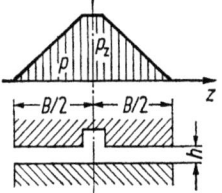

Bild 8.2 Axiale Druckverteilung am Lager mit Ringnut

Die axiale Druckverteilung ergibt sich durch die Gleichsetzung dieses Ergebnisses mit Gl. (8.8):

$$\dot{Q}_z = 2\int_0^{2\pi}\frac{h^3}{12\eta}\cdot\frac{dp}{dz} R \, d\varphi = 2\frac{R^3\psi^3}{12\eta}\cdot\frac{dp}{dz}\int_0^{2\pi}(1+\varepsilon\cos\varphi)^3 \, d\varphi$$

$$= 2\frac{R^3\psi^3}{12\eta}\cdot\frac{dp}{dz} R\cdot 2\pi\left(1+\frac{3}{2}\varepsilon^2\right) = \frac{\pi}{3}\cdot\frac{p_z R^3 \psi^3}{\eta B/D}\left(1+\frac{3}{2}\varepsilon^2\right). \tag{8.11}$$

Daraus ergibt sich

$$\frac{dp}{dz} = \frac{p_z}{B/D}\cdot\frac{1}{R} = \frac{p_z}{B/2}. \tag{8.12}$$

Die Integration unter Berücksichtigung der Randbedingungen

$$\begin{aligned} p &= p_z \quad \text{für} \quad z=0, \\ p &= 0 \quad \text{für} \quad z=B/2 \end{aligned} \tag{8.13}$$

führt zu der **axialen Druckverteilung**

$$p = p_z\left(1-\frac{z}{B/2}\right), \tag{8.14}$$

also zu einem linearen Druckabfall vom Zuführdruck p_z über der Nut auf den Druck Null am Lagerrand entsprechend Bild 8.2.

8.1.2 Polare Strömung aus einer Bohrung unter Zuführdruck

Hierunter ist die Strömung zwischen zwei parallelen Platten nach Bild 8.3 zu verstehen, die durch eine punktförmige Ölzufuhr in der Plattenmitte entsteht.

15*

Die Gleichgewichtsbetrachtung an einem ringförmigen Volumenelement

$$\frac{\partial p}{\partial r} = \frac{\partial \tau}{\partial y} \qquad (8.15)$$

ergibt für Newtonsche Flüssigkeiten mit

$$\tau = \eta \, \frac{\partial w}{\partial y} \qquad (8.16)$$

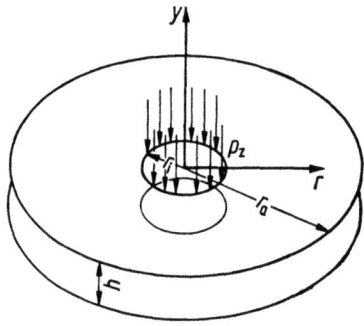

Bild 8.3 Polare Strömung am Plattenmodell mit zentrischer Bohrung

die Differentialgleichung

$$\frac{\partial^2 w}{\partial y^2} = \frac{1}{\eta} \cdot \frac{\partial p}{\partial r}. \qquad (8.17)$$

Die zweifache Integration führt über

$$w = \frac{1}{2\eta} \cdot \frac{\partial p}{\partial r} \, y^2 + C_1 y + C_2 \qquad (8.18)$$

mit den Randbedingungen

$$w(0) = w(h) = 0$$

zu den Integrationskonstanten

$$C_2 = 0, \qquad (8.19)$$

$$C_1 = -\frac{1}{2\eta} \cdot \frac{\partial p}{\partial r} \, h.$$

Mit der Geschwindigkeitsverteilung

$$w(y) = \frac{1}{2\eta} \cdot \frac{\partial p}{\partial r} \, (y^2 - hy) \qquad (8.20)$$

kann der Öldurchsatz am Radius r ermittelt werden:

$$\dot{Q} = 2\pi r \int_0^h w \, \mathrm{d}y = -2\pi r \, \frac{1}{2\eta} \cdot \frac{\partial p}{\partial r} \cdot \frac{h^3}{6}. \qquad (8.21)$$

Die Auflösung nach der gesuchten Druckverteilung

$$\frac{\partial p}{\partial r} = -\frac{\dot{Q} \cdot 6\eta}{\pi h^3} \cdot \frac{1}{r} \qquad (8.22)$$

8.1 Öldurchsatz

und die Integration führt zu

$$p(r) = -\frac{6\dot{Q}\eta}{\pi h^3}(\ln r + C), \qquad (8.23)$$

welche unter Berücksichtigung der Randbedingung

$$p(r = r_a) = 0 \rightarrow C = \ln r_a \qquad (8.24)$$

schließlich die logarithmisch nach außen abfallende Druckverteilung

$$p(r) = \frac{6\eta\dot{Q}}{\pi h^3} \ln \frac{r_a}{r} \qquad (8.25)$$

nach Bild 8.4 liefert. Führt man diese Druckverteilung in Gl. (8.21) ein, so erhält man die vom hydrostatischen Einflächen-Axiallager her bekannte Beziehung

$$\dot{Q} = \frac{\pi p_z h_0^3}{6\eta \ln \dfrac{r_a}{r_i}} \qquad (8.26)$$

mit den Bezeichnungen nach Bild 8.5.

Diese Vorüberlegungen zur polaren Quellströmung sollen dazu dienen, den Einfluß einer Ölbohrung und in einer weiteren Näherung den Einfluß einer Öltasche im endlich breiten Lager zu untersuchen.

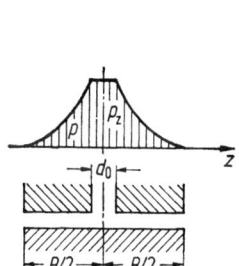

Bild 8.4 Druckverteilung an der Öleintrittsbohrung

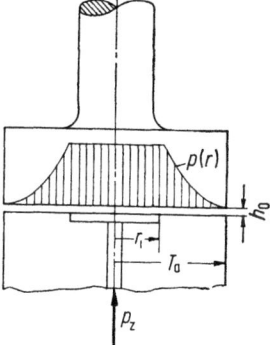

Bild 8.5 Druckverteilung im hydrostatischen Axiallager

8.1.3 Druckölzufuhr über eine Öltasche

Eine Öltasche ist eine Vertiefung in der Lagerschale, die in der Lagerbreitenrichtung nicht an den Lagerkanten austritt und deren Umfangserstreckung begrenzt ist (Bild 8.6). Zur weiteren Vereinfachung wird angenommen, daß die Tasche in Lagerumfangsrichtung nur eine kleine Ausdehnung hat und daß sie im weitesten Spalt angeordnet ist. Dies ist ja zugleich die optimale Anordnung. In diesem Fall beeinflußt der in der Tasche vorhandene Zuführdruck p_z den

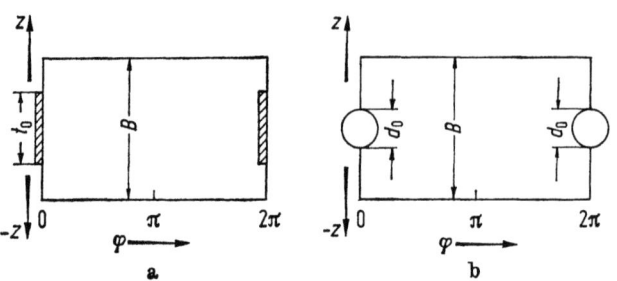

Bild 8.6 Öltasche (a) und Ölbohrung (b)

Druckaufbau im konvergierenden Spalt nur insofern, als im weitesten Spalt bei $\varphi = 0$ über der Taschenbreite t_0 die Randbedingungen

$$p\left(\varphi, z = \pm \frac{B}{2}\right) = 0,$$

$$p(\varphi = \varphi_0, z) = 0 \quad \text{und} \quad \left(\frac{\partial p}{\partial \varphi}\right)_{\varphi=\varphi_0} = 0 \tag{8.27}$$

sowie zusätzlich

$$p(\varphi = 0, z) = \begin{cases} p_z & \text{für } |z| \leqq t_0/2, \\ p_z \dfrac{\ln \dfrac{B}{2z}}{\ln \dfrac{B}{t_0}} & \text{für } |z| > t_0/2 \end{cases} \tag{8.28}$$

einzuhalten sind. Es wird also unterstellt, daß außerhalb der Tasche im weitesten Spalt die axiale Druckverteilung dem logarithmischen Abfall der polaren Strömung entspricht. Die Druckverteilung hinter dem weitesten Spalt ergibt sich aus der numerischen Integration der Reynoldsschen Differentialgleichung, die von Butenschön [7.9] auch für diese Randbedingung gelöst wurde. Dazu muß auch der Zuführdruck p_z dimensionslos dargestellt werden:

$$\Pi_z = \frac{p_z \psi^2}{\eta \omega}. \tag{8.29}$$

Die numerische Integration liefert für den Fall der im weitesten Spalt liegenden Tasche eine andere Druckverteilung in Breiten- und Umfangsrichtung als im Fall der drucklosen Ölzufuhr (Bild 8.7). Bei praxisüblichen Ölzuführdrücken und Lagerbelastungen klingt der Zuführdruck nach der Tasche aber sehr rasch ab, so daß der Druckaufbau im eigentlichen Tragbereich kaum beeinflußt wird. Daher ist der Einfluß des Zuführdrucks auf die Sommerfeld-Zahl, die Reibungszahl, die Maximaldruckzahl und den Verlagerungswinkel β vernachlässigbar. Dies gilt jedoch nur für vergleichsweise niedrige Zuführdrücke einerseits und für Lagerbelastungen andererseits, die zu Exzentrizitäten im mittleren bis oberen Bereich führen. Bei ausgewogenerem Verhältnis zwischen Zuführdruck und Flächenpressung bzw. Maximaldruck, also bei schwach belasteten Lagern und hohen Zuführdrücken verändern sich diese Größen, insbesondere der Verlagerungswinkel. Weitere Veränderungen ergeben sich, wenn die Öltasche weiter in den konver-

8.1 Öldurchsatz

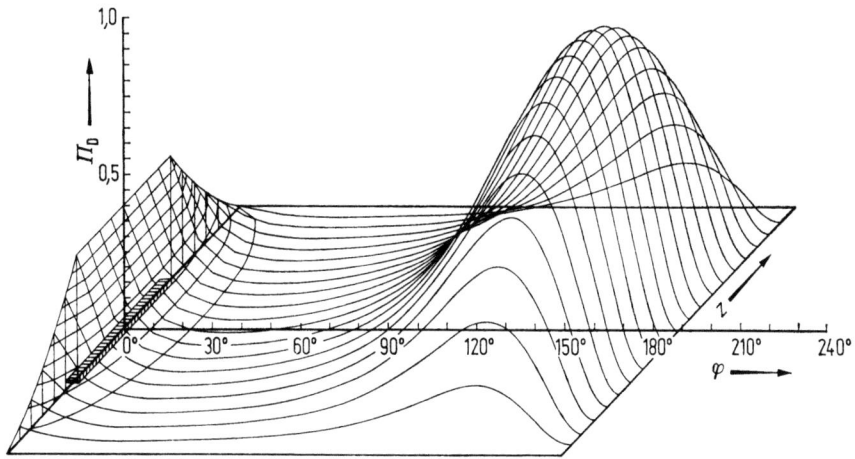

Bild 8.7 Druckverteilung durch Drehung und Druckschmierung über eine Tasche
($t_0/B = 0{,}4$; $B/D = 0{,}25$; $\varepsilon = 0{,}7$)

gierenden Spalt hinein verlagert wird; dadurch wird der Anfang der Druckentwicklung beschnitten und die Tragfähigkeit gemindert. Einzelergebnisse hierzu sind bei Dillenkofer [8.2] zu finden.

Geht man jedoch davon aus, daß die konstruktive Ausführung der Ölzufuhr optimal gestaltet wird, d. h. die Öltasche im weitesten Spalt liegt, so ist die Lösung von Butenschön am zweckmäßigsten. Sie liefert einen Öldurchsatz, der in zwei Anteile infolge der eigentlichen Druckentwicklung und infolge des Zuführdruckes aufgespalten werden kann. Der bezogene Öldurchsatz ist also

$$\frac{\dot{Q}_{\text{ges}}}{R^3 \psi \omega} = \frac{\dot{Q}_{\text{D}}}{R^3 \psi \omega} + \frac{\dot{Q}_{\text{pz}} \eta}{R^3 \psi^3 p_z}. \tag{8.30}$$

Der erste Anteil ist bekannt aus der Integration mit druckloser Ölzufuhr. Die Integrationsergebnisse mit Druckölschmierung und die Trennung von $\dot{Q}_{\text{pz}}$ zeigen, daß die in Gl. (8.26) am polaren Strömungsmodell gefundenen Abhängigkeiten

$$\dot{Q}_{\text{pz}} \approx p_z$$

und

$$\dot{Q}_{\text{pz}} \approx h^3$$

bestätigt werden. Da aber keine reine polare Quellströmung vorliegt, wurde ein nur von den Taschen- und Breitenabmessungen abhängiger Minderungsfaktor q_T eingeführt, der die in Abschnitt 8.1.2 gefundene Gleichung erweitert, in welcher noch für die Taschenlage im weitesten Spalt die Spaltfunktion

$$h_{\max} = R\psi(1 + \varepsilon)$$

eingefügt wird:

$$\dot{Q}_{\text{pz, T}} = \frac{\pi R^3 \psi^3 (1 + \varepsilon)^3 p_z}{6\eta \ln B/t_0} \cdot \frac{1}{q_\text{T}}. \tag{8.31}$$

Roemer [8.3] und Bartz [8.4] verwenden die gleiche Beziehung, allerdings ohne den Minderungsfaktor q_T. Dieser ist aber nicht zu vernachlässigen. Er ergibt sich zu

$$q_T = 1{,}188 + 1{,}582 \frac{t_0}{B} - 2{,}585 \left(\frac{t_0}{B}\right)^2 + 5{,}563 \left(\frac{t_0}{B}\right)^3 \qquad (8.32)$$

gültig für $0{,}05 \leq t_0/B \leq 0{,}7$ und $B/D \leq 1$ mit den Abmessungen nach Bild 8.6.

In dimensionsloser Schreibweise erhält man also den bezogenen Öldurchsatz $\bar{Q}_{pz,T}$ infolge Zuführdruck p_z durch eine Tasche zu

$$\bar{Q}_{pz,T} = \frac{\dot{Q}_{pz,T}\eta}{R^3 \psi^3 p_z} = \frac{\pi(1+\varepsilon)^3}{6 \ln \dfrac{B}{t_0}} \cdot \frac{1}{q_T}. \qquad (8.33)$$

Der Minderungsfaktor q_T läßt sich wie folgt deuten. Im Gegensatz zum polaren Plattenmodell, wo die Ölmenge auf einem vollen Kreisringquerschnitt austritt, werden beim Gleitlager endlicher Breite nur zwei Sektoren mit dem Radius $B/2$ und dem Winkel α_T vom ausfließenden Öl beaufschlagt; der Rest tritt in den eigentlichen Schmierspalt ein. Dieser Winkel ist

$$\alpha_T = 180°/q_T. \qquad (8.34)$$

8.1.4 Druckölzufuhr über eine Ölbohrung

Auch hier wird vorausgesetzt, daß die Ölbohrung optimal, d. h. mit ihrem Mittelpunkt im weitesten Spalt angeordnet ist. Die Randbedingung für den Druckanfang ist in Bild 8.8 dargestellt. Im weitesten Spalt fällt der Druck in axialer Richtung logarithmisch auf den Umgebungsdruck ab, während er in der Höhe des Zuführdruckes über dem in den konvergierenden Spalt hineinreichenden Bohrungsrand erhalten bleibt. Numerisch kann diese Randbedingung dadurch eingehalten werden, daß über der Bohrungsachse im weitesten Spalt ein entsprechender Druckverlauf größer als der Zuführdruck vorgegeben wird, der bei der Lösung entlang des Bohrungsrandes gerade zum Zuführdruck führt. Die iterative Einstellung dieser Randbedingung ist recht aufwendig. Sie erfolgt nach dem gleichen Verfahren wie bei der Erfüllung der Randbedingung am Druckende. Nur erfolgt hier die numerische Lösung, beginnend im engsten Spalt, über ein zur Bohrung hin sich verdichtendes Gitternetz. Die Druckverteilung im Lager unter Druckölzufuhr über eine Bohrung ist in Bild 8.9 dargestellt.

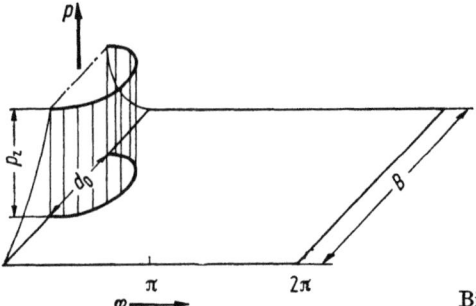

Bild 8.8 Randbedingung für eine Ölbohrung

8.1 Öldurchsatz

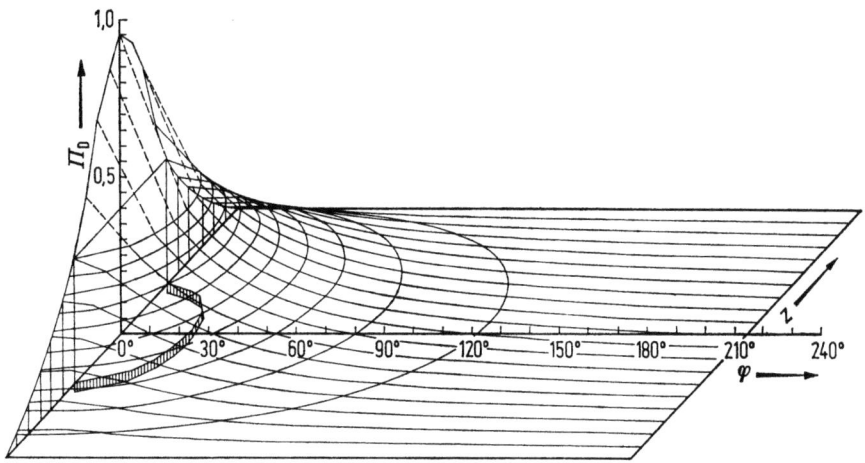

Bild 8.9 Druckverteilung durch Druckschmierung über eine Bohrung ($d_0/B = 0,4$; $B/D = 1$; $\varepsilon = 0$)

In erster Näherung kann auch hier angenommen werden, daß sich die beiden Öldurchsatzanteile infolge Drehungsdruck und infolge Zuführdruck überlagern. Je nach Größe der Bohrung und Höhe des Zuführdrucks ist auch hier eine Beeinflussung durch die in den konvergierenden Spaltbereich hineinragende Bohrung vorhanden. Dies ist dann der Fall, wenn im Bereich der Bohrung schon bedeutende Drehungsdrücke aufgebaut werden. Dies trifft jedoch nur auf sehr breite Lager mit kleiner Exzentrizität und großen Ölbohrungen zu. So liegt der Fehler der nachfolgend angegebenen Formel für ein Lager mit $B/D = 1$, $\varepsilon = 0,95$ und einer Ölbohrung $d_0 = 0,4B$ unter 20%. Für ein Lager mit $B/D = 0,5$ und sonst gleichen Bedingungen beträgt der Fehler nur noch 4%. Bei schmäleren Lagern und kleineren Bohrungen ist die Abweichung noch geringer.

Die Auswertung der numerischen Integration führt zu dem Minderungsfaktor

$$q_B = 1{,}204 + 0{,}368\,\frac{d_0}{B} - 1{,}046 \left(\frac{d_0}{B}\right)^2 + 1{,}942 \left(\frac{d_0}{B}\right)^3 \qquad (8.35)$$

mit den Abmessungen nach Bild 8.8 und dem bezogenen Öldurchsatz infolge Zuführdruck p_z aus einer Ölbohrung mit dem Durchmesser d_0 im weitesten Spalt

$$\bar{Q}_{p_z,B} = \frac{\dot{Q}_{p_z,B}}{R^3 \psi^3 p_z} = \frac{\pi(1+\varepsilon)^3}{6 \ln \dfrac{B}{d_0}} \cdot \frac{1}{q_B}. \qquad (8.36)$$

8.1.5 Öldurchsatz unter allgemeinen Bedingungen

Im allgemeinen Fall eines instationär belasteten Gleitlagers setzt sich der Öldurchsatz additiv aus den Anteilen

$$\dot{Q}_{ges} = \dot{Q}_D + \dot{Q}_V + \dot{Q}_p \qquad (8.37)$$

$\dot{Q}_D$ infolge Drehungsdruckaufbau nach Gl. (7.237),
$\dot{Q}_V$ infolge Verdrängungsdruckaufbau nach Gl. (7.239)

sowie aus dem jeweils zutreffenden Anteil unter Zuführdruck p_z

$\dot{Q}_{pz,R}$ aus einer Ringnut nach Gl. (8.10),
$\dot{Q}_{pz,T}$ aus einer Tasche nach Gl. (8.33) oder
$\dot{Q}_{pz,B}$ aus einer Bohrung nach Gl. (8.36)

zusammen. Im instationären Fall gilt Gl. (8.37) immer nur für einen momentanen Zustand. Die Berechnung instationär belasteter Gleitlager erfolgt in kleinen Zeitintervallen, innerhalb derer ein quasi-stationäres Verhalten, allerdings mit Drehungs- und Verdrängungsbewegung, angenommen werden kann. Der zeitliche Öldurchsatz für ein Lager unter dynamischer Last ist durch die Integration der Gl. (8.37) über alle Zeitintervalle zu bestimmen. Unter statischer Last entfällt der Anteil $\dot{Q}_V$. Deshalb erhält man hierfür den Öldurchsatz zu

$$\dot{Q}_{ges} = \dot{Q}_D + \dot{Q}_p. \qquad (8.38)$$

In der Literatur finden sich gerade zum Öldurchsatz eine Vielzahl von Formeln mit zum Teil erheblichen Streuungen. Kinz [8.5] und Kochanowsky [8.6] haben verschiedene Lösungsansätze bei druckloser Ölzufuhr zusammengestellt. Die Abweichungen sind auf die unterschiedlichen Randbedingungen für die Druckentwicklung sowie auf eine Reihe von Vereinfachungen bei der Lösung der Reynoldsschen Gleichung zurückzuführen. Das gilt auch für den Öldurchsatz infolge Zuführdruck, wobei in der Regel aber vorwiegend nur der Fall einer Ölzufuhr über eine Ringnut behandelt wird. Eine weitgehende Annäherung an die hier angegebenen Ergebnisse kann immer dann festgestellt werden, wenn die Lösungen ohne zu große Vereinfachungen der Reynoldsschen Gleichung und unter weitgehendster Annäherung an die physikalischen Randbedingungen erarbeitet wurden. Formeln für den Öldurchsatz, die mit einem Parabel- oder Fourieransatz für die Druckverteilung in Breitenrichtung gewonnen wurden, sind gerade im Bereich hoher Exzentrizitäten aus den in Kapitel 7 schon besprochenen Gründen sehr schlecht.

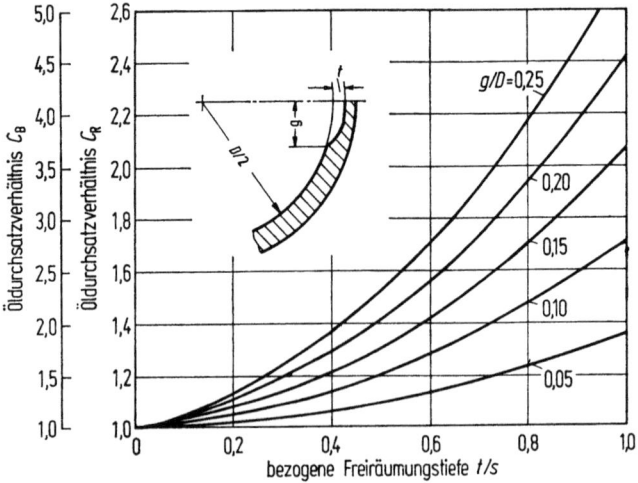

Bild 8.10   Einfluß der Freiräumung
a Teil der Lagerschale; D Zapfendurchmesser; s Lagerspiel; g, t Breite bzw. Tiefe der Freiräumung

8.1 Öldurchsatz

Praktisch ausgeführte Gleitlager weisen in der Regel Abweichungen von der hier behandelten idealen Kreiszylinderform auf. So werden Lager häufig nur über eine 180°-Nut im unbelasteten Schalenteil mit Öl versorgt, um in der Hauptbelastungszone eine möglichst gute Tragfähigkeit zu sichern. Bei richtiger Auslegung liegt diese halbumlaufende Nut im Bereich großer Spalte, so daß ihr Öldurchsatz infolge Zuführdruck praktisch so hoch ist, wie im vollgenuteten Lager, da der größere Teil des Seitenflusses im Bereich der weiten Spalte austritt. Dies gilt jedoch nicht für den Öldurchsatzanteil infolge Drehungs- oder Verdrängungsdruck, die im vollgenuteten Lager immer größer sind. Diese Zustände erfaßt man 'm zweckmäßigsten dadurch, daß man die beiden Lagerhälften getrennt unter der Annahme einer gleichmäßigen Lastaufteilung berechnet, allerdings nur den halben Öldurchsatz infolge Druckentwicklung im Lager ansetzt, weil der Seitenfluß in die Mittelnut hinein keinen Öldurchsatz nach außen erbringt.

Geteilte Gleitlager aus zwei Halbschalen erhalten häufig eine Freiräumung beidseitig der Schalenstöße nach Bild 8.10, um bei einem etwaigen Deckelversatz eine drückende Schabekante zu vermeiden. Neuerdings geht der Trend allerdings dahin, die Freiräumungen auch wegen ihrer die Tragfähigkeit beschneidenden Auswirkung immer kleiner zu machen bis hin zu einer reinen Kantenfase. Roemer [8.3] gibt den Vergrößerungsfaktor C_R solcher Freiräumungen bei Ringnuten oder bei Bohrungen C_B nach Bild 8.10 an.

An der gleichen Stelle wird auch die teilweise in der Praxis zu findende Zitronenbohrung behandelt. Das sind Halbschalen mit gleichem Radius, deren

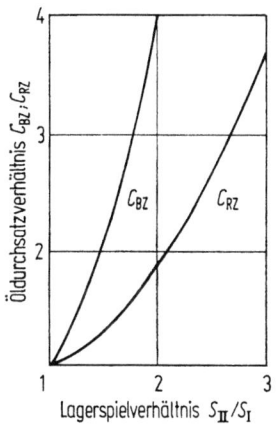

Bild 8.11 Einfluß des Zitronenspiels
s_I Vertikalspiel (Lastrichtung); s_{II} Horizontalspiel;
C_{BZ} für Bohrung; C_{RZ} für Ringnut

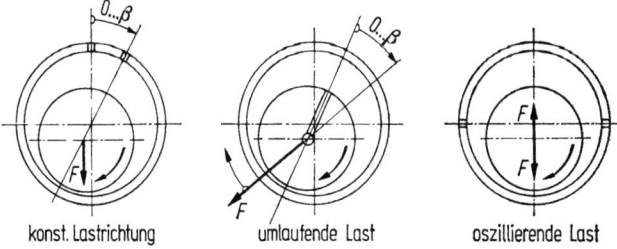

Bild 8.12 Anordnung der Ölzufuhr

Mittelpunkte jedoch unterhalb der Teilungsebene liegen. Dadurch ist das vertikale Lagerspiel s_I kleiner als das Horizontale s_II, wobei die Hauptbelastungsrichtung vertikal liegt. Bild 8.11 zeigt den Vergrößerungsfaktor C_z in Abhängigkeit vom Spielverhältnis gegenüber dem Öldurchsatz, der mit dem kleinsten Spiel berechnet wurde.

Schließlich zeigt Bild 8.12 schematisch die optimale Anordnung der Ölzufuhr für die wichtigsten in der Praxis vorkommenden Lastfälle.

8.2 Wärmebilanz

Im Beharrungszustand ergibt sich die Lagertemperatur aus dem Gleichgewichtszustand zwischen der im Lager selbst erzeugten Reibungswärme einerseits, dem konvektiven Wärmetransport durch das Schmiermittel, der Wärmeleitung im Schmiermittel und im Lagerkörper sowie dem Wärmeübergang vom Lagerkörper an die Umgebung andererseits. Dabei beeinflussen sich im Schmierspalt die Temperatur-, Druck- und Geschwindigkeitsprofile gegenseitig, so daß sie streng genommen nicht getrennt voneinander behandelt werden dürften. Eine vollständige Lösung dieses umfassenden Problems ist nicht bekannt und wegen der Komplexität praktischer Bauformen wäre sie wohl auch kaum allgemein anwendbar. Zahlreiche Arbeiten befassen sich mit Teillösungen, wobei zwei Grundrichtungen zur Vereinfachung des Problems zu erkennen sind.

In einem Fall geht man von der Vorstellung aus, daß die im Schmierfilm entwickelte Reibungswärme unmittelbar an die Lagerwände und vom Lagerstuhl an die Umgebung abgegeben wird. Dabei stellt sich das Lager in seiner Gesamtheit auf eine mittlere Temperatur ein (isotherme Annahme). Sie begründet die Vorstellung über das Zutreffen einer im ganzen Schmierspalt konstanten Viskosität. Hierzu ist neben dem Standardwerk von Vogelpohl auch die Arbeit von Meiners [8.7] zu rechnen, in welcher neben zahlreichen Literaturhinweisen eine detaillierte Behandlung der Wärmeabfuhr aus Gleitlagern zu finden ist. In der Praxis wird allerdings diese Betrachtung in wesentlich vereinfachter Form mit gutem Erfolg angewendet.

Der zweite Lösungsweg geht davon aus, daß die gesamte Reibungswärme allein in das Schmiermittel umgesetzt wird und die Lagerwände wärmedicht sind (nichtisotherme, adiabate Annahme). Die einfachen Lösungen dieser adiabaten Vorstellung behandeln die eindimensionalen Vorgänge bei praktisch zentrischer Zapfenlage. Ohne diese Vereinfachungen wächst der Rechenaufwand stark wegen der simultanen Lösung zweier Differentialgleichungen, der Reynoldsschen Gleichung und der Energiegleichung. Romacker [8.8] hat dies mit gutem Erfolg im Vergleich zu Laborversuchen durchgeführt.

8.2.1 Nichtisotherme Energieumsetzung im Schmierspalt

Die Grenzbetrachtung, daß die im Lager entwickelte Reibungswärme bei wärmedichten Lagerwänden alleine in das Schmiermittel übertragen wird, haben besonders Pollmann [8.9] und Hakansson [8.10] für die Anwendung im Turbinenbau weiterentwickelt. Dieser adiabate Grenzfall ist nämlich um so mehr gültig, als folgende, besonders auf Turbinen zutreffende Voraussetzungen vorliegen. In Wärmekraftmaschinen kann die Wärmeabfuhr aus dem Lager selbst oft durch einen Wärmeeinfall aus der Maschine kompensiert werden. Die Reibleistung eines

8.2 Wärmebilanz

statisch belasteten Lagers steigt mit dem Quadrat der Winkelgeschwindigkeit und mit der 3. Potenz der Lagerabmessungen an. Aus der Streifendarstellung nach Bild 7.14 ist zu entnehmen, daß leichtbelastete Lager mit etwa $So = 0{,}1$ zu recht hohen bezogenen Reibwerten $\mu/\psi = 40$ führen, während hoch belastete Lager mit etwa $So = 10$ nur eine geringe Reibung $\mu/\psi = 1$ aufweisen. Ist auch noch die Öleintrittstemperatur vergleichsweise niedrig, dann ist die vom Schmiermittel aufgenommene Wärme hoch und das im Schmierspalt sich ausbildende Temperaturfeld sehr unterschiedlich, wodurch die Annahme einer im gesamten Spalt konstanten Viskosität zunächst nicht mehr gerechtfertigt erscheint und die Tragfähigkeit gemindert wird. Alle diese Voraussetzungen treffen in besonderem Maße auf die Gleitlager im Turbomaschinenbau zu. Bei den dort üblichen Öleintrittstemperaturen von 40 °C ergeben sich durch die Temperaturunterschiede im Lager nicht mehr zu vernachlässigende Viskositätsabfälle. Bei Verbrennungsmotoren mit ihren wesentlich höheren Belastungen und höheren Öleintrittstemperaturen von 100 °C und mehr ist dagegen der Viskositätsabfall relativ gering, insbesonders bei Verwendung moderner Mehrbereichsöle.

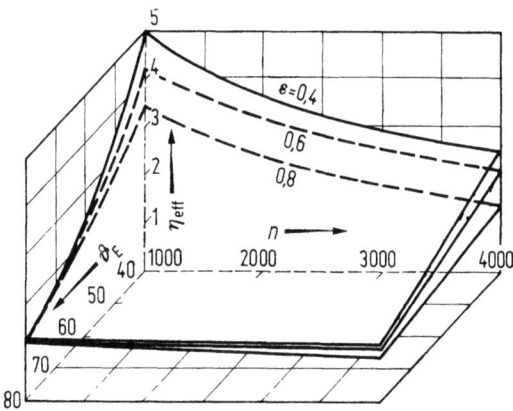

Bild 8.13 Mittlere effektive Viskosität im statisch belasteten Lager mit Öl SAE 30

Dies wird auch von Motosch [8.11] bestätigt. Er behandelte das statisch belastete Gleitlager unter Berücksichtigung der im Schmierspalt mit Temperatur und Druck veränderlichen Viskosität. Bild 8.13 macht deutlich, daß die mittlere, effektive Viskosität des schon recht hochviskosen Öles SAE 30 bei einer Öleintrittstemperatur von 40 °C im untersuchten Drehzahl- und Exzentrizitätsbereich stark, bei 80° Eintritt aber kaum mehr veränderlich ist.

Die Energiegleichung für eine inkompressible Flüssigkeit in einem adiabaten Spalt ist bei Vogelpohl [8.12] ausführlich abgeleitet. Für den allgemeinen Fall einer dreidimensionalen Strömung lautet sie

$$\varrho c \left[\frac{\partial \vartheta}{\partial t} + u \frac{\partial \vartheta}{\partial x} + v \frac{\partial \vartheta}{\partial y} + w \frac{\partial \vartheta}{\partial z} \right] = \lambda \left[\frac{\partial^2 \vartheta}{\partial x^2} + \frac{\partial^2 \vartheta}{\partial y^2} + \frac{\partial^2 \vartheta}{\partial z^2} \right] + \eta \Phi \quad (8.66)$$

mit der Dissipationsfunktion

$$\Phi = 2\left(\frac{\partial u}{\partial x}\right)^2 + 2\left(\frac{\partial v}{\partial y}\right)^2 + 2\left(\frac{\partial w}{\partial z}\right)^2 + \left(\frac{\partial u}{\partial y} + \frac{\partial v}{\partial x}\right)^2 + \left(\frac{\partial v}{\partial z} + \frac{\partial w}{\partial y}\right)^2 + \left(\frac{\partial w}{\partial x} + \frac{\partial u}{\partial z}\right)^2. \quad (8.67)$$

Die Glieder der Gl. (8.66) beschreiben den konvektiven Wärmetransport, den Energiefluß infolge Wärmeleitung und die aus der Reibung dissipierte Energie. Unter stationären Bedingungen und Vernachlässigung des Wärmetransports in Breitenrichtung bei leicht belasteten Lagern vereinfacht sich die Energiegleichung auf

$$\varrho c u \frac{\partial \vartheta}{\partial x} = \eta \left[\left(\frac{\partial u}{\partial y} \right)^2 + \left(\frac{\partial w}{\partial y} \right)^2 \right]. \tag{8.68}$$

Mit den bekannten Geschwindigkeitsverteilungen u und w im Spalt läßt sich diese Gleichung integrieren. Unter Verwendung der schon bekannten dimensionslosen Größen Π und H sowie der auf den Öleintritt bezogenen Größen

$$\bar{\eta} = \eta/\eta_E \quad \text{und} \quad \bar{\vartheta} = \vartheta/\vartheta_E$$

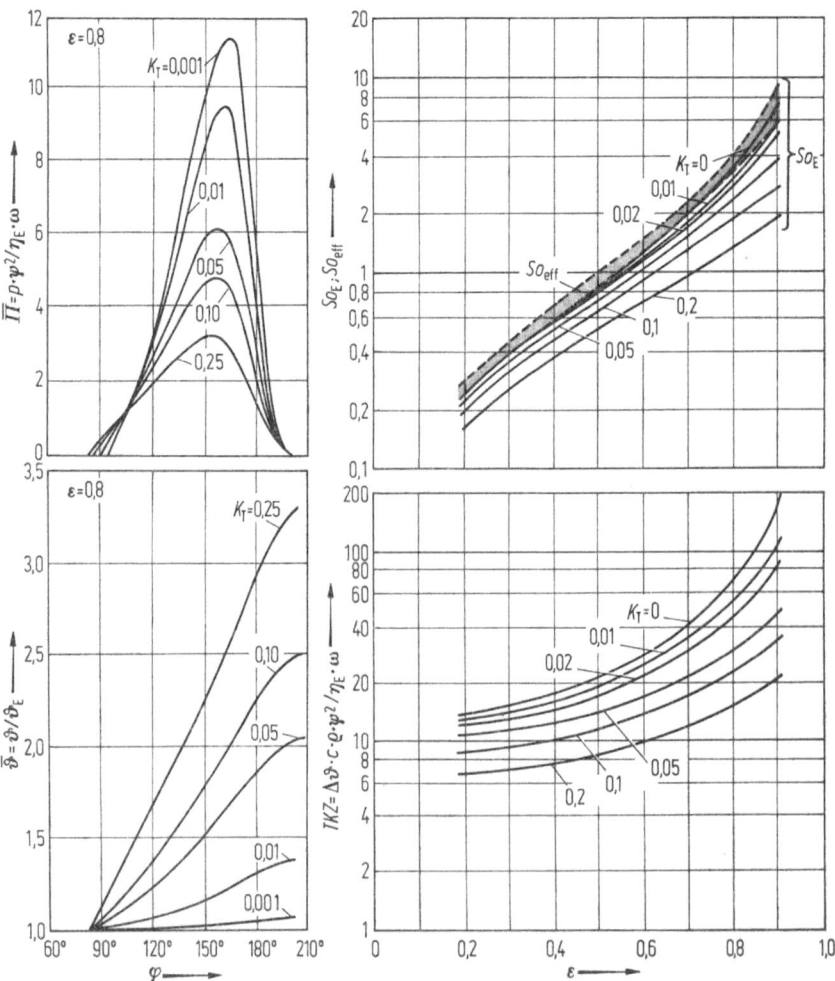

Bild 8.14 Nichtisotherme Druck- und Temperaturverteilung, Tragfähigkeit So_E und Temperatur-Kennzahl TKZ für ein 120°-Lager mit $B/D = 1$

8.2 Wärmebilanz

und eines einfachen Zähigkeitsgesetzes $\eta = \eta \vartheta^{\alpha_\vartheta}$ erhält man eine Differentialgleichung für die Temperaturverteilung im Schmierspalt

$$\frac{\mathrm{d}\bar{\vartheta}}{\mathrm{d}\varphi} = \frac{\eta_\mathrm{E}\omega}{\varrho c \psi^2 \vartheta_\mathrm{E}} \, C\left(\varepsilon, \frac{B}{D}, \varphi, \alpha_\vartheta\right) = K_\mathrm{T} C\left(\varepsilon, \frac{B}{D}, \varphi, \alpha_\vartheta\right). \tag{8.69}$$

Ihre Lösung beschreibt also ein Temperaturfeld im Schmierspalt in Abhängigkeit von einem Proportionalitätsfaktor K_T und den Lagergrößen ε, B/D und φ sowie dem Temperatur-Viskositäts-Exponenten $\alpha_\vartheta \sim 2{,}3 \cong$ const für übliche Schmieröle. Aus der simultanen Lösung der Reynoldsschen Gleichung erhält man auch ein entsprechendes Druckfeld. Da diese Lösungen vorwiegend für Turbomaschinen-Lager erarbeitet wurden, wo aus Stabilitätsgründen Mehrgleitflächenlager verwendet werden, zeigt Bild 8.14 die Druck- und Temperaturverteilung eines 120°-Lagers mit $B/D = 1$ bei $\varepsilon = 0{,}8$. Bei kleinen K_T-Werten unterscheidet sich die Druckverteilung kaum von der Lösung mit konstanter Viskosität und die Temperaturänderungen im Spalt sind gering. Mit steigendem K_T-Wert werden die Drücke niedriger und die Temperaturunterschiede größer. Die Minderung der Tragfähigkeit bei steigenden K_T-Werten und die Temperaturzunahme $\Delta\vartheta$ zwischen Ein- und Austrittstemperatur in Form der Temperaturkennzahl TKZ ist ebenfalls dargestellt. Zu erwähnen ist, daß das Reibungsverhalten selbst kaum vom K_T-Wert beeinflußt wird, dagegen steigt der Öldurchsatz an.

Bei den Lösungen der nichtisothermen Gleitlagertheorie ist jedoch zu beachten, daß alle Kenngrößen auf die Eintrittsviskosität η_E bezogen sind. Dies ist natürlich keine auch nur angenähert repräsentative Viskosität; sie ist nur am Beginn des Spaltes vorhanden. Bezieht man auf eine effektive Viskosität η_eff bei der zwischen Ein- und Austritt gemittelten Lagertemperatur

$$\vartheta_\mathrm{mi} = \frac{1}{2}(\vartheta_\mathrm{E} + \vartheta_\mathrm{A}) = \vartheta_\mathrm{E} + \frac{1}{2}\Delta\vartheta \equiv \vartheta_\mathrm{eff}, \tag{8.70}$$

so kann man die auf den Eintritt bezogene So-Zahl So_E auf die üblichere Bezugsbasis der effektiven Viskosität unter Verwendung der Kenngrößen aus Bild 8.14 und des einfachen V-T-Gesetzes

$$\eta = k \exp \frac{b}{\vartheta + C} \qquad K_\mathrm{T} = \frac{\eta_\mathrm{E}\omega}{c\varrho\psi^2 \vartheta_\mathrm{E}} \qquad \mathrm{TKZ} = \frac{\Delta\vartheta c \varrho \psi^2}{\eta_\mathrm{E}\omega}$$

$$So_\mathrm{eff} = So_\mathrm{E} \exp \frac{0{,}5 b\, \Delta\vartheta/\vartheta_\mathrm{E}}{(\vartheta_\mathrm{E} + C)(1 + C/\vartheta_\mathrm{E} + 0{,}5 K_\mathrm{T}\, \mathrm{TKZ})}. \tag{8.71}$$

umrechnen. Mit dieser Umrechnung reduzieren sich die unterschiedlichen Tragfähigkeitskurven mit den Parametern K_T nach Bild 8.14 auf eine einzige Kurve etwas oberhalb der Kurve $K_\mathrm{T} = 0$, also auf den isothermen Fall. Dadurch bestätigt sich die Wahl einer effektiven Viskosität entsprechend der mittleren Temperatur nach Gl. (8.70) und die nichtisotherme Lösung kann selbst bis zu K_T-Werten von 0,5 unter Verwendung der effektiven Viskosität durch die einfachere isotherme Lösung ersetzt werden.

Auch kann aus experimentellen Untersuchungen von Radermacher [8.29] ein wesentliches Merkmal der nichtisothermen Gleitlagertheorie, das über den Lagerumfang stark veränderliche Temperaturfeld nach Bild 8.14, nicht so deutlich bestätigt werden. Die dort gemessenen Temperaturfelder (Bild 8.15) haben selbst bei relativ hohen Umfangsgeschwindigkeiten und Flächenpressungen in einem weiten Bereich eine nur wenig veränderliche Amplitude, wobei dieser Bereich sich weit über den eigentlichen Druckbereich hinaus erstreckt; nur im Bereich der Ölzufuhr fällt die Lagertemperatur auf die Zufuhrtemperatur ab. An den Lagerrändern ist die Temperatur noch etwas höher. Diese Lagertemperaturen wurden unter statischer Last mit Thermoelementen nahe der Lauffläche an den eingezeichneten Meßstellen gefunden. Die Abweichung gegenüber der örtlich stark konzentrierten Temperaturüberhöhung aus der nichtisothermen Theorie muß wohl damit erklärt werden, daß die Wärmeleitung im Lager selbst für einen weitgehenden Temperaturausgleich sorgt. Die adiabate Vorstellung wärmedichter Wände ist also doch sehr extrem.

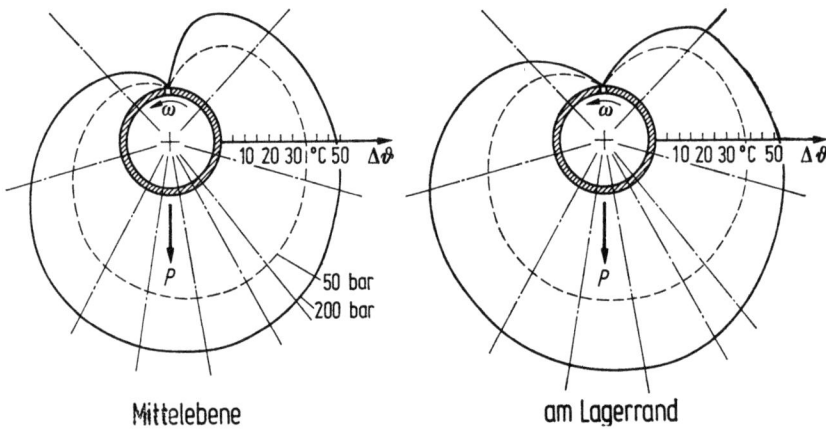

Bild 8.15 Temperaturverteilung am stationär belasteten Radialgleitlager nach Radermacher [8.22]. $n = 2000\,\text{min}^{-1}$; $\psi = 1‰$; $\beta = 0{,}5$; SAE 30; $\vartheta_E = 58\,°C$; $p_E = $ bar; $So = 1{,}07$ bis $4{,}83$; $\varepsilon = 0{,}76$ bis $0{,}9$; $u = 12{,}57$ m/s

8.2.2 Isotherme Energieumsetzung im Gleitlager — Wärmebilanz

Die isotherme Gleitlagertheorie geht davon aus, daß sich die Temperaturen sowohl im Schmierspalt als auch im Lager auf bestimmte mittlere Werte einstellen. Diese mittleren Temperaturen ergeben sich aus der Wärmebilanz, d. h. aus dem Gleichgewicht zwischen der im Lager erzeugten Reibungswärme W_R einerseits und den aus dem Lager abgeführten Wärmeströmen im Öl $W_Ö$ und aus dem Lagergehäuse W_L

$$W_R = W_Ö + W_L. \tag{8.72}$$

8.2.2.1 Reibleistung des Gleitlagers

Die im Lager infolge der Scherbeanspruchung entstehende Reibungskraft F_R wird durch den in Abschnitt 7.4 behandelten bezogenen Reibwert

$$\frac{\mu}{\psi} = \frac{F_R}{F\psi} = f\left(So, \frac{B}{D}\right)$$

erfaßt. Die graphischen Darstellungen bzw. Berechnungsformeln findet man in den beiliegenden Arbeitsblättern bzw. unter Abschnitt 7.5 für das vollumschlossene

8.2 Wärmebilanz

und das halbumschlossene Lager. In der Literatur findet man häufig eine sehr grobe Approximation dieser Streifendarstellung unter Vernachlässigung des Breitenflusses in der Form

Schnellaufbereich $So < 1$ Schwerlastbereich $So > 1$

$$\mu/\psi = \pi/So \qquad\qquad \mu/\psi = \pi/\sqrt{So}. \tag{8.73}$$

Sie kann nicht empfohlen werden, da die Fehler beträchtlich sind und wegen der üblichen doppeltlogarithmischen Auftragung der Streifendarstellung eine gute Annäherung nur vorgetäuscht wird.

Die Reibleistung ist

$$W_R = M_R\omega \frac{\text{Nm}}{\text{s}} = \frac{M_R\omega}{427000}\frac{\text{kcal}}{\text{s}} = \frac{M_R\omega}{750}\,\text{PS}. \tag{8.74}$$

Mit dem Reibmoment $M_R = \mu FR$ erhält man unter Verwendung der So-Zahl

$$W_R = \left(\frac{\mu}{\psi}\right)\psi FR\omega = \left(\frac{\mu}{\psi}\right) So\, BD\,\frac{\eta_{\text{eff}}\omega^2 R}{\psi}. \tag{8.75}$$

Daraus erkennt man, daß die Reibleistung mit dem Quadrat der Winkelgeschwindigkeit und mit der dritten Potenz der linearen Lagerabmessung ansteigt.

8.2.2.2 Wärmeabfuhr in das Schmiermittel

Die an das Schmiermittel abgegebene Wärmemenge ist

$$W_{\ddot{O}} = \dot{Q}_{\text{ges}}\varrho c(\vartheta_A - \vartheta_E). \tag{8.76}$$

Dabei ist $\dot{Q}_{\text{ges}}$ der Öldurchsatz in cm³/s nach Abschnitt 8.1. Neben den Temperaturen am Öleintritt ϑ_E und am Ölaustritt ϑ_A sind noch die Stoffkonstanten

    Dichte $\varrho = 0{,}92$ kg/cm³,
    spezifische Wärme $c = 0{,}475$ kcal/kg · °C
    oder raumspezifische Wärme
    $\varrho c = 0{,}43$ kcal/cm³ · °C $= 180$ mkp/l · °C $= 1\,800\,000$ Nm/m³ · K

enthalten. Ist eine zulässige Erwärmung $\vartheta_{\text{zul}} = \vartheta_A$ z. B. als Werkstoffgrenze vorgegeben, so kann der erforderliche Ölbedarf bestimmt werden aus

$$\dot{Q}_{\text{erf}} = \frac{M_R\omega}{\varrho c(\vartheta_A - \vartheta_E)}\frac{\text{m}^3}{\text{s}} = \frac{60\cdot 10^3 M_R\omega}{\varrho c(\vartheta_A - \vartheta_E)}\,\text{l/min}. \tag{8.77}$$

8.2.2.3 Wärmeabfuhr aus den Lagerteilen

Bei Gleitlagern mit begrenzter Wärmebelastung erfolgt die Wärmeabfuhr vorwiegend vom Lagergehäuse an die Umgebung. Dieser Vorgang wird durch das Newtonsche Abkühlungsgesetz beschrieben

$$W_L = \alpha A(\vartheta_L - \vartheta_U) \tag{8.78}$$

mit der Temperaturdifferenz zwischen dem Lagerkörper ϑ_L und der Umgebung ϑ_U, der wärmeabgebenden Lageroberfläche A und der Wärmeübergangszahl α.

Tatsächlich erfolgt die Wärmeabfuhr physikalisch durch Konvektion, Strahlung und Wärmeleitung. In diesem Sinne stellt α einen Mittelwert der Wärmeübertragung dar, der erfahrungsgemäß mit

$$\alpha = 15 \cdots 20 \ \frac{\text{Nm}}{\text{m}^2 \text{s K}} = 12{,}5 \cdots 17 \ \frac{\text{kcal}}{\text{m}^2 \text{h} \,°\text{C}} \tag{8.79}$$

bei freier Konvektion, d. h. Luftgeschwindigkeit $w = 0$ angesetzt wird. Der untere Wert gilt für Lager im Maschinenverband. Bei erzwungener Konvektion findet man in der Literatur zahlreiche empirische Formeln für Luftgeschwindigkeiten $w > 1$ m/s, die am besten zu ersetzen sind durch

$$\alpha = 7{,}0 + 12 \sqrt{\omega} \ \frac{\text{Nm}}{\text{m}^2 \text{s K}}. \tag{8.80}$$

Die wärmeabgebende Oberfläche kann durch den Hohlzylinder mit Lageraußendurchmesser D_L, Wellendurchmesser D und Lagerbreite B_L beschrieben werden

$$A = 2 \frac{\pi}{4} (D_\text{L}^2 - D^2) + \pi D_\text{L} B_\text{L}. \tag{8.81}$$

Für Stehlager mit der Höhe H und der Länge L gilt näherungsweise

$$A = \pi H \left(L + \frac{H}{2} \right) \tag{8.82}$$

und für Lager im Maschinenverband

$$A = 15 \cdots 20 BD. \tag{8.83}$$

In der Praxis reicht diese einfache Betrachtungsweise des Wärmeüberganges aus. Tatsächlich ist der Vorgang der Wärmeübertragung vom Schmierfilm über die Lager- und Wellenteile an die Umgebung wesentlich komplizierter. Meiners [8.7] hat diese Vorgänge weitgehend analysiert. Im Endergebnis findet auch er eine eher noch weiter vereinfachte Gesetzmäßigkeit, welche allen diesen Vorgängen gemeinsam ist

$$W = w \, \Delta \vartheta. \tag{8.84}$$

Dabei stellt w den Wärmeableitwert des Lagers dar. Diese Gesetzmäßigkeit hat eine Analogie zum Ohmschen Gesetz der Elektrotechnik; dabei kann wie dort auch bei der Parallel- oder Hintereinanderschaltung von mehreren Wärmewiderständen mit der Summe der Wärmeableitwerte bzw. der Summe der Wärmewiderstände $1/w$ gearbeitet werden. Unter statischer Last fand Meiners Wärmeableitwerte $w = 1{,}3 \cdots 2{,}5$ Nm/s/K.

Da in Sonderfällen auch eine detaillierte Untersuchung der Wärmeübertragung notwendig werden kann, sollen die wesentlichen Gesetze angegeben werden.

Für die Wärmeleitung gilt

$$W = \lambda \frac{A}{L} \Delta \vartheta \tag{8.85}$$

8.2 Wärmebilanz

mit dem Wärmeleitungsquerschnitt A, dem Wärmeleitweg L und der Wärmeleitzahl λ. Übliche Größen für λ sind

Stahl mit geringem C-Gehalt	48 kcal/m h °C =	56 Nm/m s K
Stahl mit hohem C-Gehalt	37 kcal/m h °C =	43 Nm/m s K
Gußeisen	45 kcal/m h °C =	52 Nm/m s K
Alu-Legierungen	130 kcal/m h °C =	150 Nm/m s K

Die Wärmeleitzahl gilt nur für homogene Materialien. Trennfugen und Dichtungen erschweren die Wärmeleitung wesentlich. Die Wärmeleitung aus dem Lager in den umgebenden Maschinenverband ist daher oft nur schwierig zu erfassen.

Sind unmittelbar neben dem Lager größere umlaufende Massen in der offenen Umgebung auf der Welle angeordnet, so kann die Wärmemenge

$$W = \lambda \frac{\pi}{4} \cdot \frac{D^2}{L_W} (\vartheta_L - \vartheta_W) \tag{8.86}$$

über die Welle mit der Länge L_W und durch anschließende Konvektion an einem Schwungrad mit der Oberfläche A_S die Wärmemenge

$$W = \alpha A_S (\vartheta_W - \vartheta_U) \tag{8.87}$$

abgeführt werden. Für die Wärmeübergangszahl an größeren Rotoren mit einer Umfangsgeschwindigkeit U in m/s gibt Meiners an

$$\alpha = 5{,}58 U^{2/3}. \tag{8.88}$$

An ruhenden Oberflächen findet ein Wärmeaustausch durch Strahlung statt. Hierfür gilt das Stefan-Boltzmann-Gesetz

$$W = C_S A \left[\left(\frac{T_L}{100}\right)^4 - \left(\frac{T_U}{100}\right)^4 \right]. \tag{8.89}$$

Für Gleitlager mit einer verhältnismäßig geringen Temperaturdifferenz kann der Klammerausdruck mit den absoluten Temperaturen linearisiert werden

$$W = \text{const}\, T_U^3 C_S A\, \Delta\vartheta, \tag{8.90}$$

so daß also auch für den Strahlungsanteil der gemeinsame Ansatz nach Gl. (8.78) bzw. (8.84) gilt.

Führt man diese Gesetzmäßigkeit über in den Ansatz für die Konvektion

$$W = \alpha_S A (\vartheta_L - \vartheta_U), \tag{8.91}$$

dann ist die Wärmeübergangszahl infolge Strahlung

$$\alpha_S = \alpha_{S_0} e, \tag{8.92}$$

also aus dem Produkt der Wärmeübergangszahl für den schwarzen Körper α_{S_0} und der Schwärzungskonstante e zu bilden. In der thermodynamischen Literatur findet man hierzu

$$\alpha_{S_0} = 4{,}96 \cdot 10^{-8}(T_L^3 + T_L^2 T_U + T_L T_U^2 + T_U^3) = 4{,}96 \cdot 10^{-8} \cdot 4 \left(\frac{T_L - T_U}{2}\right)^3. \tag{8.93}$$

mit den Schwärzungskonstanten e

Schwarzer Körper	1
Eisen mit Gußhaut	0,8
Eisen mit Walzhaut	0,75
Eisen blank	0,55
Eisen poliert mit Ölschicht	0,15
Eisen poliert	0,05
Aluminium oxydiert	0,2
Aluminium blank	0,05
Kupfer	0,7
Lackanstriche	0,8

Erfolgt der Wärmeübergang durch Strahlung und Konvektion, so sind beide Wärmeübergangszahlen voll wirksam

$$\alpha_{ges} = \alpha_K + \alpha_S. \tag{8.94}$$

8.3 Zur Wahl der Betriebsparameter

Die im Lager und im Schmierspalt wirksamen Temperaturen beeinflussen nicht nur das hydrodynamische Verhalten, sondern auch das Betriebslagerspiel. Für eine verschleißsichere Auslegung eines Gleitlagers ist die kleinste zulässige Schmierspalthöhe von großer Bedeutung.

8.3.1 Im Lager wirksame Temperaturen

Die vollständige Wärmebilanz lautet

$$(\mu/\psi)\, \psi F R \omega = \alpha A (\vartheta_L - \vartheta_U) + \varrho c Q_{ges}(\vartheta_A - \vartheta_E) \quad \text{mit} \quad (\mu/\psi) = f(So_{eff}). \tag{8.95}$$

Bedenkt man, daß die So-Zahl mit der im Schmierspalt effektiven Viskosität bzw. mit der entsprechenden effektiven Temperatur ϑ_{eff} zu bilden ist, dann zeigen sich an dieser Gleichung gewisse Schwierigkeiten bei der Anwendung. Alle Glieder dieser Gleichung werden durch unterschiedliche Temperaturen bestimmt. Die im Schmierfilm effektive Temperatur ϑ_{eff} dürfte zwischen der Öleintrittstemperatur ϑ_E und der Ölaustrittstemperatur ϑ_A liegen. Die Öleintrittstemperatur ist von den Möglichkeiten der Ölumlaufschmierung abhängig. Zwischen der Schmierfilmtemperatur ϑ_{eff} und der Lageraußentemperatur ϑ_L ist ein radiales Temperaturgefälle vorhanden, dem sich noch ein zweites Temperaturgefälle in Umfangsrichtung überlagert, da ein Wärmeausgleich zwischen der belasteten Lagerhälfte, wo die Reibung entsteht, und der unbelasteten Lagerhälfte stattfindet. Allenfalls die Umgebungstemperatur ϑ_U kann mit einiger Verläßlichkeit angenommen werden.

In einigen Berechnungsverfahren wird zur Vereinfachung dann die Schmierfilmtemperatur mit der Lagertemperatur und der Ölaustrittstemperatur gleichgesetzt. Auch wenn dann noch in aller Regel die Wärmebilanz nur für den Fall der reinen Konvektion oder für den Fall der Wärmeabfuhr allein durch das Schmiermittel behandelt wird, so erscheint diese Annahme doch sehr stark vereinfacht.

8.3 Zur Wahl der Betriebsparameter

Um die Entscheidung zu treffen, ob ein Lager mit der Wärmeabfuhr allein durch Konvektion auskommt oder ob es eine Umlaufschmierung braucht, wurden einige Kennzahlen entwickelt, die sich in die ebenfalls zur Entscheidungsfindung herangezogenen Erfahrungswerte überführen lassen. Ausgehend von der Annahme, daß die Wärmeabfuhr durch reine Konvektion ausreicht, gilt die vereinfachte Wärmebilanz

$$\left(\frac{\mu}{\psi}\right) \psi F R \omega = \alpha A (\vartheta_L - \vartheta_U). \tag{8.96}$$

Ersetzt man die Last F durch die So-Zahl, so ergibt sich die Lagererwärmung zu

$$\vartheta_L - \vartheta_U = \left(\frac{\mu}{\psi}\right) \psi So \frac{\eta_{\text{eff}} \omega^2 R}{\frac{\alpha A}{BD} \psi^2} = \left(\frac{\mu}{\psi}\right) So \frac{\eta_{\text{eff}} \omega^2 R}{\frac{\alpha A}{BD} \psi} \tag{8.97}$$

und daraus eine Erwärmungskenngröße für die Grenze der Konvektion

$$K_E = \left(\frac{\mu}{\psi}\right) So \frac{\eta_{\text{eff}} R \omega^2}{\frac{\alpha A}{BD} \psi (\vartheta_L - \vartheta_U)} \leqq 1. \tag{8.98}$$

Andererseits gibt es eine Erfahrungsregel, die besagt, daß ein Lager mit konvektiver Wärmeabfuhr eine spezifische Reibleistung von 1 PS/m² Oberfläche ertragen kann. Im SI-Maßsystem ist die spezifische Reibleistung

$$\frac{W_R}{750 A} = \left(\frac{\mu}{\psi}\right) So \frac{\eta_{\text{eff}} \omega^2 R}{\frac{A}{BD} \psi \cdot 750}. \tag{8.99}$$

Der Vergleich der beiden vorstehenden Gleichungen zeigt, daß beide Formeln identisch sind, wenn $\alpha(\vartheta_L - \vartheta_U) = 750$ ist. Mit $\alpha = 20 \text{ Nm/m}^2\text{s K}$ ergibt sich daraus eine Lagererwärmung von 37,5 °C. Mit der üblichen Umgebungstemperatur von 20 °C entspricht dies einer Lagertemperatur am Außendurchmesser von $57,5 \approx 60$ °C. Dies ist aber gerade die Temperatur, die entsprechend einer alten Meisterregel ein Lager ohne Umlaufschmierung nicht überschreiten soll; ein solches Lager sollte man kurzzeitig noch mit der Hand anfassen können.

Pollmann [8.9] hat die Gl. (8.98) noch etwas modifiziert, indem er die Näherungsbeziehungen

$$\frac{\mu}{\psi} \approx \frac{\pi}{So} \quad \text{für} \quad So < 1 \quad \text{und} \quad \frac{\eta_{\text{eff}}}{\vartheta_L - \vartheta_U} \approx \frac{\eta_{50°}}{50°} \tag{8.100} \tag{8.101}$$

einsetzt. Dieser Erwärmungskennwert gilt eben nur für leichtbelastete Lager und dort mit Einschränkungen

$$K_E' = \frac{\eta_{50°} \omega^2 R}{\frac{\alpha A}{BD} \psi \cdot 50} \lesssim 1. \tag{8.102}$$

Er ist jedoch wegen der verwendeten Vereinfachung sehr grob, so daß er nur für eine rohe Abschätzung verwendet werden sollte. Zweckmäßiger ist es, die zulässige

Erwärmung des Lagers in Abhängigkeit vom Werkstoff und den Einsatzbedingungen vorzugeben und bei ihrer Überschreitung von der Voraussetzung der reinen Konvektion abzugehen und auf Druckschmierung umzustellen.

Die Wärmebilanz dient auch zur Festlegung der im Schmierfilm effektiven Temperatur ϑ_{eff} bzw. genauer der dort wirksamen mittleren Viskosität. Die effektive Temperatur muß die entlang des Schmierspaltes tatsächlich veränderliche Temperatur durch einen geeigneten Mittelwert ersetzen, der unter der Annahme einer im ganzen Spalt konstanten Viskosität das hydrodynamische Verhalten möglichst gut wiedergibt.

Im Fall der Wärmeabfuhr durch Konvektion aus den Lagerteilen kennt man die Lagertemperatur ϑ_L. Diese tritt zwar genau genommen nur an der Lageroberfläche auf. Jedoch ist das Temperaturgefälle im Lagerstuhl erfahrungsgemäß recht gering, so daß $\vartheta_L = \vartheta_{eff}$ gesetzt werden kann. Erfolgt die Wärmeabfuhr vorwiegend über das Schmiermittel, so kennt man die Ölaustrittstemperatur ϑ_A. In besonders kritischen Fällen wird man auch die Schalentemperatur $\vartheta_S \approx \vartheta_A$ in der Nähe des engsten Spaltes zusammen mit der Öleintrittstemperatur ϑ_E messen. Dann lassen sich nach Auswertung zahlreicher Prüfstands-Untersuchungen folgende Vorschläge zur Wahl der effektiven Temperatur machen:

Bei mittlerer Auslastung und allen instationären Fällen

$$\vartheta_{eff} = \frac{1}{2}(\vartheta_E + \vartheta_A) = \frac{1}{2}(\vartheta_E + \vartheta_S). \tag{8.103}$$

Bei sehr hoher Auslastung und hohen Drehzahlen

$$\vartheta_{eff} = \frac{1}{3}(\vartheta_E + 2\vartheta_A) \quad \text{bis} \quad \vartheta_{eff} = \vartheta_A. \tag{8.104}$$

Zu der effektiven Temperatur ist die entsprechende effektive Viskosität aus dem V-T-Diagramm des verwendeten Schmiermittels zu ermitteln. Zu warnen ist vor dem häufig zu findenden Vorschlag, die effektive Viskosität aus den Viskositäten des Eintritts und des Austritts direkt zu mitteln. Diese lineare Mittelwertsbildung führt wegen der stark hyperbolischen V-T-Charakteristik zu Viskositäten, die sehr hoch und nahe der Eintrittstemperatur liegen, was nach Auswertungen von Messungen nicht zutreffend ist. In allen Fällen kann diese effektive Temperatur auch zur Ermittlung des Warmspieles herangezogen werden.

8.3.2 Betriebslagerspiel

Es gibt eine Reihe von Gleitlager-Auslegungsverfahren, welche stark auf das Lagerspiel abheben. In der Tat hat das Lagerspiel auf den Öldurchsatz und somit auf die Wärmebilanz einen großen Einfluß. Daher wird besonders bei Lagern mit hoher Umfangsgeschwindigkeit und niedriger Last häufig ein relatives, d. h. auf den Lagerdurchmesser bezogenes Lagerspiel von 2‰ und mehr angewendet. Dabei kommt neben dem größeren Öldurchsatz auch der Effekt zum Tragen, daß mit steigender So-Zahl auch der Reibwert und damit die Reibungswärme geringer werden. Diese Tendenz ist gerade im Turbinenbau mit den recht gering belasteten Lagern anzutreffen, zumal auch das Stabilitätsverhalten durch den Betrieb bei höheren Exzentrizitäten verbessert wird. Im allgemeinen Maschinenbau kann man jedoch von einem Richtwert von 1‰ ausgehen. Bei gehärteten Wellen und sehr

8.3 Zur Wahl der Betriebsparameter

guter Oberflächenbearbeitung sind auch Spiele bis herunter auf 0,5‰ zu finden. Umgekehrt sind bei sehr rauhem Betrieb und grober Oberfläche Spiele bis zu 3‰ anzutreffen. Wegen der unumgänglichen Toleranzen findet man meist bei kleinen Wellendurchmessern etwas größere Lagerspiele. Dies trifft aber primär das mittlere Lagerspiel. Hier legt man in der Regel das Minimalspiel an der unteren Toleranzgrenze auf 0,5‰. Mit fallendem Durchmesser bestreicht dann das Maximalspiel oder das mittlere Spiel ein zu kleineren Durchmessern hin sich nach oben erweiterndes Streuband. Ein zu kleines Lagerspiel ist eher gefährdet auf fertigungsbedingte Unrundheiten, auf Schmutz und auf Festgehen bei plötzlicher Erwärmung.

Als grobe Regel für die Wahl des Lagerspiels kann folgende, von der Umfangsgeschwindigkeit U in m/s abhängige Formel verwendet werden.

$$\psi = \sqrt[4]{U/2{,}5} \cdot 10^{-3}. \tag{8.105}$$

Für die Gleitlagerberechnung ist jedoch nicht das Fertigungsspiel, sondern das Betriebsspiel einzusetzen. Ausgehend von einer Raumtemperatur von 20 °C bei der Fertigung ist die Wärmeausdehnung der Welle α_W und des Lagers α_L bei der Ermittlung des Betriebsspieles zu berücksichtigen. Bei einer mittleren Lager- (und Wellen-) Temperatur ϑ_{eff} errechnet sich das Betriebsspiel

$$\psi = \psi_{\text{kalt}} + (\alpha_L - \alpha_W)(\vartheta_{\text{eff}} - 20°). \tag{8.106}$$

Für die wesentlichen Anwendungsfälle genügen die folgenden Wärmeausdehnungskoeffizienten

Stahl	$\alpha = 11 \cdot 10^{-6}$ 1/K
Gußeisen	$10 \cdot 10^{-6}$ 1/K
Stahlguß	$14 \cdot 10^{-6}$ 1/K
Bronze	$16 \cdot 10^{-6}$ 1/K
Aluminium	$23 \cdot 10^{-6}$ 1/K

In zunehmendem Maße werden einbaufertige Halbschalen oder Buchsen verwendet, deren Aufbau aus einer Stahlstützschale mit einer oder mehreren Laufschichten bestehen. Solche Lager werden mit Preßsitz eingebaut, der bei allen Betriebszuständen einen ausreichenden Sitz im Gehäuse gewährleisten muß. Die Auslegung des Preßsitzes, seine elastischen und thermischen Durchmesseränderungen erfolgt nach der Theorie dickwandiger Ringe. Eine sehr ausführliche Behandlung aller damit zusammenhängenden Fragen findet man bei Roemer [8.13] und [8.14].

Bei Halbschalen und gerollten Buchsen kann das zur Überdeckung notwendige Übermaß nicht als Durchmesser-Übermaß mit Toleranz angegeben werden. Man benutzt dazu einen Prüfblock mit einer Bohrung Q entsprechend dem größten Gehäusedurchmesser. Die in den Prüfblock eingelegte Halbschale wird unter der Prüfkraft F_0 gegen den Anschlag gedrückt. Dabei erfährt das überstehende Ende der Schale eine elastische Verkürzung v auf den Meßüberstand $\ddot{u}$. Daraus ergeben sich unter Berücksichtigung der Toleranzen der Gehäusebohrung die Übermaße

$$\Delta_{\text{min}} = \frac{2}{\pi}(\ddot{u}_{\text{min}} + v), \tag{8.107}$$

$$\Delta_{\text{max}} = \frac{2}{\pi}(\ddot{u}_{\text{max}} + v) + \text{Toleranz } D_F. \tag{8.108}$$

Die Wanddicke der Lagerschale wird für die Preßsitzberechnung durch eine effektive Wanddicke w_{eff} ersetzt, in welche neben der Stahlstützschale auch die wesentlichen Lagermetallschichten berücksichtigt werden, die eine in etwa vergleichbare Schichtdicke und einen zumindest vergleichbaren E-Modul haben. So werden in der Regel Schichten aus Bronze oder Aluminium berücksichtigt über

w_{eff} = Dicke der Stahlstützschale + 1/2 Dicke der Lagermetalle; dabei bleiben dünne WM- und Galvanik-Laufschichten unberücksichtigt.

Für die Berechnung des Lagereinbaus ersetzt man das Lagergehäuse durch einen mittleren Ersatzring mit dem Durchmesser D_G. Mit den Durchmesserverhältnissen und den elastischen Kenngrößen für den Ersatzring des Gehäuses (G) und den Ersatzring der Schale (S) — E-Modul und Querzahl ν

$$a_G = \frac{D_G}{D_F} \qquad a_S = \frac{D_F}{D_F - 2w_{\text{eff}}}$$

$$K_G = \frac{1}{E_G}\left[\frac{a_G^2+1}{a_G^2-1} + \nu_G\right] \qquad K_S = \frac{1}{E_S}\left[\frac{a_S^2+1}{a_S^2-1} + \nu_S\right]$$

erhält man die interessierenden Größen des Preßsitzes.

Fugenpressung $\qquad\qquad p_F = \frac{\Delta}{D_F} \cdot \frac{1}{K_S + K_G}$ (8.109)

Aufweitung des Fugendurchmessers $\quad \Delta D_F = p_F D_F K_G$ (8.110)

Tangentialspannung in der Schale
(Druckvorspannung) $\qquad\qquad \sigma_{t,S} = -2p_F \frac{a_S^2}{a_S^2 - 1}$ (8.111)

Tangentialspannung im Gehäuse
(Zugspannung) $\qquad\qquad \sigma_{t,G} = p_F \frac{a_G^2 + 1}{a_G^2 - 1}.$ (8.112)

Ein üblicher Grenzwert für die Tangentialspannung in der Schale ist 30 dN/mm², der durch einen abschließenden Alterungsprozeß noch etwas angehoben werden kann.

Bei einbaufertigen Lagern wird das Lagerspiel durch die Toleranz der Schalenwanddicke und die elastischen Aufweitungen bestimmt. Unter Berücksichtigung aller Toleranzen ergibt sich das „kalte" Lagerspiel im Montagezustand zu

$s_{\min} = D_{F,\min} + \Delta D_{F,\min} - 2w_{\max} - D_{Z,\max}$

= Unteres Abmaß der Gehäusebohrung (= 0 bei Einheitsbohrung)

+ Aufweitung ΔD_F bei $\Delta_{\min}$

− 2 × größte Wanddicken-Toleranz der Lagerschale

− Oberes Abmaß des Zapfens; (8.113)

$s_{\max} = D_{F,\max} + \Delta D_{F,\max} - 2w_{\min} - D_{Z,\min}$

= Oberes Abmaß der Gehäusebohrung

+ Aufweitung ΔD_F bei $\Delta_{\max}$

− 2 × kleinste Wanddicken-Toleranz der Lagerschale

− Unteres Abmaß des Zapfens. (8.114)

8.3 Zur Wahl der Betriebsparameter

Das relative Lagerspiel $\psi = s/D$ ist in entsprechender Weise zu bilden, wobei für die eigentliche Lagerberechnung vorzugsweise das mittlere Lagerspiel ψ_{mi} aus dem Mittelwert zwischen dem maximalen und dem minimalen Lagerspiel verwendet wird.

Bei einer Erwärmung gegenüber der Umgebungs- (Montage-) Temperatur ϑ_U verändern sich in Abhängigkeit von den Wärmeausdehnungskoeffizienten α_G des Gehäuses und α_W der Welle der Preßsitz und das Lagerspiel. In der Regel rechnet man mit einer mittleren Erwärmung der beiden Lagerteile auf die effektive Temperatur ϑ_{eff}. Bei gleichmäßiger Erwärmung ändert sich die Überdeckung um

$$\Delta_{th} = (\alpha_s - \alpha_G) D_F (\vartheta_{eff} - \vartheta_U). \tag{8.115}$$

Damit ist die Fugenpressung zu kontrollieren, die zur Vermeidung von Mikrobewegungen, Reibkorrosion und schlechtem Wärmeübergang nicht zu gering werden darf. Die sich einstellende thermische Lagerspieländerung ist

$$\Delta \psi_{th} = \left[\alpha_G + (\alpha_S - \alpha_G) \frac{\Delta D_F}{\Delta} - \alpha_W \right] (\vartheta_{eff} - \vartheta_U). \tag{8.116}$$

Bei der Wärmeausdehnung α_S der Schale kann der dünne Lagermetallausguß vernachlässigt werden. Ist auch die Welle aus Stahl, so kann weiter vereinfacht werden

$$\Delta \psi_{th} = (\alpha_G - \alpha_{St}) \left(1 - \frac{\Delta D_F}{\Delta}\right) (\vartheta_{eff} - \vartheta_U). \tag{8.117}$$

Zur Abschätzung eines linearen Temperaturgefälles zwischen dem Laufdurchmesser und dem Lageraußendurchmesser ($\vartheta_{LI} - \vartheta_{LA}$) wird dem mittleren Gehäusedurchmesser $D_m = 1/2(D_F + D_G)$ der Mittelwert der Temperatur ϑ_{mi} zugeordnet. Dann ergibt sich eine thermische Spieländerung

$$\begin{aligned}\Delta \psi_{th} = & (\alpha_G - \alpha_{St}) \left(1 - \frac{\Delta D_F}{\Delta}\right) (\vartheta_{mi} - \vartheta_U) \\ & - \alpha_G(\vartheta_{LI} - \vartheta_{LA}) \left[\frac{D_G^2}{D_G^2 + D_F^2} - \frac{1 - 2 \ln \frac{D_F}{D_G + D_F}}{2 \ln \frac{D_G}{D_F}} \right]. \end{aligned} \tag{8.118}$$

Für ein übliches Durchmesserverhältnis $D_G/D_F = 2$ ergibt sich der rechte Klammerausdruck zu 0,027, so daß man

$$\Delta \psi_{th} = (\alpha_G - \alpha_{St}) \left(1 - \frac{\Delta D_F}{\Delta}\right) (\vartheta_{mi} - \vartheta_U) - \alpha_G(\vartheta_{LI} - \vartheta_{LA}) \cdot 0,027 \tag{8.119}$$

erhält. Da das Temperaturgefälle im Lagerkörper im allgemeinen schon wesentlich kleiner ist als die Erwärmung gegenüber der Umgebung, kann das zweite Glied vernachlässigt werden. So ist also auch formal die Berücksichtigung einer ungleichen Lagerstuhl-Erwärmung vernachlässigbar. Größere Temperaturgefälle in Lagerkörpern gehen meist auf behinderte Wärmeübergänge in Form von Dichtungen zurück, die dann aber auch einen Wärmestau im Lager selbst bewirken.

Die Nachrechnung des Lagers erfolgt primär für das mittlere Lagerspiel. Eine Nachprüfung der Rechnung mit dem Kleinst- und besonders mit dem Größtspiel ist anzuraten.

Die Wahl des Schmiermittels ist bei Anwendungen im Maschinenverband oft beschränkt. Grundsätzlich sollte für jede Anwendung das erforderliche Schmiermittel genau spezifiziert werden, so daß im Notfall auf eines mit vergleichbaren Eigenschaften zurückgegriffen werden kann. Es empfiehlt sich in jedem Fall die Verwendung eines in seinem Viskositäts-Temperatur-Verhalten bekannten Schmiermittels, das in entsprechender Qualität über die Lebensdauer der Maschine verfügbar sein muß.

Die früher üblichen Breitenverhältnisse in der Größenordnung von 1 werden heute kaum mehr verwendet. Sie gehen zurück auf die Vorstellung, daß ein Lager um so weniger Öl verbraucht, je breiter es ist. Mit steigenden Umfangsgeschwindigkeiten und leichteren Bauformen waren solche Lager wegen der schlechten Wärmeabfuhr durch das Schmiermittel und der Neigung zu Kantenträgern nicht mehr einzusetzen. Daher sind heute in modernen Konstruktionen Breitenverhältnisse zwischen 0,5 und 0,3 eher die Regel. Allenfalls im Turbomaschinenbau findet man in Mehrflächengleitlagern noch Breitenverhältnisse bis 0,8. Gerade bei Anwendungen mit starker Neigung zur Wellenverkantung werden immer mehr sehr schmale Lager bis herunter zu $B/D = 0,2$ verwendet, da die häufig angebotenen selbsteinstellenden Lager mit einer Kugelkalottenlagerung unter Last, insbesonders wenn die Verkantung noch hochfrequent erfolgt, sich kaum richtig einstellen werden. Einstellbare Lager mit Kugelkalotten stellen in erster Linie eine Montageerleichterung dar.

8.3.3 Kleinste zulässige Schmierfilmdicke

Gleitlager sind nur dann dauerhaft zu betreiben, wenn sie in den wesentlichen und anhaltenden Betriebszuständen eine ausreichende Trennung der beiden gleitenden Oberflächen von Schale und Zapfen durch einen Schmierfilm entsprechender Dicke aufweisen. Unterschreitet die Schmierfilmdicke an ihrer engsten Stelle einen durch die Oberflächengüte der beiden Gleitpartner gegebenen Minimalwert, so kommt es zu Interaktionen der übereinandergleitenden Rauhigkeitsspitzen, und der Verschleiß beginnt. Dabei treten zusätzlich erhöhte thermische Reaktionen ein. Durch diese kann der Vorgang der Mischreibung infolge der starken Temperaturerhöhungen und wegen des raschen Viskositätsabfalls sehr rasch eskalieren, so daß das Lager schließlich gar zum Fressen kommt und mit Totalschaden ausfällt.

Sehr früh hat man sich daher bemüht, den Beginn der Mischreibung durch eine Beziehung zwischen der kleinsten, zulässigen Schmierspalthöhe und der Oberflächengüte zu beschreiben. Allerdings hat man sich lange davor gescheut, eine quantitative Angabe dazu zu machen. Der Grund dafür liegt nicht zuletzt darin, daß man zur Erfassung der hydrodynamischen Tragfähigkeit Näherungsformeln verwendet hatte, die unzulässig grobe Vereinfachungen enthielten. So hat Vogelpohl [8.15] die schon in Abschnitt 7.4 behandelte Volumenformel mit den Begriffen „Übergangsdrehzahl" und „$C_\ddot{u}$-Wert" entwickelt:

$$n_\ddot{u} = \frac{F}{\eta \text{ Vol } C_\ddot{u}}. \tag{8.120}$$

8.3 Zur Wahl der Betriebsparameter

Aus den zahlreichen Verschleißuntersuchungen von Dietz [8.16] und Katzenmeier [8.17] zeigte sich, daß der $C_{\ddot{u}}$-Wert in Abhängigkeit von der Belastung, dem Lagerspiel, dem Breitenverhältnis, dem Werkstoff und dem Einlaufzustand sehr viel größer war als 1. So wurden $C_{\ddot{u}}$-Werte von 35 erreicht. Lang [8.18] hat die schon von Vogelpohl zur Ermittlung des $C_{\ddot{u}}$-Wertes verwendeten Versuche zur Bestimmung des Mischreibungsbeginns, aber auch die neueren Versuche ausgewertet, wobei die Nachrechnung unter Verwendung der hier dargestellten physikalisch richtigen Lösungen der Hydrodynamik und unter Beachtung der jeweils zutreffenden Breitenverhältnisse erfolgte. Es zeigte sich, daß die kleinste zulässige Schmierspaltdicke tatsächlich mit dem ersten Kontakt zwischen den Rauhigkeitsspitzen von Welle und Schale beschrieben werden kann. Dabei ist es ohne Bedeutung, ob der Mischreibungsbeginn durch eine Drehzahlabsenkung, durch eine Laststeigerung oder durch eine Temperaturerhöhung erzielt wird.

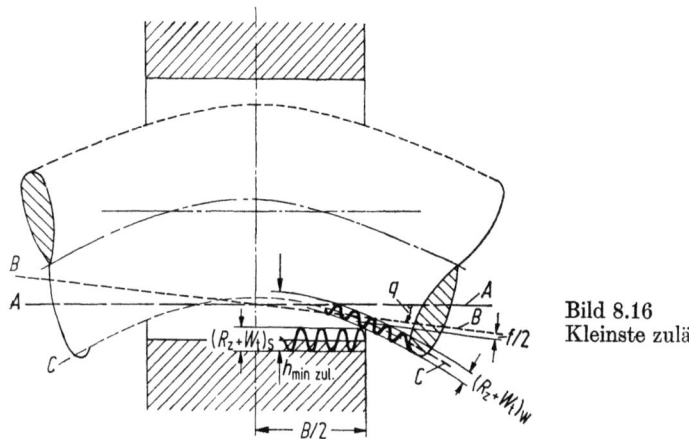

Bild 8.16
Kleinste zulässige Spalthöhe

Beschränkt man sich auf neue Lager, so kann der Verschleißbeginn durch die Bedingung

$$h_{\min,\text{zul}} = \sum (R_z + W_t) + \frac{1}{2} f + \frac{1}{2} qB \qquad (8.121)$$

beschrieben werden.

Die kleinste zulässige Filmdicke muß mindestens so groß sein wie die Summe der Rauhigkeitsspitzen R_z und der Welligkeit W_t von Schale und Welle. Dies reicht jedoch nur für den in Bild 8.16 durch die Linie $A-A$ gekennzeichneten Zustand einer unverkanteten Welle. Ist die Welle verkantet $(B-B)$, dann ist im ungünstigsten Fall der Betrag $q \cdot B/2$ zu berücksichtigen. Sassenfeld-Walther [8.19] haben gezeigt, daß die Tragfähigkeit unabhängig von der Verkantung ist, zumal ja die axiale Spaltform gegenüber der mittleren Lage $A-A$ einen echten Mittelwert darstellt. Hat die Welle auch eine Durchbiegung $C-C$, so hat dieser Zustand immer noch die gleiche Tragfähigkeit wie die Ausgangsposition, solange die Wellendurchbiegung f im Mittel um die Ausgangslage $A-A$ angesetzt wird. Dadurch ist nur der Betrag $f/2$ zu berücksichtigen. Die Verformung f ist nicht allein auf die Welle beschränkt; sie kann auch eine Deformation der Schale darstellen, die dann aber in gleicher Weise zu behandeln ist, nämlich als mittlere Abweichung gegenüber einer parallelen Mantellinie. Eine Auswertung der Arbeit Knoll [8.20] hat dies sehr gut bestätigt. Diese Idealvorstellung des Vorganges war immer dann zu bestätigen, wenn die Berechnung der Spalthöhe nach den weitgehend exakten Lösungen der Reynoldsschen Differentialgleichung mit den physikalischen Randbedingungen und dem endlichen, für den jeweiligen Anwendungsfall zutreffenden Breitenverhältnis erfolgte. Dabei wurde die in Gl. (8.103) und (8.104) angegebene effektive Schmierfilmtemperatur verwendet. Das Zutreffen dieser Annahme wurde auch bestätigt durch Versuchsauswertung anderer hydrodynamischer Kenngrößen wie Reibung, Öldurchsatz oder Schmierfilmdruck.

Moderne Lager sind besonders einlauffähig. Durch einen geeigneten Einlauf über längere Zeiten mit allmählicher Laststeigerung oder Drehzahlabsenkung kann die geringste Schmierspaltdicke durch Glättung der Oberflächen verringert werden. In günstigen Fällen ist eine praktische flächengleiche Einlebung der Oberflächen auf

$$h_{\min,\text{zul}} = \sum R_\text{a}, \qquad (8.122)$$

also auf die Mittenrauheit möglich.

Katzenmeier [8.17] untersuchte das Einlaufverhalten von Radialgleitlagern mittels Radioisotopen, wobei er den Übergang zur Mischreibung mittels Laststeigerung bei konstanter Drehzahl erreichte. Durch eine stufenweise Laststeigerung von $\bar{p} = 60$ bar auf 240 bar während 12 Stunden konnte die kleinste zulässige Spalthöhe von 4 bis 6 μm im Neuzustand I des Bildes 8.17 über den teilweise eingelaufenen Zustand II bis zum vollständig eingelaufenen Zustand III praktisch unabhängig von der Oberflächenpaarung Welle/Lager bis auf etwa 0,7 μm verringert werden. Den jeweiligen minimalen Spalthöhen $h_{\min}$ sind in

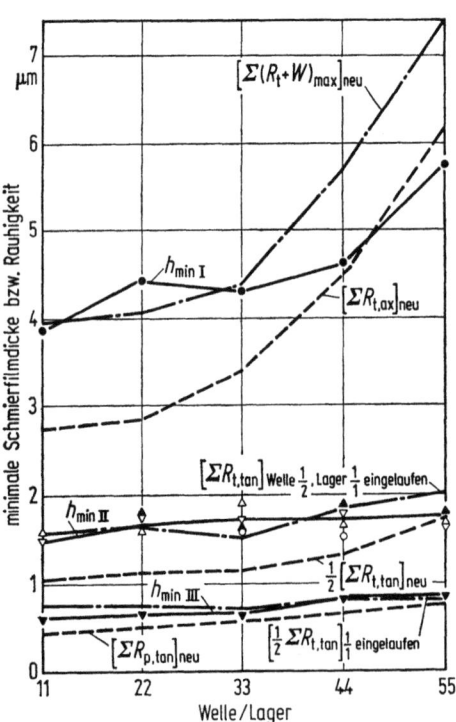
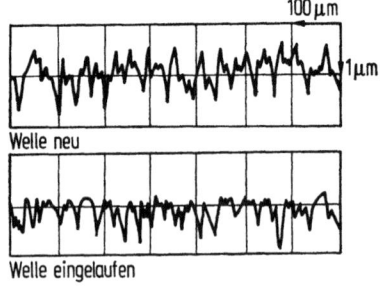

Bild 8.17 Kleinste zulässige Filmdicke: Oberflächengüte; Einlaufverhalten und Veränderung des Rauhigkeitsprofils; die früher üblichen Rauheitswerte, die hier auch tangential gemessen wurden, können näherungsweise ersetzt werden durch $R_\text{t} \approx R_\text{z}$ und $R_\text{p} \approx R_\text{a}$.

Bild 8.17 die entsprechenden Oberflächenwerte gegenübergestellt. Sie bestätigen die Festlegungen nach Gln. (8.121) und (8.122).

Grundsätzlich ist also eine gute Oberflächenqualität von Welle und Schale günstig für die Tragfähigkeit des Gleitlagers und einen späten Mischreibungsbeginn. Andererseits ist eine Mindestrauhigkeit des härteren Partners zur Erzeugung des Einlaufes und zum Abbau fertigungsbedingter Formabweichungen notwendig. Nach praktischen Erfahrungen dürfte eine Welle mit $R_z = 0,5$ bis $0,8$ μm, gepaart mit einem modernen Dreistofflager durchaus auf $h_{min,zul} = 0,5$ μm nach entsprechendem Einlauf zu bringen sein. Die Kombination „harte Welle gegen weiches Lager" begünstigt den Einlaufvorgang. Bei ähnlicher Härte der beiden Gleitpartner erhöht sich die Freßgefahr beim Einlaufen. Bei der einlaufgünstigen Paarung einer harten Welle gegen ein weiches Lager ist zu beachten, daß der Einlaufverschleiß an der harten Welle geringer sein wird als am Lager.

Grundsätzlich ist auch eine Einlaufverbesserung über die reine Oberflächenglättung hinaus durch die Bildung eines Einlaufspiegels möglich. Dabei ist unter Einlaufspiegel eben nicht allein die örtlich im Bereich des engsten Spaltes sich einstellende Oberflächenglättung zu verstehen. Es handelt sich dann vielmehr um eine sich über einen größeren Umfangbereich erstreckende Verbesserung der Schmiegung, also des örtlichen Spielkreises. Solche Lager können eine beträchtliche Steigerung der Tragfähigkeit aufweisen, die Druckverteilung wird immer breiter und die Druckspitze abgesenkt. Die sehr enge Schmiegung bewirkt jedoch eine hohe Verschmutzungsanfälligkeit, da ein Schmutzteilchen im Schmierspalt länger unter vergleichsweise geringen Spalthöhen verweilt, wodurch die Gefahr der Riefenbildung stark anwächst.

Umlaufende Schmutzriefen, sofern sie in eine Tiefe von einigen μm reichen, setzen die Tragfähigkeit extrem herab. Sie sind in ihrer Auswirkung durchaus zu vergleichen mit einer 360°-Nut. Daher ist dem Einlaufvorgang und dem anschließenden Filterwechsel bei neuen Maschinen besondere Aufmerksamkeit zu widmen.

8.4 Statisch belastete Radialgleitlager

Mit den hydrodynamischen Unterlagen nach Abschnitt 7 und den Ausführungen zum Öldurchsatz, zur Wärmebilanz und den Betriebsparametern sind die Berechnungsgrundlagen für das statisch belastete Gleitlager bekannt. Ein solches Lager wird unter einer nach Größe und Richtung konstanten Last bei einer bestimmten Drehzahl betrieben. In diesem Fall erfolgt der Druckaufbau unter reiner Drehungswirkung. Auch ein unwuchtbelastetes Lager ist in diesem Sinne ein statisch belastetes Lager; nur ist zu beachten, daß der Druckaufbau dann auf der vorlaufenden Spaltseite erfolgt und der Verlagerungswinkel β zwischen Last und engstem Spalt entgegen dem Wellendrehsinn anzusetzen ist. Dies betrifft aber alleine die Ölzufuhr, welche grundsätzlich möglichst gegenüber der belasteten Zone angeordnet werden sollte. Bei schalenfester Belastung sollte sie also durch die Schale erfolgen, bei zapfenfester Unwuchtbelastung durch den Lagerzapfen, jeweils auf der entlasteten Seite.

Wird ein solches Lager mit gegebenen Abmessungen im Beharrungszustand unter konstanter Last und Drehzahl betrieben, so ist der hydrodynamische und thermische Betriebszustand zu ermitteln.

Dabei wird man zunächst den einfacheren Fall der Wärmeabfuhr über Konvektion untersuchen. Um anhand einer den Einsatzbedingungen angemessenen

Erwärmung festzustellen, ob das Lager dann in einem thermisch zulässigen Zustand betrieben werden kann, wird man den für die Reibleistung ungünstigsten Betriebszustand mit hoher Belastung und Drehzahl aus dem Spektrum der auftretenden Betriebszustände herausnehmen und mit einer geschätzten Temperatur $\vartheta_{\text{eff},0} = \vartheta_{L,0} = \vartheta_0$ den Berechnungsgang für reine Konvektion durchlaufen. Die daraus erhaltene Temperatur $\vartheta_{L,1} = \vartheta_1$ wird, da sie in der Regel wohl nicht mit der ersten Annahme identisch sein wird, iterativ zu verbessern sein. Dabei verwendet man in den Folgeschritten den neuen Anfangswert

$$\vartheta_{0,1} = \frac{1}{2}(\vartheta_0 + \vartheta_1). \tag{8.123}$$

Nach wenigen Iterationsschritten sind die Temperaturen $\vartheta_{0,1}$ und ϑ_1 im Rahmen einer zu wählenden Genauigkeit gleich groß und der thermisch stabile Zustand erreicht.

Sollte die so ermittelte Erwärmung unzulässig groß sein, kann man versuchen, durch die Wahl eines anderen Schmiermittels oder eine andere Dimensionierung das Lager unter reiner Konvektion betriebsfähig zu bekommen. Andernfalls muß die Wärmeabfuhr durch das Schmiermittel in Form einer Druckschmierung erfolgen. Hier beginnt man in entsprechender Weise mit einer geschätzten Ölaustrittstemperatur $\vartheta_{A,0} = \vartheta_0$. Zusammen mit der bekannten Öleintrittstemperatur ϑ_E ist dann auch die effektive Temperatur nach Gl. (8.103) zu ermitteln. Damit durchläuft man den Berechnungsgang für die Wärmeabfuhr allein durch das Schmiermittel und erhält auch hier eine korrigierte Ölaustrittstemperatur $\vartheta_{A,1} = \vartheta_1$, die in der gleichen Weise iterativ zu verbessern ist, bis ein thermisch stabiler Zustand erreicht wird und $\vartheta_{0,1} \approx \vartheta_1$ ist. Die Vernachlässigung der geringen Wärmeabfuhr durch Konvektion bringt das Ergebnis auf die sichere Seite. Sollte auch die Erwärmung des Drucköles unzulässig sein, dann müßte allerdings der Drucköldurchsatz erhöht, ein anderes Schmiermittel verwendet oder eine neue Dimensionierung vorgenommen werden.

In beiden Berechnungsgängen sollte die thermische Spieländerung bei ungleichen Ausdehnungskoeffizienten zwischen Welle und Lager mit Lagerstuhl berücksichtigt werden. Grundsätzlich sollte das Ergebnis auch durch die Verhältnisse bei den toleranzbedingten Größt- und Kleinstspielen abgesichert werden.

Auch statisch belastete Gleitlager werden meist in verschiedenen Betriebszuständen gefahren. Soweit es sich um länger anhaltende Beharrungszustände handelt, sollte jeder dieser Zustände in der oben angegebenen Weise untersucht werden. Von besonderem Interesse sind dabei die Beharrungszustände mit den extremen Belastungen und Drehzahlen. Aber auch Zustände mit anhaltend zu fahrenden niederen Drehzahlen sind besonders zu untersuchen, da gerade hier die Gefahr einer beginnenden Mischreibung auftreten kann. Dies gilt noch mehr für intermittierende Zustände mit stark gedrückter Drehzahl oder hohen momentanen Lastspitzen, die nur kurzzeitig, ausgehend von einem thermisch stabilen Zustand, gefahren werden. In diesem Falle bleibt die erhöhte effektive Temperatur des thermisch stabilen Ausgangszustandes erhalten, und die kurzzeitig verminderte Drehzahl oder erhöhte Last führen zu so kleinen Spalthöhen, daß die Gefahr der Mischreibung und des Verschleißes eintreten kann.

Bei der Berechnung statisch belasteter Gleitlager kommt es neben der Erfassung des thermischen Zustandes ganz besonders auf die Frage der sich jeweils einstellenden minimalen Filmdicke h_{min} an.

8.4.1 Berechnungsgang für statisch belastete Lager

Die Berechnung statisch belasteter Lager sollte grundsätzlich mit den Lösungen der Reynoldsschen Gleichung erfolgen, die unter der Voraussetzung der physikalischen Randbedingungen gewonnen wurden. Diese sind aus den Abschnitten 7 und 8 bekannt. Die einzige Schwierigkeit für die Anwendung dieser Gleichungen bzw. Zusammenhänge besteht darin, daß sie das Lagerverhalten nur dann richtig beschreiben, wenn die effektive Temperatur bzw. Viskosität bekannt ist. Letztere erhält man aber erst aus der Wärmebilanz, die ihrerseits aber das Reibungsverhalten als bekannt voraussetzt. Eine geschlossene Lösung ohne zu große Vereinfachungen ist nicht möglich. Die früher üblichen Berechnungsverfahren von Vogelpohl oder nach der VDI-Richtlinie 2204 [8.21] arbeiten mit stark vereinfachten Reibungsformeln und festen Gesetzmäßigkeiten für die Schmierstoffe (Normöle) bei vorgegebenen Temperaturen und Temperaturbereichen. Die erwähnte Schwierigkeit läßt sich jedoch mit einem einfachen Iterationsverfahren lösen.

Die zur Berechnung statisch belasteter Lager notwendigen Annahmen über das Zusammenwirken zwischen Umgebungstemperatur ϑ_U und Lagertemperatur ϑ_L bei Konvektion, zwischen Öleintrittstemperatur ϑ_E und Ölaustrittstemperatur ϑ_A bei Wärmeabfuhr über das Schmiermittel einerseits und der dabei im Schmierspalt effektiven Temperatur ϑ_{eff} andererseits sind im Abschnitt 8.3.1 beschrieben. Das Iterationsverfahren ist in Abschnitt 8.4 dargestellt. Daher werden nachfolgend die Ausgangsdaten unter Berücksichtigung der in der Technik üblichen Dimensionen in weitgehender Anlehnung an das SI-System, die Berechnung der Zwischengrößen und die Formeln für den eigentlichen Berechnungsgang zusammengestellt. Der Berechnungsgang selbst wird in Form eines Blockdiagramms nach Bild 8.18 erläutert. Dies bedeutet jedoch nicht, daß der Berechnungsgang nur mit Hilfe von EDV-Anlagen durchzuführen wäre. Der iterative Aufwand ist recht gering, und das Verfahren konvergiert rasch, so daß eine Berechnung unter Verwendung der Gleitlagerdiagramme auch von Hand möglich ist.

Der Berechnungsgang ist in Form einer Nachrechnung gegebener Abmessungen gehalten. Dies wird in den meisten Anwendungsfällen wohl auch so angewendet werden. Sollte der Wunsch zur Optimierung eines Auslegungsparameters bestehen, so kann dies einmal in Form einer Variationsrechnung, wie angegeben geschehen. Zum anderen ist eine Umstellung des Berechnungsablaufes ohne weiteres möglich. Darauf soll hier aber verzichtet werden.

8.4.2 Berechnungsablauf

A. Ausgangsdaten

Lager-Abmessungen

Lager-Durchmesser (Nennmaß)	$D = D_S$	mm
Oberes Abmaß	ΔD_{So}	mm
Unteres Abmaß	ΔD_{Su}	mm
Zapfendurchmesser	D_Z	mm
Oberes Abmaß	ΔD_{Zo}	mm
Unteres Abmaß	ΔD_{Zu}	mm
Lagerbreite	B	mm

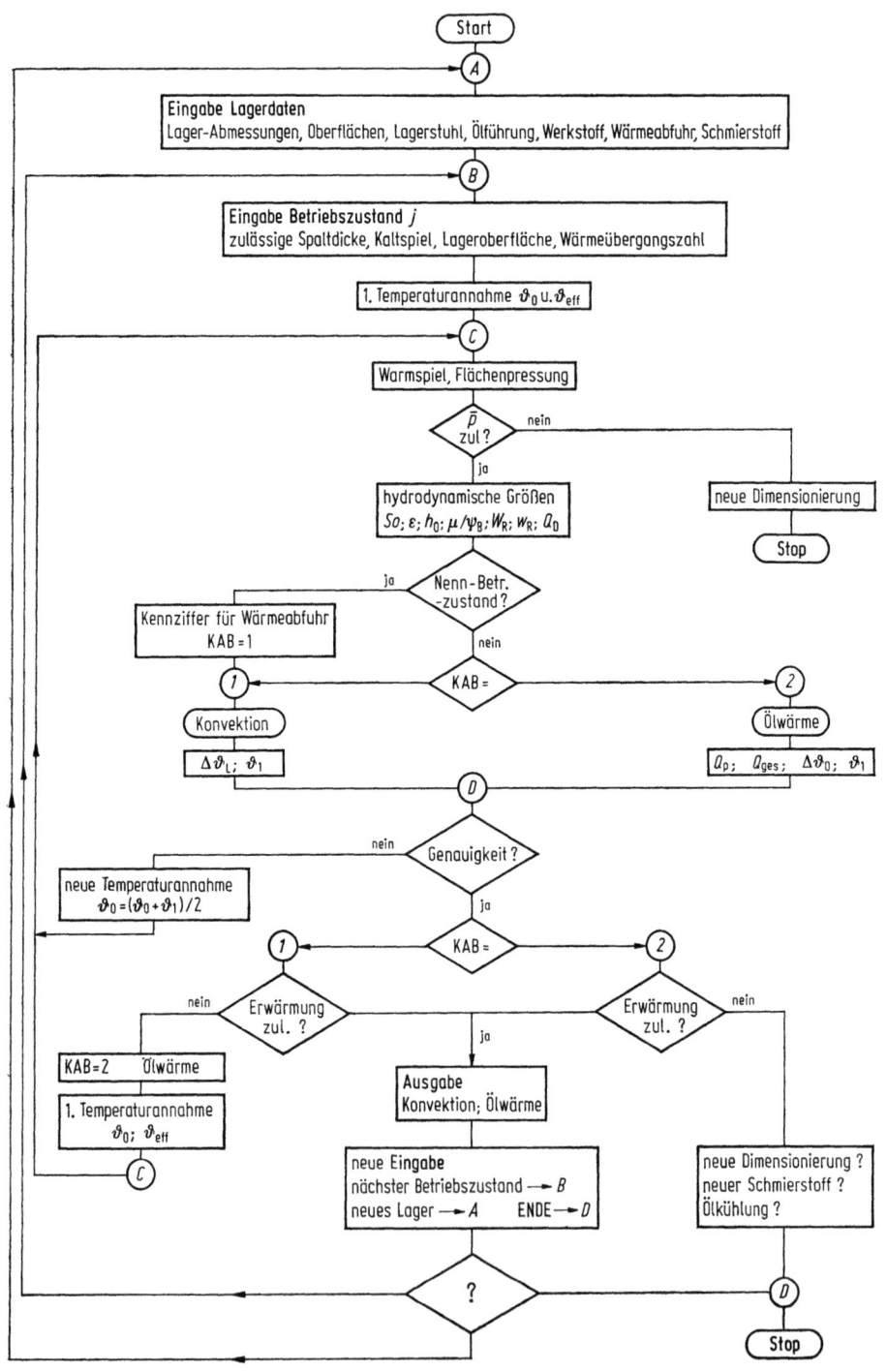

Bild 8.18 Berechnungsablauf statisch belasteter Gleitlager

8.4 Statisch belastete Radialgleitlager

Lager-Oberfläche

Oberflächengüte Schale	$R_{z,S}/W_{t,S}/R_{a,S}$	µm
Oberflächengüte Zapfen	$R_{z,Z}/W_{t,Z}/R_{a,Z}$	µm

Lagerstuhl-Abmessungen

Stehlager Höhe $H \times$ Länge L ⎫ je nach Aus- mm
Zylindrisches Lager Außendmr. $D_L \times$ Breite B_L ⎭ führung

Wärmeabgebende Oberfläche A m²

Schmiermittelzufuhr

Zuführdruck	p_z	bar
Zuführbohrung	d_0	mm
Zuführtasche	t_0	mm
Ringnutbreite	B_{nut}	mm
Ringnut-Erstreckung	α_{nut}	°

Werkstoff

Zulässige Flächenpressung	$\bar{p}_{zul}$	bar
Zulässige Temperatur	ϑ_{zul}	°C
Wärmeausdehnungskoeffizienten		
Lager und Lagerstuhl	α_L	1/K
Zapfen	α_Z	1/K

Laut DIN 7190/Preßpassungen für

Stahl	$\alpha = 11 \cdot 10^{-6}$	Bronze	$\alpha = 16 \cdot 10^{-6}$	
Grauguß	$\alpha = 10 \cdot 10^{-6}$	Messing	$\alpha = 18 \cdot 10^{-6}$	
Stahlguß	$\alpha = 14 \cdot 10^{-6}$	Rotguß	$\alpha = 17 \; 10^{-6}$	
		Al-Legierung	$\alpha = 23 \cdot 10^{-6}$	

Wärmeabfuhr

Wärmeübergangszahl (8.79) ⎫ wahlweise α Nm/m² s K
Luftgeschwindigkeit   ⎭ w m/s

Umgebungstemperatur	ϑ_U	°C
Öleintrittstemperatur	ϑ_E	°C
Zul. Lagererwärmung ⎫ notwendig zur Ermittlung	$\Delta\vartheta_{L,zul}$	°C = K
Zul. Ölerwärmung ⎭ der Art der Wärmeabfuhr	$\Delta\vartheta_{Ö,zul}$	°C = K

Schmierstoff

Normöle/SAE-Öle $\eta = f(\vartheta)$

Betriebszustände j

Belastung	F_j	N
Drehzahl	n_j	1/min
Mittlere Wellen- und Schalendurchbiegung	f_j	µm
Neigung des Wellenzapfens im Lager	q_j	rad

B. Zwischengrößen

Lagerspiel kalt für Lager, die im eingebauten Zustand fertigbearbeitet werden:

$$s_{k\,max} = (D_S + \Delta D_{So}) - (D_Z + \Delta D_{Zu}) \quad \text{mm}$$
$$s_{k\,min} = (D_S + \Delta D_{Su}) - (D_Z + \Delta D_{Zo}) \quad \text{mm}$$
$$s_{k\,mittel} = (s_{k\,max} + s_{k\,min})/2 \quad \text{mm}$$

Für einbaufertige Lagerschalen verwendet man die Gln. (8.113) und (8.114).

Relatives Lagerspiel kalt:

$\psi_k = s_k/D$

Bei fehlenden Lagertoleranzen (ausgehend vom 1. Betriebszustand) nach Gl. (8.105)

$$\psi_{m1} = \sqrt[4]{\frac{U}{2{,}5}} \cdot 10^{-3} = \sqrt[4]{\frac{n_1 D}{47\,750}} \cdot 10^{-3}$$

Wärmeübergangszahl bei Anblasung

$\alpha = 7 + 12 \sqrt{w}$ (8.80)   Nm/m² s K

Zulässige kleinste Schmierspalthöhe

Ohne Einlauf

$h_{0zul,0} = \sum (R_z + W_t) + f/2 + qB/2 \cdot 10^{-3}$ (8.121)   µm

Nach Einlauf

$h_{0zul,E} = \sum R_a$ (8.122)   µm

Wärmeabgebende Oberfläche

$A = \pi((D_L^2 - D^2)/2 + D_L B_L) \cdot 10^{-6}$ (8.81)   ⎫ je nach   m²
$ = \pi H(L + H/2) \cdot 10^{-6}$ (8.82)   ⎬ Ausfüh-   m²
$ = 20 \cdot 10^{-6} DB$ (8.83)   ⎭ rung   m²

C. *Betriebszustand j*

Der 1. Betriebszustand ist der Nenn-Betriebszustand. Er bestimmt die Art der Wärmeabfuhr, die für alle folgenden Betriebszustände ($j > 1$) beibehalten wird. Bei seiner Auswahl sind zu berücksichtigen die Dauer und Häufigkeit während der gesamten Lebensdauer sowie ein Zustand mit hoher Last *und* möglichst großer Drehzahl.

Die Betriebszustände ($j \geq 2$) werden mit der für $j = 1$ festgelegten Art der Wärmeabfuhr berechnet, darunter auch der Zustand mit der kleinsten im praktischen Betrieb auftretenden Drehzahl.

Annahme einer Richttemperatur

bei Konvektion $\vartheta_0 = \vartheta_{L,0} = \vartheta_U + \Delta\vartheta$ ⎫
bei Ölkühlung $\vartheta_0 = \vartheta_{A,0} = \vartheta_E + \Delta\vartheta$ ⎬ $\Delta\vartheta \cong 20\,°C$
                                                                               ⎭

Zwischengrößen

Zu wählen ist eine im Schmierspalt wirksame Temperatur ϑ_{eff}, welche das hydrodynamische Verhalten gut wiedergibt.

Bei Konvektion ist das Temperaturgefälle zwischen Spalt und Lager-Außenfläche vernachlässigbar, deshalb ist

$\vartheta_{eff} = \vartheta_L$.

Bei Ölkühlung hat sich die Mittelwertsbildung zwischen Ölein- und -austritt experimentell gut bestätigt. (Nur in Sonderfällen mit extremer Umfangsgeschwindigkeit sollte der Mittelwert stärker zur Ölaustrittstemperatur hin gewichtet werden.) Deshalb ist

$\vartheta_{eff} = (\vartheta_E + \vartheta_A)/2$. (8.103)

8.4 Statisch belastete Radialgleitlager

Diese effektive Temperatur entspricht in beiden Fällen der mittleren Temperatur des Lagerstuhls; sie kann also auch zur Ermittlung des Warmspieles herangezogen werden.

Effektive Viskosität

$\eta_{\text{eff}} = f(\vartheta_{\text{eff}})$ $\qquad$ Ns/m²

Warmspiel

$\psi_B = \psi_k + (\alpha_L - \alpha_W)(\vartheta_{\text{eff}} - 20\,°C) \cdot 10^{-6}.$ $\qquad$ (8.106) $\qquad$ —

Zwischenrechnung

Hat ein Lager eine Nut, die sich über $\alpha_{\text{nut}} > 180°$ am Umfang erstreckt, dann besteht das Lager aus zwei getrennten Laufflächen, die jeweils mit der halben Last beaufschlagt sind. Diese Halbierung der Last kann für die folgenden Zwischenrechnungen der hydrodynamischen Größen einschließlich Öldurchsatz dadurch umgangen werden, daß

$\left. \begin{array}{l} D^* = D\sqrt{2} \\ B^* = (B - B_{\text{Nut}})\sqrt{2}/2 \end{array} \right\}$ wenn $\alpha_{\text{Nut}} > 180°$

gesetzt wird.

Hydrodynamische Größen

Hier werden unter Bezug auf Abschnitt 7 die dort zu findenden Lösungen für das vollumschlossene Lager zitiert. Diese können bei anderen Lagerformen (180°-Lager, Zitronenspiellager, MGF-Lager) durch entsprechende Lösungen ersetzt werden.

Flächenpressung $\qquad \bar{p} = 10 F_j / (D^* B^*);$ $\qquad$ bar

wenn $\bar{p} > \bar{p}_{\text{zul}}$, dann neue Lagerdimensionierung!

Sommerfeld-Zahl

$So = \dfrac{F_j \psi^2 \cdot 30 \cdot 10^6}{\pi D^* B^* n_j \eta_{\text{eff}}}.$ $\qquad$ —

Relative Exzentrizität

$\varepsilon = f(So, B/D)$[1]. $\qquad$ —

Kleinste Schmierspaltdicke

$h_0 = \psi_B \dfrac{D}{2}(1 - \varepsilon) \cdot 10^3$ $\qquad$ (7.219) $\qquad$ µm

(D = echter Lagerdurchmesser)

Prüfung nur im endgültigen Zustand:

ist $h_0 < h_{0\text{zul},E}$, dann Dauerverschleiß, daher neue Lagerdimensionierung oder anderes Schmiermittel;

ist $h_{0\text{zul},E} \leq h_0 \leq h_{0\text{zul},0}$, dann ist Dauerbetrieb nach Einlauf möglich;

ist $h_0 > h_{0\text{zul},0}$, dann ist Dauerbetrieb ohne Einlauf möglich.

Bezogene Reibungszahl

$\mu/\psi_B = f(So, B/D).$[1]

---

[1] Siehe Arbeitsblätter in der Tafeltasche und Näherungsformeln in Abschnitt 7.5.

8 Stationäres Radialgleitlager — Praktische Anwendung

Wärmebilanz

Reibleistung

$$W_R = \frac{\mu}{\psi_B} \psi_B F_j D n_j \frac{\pi}{6 \cdot 10^4}. \qquad (8.75) \qquad \text{Nm/s}$$

Spezifische Reibleistung

$$w_R = \frac{W_R}{750 A}. \qquad (8.99) \qquad \text{PS/m}^2$$

Öldurchsatz infolge Drehungsdruckaufbau

$$\dot{Q}_D = \left(\frac{D}{200}\right)^3 \psi_B \frac{\pi}{30} n_j \cdot 120[B^*/D^* - 0{,}223(B^*/D^*)^3]\,\varepsilon, \qquad \text{l/min}$$

Wärmeabfuhr durch reine Konvektion

Lagererwärmung

$$\Delta\vartheta_L = \frac{W_R}{\alpha A}. \qquad (8.78) \qquad °C$$

Lagertemperatur

$$\vartheta_{L1} = \vartheta_U + \Delta\vartheta_L = \vartheta_1. \qquad °C$$

Genauigkeitsabfrage

ist $|\vartheta_1 - \vartheta_0| > 2\,°C$, dann neue Richttemperatur $\vartheta_{0,1} = (\vartheta_0 + \vartheta_1)/2 = \vartheta_{\text{eff}}$;
ist $|\vartheta_1 - \vartheta_0| \leq 2\,°C$, dann Prüfung auf zulässige Erwärmung.
$\Delta\vartheta_L \leq \Delta\vartheta_{L\,\text{zul}}$, dann ist Konvektion möglich; Ausgabe.
$\Delta\vartheta_L > \Delta\vartheta_{L\,\text{zul}}$, dann ist Ölkühlung erforderlich.

Wärmeabfuhr durch das Schmiermittel mit Druckschmierung

Öldurchsatz durch Bohrung

$$\dot{Q}_{p,B} = \left(\frac{D\psi_B}{200}\right)^3 p_z \frac{\pi(1+\varepsilon)^3}{6\eta_{\text{eff}} \ln\left(\frac{B}{d_0}\right)} q_B \cdot 60 \cdot 10^5 \qquad (8.36) \qquad \text{l/min}$$

$$q_B = 1{,}204 + 0{,}368 \frac{d_0}{B} - 1{,}046 \left(\frac{d_0}{B}\right)^2 + 1{,}942 \left(\frac{d_0}{B}\right)^2. \qquad (8.35)$$

Öldurchsatz durch Tasche

$$\dot{Q}_{p,T} = \left(\frac{D\psi_B}{200}\right)^3 p_z \frac{\pi(1+\varepsilon)^3}{6\eta_{\text{eff}} \ln\left(\frac{B}{t_0}\right)} q_T \cdot 60 \cdot 10^5, \qquad (8.31) \qquad \text{l/min}$$

$$q_T = 1{,}188 + 1{,}582 \frac{t_0}{B} - 2{,}585 \left(\frac{t_0}{B}\right)^2 + 5{,}563 \left(\frac{t_0}{B}\right)^3. \qquad (8.32)$$

Öldurchsatz durch Ringnut

$$\dot{Q}_{p,R} = \left(\frac{D\psi_B}{200}\right)^3 p_z \frac{D^*}{B^*} \cdot \frac{\pi}{3\eta_{\text{eff}}} \left(1 + \frac{3}{2}\varepsilon^2\right) \cdot 60 \cdot 10^5. \qquad (8.10) \qquad \text{l/min}$$

Gesamter Öldurchsatz

$$\dot{Q}_{\text{ges}} = \dot{Q}_D + \dot{Q}_p. \qquad (8.38) \qquad \text{l/min}$$

Ölerwärmung

$$\Delta\vartheta_{\ddot{O}} = \frac{W_R \cdot 60}{1800\, \dot{Q}_{ges}}. \qquad (8.76) \qquad °C$$

Ölaustrittstemperatur

$$\vartheta_{L1} = \vartheta_E + \Delta\vartheta_{\ddot{O}} = \vartheta_1. \qquad °C$$

Genauigkeitsabfrage

ist $|\vartheta_1 - \vartheta_0| > 2\,°C$, dann neue Richttemperatur
$\vartheta_{0,1} = (\vartheta_0 + \vartheta_1)/2;\quad \vartheta_{eff} = (\vartheta_E + \vartheta_{0,1})/2;$
ist $|\vartheta_1 - \vartheta_0| \leqq 2\,°C$, dann Prüfung auf zulässige Erwärmung
$\Delta\vartheta_{\ddot{O}} \leqq \Delta\vartheta_{\ddot{O},zul}$, dann ist Ölkühlung im vorgegebenen Rahmen möglich; Ausgabe.

$\Delta\vartheta_{\ddot{O}} > \Delta\vartheta_{\ddot{O},zul}$, dann ist eine neue Dimensionierung, anderes Schmiermittel oder zusätzliche Wasserkühlung erforderlich.

D. Berechnung der anderen Betriebszustände

Mit der für den Betriebszustand 1 möglichen Art der Wärmeabfuhr werden alle übrigen Betriebszustände durchgerechnet; dabei wird das gleiche Rechenverfahren verwendet, beginnend mit dem ersten Temperaturrichtwert, der iterativ verbessert wird.

Ein nur kurzzeitig gefahrener, unmittelbar an einen thermisch forcierten Zustand anschließender Betriebszustand kann unmittelbar hinter dem Zustand j gerechnet werden, wobei die thermischen Bedingungen von dort übernommen werden; in diesem Falle erfolgt also keine Iteration, so daß die Rechenschleife C in Bild 8.18 entfällt.

Literatur zu Kapitel 8

8.1 Czeghun, K.: Die zeitliche Änderung des Lagerspiels infolge von Temperatur- und Druckeinflüssen. Diss. Universität Karlsruhe 1967.
8.2 Dillenkofer, H.: Einfluß der Lage der Ölzuführungsstelle auf das Betriebsverhalten stationär belasteter zylindrischer Gleitlager endlicher Breite. Diss. Universität Stuttgart 1975.
8.3 Roemer, E.: Öldurchsatz, Öltemperatur und Lagerspiel von Gleitlagern mit Druckschmierung. Z-VDI Bd. 103 (1961).
8.4 Bartz, W. J.: Vergleichende Untersuchung des Seitenflusses von Gleitlagern mit strukturviskosen Ölen. VDI-Forschungsheft 530 (1968).
8.5 Kinz, H.: Beitrag zur experimentellen Untersuchung von zylindrischen Gleitlagern. Diss. Universität Karlsruhe 1964.
8.6 Kochanowsky, W.: Die Brauchbarkeit der Reynoldsschen Theorie der Schmiermittelreibung für die Berechnung des Ölbedarfs eines Gleitlagers. ZAMM Bd. 36 (1956) H. 5/6.
8.7 Meiners, K.: Beitrag zur Gleitlager-Berechnung. VDI-Forschungsheft 488 (1961).
8.8 Romacker, B.: Die Temperaturverteilung im Schmierfilm konstant belasteter Gleitlager — Theoretische Untersuchung und Entwicklung eines Meßverfahrens. Diss. Universität Karlsruhe 1965.
8.9 Pollmann, E.: Berücksichtigung der veränderlichen Ölviskosität bei der Berechnung von Gleitlagern. Konstruktion 19 (1967) H. 5, S. 176.
— : Das Mehrgleitflächenlager unter Berücksichtigung der veränderlichen Zähigkeit. Konstruktion 21 (1969) H. 3, S. 85.
— : Temperaturen bei schnellaufenden Radialgleitlagern. Maschinenbautechnik 20 (1971) H. 3, S. 135.

8.10 Hakansson, B.: The Journal Bearing Considering Variable Viscosity. Inst. of Machine Elements; Chalmers University of Technology, Gothenburg/Schweden, Report 25 (1964).
8.11 Motosh, N.: Das konstant belastete zylindrische Gleitlager unter Berücksichtigung der Abhängigkeit der Viskosität von Temperatur und Druck. Diss. Universität Karlsruhe 1962.
8.12 Vogelpohl, G.: Beiträge zur Kenntnis der Gleitlagerreibung. VDI-Forschungsheft 386 (1937).
8.13 Roemer, E.: Die Berechnung des Preßsitzes von Gleitlagerschalen. MTZ 22 (1961) H. 2 und 4, S. 51 und S. 119.
8.14 Roemer, E.: Der Einfluß der Temperatur auf das Lagerspiel eines Gleitlagers. Konstruktion 13 (1961) H. 7, S. 262.
8.15 Vogelpohl, G.: Geringste zulässige Schmierspaltdicke und Übergangsdrehzahl. Konstruktion 14 (1962) H. 12, S. 461.
8.16 Dietz, R.: Verhalten von statisch belasteten kreiszylindrischen Gleitlagern im Betriebsbereich des Reibungsminimums. Diss. Universität Karlsruhe 1968.
8.17 Katzenmeier, G.: Das Verschleißverhalten und die Tragfähigkeit von Gleitlagern im Übergangsbereich von der Vollschmierung zu partiellem Tragen. Diss. Universität Karlsruhe 1972.
8.18 Lang, O. R.: Geringste zulässige Schmierspaltdicke oder Übergangsdrehzahl. Konstruktion 17 (1975) 270.
8.19 Sassenfeld, H.; Walther, A.: Gleitlagerberechnungen. VDI-Forschungsheft 441 (1954).
8.20 Knoll, G.: Tragfähigkeit zylindrischer Gleitlager unter elastohydrodynamischen Bedingungen. Diss. RWTH Aachen 1974.
8.21 VDI-Richtlinie 2204: Gleitlagerberechnung — Hydrodynamische Gleitlager für stationäre Belastung; Aug. 1968.
8.22 Radermacher, K.: Messung der Temperaturverteilung in der Lagerschale eines stationär belasteten Radial-Gleitlagers; FW-Forschungsheft 13 (1960).

9 Instationäres Radialgleitlager — Praktische Anwendung

Die Berechnung instationär belasteter Gleitlager hinsichtlich der zeitlich veränderlichen Bahnkurve des Wellenmittelpunktes innerhalb des Lagerspiels, der zeitlich veränderlichen minimalen Spalthöhe, der im Gleitlager entwickelten wechselnden Schmierfilmdrücke und ihre Auswirkung auf die Dauerfestigkeit des Gleitlagermaterials ist bei all den Anwendungen möglich, bei denen sich die äußere Belastung zyklisch verändert. Das Hauptanwendungsgebiet sind die Kolbenmaschinen. Aber auch Turbomaschinen neigen auf Grund ihrer Unwuchten bzw. der Eigenschwingungen ihrer Wellenanlagen zu instationärem Betrieb. Zur Verbesserung der Stabilitätseigenschaften werden Gleitlager mit speziellen Spaltgeometrien eingesetzt.

Im instationär belasteten Lager durchläuft der Wellenzapfen mit ungleichförmiger Bewegung eine zeitlich veränderliche Bahnkurve innerhalb des Lagerspiels, die sogenannte Verlagerungsbahn. Diesen Fall der instationären Zapfenbewegung beschreibt die schon in Kapitel 7 abgeleitete Reynoldssche Differentialgleichung

$$\frac{\partial}{\partial \varphi}\left[(1+\varepsilon \cos \varphi)^3 \frac{\partial \Pi}{\partial \varphi}\right] + \left(\frac{D}{B}\right)^2 \frac{\partial}{\partial \bar{z}}\left[(1+\varepsilon \cos \varphi)^3 \frac{\partial \Pi}{\partial \bar{z}}\right]$$
$$= 6\frac{\partial}{\partial \varphi}(1+\varepsilon \cos \varphi) + 12\frac{\dot{\varepsilon}}{\omega}\cos \varphi. \tag{9.1}$$

9.1 Dynamisch belastete Radialgleitlager

Verursacht wird eine instationäre Bewegung durch eine zeitlich veränderliche Belastung, weshalb man auch vom dynamisch oder instationär belasteten Gleitlager spricht. Instationär wäre aber auch ein stationär belastetes Lager, dessen Zapfen oder Lager ungleichförmig rotieren würde, wie z. B. beim Pleuellager. Damit soll nur angedeutet werden, daß der Begriff „instationär" sich primär auf die Bewegung des Zapfenmittelpunktes im Spielkreis bezieht. Gleichung (9.1) liefert allerdings aus einer vorgegebenen Bahnkurve zunächst nur den zeitlich veränderlichen Schmierfilmdruck, und erst nach dessen Integration würde man die zeitlich veränderliche Belastung erhalten. Die normale Lösung der Differentialgleichung beschreibt also den umgekehrten Fall der praktischen Fragestellung, bei der im allgemeinen der Belastungsverlauf vorgegeben ist und die Verlagerungsbahn gesucht wird. Wegen dieser Schwierigkeiten für die praktische Anwendung wurden verschiedene Lösungsverfahren entwickelt.

Zunächst soll aber nochmals kurz die Störfunktion auf der rechten Seite von Gl. (9.1) erläutert werden, welche die möglichen Bewegungsänderungen eines Wellenzapfens im Lagerspiel beschreibt.

Die hydrodynamisch wirksame Winkelgeschwindigkeit

$$\overline{\omega} = \omega_Z + \omega_S - 2\dot{\delta} \tag{9.2}$$

erfaßt neben den in einzelnen Anwendungsfällen auch ungleichförmigen Rotationsbewegungen des Zapfens ω_Z oder der Schale ω_S auch die Drehbewegung $\dot{\delta}$ der Spaltlage. Im allgemeinen Fall bewegt sich der Zapfenmittelpunkt ja auf einer Bahnkurve, die in einem genügend kleinen Zeitintervall durch die linearisierte Bewegung in tangentialer und in radialer Richtung zerlegt werden kann. Die tangentiale Drehungsbewegung wird durch die Änderung des Spaltwinkels δ, also durch $\dot{\delta}$ erfaßt. Wichtig ist dabei, daß die Auswirkung der Spaltdrehgeschwindigkeit auf den Schmierfilmdruck und die Tragfähigkeit entgegengesetzt der Zapfendrehung und doppelt so wirksam ist.

Die radiale Bewegungskomponente des Wellenmittelpunktes wird durch die radiale Verlagerungsgeschwindigkeit $\dot{\varepsilon}$ erfaßt, welche in der Störfunktion ebenfalls enthalten ist. Damit sind aber alle zur Beschreibung einer allgemeinen Bahnkurve notwendigen Bewegungskomponenten erfaßt.

Eine Differentialgleichung hat aber noch die besondere Eigenschaft, daß sie zu jedem Anfangswert eine andere Lösung liefert. Eine eindeutige Lösung gibt es also nur für einen gegebenen Anfangswert, wie z. B. bei einem Lager, das in einer bestimmten Zeit von einem stationären Zustand in einen anderen überführt wird. Dieser allerdings recht seltene Fall bietet also keine Schwierigkeiten. Nun weisen aber die meisten instationären Anwendungsfälle ein periodisches Belastungsverhalten auf. In diesen Fällen kann die Anfangsbedingung durch ein anderes Konvergenzkriterium ersetzt werden. Dies ist die Konvergenzbedingung der geschlossenen, periodischen Bahnkurve unter einem periodischen Lastverlauf.

Die Ermittlung der instationären Belastung wird hier als bekannt vorausgesetzt. Sie kann aus der einschlägigen und anwendungsbezogenen Fachliteratur entnommen werden. Die wesentlichen Größen werden nachfolgend angegeben. Ausgehend von einer periodischen Belastung, wird im allgemeinen das Arbeitsspiel in i äquidistante Schritte Δt oder $\Delta \alpha = \omega \Delta t$ unterteilt. An diesen Stützstellen ist die Last F_i sowie ihre Wirkungsrichtung γ_i bekannt. Die Wirkungsrichtung wird man in der Regel auf eine schalenfeste Koordinate ausrichten. Relativ zu diesem Koordinatensystem sind dann auch die Drehbewegungen des Zapfens ω_Z und der Schale ω_S zu ermitteln, wobei es dann auch zweckmäßig ist, sich auf eine Zählrichtung für die Winkel und die Drehungsbewegungen festzulegen. In der Technik wird meist der Uhrzeigerdrehsinn als positiv verwendet. Die Spaltlage wird dann durch die Exzentrizität ε_i und die Richtung δ_i gekennzeichnet. Die Lagerabmessungen und das Lagerspiel sind bekannt. Zur Wahl der effektiven Lagertemperatur wird auf Gl. (8.103) verwiesen, wobei die Ölein- und -austrittstemperaturen an vergleichbaren Maschinen zu orientieren und für den Anwendungsfall nachträglich zu kontrollieren sind.

9.1.1 Berechnungsverfahren

Der direkte Lösungsweg der Reynoldsschen Gleichung für den instationären Fall geht also aus von einer bekannten Bewegung des Wellenmittelpunktes auf einer periodischen Bahnkurve. In der Tat wurden die ersten Lösungsverfahren von Fränkel [9.1] und Ott [9.2] unter dieser Voraussetzung erarbeitet. Nun ist aber

9.1 Dynamisch belastete Radialgleitlager

die praktische Fragestellung in der Regel gerade umgekehrt. Man kennt die auf das Lager einwirkenden Kräfte in ihrem zeitlichen Verlauf, die zu jedem Zeitpunkt mit dem Integral über die im Lager entwickelten Schmierfilmdrücke im Gleichgewicht sein müssen, und sucht die zugehörige Verlagerungsbahn. Unterteilt man die Verlagerungskurve in genügend kleine Abschnitte, so kann die momentane Bewegungsänderung linearisiert werden. Die Reaktion auf eine momentane radiale und tangentiale Bewegungsänderung $\dot\varepsilon$ und $\dot\delta$, ausgehend von einer Zapfenlage ε und δ, ist eine Druck- bzw. Laständerung. Das Verfahren der vorgegebenen Bewegungsänderungen verwendet daher ein vorausberechnetes Kennfeld der linearisierten, kleinen Bewegungen, aus dem Schritt um Schritt unter Beachtung der Periodizität die Bahnkurve ermittelt wird. Dieses Verfahren wurde in England von Booker [9.3] unter der Bezeichnung „Mobility Method" entwickelt und wird dort auch sehr häufig angewendet.

In Deutschland wurde praktisch gleichzeitig das Verfahren der überlagerten Drücke von Hahn [9.4] und das Verfahren der Tragkraftvektoren von Holland [9.5] entwickelt. Diese beiden Verfahren unterscheiden sich im wesentlichen durch die verwendeten Randbedingungen bei der Teildruckentwicklung unter Drehung und Verdrängung sowie bei deren Überlagerung. Da neuere experimentelle Untersuchungen das Verfahren der überlagerten Tragkraftanteile immer besser bestätigten, wird nur dieses hier ausführlicher behandelt, während die beiden anderen Verfahren nur kurz erläutert werden.

9.1.1.1 Verfahren der vorgegebenen Bewegungsänderungen

Dieses in England unter der Bezeichnung Mobility Method sehr verbreitete Verfahren löst die Reynoldssche Gleichung für eine endliche Zahl von Kombinationen der Bewegungszustandsgrößen, dargestellt durch eine Anfangslage ε und $(\delta - \gamma)$ relativ zur Lastrichtung und dazu angenommenen Bewegungsänderungen $\dot\varepsilon$ und $\dot\delta$. Diese Lösungen wurden bislang vorwiegend unter Verwendung analytischer Lösungen der Reynoldsschen Gleichung erstellt entsprechend der Ocvirk-Lösung für das sehr kurze Lager oder der Sommerfeld-Lösung für das unendlich breite Lager. Warner [9.6] erstellte auch eine Lösung für endlich breite Lager, allerdings unter Verwendung eines parabolischen Ansatzes in der Breitenrichtung. Für alle diese Lösungen sind also Einschränkungen hinsichtlich ihrer Genauigkeit anzubringen. Darüber hinaus finden alle diese Näherungslösungen Anwendung, so daß Ergebnisse nach dem Verfahren der vorgegebenen Bewegungsänderungen immer durch Rückfragen nach dem verwendeten Lösungsverfahren abzuklären sind.

In diesem Mobility Chart genannten Kennfeld nach Bild 9.1a wird die Anfangslage, dargestellt durch den Exzentrizitätsvektor ε relativ zur Last, sowie der Bewegungsvektor M für ein Breitenverhältnis dargestellt. Die Richtung der Bewegungsänderung entspricht der Vektorrichtung M, ihre Amplitude errechnet sich aus

$$\dot\varepsilon = \frac{F\psi^2}{BD\eta_{\text{eff}}} M(\varepsilon, B/D) + \overline\omega \varepsilon. \tag{9.3}$$

Daraus erhält man aber zunächst nur eine Bahnkurve relativ zur jeweiligen Lastrichtung nach Bild 9.1c, welche über das Lastdiagramm (Bild 9.1b) erst zur endgültigen Bahnkurve in schalenfester Lage (Bild 9.1d) umgerechnet werden muß.

Grundsätzlich sind diese Verfahren der vorgegebenen Bewegungsänderungen in Form der Mobility Charts für eine Anwendung ohne großen Aufwand recht geeignet. Meist finden sie jedoch Anwendung in der Koppelung mit höherwertigen numerischen Differenzenverfahren zur Verbesserung der linearisierten kleinen Schritte. Dazu müssen aber die Mobility Charts für alle praktisch notwendigen Breitenverhältnisse vorausberechnet werden, nur bei den stark vereinfachten Lösungen für schmale Lager kann mit einem einfachen Faktor auf andere Lagerbreiten umgerechnet werden. Nicht unbedeutend ist auch der hohe Interpolationsaufwand in dem zweidimensionalen Kennfeld. Alle Ergebnisse, die nach dieser Methode ermittelt wurden, sind jedoch mit gewissen Abstrichen an Genauigkeit zu versehen.

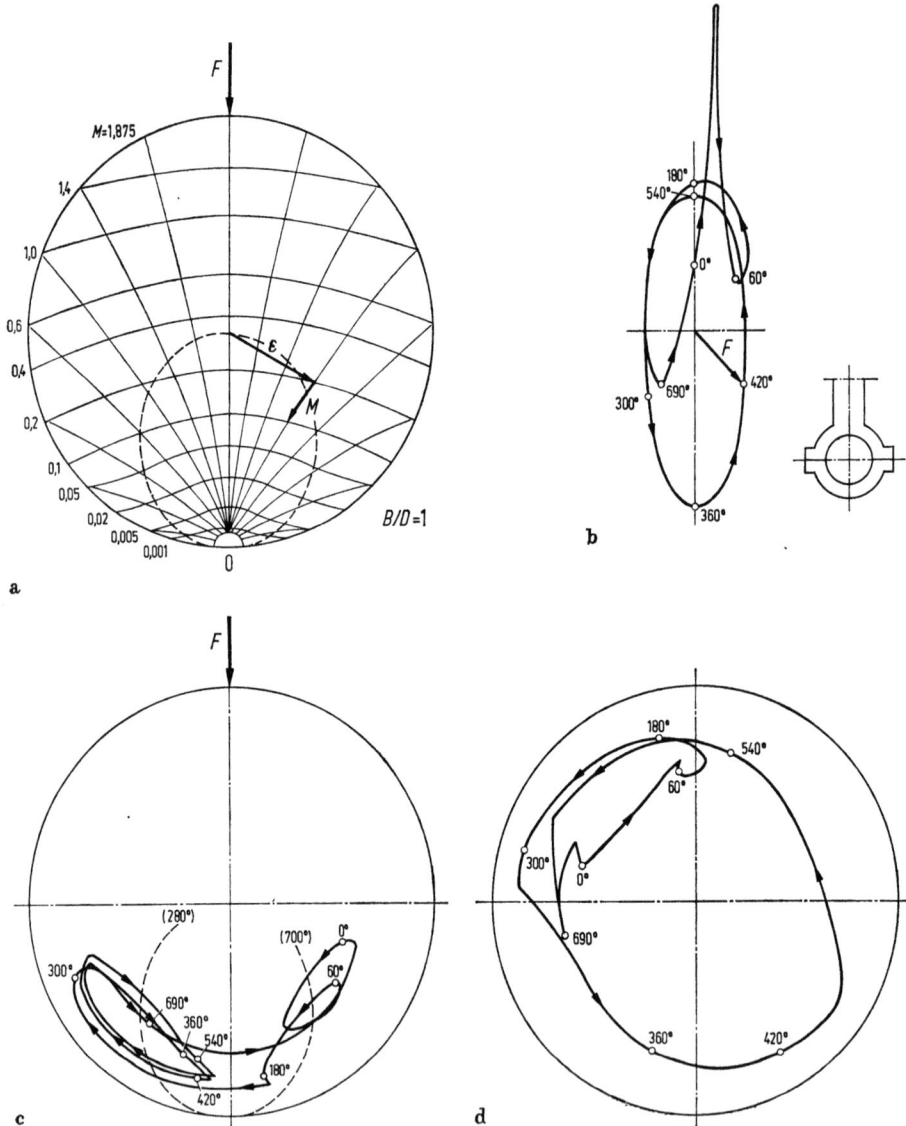

Bild 9.1   Berechnungsgang zum Verfahren der vorgegebenen Bewegungsänderung.
a) Mobility Chart aus Ocvirk-Lösung; b) Pleuellager-Belastungsdiagramm schalenfest; c) Zapfenbahn relativ zur Last; d) Zapfenbahn relativ zum Lager

9.1.1.2 Verfahren der überlagerten Drücke

Dieses von Hahn entwickelte Verfahren arbeitet mit veränderlichen Integrationsbereichen für die kombinierte Druckentwicklung aus einer vorgegebenen Bewegungsänderung. Negative Drücke aus einer der beiden Druckentwicklungen werden nämlich solange berücksichtigt, solange der resultierende Druck positiv ist. Wegen dieser variablen Integrationsgrenzen ist der Aufwand für die Erstellung eines Kennfeldes mit einer ausreichenden Zahl von Bewegungskombinationen sehr groß.

Bild 9.2 zeigt die beiden erforderlichen Kennfelder für das Breitenverhältnis $B/D = 0,5$. Auf der Ordinate sind die resultierende Tragkraft So' bzw. die Spaltrichtung $(\delta - \gamma)$ relativ zur Lastrichtung γ aufgetragen. Das Mischungsverhältnis der beiden Bewegungsänderungen $\dot\varepsilon$ und $\dot\delta$ wird durch den gemeinsamen Parameter

$$q = \frac{\dot\varepsilon}{|0,5 - \dot\delta|} \tag{9.4}$$

gekennzeichnet. Die Kennlinie $q = 0$ gilt für reine Drehung und ist im Rahmen der leicht unterschiedlichen Randbedingungen identisch mit den hier für das Breitenverhältnis gegebenen Kurven. Mit steigendem Verdrängungsanteil geht q gegen Unendlich und die relative Spaltlage gegen 0 bzw. 180°. Die Linien $q = \pm \infty$ entsprechen der positiven bzw. der negativen Verdrängung.

Der Lösungsweg für dieses Verfahren der überlagerten Drücke ist bei Verwendung der vorausberechneten Kennfelder recht einfach. Ausgehend vom momentanen Zustand

$$F_i, \gamma_i, \overline{\omega}_i^* = \omega_Z + \omega_S, \varepsilon_i, \delta_i$$

und der Sommerfeld-Zahl

$$So = \frac{F_i \psi^2}{BD\eta\overline{\omega}_i^*} \tag{9.5}$$

ermittelt man über ε und $(\delta - \gamma)$ aus Bild 9.2a den Wert q und aus Bild 9.2b über ε und q den Wert So'. Damit errechnen sich die gesuchten Bewegungsänderungen

$$\dot\delta = 0,5 - \frac{So}{2So'} \tag{9.6}$$

$$\dot\varepsilon = q\,|0,5 - \dot\delta|. \tag{9.7}$$

Tatsächlich ist der Interpolationsaufwand zur Ermittlung des Parameters q besonders bei kleinen relativen Spaltwinkeln und hohen Exzentrizitäten sehr groß. Dieser Parameter q wird aber anschließend im zweiten Kennfeld zur Bestimmung von So' benutzt, und er geht voll in die Änderung der Exzentrizität ein. Beide Größen bestimmen die gesamte Verlagerungsänderung, so daß dieses Verfahren bei vorwiegenden Verdrängungszuständen einen sehr großen Aufwand hinsichtlich der Rechengenauigkeit erfordert.

Die Berechnung erfolgt, ausgehend von einem geschätzten Anfangswert ε_0, δ_0, schrittweise über das ganze Arbeitsspiel und darüber hinaus, bis eine geschlossene Verlagerungsbahn erreicht wird. Dabei ist die Wahl des Ausgangspunktes nicht sehr wesentlich, da das Verfahren in der Regel recht gut konvergiert und auch bei schlecht gewähltem Anfangswert die Bahnkurve sich im zweiten Durchgang schon bald an die des ersten Durchganges annähert. Da dieses Verfahren fast ausnahmslos mittels elektronischer Datenverarbeitungsanlagen betrieben wird, werden meist hochwertige Integrationsverfahren verwendet. Grundsätzlich ist hier zu bemerken, daß ein einfaches Halbschrittverfahren nach Euler-Cauchy mit

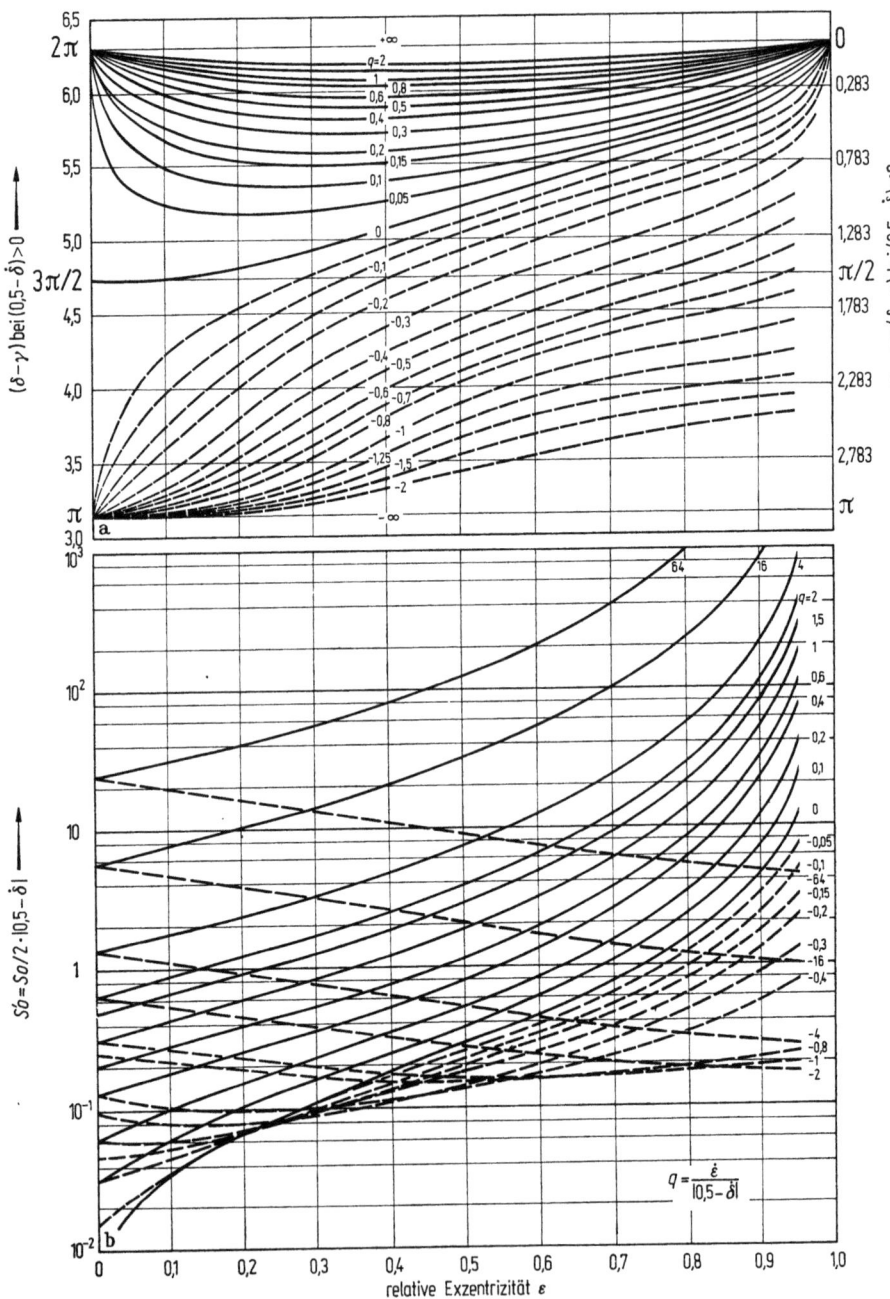

Bild 9.2 Verfahren der überlagerten Drücke.
a) Relative Verlagerungsrichtung; b) relative *So*-Zahl

9.1 Dynamisch belastete Radialgleitlager

kleiner Schrittweite oft besser ist als ein aufwendiges Runge-Kutta-Verfahren mit grober Schrittweite, das eventuell noch durch eine sehr grobe Interpolation des Belastungsverlaufes verfeinert wird.

Das Verfahren der überlagerten Drücke hat neben dem Mangel einer physikalisch nicht zutreffenden Druckentwicklung mit der Unstetigkeit am Druckende noch den Nachteil eines sehr hohen Aufwandes für die Erstellung der Kennfelder. Aber auch die erforderlichen Interpolationen in den Kennfeldern sind besonders bei kleinen Spaltwinkeln $(\delta - \gamma)$ und großen Exzentrizitäten ε in Bild 9.2 sehr schwierig und ungenau. Der daraus entnommene Parameter q ist also unsicher und wird für die weiteren Rechenschritte verwendet. Bei ausgeprägten Verdrängungszuständen ist deshalb ein hoher Aufwand an Rechengenauigkeit erforderlich.

9.1.1.3 Verfahren der überlagerten Traganteile

Beim Verfahren der überlagerten Drücke mit den mathematisch einfachen Randbedingungen setzen sich die Druckanteile entsprechend Bild 9.3 zusammen. Diese Überlagerung hat am Druckende eine Unstetigkeit, welche der Kontinuitätsbedingung widerspricht. Bei Verwendung der physikalischen Randbedingungen bleiben die beiden Grundlösungen für Drehung und Verdrängung erhalten. Ihre Überlagerung zum resultierenden Druck ist in Bild 9.4 dargestellt. Hier werden also die beiden Druckanteile in festen, unveränderlichen Integrationsgrenzen verwendet, so daß an Stelle der Drucküberlagerung die vektorielle Addition der beiden Tragkraftanteile F_D und F_V vorgenommen werden kann. Diese beiden Traganteile sind ja in der dimensionslosen Form der Sommerfeld-Zahlen So_D und So_V bekannt. Ebenso liegen ihre Wirkungsrichtungen fest, nämlich die der Drehungskomponente unter dem Verlagerungswinkel β und die der Verdrängung in Richtung der Spaltextremlagen.

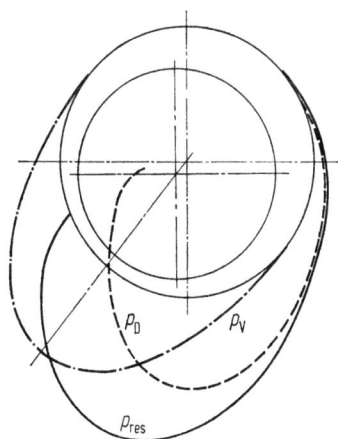
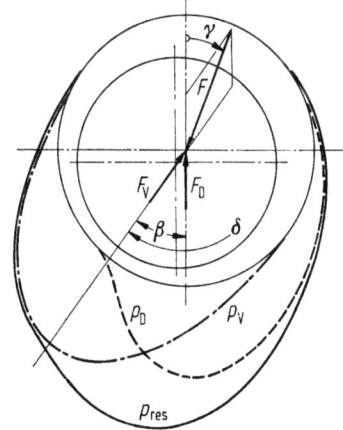

Bild 9.3   Bild 9.4

Bild 9.3 Drucküberlagerung nach dem Verfahren der überlagerten Drücke mit mathematisch einfachen Randbedingungen

Bild 9.4 Drucküberlagerung nach dem Verfahren der überlagerten Traganteile mit physikalischen Randbedingungen

Beim Verfahren der überlagerten Tragkraftanteile ergibt sich die resultierende Tragkraft F durch die geometrische Addition aus den beiden Anteilen F_D und F_V entsprechend Bild 9.5. Je nach Richtung der hydrodynamisch wirksamen Winkelgeschwindigkeit $\bar{\omega}$ kann dabei der Vektor F_D auf beiden Seiten des engsten Spaltes unter dem Verlagerungswinkel β auftreten. Ebenso kann der Vektor F_V sowohl auf der Seite des engsten Spaltes (positive Verdrängung) als auch auf der Seite des weitesten Spaltes (negative Verdrängung) liegen. Mit den in Bild 9.5 dargestellten Vektorkombinationen sind alle Möglichkeiten erfaßt. Das Kräftegleichgewicht dieser vier Kombinationen kann durch die Beziehungen

$$F \cos(\delta - \gamma) = F_D \cos\beta + \text{sign}(\beta - |\delta - \gamma|) F_V, \qquad (9.8)$$

$$\text{sign}(\delta - \gamma) F \sin(\delta - \gamma) = F_D \sin\beta \qquad (9.9)$$

beschrieben werden. Sie können nach den Traganteilen aufgelöst werden:

$$F_D = F \frac{\text{sign}(\delta - \gamma) \sin(\delta - \gamma)}{\sin\beta}, \qquad (9.10)$$

$$F_V = F \left[\cos(\delta - \gamma) - \frac{\text{sign}(\delta - \gamma) \sin(\delta - \gamma)}{\tan\beta} \right] \text{sign}(\beta - |\delta - \gamma|). \qquad (9.11)$$

Nach Einführung der bekannten Beziehungen

$$So_D = \frac{F_D \psi^2}{BD\eta_{\text{eff}}|\bar{\omega}|}, \quad So_V = \frac{F_V \psi^2}{BD\eta_{\text{eff}}|\dot{\varepsilon}|} \quad \text{und} \quad \bar{\omega}^* = \omega_Z + \omega_S \qquad (9.12)$$

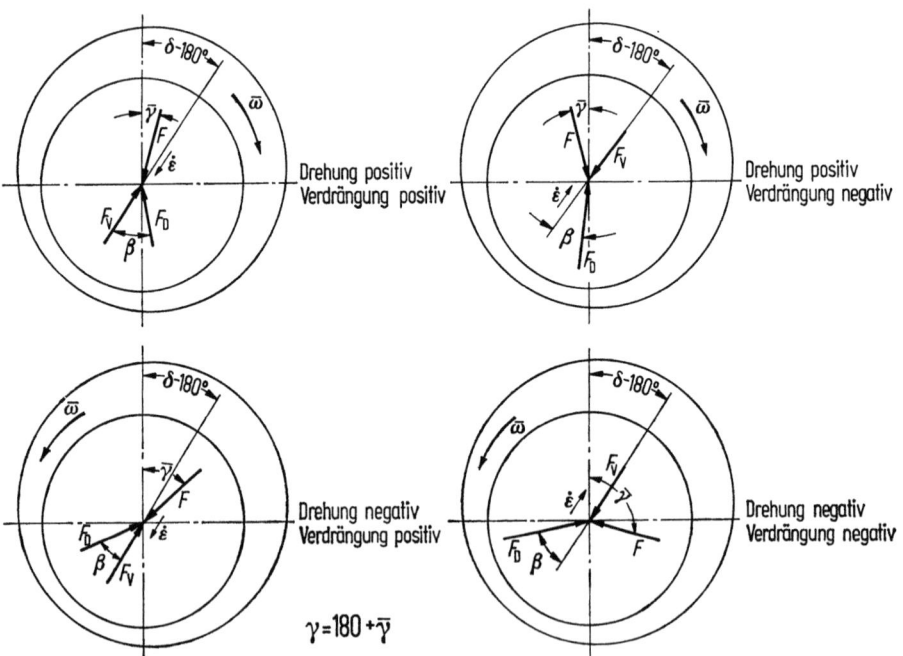

Bild 9.5 Mögliche Gleichgewichtszustände im instationär belasteten Gleitlager

9.1 Dynamisch belastete Radialgleitlager

ergeben sich daraus die gesuchten Bewegungsänderungen

$$|\overline{\omega}| = |\overline{\omega}^* - 2\dot{\delta}| = \frac{\text{sign}\,(\delta - \gamma)\,F\sin(\delta - \gamma)\,\psi^2}{BDSo_D\eta_{\text{eff}}\sin\beta}, \tag{9.13}$$

$$|\dot{\varepsilon}| = \frac{F\psi^2}{BD\eta_{\text{eff}}So_V}\left[\cos(\delta - \gamma) - \frac{\text{sign}\,(\delta - \gamma)\sin(\delta - \gamma)}{\tan\beta}\right]\text{sign}\,(\beta - |\delta - \gamma|). \tag{9.14}$$

Die Absolutstriche können entfallen, da $\text{sign}\,(\delta - \gamma)$ die Drehrichtung von $\overline{\omega}$ und $\text{sign}\,(\beta - |\delta - \gamma|)$ die Richtung von $\dot{\varepsilon}$ anzeigt. So erhält man schließlich die Änderungsgeschwindigkeiten der Spaltbewegung

$$\dot{\varepsilon} = \frac{F\psi^2}{BD\eta_{\text{eff}}So_V}\left[\cos(\delta - \gamma) - \frac{\sin|\delta - \gamma|}{\tan\beta}\right], \tag{9.15}$$

$$\dot{\delta} = \frac{1}{2}\left[\overline{\omega}^* - \frac{F\psi^2}{BD\eta_{\text{eff}}So_D}\cdot\frac{\sin(\delta - \gamma)}{\sin\beta}\right]. \tag{9.16}$$

Rechnet man in endlichen Zeitintervallen Δt bzw. in den entsprechenden Winkelschritten $\Delta\alpha°$ des Arbeitsspieles, so ergeben sich die Verlagerungsänderungen zu

$$\Delta\varepsilon = \dot{\varepsilon}\,\Delta t = \dot{\varepsilon}\,\frac{\Delta\alpha°\pi}{\omega\cdot 180°}, \tag{9.17}$$

$$\Delta\delta° = \dot{\delta}\,\Delta t\,\frac{180°}{\pi} = \dot{\delta}\,\frac{\Delta\alpha°}{\omega}. \tag{9.18}$$

Damit ist der Berechnungsgang im wesentlichen festgelegt. Er beginnt mit den momentanen Belastungsgrößen F_i/γ_i, der momentanen Winkelgeschwindigkeit $\overline{\omega}_i^* = (\omega_Z + \omega_S)_i$ sowie einer geschätzten bzw. aus dem vorhergehenden Rechenschritt bekannten Spaltlage ε_i/δ_i. Mit den So-Werten $So_D = f(\varepsilon_i, B/D)$ und $So_V = f(\varepsilon_i, B/D)$ und dem Verlagerungswinkel $\beta = f(\varepsilon_i, B/D)$ erhält man über die Gln. (9.15) bis (9.18) die Verlagerungsänderungen $\Delta\varepsilon_i$ und $\Delta\delta_i$, die zu der neuen Zapfenlage

$$\varepsilon_{i+1} = \varepsilon_i + \Delta\varepsilon_i, \tag{9.19}$$

$$\delta_{i+1} = \delta_i + \Delta\delta_i \tag{9.20}$$

führen. In der Praxis wird anstelle dieses einfachen linearen Tangenten-Extrapolationsverfahrens das hochwertigere Runge-Kutta-Verfahren, das Euler-Cauchy-Halbschritt-Verfahren oder auch das Verfahren des verbesserten Streckenzuges angewendet. Bei den beiden letzteren wird ein weiterer Schritt zur Ermittlung der Bewegungsänderungen $\Delta\varepsilon_{i+1}$ und $\Delta\delta_{i+1}$ angehängt. Diese beiden Halbschritte werden zum arithmetischen Mittelwert

$$\varepsilon_{i+1} = \varepsilon_i + \frac{1}{2}(\Delta\varepsilon_i + \Delta\varepsilon_{i+1}), \tag{9.21}$$

$$\delta_{i+1} = \delta_i + \frac{1}{2}(\Delta\delta_i + \Delta\delta_{i+1}) \tag{9.22}$$

zusammengefaßt. Dabei wird $\Delta\varepsilon_{i+1}$ und $\Delta\delta_{i+1}$ aus dem nur durch einen einfachen Extrapolationsschritt [Gln. (9.19) und (9.20)] ermittelten Zustand $(i+1)$ bestimmt. Auf der linken Seite von Gl. (9.21) und (9.22) ergibt sich aber schon ein verbesserter Zustand ($i + 1$). Daher kann man das Ergebnis mittels des Verfahrens des verbesserten Streckenzuges iterativ verbessern in der Form

$$\varepsilon_{i+1}^{(n+1)} = \varepsilon_i + \frac{1}{2}(\Delta\varepsilon_i + \Delta\varepsilon_{i+1}^{(n)}),$$
$$\delta_{i+1}^{(n+1)} = \delta_i + \frac{1}{2}(\Delta\delta_i + \Delta\delta_{i+1}^{(n)}). \tag{9.23}$$

Dabei gibt der hochgestellte Index die Iterationsstufe an. Es wird also der zweite Teil des Halbschrittes durch das gerade gewonnene Ergebnis aus dem Iterationsschritt davor verbessert. Diese Iteration wird solange fortgeführt, bis keine nennenswerte Verbesserung mehr zu erreichen ist. Als Genauigkeitsschranke könnte man vorschreiben, daß die Änderung benachbarter Iterationen in $\Delta\varepsilon_{i+1} < 1 \cdot 10^{-5}$ und in $\Delta\delta_{i+1} < 1 \cdot 10^{-3}$ ist. Wenn diese Genauigkeit nach 6 Iterationsschritten noch nicht erreicht ist, dann muß man annehmen, daß stärkere Bewegungsänderungen auftreten, die eine Verfeinerung der örtlichen Schrittweite erfordern. Auch bei negativen Verlagerungsänderungen $\Delta\varepsilon$ erfolgt wegen der relativ geringen negativen Verdrängungs-Tragfähigkeit in der Regel ein sehr heftiger, in seiner Auswirkung oft überzogener Verlagerungsschritt, der in den nachfolgenden Rechenschritten wieder rückgängig gemacht werden müßte. In diesen beiden Fällen empfiehlt sich die Verwendung einer örtlich verfeinerten Schrittweite. In der praktischen Anwendung auf Verbrennungsmotoren ist eine Grundschrittweite von 4 bis 8° ausreichend. Unter den vorgenannten Zuständen sollte diese in einer getrennten Rechenschleife mit dem normalen Rechenablauf auf etwa den zehnten Teil der Grundschrittweite verfeinert werden. Das Endergebnis dieser Unterteilungsschleife in Form der der Grundschrittweite wieder entsprechenden Verlagerungswerte ε_{i+1} und δ_{i+1} wird dann wieder in den normalen Rechnungsablauf übernommen.

Diese Berechnung erfolgt über das ganze Arbeitsspiel und darüber hinaus, bis eine geschlossene Bahnkurve erreicht ist. Auch bei groben Anfangswerten verläuft die Bahnkurve im zweiten Arbeitsspiel sehr bald in die Bahnkurve des ersten Arbeitsspieles ein. Um ein zufälliges Durchkreuzen der beiden Bahnkurven nicht als Ende der Rechnung anzusehen, empfiehlt es sich, die Identität mit dem ersten Arbeitsspiel über mehrere aufeinanderfolgende Stützstellen zu verfolgen. Dabei müssen die sich entsprechenden Punkte im Abstand von einem Arbeitsspiel bis auf eine zu wählende Genauigkeitsschranke

$$\left.\begin{array}{l}|\varepsilon(t) - \varepsilon(t+T)| < \Delta_1 \\ |\delta(t) - \delta(t+T)| < \Delta_2\end{array}\right\} \begin{array}{l}\Delta_1 \sim 0{,}001, \\ \Delta_2 \sim 0{,}1°\end{array}$$

decken.

In bestimmten Anwendungsfällen rotieren Zapfen oder Schalen ungleichförmig. Typische Anwendungsfälle hierzu sind die Pleuel- und Kolbenbolzenlager von Hubkolbenmotoren. Der gleichförmigen Rotation des Zapfens überlagert sich eine ungleichförmige, aus der Kinematik des Kurbeltriebs bekannte Schwenkbewegung der Pleuelstange und ihrer Lagerschale. Da man im allgemeinen die Belastung in einem schalenfesten System ermittelt, muß die Pleuel-Schwenkbewegung zu einer Relativgeschwindigkeit mit der des Zapfens zusammengefaßt werden.

$$\overline{\omega}^* = \omega_Z + \omega_S. \tag{9.24}$$

9.1 Dynamisch belastete Radialgleitlager

Die Bewegungsgesetze des Kurbeltriebes sind z. B. aus [9.7] bekannt. Berücksichtigt man auch noch die Bauformen von V-Motoren mit zentrischen Gabel- und Innenpleuel, so ergeben sich unter Beachtung der Kurbelstellung $\alpha = 0°$ für die OT-Lage des Pleuels bzw. des Gabelpleuels folgende Beziehungen:

Pleuellager oder Gabelpleuellager

$$\overline{\omega}^* = \omega_Z \left\{ 1 - \lambda \left[\left(1 + \frac{\lambda^2}{8} \right) \cos \alpha - \frac{\lambda^2}{8} \cos 3\alpha \right] \right\}; \quad (9.25)$$

Innenpleuellager

$$\overline{\omega}^* = -\omega_Z \lambda \left\{ \left(1 + \frac{\lambda^2}{8} \right) (\cos \alpha + \cos(\alpha - \alpha_V)) - \frac{\lambda^2}{8} (\cos 3\alpha + \cos 3(\alpha - \alpha_V)) \right\}; \quad (9.26)$$

Kolbenbolzenlager

$$\overline{\omega}^* = -\omega_Z \lambda \left\{ \left(1 + \frac{\lambda^2}{8} \right) \cos \alpha - \frac{\lambda^2}{8} \cos 3\alpha \right\} \quad (9.27)$$

mit dem Stangenverhältnis $\lambda = r/l$ und dem Zündabstand-im-V α_V. Bei Exzenterlagern von Wankelmotoren ergibt sich die Relativgeschwindigkeit zu

$$\overline{\omega}^* = \frac{4}{3} \omega_Z. \quad (9.28)$$

Ist die Berechnung der Verlagerungsbahn mit einer periodischen Bahnkurve abgeschlossen, dann kann anschließend die Berechnung der zeitlich veränderlichen Druckentwicklung, der Lager-Reibleistung und des Öldurchsatzes erfolgen. Dabei soll hier unter Reibleistung nur der Anteil aus dem Drehwiderstand verstanden werden, also die zum Antrieb der Welle notwendige Leistung. Für eine Wärmebilanz wäre dieser Wert durch die Dämpfungsleistung aus der Verdrängung zu ergänzen. Solche Wärmebilanzen sind bei instationären Lagern aber kaum üblich, da diese Lager vorwiegend in thermischen Maschinen eingesetzt werden und deshalb häufig einem nicht unbeträchtlichen Wärmeeinfall aus der Maschine unterliegen.

Zur Ermittlung der noch interessierenden Gleitlager-Zustandsgrößen wie Druck, Reibleistung und Öldurchsatz sind während der Berechnung der Verlagerungsbahn bestimmte Zwischengrößen zu ermitteln, welche dazu notwendig sind, die ebenfalls zunächst nur als dimensionslose Kenngrößen bekannten Drücke usw. in tatsächliche Größen umzurechnen. Es sind dies neben den Verlagerungswerten ε_i und δ_i auch die dort schon anfallenden Kennwerte So_{Di}, So_{Vi} und β_i, die man also schon während der Verlagerungsrechnung zweckmäßigerweise speichert. Genau sind dies die Werte am Anfang jedes Halbschrittes. Zur Trennung einzelner Zustandsgrößen in den Drehungs- und Verdrängungsanteil ist aber noch die Kenntnis der beiden Lastanteile bzw. der Bewegungsänderungen erforderlich. Bezieht man die Lastanteile auf die äußere Last F_i, so ergeben sich die bezogenen Lastanteile

$$k_{D,i} = \frac{F_{D,i}}{F_i} = \frac{So_{D,i} BD\eta}{F_i \psi^2} \left| \overline{\omega}^*_i - \frac{2\Delta\delta_i°}{\Delta\alpha°} \omega \right|, \quad (9.29)$$

$$k_{V,i} = \frac{F_{V,i}}{F_i} = \frac{So_{V,i} BD\eta}{F_i \psi^2} \left| \dot{\varepsilon}_i \frac{\omega}{\widehat{\Delta\alpha}} \right|. \quad (9.30)$$

18 Lang/Steinhilper, Gleitlager

Eine andere Möglichkeit besteht darin, die Bewegungsänderungen selbst zu ermitteln:

$$\bar{\omega}_i = \frac{F_i \psi^2 \sin(\delta_i - \gamma_i)}{BD\eta \, So_{D,i} \sin \beta_i}, \tag{9.31}$$

$$\dot{\varepsilon}_i = \frac{F_i \psi^2}{BD\eta So_{V,i}} \left[\cos(\delta_i - \gamma_i) - \frac{\sin |\delta_i - \gamma_i|}{\tan \beta_i} \right]. \tag{9.32}$$

Im Falle reiner Drehung ist $k_{V,i} = 0$ und $\beta_i = |\delta_i - \gamma_i|$ sowie $k_{D,i} = 1$ zu setzen. Ist praktisch allein die reine Verdrängungswirkung vorhanden, dann ist $k_{D,i} = 0$, während $k_{V,i} = 1$ und $\beta_i = 90°$ ist.

Für die Berechnung der Druckverläufe verwendet man am besten das in Abschnitt 7.1.3 beschriebene Integrationsverfahren. Approximationen der dort ermittelten Druckverläufe $\Pi_D(\varphi, \bar{z}, \varepsilon, B/D)$ und $\Pi_V(\varphi, \bar{z}, \varepsilon, B/D)$ wären sehr aufwendig, zumal wenn man gewisse Anforderungen an die Genauigkeit stellt, die bei der Berechnung der Lagerbeanspruchungen bis in die genaue Erfassung der Druckgradienten gehen. Zur Verminderung des nicht unwesentlichen Rechenaufwandes kann man aber die Zahl der in Abschnitt 7.1.3 angegebenen Stützstellen in Breiten- und Umfangsrichtung reduzieren. Zum anderen kann man den Aufwand zum Einstellen der Randbedingungen in der Druckverteilung dadurch vermindern, daß man diese Stellen durch eine vorgegebene Approximation der hier tabellierten Druckenden bei dem Integrationsverfahren vorgibt.

Aus der in jedem Punkt des Arbeitsspiels notwendigen Integration, getrennt nach Drehung und Verdrängung, erhält man die dimensionslosen Druckverteilungen $\Pi_D = f(\varphi, \bar{z})$ und $\Pi_V = f(\varphi, \bar{z})$. Dabei beginnt die Winkelzählung im weitesten Spalt. Zu den echten Drücken gelangt man mit Hilfe der vorgenannten Zwischengrößen

$$p_{D,i} = \Pi_{D,i} \frac{F_i k_{D,i}}{So_{D,i} BD}, \qquad p_{V,i} = \Pi_{V,i} \frac{F_i k_{V,i}}{So_{V,i} BD}. \tag{9.33}$$

Die nunmehr bekannten tatsächlichen Druckverläufe sind nun noch phasenrichtig, d. h. der momentanen schalenfesten Spaltlage zuzuordnen. Der Drehungsdruckaufbau findet vor dem engsten Spalt statt, wenn $(\delta_i - \gamma_i)$ positiv ist; ist $(\delta_i - \gamma_i)$ negativ, so wird der Drehungsdruck hinter dem engsten Spalt entwickelt, so daß das Integrationsergebnis zunächst gespiegelt und anschließend in die richtige Phase verschoben werden muß. Da die Integration mit $\varphi = 0$ im weitesten Spalt beginnt, sind die ermittelten Drücke vom weitesten Spalt in Drehrichtung auf den engsten Spalt hin, bei negativer Drehung entgegen der Drehrichtung einzusetzen. Die Richtung der Verdrängung ergibt sich aus $(\beta_i - |\delta_i - \gamma_i|)$; bei positiver Verdrängung ist dieser Wert >0 und die ermittelten Verdrängungsdrücke erstrecken sich symmetrisch zum engsten Spalt; bei negativer Verdrängung liegen sie symmetrisch auf der Seite des weitesten Spaltes. Der resultierende Druckverlauf ergibt sich dann aus der additiven Überlagerung der beiden Druckanteile. Zu beachten ist, daß wegen der gesteuerten Schrittweite bei der Integration die Teildrücke an nichtäquidistanten Stützstellen anfallen, so daß eine Interpolation auf äquidistanten Stützstellen am Lagerumfang vorzuschalten ist. Diese Zuordnung der Teildrücke kann auch durch Fourier-Analysen der Teildrücke mit anschließender Phasenverschiebung entsprechend den dargelegten Kriterien und deren Summation ersetzt werden. Dies ist besonders im Hinblick auf Spannungsermittlung im Lager zweckmäßig.

9.1 Dynamisch belastete Radialgleitlager

Bei der Reibleistung eines instationären Lagers ist zu unterscheiden zwischen der an der Welle aufzubringenden Reibleistung, die allein aus dem Drehungsdruck resultiert, und der gesamten Reibleistung im instationären Lager, in der auch die Dämpfungsleistung unter den Verdrängungsdrücken enthalten ist. Diese gesamte Reibleistung wäre für eine Wärmebilanz des Lagers zu berücksichtigen, da unter den Verdrängungswirkungen auch Schubspannungen im Ölfilm auftreten, die in Form einer Dämpfung dem Lager Leistung entziehen. Die gesamte Reibleistung eines instationären Lagers setzt sich also aus einen Drehungs- und einem Verdrängungsanteil zusammen

$$N_{\text{ges}} = N_\text{D} + N_\text{V}. \tag{9.34}$$

Da instationäre Lager praktisch ausschließlich in thermischen Kraftmaschinen eingesetzt werden, ist eine Wärmebilanz wegen des meist beachtlichen Wärmeeinfalls aus der Maschine wenig erfolgversprechend. Zur Ermittlung der effektiven Lagertemperaturen geht man daher vorwiegend von praktischen Erfahrungen und Messungen an ausgeführten Maschinen aus. Andrerseits interessiert die an der Welle aufzubringende Leistung, die allein dem Drehungsanteil N_D entspricht. Sie könnte grundsätzlich aus dem Reibwert μ und dem Drehungslastanteil $F_\text{D} = Fk_\text{D}$ ermittelt werden, wobei noch zu beachten ist, daß die Reibung mit der Gleitgeschwindigkeit $\omega_{\text{gl}} = \omega_\text{Z} - \omega_\text{S}$ und nicht mit der hydrodynamisch-wirksamen Winkelgeschwindigkeit $\overline{\omega} = \omega_\text{Z} + \omega_\text{S} - 2\dot\delta$ zu bilden ist. Da aber im instationären Fall eine Zapfenlage $\varepsilon = 0$ ebenso möglich ist wie der Zustand, daß der Drehungsanteil mit $\overline{\omega}$ zu Null wird, wobei dann die Last allein durch die Verdrängungswirkung aufgenommen würde, ist diese Methode nicht zweckmäßig. Für $\varepsilon = 0$ strebt der bezogene Reibwert μ/ψ aus der Streifendarstellung gegen Unendlich. Aber auch in diesen Fällen tritt ein lineares Geschwindigkeitsgefälle im Schmierspalt auf, woraus eine endliche Schubspannung resultiert, die der Petroffschen Reibung entspricht.

Man kann diese Sonderfälle durch die Integration der Schubspannungen aus Gl. (7.41) zur Reibkraft W erfassen

$$W = \int_{-B/2}^{+B/2} \int_0^{2\pi} \left[\eta \frac{U_\text{Z} - U_\text{S}}{h} R + \frac{h}{2} \cdot \frac{\partial p}{\partial \varphi} \right] d\varphi \, dz$$

$$= \int_{-B/2}^{+B/2} \int_0^{2\pi} R\eta \frac{U_\text{Z} - U_\text{S}}{h} d\varphi \, dz - \int_{-B/2}^{+B/2} \int_0^{\varphi_0} \left[-\frac{p_\text{D}}{2} \psi R\varepsilon \sin\varphi \right] d\varphi \, dz$$

$$= \int_{-B/2}^{+B/2} \int_0^{2\pi} R\eta \frac{\omega_\text{Z} - \omega_\text{S}}{\psi} \cdot \frac{1}{H} d\varphi \, dz + \frac{\varepsilon \psi}{2} \int_{-B/2}^{+B/2} \int_0^{\varphi_0} p_\text{D} \sin\varphi R \, d\varphi \, dz$$

$$= \frac{BR\eta}{\psi} (\omega_\text{Z} - \omega_\text{S}) \frac{2\pi}{\sqrt{1-\varepsilon^2}} + \frac{\varepsilon}{2} \psi \sin\beta F_\text{D}$$

$$= \frac{BD\eta}{\psi} (\omega_\text{Z} - \omega_\text{S}) \frac{\pi}{\sqrt{1-\varepsilon^2}} + \psi \frac{\varepsilon}{2} \sin\beta F_\text{D}$$

$$= \frac{BD\eta}{\psi} (\omega_\text{Z} - \omega_\text{S}) \frac{\pi}{\sqrt{1-\varepsilon^2}} + \psi \frac{\varepsilon}{2} Fk_\text{D} \sin\beta. \tag{9.35}$$

Hierin entspricht der erste Term dem linearen Schergefälle, während der zweite Term die Drehungsdruckentwicklung erfaßt. Letzterer wird zu Null in den zuvor geschilderten Sonderfällen. Damit ergibt sich dann die Reibleistung

$$N_\mathrm{D} = \frac{1}{n\pi} \cdot \frac{D}{2} \omega_\mathrm{Z} \int_0^{n\pi} W \, d\alpha. \tag{9.36}$$

Diese Integration erfolgt numerisch z. B. nach der Simpson-Regel.

Auch die Bestimmung des mittleren Öldurchsatzes für ein Arbeitsspiel von 0 bis $n\pi$ erfolgt durch eine entsprechende Integration über die momentanen Öldurchsatzanteile

$$\dot{Q} = \frac{1}{n\pi} \int_0^{n\pi} [\dot{Q}_{\mathrm{D,i}} + \dot{Q}_{\mathrm{V,i}} + \dot{Q}_{\mathrm{p,i}}] \, d\alpha \tag{9.37}$$

aus den Komponenten

$\dot{Q}_\mathrm{D}$ = Öldurchsatz infolge Drehungsdruckentwicklung,
$\dot{Q}_\mathrm{V}$ = Öldurchsatz infolge Verdrängungsdruckentwicklung,
$\dot{Q}_\mathrm{p}$ = Öldurchsatz infolge Zuführdruck durch Ringnut, Tasche oder Bohrung.

Die Berechnung dieser Öldurchsatzteile ist in Abschnitt 8.1 beschrieben. Die dort angegebenen bezogenen Öldurchsätze

$$\bar{Q}_\mathrm{D} = \frac{\dot{Q}_\mathrm{D}}{R^3\psi|\bar{\omega}|} \qquad \bar{Q}_\mathrm{V} = \frac{\dot{Q}_\mathrm{V}}{R^3\psi|\dot{\varepsilon}|} \quad \text{und} \quad \bar{Q}_\mathrm{p} = \frac{\dot{Q}_\mathrm{p}\eta_{\mathrm{eff}}}{R^3\psi^3 p_\mathrm{Z}}$$

sind immer als Funktion $f(\varepsilon, B/D)$ gegeben und müssen in entsprechender Weise nach den Gln. (9.29) bis (9.32) umgerechnet werden, wofür man folgende Beziehung verwenden kann

$$\bar{\omega} = \frac{k_{\mathrm{D,i}} F_\mathrm{i} \psi^2}{BD\eta So_{\mathrm{D,i}}}, \qquad \dot{\varepsilon} = \frac{k_{\mathrm{V,i}} F_\mathrm{i} \psi^2}{BD\eta So_{\mathrm{V,i}}}.$$

Wie schon bei der Berechnung statisch belasteter Lager vermerkt wurde, kann man auch bei instationär belasteten Lagern mit einer 360°-Nut mit Vorteil die Ersatz-Abmessungen $D^* = D\sqrt{2}$ und $B^* = (B - B_{\mathrm{Nut}})\sqrt{2}/2$ verwenden, mit den dort genannten Einschränkungen.

Diese Bestimmung der Druckverläufe, der Reibleistung und des Öldurchsatzes erfolgt also, nachdem die Verlagerungsrechnung abgeschlossen und die Konvergenz erreicht ist.

Bild 9.6 zeigt das Schema des Berechnungsganges für instationär belastete Gleitlager. Dieses Blockdiagramm enthält neben der eigentlichen Verlagerungsrechnung auch die Berechnung des Druckverlaufes, der Reibleistung und des Öldurchsatzes.

Die Ergebnisse werden am zweckmäßigsten in Form von Polardiagrammen dargestellt, wobei es sich weiter empfiehlt, dieselben sowohl in schalenfester wie auch in zapfenfester Orientierung zu erstellen. So können die Ergebnisse am jeweils stehenden Teil, der Schale oder dem Zapfen beurteilt werden. Dies ist besonders wichtig, wenn eine nicht gleichförmige Drehbewegung vorliegt wie z. B. beim Pleuellager. Dies gilt für die Belastungs- und Verlagerungsdiagramme

9.1 Dynamisch belastete Radialgleitlager

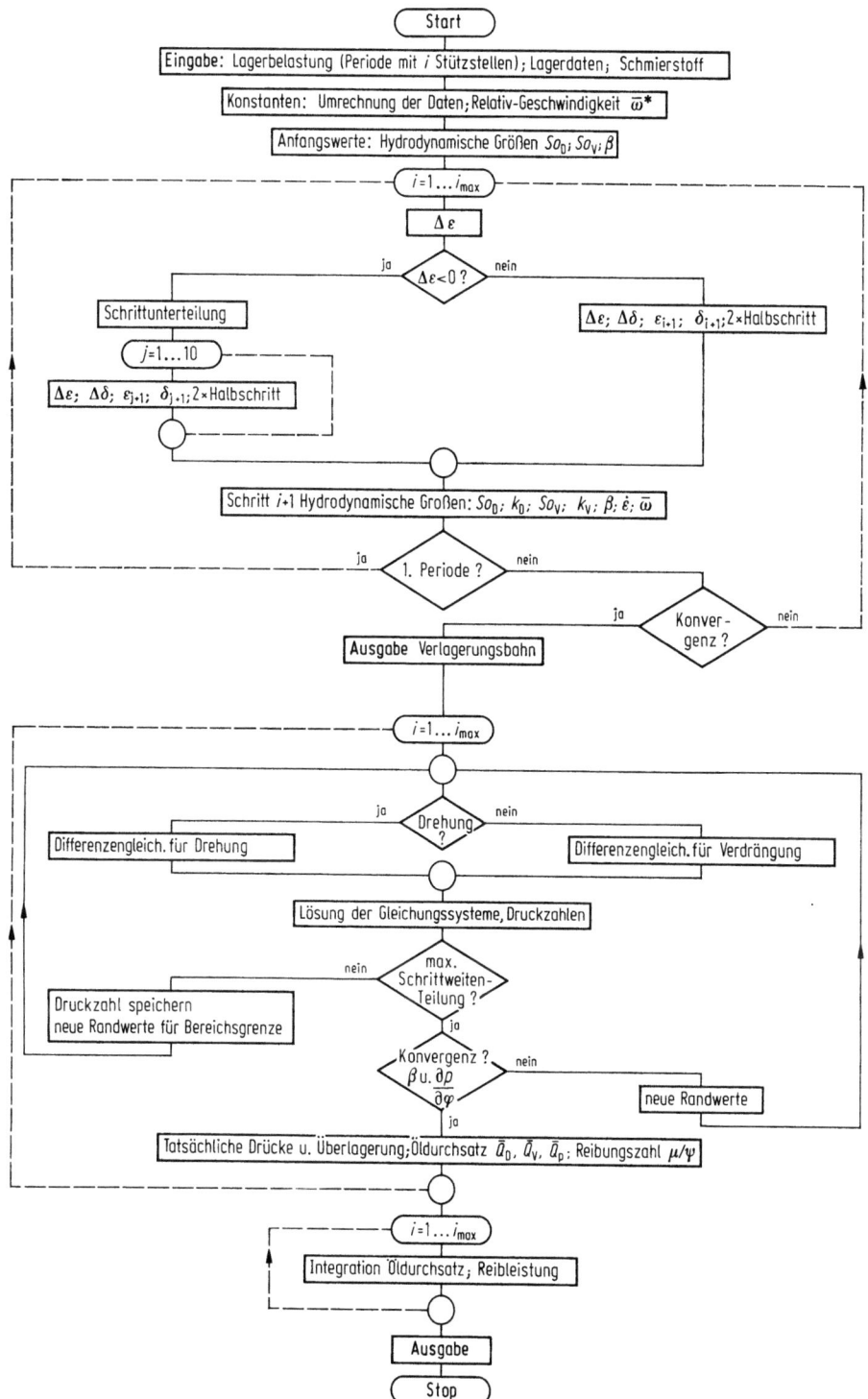

Bild 9.6 Berechnungsgang für instationär belastete Gleitlager

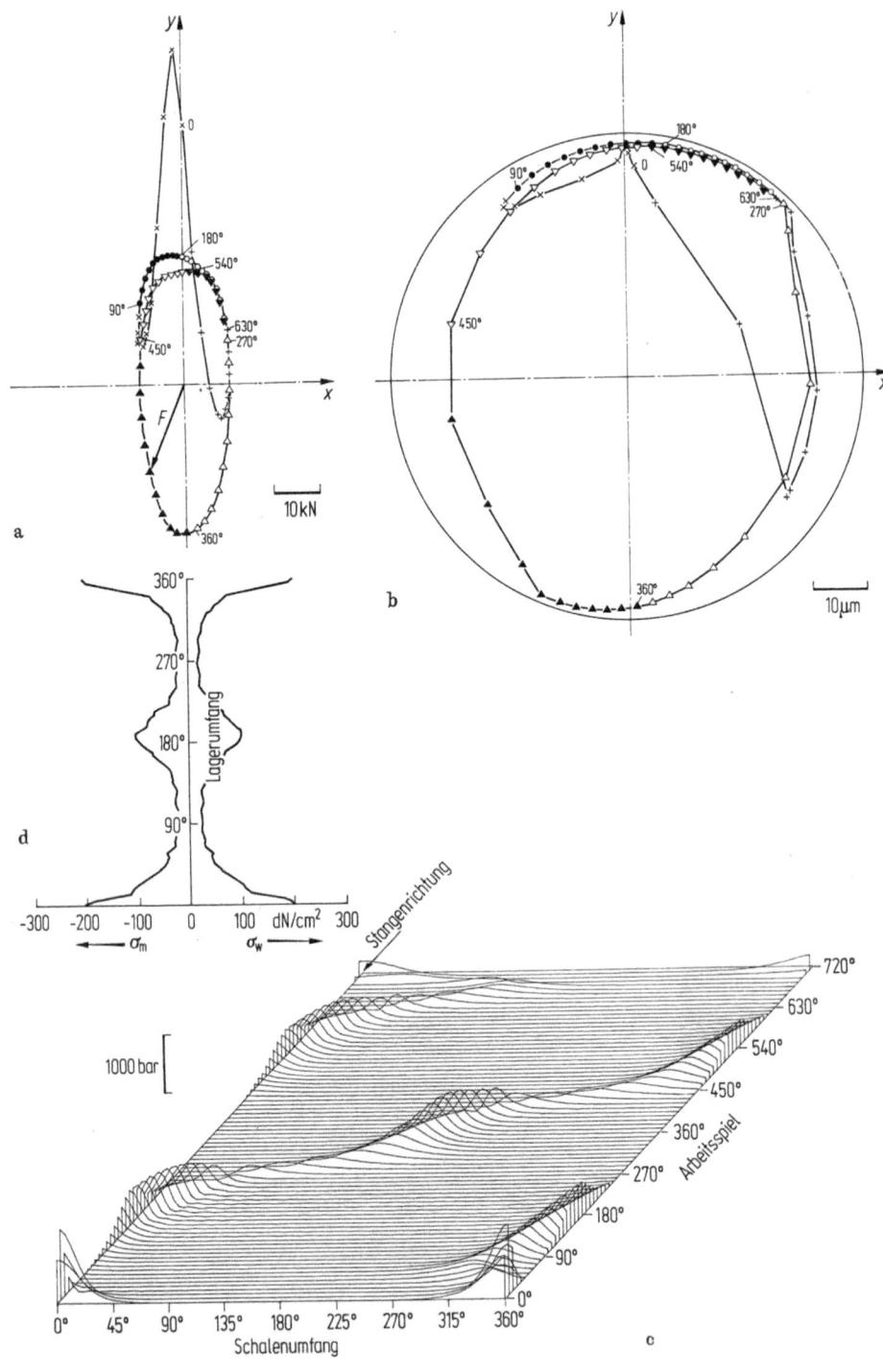

Bild 9.7 Schalenfeste Lagerdiagramme für ein Pleuellager.
a) Belastungsdiagramm; b) Verlagerungsdiagramm; c) Druckverteilung in der Mittelebene; d) Spannungsverteilung in der Laufschicht

ebenso wie für die Druckverläufe. Bild 9.7 zeigt die schalenfesten Diagramme für ein Pleuellager, wobei diese der normalen Einbaulage in der Pleuelstange zugeordnet sind. Bei den polaren Darstellungen entspricht also die vertikale y-Achse der Stangenrichtung, und für den Druckverlauf über dem abgewickelten Lagerumfang ist die Zuordnung angegeben. Im Belastungsdiagramm (a) ist die Ortskurve des Lastvektors dargestellt, der im schalenfesten Diagramm nach außen auf die Schale gerichtet ist. Im Verlagerungsdiagramm (b) ist die Bahnkurve des Wellenmittelpunktes im Spielkreis eingetragen. Die angegebenen Maßstäbe erleichtern die Größenbestimmung, wobei die momentane kleinste Spalthöhe aus dem radialen Abstand des Bahnkurvenpunktes vom Spielkreis zu bestimmen ist. Die zeitliche Unterteilung des Arbeitsspieles ist durch die markierten Punkte gegeben. Die zeitlich veränderliche Druckverteilung im Mittelschnitt des Lagers ist unter (c) dargestellt; der Lagerumfang entspricht der horizontalen Achse, und die Zeitachse über ein volles Arbeitsspiel ist nach hinten gerichtet. In den schalenfesten Diagrammen sind die Stellen hoher Last, großer Verschleißgefahr und hoher Druckbeaufschlagung zu finden. Daran kann man konstruktive Maßnahmen wie die Teilfugenlage bei schräggeteilten Pleuelstangen oder die Anordnung von Taschen, Nuten oder Ölbohrungen zum Kolbenbolzen oder zur Zylinderschmierung beurteilen. Stellen mit lange andauernder Belastung und hohen Schmierfilmdrücken sind ebenso wie Bereiche lange anhaltender kleiner Schmierspalte dafür ungeeignet. Das schalenfeste Verlagerungsdiagramm dient in erster Linie zur Beurteilung der Verschleißgefahr und der Anfälligkeit für Schmutzeinbettungen und -riefen. Maßgebend dafür sind nicht allein die kleinsten Schmierspalte, sondern auch der zeitliche Anteil kleiner Spalte. Eine kurzzeitige und örtlich begrenzte Zone kleiner Schmierspalte ist nicht so kritisch. Bei den heute üblichen Drittschichten mit ihrem guten Einlaufvermögen werden solche Stellen durch die Einlaufverbesserung der Oberflächen und der örtlichen Spaltgeometrie ohne übermäßige Wärmeentwicklung in ihrem Tragverhalten verbessert. Örtlich und zeitlich ausgedehnte Bereiche kleiner Spalte signalisieren jedoch die Gefahr des Dauerverschleißes mit gesteigerter Wärmeentwicklung, wodurch die Lebensdauer eines Lagers herabgesetzt werden kann. Die Darstellung (d) zeigt den nach Abschnitt 8.5.2 berechneten Mittel- und Wechselspannungsverlauf σ_m bzw. σ_w in der Laufschicht des Pleuellagers, aufgetragen über dem Lagerumfang.

Bild 9.8 zeigt die zapfenfesten Diagramme für den Kurbelzapfen, dessen feste Position der OT-Lage entspricht. Das zapfenfeste Verlagerungsdiagramm (b) zeigt, daß der Kurbelzapfen primär auf der Zapfeninnenseite verschleißt. Aus dem Belastungsdiagramm (a) und der Druckverteilung (c) kann die optimale Anordnung der Ölbohrung im Kurbelzapfen beurteilt werden. Diese sollte in einem Bereich liegen, der über das ganze Arbeitsspiel betrachtet möglichst große Schmierspalte, geringe Belastung und vor allem geringe Drücke aufzuweisen hat. Die übliche Lage der Ölbohrung ist im Druckverlauf eingetragen.

9.1.1.4 Diskussion der Berechnungsverfahren

Die Genauigkeit der Ergebnisse, die mit den dargestellten Berechnungsverfahren erzielt werden, hängt zunächst von der richtigen Wahl der Betriebsparameter ab. Hrierzu gehören neben dem Belastungsverlauf auch das Betriebsspiel und die effektive Temperatur oder Viskosität. Gerade bei den instationären Anwendungen ist dies wichtig, da hier die thermischen Zustände stark vom Maschinenverband bestimmt werden, was bei Verbrennungsmotoren besonders deutlich wird. Hier

280 9 Instationäres Radialgleitlager — Praktische Anwendung

sind Messungen der Öl- und Lagertemperaturen in Abhängigkeit von Drehzahl und Last an vergleichbaren Maschinen unumgänglich.

Im Vergleich der verschiedenen Berechnungsverfahren ergeben sich immer dort größere Unterschiede, wo die Berücksichtigung größerer negativer Druckanteile einsetzt, die ja bei den Verfahren der vorgegebenen Bewegungsänderungen und der überlagerten Drücke stattfinden kann. Dies gilt ganz besonders dann, wenn aus beiden Bewegungsanteilen größere negative Druckanteile berücksichtigt

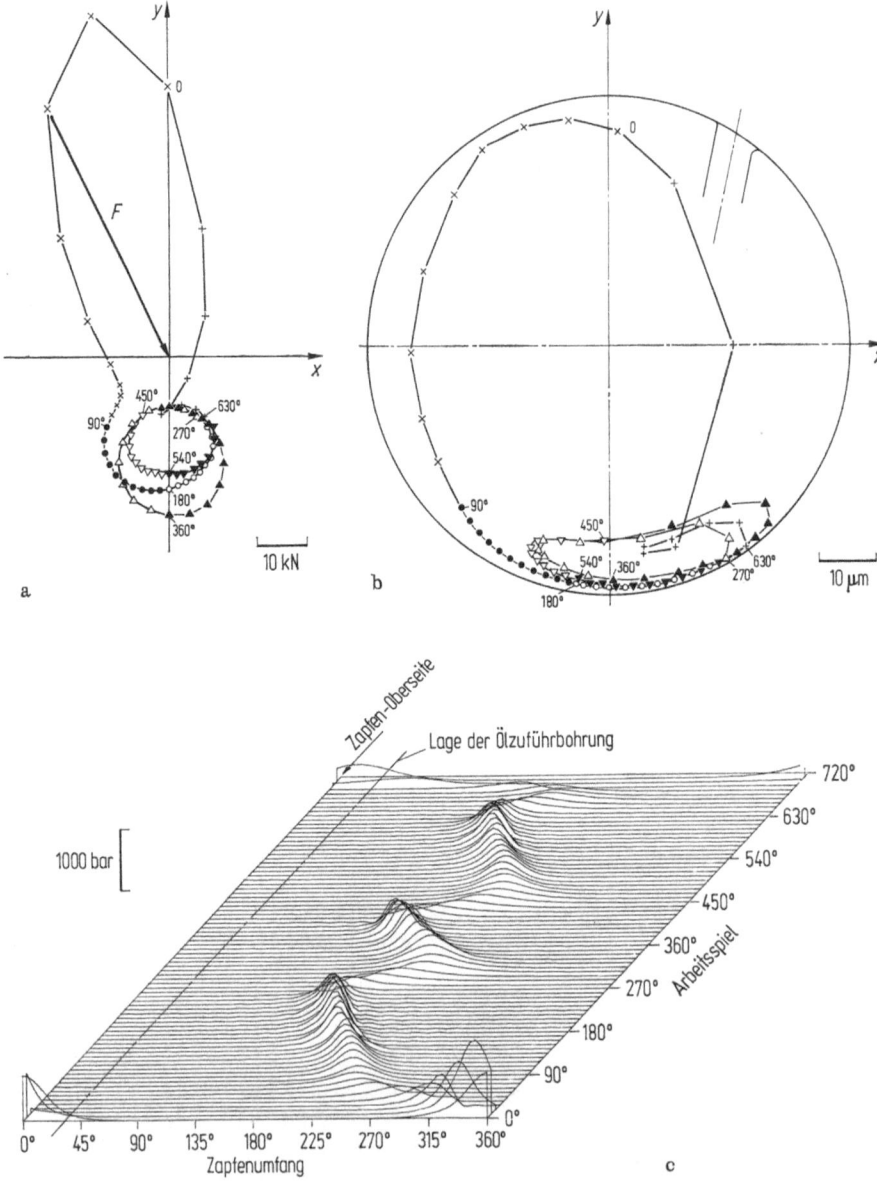

Bild 9.8 Zapfenfeste Lagerdiagramme für ein Pleuellager.
a) Belastungsdiagramm; b) Verlagerungsdiagramm; c) Druckverteilung in der Mittelebene

9.1 Dynamisch belastete Radialgleitlager   281

werden. Diese Konstellation tritt besonders bei Verlagerungsbewegungen nach innen auf. So zeigt Bild 9.9 im Vergleich zwischen dem Verfahren (A) der überlagerten Traganteile mit dem Verfahren (B) der überlagerten Drücke die größte Abweichung im Bereich um 180° auf, wo die Tragfähigkeit des Verfahrens B deutlich schlechter ist. Dagegen sind die Unterschiede in den Bereichen vorwiegender Drehungsbewegung und anhaltend kleiner Spalte — also etwa bei 90° — geringer. Das Verfahren B führt dort allerdings wegen der stärkeren Änderung des Verlagerungswinkels β zu einer höheren hydrodynamisch wirksamen Winkelgeschwindigkeit $\bar{\omega}$, wodurch sich eine höhere Tragfähigkeit ergibt. So werden die verschleißkritischen Bereiche kleiner und länger anhaltender Spalte nach dem Verfahren B häufig günstiger und an der Schale etwas nacheilend gefunden.

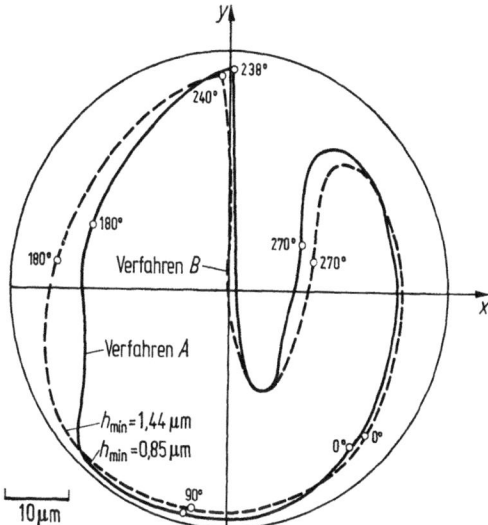

Bild 9.9 Schalendiagramm
Verlagerung — Mittellager eines Fahrzeug-Diesel-Motors

Ein Vergleich mit den Messungen von Radermacher [9.8] unter einer trapezförmigen Wechsellast in der Vertikalen zeigt Bild 9.10. Beide Rechenergebnisse zeigen hier größere Exzentrizitäten als die Messung, was auf die Wahl der Betriebsparameter Lagerspiel, effektive Viskosität und den Lastverlauf selbst zurückzuführen ist, deren experimentelle Ermittlung mit Schwierigkeiten verbunden war. So ist gerade der Lastverlauf bei 90° und 450° wegen der dort vorhandenen geringen Laständerungen etwas unsicher. Die Form der Verlagerungsbahn nach Verfahren A liegt aber näher an der Messung und zwar besonders in den oben angesprochenen Bereichen negativer Verdrängungsbewegung, also in der kleinen Achse der etwa elliptischen Bahnkurve.

Weitere Indizien zur Klärung der besseren Wirklichkeitsnähe des Verfahrens A mit den überlagerten Traganteilen und den physikalischen Randbedingungen sind Verschleißmessungen mittels Isotopen und Druckmessungen in instationär belasteten Lagern. Durch Isotopen-Verschleißmessungen können kontinuierlich die im Schmieröl enthaltenen Abriebmengen bei Änderung der Drehzahl, der Last, der Öltemperatur oder der Viskosität gemessen werden. Solche Versuche wie z. B. in [9.9] wurden an den Grund- und Pleuellagern von Motoren unterschiedlicher Bauart bei wechselnden Betriebszuständen durch-

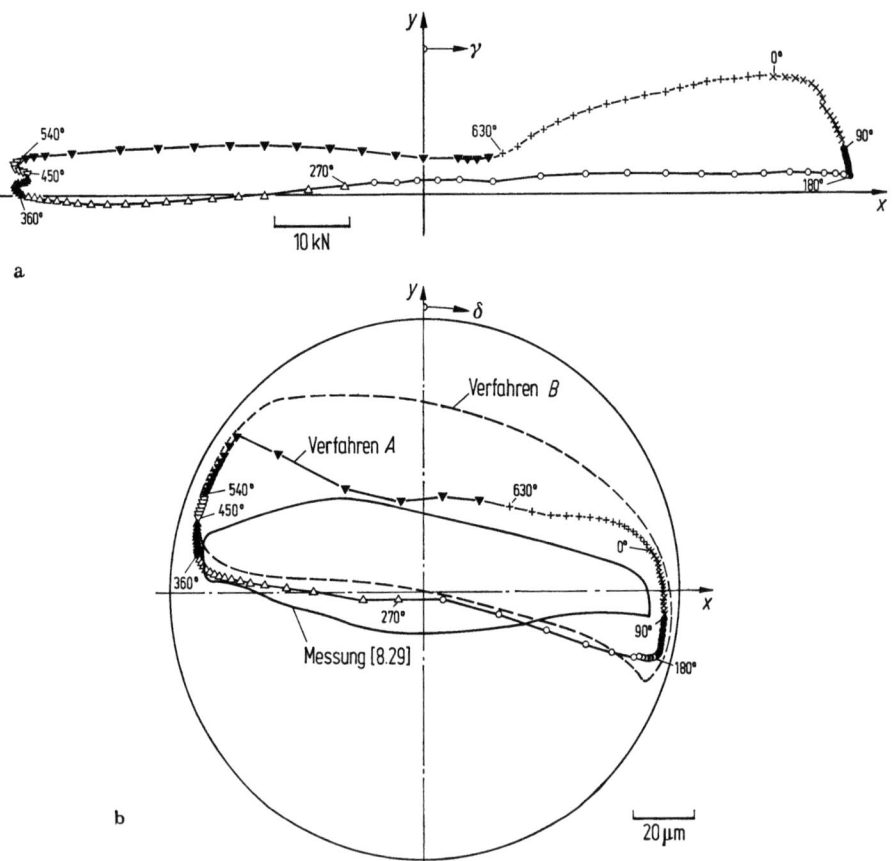

Bild 9.10 Trapez-Wechsellast und Verlagerungsbahn nach Messung [9.8] und Rechnung

geführt. Trägt man entsprechend Bild 9.11 die bei den verschiedenen Betriebszuständen nach dem Verfahren A berechneten kleinsten Schmierspalthöhen in Abhängigkeit von der dabei gemessenen Verschleißrate auf, so ergibt sich ein eindeutiger und stark ausgeprägter Verschleißanstieg immer dann, wenn die kleinste Spalthöhe im Bereich der Zapfenrauhtiefe liegt. Dazu muß man wissen, daß diese Versuche an eingelaufenen Dreistofflagern durchgeführt wurden, so daß die kleinste zulässige Spalthöhe im wesentlichen durch die Rauhtiefe des gehärteten Zapfens bestimmt wird. Diese Aussage ergänzt die Ausführungen zu der kleinsten zulässigen Spalthöhe unter statischer Last nach Abschnitt 8.3.3. Dieses Ergebnis zeigt auch, daß die instationäre Verlagerungsrechnung durchaus in der Lage ist, auch quantitativ richtige Ergebnisse zu liefern. Weiter bestätigen Druckmessungen, die unter instationären Bedingungen einen hohen Meßaufwand erfordern, die physikalischen Randbedingungen für die Druckentwicklung besser als die mathematisch einfachen Randbedingungen.

Häufig wird vermutet, daß die instationäre Berechnung für den Fall eines raschen Druckaufbaus in einem zuvor nicht mit Öl gefüllten Spaltteil zu günstige Ergebnisse liefern könnte. Tatsächlich verlaufen in praktischen Anwendungen solche Zustandsänderungen nicht schlagartig ab. Die Druckentwicklung erfolgt in

9.1 Dynamisch belastete Radialgleitlager

diesen Fällen immer kontinuierlich vom reinen Drehungsdruck im nachlaufenden Spaltbereich über einen Verdrängungsdruck im Bereich des engsten Spaltes hin zu einem Drehungsdruck im vorlaufenden Spalt oder umgekehrt. Außerdem sind instationär belastete Lager in der Regel druckgeschmiert, so daß bei richtiger Lage der Ölzufuhr der unbelastete Spaltbereich, in dem zudem wohl noch ganz leichte Unterdrücke vorhanden sind, immer vollgefüllt ist. Durch Druckmessungen konnte bisher ein nur teilweise gefüllter Spalt noch nicht nachgewiesen werden.

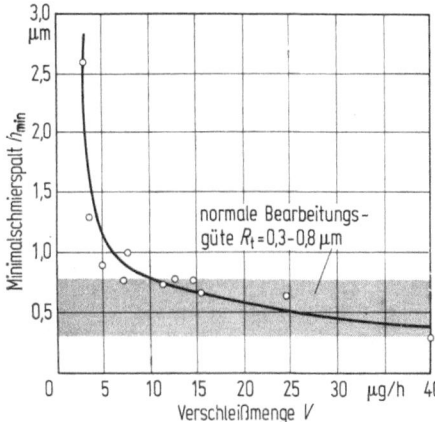

Bild 9.11 Verschleißverhalten und Minimalschmierspalte dynamisch belasteter Motorenlager unter wechselnden Betriebsbedingungen

9.1.2 Druckaufbau und Dauerfestigkeit

Es ist heute noch vielfach üblich, die mechanische Belastbarkeit von Gleitlager-Werkstoffen durch eine zulässige Flächenpressung zu kennzeichnen. Die Unvollkommenheit dieser Größe wird klar, wenn man daran denkt, daß die eigentliche Beanspruchung des Lagerwerkstoffes durch die im Lager erzeugten Schmierfilmdrücke erfolgt, deren Amplituden ein Mehrfaches der Flächenpressung betragen und bestimmt werden durch die Einflußparameter Lagerspiel, Drehzahl, Viskosität und Breitenverhältnis. So ist es nicht verwunderlich, wenn die Angaben der Lagerhersteller über die zulässige Flächenpressung standardisierter Lagerwerkstoffe um einige Hundert Prozent auseinanderliegen. Der Grund hierfür liegt nicht allein darin, daß solche Prüfungen unter nicht vergleichbaren Bedingungen durchgeführt werden, sondern auch in der Verwendung unterschiedlicher Prüfmaschinen mit verschiedenen Formen des zeitlichen Belastungsverlaufes. Der Motorenbauer weiß, daß bei gleichem Werkstoff die Hauptlager eines Motors nur etwa halb so hoch belastbar sind wie die Pleuellager und auch hier liegt der wesentliche Unterschied im Typ der Belastungsverläufe.

Im Rahmen einer Gemeinschaftsforschung [9.10] konnte dieser durch die erhöhte Verschleißsicherheit und der damit verbundenen Steigerung der Bauteilauslastung immer wichtigere Fragenkomplex des Ermüdungsmechanismus einer Klärung zugeführt werden. Die Untersuchung eines einheitlichen Lagerwerkstoffes in praktisch identischen Abmessungen und unter gleichen Betriebsbedingungen bestätigte, daß die Grenzflächenpressungen bis zur Ermüdung auf vier Prüfmaschinen mit unterschiedlichen Belastungsverläufen nach Bild 9.12 sich deutlich voneinander unterscheiden, und zwar etwa im Verhältnis 3:2:1. Die Ursache

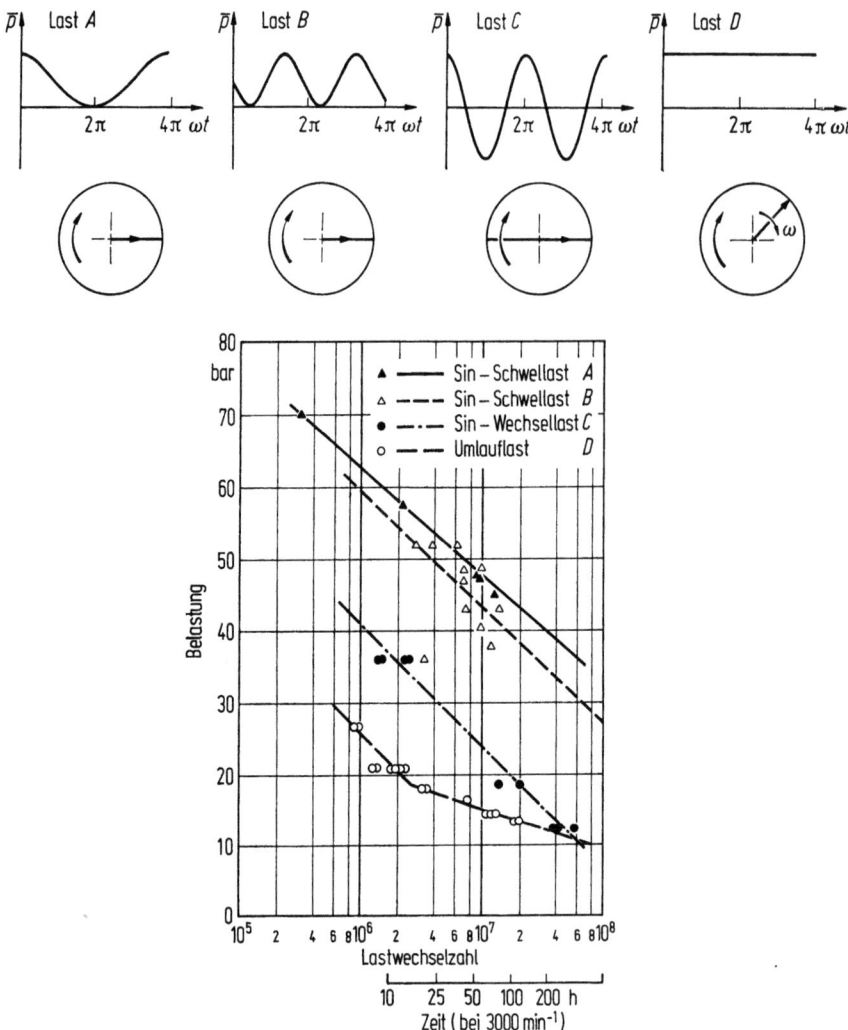

Bild 9.12 Wöhlerkurven eines Gleitlager-Werkstoffes, geprüft auf vier verschiedenen Prüfmaschinen

dafür liegt in der unterschiedlichen Form und Amplitude der zeitlich veränderlichen Schmierfilmdrücke unter den verschiedenartigen Belastungsverläufen. Die zeitlich veränderlichen Drücke rufen in der Laufschicht tangentiale Wechselspannungen hervor, deren Zugspannungsanteile zu Ermüdungsrissen mit vorwiegend axialer Erstreckung nach Bild 9.13 führen.

Zur Ermittlung der Spannungszustände in Gleitlagern unter den wechselnden Schmierfilmdrücken hat Harbordt [9.11] ein Ersatzsystem für ein geschichtetes Gleitlager im Lagerverband mittels Airyscher Spannungsfunktionen untersucht. Ein für die praktische Anwendung einfacheres, im Ergebnis gleichwertiges Verfahren hat Lang [9.12] angegeben. Mit beiden Verfahren konnte die in Bild 9.12 dargestellten, in Form der Flächenpressungen stark streuenden Versuchsergebnisse

9.1 Dynamisch belastete Radialgleitlager

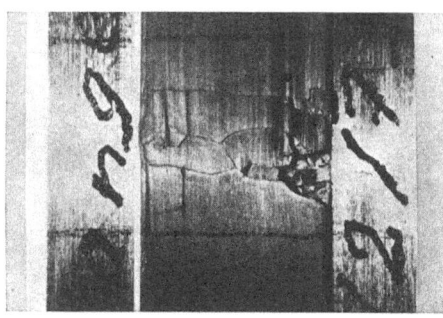

Bild 9.13 Ermüdungsanrisse an Gleitlagern

auf tangentiale Wechselbeanspruchungen zurückgeführt werden, die sich sehr gut in ein für den Werkstoff gültiges Dauerfestigkeitsdiagramm nach Smith (Bild 9.14) einordnen.

Das Verfahren [9.12] zur Berechnung der Spannungen in Gleitlagern stellt eine Erweiterung eines von Biezeno-Grammel [9.13] angegebenen Verfahrens zur Berechnung von Ringen unter allgemeiner Randbelastung dar. Das Gleitlager einschließlich Lagerstuhl wird durch ein System geschichteter Ringe nach Bild 9.15 ersetzt, wobei der Außenring (a) aus dem Lagerstuhl und der Stahlstützschale besteht, während der Innenring (i) die eigentliche Laufschicht darstellt. Der Laufdurchmesser d_l des Lagers wird von dem im Lager entwickelten Schmierfilmdruck p_l beaufschlagt, wobei sich die Untersuchung als ebenes Problem auf den Mittelschnitt des Lagers beschränkt. Die einfachste Gleichgewichtsbedingung erfordert eine gleichartige Reaktion p_a am Außendurchmesser.

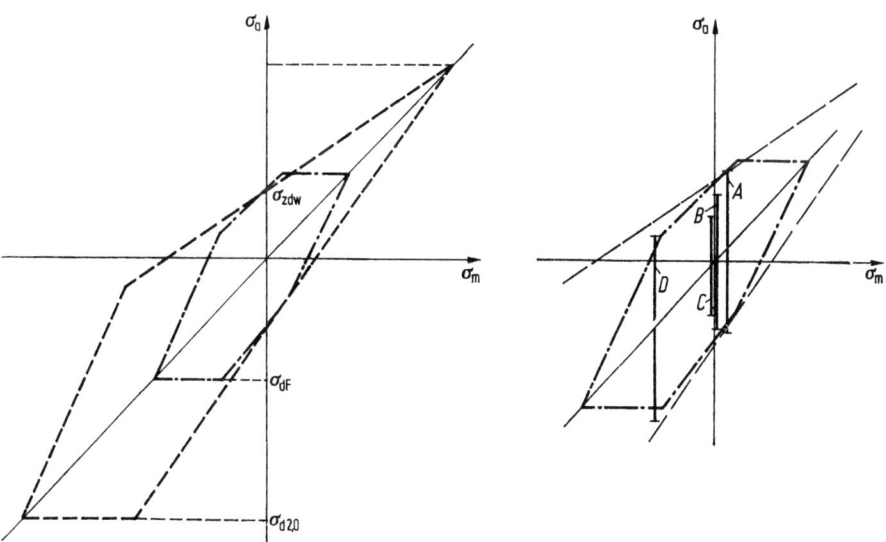

Bild 9.14 Smith-Diagramm der tangentialen Wechselbeanspruchungen nach Bild 9.12.
Bei 20 °C: $\sigma_{z0,2} = 2{,}8\,\text{daN/mm}^2$; $\sigma_{z,B} = 6{,}4\,\text{daN/mm}^2$; $\sigma_{d,F} = 4{,}0\,\text{daN/mm}^2$; $\sigma_{d,2,0} = 8{,}7\,\text{daN/mm}^2$; $\sigma_{d,B} = 13{,}7\,\text{daN/mm}^2$; $\sigma_{b,w} = 2{,}9\,\text{daN/mm}^2$; $\sigma_{zd,w} = 0{,}75 \cdot \sigma_{b,w} = 2{,}2\,\text{daN/mm}^2$

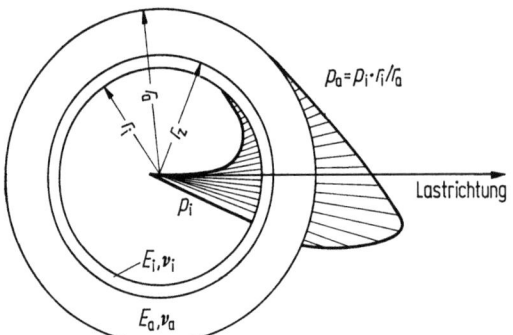

Bild 9.15 Gleitlager-Ersatzsystem zur Dauerfestigkeit

Diese auf den ersten Blick stark vereinfacht erscheinende Annahme ist doch über weite Anwendungsbereiche gültig, da die eigentliche Aussage für die vergleichsweise dünne Laufschicht gilt. In praktischen Anwendungen ist $r_z/r_i \sim 1{,}01$, während der Außenring mit $r_a/r_i \sim 1{,}5$ bis 2 ungleich viel dicker ist und irgendwo im Innern eine der getroffenen Annahme ähnliche Spannungsverteilung aufweisen muß.

Biezeno-Grammel [9.13] geben die Lösung für einen homogenen Ring unter radialer Spannungsverteilung σ_r oder unter tangentialer Schubspannungsverteilung τ am Innen- oder Außenrand, welche untereinander im Gleichgewicht sein müssen und jeweils durch eine Fourier-Entwicklung dargestellt werden. Die Lösung beschreibt für jeden Punkt r, φ im Ring die dort vorhandenen radialen und tangentialen Spannungen σ_r, σ_t und die entsprechenden Verschiebungen u, v. Diese Lösung kann auch auf den mehrfach geschichteten Ring erweitert werden. Ausgehend von den beim Gleitlager vorhandenen reinen Radialbelastungen am Innendurchmesser (p_i) und am Außendurchmesser (p_a) ist an allen Zwischenradien, also an den Übergängen zwischen zwei Schichten ein noch unbekannter Spannungsansatz σ_{rZ}, τ_Z zu machen, der am jeweiligen Zwischenradius für beide Schichten identisch ist. Zur Ermittlung dieser Unbekannten, dargestellt durch ihre Fourierkoeffizienten, verwendet man das Verschiebungsgleichgewicht in

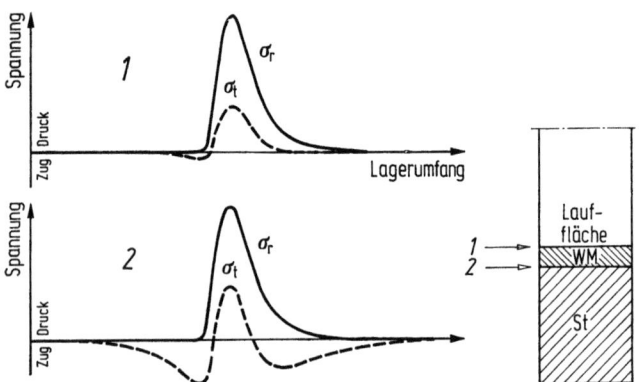

Bild 9.16 Spannungsverteilung im geschichteten Gleitlager

9.1 Dynamisch belastete Radialgleitlager

Umfangs- und Tangentialrichtung, da ja beide Schichten fest miteinander verbunden sind. Dies führt auf ein System von linearen Gleichungen für die einzelnen harmonischen Anteile, die zu lösen sind. Bei der 1. Harmonischen ist zusätzlich wegen der 2π-periodischen Belastungsanteile eine Gleichgewichtsbedingung zu erfüllen; diese Überbestimmung erfordert zwei zusätzliche Verschiebungsbedingungen, die sich aus den relativen Starrkörperverschiebungen in zwei zueinander senkrechten Ebenen der einzelnen Ringe gegeneinander ergeben. Nach Lösung der linearen Gleichungssysteme für alle Harmonischen sind die Zwischenbelastungen bekannt, so daß die Spannungen für jeden einzelnen Schichtring aus den Grundgleichungen von [9.13] ermittelt werden können. In Bild 9.16 ist die Spannungsverteilung an einem geschichteten Gleitlager dargestellt. Unter der praktisch identischen Druck-Radialspannung σ_r im Bereich der dünnen Laufschicht wird auf der Innenseite des Ringes eine Tangentialspannungsverteilung σ_t erzeugt, die zwei Zugspannungsmaxima im Bereich der steilen Druckgradienten aufweist. In der elastischeren Laufschicht verkleinern sich die Amplituden der Tangentialspannung, außerdem erfährt sie eine Verschiebung in Richtung Druck. Nur so ist die Verwendung der Laufschichten mit eigentlich geringer Festigkeit in hochbelasteten Lagern möglich.

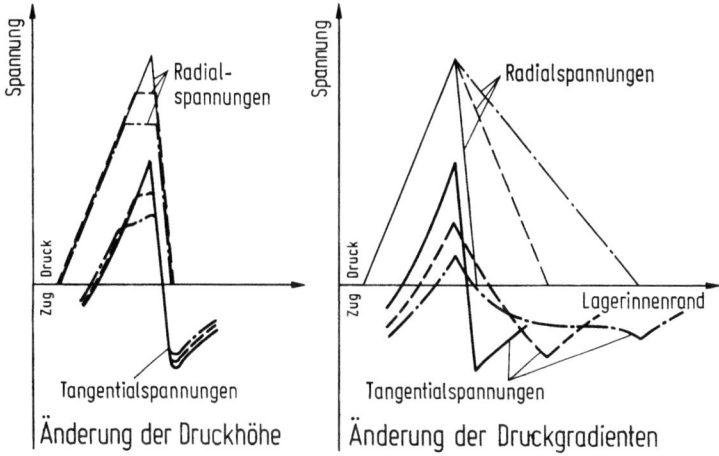

Bild 9.17 Einfluß des Druckverlaufes auf die Tangentialspannung

Um das grundsätzliche Verhalten der Tangentialspannung und ihres Zugspannungsmaximums zu untersuchen, wurde die Radialbelastung durch einfache Dreiecksdruckverläufe ersetzt. Bild 9.17 zeigt das Ergebnis für ein homogenes Lager und die Spannungen am Innenrand. Die im linken Bildteil dargestellte Variation des Druckmaximums beeinflußt nur das Druckmaximum der Tangentialspannung; auf die Höhe des Zugspannungsmaximums hat sie jedoch nur einen geringen Einfluß. Ändert man dagegen — wie rechts dargestellt — den Druckgradienten, dann wird der gesamte Tangentialspannungsverlauf beeinflußt. Beide Maxima ändern sich proportional zum Druckgradienten und der Ort des Zugspannungsmaximums fällt mit dem Ende des Druckgradienten, zusammen. Daraus ergibt sich eine einfache Regel für das Auffinden kritischer Stellen mit hoher tangentialer Zugspannung: Die höchste Zugspannung ist dort zu erwarten, wo ein möglichst steiler Druckgradient bis praktisch auf Null abfällt; dies ist aber in aller

Regel der Zustand, wo reiner Drehungsdruck vorhanden ist. So wird also auch die besondere Gefährdung solcher Lager bestätigt, die eine dynamische Belastung in Form einer mit konstanter Amplitude umlaufenden Belastung haben.

Mit dem hier im einzelnen wegen des großen Aufwandes nicht darzustellenden Verfahren für mehrfach geschichtete Ringe können Einzeluntersuchungen über den Einfluß unterschiedlicher Material-Kombinationen oder deren Schichtdicken vorgenommen werden. So kann auch der empirisch bekannte günstige Einfluß dünner Laufschichten, deren Anwendung durch die Forderung nach Einbettfähigkeit eingeschränkt wird, bestätigt werden. Die Möglichkeit zur Berechnung geschichteter Ringe wird sicherlich die Entwicklung der Verbund-Lagerwerkstoffe beeinflussen. Für die allgemeine Anwendung ist jedoch eine vereinfachte Betrachtung eines homogenen Ringes und die Übertragung des Verformungszustandes auf die interessierende Laufschicht zur Ermittlung ihrer Beanspruchungen ausreichend. Dies soll ausführlich dargestellt werden.

Ausgangspunkt ist das Gleitlager-Ersatzmodell nach Bild 9.15, jedoch als homogener Ring mit dem Laufdurchmesser d_1 und dem Ersatz-Lageraußendurchmesser d_a. Elastizitätsmodul E und Querzahl $1/m$ entsprechen den Werten des Lagerstuhls. Die Druckbeaufschlagung ist in Form einer Fourier-Analyse

$$p_1(\varphi) \triangleq \sigma_{r,i} = \sum_{j=0}^{n} (a_j \cos j\varphi + b_j \sin j\varphi) \tag{9.38}$$

bekannt. Tangentiale Reibungskräfte werden nicht berücksichtigt, da sie bei hydrodynamischer Schmierung vernachlässigbar klein und bei Mischreibung in ihrer Verteilung nicht bekannt sind. Mit dem Radienverhältnis $R = r_i/r_a$, das auch zugleich Umrechnungsfaktor für gleichgewichtige Belastung am Außenring ist, ergeben sich für den interessierenden Innenrand die Radialspannungen nach Gl. (9.33) und die Tangentialspannungen, getrennt nach ihren harmonischen Anteilen, zu

$$\sigma_{t,0} = K_0 a_0, \qquad K_0 = -\frac{1-R}{1+R}$$

$$\sigma_{t,1} = K_1(a_1 \cos \varphi + b_1 \sin \varphi)$$

$$K_1 = \frac{1-m}{2m} \cdot \frac{1-R^2}{1+R^2}$$

$$\sigma_{t,j} = K_j(a_j \cos j\varphi + b_j \sin j\varphi) \qquad \text{für } j > 1$$

$$K_j = \frac{1 - R^{2j} - jR^{j-1}(1-R^2)}{1 - R^{2j} + jR^{j-1}(1-R^2)}.$$

Diese sind zusammenzusetzen

$$\sigma_t(\varphi) = \sum_{j=0}^{n} K_j(a_j \cos j\varphi + b_j \sin j\varphi). \tag{9.39}$$

Damit sind die Radial- und Tangentialspannungen am Innenrand des homogenen Ringes bekannt. Diese sind zugleich auch Hauptspannungen, so daß keine Schubspannung vorhanden ist. Die sehr dünnen und in der Regel sehr viel elastischeren Laufschichten dürften weder am Gesamt-Tragverhalten wesentlich beteiligt sein noch größere Spannungsunterschiede über ihre Schichtdicke aufweisen. Die einzelne dünne Laufschicht (2) ist fest an den eigentlich tragenden Ersatzring (1) gekoppelt. Daher kann man unter Verwendung der Koppelungs-

9.1 Dynamisch belastete Radialgleitlager

bedingungen
$$\sigma_{r1} = \sigma_{r2} \quad \text{und} \quad \varepsilon_{t1} = \varepsilon_{t2}$$

und Anwendung des Hookeschen Gesetzes für den ebenen Spannungszustand

$$E_1 \varepsilon_{t1} = \sigma_{t1} - \frac{1}{m_1} \sigma_{r1}$$
$$E_2 \varepsilon_{t2} = \sigma_{t2} - \frac{1}{m_2} \sigma_{r2} \tag{9.40}$$

die Tangentialspannung der dünnen Laufschicht (2) ermitteln:

$$\sigma_{t2} = \left(\frac{1}{m_2} - \frac{1}{m_1} \cdot \frac{E_2}{E_1} \right) \sigma_{r1} + \frac{E_2}{E_1} \sigma_{t1} = C \sigma_{r1} + D \sigma_{t1}. \tag{9.41}$$

Bild 9.18 zeigt die Überführung des Spannungszustandes σ_{r1}/σ_{t1} am homogenen Ersatzring über die Faktoren C und D in den Spannungszustand σ_{t2}. Zu beachten ist, daß der Radialspannungszustand $\sigma_{r1} = \sigma_{r2}$ für beide Schichten identisch ist.

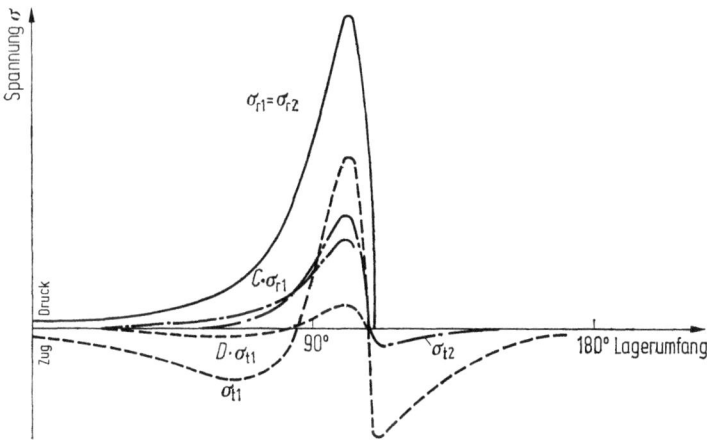

Bild 9.18 Tangentialspannung in sehr dünnen Laufschichten

Das Dauerfestigkeitsverhalten metallischer Werkstoffe unter zeitlich veränderlicher Belastung wird durch die Mittel- und Wechselspannung gekennzeichnet. Gleitlager-Werkstoffe haben eine besonders ausgeprägte Mittelspannungsabhängigkeit im Dauerfestigkeitsverhalten, so daß eine besondere Gefährdung zu erwarten ist in dem Bereich, wo der Wechselspannungszustand in das Gebiet der Zugspannungen hineinreicht.

Für Gleitlager unter zeitlich veränderlicher Belastung sind daher die radialen und tangentialen Spannungsverteilungen in der Laufschicht in Abhängigkeit vom Lagerumfang und vom Arbeitsspiel zu ermitteln. Wegen der stark ausgeprägten Zugspannungsabhängigkeit der Lagerwerkstoffe sind besonders Stellen mit tangentialen Zugspannungen gefährdet. In Bild 9.19 ist eine solche Spannungsverteilung dargestellt. Die größte tangentiale Zugspannung tritt am Lagerumfang bei 110° während des Arbeitsspieles bei 213,75° auf. Dies ist der Zustand, wo der Druckaufbau nur aus dem Drehungsdruck mit seinem sehr steilen Druckgradienten resultiert. Danach bleibt hier zwar der reine Drehungsdruck weiter erhalten, seine Amplitude fällt aber rasch ab. Hält man nun diesen Ort fest und verfolgt den Tangentialspannungsverlauf über das Arbeitsspiel, so ergibt sich die größte Druckamplitude bei 161,25° im Arbeitsspiel. So ist der kritische Wechselbeanspruchungszustand, gekennzeichnet durch eine Mittelspannung σ_m und eine Wechselspannung σ_a, gefunden. Er ist in ein Dauerfestigkeitsdiagramm nach Bild 9.14 für den jeweils verwendeten Werkstoff zu übertragen. Zur Kontrolle sind natürlich auch ähnliche, mehr im Druckgebiet liegende Beanspruchungszustände zu überprüfen. Erreicht der Beanspruchungszustand die Grenzkurven oder überschreitet er sie gar, dann ist mit Ermüdungsanrissen zu rechnen.

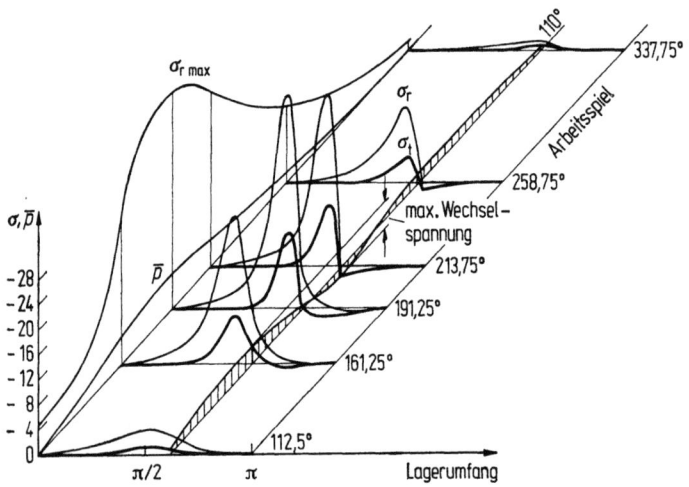

Bild 9.19 Maximale Wechselbeanspruchung in der Laufschicht

9.2 Schwingungsverhalten gleitgelagerter Rotoren

Instationäre Gleitlagerprobleme beschränken sich nicht nur auf den Fall der dynamischen, d. h. zeitlich nach Größe und Richtung veränderlicher Belastung, wie er besonders ausgeprägt bei Verbrennungsmotoren zu finden ist. Während hierbei in der Regel hohe dynamische Lastanteile gegenüber einer relativ kleinen mittleren Last vorliegen, treten in vielen Anwendungen unter vergleichsweise geringer statischer Last oft nicht bekannte dynamische Zusatzlasten auf, deren Größe aber durchaus vergleichbar sein kann mit der statischen Last. Alle Rotoren sind praktisch mit Unwuchten behaftet. Diese Unwuchten sind bei starren Rotoren unveränderlich. Bei elastischen Rotoren erzeugen sie zusätzliche Unwuchten durch die elastische Auslenkung des Rotorschwerpunktes. Unwuchten rufen umlaufende, mit dem Quadrat der Drehzahl ansteigende Fliehkräfte hervor, die sich der statischen Vorlast — das ist in der Regel das Eigengewicht — überlagern. Sie erregen auch den starr gelagerten, elastischen Rotor zu Schwingungen, die in der Resonanz bei fehlender Dämpfung zu unendlich großen Ausschlägen des Rotors führen (Bild 9.20).

Bei gleitgelagerten Rotoren wird auf Grund der zusätzlichen Elastizität des Schmierfilms das Schwingungsverhalten des starren Rotors so beeinflußt, daß die kritische Drehzahl auf einen Wert unterhalb der „starren" kritischen Drehzahl

9.2 Schwingungsverhalten gleitgelagerter Rotoren

herabgesetzt wird. Bei anisotropen Lagern findet sogar eine Aufspaltung in 2 Resonanzen statt. Da der Schmierfilm zugleich aber auch dämpfend wirkt, bleiben die Schwingungsamplituden endlich. In diesen Resonanzen ω_{k2}^* und ω_{k1}^* verläuft die Schwingung praktisch synchron mit der Drehfrequenz der Welle. Daher werden diese Schwingungserscheinungen im folgenden als synchrone Schwingungen bezeichnet.

Eine andere Schwingungserscheinung erzeugt der Schmierfilm unter bestimmten Bedingungen selbst. Oberhalb einer Grenzdrehzahl ω_{gr} kann die statische Gleichgewichtslage des gleitgelagerten Rotors instabil werden. Bei diesen selbsterregten Schwingungen steigt die Schwingungsamplitude oberhalb der Grenzdrehzahl im allgemeinen sehr stark an und der Rotor ist in den meisten Fällen nicht mehr betriebsfähig. Dabei läuft die Wellenauslenkung mit der halben Drehfrequenz um, wodurch die Tragfähigkeit des Schmierfilms rasch zusammenbricht. Diese Schwingungserscheinung ist die Lagerinstabilität und wird auch als Oil-Whip oder Halbfrequenz-Wirbel bezeichnet.

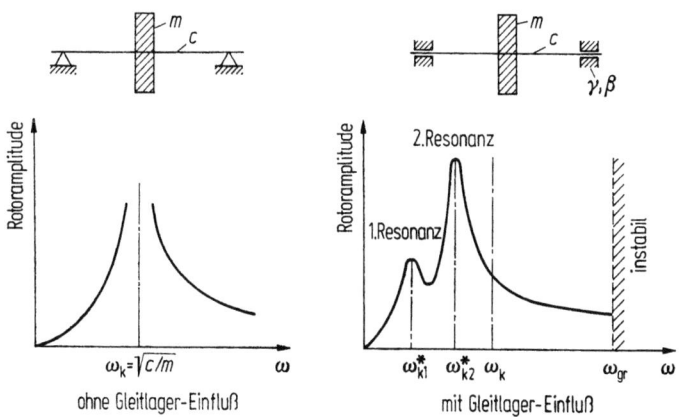

Bild 9.20 Resonanzkurven symmetrisch gelagerter Einmassenrotoren

9.2.1 Synchrone, unwuchterregte Schwingungen

Diese Schwingungen werden durch die elastischen Eigenschaften des massebehafteten Rotors bestimmt. Auch bei starrer Lagerung erreicht ein solcher Rotor eine kritische Drehzahl

$$\omega_K = \sqrt{c/m}. \tag{9.42}$$

Beim gleitgelagertem Rotor kommt als weitere Elastizität die des Schmierfilmes hinzu. Da der Schmierfilm gegenüber dynamischen Zapfenbewegungen stark progressiv wirkt, entstehen zugleich Dämpfungswirkungen, welche die Resonanzamplitude auf einen endlichen Wert begrenzen. Infolge der Unwuchten rotiert auch ein starrer, gleitgelagerter Rotor im Lager auf einer synchron mit der Drehzahl umlaufenden Bahnkurve innerhalb des Lagerspiels. Die Auslenkung dieser Bahnkurve hängt nur von der Lagersteifigkeit ab. Bei elastischem Rotor erfährt die Rotormasse eine zusätzliche Auslenkung durch die Wellendurchbiegung, wodurch auch die Bahnkurve im Lager immer größer wird. Nähert sich die unwuchterregte, drehzahlsynchrone Umlauffrequenz der Eigenfrequenz des Rotors, so kommt das System in Resonanz. Die wechselseitig vergrößerte Unwuchterregung durch Vergrößerung der Exzentrizität im Lager und der Wellendurchbiegung läßt die Amplitude solange ansteigen, bis sie durch die Dämpfung begrenzt wird, wenn nicht vorher schon ein Anstreifen des Lagers oder der Rotorteile erfolgt. Werden diese kritischen Drehzahlen rasch durchfahren, dann können sich nicht die vollen Resonanzamplituden ausbilden. Man versucht die kritischen Drehzahlen so auszulegen, daß sie nicht im Betriebsdrehzahlbereich liegen. Ein unterkritischer Betrieb, d. h. eine Erhöhung der kritischen Drehzahl über die maximale Betriebsdrehzahl hinaus erfordert eine Erhöhung der Lagersteifigkeit oder der Wellensteifigkeit. Besonders das letztere ist aus konstruktiven Gründen oft nicht möglich. Eine Erhöhung der Lagersteifigkeit durch Verkleinerung des Lagerspiels bringt Fertigungs- und Montageschwierigkeiten. Die andere Möglichkeit ist der überkritische Betrieb, d. h. der normale Betriebsdrehzahlbereich liegt oberhalb der kritischen Drehzahl, die nur bei raschem An- und Abstellen durchfahren wird. Eine Möglichkeit zur Begrenzung der Resonanzausschläge ist die Verwendung einer äußeren Lagerdämpfung aus Gummi oder speziellen Zusatzelementen [9.16]. Die Verwendung stark anisotroper Lager — das sind Lager mit unterschiedlicher Steifigkeit in verschiedenen Richtungen — behindert die Ausbildung der Resonanzen ebenfalls und verschiebt die Resonanz wegen ihrer zusätzlichen Führungsgenauigkeit nach oben. Deswegen werden häufig Mehrgleitflächenlager (MGF) zur Lagerung hochdrehender Rotoren verwendet.

9.2.2 Feder- und Dämpfungszahlen von Gleitlagern

Die Reynoldssche Gleichung (9.1) für instationäre Bewegungen beschreibt die Gleitlagerreaktionen in Form der im Lager entwickelten Schmierfilmdrücke, die entweder durch die exzentrische Zapfenlage ε, δ und die Zapfenrotation allein oder durch die Auslenkungsgeschwindigkeiten $\dot{\varepsilon}, \dot{\delta}$ verursacht werden. Um dies zu verdeutlichen, verwendet man eine leicht modifizierte Form der Reynoldsschen Gleichung

$$\frac{\partial}{\partial \varphi}\left[(1 + \varepsilon \cos \varphi)^3 \frac{\partial \Pi}{\partial \varphi}\right] + \left(\frac{D}{B}\right)^2 \cdot \frac{\partial}{\partial \bar{z}}\left[(1 + \varepsilon \cos \varphi)^3 \frac{\partial \Pi}{\partial \bar{z}}\right]$$
$$= -6\left[\varepsilon \sin (\varphi - \delta) - 2 \frac{\varepsilon \dot{\delta}}{\omega} \sin (\varphi - \delta) - 2 \frac{\dot{\varepsilon}}{\omega} \cos (\varphi - \delta)\right] \quad (9.43)$$

Das erste Glied $\varepsilon \sin (\varphi - \delta)$ beschreibt den statischen Druckaufbau auf Grund der Rotation des Zapfens im konvergierenden Spalt (reine Drehung). Dies sind die mit ε progressiv ansteigenden Federungseigenschaften des Gleitlagers.

Das zweite und dritte Glied $-2(\varepsilon \dot{\delta}/\omega) \sin (\varphi - \delta)$ und $-2(\dot{\varepsilon}/\omega) \cos (\varphi - \delta)$ bewirken eine Druckentwicklung, welche die Bewegung hemmen und sind deshalb als Dämpfungskräfte anzusprechen. Sie sind proportional den Bewegungsänderungen, d. h. den radialen und tangentialen Zapfengeschwindigkeiten.

Für die Untersuchung des Schwingungsverhaltens von gleitgelagerten Rotoren werden diese Federungs- und Dämpfungseigenschaften in der Nähe der statischen Gleichgewichtslage unter der Voraussetzung kleiner Verlagerungsänderungen linearisiert.

Die Federungseigenschaften ergeben sich aus dem stationären Kennfeld eines Gleitlagers. Jeder Zapfenlage im Spielkreis ist ja eine eindeutige Lagerkraft nach

9.2 Schwingungsverhalten gleitgelagerter Rotoren

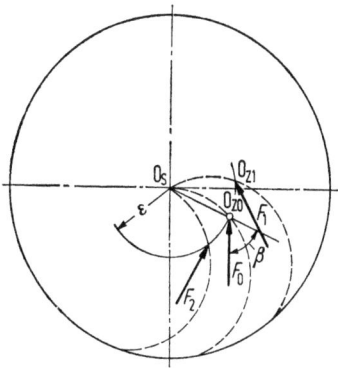

Bild 9.21 Kraftfeld eines 360°-Lagers

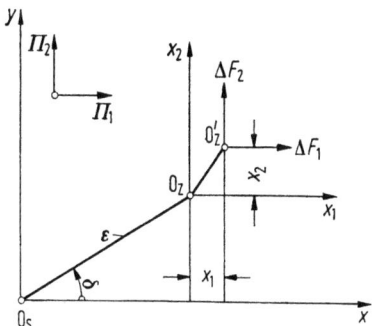

Bild 9.22 Koordinatensystem zu den Feder- und Dämpfungszahlen

Größe und Richtung zugeordnet. Für ein vollumschlossenes, kreiszylindrisches Lager läßt sich ein solches Kraftfeld nach Bild 9.21 sehr einfach angeben, weil hier ja für jede Kraftrichtung die gleichen Zuordnungen gelten. Die Verlagerungsbahn für eine senkrechte Belastung F_0 ist die Gümbelkurve mit dem Gleichgewichtspunkt $O_{Z,0}$ bei der Exzentrizität ε. In den Punkten $O_{Z,1}$ mit der gleichen Exzentrizität ε ergeben sich entsprechende Gümbelkurven, nur um die zugehörige Lastrichtung gedreht. Insbesonders bleibt der Winkel β zwischen der engsten Spaltlage und der Kraft erhalten. Man kann deshalb leicht in einem erweiterten Kennfeld die Kräfte in der Umgebung der statischen Gleichgewichtslage $O_{Z,0}$ ermitteln, wenn die Funktionen $So_D(\varepsilon, B/D)$ und $\beta(\varepsilon, B/D)$ bekannt sind. Zur Vereinfachung der Schwingungsuntersuchung beschreibt man diesen Vorgang in einem kartesischen Koordinatensystem nach Bild 9.22 unter Vorgabe kleiner Verschiebungen x_1, x_2 aus der statischen Gleichgewichtslage von O_Z nach O'_Z. Die dabei auftretenden Kraftänderungen sind

$$\Delta F_1 = c_{11}x_1 + c_{12}x_2, \tag{9.44}$$

$$\Delta F_2 = c_{21}x_1 + c_{22}x_2. \tag{9.45}$$

Die darin enthaltenen Größen c_{ij} sind die Federkonstanten des Lagers. Nun erhält man aus der Integration der Reynoldsschen Differentialgleichung die resultierende Tragkraft So und ihre Richtung β relativ zum engsten Spalt. Daher bietet sich zunächst ein in Richtung des engsten Spaltes orientiertes neutrales Koordinatensystem nach Bild 9.23 an. Die Komponenten F_r und F_β werden auch mit f und g bezeichnet.

$$F_r \equiv f = F \cos\beta, \qquad F_\beta \equiv g = -F \sin\beta. \tag{9.46}$$

Aus ihnen erhält man die sich im x-y-System ergebenden Komponenten

$$F_x \equiv F_1 = f \cos\delta - g \sin\delta, \tag{9.47}$$

$$F_y \equiv F_2 = f \sin\delta + g \cos\delta. \tag{9.48}$$

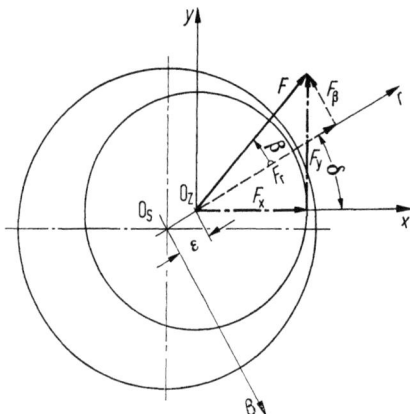

Bild 9.23 Komponenten des resultierenden Schmierfilmdrucks

Die Größen f und g sind also die dimensionslosen Komponenten der So-Zahl. Ihre Ableitung nach den Wegkoordinaten ε und $\varepsilon\delta$ sind

$$f_\varepsilon = \frac{\partial f}{\partial \varepsilon}, \qquad f_\delta = \frac{\partial f}{\varepsilon \, \partial \delta}, \tag{9.49}$$

$$g_\varepsilon = \frac{\partial g}{\partial \varepsilon}, \qquad g_\delta = \frac{\partial g}{\varepsilon \, \partial \delta}. \tag{9.50}$$

Dies sind die dimensionslosen Federkonstanten im ε-δ-System. Sie sind ihrerseits über die Gln. (9.47) und (9.48) in ein x-y-System überzuführen. Zur Berechnung der Federzahlen wählt man 4 neue statische Gleichgewichtspunkte in der Umgebung der Ausgangslage ε_0, δ_0 in der Form

$$(x + \Delta x, y); \quad (x - \Delta x, y); \quad (x, y + \Delta y); \quad (x, y - \Delta y). \tag{9.51}$$

Daraus ermittelt man numerisch die Federzahlen über die folgenden Differenzenausdrücke

$$\gamma_{11} = \frac{F_x(x + \Delta x, y) - F_x(x - \Delta x, y)}{2\Delta x}, \tag{9.52}$$

$$\gamma_{12} = \frac{F_x(x, y + \Delta y) - F_x(x, y - \Delta y)}{2\Delta y}, \tag{9.53}$$

$$\gamma_{21} = \frac{F_y(x + \Delta x, y) - F_y(x - \Delta x, y)}{2\Delta x}, \tag{9.54}$$

$$\gamma_{22} = \frac{F_y(x, y + \Delta y) - F_y(x, y - \Delta y)}{2\Delta y}. \tag{9.55}$$

Grundsätzlich könnte man die Genauigkeit dadurch erhöhen, daß man ein Mehrfaches von 4 Störungspunkten und die entsprechenden Differenzenquotienten höherer Ordnung verwendet. Andererseits müssen die Störungen klein gewählt werden, da sonst Rechenungenauigkeiten bei den mehrfachen Verlagerungsänderungen überwiegen. Zu beachten ist, daß die Störungen Δx und Δy mit steigender Exzentrizität ε_0 stetig zu verkleinern sind.

9.2 Schwingungsverhalten gleitgelagerter Rotoren

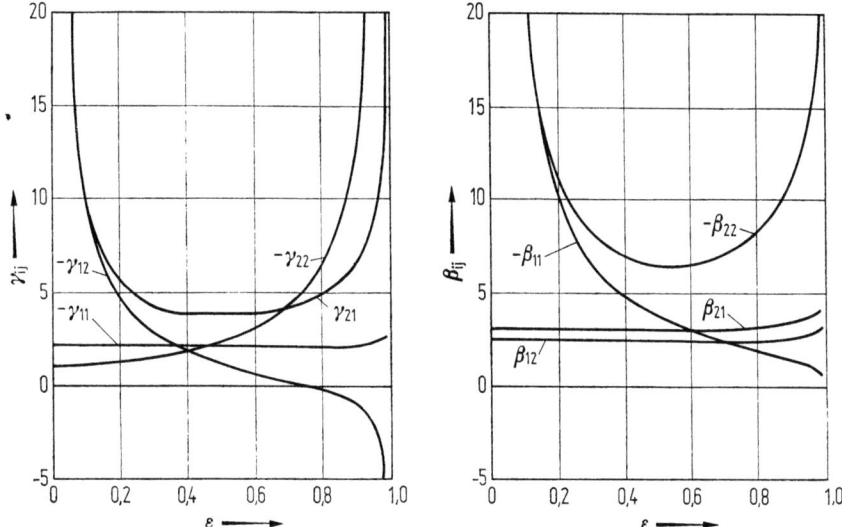

Bild 9.24 Feder- und Dämpfungszahlen der 360°-Lager

Die Dämpfungskonstanten sind analog zu bilden. Dämpfungskräfte sind ja die geschwindigkeitsproportionalen Schmierfilmreaktionen aus dem zweiten und dritten Störglied der Reynoldsschen Gleichung (9.43). Auch hier kann man die Lagerkräfte getrennt für die Drehung ($\omega - 2\dot{\delta}$) und für die Verdrängung $\dot{\varepsilon}$ in den radialen und tangentialen Komponenten

$$F_r \equiv \frac{F_r \psi^2}{BD\eta\omega} = \frac{\omega - 2\dot{\delta}}{\omega} f_D + \frac{\dot{\varepsilon}}{\omega} f_V, \tag{9.56}$$

$$F_\beta \equiv \frac{F_\beta \psi^2}{BD\eta\omega} = \frac{\omega - 2\dot{\delta}}{\omega} g_D + \frac{\dot{\varepsilon}}{\omega} g_V \tag{9.57}$$

ermitteln. Ihre partiellen Ableitungen nach den Geschwindigkeiten ε' und $\varepsilon\delta'$ sind

$$\frac{\partial F_r}{\partial \varepsilon'} = \frac{\partial}{\partial \varepsilon'}\left(\frac{\dot{\varepsilon}}{\omega} f_V\right) = f_V, \tag{9.58}$$

$$\frac{\partial F_r}{\varepsilon\, \partial \delta'} = \frac{\partial}{\varepsilon\, \partial \delta'}\left(-2\frac{\dot{\delta}}{\omega} f_D\right) = -\frac{2}{\varepsilon} f_D, \tag{9.59}$$

$$\frac{\partial F_\beta}{\partial \varepsilon'} = \frac{\partial}{\partial \varepsilon'}\left(\frac{\dot{\varepsilon}}{\omega} g_V\right) = g_V, \tag{9.60}$$

$$\frac{\partial F_\beta}{\varepsilon\, \partial \delta'} = \frac{\partial}{\varepsilon\, \partial \delta'}\left(-2\frac{\dot{\delta}}{\omega} g_V\right) = -\frac{2}{\varepsilon} g_V. \tag{9.61}$$

Mit der Umrechnung in das x-y-System nach den Gln. (9.47) und (9.48) erhält man schließlich die 4 Dämpfungskonstanten β_{ij}, wobei auch das schon dargestellte numerische Verfahren Anwendung findet.

Bild 9.24 zeigt die Feder- und Dämpfungszahlen am Beispiel des vollumschlossenen kreiszylindrischen Lagers. Die vielen anderen Bauformen und ihre zugehörigen Feder- und Dämpfungszahlen sind in der Literatur [9.16] bis [9.23] zu finden.

Aus den dimensionslosen Größen γ_{ij} und β_{ij} ergeben sich die wirklichen Feder- und Dämpfungskonstanten zu

$$c_{ij} = \gamma_{ij} \frac{F}{\Delta R}, \qquad b_{ij} = \beta_{ij} \frac{F}{\omega \Delta R}. \tag{9.62}$$

Während diese Feder- und Dämpfungszahlen entsprechend der Definition von Someya [8.38] auf die *So*-Zahl des statischen Gleichgewichtspunktes bezogen sind, ist bei den Kenngrößen γ_{ij}^* und β_{ij}^* in der Definition nach Glienicke [9.20] folgende Beziehung zu beachten

$$\gamma_{ij}^* = \gamma_{ij} So, \qquad \beta_{ij}^* = \beta_{ij} So.$$

Für eine kleine Auslenkung x_1, x_2 mit der zugehörigen Auslenkungsgeschwindigkeit $\dot{x}_1$, $\dot{x}_2$ ergeben sich die Lagerkräfte

$$F_1 = (\gamma_{11} x_1 + \gamma_{12} x_2) \frac{F}{\Delta R} + (\beta_{11} \dot{x}_1 + \beta_{12} \dot{x}_2) \frac{F}{\omega \Delta R}, \tag{9.63}$$

$$F_2 = (\gamma_{21} x_1 + \gamma_{22} x_2) \frac{F}{\Delta R} + (\beta_{21} \dot{x}_1 + \beta_{22} \dot{x}_2) \frac{F}{\omega \Delta R}. \tag{9.64}$$

9.2.3 Unwuchterregte Schwingungen

Die Berechnung der Resonanzstellen eines unwuchterregten gleitgelagerten Rotors basiert auf den gleichen Bewegungsgleichungen wie die Berechnung der Stabilitätsgrenze. Bei den unwuchterregten Schwingungen ist ein System inhomogener Differentialgleichungen mit der drehzahlsynchronen Unwuchterregung zu lösen. Bei der Stabilitätsuntersuchung genügt die Lösung des homogenen Teils.

Der prinzipielle Berechnungsgang soll am Beispiel des symmetrisch gelagerten Einmassenrotors nach Bild 9.25 dargestellt werden. Neben den Lagereigenschaften in Form der Feder- und Dämpfungszahlen wird das Schwingungssystem durch die Wellensteifigkeit c und die Rotormasse m beeinflußt. Die linearisierte Bewegungsgleichung des Rotormittelpunktes O_M und des Lagerzapfenmittel-

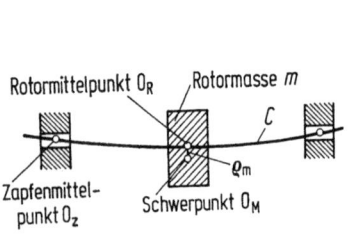
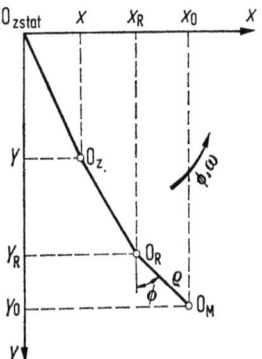

Bild 9.25 Schwingungssystem und axiale Projektion der Auslenkungen

9.2 Schwingungsverhalten gleitgelagerter Rotoren

punktes O_Z ergibt sich aus dem Kräftegleichgewicht in diesen beiden Punkten. Bild 9.25 zeigt das Schwingungssystem und daneben seine axiale Projektion in vergrößerter Darstellung. Der Zapfen ist gegenüber der statischen Gleichgewichtslage $O_{Z,\text{stat}}$ um x, y ausgelenkt. Der geometrische Rotormittelpunkt O_R erfährt durch die Wellenbiegung eine weitere Auslenkung x_R, y_R. Der Massenschwerpunkt des Rotors O_M selbst liegt um den Unwuchtradius ϱ unter dem Winkel ϕ entfernt. Die Bewegungsgleichung des Lagerzapfenmittelpunktes lautet dann

$$a_0 b_0 x'' + a_0 F_x'' + F_x = a_0 b_0 \sin \phi, \qquad (9.65)$$

$$a_0 b_0 y'' + a_0 F_y'' + F_y = a_0 b_0 \cos \phi. \qquad (9.66)$$

Dabei sind F_x, F_y die dimensionslosen Rückstellkräfte des Schmierfilms aus den Feder- und Dämpfungszahlen

$$F_x = \gamma_{11} x + \gamma_{12} y + \beta_{11} x' + \beta_{12} y', \qquad (9.67)$$

$$F_y = \gamma_{21} x + \gamma_{22} y + \beta_{21} x' + \beta_{22} y'. \qquad (9.68)$$

Die Koordinaten x, y des Zapfenmittelpunktes sind auf den Unwuchtradius ϱ bezogen. Der Drehwinkel ist $\phi = \omega t$; nach dem sind die Ableitungen x'' und y'' zu bilden. Schließlich ist

$$a_0 = (\omega/\omega_k)^2 \quad \text{mit} \quad \omega_k = \sqrt{c/m}, \qquad (9.69)$$

$$b_0 = So/\mu \quad \text{mit} \quad \mu = \frac{f}{\Delta R_{\min}}; \quad f = \text{Wellendurchbiegung}. \qquad (9.70)$$

Der Lösungsansatz für die Zapfenbewegung ist

$$x = A \sin \phi + B \cos \phi; \quad y = C \sin \phi + D \cos \phi. \qquad (9.71)$$

Eingesetzt in die Gln. (9.65) und (9.66) erhält man so 4 Bestimmungsgleichungen für die 4 Unbekannten A bis D. Die Gleichung (9.71) ergibt eine elliptische Bahnkurve, deren große Achse die im folgenden erwähnte maximale Schwingungsamplitude darstellt.

Die Bewegung des Rotormittelpunktes führt auf eine entsprechende Bewegungsgleichung

$$a_0 x_R'' + x_R - x = a_0 \sin \phi, \qquad (9.72)$$

$$a_0 y_R'' + y_R - y = a_0 \cos \phi. \qquad (9.73)$$

Ihre Lösung ergibt sich zusammen mit der Zapfenbewegung (9.71). Aus den Gln. (9.65) und (9.66) erhält man schließlich auch die dynamischen Lagerkräfte.

Das Schwingungsverhalten eines symmetrisch aufgelagerten Einmassenrotors ohne Gleitlager ist in Bild 9.26 links dargestellt. In der kritischen Drehzahl ergibt sich eine unendlich große Resonanzamplitude. Mit Gleitlagern verändert sich das Schwingungsverhalten. Die kritische Drehzahl wird herabgesetzt und in zwei Resonanzen aufgespalten, was um so deutlicher wird, je anisotroper die Lager sind. Dabei bleiben die Resonanzamplituden aber endlich. Oberhalb der Grenzdrehzahl ω_{gr} wird der Rotor instabil, was später behandelt wird. Dieses Verhalten ist in Bild 9.26 rechts dargestellt.

Bild 9.26 zeigt in dimensionsloser Form die kritischen Drehzahlen ω_k^*/ω_k und die auf den Unwuchtradius bezogene Rotoramplitude $S_R = A_R/\varrho$ für verschiedene bezogene Wellenelastizitäten $\mu = f/\Delta R$ in Abhängigkeit von der bezogenen Sommerfeld-Zahl $So \cdot \omega/\omega_k$ für das 360°-Lager. In Bild 9.27 sind in entsprechender

298 9 Instationäres Radialgleitlager — Praktische Anwendung

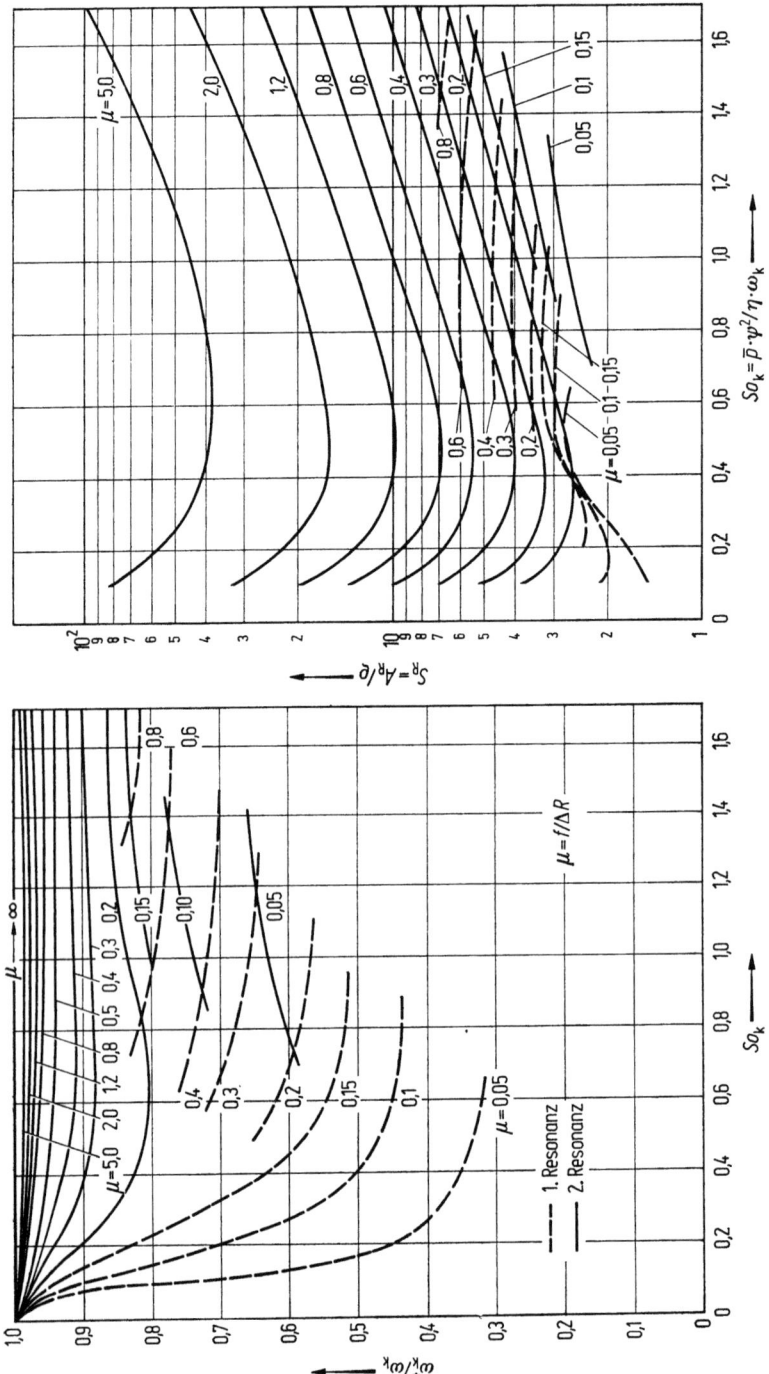

Bild 9.26 Eigenfrequenz und Schwingungsamplitude des Rotors in 360°-Lagern

9.2 Schwingungsverhalten gleitgelagerter Rotoren

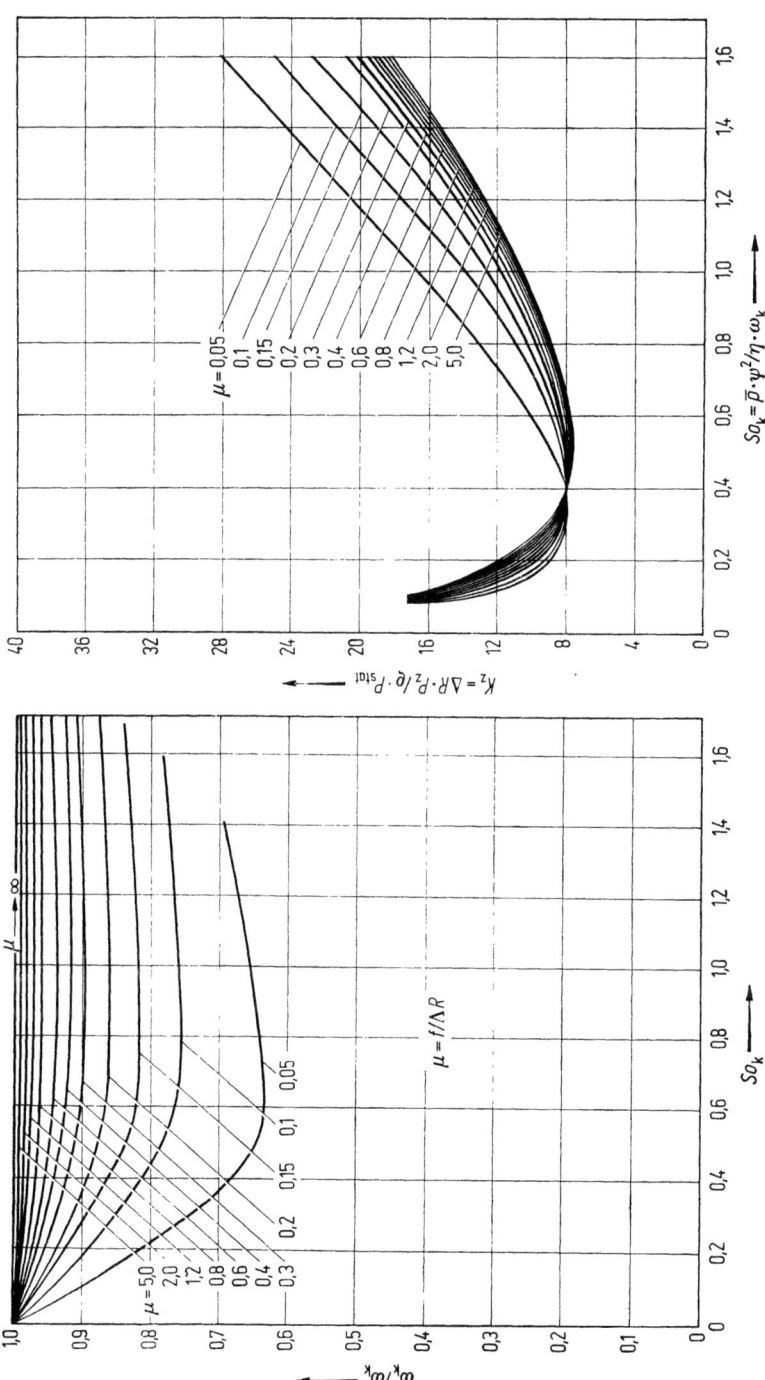

Bild 9.27 Eigenfrequenz und dynamische Lagerbelastung im 360°-Lager

Darstellung die Kurven für die dynamische Lagerbelastung dargestellt. Es existieren auch hier zwei kritische Drehzahlen, wobei im allgemeinen die höhere Kritische gefährlicher ist. Die kritischen Drehzahlen werden durch die Gleitlager um so mehr herabgesetzt, je steifer die Welle ist (kleine μ-Werte). Bei niedrigen So_k-Werten ist die Absenkung durch die Gleitlager gering, und dort sind auch große Rotorausschläge zu erwarten. Im Bereich mittlerer und großer So_k-Werte ist die Beeinflussung der kritischen Drehzahl nur durch eine Änderung der Wellensteifigkeit möglich. Liegt der Rotor konstruktiv fest, so kann die kritische Drehzahl noch durch das Lagerspiel ΔR beeinflußt werden, wobei die gleichzeitige Änderung von So_k keine wesentliche Veränderung bringt. Eine Vergrößerung von ΔR ergibt eine Absenkung von μ und damit auch der kritischen Drehzahl.

Werden diese Resonanzen in der Regel auch nur beim An- und Abstellen der Maschine durchfahren, so sollte die Resonanzamplitude — auch wenn sie sich beim raschen Durchfahren meist nicht voll ausbildet — beachtet werden. Die Resonanzamplituden haben bei bestimmten So_k-Werten ein Minimum, was bei der Auslegung der Lagerung durch eine geeignete Wahl der Lagerdimensionierung, das Lagerspiel und die Ölviskosität zu erreichen ist. Diese Abstimmung führt zugleich auch zu geringen Lagerbelastungen. Mit der Wahl des Lagertyps — hier stehen dem Konstrukteur eine ganze Palette von Mehrgleitflächenlagern oder Lagern mit kippbeweglichen Teilschalen zur Verfügung — ergeben sich weitere Möglichkeiten zur Optimierung des Schwingungsverhaltens. Auf diese Lagerformen wird im Abschnitt 9.4 eingegangen.

9.2.4 Stabilität

Auch die Stabilitätsgrenzdrehzahl ω_{gr} eines gleitgelagerten Rotors ergibt sich aus den oben entwickelten Bewegungsgleichungen des Zapfenmittelpunktes nach Gl. (9.65) und (9.66), wobei allerdings die Unwuchterregung entfällt und nur die homogene Differentialgleichung zu lösen ist. Dazu verwendet man den Exponentialansatz

$$x = x_e \exp(\lambda \phi), \qquad y = y_e \exp(\lambda \phi). \tag{9.74}$$

Die übliche Eigenwertbedingung, daß nämlich die Koeffizientendeterminante verschwinden muß, führt auf die charakteristische Gleichung

$$C_6 \lambda^6 + C_5 \lambda^5 + C_4 \lambda^4 + C_3 \lambda^3 + C_2 \lambda^2 + C_1 \lambda + C_0 = 0 \tag{9.75}$$

mit den Koeffizienten

$$\begin{aligned}
C_0 &= A_0, \\
C_1 &= A_1, \\
C_2 &= A_2 + a_0(2A_0 + b_0 A_4), \\
C_3 &= a_0(2A_1 + b_0 A_3), \\
C_4 &= 2a_0 A_2 + a_0^2(b_0^2 + A_0 + b_0 A_4), \\
C_5 &= a_0^2(A_1 + b_0 A_3), \\
C_6 &= a_0^2 A_2.
\end{aligned} \tag{9.76}$$

9.2 Schwingungsverhalten gleitgelagerter Rotoren

Darin sind A_0 bis A_4 Funktionen der Feder- und Dämpfungszahlen

$$\begin{aligned}
A_0 &= \gamma_{11}\gamma_{22} - \gamma_{12}\gamma_{21}, \\
A_1 &= \gamma_{11}\beta_{22} + \gamma_{22}\beta_{11} - \gamma_{12}\beta_{21} - \gamma_{21}\beta_{12}, \\
A_2 &= \beta_{11}\beta_{22} - \beta_{12}\beta_{21}, \\
A_3 &= \beta_{11} + \beta_{22}, \\
A_4 &= \gamma_{11} + \gamma_{22}.
\end{aligned} \qquad (9.77)$$

Der Lösungsansatz für die charakteristische Gleichung lautet

$$\lambda = u + iv \quad \text{mit} \quad u = \frac{1}{\omega T_z} \quad \text{und} \quad v = \frac{\omega_0}{\omega}. \qquad (9.78)$$

Ein solches lineares Schwingungssystem ist dann oszillatorisch stabil, wenn alle Koeffizienten C_0 bis C_6 gleiches Vorzeichen haben und die Realteile aller Wurzeln λ negativ sind. Umgekehrt gilt für die Instabilität und besonders für die Stabilitätsgrenze

$$u_{\mathrm{gr}} = 0, \qquad \lambda_{\mathrm{gr}} = iv_{\mathrm{gr}}. \qquad (9.79)$$

Setzt man diese Bedingung in die Gl. (9.74) ein, so erhält man die Stabilitätsgrenzdrehzahl

$$\left(\frac{\omega_{\mathrm{gr}}}{\omega_{\mathrm{k}}}\right)^2 = \frac{1}{1 + b_0 A_3/A_1} \cdot \frac{A_2 A_3^2}{A_1^2 - A_1 A_3 A_4 + A_0 A_3^2}. \qquad (9.80)$$

Daraus ergibt sich unmittelbar eine der üblichen Darstellungen nach Bild 9.28 links, wo die Grenzdrehzahl $\omega_{\mathrm{gr}}/\omega_{\mathrm{k}}$ als Funktion der So-Zahl mit der Wellensteifigkeit μ als Parameter aufgetragen ist. Üblich ist aber auch die rechte Darstellung, wo als Abszisse die auf ω_{k} bezogene Sommerfeld-Zahl So_{k} verwendet wird. Dort erscheint der Proportionalitätsfaktor $\tan \tau$, welcher im Bereich großer So_{k}-Werte ein Maß für die Stabilitätseigenschaften des Lagers ist. Anzustreben sind große τ-Werte, da sie bei gegebenen Belastungen eine hohe Grenzdrehzahl zur Folge haben.

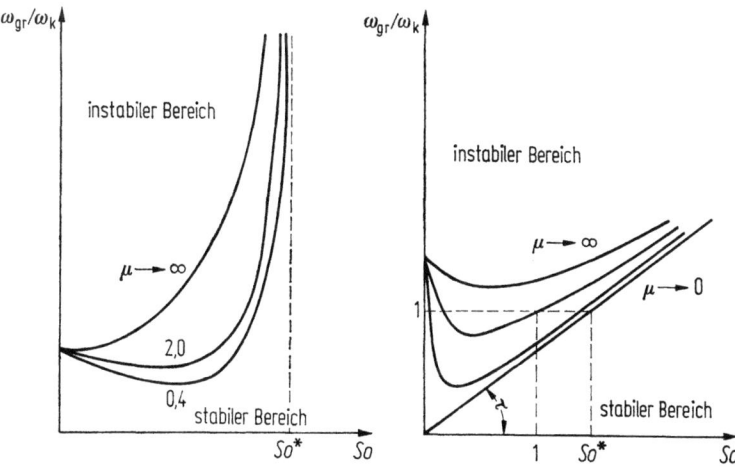

Bild 9.28 Stabilitätskarten

Als Beispiel für eine Stabilitätskarte ist in Bild 9.29 das Verhalten eines symmetrischen Einmassenrotors mit kreiszylindrischen 360°-Lagern dargestellt. In dieser Darstellung wird das Hochfahren des Rotors durch eine Senkrechte beschrieben, solange dies bei konstanter Belastung erfolgt. Die Stabilitätsgrenzdrehzahl wird erreicht im Schnittpunkt der Senkrechten mit dem die vorliegende Konstruktion kennzeichnenden μ-Wert. Bei MGF-Lagern ist der Winkel τ wesentlich größer und somit auch der stabile Betriebsbereich.

Die Instabilität ist eine vom Schmierfilm selbst erregte Erscheinung und deshalb unabhängig vom Wuchtzustand. Die Grenzdrehzahl liegt beim kreiszylindrischen Lager etwa um das 1,5- bis 2fache über der kritischen Drehzahl des starren Rotors. Bei MGF-Lagern liegt sie noch wesentlich höher. Dabei rotiert der ausgelenkte Lagerzapfen mit der halben Drehwinkelgeschwindigkeit des Zapfens, weshalb man diesen Zustand auch mit „Halbfrequenz-Wirbel" bezeichnet. In diesem Zustand entwickelt das Lager keinen tragfähigen Schmierfilmdruck, und es kommt nach einigen Umdrehungen zum Anstreifen. Durch eine verstärkte Anisotropie der Lager (180°-Lager, Lager mit Nuten oder Taschen, MGF- oder Kippsegmentlager) kann man die Grenzdrehzahl beeinflussen, allerdings auf Kosten einer verringerten Tragfähigkeit und der oft aufwendigen Lagerkonstruktionen. Bei erhöhter Auslastung der Lager bei etwa $So = 1$ treten keine Stabilitätsprobleme auf.

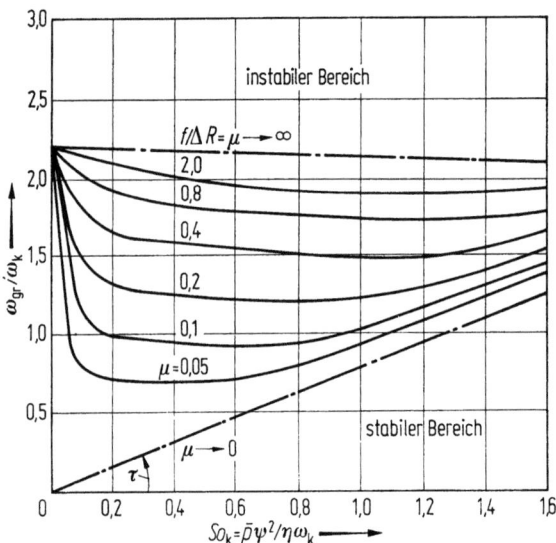

Bild 9.29 Stabilitätskarte für das 360°-Lager

Mit einer sehr vereinfachten, aber recht anschaulichen Darstellung der Vorgänge im Bereich der Instabilität soll dieses Problem abgeschlossen werden. Ein starrer Rotor belastet das Lager durch sein Eigengewicht entsprechend der Last F_0 in Bild 9.30/1. Hat der Rotor eine Unwucht ϱm, so entsteht eine umlaufende Fliehkraft

$$F_R = m\varrho\omega^2, \qquad (9.81)$$

die sich entsprechend den Teilbildern 1 bis 4 der statischen Grundlast F_0 überlagert. Betrachtet man Teilbild 3, wo $F_R = F_0$ ist, so ergibt sich aus einer ein-

9.2 Schwingungsverhalten gleitgelagerter Rotoren

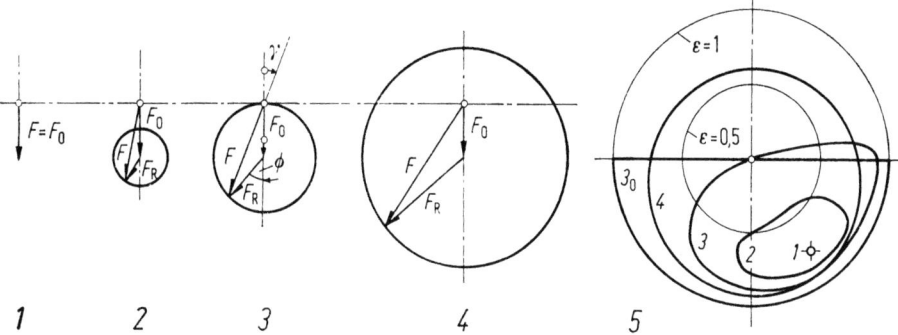

Bild 9.30 Zur Entstehung des Halbfrequenz-Wirbels

fachen geometrischen Beziehung, daß die resultierende Kraft F unter dem Winkel γ auftritt, der halb so groß ist wie der Drehwinkel ϕ. In diesem Fall rotiert also der resultierende Vektor F mit der halben Winkelgeschwindigkeit der Welle im gleichen Drehsinn. Läßt man die dämpfende Verdrängungswirkung einmal außer Betracht, so sind nur die reinen Drehungswirkungen an der Schmierfilmdruckentwicklung beteiligt. Diese aber verschwinden gerade bei dieser dynamischen Lastbedingung. Es ergibt sich dabei eine Verlagerungsbahn nach Kurve 3_0 des Teilbildes 5. Der Zapfenmittelpunkt beschreibt eine halbkreisförmige Bahnkurve mit $\varepsilon = 1$, und unter der Last $F = 0$ schlägt er quer durch das Lagerspiel hindurch. Tatsächlich ergeben sich mit Dämpfung die grob elliptischen Bahnkurven 2 bis 4 um den statischen Gleichgewichtspunkt 1. Der Zustand 3 ist der schmierfilmerregte Oil-Whip. Die Instabilität ist gekennzeichnet durch das Verschwinden der Federkraft, wenn gleichzeitig eine konstante und eine mit der Welle rotierende Kraft gleicher Größe das Lager belasten. Da die zur Instabilität neigenden Lager in der Regel nur niedrig belastet sind ($So \ll 1$), können auch kleine Restunwuchten in die Größenordnung der statischen Belastung kommen und diesen Zustand erzeugen. Der einfachste Weg wäre eine höhere Auslastung der Lager durch den Betrieb bei höheren Sommerfeld-Zahlen. Dies wäre z. B. durch die Verwendung niedrigviskoser Öle möglich. Kritisch ist dabei der An- und Abstellvorgang. Bei großen Turbinen werden die Lager deshalb mit hydrostatischen Anfahrhilfen ausgestattet in Form von Ölzuführtaschen. Wenn auch im eigentlichen Betriebsbereich der hydrostatische Zuführdruck gedrosselt wird, so ist der Speisedruck oft in vergleichbarer Größenordnung mit den Schmierfilmdrücken selbst. Dadurch ergeben sich oft Abweichungen gegenüber dem vorausberechneten Stabilitätsverhalten. Weitere Abweichungen sind bedingt durch die bei MGF-Lagern oft unklaren Öltemperaturbedingungen, welche dadurch entstehen, daß neben der Frischölzufuhr in die MGF-Teilschale auch schon erwärmtes Öl aus der davorliegenden Teilschale in die folgende Schale weitergeschleppt wird. Schließlich ist als Grund für Abweichungen gegenüber der Rechnung auch die thermischelastische Verformung der MGF- und besonders der kippbeweglichen Teilschalen zu nennen. Man hat bislang diese Abweichungen immer nur mit dem nichtisothermen Verhalten des Schmierfilmes erklärt. Wie in Abschnitt 8.2.1 dargelegt, ist eine isotherme Rechnung mit einer sinnvoll gewählten effektiven Temperatur bzw. Viskosität in den meisten Fällen ausreichend. Sicher wird man sich in zukünftigen Forschungsarbeiten deshalb mehr mit den Einflüssen des Ölzuführdruckes, der Ölzumischung und der thermisch-elastischen Spaltdeformation beschäftigen.

Das bessere Stabilitätsverhalten von MGF-Lagern erklärt sich daraus, daß dort das Verschwinden der Federkräfte unter den besonderen Bedingungen nur in kleinen Bereichen des Lagerumfangs möglich ist. Bei Kippsegmentlagern kann die Federkraft überhaupt nicht völlig verschwinden, da hier der resultierende Schmierfilmdruck einer Teilschale immer auf den Abstützpunkt gerichtet sein muß und daher die Zapfenrotation nicht in der ungünstigen Weise erfolgen kann.

9.3 Schwimmbuchsenlager

Das Schwimmbuchsenlager besteht aus zwei ineinandergeschobenen zylindrischen Lagerbuchsen; einem äußeren, fest im Gehäuse eingebauten Lager und einer inneren, in der Regel auch axial geführten Buchse, die zwischen der Welle und dem äußeren Lager frei schwimmt (Bild 9.31). Die Ölzufuhr erfolgt über das gehäuseseitige Lager in den äußeren Lagerspalt und von dort über Bohrungen in der Buchse in den inneren Spalt. Um eine gleichmäßige Ölversorgung des inneren Gleitraumes zu erreichen, sind die Büchsenbohrungen durch eine Ringnut verbunden. Aber auch im äußeren Gleitraum wird eine Ringnut entweder in der äußeren Lagerbuchse oder auf der Außenseite der Schwimmbuchse vorgesehen.

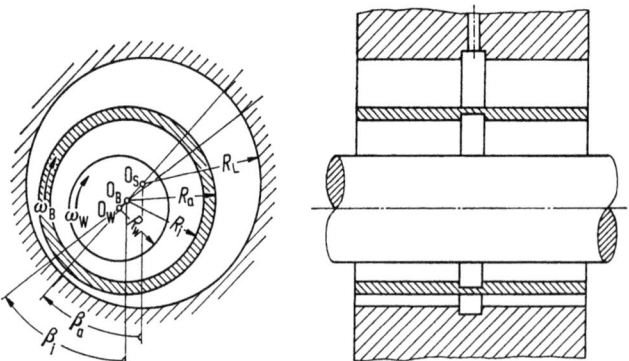

Bild 9.31 Schwimmbuchsenlager

Das Anwendungsgebiet der Schwimmbuchsen liegt einmal bei der Lagerung sehr leichter Rotoren, wobei die Flächenpressungen sehr niedrig ($\bar{p}_{stat} < 1$ bar) und die Drehzahlen sehr hoch sind, so daß sie bei sehr kleinen Sommerfeld-Zahlen arbeiten. Der typische Anwendungsfall sind die Abgasturboauflader. Dort werden sie eingesetzt wegen ihrer niedrigen Lagerreibleistung. Bei richtiger Auslegung haben sie auch ein gutes Schwingungs- und Stabilitätsverhalten und sind recht unempfindlich gegen größere Unwuchten und niederfrequente Erregungen.

Ein weiteres Anwendungsgebiet ist die Lagerung von Planetenrädern. Hier dienen die Schwimmbuchsen zum Lastausgleich zwischen den Rädern eines Planetensatzes.

Von großer Bedeutung für das Trag- und Stabilitätsverhalten ist die sich einstellende Buchsendrehzahl ω_B. Sie ergibt sich aus dem Kräfte- und Momentengleichgewicht an der Buchse. Die Tragkraft am inneren Lager (i) muß gleich

9.3 Schwimmbuchsenlager

groß und entgegengesetzt der Tragkraft am äußeren Lager (a) sein. Im inneren Lager wirken die Winkelgeschwindigkeiten der Welle ω_W und der Buchse ω_B, am äußeren Lager wirkt nur ω_B. Aus den zugehörigen So-Zahlen

$$So_i = \frac{F_i \psi_i^2}{BD_i \eta_i (\omega_W + \omega_B)}, \qquad (9.82)$$

$$So_a = \frac{F_a \psi_a^2}{BD_a \eta_a \omega_B} \qquad (9.83)$$

ergibt sich für das Kräftegleichgewicht $F_i = F_a$

$$\frac{So_i}{So_a} = \frac{D_a}{D_i} \cdot \frac{\eta_a}{\eta_i}\left(\frac{\psi_i}{\psi_a}\right)^2 \frac{\omega_B}{\omega_W + \omega_B} = \frac{D_0 \eta_0}{\psi_0^2} \cdot \frac{\omega_0}{1 + \omega_0} \qquad (9.84)$$

mit den Abkürzungen

$$D_0 = D_a/D_i; \qquad \eta_0 = \eta_a/\eta_i; \qquad \psi_0 = \psi_a/\psi_i \quad \text{und} \quad \omega_0 = \frac{\omega_B}{\omega_W}.$$

Daraus erhält man unmittelbar auch

$$\frac{1}{\omega_0} = \frac{\omega_W}{\omega_B} = \frac{So_a}{So_i} \cdot \frac{D_0 \eta_0}{\psi_0^2} - 1. \qquad (9.85)$$

Das Momentengleichgewicht ergibt sich — sieht man einmal von der Reibung an der axialen Buchsenführung ab — aus dem Gleichgewicht der in den beiden Gleiträumen entwickelten Reibmomente. Die bezogenen Reibwerte μ/ψ sind aus Abschnitt 7 bekannt. Man muß allerdings berücksichtigen, daß hier einmal das Reibmoment auf das Lager = Buchse im inneren Gleitraum und zum anderen das Reibmoment auf die Welle = Buchse im äußeren Gleitraum zu unterscheiden ist. Verwendet man hierzu Gl. (7.235), so bedeutet dies

$$\frac{\mu}{\psi} = \frac{\pi}{So\sqrt{1 - \varepsilon^2}}(-) + \frac{\varepsilon}{2}\sin\beta, \qquad (9.86)$$

wobei das negative Vorzeichen für das innere Lager gilt. Außerdem ist noch zu beachten, daß für die Reibung im inneren Gleitraum der reine Scheranteil mit $(\omega_W - \omega_B)$ zu korrigieren ist. Dann ergibt sich

$$FR_i\psi_i\left[\frac{\pi}{So_i\sqrt{1 - \varepsilon_i^2}} \cdot \frac{\omega_W - \omega_B}{\omega_W + \omega_B} - \frac{\varepsilon_i}{2}\sin\beta_i\right]$$

$$= FR_a\psi_a\left[\frac{\pi}{So_a\sqrt{1 - \varepsilon_a^2}} + \frac{\varepsilon_a}{2}\sin\beta_a\right]. \qquad (9.87)$$

Nach einigen Umformungen erhält man daraus

$$\frac{\pi\left(So_a - 2\frac{\psi_0^2}{D_0\eta_0}So_i\right)}{So_a So_i \sqrt{1 - \varepsilon_i^2}} - \frac{\varepsilon_i}{2}\sin\beta_i = D_0\psi_0\left[\frac{\pi}{So_a\sqrt{1 - \varepsilon_a^2}} + \frac{\varepsilon_a}{2}\sin\beta_a\right]. \qquad (9.88)$$

Diese Gleichung läßt sich iterativ lösen, wenn man z. B. eine angenommene Gleichgewichtslage des äußeren Lagers (So_a, ε_a, β_a) vorgibt und die zugehörigen Werte des inneren Lagers (So_i, ε_i, β_i) solange variiert, bis diese Gleichung erfüllt ist. Dabei muß der Wert $\psi_0^2/(D_0\eta_0)$ als konstant vorgegeben werden. Während die Größen D_0 und ψ_0 eine bestimmte Lagerausführung kennzeichnen, ist η_0 noch unbekannt. Für die Lösung muß daher $\eta_0 = 1$ gesetzt werden. Dies bedeutet, daß die Viskosität in den beiden Gleiträumen identisch ist. Zweckmäßiger ersetzt man aber die So_a-Zahl mit der unbekannten Buchsendrehzahl ω_B durch eine Ersatz-Sommerfeld-Zahl So_e:

$$So_e = \frac{F\psi_i^2}{BD_i\eta_i\omega_W} = So_a \frac{D_0\eta_0}{\psi_0^2} \omega_0 = So_i(1 + \omega_0), \qquad (9.89)$$

die einem normalen Lager mit der Wellendrehzahl ω_W und den Abmessungen des inneren Lagers entspricht. Bild 9.32 zeigt die Lösung für ein Schwimmbuchsenlager üblicher Abmessungen unter der Annahme $\eta_0 = 1$. Dargestellt ist über der So_e-Zahl sowohl das Drehzahlverhältnis ω_0 wie auch die zugehörigen Exzentrizitäten ε_i und ε_a bei Variation des Spielverhältnisses $\psi_0 = \psi_a/\psi_i$.

In der Literatur findet man diese Ableitung auch in vereinfachter Form. Dabei wird das Momentengleichgewicht mit den stark vereinfachten Reibwerten

$$\mu/\psi = \pi/So \quad \text{für} \quad So < 1$$

berechnet, wo keine Differenzierung zwischen Zapfen und Schale möglich ist. Damit ergibt sich

$$FR_i \frac{\pi}{So_i} \psi_i \frac{\omega_W - \omega_B}{\omega_W + \omega_B} = FR_a \frac{\pi}{So_a} \psi_a. \qquad (9.90)$$

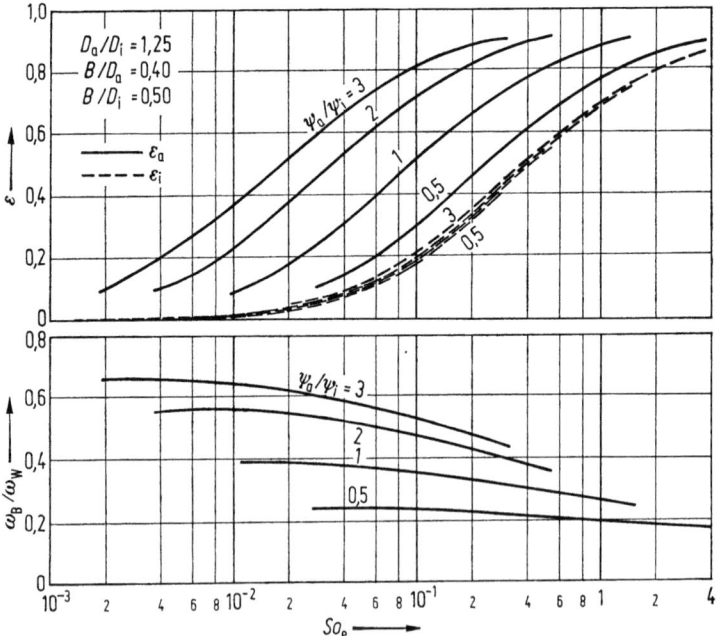

Bild 9.32 Drehzahlverhältnis Buchse/Welle beim Schwimmbuchsenlager und Exzentrizitäten ε_i und ε_a

Mit den oben genannten Abkürzungen wird daraus

$$\frac{So_a}{So_i} = D_0 \psi_0 \frac{1+\omega_0}{1-\omega_0}. \tag{9.91}$$

Setzt man dies gleich (9.84), so ergibt sich nach einigen Umrechnungen

$$\omega_0 = \frac{\omega_B}{\omega_W} = \frac{1}{1+\frac{D_0^2 \eta_0}{\psi_0}} = \frac{1}{1+\left(\frac{D_a}{D_i}\right)^2 \frac{\psi_i}{\psi_a} \cdot \frac{\eta_a}{\eta_i}}. \tag{9.91a}$$

Hiernach ist also das Drehzahlverhältnis völlig unabhängig von der Wellendrehzahl, wenn man vom Viskositätsverhältnis absieht. Aus der in Bild 9.32 dargestellten Abhängigkeit des Drehzahlverhältnisses von der So_a-Zahl müßte mit steigender Drehzahl der So_a-Wert fallen und das Drehzahlverhältnis sogar leicht ansteigen. Nach experimentellen Untersuchungen wird das theoretische Drehzahlverhältnis nur im unteren Drehzahlbereich erreicht. Mit zunehmender Drehzahl der Welle fällt das Drehzahlverhältnis deutlich ab. Die Ursachen hierfür sind die starke Abnahme der Viskosität η_i im inneren Spalt gegenüber η_a im äußeren Spalt, die Reibungsverluste an der Stirnfläche der Buchse, die nichtberücksichtigten Scherkräfte im Bereich der Nut sowie der Zuführdruck. Bei niedrigen Lagerbelastungen und somit auch Schmierfilmdrücken hat der Zuführdruck einen wesentlichen Einfluß, wodurch das Drehzahlverhältnis mit steigendem Zuführdruck deutlich abfällt.

Bei den höherbelasteten Planetenradbolzen dürften diese Abweichungen geringer sein. Hierzu fehlen aber in der Literatur entsprechende Untersuchungen, während solche für den Einsatz unter Abgasturbolader-Verhältnissen von Fink [9.14] und Heinze [9.15] bekannt sind.

9.4 Radialgleitlager mit beliebiger Spaltgeometrie

In der Praxis haben sich eine Reihe von Lagerbauformen eingeführt, deren Spaltgeometrie von der kreiszylindrischen Form abweichen. Eine Auswahl davon ist in Bild 9.33 dargestellt.

Schon bei kreiszylindrischen Lagern erfolgt die Ölzufuhr in die unbelastete oder zumindest geringer belastete Lagerschalenhälfte oft über eine in die Lauffläche eingearbeitete Tasche, die seitlich bis auf einen kleinen Steg an die Lagerränder herangeführt ist. Dadurch soll eine bessere Verteilung des zugeführten Öls über die Lagerbreite erreicht werden. Auch wenn in der Regel die Tasche in Bereichen geringer Belastung angeordnet sein sollte, so ist bei dynamischer Last eine Beeinflussung des Druckaufbaus und der Zapfenverlagerung durch die Tasche nicht auszuschließen. Mechanisch eingearbeitete Taschen, deren Kanten zur Lauffläche sorgfältig zu verrunden sind, haben im Vergleich zum radialen Lagerspiel eine unverhältnismäßig große Tiefe. Daher ist ein Schmierfilmdruckaufbau über den Taschen praktisch nicht vorhanden. Taschen haben aber oft auch den Nachteil, daß sie Schmutzteilchen im Öl sammeln und diese in einer gezielten Strömung dann besonders an den Taschenkanten austreten lassen, wodurch die Lauffläche praktisch in markanter Weise beschädigt wird.

Bei kreiszylindrischen Lagern erfolgt die Ölzufuhr auch oft von der Zuführbohrung in Umfangsnuten. Man verwendet diese Konstruktion besonders dann,

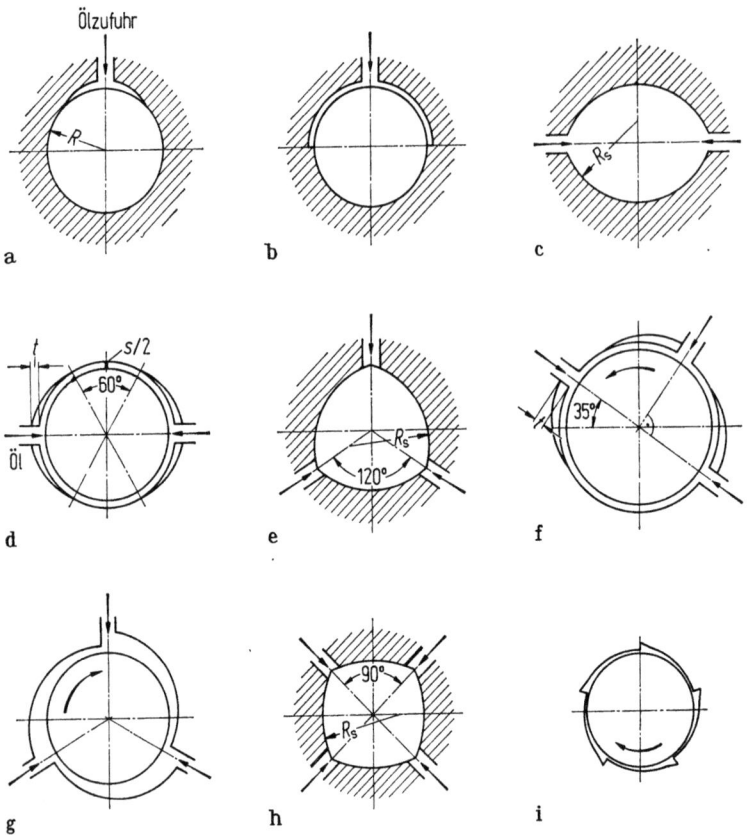

Bild 9.33 Lagerbauformen mit beliebiger Spaltgeometrie.

a) Kreiszylindrisches 360°-Lager mit Tasche; b) kreiszylindrisches Lager mit 180°-Nut; c) Zweikeillager; d) Taschenlager; e) Dreikeillager; f) Dreikeil-Taschenlager; g) Dreikeillager für eine Drehrichtung; h) Vierkeillager; i) Fünfkeillager für eine Drehrichtung

wenn durch diese Nut in eine Zapfenquerbohrung eingespeist werden soll, um weitere Lager von der Welle her zu schmieren. Dies ist eine Standardlösung bei den Kurbelwellen von Verbrennungsmotoren, wo über die Hauptlager das Öl in die Welle und von dort in die Hublager geführt wird. Verwendet man dabei im Hauptzapfen eine durchgehende Querbohrung, dann ist allerdings auch eine 180°-Nut in der weniger belasteten Schalenhälfte ausreichend. 360°-Nuten in der Lagermitte können mit der normalen Theorie behandelt werden, wenn man nur eine Lagerhälfte mit der zugehörigen halben Last betrachtet. In der hydrodynamischen Berechnung kann man dabei mit den Ersatz-Abmessungen $D^* = D\sqrt{2}$ und $B^* = B\sqrt{2}/2$ und der vollen Last arbeiten. Bei der Umwandlung der bezogenen Größen wie ε, μ/ψ und $\bar{Q}$ in die realen Größen $h_{\min}$, M_R und Q sind die tatsächlichen Abmessungen wieder zu verwenden. Bei einem Lager mit einer Nuterstreckung $< 360°$ ist eine strenge hydrodynamische Berechnung nur unter Berücksichtigung der speziellen Spaltgeometrie möglich.

Lager mit mehreren Gleitflächen, die sogenannten Mehrgleitflächenlager (MGF-Lager) werden verwendet, um hohe Führungsgenauigkeiten oder gute

9.4 Radialgleitlager mit beliebiger Spaltgeometrie

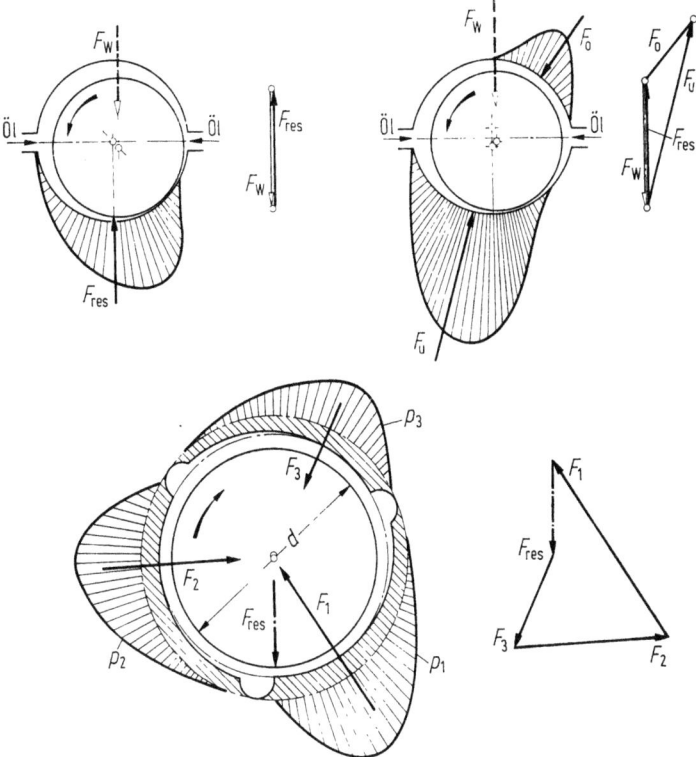

Bild 9.34 Druckaufbau und resultierende Tragfähigkeit an MGF-Lagern

Schwingungseigenschaften zu erreichen. Auch arbeiten solche Lager im Mittel ja mit vergrößerten Spielen, so daß bei schnellaufenden Wellen die Gefahr des Umschlagens von der laminaren, reibungsarmen Strömung in eine turbulente Strömung geringer ist. Diese Lager haben selbst im unbelasteten Zustand bei zentrischer Zapfenlage mehrere konvergierende Spalte am Umfang, wo sich unter Drehung stabilisierende Blinddrücke aufbauen (Bild 9.34). Auch unter Last bleiben diese Blinddrücke in nur wenig veränderter Weise erhalten. Daher muß eine erhöhte Reibleistung in Kauf genommen werden. Man findet Bauformen mit zwei bis vier Schmierkeilen, wobei an allen Stoßstellen der Teilschalen eine Ölzufuhr angeordnet ist, um die Ölversorgung jeder Teilgeometrie sicherzustellen.

Das Zweikeillager oder Zitronenspiellager ist ein mittig geteiltes, kreiszylindrisch bearbeitetes Lager, das an den beiden Schalenstößen abgearbeitet ist. Eine Modifikation davon ist das leicht exzentrisch ausgebohrte Lager, dessen beide Hälften versetzt eingebaut werden. Man erhält so ein Lager für eine bestimmte Drehrichtung mit einem verringerten Spiel in Richtung der Trennfuge. Solche Lager entstehen oft auch unbeabsichtigt, wenn bei einem geteilten Lagerstuhl der Deckel mit einem seitlichen Versatz eingebaut wird. Die Folgen sind dann schlimm, wenn der Versatz und die Drehrichtung nicht zusammenpassen. Zitronenspiellager werden auch angewendet, wenn unter dynamischer Last eine Deformation in Richtung einer Hochovalität zu erwarten ist, um das seitliche Klemmen zu vermeiden. Die Wahl des Spielverhältnisses vertikal : horizontal kann allerdings nur für einen bestimmten Lastzustand optimal gewählt werden; in allen anderen Betriebszuständen ist die Tragfähigkeit schlechter.

Eine Tragfähigkeitseinbuße gegenüber dem vergleichbaren kreiszylindrischen Lager ist bei allen MGF-Lagern vorhanden, wie auch grundsätzlich ihre Reibung höher ist. Die günstigen Stabilitätseigenschaften resultieren aus der Anisotropie, d. h. aus den unterschiedlichen Lagerreaktionen in zwei zueinander senkrechten Ebenen. Innerhalb der MGF-Lager ist grundsätzlich zu beachten, daß bestimmte Bauformen nur für eine Drehrichtung geeignet sind. MGF-Lager mit symmetrischen Teilschalen sind für beide Drehrichtungen geeignet. Dabei werden nur die jeweils konvergierenden Spaltbereiche zum Schmierfilmdruckaufbau herangezogen, so daß ihre Tragfähigkeit geringer ist als die der MGF-Lager für nur eine Drehrichtung. Eine für die Herstellung äußerst anspruchsvolle Lösung sind die MGF-Taschenlager, bei denen die Schmierkeile in Form von Taschen eingearbeitet sind.

Die theoretische Behandlung von Lagern mit beliebiger Geometrie des Schmierspaltes ist natürlich viel aufwendiger als beim kreiszylindrischen Lager. Zur Berechnung der statischen Tragfähigkeit kann man, ausgehend von bekannten Lösungen für kreisförmige Teilschalen (180°-Lager, 120°-Lager), durch eine iterative vektorielle Addition zu einer Lösung kommen. Allerdings erfordert dies die Vorausberechnung der Kennfelder $So_\gamma = f(\varepsilon, B/D)$ und $\beta_\gamma = f(\varepsilon, B/D)$ für eine Reihe vorgegebener Lastrichtungen γ. Es ist also nicht ausreichend, nur die Verhältnisse bei Belastung in Richtung der Symmetrieachse der Teilschale zu kennen. Zur Ermittlung dieser Kennfelder wurden aber fast ausschließlich analytisch einfache Integrationsverfahren verwendet, welche auf der Lösung für das unendlich breite Lager aufbauen und diese durch einen Fourieransatz auf das endlich breite Lager erweitern. Solche Lösungen sind von Frössel [9.28] und Gersdorfer [9.29] bekannt. Sie führen allerdings nur zu den statischen Lagereigenschaften.

Die Teilschalen eines MGF-Lagers bestehen in der Regel aus Kreisbögen mit den Schalenmittelpunkten $O_{S,i}$, wie in Bild 9.35 dargestellt ist. In einem symmetrischen MGF-Lager läßt sich ein Kreis mit dem Radius R_0 einbeschreiben, der jede Teilschale berührt. Bei MGF-Lagern für eine Drehrichtung berührt dieser einbeschriebene Kreis die Enden der konvergierenden Spalte. Er bildet die Bezugsbasis für das Lagerspiel $\psi_0 = (R_0 - r)/R_0$. Er stellt aber nur den innersten Bewegungsbereich des Zapfens dar. Den tatsächlichen Bewegungsbereich des Zapfens erhält man, wenn man die kreiszylindrische Welle entlang den Teilschalen bewegt. Dann beschreibt der Zapfenmittelpunkt Kreisbögen, die den inneren Spielkreis tangieren. Ihre Radien sind $R_{Si} - r$, und hieraus ergibt sich das Schalenspiel $\psi_i = (R_{Si} - r)/R_0$. Im allgemeinen Fall sind die tatsächlichen maximalen Bahnkurven der MGF-Lager Kreisbogenvielecke, wie in Bild 9.35 ebenfalls dargestellt.

Die Polarkoordinaten des Wellenmittelpunkts werden auch hier durch die Exzentrizität ε und deren Richtung δ angegeben. Dabei gilt die Exzentrizität $\varepsilon = 1$ für den inneren Bewegungskreis. Außerhalb davon treten also Exzentrizitäten > 1 auf. Für eine Berechnung der Tragfähigkeit eines MGF-Lagers aus bekannten Lösungen für die Teilgeometrien ist die relative Lage des Zapfenmittelpunktes ε_i, δ_i zu den einzelnen Teilschalen wichtig. Diese sind entsprechend Bild 9.35 aus dem Dreieck OO_ZO_S mit einfachen geometrischen Beziehungen zu ermitteln. Für eine vorgegebene Zapfenlage ε, δ sind über die einzelnen Teilschalenlagen ε_i, δ_i und den vorhandenen Lösungen $So_\gamma = f(\varepsilon, B/D)$ und $\beta_\gamma = f(\varepsilon, B/D)$ die zugehörigen Traganteile zu ermitteln und deren Resultierende vektoriell zusammenzusetzen. Die Reaktion dazu wäre die zugehörige äußere

9.4 Radialgleitlager mit beliebiger Spaltgeometrie

Last auf das Lager. In der Praxis ist aber die äußere Last nach Größe und Richtung vorgegeben, und es wird die zugehörige Gleichgewichtslage ε, δ gesucht. Dazu muß man in einem iterativen Vorgang mehrere Zapfenlagen ε, δ annehmen, bis die Resultierende der äußeren Last entspricht. Dieses Verfahren ist selbst dann, wenn es sich um ein symmetrisches MGF-Lager mit konstantem Spielverhältnis ψ/ψ_1 handelt, sehr aufwendig.

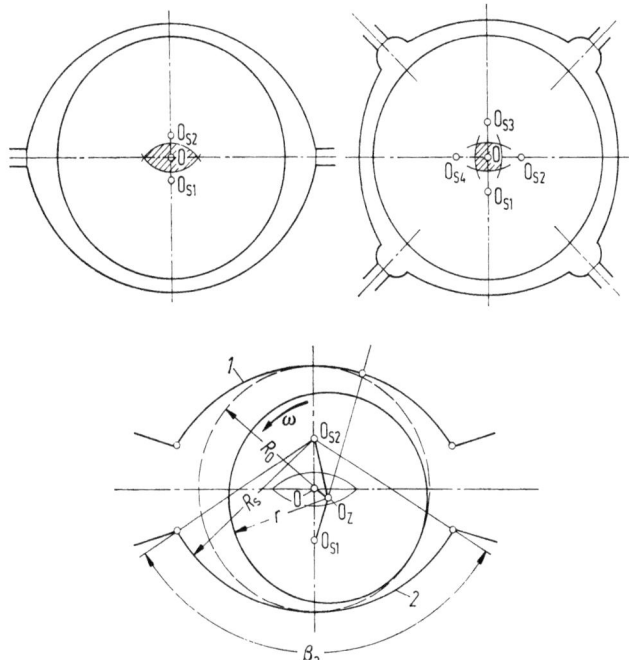

Bild 9.35 Bewegungsbereich von MGF-Lagern

Heute wird daher im allgemeinen eine geschlossene Lösung durch Integration der Reynoldsschen Differentialgleichung über alle Teilschalen verwendet. Dabei werden ebenfalls meist die mathematisch einfachen Randbedingungen in Verbindung mit dem Doppelreihenansatz in Umfangsrichtung und dem Parabelansatz in Breitenrichtung verwendet. Dies bedeutet eine gewisse Einschränkung in bezug auf die Genauigkeit aus Gründen, die im Kapitel 7 ausführlich besprochen wurden. Nur Varga [9.33] verwendet in Umfangsrichtung ein numerisches Verfahren mit konstanter Schrittweite und die physikalischen Randbedingungen, für die Breitenrichtung macht auch er einen Parabelansatz. Die theoretischen Grundlagen für die Berechnung von Gleitlagern mit beliebiger Spaltgeometrie sind in den Arbeiten von Someya [9.30], Schaffrath [9.31], Kollmann [9.32] und Varga [9.33] beschrieben. Computerprogramme wurden von Harbordt und Klumpp [9.26 u. 9.27] angegeben. Damit können auch unsymmetrische MGF-Lager oder kreiszylindrische Lager mit Taschen, Nuten oder Einschabungen berechnet werden.

Die erwähnten Abstriche an Genauigkeit dieser Verfahren sind für die Behandlung von Schwingungsproblemen geringer anzusetzen, da hier im unteren bis mittleren Exzentrizitätsbereich gearbeitet wird, wo die verwendeten Näherungen noch hinreichend gültig sind. Auch sind für diese Anwendungen die Kennfelder der Feder- und Dämpfungszahlen für die einzelnen Lagerbauarten nur einmal zu berechnen, so daß der relativ hohe Aufwand trotz elektronischer Datenverarbeitung gerechtfertigt ist. Für Anwendungen unter dynamischer Last muß der Aufwand in Relation zur Genauigkeit gesehen werden. Glücklicherweise sind bei diesen Anwendungen die in der Praxis verwendeten Bauarten nicht so vielfältig. Die Anwendung der Verfahren für beliebige Spaltgeometrie auf instationäre Belastungsfälle gibt — bei allen Einschränkungen — doch einen guten qualitativen Einblick in die Auswirkungen von Taschen, Nuten und speziellen MGF-Ausführungsformen.

Im vorliegenden Rahmen ist es nicht möglich, diese Verfahren zur hydrodynamischen Berechnung von Gleitlagern mit beliebiger Spaltgeometrie im einzelnen darzustellen. Es muß vielmehr auf die erwähnte Literatur verwiesen werden. Anhand einzelner Ergebnisse soll die Auswirkung häufig verwendeter Abweichungen von der kreiszylindrischen Geometrie erläutert werden.

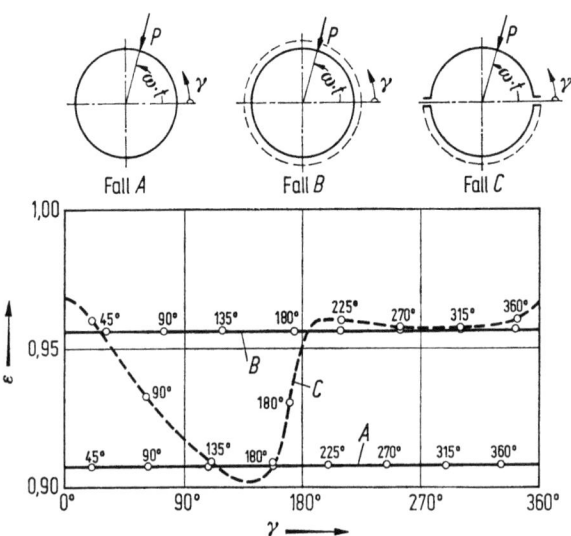

Bild 9.36 Kreiszylindrisches Lager mit und ohne Nut unter umlaufender Last.
A Lager ohne Nut; B Lager mit 360°-Nut; C Lager mit 180°-Nut

Unter einer umlaufenden, konstanten Last entsprechend Bild 9.36 ergibt sich im kreiszylindrischen Lager eine umlaufende Verlagerungsbahn mit konstanter Exzentrizität entsprechend Fall A. Bei einer 360°-Nut vergrößert sich die Exzentrizität um einen festen Betrag, und die Schmierfilmdicke ist deutlich geringer (Fall B). Bei einer 180°-Nut verläuft die Verlagerungsbahn zwischen diesen beiden Extremwerten, wobei allerdings nur kurzzeitig die niedrigere Exzentrizität des ungenuteten Lagers erreicht wird, wenn nämlich die Last bei $\omega t = 150°$ in der Lage steht, daß der Druckaufbau weitgehend in der ungenuteten Hälfte stattfindet.

Die gleiche Belastungsart und ihre Verlagerungsbahn in einem Zitronenspiellager zeigt Bild 9.37. In der oberen Hälfte ist das reine Zitronenspiel vorhanden. Die umlaufende Last bewirkt dort, daß die Verlagerungsbahn in Richtung einer zur großen Spielachse leicht geneigten Diagonalen immer größer wird. In der hori-

9.4 Radialgleitlager mit beliebiger Spaltgeometrie

zontalen Richtung ist die Tragfähigkeit also deutlich kleiner. Dies wird noch verstärkt durch die dort angebrachten Öltaschen, die aber notwendig sind zur ausreichenden Ölversorgung. In der unteren Lagerhälfte ist eine weitere Abweichung von der kreiszylindrischen Geometrie dargestellt, die Einschabung. Dies ist eine kreisbogenförmige Vertiefung mit dem Radius der Welle. Auch diese Störung der Spaltform bringt eine deutliche Verringerung der Filmdicke mit sich.

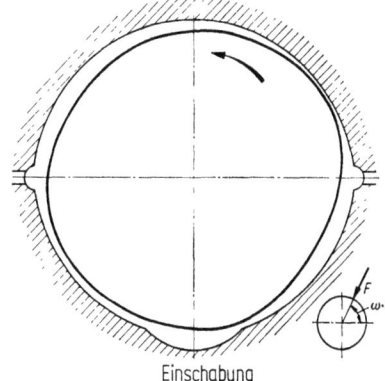

Bild 9.37 Zweikeillager mit Einschabung unter umlaufender Last

Ein Vergleich der Tragfähigkeit verschiedener Lagerbauarten zeigt Bild 9.38. Die Tragfähigkeits-Kennzahl $So = f(1 - \varepsilon)$ ist hier in Abhängigkeit von der Restspaltdicke h_0 für ein konstantes Breitenverhältnis dargestellt, wobei die MGF-Lager in Richtung der Symmetrieachse belastet sind, was den optimalen Fall darstellt. Besonders bei höheren So-Zahlen haben die MGF-Lager wesentlich kleinere Filmdicken etwa im Verhältnis $4:2:1$ zwischen kreiszylindrischem Lager : 2- oder 3-Keillager : 4-Keillager.

Die Anisotropie der MGF-Lager verdeutlicht Bild 9.39 am Beispiel des Zweikeillagers. Dargestellt sind die statischen Gleichgewichtslinien oder Gümbel-Kurven unter verschiedenen Lastrichtungen γ innerhalb des Spielbereiches. Die

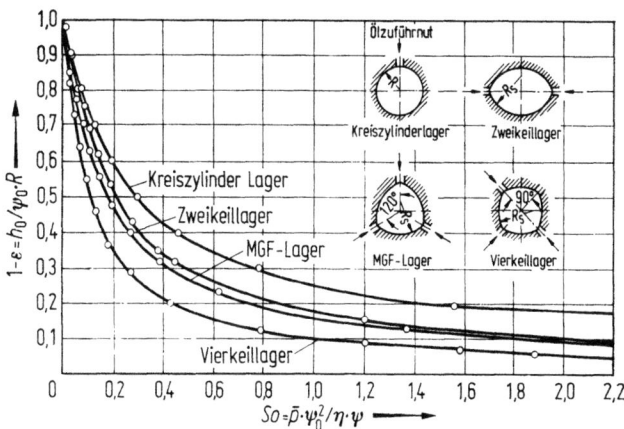

Bild 9.38 Tragfähigkeit verschiedener MGF-Lagerbauarten

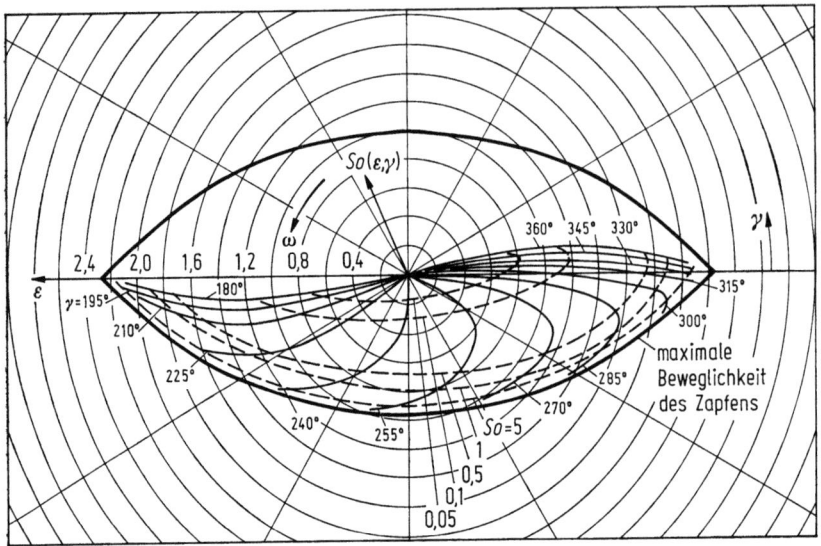

Bild 9.39 Gümbelkurven des Zweikeillagers

größeren Wege in Richtung der großen Spielachse sind begleitet von entsprechend kleineren Tragfähigkeiten. Dies verdeutlichen die ebenfalls eingezeichneten Linien $So = $ const. In Richtung der kleinen Spielachse ist das Lager steif und senkrecht dazu sehr elastisch. Umgekehrt kann man auch sagen, daß die kleinsten Schmierspaltdicken für eine konstante Belastung in allen Richtungen etwa ähnlich groß sind.

Radial-Kippsegmentlager stützen die Welle durch drei oder mehr am Umfang verteilte Lagersegmente, die im Lagergehäuse kippbeweglich abgestützt sind. Die Lagersegmente (Bild 9.40) werden meist kreiszylindrisch ausgeführt. Dort sind auch die Druckverteilung über den einzelnen Segmenten, die daraus resultierenden Stützkräfte und ihre Resultierende dargestellt. Im stationären Betriebszustand stellt sich jedes Segment so ein, daß sein resultierender Schmierfilmdruck durch den Abstützpunkt verläuft. Die resultierende Druckkraft ist außerdem näherungs-

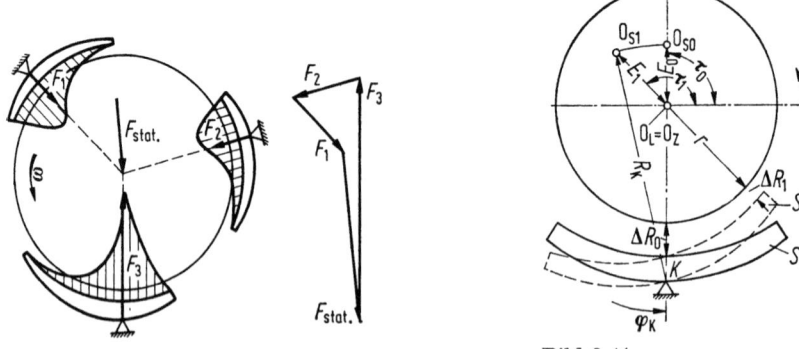

Bild 9.40   Bild 9.41

Bild 9.40 Druckverteilung und resultierende Schmierfilmdrücke im Kippsegmentlager
Bild 9.41 Spaltfunktion des Kippsegmentlagers

9.4 Radialgleitlager mit beliebiger Spaltgeometrie

weise auf den Wellenmittelpunkt gerichtet. Dies ist eine weitere Bedingung für die statische Gleichgewichtslage. Eine Veränderung der Zapfenlage relativ zum Segment bewirkt also nur eine Amplitudenänderung, aber keine Richtungsänderung des resultierenden Schmierfilmdrucks eines Segments.

Die kippbewegliche Abstützung kann in axialer Richtung kurz oder gar punktförmig gestaltet werden, wodurch das Lager auch unter Verkantung einstellbar wird. In der praktischen Ausführung sind hier aber Grenzen gesetzt durch die hohen Hertz-Pressungen und die Notwendigkeit einer Ölzufuhr in die Tasche nahe der Einlaufkante des Kippsegments. Bei Kippsegmentlagern mit nur einer Drehrichtung liegen die Stützstellen hinter der Segment-Mittelachse in Richtung zur Austrittskante verschoben. Bei Lagern für beide Drehrichtungen erfolgt die Abstützung im Symmetriepunkt. Dabei ergibt sich eine verringerte Tragfähigkeit. Wegen der linien- oder gar punktförmigen Abstützung ist bei Kippsegmentlagern mit thermischen und elastischen Verformungen zu rechnen.

Bei der hydrodynamischen Berechnung der Kippsegmentlager — die auch hier nicht im einzelnen dargestellt werden kann — treten einige Besonderheiten auf. So ist die Spaltfunktion, gekennzeichnet durch ein Kippen um den Abstützpunkt, neben der Exzentrizität E auch von deren Richtung τ abhängig. Aus Bild 9.41 kann man ableiten:

$$H(\varphi) = \frac{h(\varphi)}{\Delta R_0} = \psi_V + \frac{\psi_V - 1}{\cos(\tau_1 - \tau_0)} \cos(\varphi - \tau_1);\qquad(9.92)$$

dabei ist

$$\psi_V = \frac{E_0}{\Delta R_0} + 1.$$

Zur Berechnung der statischen Gleichgewichtslage eines Segments muß daher τ_1 solange variiert werden, bis sich eine Druckverteilung einstellt, deren Resultierende durch den Abstützpunkt verläuft. Dann ist aber auch die kleinste Schmierspaltdicke noch nicht bekannt. Mit Ausnahme des Falles, daß die Schalenmittelpunkte O_S und der Lagermittelpunkt O_L zusammenfallen ($E_0 = 0$), liegt der engste Spalt nämlich nicht an der Austrittskante. Hierzu sucht man das Spaltminimum durch Nullsetzen der ersten Ableitung. Im dynamischen Zustand werden durch die Schwingungsbewegungen auch Massenkräfte an den Segmenten hervorgerufen; diese sind bei üblichen Ausführungsformen aber meist vernachlässigbar.

Lösungen für das statische Verhalten von Kippsegmentlagern wurden von Ott [9.34] ermittelt. Dabei wurden auch die nichtisothermen Lösungen mit der adiabaten Voraussetzung verwendet, was wohl nicht unbedingt eine höhere Genauigkeit ergibt, da gerade die Kippsegmente auch vollständig vom Öl umspült sind und daher sicherlich auch auf der Rückseite Wärme abführen. Zu beachten ist bei diesen nichtisothermen Lösungen, daß die So-Zahlen auf die Öleintrittsviskosität bezogen sind.

Klumpp [9.35] gibt rechnerische Ergebnisse für den statischen und den dynamischen Fall an und führt auch einen Vergleich mit experimentellen Untersuchungen von Malcher [9.36] durch. Er rechnet in den meisten Fällen isotherm und verwendet einen Parabelansatz für die Druckentwicklung in der Breitenrichtung, der für die bei diesen Lagern übliche mäßige Auslastung aber noch zutreffend sein dürfte. Die Arbeit Klumpp enthält auch die für das Stabilitätsverhalten wichtigen Feder- und Dämpfungszahlen, wobei auch die konstruktiven Einflüsse wie Segmentzahl, Krümmungsverhältnis, Lage der Abstützung und

Richtung der Last erörtert werden. Als wesentliches Ergebnis ist festzuhalten, daß Kippsegmentlager keine Stabilitätsgrenze aufweisen, solange die Massenwirkungen der Segmente vernachlässigbar bleiben.

Literatur zu Kapitel 9

9.1 Fränkel, A.: Berechnung von zylindrischen Gleitlagern. Diss. ETH Zürich 1944.
9.2 Ott, H. H.: Zylindrische Gleitlager bei instationärer Belastung. Diss. ETH Zürich 1948.
9.3 Booker, J. F.: Dynamically Loaded Journal Bearing. Mobility Method of Solution. Journal Basic Engineering, Trans. ASME, Series D/1965, S. 537.
9.4 Hahn, H. W.: Das zylindrische Gleitlager endlicher Breite unter zeitlich veränderlicher Belastung. Diss. Universität Karlsruhe 1957.
9.5 Holland, J.: Beitrag zur Erfassung der Schmierverhältnisse in Verbrennungskraftmaschinen. VDI-Forschungsheft 475 (1959).
9.6 Warner, P. C.: Static and Dynamic Properties of Partial Journal Bearings. Journal Basic Engineering, Trans. ASME, Series D/1963, S. 247.
9.7 Lang, O.: Triebwerke schnellaufender Verbrennungsmotoren. Berlin, Heidelberg, New York: Springer 1966.
9.8 Radermacher, K. H.: Das instationär belastete zylindrische Gleitlager — experimentelle Untersuchung. Diss. Universität Karlsruhe 1962; MTZ 24 (1963) H. 12; Konstruktion 16 (1964) H. 6.
9.9 Kaspar-Sickermann, W.: Messungen des Verschleißes am mittleren Kurbelwellenlager eines schnellaufenden 4-Takt-Dieselmotors mittels radioaktiver Isotope. MTZ 24 (1963) H. 2.
9.10 Forschungsvereinigung Verbrennungskraftmaschinen e. V., Frankfurt/Main: Gleitlagerermüdung-Teilberichte 1 und 2, Forschungshefte 171 und 172 (1976).
9.11 Harbordt, J.: Beitrag zur theoretischen Ermittlung der Spannungen in den Schalen von Gleitlagern. Diss. Universität Karlsruhe 1975.
9.12 Lang, O.: Gleitlagerermüdung unter dynamischer Last. VDI-Berichte Nr. 248 (1975) S. 57.
9.13 Biezeno, C. B.; Grammel, R.: Technische Dynamik — Kapitel VI: Platten und Schalen. Abschnitt 5 und 6. Berlin: Springer 1939.
9.14 Fink, P. A.: Das Schwimmbuchsenlager unter instationärer Belastung. Diss. ETH Zürich 1970.
9.15 Heinze, P.: Ein Beitrag zum Betriebsverhalten des Schwimmbuchsenlagers. Diss. RWTH Aachen 1973.
9.16 Glienicke, J.: Äußere Lagerdämpfung. Forschungsvereinigung Verbrennungskraftmaschinen e. V., Frankfurt/Main, Forschungsheft R205 (1972).
Glienicke, J.; Stanski, U.: Äußere Lagerdämpfung — Untersuchungen zur Beseitigung von Rotorschwingungen durch federnde und dämpfende Aufhängung der Lager. FVV-Forschungsheft 147 (1973).
9.17 Someya, T.: Stabilität einer in zylindrischen Gleitlagern laufenden, unwuchtfreien Welle. Ing.-Archiv 33 (1963) H. 2, S. 85.
9.18 Someya, T.: Schwingungs- und Stabilitätsverhalten einer in zylindrischen Gleitlagern laufende Welle mit Unwucht. VDI-Forschungsheft 510 (1965).
9.19 Glienicke, J.: Experimentelle Ermittlung der statischen und dynamischen Eigenschaften von Gleitlagern für schnellaufende Wellen — Einfluß der Schmierspaltgeometrie und der Lagerbreite. VDI-Fortschrittsbericht Reihe 1, Nr. 22.
9.20 Glienicke, J.: Feder- und Dämpfungskonstanten von Gleitlagern für Turbomaschinen und deren Einfluß auf das Schwingungsverhalten eines einfachen Rotors. FVV-Forschungsheft 67 (1967).
9.21 Glienicke, J.; Walle, F.: Schwingungs- und Stabilitätsuntersuchungen an einem gleitgelagerten Rotor; Experimentelle Überprüfung gerechneter Unwuchtschwingungen, Stabilitätsgrenzen und Eigenschwingungen gleitgelagerter Rotoren. FVV-Forschungsheft 122 (1971).
9.22 Schaffrath, G.: Eine Methode zur Berechnung der vier Feder- und Dämpfungskoeffizienten von Radialgleitlagern. FVV-Forschungsheft 97 (1969).
9.23 Schaffrath, G.: Ein Verfahren zur Berechnung der vier Feder- und Dämpfungskoeffizienten von Radialgleitlagern. Forsch. Ing.-Wesen 35 (1969) Nr. 6, S. 184.
9.24 Glienicke, J.; Dabrowski, K.: Schwingungs- und Stabilitätsuntersuchungen an einem gleitgelagerten Rotor — Berechnung der Unwuchtschwingungen eines allgemein gelagerten Läufers. FVV-Forschungsheft 118 (1971).

9.25 Malcher, L.: Einfluß unterschiedlicher Öltemperaturen, Lagerbreitenverhältnisse, Lastangriffswinkel, Ölzuführdrücke und Erregerkräfte auf das statische und dynamische Verhalten von Turbinengleitlagern. FVV-Forschungsheft 141 (1972).
9.26 Klumpp, R.: Computer-Programm zur Berechnung der Feder- und Dämpfungszahlen und der statischen Gleichgewichtslinie von Gleitlagern mit beliebiger Schmierspaltform. FVV-Forschungsheft 144 (1973).
9.27 Harbordt, J.; Klumpp, R.: Computer-Programm zur Berechnung der Verlagerungsbahn, der örtlichen Drücke und des tatsächlichen Schmierspaltes in Gleitlagern mit beliebiger Geometrie unter statischer und dynamischer Last. FVV-Forschungsheft 137 (1972).
9.28 Frössel, W.: Berechnung von Gleitlagern mit radialen Gleitflächen. Konstruktion 14 (1962) H. 5, S. 169.
9.29 Gersdorfer, O.: Tragkraft und Anwendungsbereich von Mehrflächenlagern. Konstruktion 14 (1962) H. 5, S. 181.
9.30 Someya, T.: Das dynamisch belastete Radialgleitlager beliebigen Querschnitts. FVV-Forschungsheft 43 (1964).
— : dto. Ingenieur-Archiv 34 (1965) H. 1, S. 7.
9.31 Schaffrath, G.: Das Gleitlager mit beliebiger Schmierspaltform — Verlagerung des Wellenzapfens bei zeitlich veränderlicher Belastung. Diss. Universität Karlsruhe 1967.
— Die Bahn des Wellenmittelpunktes im dynamisch belasteten Radialgleitlager beliebigen Querschnitts. Konstruktion 21 (1969) H. 3, S. 97.
9.32 Kollmann, K.; Schaffrath, G.: Radialgleitlager mit beliebiger Schmierspaltform. MTZ 29 (1968) H. 10, S. 1.
9.33 Varga, Z.: Wellenbewegung, Reibung und Öldurchsatz beim segmentierten Radialgleitlager von beliebiger Spaltform unter konstanter und zeitlich veränderlicher Belastung. Diss. ETH Zürich 1971.
9.34 Ott, H. H.: Kippsegment-Radiallager bei stationärer Belastung. Forsch. Ing.-Wesen 40 (1974) Nr. 5, S. 133.
dto: Kippsegment-Radiallager mit Schmiermittel von veränderlicher Viskosität. VDI-Berichte Nr. 249 (1976) S. 69.
9.35 Klumpp, R.: Ein Beitrag zur Theorie von Kippsegmentlagern. Diss. Universität Karlsruhe 1975.
9.36 Malcher, L.: Die Federungs- und Dämpfungseigenschaften von Gleitlagern für Turbomaschinen — Experimentelle Untersuchung von MGF- und Kippsegmentlagern; Diss. Universität Karlsruhe 1975.

10 Konstruktive Hinweise und Sonderlager

10.1 Radialgleitlager

10.1.1 Lager-Konstruktionen

Gleitlager-Konstruktionen werden am zweckmäßigsten nach bestimmten Anwendungen behandelt, da sich in dieser Gliederung gewisse Standard-Bauformen entwickelt haben. Damit soll aber nicht ausgeschlossen sein, daß bestimmte Bauweisen und Konstruktionsprinzipien von anderen Anwendungen übernommen werden.

10.1.1.1 Stehlager

Stehlager dienen zur Lagerung von Elektromaschinen, Gebläsen, Turbo-Verdichtern und anderen Maschinen, bei denen die Lager nicht in den eigentlichen Maschinenverband integriert sind, sondern als unabhängige, oft fremdbezogene Einheit einschließlich Lagerstuhl und Ölversorgung Verwendung finden. Sie werden auch in Form eines Baukastensystems angeboten, was bei großen Anlagen mit vielen unterschiedlichen Lagern auch für die Ersatzteilhaltung günstig ist.

Bild 10.1 zeigt ein Fertiglager mit Flansch der Bauart Wülfel EF in verrippter Ausführung zur Verbesserung der Wärmeabfuhr durch Konvektion. In die Steh- oder Flanschlagergehäuse können als Bausteine unterschiedliche Lagerschalen, Schmierringe, Thermometer, Ölstandsanzeiger und Ölleitungen eingebaut werden. Die Gehäusekonstruktion soll einen guten Kraftfluß bei radialen und axialen Belastungen berücksichtigen. Sie soll auch das axiale Abziehen des Lagergehäuses bei eingebautem Rotor sowie die beidseitige Anschlußmöglichkeit für die Ölversorgung erlauben. Die Abdichtung der Lager nach außen erfolgt über schwimmende Schneidendichtungen. Bei hohem Staubanfall wird die Schneidendichtung ergänzt durch ein Abschirmlabyrinth, und bei druckgeschmierten Lagern werden Spritzringe oder druckmindernde Zwischenkammern verwendet. Simmerringe können nur bei ungeteilten Lagern Anwendung finden.

Die Lagerschalen bestehen aus einem dickwandigen Stahlstützkörper mit einem Lagermetallausguß. Die Radialbohrungen werden kreiszylindrisch, mit Zweikeil- (Zitronenspiel) oder Mehrkeil-Bohrung (MGF) ausgeführt. Die MGF-Formen werden nur für hochdrehende Rotoren zur Verbesserung der Stabilitätseigenschaften verwendet. Zur Aufnahme von Axiallasten werden Bundlager mit ebenen Anlaufflächen, mit eingearbeiteten Keilflächen für eine oder für beide Drehrichtungen benutzt. Gegen hohe Axialkräfte werden auch kippbewegliche Gleitschuhe verwendet. Die Ölversorgung kann bis ca. 13 m/s mit festen Schmierringen, bis 20 m/s mit losen Schmierringen erfolgen, die mittig oder seitlich an-

10.1 Radialgleitlager

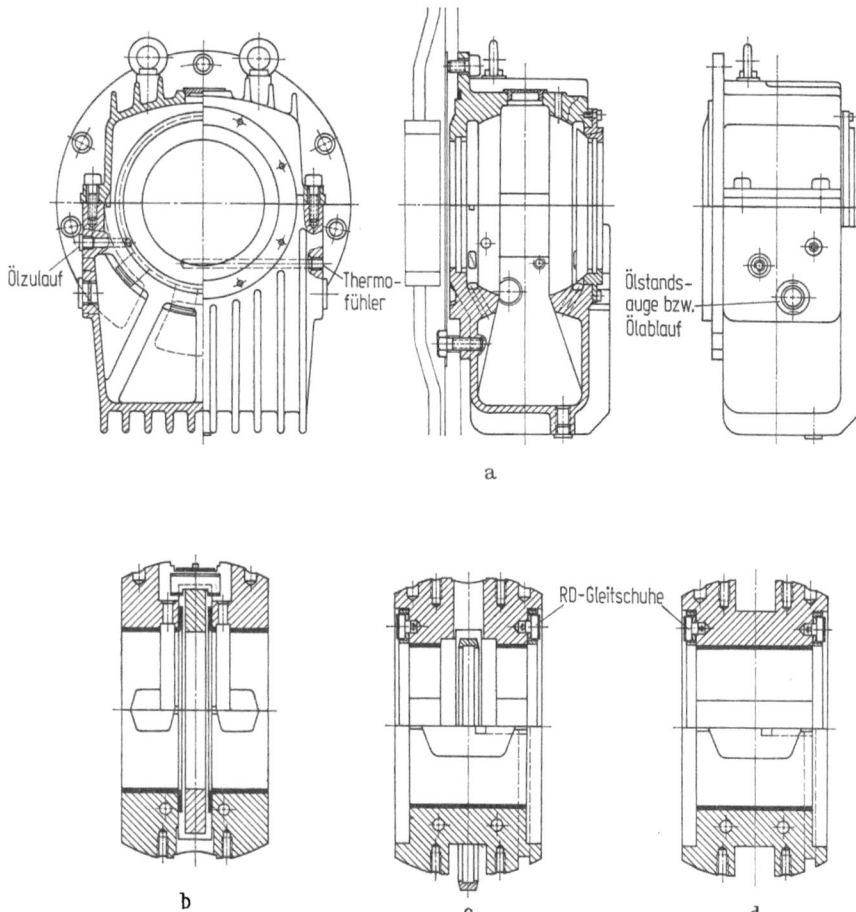

Bild 10.1 Flanschgleitlager Bauart Renk-Wülfel EF in verrippter Ausführung.
a) Lagergehäuse; b) Lagerschale für natürliche Kühlung mit Festschmierring; c) Lagerschale für Umlaufölschmierung mit Losschmierring und Axial-Gleitschuhen; d) Lagerschale für Druckschmierung mit Axial-Gleitschuhen

geordnet sind. Der mittige feste Schmierring halbiert die tragende Lagerfläche, dürfte aber eine gleichmäßigere Ölverteilung ergeben.

Bild 10.2 zeigt ein Stehlager Bauart Glyco mit seitlichem Festschmierring.

Zur Verbesserung der Wärmeabfuhr durch Konvektion werden Stehlager verrippt. Bei höherer Wärmebelastung werden sie mit einer Wasserkühlung durch den integrierten Einbau einer Rohrschlange im Ölsumpf versehen. Bei noch höheren Reibungsverlusten an schnellaufenden Wellen können die Stehlager an eine Umlaufölschmierung mit externer Ölrückkühlung angeschlossen werden.

Durch eine kugelbewegliche Aufnahme des Lagerträgers im Gehäuse wird eine gewisse Einstellbarkeit gegenüber nichtfluchtenden Wellen, weniger aber gegenüber dem Taumeln der Wellen erreicht. Neuerdings werden auch in Stehlagern einbaufertige Dünnwand-Lager verwendet. Weitere Ausführungsformen der Lagerkörper in geteilter und ungeteilter Ausführung sowie als Bundlager mit ein-

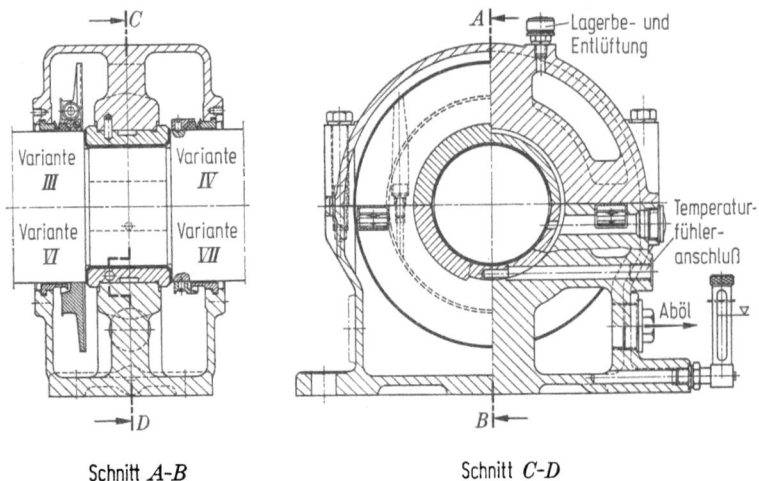

Schnitt A-B   Schnitt C-D

Bild 10.2   Stehgleitlager Bauart Glyco mit seitlichem Festschmierring

gearbeiteten Keilflächen sind in Bild 10.3 dargestellt. Der Ausguß der Stahlstützschalen kann sowohl ohne als auch mit Verklammerungsnuten erfolgen, die in Bild 10.4 zu ersehen sind.

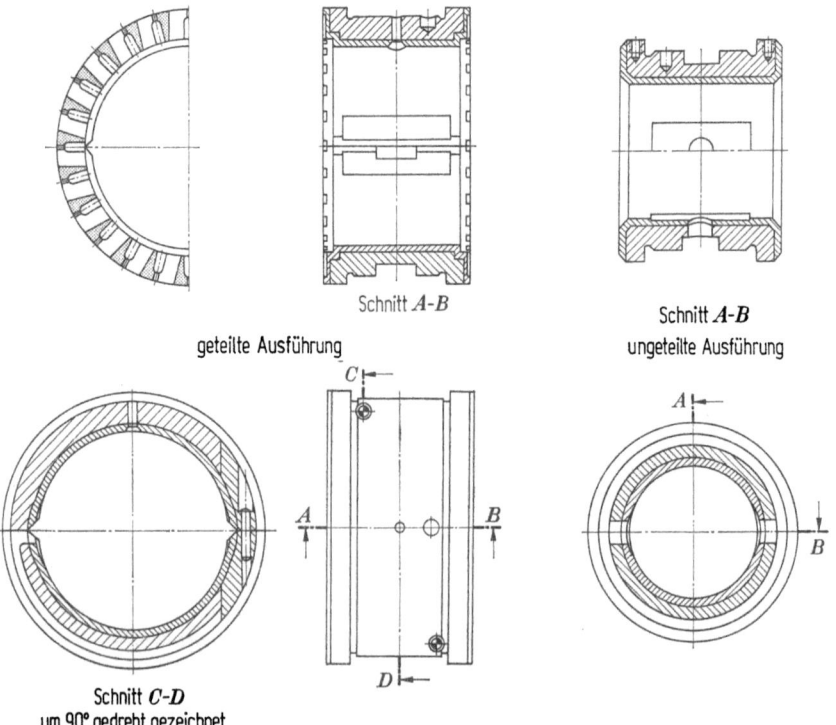

Bild 10.3   Gleitlagerschale Bauart Glyco für radiale und axiale Belastung mit eingearbeiteten Keilflächen für eine Drehrichtung, in geteilter und ungeteilter Ausführung

10.1 Radialgleitlager

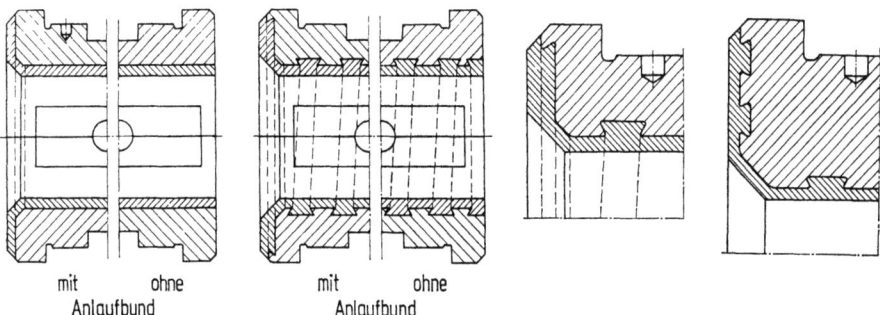

Bild 10.4 Lagerschalen-Ausguß; Verklammerungsnuten

10.1.1.2 *Motorenlager*

Bei Kolbenmaschinen, die in gewissen Stückzahlen gebaut werden, verwendet man ausschließlich dünnwandige Lagerschalen in geteilter Ausführung. Bild 10.5 zeigt die beiden Ausführungsformen dünnwandiger Lager- und Bundschalen mit den wesentlichen konstruktiven Details in der Übersicht. Die Fixierung der Lagerschalen im Lagerstuhl muß sowohl in Umfangs- wie in Axialrichtung erfolgen. Dazu verwendet man heute kaum mehr Stifte, sondern Haltenasen, die nach Bild 10.6 einseitig am Lagerschalenstoß eingeprägt und nachgefräst werden. Beim Einbau sollten die Haltenasen der beiden Schalenhälften grundsätzlich auf der gleichen Lagerseite eingebaut werden mit einem axialen Versatz. Nur so ist eine genaue Fixierung der mit Überstand in den Lagerstuhl eingebauten Lagerschalen von den Haltenasen aus gewährleistet. Liegen die Nasen auf gegenüberliegenden Seiten des Lagers, dann könnte bei erhöhter Lagerreibung eine Nase in die entsprechende Nut des Lagerstuhls hineingezogen werden, wo sie dann aufsitzt und gegen die Welle drücken kann. Aber auch schon bei der Montage der Halbschalen könnte bei falscher Nasenanordnung diese in der Nut reiten, so daß durch den Druck des Lagers auf die Welle diese sehr schnell zum Fressen kommt.

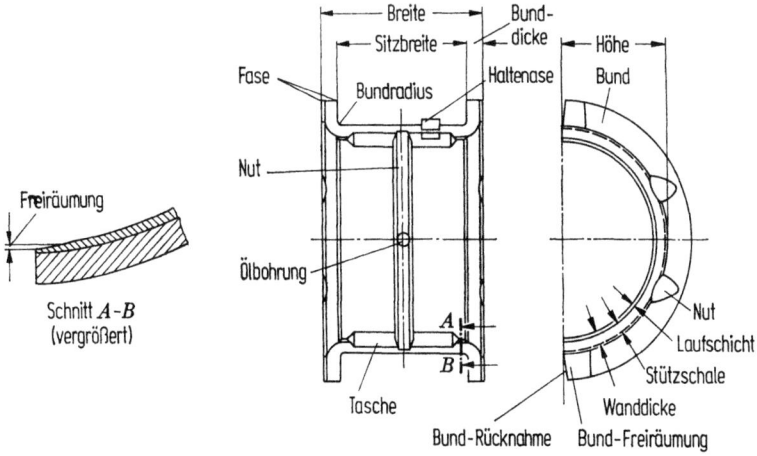

Bild 10.5 Dünnwandige Lagerschalen; Bezeichnungen

Am Schalenstoß wird häufig die Lauffläche örtlich zurückgenommen (Bild 10.7), um bei einem nicht völlig auszuschließenden Deckelversatz eine Schabe- und Druckkante zu vermeiden. Die Tiefe der Freiräumung beträgt etwa 0,2‰ über einen Winkelbereich von 15°. Wegen der damit verbundenen Minderung der Tragfähigkeit macht man jedoch die Freiräumung zunehmend kürzer bis hin zu einer 45°-Fase.

 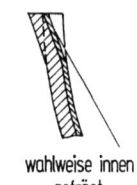

bei Stahldicke über 2,5mm innen vorgefräst   wahlweise innen gefräst   Bild 10.6 Haltenasen

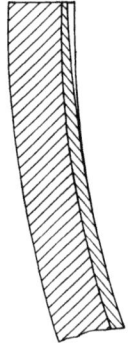

Bild 10.7 Freiräumung. Lagerschalenenden auf beiden Seiten freigeräumt (bzw. freigebohrt)

Zur Ölversorgung, besonders aber wenn durch das Lager hindurch ein weiteres über eine Zapfenbohrung versorgt werden soll, verwendet man genutete Lager. Es braucht wohl nicht besonders betont zu werden, daß vollumlaufende Nuten die Tragfähigkeit ganz wesentlich herabsetzen, ohne daß durch den etwas erhöhten Öldurchsatz die thermische Belastung wesentlich reduziert werden könnte, da der erhöhte Öldurchsatz ja nicht im hochbelasteten Teil stattfindet. Die Verwendung von 180°-Nuten in Verbindung mit einer Zapfen-Querbohrung ist bei diesen Anwendungen vorzuziehen. Die Ausführungsformen solcher Nuten sind in Bild 10.8 dargestellt.

Kantenbruch an 30° Schräge
je nach Herstellungsverfahren   nicht für Sichelnut geeignet

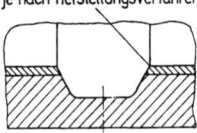 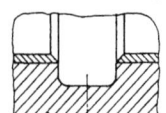

Bild 10.8 Nutformen

Bei sehr breiten Lagern wird häufig eine Öltasche (Bild 10.9) verwendet, um die Breitenverteilung des Öls zu verbessern. Dabei sollten die laufflächenseitigen Taschenkanten gut verrundet bzw. der sich dort gerne bildende Grat sorgfältig entfernt werden. Diese Taschen bilden — wie übrigens auch die Nuten — bevorzugte Sammelplätze für Schmutz, so daß man die nachteiligen Folgen unmittelbar

10.1 Radialgleitlager

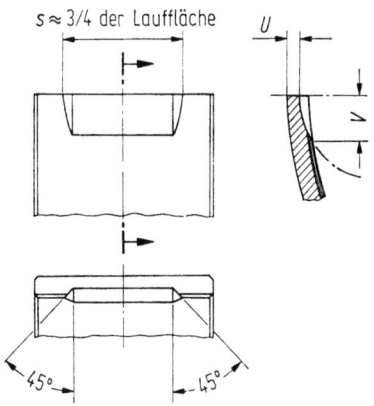
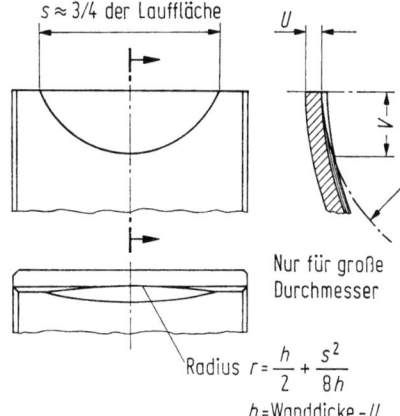

Bild 10.9 Taschenformen.
$r = \dfrac{h}{2} + \dfrac{s^2}{8h}$; $h =$ Wanddicke $- U$

in Drehrichtung dahinter findet. Taschen sollten aber auf keinen Fall seitlich austreten, da das Öl dort ungehindert ausfließt, ohne eine wesentliche Kühlleistung vollbracht zu haben. Wenn die Ölzufuhr optimal, d. h. an der Stelle mit dem zeitlich größten Spaltanteil angeordnet wird, reicht in aller Regel eine einfache Ölbohrung mit einer mäßigen Ansenkung für eine gute Breitenverteilung des Öls aus.

Bundlager werden entweder aus vorgefertigten Stahlstützkörpern mit angedrehten Bunden und anschließendem Aufbringen des Laufflächenmaterials im Schleudergußverfahren oder aus Bandmaterial gefertigt, wobei die Bunde nach dem Biegen der Halbzylinderform entweder durch Schlagen in eine Matrize oder durch Anrollen hergestellt werden. Die Bundherstellung beeinflußt in jedem Fall die Ausbildung des Bundüberganges, wie in Bild 10.10 dargestellt ist. Es ist besonders darauf hinzuweisen, daß der Lagerausguß im Bereich des Biegeradius vollständig abgedreht werden muß, da dieses Material durch den Biegevorgang stark vorgeschädigt ist und zu Ausbrüchen neigen könnte. Die Bundlaufflächen selbst werden mit Nuten und Keilflächen für eine oder für beide Drehrichtungen versehen, wovon in Bild 10.11 eine Auswahl von Ausführungsformen zusammengestellt ist.

In den angelsächsischen Ländern werden anstelle der Bundlager sehr gerne lose Bundscheiben verwendet, was sicherlich die Lagerfertigung vereinfacht. Die Problematik loser Scheiben liegt aber in der Montierbarkeit und in der Verdrehsicherung dieser losen Bundscheiben, zumal diese ja meist als geteilte Ringe Anwendung finden. Die radiale Fixierung erfolgt durch einen Gehäuse-Einstich beidseitig des Lagers, die Verdrehsicherung durch Nasen, die gerne auch in der Lagerteilebene angeordnet werden. Dadurch ergibt sich ein gewisses Risiko bei der Montage und bei Reparaturen. Lager mit verklinkten Anlaufscheiben, wie sie schon in Bild 4.4 gezeigt wurden, vermeiden zwar die hier angesprochene Problematik, sind jedoch in der Herstellung nicht wesentlich billiger als reine Bundlager.

Gleitlagerbuchsen finden meist dort Anwendung, wo der Zapfen nur eine geringe Schwenkbewegung ausführt. Solange dabei eine wechselnde Belastung mit vollständigem Anlagewechsel auftritt, kann eine für die Schmierung aus-

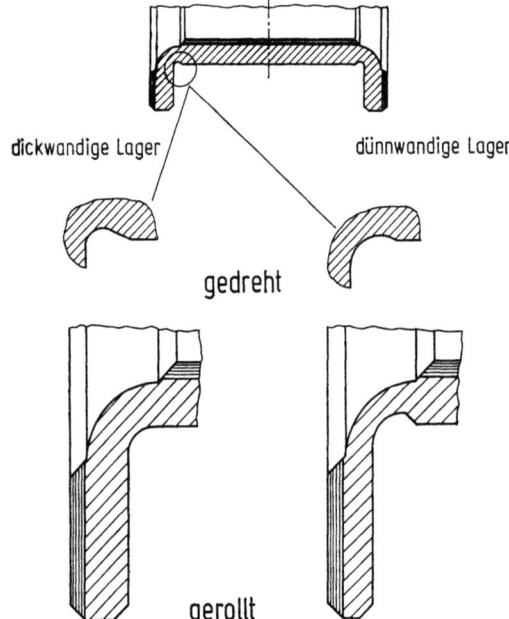

Bild 10.10 Bundquerschnitt

reichende Ölvorlage allein durch das seitlich auf der entlasteten Seite angesaugte Öl erzielt werden. Buchsen mit wechselnder Belastung wie etwa im kleinen Pleuelauge bei Viertakt-Motoren benötigen daher keine Ölnuten. Bei Zweitakt-Motoren findet jedoch kein Anlagewechsel mehr statt. Hier sollte die Ölversorgung in der Lastzone durch mehrere Axialnuten erfolgen, deren Abstand etwa dem Schwenkwinkel entspricht. Dies zeigt das Bild 10.12a und b. Dabei dürfen die Axialnuten aber nicht seitlich austreten. Man findet in ausgeführten Konstruktionen noch andere, häufig sehr kunstvoll ausgeführte Nuten in Buchsen. Grundsätzlich sollte aber die Lauffläche besonders in der Hauptlastzone so wenig als möglich verringert werden. Bei Buchsen für Gelenke mit einmaliger oder seltener Fettfüllung sind auch die in Bild 10.12c und d dargestellten Nutformen sinnvoll.

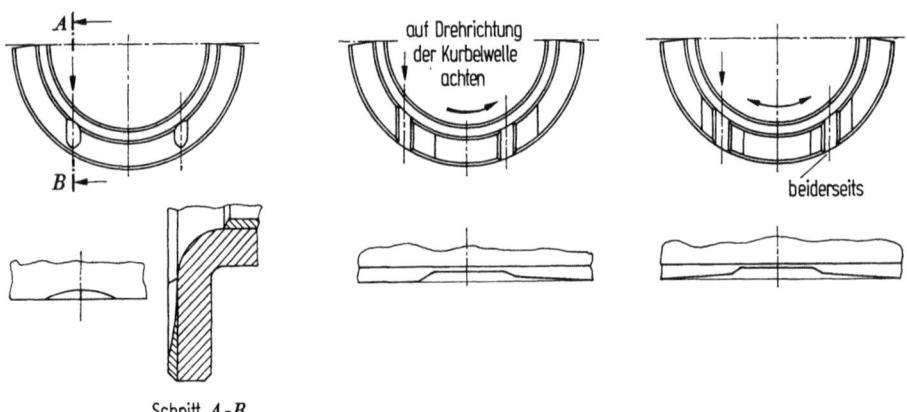

Bild 10.11 Bundlager; Nutformen und Keilflächen

10.1 Radialgleitlager

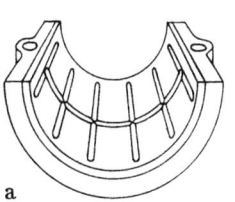 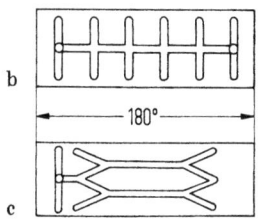 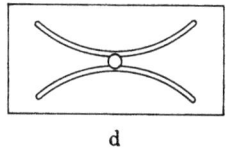

Bild 10.12 Nutformen für Buchsen

Dünnwandige Lagerschalen werden mit Überdeckung (vgl. Abschn. 8.3.2) eingebaut. Außerdem besitzen diese Lager eine Spreizung, um der Schale bei der Montage ein elastisches Einfedern in den Lagersitz zu geben. Dadurch wird eine leichte Radialvorspannung erreicht, so daß beim Anziehen der Lagerdeckelschrauben die Lagerschale am Stoß nicht nach innen auf den Zapfen springt. Bei ordnungsgemäßer Auslegung sind solche Lager über ihre gesamte Laufzeit ohne Beanstandung. Demontiert man jedoch die Lager aus anderen Anlässen vorzeitig auch nach längerer Laufzeit, so kann selbst bei noch längst betriebsfähiger Lauffläche die Spreizung auf negative Werte umgeschlagen sein. Selbst wenn der Überstand noch zulässige Werte aufweist, so sollte man solche Lager nicht mehr einbauen. Die Überdeckung dünnwandiger Lager wählt man normalerweise so, daß man eine radiale Vorspannung von 200 N/mm² erreicht. Auf keinen Fall aber sollte die tangentiale Vorspannung die Streckgrenze des für die Stahlstützschale üblichen weichen C-Stahles überschreiten, die man etwa bei 250 bis 300 N/mm² ansetzen kann. Gerade bei Lagern, die im Aufgießverfahren hergestellt sind, ist dies wichtig, da dieser Prozeß keine günstige Wärmebehandlung für den Stahl darstellt. Auf der anderen Seite ist die radiale Pressung und die tangentiale Spannung mit der Wanddicke gekoppelt. Bei dünnwandigeren Schalen ist bei gegebener zulässiger Tangentialspannung die Pressung immer niedriger. Mit der zunehmenden Verwendung immer dünnwandigerer Schalen wollte man die Pressung anheben, wobei dann auch in Einzelfällen die zulässige Tangentialspannung überschritten wurde. Dadurch kam es zu Setzerscheinungen in der Vorspannung und der Spreizung, zum Losewerden der Schalen und zum Einfallen der Spreizung mit entsprechenden Schadensfällen.

Gerade bei weichen Kohlenstoff-Stählen mit einer nur gering ausgebildeten Streckgrenze treten schon vor Erreichen der Streckgrenze bleibende Längenänderungen unter Vorspannung auf, die zu den genannten Erscheinungen führten. Die beim Setzvorgang auftretenden Versetzungen begünstigen die im Werkstoff von Anfang an vorhandene Diffusionsneigung, unter der sich im Notfall über eine längere Zeit hinweg eine natürliche Ausheilung der kristallinen Fehlstellen einstellt. Man bezeichnet diesen Vorgang als Alterung. Während die natürliche Alterung bei Raumtemperatur in einem Zeitraum von einigen Jahren abläuft, kann sie durch erhöhte Temperatur auf einen verfahrenstechnisch nutzbaren Zeitraum von etwa einer Stunde verkürzt werden. Man unterwirft daher heute vielfach die dünnwandigen Lagerschalen einer künstlichen Alterung bei 180 bis 250°C und erreicht dadurch die in Bild 10.13 dargestellte Verringerung bleibender Verformung sowohl bezüglich der bleibenden Verkürzung des Schalenumfangs als auch der Spreizung. Die künstliche Alterung bildet die Streckgrenze deutlicher aus. Gealterte Lager können auf eine tangentiale Vorspannung von 350 bis 400 N/mm² ausgelegt werden.

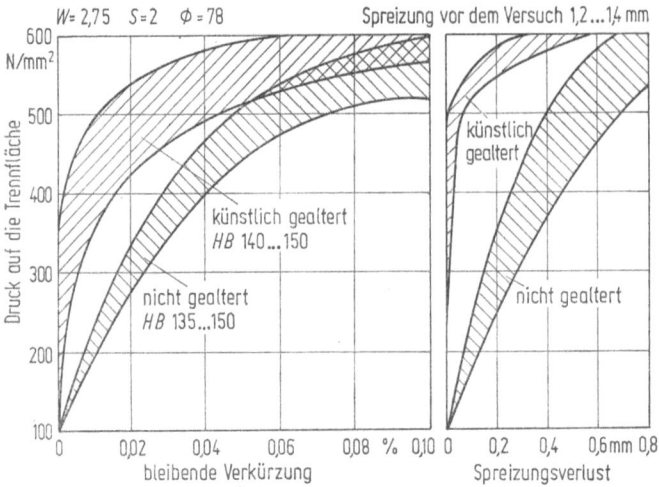

Bild 10.13 Bleibende Änderung der Überdeckung und der Spreizung an Bleibronzelagern nach [10.1]; W = ges. Wanddicke; S = Dicke der Stahlstützschale

10.1.1.3 Turbinenlager

Turbinenlager werden hier nur am Beispiel des Kippsegmentlagers (Bild 10.14) behandelt, da sie neben ihrer Besonderheit der kippbeweglich einstellbaren Segmente auch alle wesentlichen konstruktiven Elemente der Mehr-Gleit-Flächen- (MGF)-Lager enthalten. Solche Lager werden heute bis zu Zapfendurchmessern von 900 mm und Umfangsgeschwindigkeiten bis zu 135 m/s ausgeführt. Bei geringeren Durchmessern und Umfangsgeschwindigkeiten werden auch vollumschließende Lager mit Zitronenspiel, Dreikeillager oder Taschenlager verwendet, sofern sie im laminaren Bereich arbeiten und die Reibungsverluste in

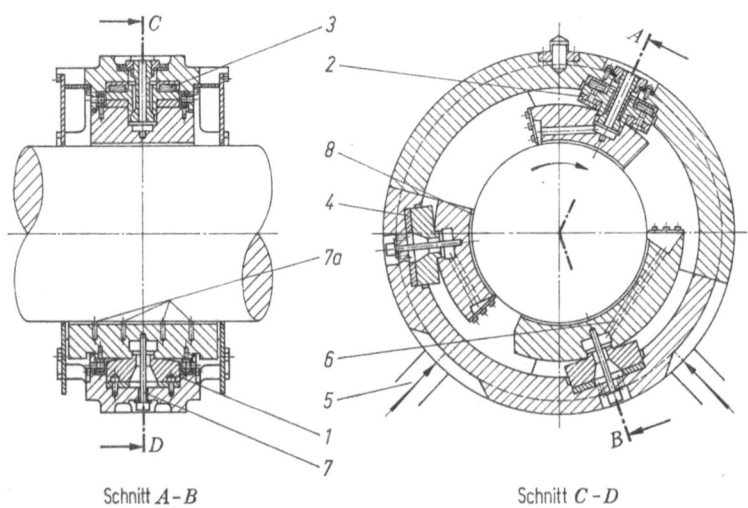

Bild 10.14 Kippsegmentlager für Dampfturbinen (Bauart BBC)

Grenzen bleiben. Im oberen Anwendungsbereich aber werden Kippsegmentlager bevorzugt, da bei diesen die nicht oder nur wenig tragenden Anfangs- und Endbereiche der Segmente beschnitten sind, so daß dort keine Reibung erzeugt wird, was besonders im turbulenten Bereich wichtig ist. Außerdem sind durch die Einstellbarkeit der Kippsegmente geringere Laufspiele auch fertigungstechnisch zu bewältigen. Die zusätzliche Möglichkeit der Quer-Einstellbarkeit macht diese Lager unempfindlich gegen Schiefstellungen der Welle. Die guten Stabilitätseigenschaften des Kippsegmentlagers wurden im Kapitel 9 behandelt. Die in Bild 10.14 dargestellte Bauart BBC verwendet drei ungleiche Segmente, wobei das größte die eigentliche Belastung durch das Eigengewicht des Rotors trägt und die beiden anderen die stabilisierenden Reaktionen erzeugen und zur Leistungsminderung kürzer und schmaler gehalten sind.

In einem gegossenen, bei kleinerem Lager auch geschmiedeten Lagerring liegen die Teller *1* mit einer Walzenkontur, auf der das Segment sich sowohl in Umfangsrichtung einstellen wie auch axial kippen kann. Diese Teller haben auf der Segmentseite Beilagen *2* zur Einstellung des Lagerspiels. Beim obersten kleinen Segment sind Tellerfedern *3* eingelassen, welche ein Andrücken dieses Segmentes an die Welle ermöglichen, wodurch der Ölverbrauch reduziert wird. Die Beilage *4* unter dem Teller des mittleren Segmentes dient zu einer Lagekorrektur der Welle beim Ausrichten der Maschine. Die Ölzufuhr *5* erfolgt von einem Ringkanal im Lagerring über die Teller in die Segmente durch die Ölbohrung *6* zur Eintrittskante der Segmente. Für den An- und Auslauf wird eine hydrostatische Hilfe verwendet, wobei das Hochdrucköl über bewegliche Leitungen bei *7* in das untere Segment zugeführt wird und an den Bohrungen *7a* den Wellenzapfen anhebt. Die Laufschicht der Segmente *8* besteht aus Weißmetall, das im Schleudergußverfahren aufgebracht wird.

Bei der Auslegung des Lagerspiels ist zu berücksichtigen, daß im Betrieb eine thermische und mechanische Deformation der Segmente auftritt, die zu einer Spielvergrößerung führt. Kritische Betriebszustände äußern sich in einem Anstieg der Lagertemperatur besonders am großen Segment in der Hauptbelastungsrichtung. Dort werden daher bevorzugt Thermoelemente zur kontinuierlichen Betriebsüberwachung eingebaut.

10.1.1.4 Ölversorgung

Für die Ölversorgung der Gleitlager sind Rohrleitungen zu dimensionieren. Dabei interessiert besonders bei langen Leitungen der auftretende Druckverlust. Er kann aus dem Hagen-Poiseuille-Gesetz berechnet werden:

$$\Delta p = \frac{128 \eta \dot{Q}}{\pi d^4} l \qquad (10.1)$$

mit η = dynamische Viskosität,
$\dot{Q}$ = Öldurchsatz,
d, l = Rohrdurchmesser, Rohrlänge.

Verwendet man die Dimensionen cP, ltr/min, mm und bar, so ergibt sich

$$\Delta p = 6{,}9 \cdot 10^{-3} \frac{\eta \dot{Q} l}{d^4}. \qquad (10.2)$$

Die Strömung im Rohr schlägt bei höheren Ölgeschwindigkeiten von der laminaren in die sehr verlustbehaftete turbulente Strömung um. Die kritische Ölgeschwindigkeit im Rohr ist

$$v_{\text{krit}} = \frac{Re_{\text{krit}} \nu}{d} = \frac{2320\nu}{d} \qquad (10.3)$$

mit $\nu =$ kinematische Viskosität.

Bei der Schmierung von Lagern durch die Welle muß das Öl in eine zentrale Längsbohrung in der Welle eingeführt werden. Dazu verwendet man ein Einspeisungslager, dem das Öl über eine 180°-Nut zugeführt wird. Durch eine Zapfenquerbohrung wird das Öl aus der Nut in die zentrale Wellenbohrung gebracht, wozu mit steigender Drehzahl ein Fliehkraft-bedingter Gegendruck überwunden werden muß. Dieser Zentrifugal-Gegendruck ist

$$\Delta p = 12{,}6 \cdot 10^{-12} n^2 D^2 \quad [\text{bar}] \qquad (10.4)$$

mit $n =$ Wellendrehzahl in 1/min,
$D =$ Wellendurchmesser in mm

gültig für Schmieröl mit einer Wichte von 0,9 kg/dm³. Bei hochdrehenden Wellen ist die Gefahr, daß kein Öl mehr in die Welle einzuführen ist, bei üblichen Zuführdrücken durchaus gegeben. Neben der Erhöhung des Zuführdruckes besteht eine Abhilfemaßnahme darin, den Durchmesser des Einspeisungslagers zu verringern oder auf eine axiale Einspeisung mit Gleitringdichtung überzugehen.

10.1.1.5 Allgemeine Hinweise zur Fertigung und Konstruktion

Die Oberflächengüte der Lagerzapfen beeinflußt die kleinste zulässige Schmierfilmdicke. Bei normalen Anwendungen ist ein Schleifen auf $R_z = 4\,\mu\text{m}$, $R_a = 0{,}4\,\mu\text{m}$ üblich. Bei erhöhter Auslastung wie in Motoren ist durch eine Läppbearbeitung $R_z = 1\,\mu\text{m}$, $R_a = 0{,}2\,\mu\text{m}$ zu erreichen. Dabei sollte aber schon gut vorgeschliffen werden, da durch ein zu starkes Läppen sehr häufig die Makroform des Zapfens leidet. Zu empfehlen ist ein Schleifen auf $R_a = 0{,}5\,\mu\text{m}$ entgegen der eigentlichen Wellendrehrichtung und ein anschließendes Läppen in Wellendrehrichtung auf 0,2 µm. Durch diese Bearbeitungsfolge werden die durch das Schleifkorn aufgerissenen Schuppen beim Poliervorgang entfernt bzw. in der eigentlichen Laufrichtung angelegt, so daß keine verschleißfördernden Schneiden zurückbleiben. Erfolgt kein abschließender Poliervorgang, dann sollte das Schleifen natürlich in Drehrichtung der Welle erfolgen. Für die Makroform ist eine Rundheits-Abweichung — ohne deutliche Welligkeit — und eine Konizität bis zu 10 µm für Zapfendurchmesser von etwa 75 mm auf eine Laufbreite von etwa 40 mm bei normalen Anwendungen zulässig. Bei erhöhten Ansprüchen sind diese Werte auf 50 bis 70% zu reduzieren.

Abschließend sollen noch die häufigsten konstruktiven Fehler anhand von Bild 10.15 behandelt werden, wobei die nachfolgende Gliederung mit den Bezeichnungen in diesem Bild identisch sind.

a) Die Zapfenlauffläche endet innerhalb des Lagers; beim Einlaufen des Zapfens in das weichere Lagermaterial bildet sich ein Absatz, der den Seitenfluß des Öls besonders in der Lastzone behindert und dadurch zu erhöhten Temperaturen mit der Gefahr des Fressens führt.

10.1 Radialgleitlager

b) Der Zapfen wird mit einer im Lager liegenden Nut ausgeführt; auch hier besteht die Gefahr, daß sich beim Einlaufen ein Absatz bildet mit den u. a. geschilderten Folgen.
c) Die Wellenbunde haben einen kleineren Außendurchmesser in der Lauffläche als die entsprechende Axiallagerfläche; auch hier liegt die u. a. geschilderte Gefahr vor.
d) Zwei nebeneinanderliegende Ölbohrungen im gleichen Lager; hierdurch wird der Seitenfluß im inneren Lagerteil behindert, so daß es dort zu einem Stau erwärmten Öles kommt mit der Gefahr einer Überhitzung.
e) Blinde Wellen- und Lagerenden ohne Ölabfluß; auch hier wird der Seitenfluß behindert, und es kommt zu einem Temperaturstau.
f) Die Lagerschalenkanten reiten auf der Hohlkehle des Wellenabsatzes; dadurch wird ebenfalls der Seitenfluß behindert, und zusätzlich tritt dort eine starke Mischreibung auf.
g) Zwei einbaufertig bearbeitete Lager oder Buchsen auf kurzem Abstand in der gleichen Bohrung; innerhalb der Toleranzen kommt es zu größeren Fluchtungsabweichungen mit starken Verspannungen des Wellenzapfens und der Gefahr des Kantenverschleißes.

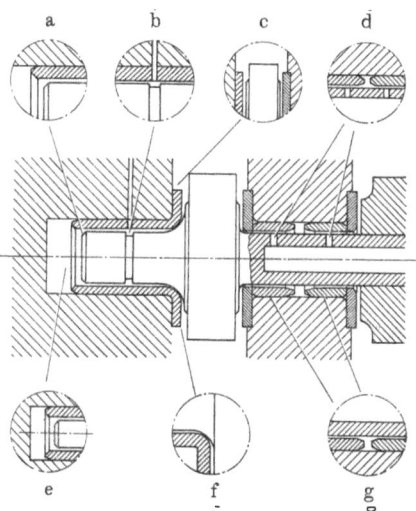

Bild 10.15 Konstruktive Fehler

10.1.2 Berechnungsbeispiele statisch belasteter Radialgleitlager

In diesem Abschnitt werden einige Anwendungsfälle nach der in Abschnitt 8.4.1 dargestellten Berechnungsmethode behandelt. Dabei wird an einigen Betriebszuständen auch der iterative Rechenweg im einzelnen verfolgt. Die Ergebnisse werden in Tabellenform zusammengestellt, wobei die Ausgangsdaten und die Zwischengrößen in Tabelle 10.1, die eigentlichen Berechnungsergebnisse in den Tabellen 10.2 bis 10.6 zusammengestellt sind. Die Hinweise zu den dabei verwendeten Gleitlager-Funktionen sind dem Text bei den verschiedenen Beispielen zu entnehmen.

Tabelle 10.1 Betriebsdaten der Beispiele A bis E

	Beispiel		A	B	C	D	E
A. Ausgangsdaten							
Lager-Abmessungen							
Lager-Durchmesser	D_s	mm	120	100^H7	100^H7	100^H7	100^H7
Oberes Abmaß	$\Delta D_\text{S,o}$	mm	+0,070	+0,035	+0,035	+0,035	+0,035
Unteres Abmaß	$\Delta D_\text{S,u}$	mm	+0,050	0	0	0	0
Zapfen-Durchmesser	D_Z	mm	120	100_d6	120_d6	120_d6	120_d6
Oberes Abmaß	$\Delta D_\text{Z,o}$	mm	−0,050	−0,120	−0,120	−0,120	−0,120
Unteres Abmaß	$\Delta D_\text{Z,u}$	mm	−0,070	−0,142	−0,142	−0,142	−0,142
Lagerbreite	B	mm	60	80	80	80	80
Lager-Oberflächengüte							
Schale	R_zS	μm	2	4	4	4	4
	W_S	μm	0	0	0	0	0
	R_aS	μm	0,4	0,4	0,4	0,4	0,4
Zapfen	R_zZ	μm	1	4	4	4	4
	W_Z	μm	0	0	0	0	0
	R_aZ	μm	0,2	0,4	0,4	0,4	0,4
Lagerstuhl-Abmessungen							
Höhe/Außen-Durchmesser	H/D_L	mm	350				
Länge	L/B_L	mm	80				
Wärmeabgebende Oberfläche	A	m²	0,3	0,5	0,5	0,5	0,5
Schmiermittelzufuhr							
Zuführdruck	p_z	bar	5	0	0	3	3
Zuführbohrung	d_0	mm	5				
Zuführtasche	t_0	mm					
Anordnung zur Last			gegenüber Last	ja quer zur Last	ja quer zur Last	40 gegenüber Last	40 quer zur Last
Ringnutbreite	B_Nut	mm		20	5		
Ringnut-Erstreckung	α_Nut	°		180	360		

10.1 Radialgleitlager

Tabelle 10.1 (Fortsetzung)

A. Ausgangsdaten	Beispiel		A	B	C	D	E
Werkstoff							
Zulässige Flächenpressung	p_{zul}	bar	350	100	100	100	100
Zulässige Temperatur	ϑ_{zul}	°C	150	130	130	130	130
Wärmeausdehnung							
Lager und Lagerstuhl	α_L	1/°K	$11 \cdot 10^{-6}$	$11 \cdot 10^{-6}$	$11 \cdot 10^{-6}$	$11 \cdot 10^{-6}$	$11 \cdot 10^{-6}$
Zapfen	α_Z	1/°K	$11 \cdot 10^{-6}$	$11 \cdot 10^{-6}$	$11 \cdot 10^{-6}$	$11 \cdot 10^{-6}$	$11 \cdot 10^{-6}$
Wärmeabfuhr							
Wärmeübergangszahl	α	Nm/m²·s·°K	20	20	20	20	20
Luftgeschwindigkeit	w	m/s	1	1	1	1	1
Umgebungstemperatur	ϑ_u	°C	40	40	40	40	40
Öleintrittstemperatur	ϑ_E	°C	58	40	40	40	40
Zulässige Lagererwärmung	$\Delta\vartheta_{L,zul}$	°C	30	45	45	45	45
Zulässige Ölerwärmung	$\Delta\vartheta_{Ö,zul}$	°C	50	45	45	45	45
Schmierstoff							
Ölqualität			SAE 30	NOE 15	NOE 25	NOE 15	NOE 15
$\eta = f(40°)$	η	Ns/m²	0,110	0,023	0,039	0,023	0,023
$\eta = f(60°)$	η	Ns/m²	0,037	0,0107	0,0172	0,0107	0,0107
$\eta = f(80°)$	η	Ns/m²	0,017	0,0061	0,0091	0,0061	0,0061
$\eta = f(100°)$	η	Ns/m²	0,009	0,0038	0,0055	0,0038	0,0038

Tabelle 10.1 (Fortsetzung)

B. Zwischengrößen	Beispiel		A	B	C	D	E
Lagerspiel kalt							
maximal	$s_{k\,max}$	mm	0,140	0,177	0,177	0,177	0,177
minimal	$s_{k\,min}$	mm	0,100	0,120	0,120	0,120	0,120
mittel	$s_{k\,mi}$	mm	0,120	0,149	0,149	0,149	0,149
Relatives Lagerspiel							
maximal	$\psi_{k\,max}$	‰	1,17	1,77	1,77	1,77	1,77
minimal	$\psi_{k\,min}$	‰	0,833	1,20	1,20	1,20	1,20
mittel	$\psi_{k\,mi}$	‰	1,0	1,49	1,49	1,49	1,49
Zulässige kleinste Spalthöhe							
ohne Einlauf	$h_{o\,zul\,0}$	µm	3,0	8,0	8,0	8,0	8,0
nach Einlauf	$h_{o\,zul\,E}$	µm	0,6	0,8	0,8	0,8	0,8
Breitenverhältnis	B/D	—	0,5	0,8	0,375	0,8	0,8
Ersatz-Lager-Durchmesser	D^*	mm			141,42		
Ersatz-Lagerbreite	B^*	mm			53,03		

10.1 Radialgleitlager

Tabelle 10.2 Beispiel A — Konvektion

	Rechenschritt		1	2	3	4	5
C. Betriebszustand Nr.							
Belastung	F	N	36000				
Drehzahl	n	1/min	2000				
Richttemperatur	ϑ_0	°C	$40+20=60$	$(60+543)/2$ $=301,5$	$(301,5+90,1)/2$ $=195,8$	$(195,8+117,4)/2$ $=156,6$	$(156,6+142,2)/2$ $=149,4$
Effektive Temperatur	ϑ_{eff}	°C	60	301,5	195,8	156,6	149,4
Effektive Viskosität	η_{eff}	Ns/m²	0,0371	0,00106	0,0027	0,00361	0,004
Warmspiel	ψ_B	‰	1,0	1,0	1,0	1,0	1,0
Flächenpressung	$\bar{p}$	bar	50	50	50	50	50
So-Zahl	So	—	0,643	22,58	10,503	6,604	5,958
Relative Exzentrizität	ε	—	0,65	0,9646	0,9365	0,9131	0,9052
Kleinste Spalthöhe	h_0	μm	21	2,12	3,81	5,22	5,68
Bezogene Reibungszahl	μ/ψ	—	6,672	0,664	1,027	1,356	1,445
Reibleistung	W_R	Nm/s	3018	300,34	464,64	613,46	653,48
Öldurchsatz, Drehung	Q_D	ltr/min					
Öldurchsatz, Drucköl	Q_p	ltr/min					
Öldurchsatz, gesamt	Q_{ges}	ltr/min					
Lagererwärmung bei Konvektion	$\Delta\vartheta_L$	°C	503	50,1	77,4	102,2	109
Lagertemperatur	$\vartheta_{L1}=\vartheta_1$	°C	543	90,1	117,4	142,2	149,0[a]
Ölerwärmung	$\Delta\vartheta_\delta$	°C					
Ölaustrittstemperatur	$\vartheta_A=\vartheta_1$	°C					
Neue Richttemperatur	ϑ_0	°C	301,5	195,8	156,6		

[a] Iteration abgebrochen, da Stabilisierung etwa erreicht, aber zulässige Lagererwärmung weit überschritten; Fortsetzung mit Wärmeabfuhr durch das Schmiermittel.

Tabelle 10.3 Beispiel A — Ölkühlung

	Rechenschritt		1	2	3	Betriebszustand 2 Ergebnis
C. Betriebszustand Nr.			1			2
Belastung	F	N	36000			144000
Drehzahl	n	1/min	2000			2000
Richttemperatur	ϑ_0	°C	$58+20=78$	$(78+97,6)/2$ $=87,8$	$(87,8+90,7)/2$ $=89,2$	94,8
Effektive Temperatur	ϑ_{eff}	°C	68	72,9	73,6	76,4
Effektive Viskosität	η_{eff}	Ns/m²	0,0271	0,0227	0,0221	0,0202
Warmspiel	ψ_B	‰	1,0	1,0	1,0	1,0
Flächenpressung	$\bar{p}$	bar	50	50	50	200
So-Zahl	So	—	0,882	1,051	1,071	4,733
Relative Exzentrizität	ε	—	0,7031	0,7197	0,7328	0,8896
Kleinste Spalthöhe	h_0	µm	17,8	16,2	16,0	6,62
Bezogene Reibungszahl	μ/ψ	—	5,257	4,620	4,532	1,667
Reibleistung	W_R	Nm/s	2378,08	2089,91	2050,34	3016,97
Öldurchsatz Drehung	$\dot{Q}_\text{D}$	ltr/min	1,759	1,865	1,878	2,280
Öldurchsatz Drucköl	$\dot{Q}_\text{p}$	ltr/min	0,248	0,259	0,261	0,372
Öldurchsatz gesamt	$\dot{Q}_{\text{ges}}$	ltr/min	2,007	2,124	2,139	2,652
Lagererwärmung bei Konvektion	$\Delta\vartheta_\text{L}$	°C				
Lagertemperatur	$\vartheta_{\text{L1}}=\vartheta_1$	°C				
Ölerwärmung	$\Delta\vartheta_\text{Ö}$	°C	39,5	32,8	31,9	37,9
Ölaustrittstemperatur	$\vartheta_\text{A}=\vartheta_1$	°C	97,5	90,8	89,9[a]	95,9[a]
Neue Richttemperatur	ϑ_0	°C	87,8	89,2		

[a] Genauigkeit erreicht

10.1 Radialgleitlager

Tabelle 10.4 Beispiel B — Konvektion

C. Betriebszustand Nr.

	Rechenschritt	1	2	3	Ergebnis	Ergebnis
					2	3
Belastung	F N	16000			16000	16000
Drehzahl	n 1/min	2000			650	500
Richttemperatur	ϑ_0 °C	$40+20=60$	$(60+80{,}4)/2$ $=70{,}2$	$(70{,}2+73{,}6)/2$ $=71{,}9$	49,5	47,3
Effektive Temperatur	ϑ_{eff} °C	60	70,2	71,9	49,5	47,3
Effektive Viskosität	η_{eff} Ns/m²	0,0107	0,0079	0,0075	0,0154	0,0167
Warmspiel	ψ_B ‰	1,49	1,49	1,49	1,49	1,49
Flächenpressung	$\bar{p}$ bar	20	20	20	20	20
So-Zahl	So —	1,965	2,669	2,802	48,5	45,9
Relative Exzentrizität	ε —	0,7469	0,7922	0,7990	0,8490	0,8677
Kleinste Spalthöhe	h_0 μm	18,8	15,4	14,9	11,2	9,8
Bezogene Reibungszahl	μ/ψ —	1,623	1,354	1,317	1,050	0,953
Reibleistung	W_R Nm/s	403,93	336,96	327,63	84,87	59,27
Öldurchsatz, Drehung	$\dot{Q}_D$ ltr/min					
Öldurchsatz, Drucköl	$\dot{Q}_p$ ltr/min					
Öldurchsatz, gesamt	$\dot{Q}_{\text{ges}}$ ltr/min					
Lagererwärmung bei Konvektion	$\Delta\vartheta_L$ °C	40,4	33,6	32,8	8,5	5,9
Lagertemperatur	$\vartheta_{L1}=\vartheta_1$ °C	80,4	73,6	72,8[a]	48,5	45,9
Ölerwärmung	$\Delta\vartheta_{\ddot{o}}$ °C					
Ölaustrittstemperatur	$\vartheta_A=\vartheta_1$ °C					
Neue Richttemperatur	ϑ_0 °C	70,2	71,9			

[a] Genauigkeit erreicht

Tabelle 10.5 Beispiel C — Konvektion

	Rechenschritt		1	2	3	Ergebnis	Ergebnis
C. Betriebszustand Nr.			1			2	3
Belastung	F	N	16000			16000	16000
Drehzahl	n	1/min	1500			650	500
Richttemperatur	ϑ_0	°C	$40+20=60$	$(60+105,8)/2$ $=82,9$	$(82,9+80,5)/2$ $=81,7$	58,1	53,5
Effektive Temperatur	ϑ_{eff}	°C	60	82,9	81,7	58,1	53,5
Effektive Viskosität	η_{eff}	Ns/m²	0,0172	0,0084	0,0087	0,0184	0,0219
Warmspiel	ψ_{B}	‰	1,49	1,49	1,49	1,49	1,49
Flächenpressung	$\bar{p}$	bar	21,33	21,33	21,33	21,33	21,33
So-Zahl	So	—	1,743	3,553	3,440	56,9	52,3
Relative Exzentrizität	ε	—	0,8381	0,8927	0,8912	0,8959	0,9021
Kleinste Spalthöhe	h_0	μm	12,0	8,0	8,1	7,7	7,3
Bezogene Reibungszahl	μ/ψ	—	3,525	2,172	2,218	2,094	1,975
Reibleistung	W_{R}	Nm/s	657,82	405,26	414,01	169,36	122,87
Öldurchsatz, Drehung	Q_{D}	ltr/min					
Öldurchsatz, Drucköl	Q_{p}	ltr/min					
Öldurchsatz, gesamt	Q_{ges}	ltr/min					
Lagererwärmung bei Konvektion	$\Delta\vartheta_{\text{L}}=\vartheta_1$	°C	65,8	40,5	41,4	26,9	12,3
Lagertemperatur	$\vartheta_{\text{L1}}=\vartheta_1$	°C	105,8	80,5	81,4[a]	56,9	52,3
Ölerwärmung	$\Delta\vartheta\delta$	°C					
Ölaustrittstemperatur	$\vartheta_{\text{A}}=\vartheta_1$	°C					
Neue Richttemperatur	ϑ_0	°C	82,9	81,7			

[a] Genauigkeit erreicht

10.1 Radialgleitlager

Tabelle 10.6 Beispiele D und E

			D			E		
C. Betriebszustand			1	2	3	1	2	3
Belastung	F	N	80000	16000	16000	80000	16000	16000
Drehzahl	n	1/min	3000	3000	500	3000	3000	500
Richttemperatur	ϑ_0	°C	58,2	55,8	43,0	73,0	61,8	47,6
Effektive Temperatur	ϑ_{eff}	°C	49,1	47,9	41,5	56,5	50,9	43,8
Effektive Viskosität	η_{eff}	Ns/m²	0,0156	0,0163	0,0210	0,0120	0,0146	0,0191
Warmspiel	ψ_B	‰	1,49	1,49	1,49	1,49	1,49	1,49
Flächenpressung	$\bar{p}$	bar	100	20	20	100	20	20
So-Zahl	So	—	4,499	0,862	4,017	5,839	0,961	4,407
Relative Exzentrizität	ε	—	0,8568	0,5875	0,8443	0,8818	0,6109	0,8537
Kleinste Spalthöhe	h_0	µm	10,6	30,6	11,6	8,8	28,9	10,9
Bezogene Reibung	μ/ψ	—	1,422	4,280	1,523	1,220	3,948	1,440
Reibleistung	W_R	Nm/s	2654,48	1597,46	94,74	2275,95	1473,62	89,58
Öldurchsatz, Drehung	Q_D	ltr/min	4,112	2,820	0,675	1,943	1,962	0,333
Öldurchsatz, Drucköl	Q_p	ltr/min	1,126	0,674	0,821	0,228	0,228	0,144
Öldurchsatz, gesamt	Q_{ges}	ltr/min	5,238	3,494	1,496	2,171	2,150	0,477
Lagererwärmung bei Konvektion Lagertemperatur	$\Delta\vartheta_L$ $\vartheta_{L1}=\vartheta_1$	°C °C						
Ölerwärmung	$\Delta\vartheta_{Ö}$	°C	16,9	15,2	2,1	35,0	22,8	6,3
Ölaustrittstemperatur	$\vartheta_A=\vartheta_1$	°C	56,9	55,2	42,1	75,0	62,8	46,3

Beispiel A:

Dieser Fall entspricht der Versuchsanordnung von Radermacher (8.22), mit der er die Temperaturverteilung in der Lagerschale eines stationär belasteten Radialgleitlagers untersuchte. In der Tabelle 10.2 wurde zunächst die Wärmeabfuhr durch reine Konvektion unterstellt; die in allen Iterationsschritten dargestellte Rechnung führt auf eine unzulässig hohe Lagertemperatur. In der Tabelle 10.3 ist dann die gleiche Untersuchung mit Ölkühlung durchgeführt über die einzelnen Iterationsschritte.

Die übrigen von Radermacher auch untersuchten Betriebszustände wurden in gleicher Weise nachgerechnet. Die wesentlichsten Ergebnisse sind im Vergleich zwischen Messung und Rechnung in Tabelle 10.7 gegenübergestellt. Die mit 9 Thermoelementen in der Lagermittelebene und 5 am Lagerrand über dem Schalenumfang und 0,5 mm unter der Lauffläche gemessenen Temperaturen sind in der Tabelle durch ihren Maximalwert ϑ_{max} repräsentiert. Die in der Ölfangrille gemessene Temperatur ϑ_A des austretenden Öles ist auch angegeben. Die rechnerisch ermittelte Lagertemperatur ϑ_L liegt zwischen diesen beiden Werten, und die effektiven Temperaturen ϑ_{eff} stimmen sehr gut überein, was auch bei den Spaltweiten der Fall ist. Die Öldurchsatzmessungen dürften einen größeren Meßfehler aufweisen, da der Meßbereich nur in seinem untersten Bereich ausgenutzt wurde; durch die dort vorhandene große Anlaufreibung der Ringkolbenzähler sind Meßfehler bis 200% möglich.

Der Berechnung wurde in diesem Fall ein ideales 360°-Lager mit der optimalen Ölzufuhr entgegen der Lastrichtung unterstellt, was der ausgeführten Konstruktion entspricht.

Beispiel B:

Hier wird ein Stehlager in verrippter Ausführung entsprechend Bild 10.1 für einen Wellendurchmesser von 100 mm untersucht, wobei die Wärmeabfuhr allein durch Konvektion und die Ölversorgung durch einen losen Schmierring aus dem im Stehlager integrierten Ölsumpf erfolgen soll. Wegen der Verrippung konnte die wärmeabgebende Oberfläche nicht allein mit einer der angegebenen Näherungsformeln ermittelt werden; es wurde noch eine Oberflächenvergrößerung durch die Rippen abgeschätzt. Danach ergab sich eine Oberfläche $A = 0,5$ m². Der lose Ring erfordert eine auf der entlasteten Seite geschlitzte Lagerschale und eine Öleinspeisung durch 2 Taschen, die senkrecht zur Lastrichtung angeordnet sind. Damit entspricht ein solches Lager eher einem 180°-Lager, da eine Ölfüllung in der entlasteten Lagerhälfte kaum gewährleistet ist. So wird für die Reibung das 180°-Lager angesetzt; da in der Tragfähigkeit So die Unterschiede zwischen dem voll- und dem halbumschlossenen Lager äußerst gering sind, wird hierfür die Lösung des 360°-Lagers verwendet. Ergebnis siehe Tabelle 10.4.

Beispiel C:

Das gleiche Stehlager wie in Beispiel B wird nun mit einem mittig angeordneten festen Schmierring betrieben, so daß das Lager durch eine 360°-Nut geteilt wird. Auch hier erfolgt die Öleinspeisung über 2 Taschen, die senkrecht zur Lastrichtung angeordnet sind. Wegen der stärkeren Ölabschleuderwirkung des festen Schmierringes wird hier die Annahme getroffen, daß auch die unbelastete obere Schalenhälfte vollständig mit Öl gefüllt ist, so daß die Reibung an einem 360°-Lager zu ermitteln ist. Für die So-Zahl wird aus den bereits erwähnten Gründen die 360°-Lösung verwendet. Ergebnis siehe Tabelle 10.5.

Beispiel D:

Auch hier wird das Stehlager der Beispiele B und C beibehalten, allerdings nun mit einer Druckschmierung und einer Ölrückkühlung auf 40 °C. Das Lager ist ungenutet und hat eine Ölzufuhr über eine optimal angeordnete Tasche gegenüber der Lastrichtung, so daß hier die Berechnungsunterlagen für das 360°-Lager voll gültig sind. Auf eine Darstellung der Iterationsschritte wird hier wie auch im folgenden Beispiel verzichtet. Ergebnis siehe Tabelle 10.6.

Beispiel E:

Hier wird das druckgeschmierte Stehlager nach Beispiel D beibehalten mit dem Unterschied, daß nun die Ölversorgung durch 2 Taschen senkrecht zur Lastrichtung erfolgt. Dadurch entspricht dieses Lager bezüglich seiner Tragfähigkeit einem 180°-Lager, was aber praktisch identisch ist mit dem vollumschlossenen Lager. Soweit es sich um die Wärmebilanz handelt, muß allerdings die Berechnung des Öldurchsatzes mit dem 180°-Lager erfolgen, da in der Oberschale kein Drehungsdruck aufgebaut werden kann. Die Druckölzufuhr erfolgt quer zur Lastrichtung, wo die Spalthöhe praktisch den Wert 1 annimmt gegenüber $(1 + \varepsilon)^3$ in der Gl. (8.36), was zu beachten ist für den Öldurchsatz Q_p. Schließlich ist das Lager durch die reichliche Ölzufuhr vollgefüllt, so daß für die Reibung ein vollumschlossenes Lager zu unterstellen ist. Es soll nochmals darauf hingewiesen werden, daß der hier ermittelte Öldurchsatz nur für die Wärmebilanz gültig ist. Ergebnis siehe Tabelle 10.6.

In den Beispielen B und C für das Stehlager mit Wärmeabfuhr durch reine Konvektion wurden die vom Hersteller empfohlene Maximalauslastung im Betriebszustand 1 sowie der untere Drehzahlbereich (Betriebszustand 1 und 3) untersucht, welche zu Spalthöhen nahe dem kleinsten zulässigen Wert ohne Einlauf führen. Bei der Maximalauslastung treten Erwärmungen von ca. 40 °C auf, wobei die höheren Werte trotz schon reduzierter Drehzahl beim Lager mit festem Schmierring vorhanden sind. Dies ist im wesentlichen auf die Halbierung der Lagerbreite durch die Ringnut zurückzuführen. Dies führt auch zu den kleineren Schmierspalten, die im untersten Drehzahlbereich auch schon die kleinste zulässige Spalthöhe unterschreiten.

In den Beispielen D und E zeigt die optimale Ölzufuhr im weitesten Spalt einen deutlichen Vorteil gegenüber der Taschenanordnung quer zur Lastrichtung. Sie hat eine geringere Ölerwärmung und größere Schmierspalte, allerdings auf Kosten eines größeren Öldurchsatzes. Im Vergleich mit den Beispielen B und C zeigt sich die wesentlich höhere Belastbarkeit bei erhöhten Drehzahlen der Lager mit Wärmeabfuhr durch das Schmiermittel gegenüber den Lagern mit Wärmeabfuhr durch Konvektion.

Beispiel F:

Auswertung der Verschleißmessungen von Katzenmeier [8.17] zur Ermittlung des Übergangszustandes und des Einlaufverhaltens von Gleitlagern mittels der Berechnungsmethode nach Abschnitt 8.4.1.

Diese umfangreichen Versuche über 5 Wellen/Lager-Kombinationen unterschiedlicher Oberflächengüte wurden mit Isotopen-Verschleißmessungen durchgeführt, so daß in allen Betriebszuständen eine kontinuierliche Verschleißaussage vorhanden ist. Ihr Ergebnis ist daher die wesentliche Basis für die Aussage über die kleinste zulässige Schmierspaltdicke in Abhängigkeit von der Oberflächengüte der Gleitpartner. Bei der schon in Kapitel 8 gezeigten Auswertung wurde von den gemessenen Temperaturen ausgegangen. Da auch bei diesen Versuchen nicht

Tabelle 10.7 Temperaturmessungen am stationär belasteten Radialgleitlager nach [8.29]. Vergleich mit Rechnungsergebnissen nach Abschnitt 8.4.1

		p_z	bar	1		5						
		n	1/min	500		500		1000		1500	2000	
		ϑ_E	°C	46		51		50		51	58	
		$\bar{p}$	bar	50	200	50	200	50	200	50	50	200
Messung		ϑ_A	°C	61,1	65	59,6	63,3	66,9	76	76	86,2	100,6
		ϑ_{max}	°C	64	70	63	70	74,7	87,3	87	98,8	117,7
		$\vartheta_{eff} = 1/2(\vartheta_E + \vartheta_A)$	°C	53,6	55,5	55,3	57,2	58,5	63	63,5	72,1	79,3
		h_0	μm	10,8	4,2	8,5	4,2	13,8	5,2	16,9	14,4	6,0
		Q_{ges}	ltr/min[a]	0,28	0,4	0,75	0,9	0,9	1,1	0,95	1,34	1,45
Rechnung		ϑ_L	°C	64,8	71,5	64,9	69,5	74,7	80	82,2	89,9	95,9
		$\vartheta_{eff} = 1/2(\vartheta_E + \vartheta_L)$	°C	56	54,8	58,4	61	61,6	64,6	66,4	73,6	76,4
		h_0	μm	10,7	4,0	10,1	3,7	14,0	5,5	15,8	16,0	6,6
		Q_{ges}	ltr/min	0,556	0,639	0,705	0,828	1,160	1,415	1,616	2,139	2,652

[a] Größere Meßfehler wegen schlechter Ausnutzung des Meßbereichs wahrscheinlich.

10.1 Radialgleitlager

sämtliche Betriebsparameter immer gemessen wurden, soll hier noch eine weitere Auswertung über eine Wärmebilanz vorgenommen werden, wobei deren Einzelergebnisse auch an den Meßergebnissen kontrolliert werden können, um so eine weitere Bestätigung für das Rechenverfahren zu erhalten. So ist einmal nur das Kaltspiel $\psi_k = 2\%_0$ bekannt. Bei dem praktisch identischen Prüfstand von Carl (Das zylindrische Gleitlager unter konstanter und sinusförmiger Belastung; Diss. Karlsruhe 1962) ergab sich mit steigender Temperaturdifferenz des Lagers gegenüber der Öleintrittstemperatur $(\vartheta_L - \vartheta_E)$ eine Spielverringerung von etwa 7 μm/10°C. Auch bei dem ähnlichen Prüfstand von Radermacher [8.29] ergab sich eine thermische Spieländerung, die dort auch näher erläutert wird. Danach nimmt die Welle, welche neben dem Prüflager ja noch zwei weitere Stützlager hat und infolge des hochfesten Stahls auch einen größeren Wärmeausdehnungskoeffizienten von $12 \cdot 10^{-6}$ aufweist, eine höhere Temperatur an, so daß $\vartheta_W = \vartheta_A$ gesetzt werden kann. Der sehr große Lagerkörper mit einem geringeren Wärmeausdehnungskoeffizienten von $11 \cdot 10^{-6}$ wird auf der Schalenrückseite über eine Umfangsnut vollständig mit dem sehr reichlich zugeführten Öl umspült, von dem der größte Teil über eine Kurzschlußleitung gar nicht durch das Lager geht. Hinzu kommt, daß die äußeren Lagerkörperteile infolge Konvektion schon deutlich geringere Temperaturen aufweisen, die konstant etwa 30°C betrugen. Daraus ergibt sich ein Betriebsspiel von

$$\psi_B = \psi_K - \alpha_W(\vartheta_A - 20°) + \alpha_L \left(\frac{\vartheta_E + 30°}{2} - 20°\right).$$

Die Ölversorgung erfolgte über zwei senkrecht zur Lastrichtung angeordnete Bohrungen von 6 mm Durchmesser und Taschen mit einem Zuführdruck von 2 bar. Allerdings wurde dieser Druck nur in einem frühen Zustand registriert. Bei den Isotopen-Messungen mußte vor dem Lagereintritt eine Kurzschluß-Spülölbohrung im Lagerkörper angebracht werden, welche den äußeren Lagerraum mit zusätzlichem Öl beaufschlagte, um die aus dem Lager herausgespülten Verschleißpartikel schneller und vollständiger zum Meßkopf zu transportieren. Dies führte zu der bereits erwähnten Absenkung der Lagerkörper-Temperatur, was das Warmspiel beeinflußte. Durch diese Maßnahme war aber der Zuführdruck von 2 bar offenbar nicht mehr zu halten, wie eine einzelne Meßreihe bei $\bar{p} = 120$ bar, Öl SAE 20W/20 und $\vartheta_E = 60°C$ zeigte. Insbesondere scheint die Ölpumpe für die höheren Drehzahlen nicht mehr ausgereicht zu haben, um diesen Zuführdruck zu halten. Es wurden folgende Meßpunkte ohne Spülbohrung angegeben:

Drehzahl	1000	2000	3000	1/min
Öldurchsatz	0,2	0,3	0,38	ltr/min
Zuführdruck	1	0,5	0	bar

Nur mit dem oben angesetzten Ölzuführdruck war der gemessene Öldurchsatz zu erhalten, so daß es gerechtfertigt erscheint, diese Annahme für den Zuführdruck für alle Versuche anzusetzen.

Schließlich war noch zu berücksichtigen, daß die gemessene Ölaustrittstemperatur durch die Kurzschluß-Spülölmenge so stark verfälscht wurde, daß sie nicht als Ölaustrittstemperatur ϑ_A anzusehen war. Katzenmeier verwendete statt dessen ja auch die in der Lagerschale gemessene Lagertemperatur ϑ_L. Diese war nur bei 1000 1/min praktisch identisch mit der Lageraustrittstemperatur ohne Spülöl. Bei 3000 1/min lag die Lagertemperatur aber um rd. 10% höher als die Lageraustrittstemperatur. Daher erfolgte die Nachrechnung bei höheren Drehzahlen mit einem 10%igen Zuschlag gegenüber der gerechneten Ölaustrittstemperatur.

Alle Versuche wurden mit folgenden Betriebsparametern durchgeführt:

Wellendurchmesser 65 mm   Lagerbreite 26 mm $B/D = 0,4$
Kaltspiel 2‰   Öl SAE 20W/20.

Das Ergebnis der Nachrechnung mit Wärmebilanz für die Wellen/Lager-Kombination 44 ist in Bild 10.16 dargestellt, wobei sowohl das Ergebnis der früheren Auswertung mit gemessenen Lagertemperaturen wie auch das Ergebnis mit der nun vorgenommenen Wärmebilanz eingetragen wurde. Die Lagertemperaturen weichen in den Versuchsabschnitten 1 und 3 bei $n = 1000$ 1/min = const nur sehr wenig von den gemessenen Werten ab. Im Versuchsabschnitt 2 mit der Drehzahlsteigerung war aus den schon genannten Gründen keine so gute Übereinstimmung zu erwarten. Die errechneten Spaltdicken zeigen über dem Versuchsablauf die gleiche Tendenz wie bei der früheren Auswertung, und sie spiegeln sich gut im entsprechenden Verschleißverlauf wieder. Die nun errechneten Spalte liegen um etwa 0,3 µm höher, was auf das korrigierte Warmspiel zurückzuführen ist. So wird im ersten Versuchsabschnitt bei $\bar{p} = 80$ bar der erste deutliche Verschleißanstieg registriert bei einer Spaltdicke, die praktisch genau der $\sum (R_z + W_t)$ entspricht. Im zweiten Versuchsabschnitt tritt bei 3000 1/min ein steiler Verschleißanstieg gekoppelt mit einem etwas verzögerten Temperaturanstieg auf, der dadurch verursacht wird, daß der am Ende des ersten Versuchsabschnittes erreichte Einlaufzustand dort gerade wieder unterschritten wird. Bei diesen erhöhten Drehzahlen ist offenbar eine weitere Einlaufglättung nicht mehr möglich. Das Einlaufende im dritten Versuchsabschnitt schließlich führt zu einer Spaltdicke, die praktisch dem Wert $\sum R_a + W_{t,w}$ entspricht.

Auch die anderen Wellen/Lager-Kombinationen wurden in der gleichen Weise rechnerisch über die Wärmebilanz nochmals ausgewertet. Die Ergebnisse liegen im Vergleich zu der Auswertung mittels gemessener Temperaturen sehr ähnlich.

Zusammenfassend soll nun noch die Relation zwischen den Spalthöhen in bestimmten und besonders interessierenden Betriebszuständen und der Oberflächengüte im Neuzustand dargestellt werden. Im Versuch „0" wurde der allererste Mischreibungskontakt über die sehr feinfühlige Isotopenmessung ermittelt, was durch die Kurve $h_{\text{Ü}}$ in Bild 10.17 dargestellt ist. Im Versuchsabschnitt 1 ergab sich bei einer mittleren Belastung ein erster signifikanter Verschleißanstieg, der als h_A bezeichnet werden soll, weil dies dem Anfang des Einlaufens entspricht. Schließlich war am Ende des dritten Versuchsabschnittes das Lager ganz offensichtlich auf eine Spalthöhe h_E vollständig eingelaufen, da es auf weitere Laststeigerungen mit extremen Verschleiß- und Temperaturanstiegen reagierte. Diese drei Zustände sind für alle Wellen/Lager-Kombinationen in Bild 10.17 zusammen mit den im Neuzustand vorhandenen Rauhigkeiten und Welligkeiten in unterschiedlichen Kombinationen aufgetragen. Ein Vergleich mit den Oberflächengüten im Endzustand ist für eine allgemeine Anwendung weniger interessant.

Der Übergangszustand $h_{\text{Ü}}$ mit dem allerersten Verschleiß liegt bei $\sum (R_z + W_t)$, wobei hier Messungen in axialer und in tangentialer Richtung vorhanden waren.

Beschränkt man sich auf die meist alleine vorhandenen axialen Rauhigkeitsmessungen, dann ist dieses Kriterium wie die nachfolgenden eher zu vorsichtig gewählt. Der erste wirkliche Verschleiß tritt aber erst bei h_A auf, was sehr genau $\sum R_z + W_{t,w}$ entspricht. Im voll eingelaufenen Zustand wird h_E erreicht, entsprechend dem mehr gebräuchlichen $\sum R_a + W_{t,w}$. Es hat also den Anschein,

10.1 Radialgleitlager

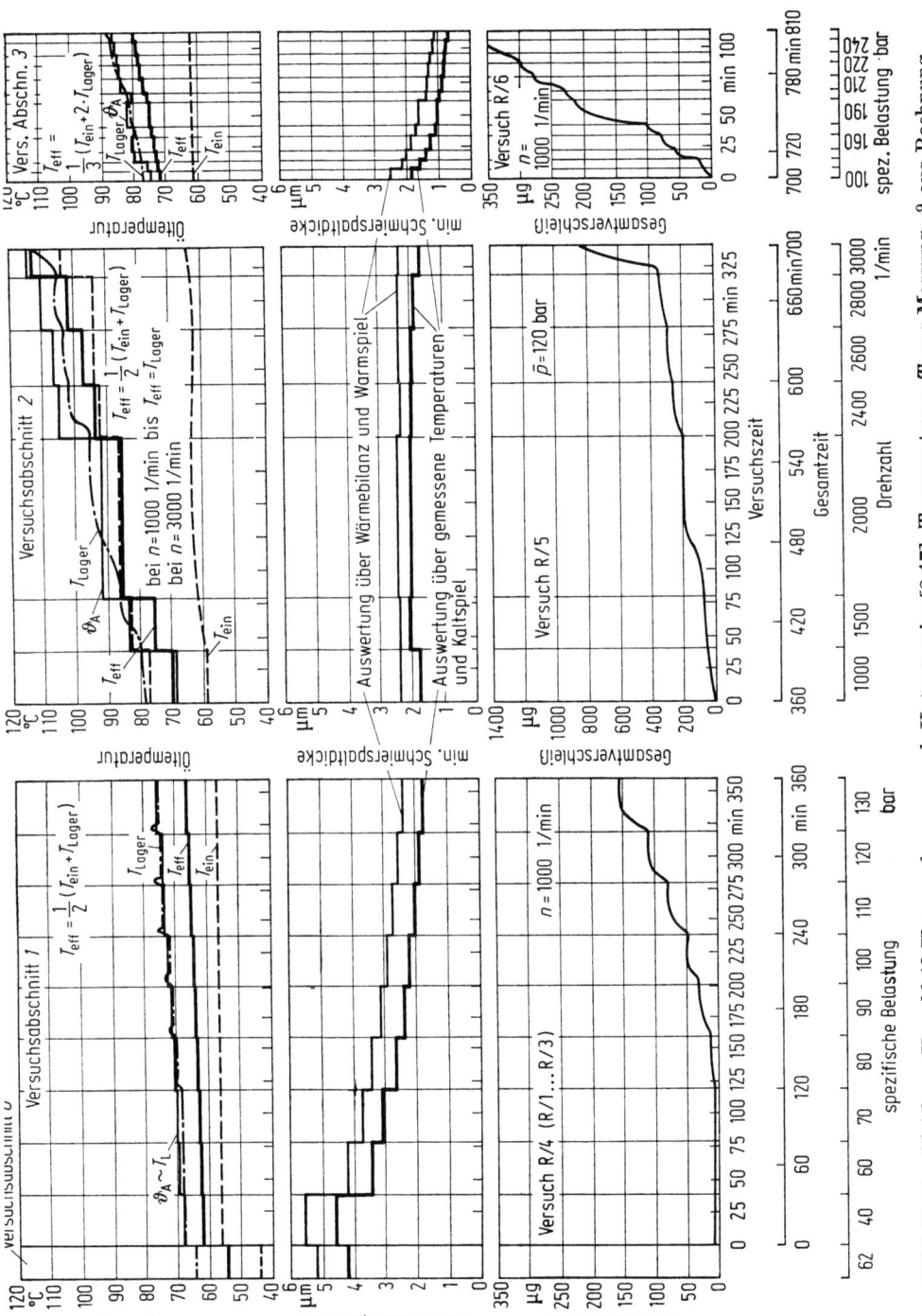

Bild 10.16 Gleitlager-Verschleiß-Untersuchungen nach Katzenmeier [8.17]. Temperaturen T aus Messung, ϑ aus Rechnung

als ob die Welligkeit des gehärteten Wellenzapfens W_W auch durch den Einlauf nicht abgetragen werden kann. Alle diese Verschleißkriterien liegen bei Oberflächenwerten, die recht anschaulich sind.

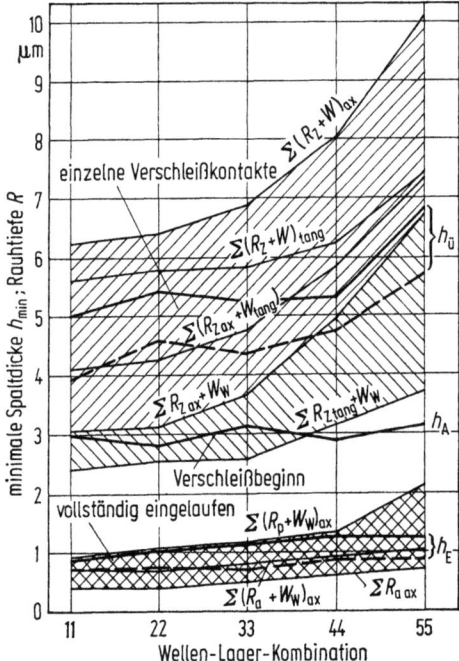

Bild 10.17   Kleinste zulässige Schmierfilmdicke und Oberflächengüte; Auswertung der Messungen von Katzenmeier [8.17]

10.1.3 Aerodynamische Lager

Gleitlager können auch mit Luft oder Gasen als Schmiermittel betrieben werden. Solche aerodynamischen Lager unterliegen den gleichen Gesetzmäßigkeiten wie hydrodynamische Lager mit zwei Ausnahmen. Einmal sind gasförmige Medien nicht inkompressibel, d. h. sie ändern ihre Dichte in Abhängigkeit vom Druck entsprechend den Zustandsgleichungen für ideale Gase. Zum anderen reißt der Schmierfilm als Folge der Kompressibilität hinter dem engsten Schmierfilm nicht ab, und es können im divergierenden Spalt Unterdrücke auftreten. Bild 10.18 macht dies am Druckverlauf in der Lagermittelebene deutlich. Für Lager mit kompressiblen Medien gilt die Sommerfeldsche Randbedingung einer 2π-Periodizität. Daher liefert die aerodynamische Theorie für den Fall der Inkompressibilität die in Kapitel 7 behandelte Sommerfeld-Lösung mit dem bei $0/\pi$ spiegelsymmetrischen Druckverlauf. Auch stellt sich der Zapfen — wie später noch gezeigt wird — immer senkrecht zur Lastrichtung exzentrisch ein ($\beta = 90°$). Mit steigender Kompressibilität λ werden die Abweichung des Druckverlaufes von der 2π-periodischen Lösung immer deutlicher und die Unterdrücke immer geringer.

Darüber hinaus verwendet die aerodynamische Theorie aber die gleichen Voraussetzungen wie die hydrodynamische Theorie:

Konstante Viskosität, isotherme Zustandsänderung des Schmiermittels (geringe Reibungsverluste), kreiszylindrisches und unverkantetes Lager, dünner Schmierfilm ($\partial p/\partial h = 0$), Vernachlässigbarkeit der Gleitflächenkrümmung, Haftung des Schmierstoffes an den Lagerwänden und laminare Strömung.

10.1 Radialgleitlager

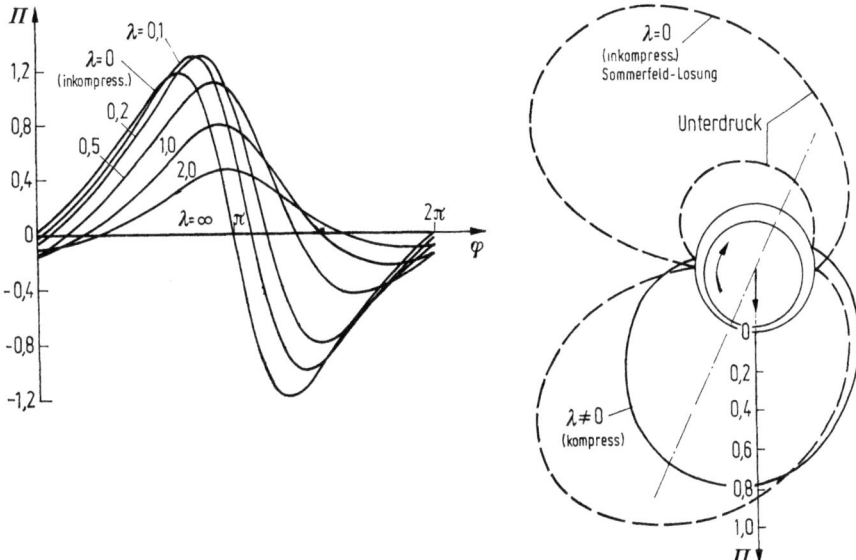

Bild 10.18 Dimensionsloser Druckverlauf in der Lagermittelebene eines Gaslagers mit unterschiedlicher Kompressibilität λ. $\varepsilon = 0{,}4$; $B/D = 1$

Der Übergang zwischen laminarer und turbulenter Strömung wird durch das Taylor-Wilcock-Kriterium beschrieben:

$$\frac{Us}{2\nu} \leqq Re_{\text{krit}} = 41{,}1\ \sqrt{D/s}. \tag{10.5}$$

Dabei ist U die maximale Umfangsgeschwindigkeit in m/s, s ist das Lagerspiel und D der Lagerdurchmesser, beide in m, und ν die kinematische Viskosität, die für Luft bei $15{,}1 \cdot 10^{-6}$ m²/s liegt. Daraus ergibt sich direkt die kritische Drehzahl für das Umschlagen eines Luftlagers in die Turbulenz zu

$$n_{\text{krit}} = \frac{1569{,}9\ \sqrt{D/s}}{Ds}\nu. \tag{10.6}$$

Unter der Voraussetzung einer laminaren Strömung und der Gültigkeit der Zustandsänderung idealer Gase

$$\varrho = (1 + p/p_0)^{1/k} \tag{10.7}$$

für das kompressible Medium lautet die Reynoldssche Gleichung für das aerodynamische Radialgleitlager unter statischer Last

$$\frac{\partial}{\partial \varphi}\left[(1+p/p_0)^{1/k}\frac{\partial p}{\partial \varphi}\right] + \left(\frac{D}{B}\right)^2 \cdot \frac{\partial}{\partial \bar{z}}\left[(1+p/p_0)^{1/k}\frac{\partial p}{\partial \bar{z}}\right]$$
$$= 6\eta R^2 \omega\ \frac{\partial}{\partial \varphi}\left[(1+p/p_0)^{1/k} h\right]. \tag{10.8}$$

Auch diese Differentialgleichung ist analytisch nur mit starken Vereinfachungen lösbar. Eine numerische Lösung, allerdings nur für einen beschränkten Bereich

$\varepsilon \leq 0{,}8$ ist von Raimondi [10.2] bekannt. Diese Ergebnisse sind in den Tabellen 10.8 bis 10.11 zusammengestellt.

Dabei muß zur Beschreibung des Kompressibilitätsverhaltens ein weiterer Parameter in Form einer dimensionslosen Kenngröße eingeführt werden. Diese

Tabelle 10.8 Kenngrößen des Gaslagers mit unendlicher Breite

ε	λ	So	β	μ/ψ
0,2	0	1,8862	90,00	1,7998
0,2	0,1604	1,3756	45,75	2,4021
0,2	0,3298	0,8837	26,93	3,6727
0,2	0,6687	0,4807	14,03	6,6938
0,2	1,3430	0,2459	7,13	13,0506
0,2	∞	0	0	∞
0,4	0	3,8084	90,00	1,1000
0,4	0,1368	3,0385	47,97	1,2765
0,4	0,3098	2,0552	28,10	1,7622
0,4	0,6627	1,1368	14,38	3,0647
0,4	1,3517	0,5821	7,16	5,9126
0,4	∞	0	0	∞
0,6	0	5,9900	90,00	0,9556
0,6	0,0903	5,0049	52,78	1,0380
0,6	0,2433	4,0967	30,73	1,1120
0,6	0,6072	2,3716	15,10	1,7340
0,6	1,2968	1,2196	7,31	3,2581
0,6	∞	0	0	∞
0,8	0	9,5188	90,00	0,9501
0,8	0,0342	8,8864	54,53	0,9447
0,8	0,1058	9,0173	35,05	0,8107
0,8	0,3965	6,1736	17,23	0,9662
0,8	1,0427	3,2408	7,66	1,6693
0,8	∞	0	0	∞
0,9	0	13,8516	90,00	0,9703
0,9	0,0119	14,3642	52,88	0,8859
0,9	0,0370	16,0438	32,49	0,7109
0,9	0,1695	13,5682	19,80	0,6810
0,9	0,7077	7,7185	8,27	1,0067
0,9	∞	0	0	∞

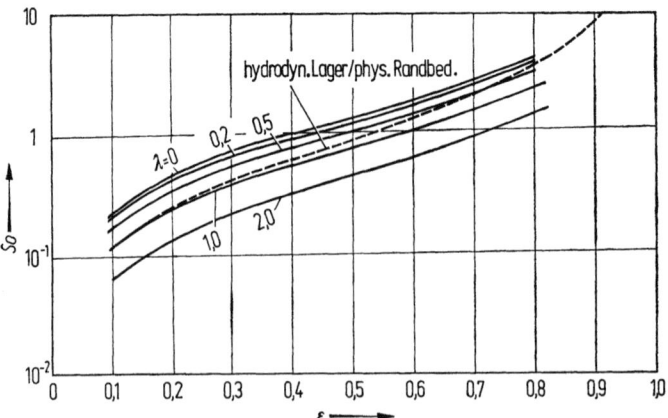

Bild 10.19 Sommerfeldzahl So für das vollumschlossene Gaslager mit $B/D = 1$ im Vergleich zum hydrodynamischen Lager mit physikalischen Randbedingungen

10.1 Radialgleitlager

die Elastizität des Schmiermittels kennzeichnende Kompressibilitätszahl

$$\lambda = \frac{\eta \omega}{\psi^2 \cdot p_0} \qquad (10.9)$$

ist im Fall der Inkompressibilität gleich Null.

Bild 10.19 zeigt die Funktion $So = f(\varepsilon)$ für ein Lager mit $B/D = 1$ für verschiedene Kompressibilitätszahlen λ. Neben der Lösung des inkompressiblen aerodynamischen Lagers mit $\lambda = 0$ ist auch die des hydrodynamischen Lagers mit den physikalischen Randbedingungen eingezeichnet. Mit zunehmender Kompressibilität fällt die Tragfähigkeit ab. Auch die Gümbel-Kurven nach Bild 10.20 zeigen eine von der Kompressibilität abhängige Form, wobei sich hier für den Fall der Inkompressibilität die Sommerfeld-Lösung mit $\beta = 90° = $ const einstellt. Die bezogene Reibungszahl μ/ψ ist in Bild 10.21 dargestellt.

In einer anderen Darstellungsweise nach Bild 10.22 mit der bezogenen Belastung $\bar{p}/p_0$ über der Kompressibilitätszahl λ zeigt sich ein für aerodynamische

Tabelle 10.9 Kenngrößen des Gaslagers mit $B/D = 2$

ε	λ	So	β	μ/ψ
0,1	0	0,4911	90,00	6,4786
0,1	0,0400	0,4852	81,79	6,5586
0,1	0,1000	0,4613	70,01	6,8917
0,1	0,2000	0,3969	54,34	7,9946
0,1	0,5000	0,2404	30,54	13,1588
0,1	1,0000	0,1360	18,15	23,2334
0,1	∞	0	0	∞
0,2	0	0,9947	90,00	3,3225
0,2	0,0400	0,9824	81,28	3,3640
0,2	0,1000	0,9362	68,98	3,5167
0,2	0,2000	0,8038	53,22	4,0686
0,2	0,5000	0,4958	29,94	6,5137
0,2	1,0000	0,2832	17,74	11,3486
0,2	∞	0	0	∞
0,4	0	2,1108	90,00	1,8247
0,4	0,0400	2,0777	78,80	1,8462
0,4	0,1000	1,9673	64,47	1,9227
0,4	0,2000	1,7132	48,63	2,1510
0,4	0,5000	1,1208	27,47	3,1505
0,4	1,0000	0,6631	16,10	5,2254
0,4	∞	0	0	∞
0,6	0	3,5685	90,00	1,4007
0,6	0,0400	3,5368	71,94	1,3955
0,6	0,1000	3,3436	54,58	1,4188
0,6	0,2000	2,9749	39,99	1,5123
0,6	0,5000	2,0886	22,92	1,9975
0,6	1,0000	1,3045	13,43	3,0801
0,6	∞	0	0	∞
0,8	0	6,3918	90,00	1,2184
0,8	0,0100	6,3918	90,00	1,2184
0,8	0,0400	6,6592	52,48	1,1035
0,8	0,1000	6,4435	36,37	1,0502
0,8	0,2000	5,7875	26,60	1,0835
0,8	0,5000	4,2784	15,94	1,3335
0,8	1,0000	2,8169	9,37	1,9238
0,8	∞	0	0	∞

Tabelle 10.10 Kenngrößen des Gaslagers mit $B/D = 1$

ε	λ	So	β	μ/ψ
0,1	0	0,2261	90,00	14,0215
0,1	0,0400	0,2258	86,09	14,0275
0,1	0,1000	0,2232	80,33	14,1867
0,1	0,2000	0,2145	70,92	14,7637
0,1	0,5000	0,1724	49,69	18,3468
0,1	1,0000	0,1153	31,47	27,4035
0,1	2,0000	0,0655	18,68	48,2061
0,1	∞	0	0	∞
0,2	0	0,4654	90,00	6,9871
0,2	0,0400	0,4640	85,62	7,0075
0,2	0,1000	0,4573	79,33	7,1097
0,2	0,2000	0,4372	69,32	7,4294
0,2	0,5000	0,3513	47,93	9,2012
0,2	1,0000	0,2383	30,33	13,5023
0,2	2,0000	0,1360	17,95	23,6030
0,2	∞	0	0	∞
0,4	0	1,0402	90,00	3,4943
0,4	0,0400	1,0335	83,53	3,5141
0,4	0,1000	1,0137	74,43	3,5732
0,4	0,2000	0,9588	62,19	3,7518
0,4	0,5000	0,7726	41,11	4,5664
0,4	1,0000	0,5451	26,01	6,3748
0,4	2,0000	0,3215	15,32	10,7089
0,4	∞	0	0	∞
0,6	0	1,9338	90,00	2,3312
0,6	0,0400	1,9245	76,92	2,3327
0,6	0,1000	1,8857	62,09	2,3474
0,6	0,2000	1,7763	47,96	2,4336
0,6	0,5000	1,4469	30,50	2,8661
0,6	1,0000	1,0471	19,55	3,8495
0,6	2,0000	0,6392	11,58	6,2028
0,6	∞	0	0	∞
0,8	0	4,0191	90,00	1,7025
0,8	0,0100	4,0497	77,77	1,6834
0,8	0,0400	4,2669	54,01	1,5506
0,8	0,1000	4,2784	37,36	1,4664
0,8	0,2000	3,9104	27,87	1,5264
0,8	0,5000	3,1085	17,94	1,8080
0,8	1,0000	2,2769	11,90	2,3815
0,8	2,0000	1,4210	7,14	3,7340
0,8	∞	0	0	∞

Lager spezielles Verhalten sehr deutlich. Diese Tragfähigkeitskurven streben mit steigendem λ-Wert gegen eine Asymptote. Dies bedeutet, daß im Gegensatz zum hydrodynamischen Lager beim aerodynamischen Lager durch Drehzahlsteigerung keine beliebige Tragfähigkeitssteigerung möglich ist. In dieser Darstellung läßt sich die Lösung für den inkompressiblen Fall allerdings nicht direkt ablesen, da für $\lambda = 0$ auch $\bar{p}/p_0 = 0$ wird. In dieser Darstellung ist der inkompressible Fall durch die Neigung der Kurve bei $\lambda = 0$ gekennzeichnet, wie in Bild 10.22 eingetragen.

Gerade im Bereich kritischer Zustände, also in der Nähe des Übergangs zur Mischreibung unter hohen So-Zahlen, wo die Exzentrizität gegen 1 geht und wo die Angaben von Raimondi fehlen, ist aber die Kompressibilität gering. Schlichting [10.3] definiert eine Strömung dann als inkompressibel, wenn die Dichte-

10.1 Radialgleitlager

Tabelle 10.11 Kenngrößen des Gaslagers mit $B/D = 0,5$

ε	λ	So	β	μ/ψ
0,1	0	0,0720	90,00	43,8854
0,1	0,0400	0,0720	88,74	43,8854
0,1	0,1000	0,0720	86,85	43,8854
0,1	0,2000	0,0717	83,71	44,0840
0,1	0,5000	0,0695	74,37	45,4740
0,1	1,0000	0,0634	61,02	49,8427
0,1	2,0000	0,0487	42,80	64,9345
0,1	4,0000	0,0304	25,82	103,9507
0,1	∞	0	0	∞
0,2	0	0,1501	90,00	21,4466
0,2	0,0400	0,1501	88,54	21,4466
0,2	0,1000	0,1501	86,37	21,4466
0,2	0,2000	0,1487	82,78	21,6490
0,2	0,5000	0,1434	72,45	22,4583
0,2	1,0000	0,1294	58,62	24,8619
0,2	2,0000	0,1001	40,81	32,1072
0,2	4,0000	0,0629	24,62	50,9890
0,2	∞	0	0	∞
0,4	0	0,3521	90,00	9,9392
0,4	0,0400	0,3513	87,48	9,9523
0,4	0,1000	0,3506	83,73	9,9743
0,4	0,2000	0,3467	77,82	10,0841
0,4	0,5000	0,3261	63,63	10,6923
0,4	1,0000	0,2878	48,78	12,0619
0,4	2,0000	0,2248	33,32	15,3589
0,4	4,0000	0,1474	20,24	23,3223
0,4	∞	0	0	∞
0,6	0	0,7267	90,00	5,7019
0,6	0,0400	0,7267	83,41	5,7019
0,6	0,1000	0,7202	74,44	5,7409
0,6	0,2000	0,7074	63,16	5,8181
0,6	0,5000	0,6523	45,53	6,2324
0,6	1,0000	0,5604	33,29	7,1700
0,6	2,0000	0,4360	22,72	9,1213
0,6	4,0000	0,2904	14,07	13,5971
0,6	∞	0	0	∞
0,8	0	1,8294	90,00	3,2629
0,8	0,0100	1,8399	81,51	3,2407
0,8	0,0400	1,9222	61,56	3,0760
0,8	0,1000	2,0070	43,46	2,8833
0,8	0,2000	1,9576	32,60	2,8902
0,8	0,5000	1,6683	22,36	3,2898
0,8	1,0000	1,3488	16,60	3,9946
0,8	2,0000	0,9947	11,74	5,3438
0,8	4,0000	0,6496	7,45	8,1102
0,8	∞	0	0	∞

änderung kleiner als 5% wird:

$$\frac{\Delta\varrho}{\varrho} \approx \frac{1}{2}\left(\frac{U}{a}\right)^2 \leqq 0,05. \tag{10.10}$$

Dabei ist U die Strömungsgeschwindigkeit (beim Gleitlager also näherungsweise die Umfangsgeschwindigkeit) und $a = 340$ m/s die Schallgeschwindigkeit in Luft bei Raumtemperatur. Daraus ergibt sich, daß bei Umfangsgeschwindigkeiten von ca. 80 m/s und den vorgenannten Bedingungen die Kompressibilität ver-

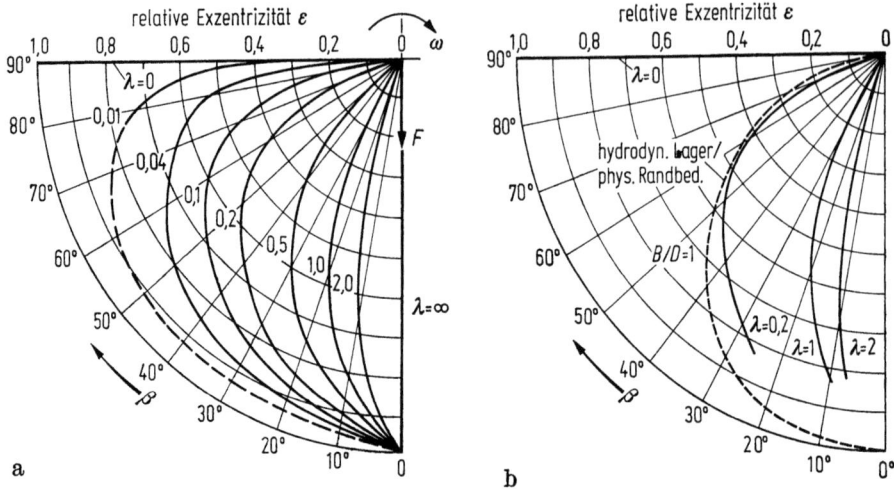

Bild 10.20 Gümbelkurven des Gaslagers.
a) Einfluß der Kompressibilität λ; b) Vergleich mit dem hydrodynamischen Lager

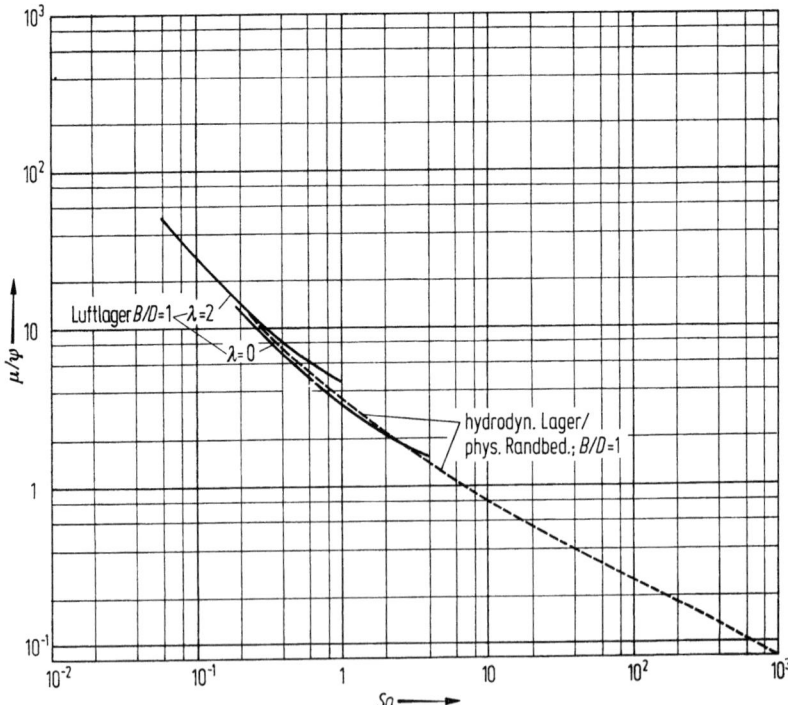

Bild 10.21 Reibungszahl μ/ψ für das Gaslager mit $B/D = 1$ im Vergleich zum hydrodynamischen Lager

10.1 Radialgleitlager

nachlässigbar ist. In diesem Fall kann also ein aerodynamisches Lager wie ein hydrodynamisches Lager behandelt werden. Kayser [10.4] hat dies durch experimentelle Untersuchungen bestätigt.

Die geringe Belastbarkeit verbunden mit der Notwendigkeit zu relativ hohen Drehzahlen der aerodynamischen Lager beschränkten ihre Anwendung zunächst auf den Instrumenten- und Apparatebau, auch weil ihre geringen Reibungsverluste dies besonders vorteilhaft erscheinen lassen. Bei den Anwendungen in der Raumfahrttechnik werden solche Lager dann auch mit speziellen Gasen betrieben. Bild 10.23 zeigt das Viskositäts-Temperatur-Verhalten einiger Gase. Heute werden auch hochdrehende Schleifspindeln und kleine Verbrennungsturbinen luftgelagert. In diesen Fällen ist dem Stabilitätsverhalten aber besondere Aufmerksamkeit zu schenken. Aerodynamische Lager haben eine geringe Dämpfung und zusätzlich besondere Schwingungserscheinungen (air hammer).

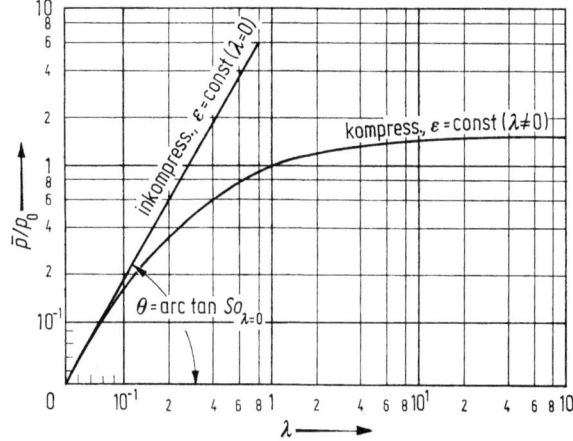

Bild 10.22 Gaslager: Tragkraft $\bar{p}/p_0 = f(\lambda)$

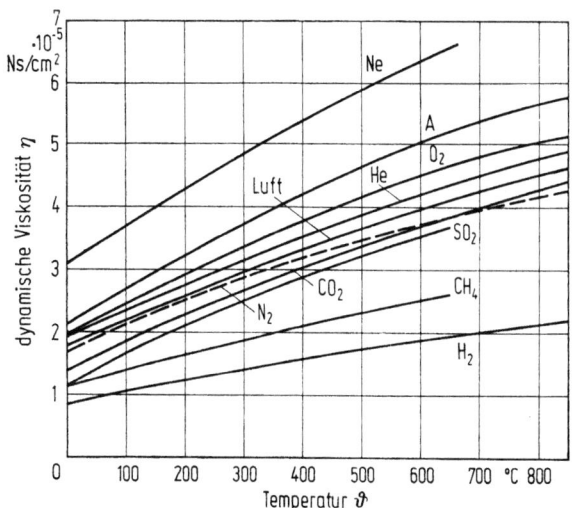

Bild 10.23 Dynamische Viskosität von Gasen $\eta = f(\vartheta)$

10.1.4 Poröse Lager

Radialgleitlager mit porösen Buchsen werden in der Praxis häufig dort eingesetzt, wo man mit einer einmaligen „for-life"-Schmierung auskommen will. Da solche Lager im allgemeinen durch Sintern hergestellt werden, spricht man auch oft von Sinterlagern, obwohl durch Sintern mit anschließender Nachverdichtung auch praktisch porenlose Lager aus Bronze oder Aluminium hergestellt werden. Bei den porösen Lagern werden die Buchsen mit einem hohen Porenanteil gesintert und die Poren anschließend mit Öl oder leichtschmelzendem Fett gefüllt.

Die kennzeichnende Größe für solche Lager ist die Durchlässigkeit oder Permeabilität. Sie wird durch das Darcysche Gesetz beschrieben:

$$v_y = \frac{\dot{Q}}{A} = -\frac{\phi}{\eta} \cdot \left(\frac{\partial p}{\partial y}\right), \qquad \phi = -\frac{\eta v_y}{\partial p/\partial y}. \tag{10.11}$$

Dabei ist v_y die mittlere (laminare) Strömungsgeschwindigkeit, dargestellt durch den Volumenstrom $\dot{Q}$ durch den Querschnitt A des durchströmten Körpers, die proportional ist dem Druckgefälle und der Permeabilität ϕ und umgekehrt zur Viskosität η. Experimentell bestimmt man die Permeabilität, indem man eine Flüssigkeit von innen nach außen durch die Buchse mit den Abmessungen $D_i \times D_a \times B$ drückt. Da Mineralöle durch Ablagerungen zum Verstopfen der Poren neigen, verwendet man für diese Messung meist Petroleum bekannter Viskosität. Man bestimmt die Durchflußmenge in einer bestimmten Zeit t unter einem Druckgefälle $(p_i - p_a)$; daraus ermittelt man die Permeabilität

$$\phi = \frac{\dot{Q}\eta \ln(D_a/D_i)}{2\pi B(p_i - p_a)\,t}. \tag{10.12}$$

Zur Beschreibung der Druckentwicklung im porösen Lager geht man wie bei hydrodynamischen Massivlagern von den dort üblichen Voraussetzungen aus, der Navier-Stokesschen Gleichung und der Kontinuitätsbedingung sowie zusätzlich vom Darcyschen Gesetz. Daraus erhält man die modifizierte Reynolds-Gleichung für das poröse Lager in kartesischen Koordinaten unter statischer Last:

$$\frac{\partial}{\partial x}\left[h^3 \frac{\partial p}{\partial x}\right] + \frac{\partial}{\partial z}\left[h^3 \frac{\partial p}{\partial z}\right] = 6\eta(U_1 + U_2)\frac{\partial h}{\partial x} + 12\phi\left(\frac{\partial p}{\partial y}\right)_{y=0}. \tag{10.13}$$

Unter Verwendung der schon bekannten dimensionslosen Polarkoordinaten, ergänzt durch die auf die Buchsenwanddicke H bezogene relative Koordinate $\bar{y} = y/H$ ergibt sich

$$\frac{\partial^2 \Pi}{\partial \varphi^2} + \left(\frac{D}{B}\right)^2 \cdot \frac{\partial^2 \Pi}{\partial \bar{z}^2} - \frac{3\varepsilon \sin\varphi}{1 + \varepsilon \cos\varphi} \cdot \frac{\partial \Pi}{\partial \varphi} = \frac{-6\varepsilon \sin\varphi}{(1 + \varepsilon \cos\varphi)^3}$$

$$+ \frac{1}{H/R} \cdot \frac{\phi}{R^2 \psi^3} \cdot \frac{12}{(1 + \varepsilon \cos\varphi)^3} \left(\frac{\partial \Pi}{\partial \bar{y}}\right)_{\bar{y}=0}. \tag{10.14}$$

Hinzu tritt die Kontinuitätsbedingung des porösen Zylinders, ebenfalls ergänzt durch das Darcysche Gesetz. Daraus erhält man nach einigen Umformungen

$$\frac{1}{\left(1 - \frac{H}{R}\bar{y}\right)} \cdot \frac{\partial^2 \Pi}{\partial \varphi^2} + \left(\frac{D}{B}\right)^2 \frac{\partial^2 \Pi}{\partial \bar{z}^2} + \frac{1}{\left(\frac{H}{R}\right)^2} \cdot \frac{\partial^2 \Pi}{\partial \bar{y}^2} - \frac{1}{\frac{H}{R}\left(\frac{H}{R}\right)^2 \bar{y}} \cdot \frac{\partial \Pi}{\partial \bar{y}} = 0. \tag{10.15}$$

10.1 Radialgleitlager

Die Gln. (10.14) und (10.15) stellen die Ausgangsgleichungen für das poröse Lager dar, wobei die beiden neuen Kenngrößen zu beachten sind, die relative Buchsenwanddicke H/R und die relative Permeabilität $\phi/R^2\psi^3$. Beide Gleichungen sind simultan zu lösen mit den üblichen physikalischen Randbedingungen für die Druckentwicklung, ergänzt durch die speziellen Randbedingungen des porösen Lagers:

An den Stirnflächen des porösen Lagers verschwindet der Druck, und der Buchsenaußendurchmesser ist undurchlässig, so daß dort der Druckgradient $= 0$ wird.

Die Integration der Differentialgleichungen und die Ermittlung der Gleitlager-Kenngrößen hat Samerski [10.5] durchgeführt. Die Ergebnisse gelten für jeweils konstante Parameter Buchsenwanddicke H/R und Permeabilität $\phi/R^2\psi^3$. Bild 10.24 zeigt den Einfluß der relativen Permeabilität auf die So-Zahl bei konstanten Lagerabmessungen. Die Tragfähigkeit nimmt stark zu mit abnehmender Permea-

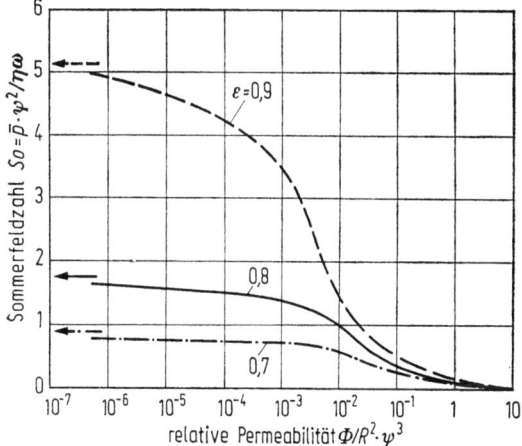

Bild 10.24 $So = f(\Phi/R^2\psi^3)$ in Abhängigkeit von der relativen Permeabilität für ein Lager mit der relativen Buchsenwanddicke $H/R = 0{,}27$ und $B/D = 0{,}47$; ← Grenzwerte für das undurchlässige Lager gleicher Abmessungen

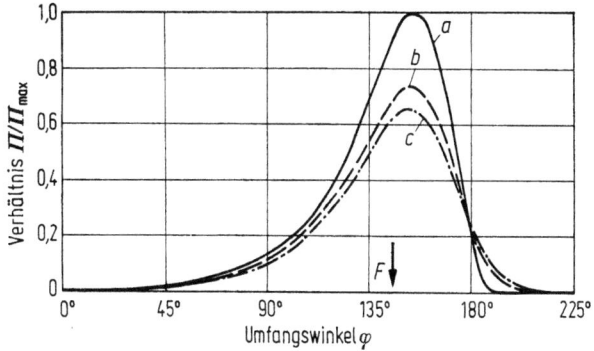

Bild 10.25 Dimensionsloser Druckverlauf in der Lagermittelebene
a an der Lauffläche; b am mittleren Buchsendurchmesser; c am Buchsenaußendurchmesser. $B/D = 0{,}47$; $\varepsilon = 0{,}8$; $H/R = 0{,}27$; $\Phi/R^2\psi^3 = 4{,}44 \cdot 10^{-3}$

bilität und nähert sich asymptotisch der Tragfähigkeit des undurchlässigen hydrodynamischen Lagers. Die Buchsenwanddicke hat praktisch keinen Einfluß auf die Tragfähigkeit. Eine Verbreiterung des Lagers steigert die Tragfähigkeit in ähnlicher Weise wie beim undurchlässigen Lager. Sind die Stirnflächen undurchlässig, dann gewinnt man ebenfalls an Tragfähigkeit.

Bild 10.25 zeigt den Druckverlauf in der Lagermittelebene, und zwar an der Lauffläche (a), am mittleren Buchsendurchmesser (b) und am Buchsenaußendurchmesser (c). Besonders hinzuweisen ist auf die Stelle in der Nähe des engsten Schmierspaltes, wo alle drei Drücke den gleichen Wert haben. In Wellendrehrichtung davor überwiegt der Druck im Schmierspalt, dahinter ist der Druck im Innern der Buchse höher. Dort wird also das Schmiermittel aus der Buchse in den divergierenden Spalt gedrückt.

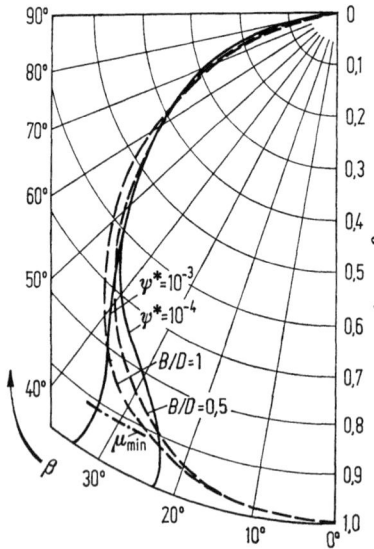

Bild 10.26 Gümbelkurven nach Messungen von Dietz [10.6] im Vergleich zum undurchlässigen Lager nach Sassenfeld-Walther und der theoretischen Lösung des porösen Lagers nach Cameron [10.7]

Insgesamt muß man feststellen, daß die Tragfähigkeit poröser Lager deutlich geringer ist als die undurchlässiger Lager. Insbesondere fällt sie bei höheren So-Zahlen ab. Auch verläuft die Gümbel-Kurve nach Bild 10.26 für $\varepsilon \to 1$ nicht nach 0°, sondern sie wandert ab $\varepsilon = 0{,}85$ bei $\beta = 30°$ radial nach außen. Auch das Reibungsverhalten zeigt deutliche Unterschiede. So zeigt Bild 10.27 in der Streifendarstellung $\mu/\psi = f(So)$ keinen stetigen Abfall wie beim hydrodynamischen Lager, sondern ein Wiederanstieg bei höheren So-Zahlen. Diese Ergebnisse wurden von Dietz [10.6] experimentell bestätigt.

Tatsächlich verlieren poröse Lager im Betrieb sehr bald ihre Schmiermittelfüllung. Dies gilt besonders in der Einlaufphase, da solche Lager wegen ihres Herstellungsprozesses mit einem auf Fertigmaß kalibrierten Sinterpressen eine beträchtliche Oberflächenglättung zu bewältigen haben. Um Lagerausfälle schon beim Einlauf zu vermeiden, empfiehlt es sich, entweder eine kontinuierliche Schmierung zu verwenden oder durch konstruktive Gestaltung eine Rückförderung des seitlich im Druckbereich austretenden Öls in den divergierenden Spalt mit leichten Unterdrücken zu erzwingen. Hierzu erzeugt man an den Lagerenden zwei „Ölringe" dadurch, daß man die Welle noch innerhalb des Lagers an beiden

10.1 Radialgleitlager

Enden leicht absetzt. Zusätzlich können diese Ölringe noch durch Dichtungen verschlossen werden.

Nach dem Einlauf ergeben sich meist günstigere Bedingungen. Durch die allmähliche Verstopfung der Poren kommt es zu einer Minderung der Permeabilität, wodurch sich eine Annäherung an den Zustand des undurchlässigen hydrodynamischen Lagers ergibt.

Weitere einschlägige Arbeiten zu porösen Lagern sind von Morgan und Cameron [10.7] und von Rouleau [10.8] bekannt.

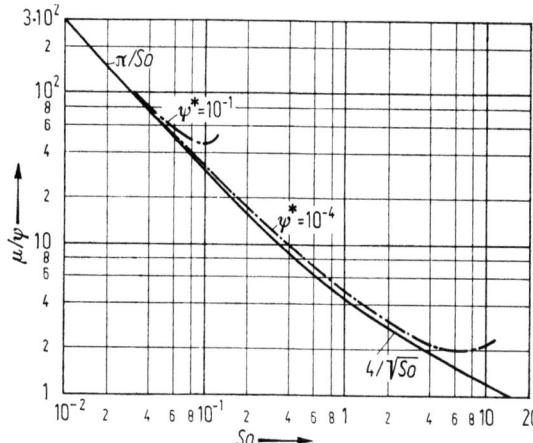

Bild 10.27 Reibungszahl μ/ψ nach Messungen von Dietz [10.6] und der Lösung von Cameron [10.7]

10.1.5 Folienlager

Folienlager sind biegeschlaffe Lager mit einem Umschlingungswinkel von weniger als 180°, damit die Einführung des zur Schmierfilmdruckbildung erforderlichen Mediums möglich ist. Dabei kann sowohl das flexible Band stillstehen und die Welle rotieren (Bild 10.28), als auch das Band entlang des Umfangs der stehenden Welle (Bild 10.29) bewegt werden. Folienlager werden angewendet bei der Papier- und Textilherstellung, ganz besonders aber bei Ton- und Magnetbandanlagen der Elektronik- und Computertechnik. Die Anwendung in der allgemeinen Technik scheitert nicht zuletzt daran, daß unter größeren Belastungen die Realisierung des Öffnungswinkels eine extrem steife Aufhängung des Folienstreifens erfordern würde. Diese Überlegung wird ja häufig bei Pleuellagern angestellt, wo man den

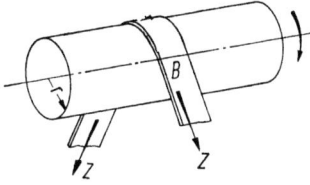

Bild 10.28 Folienlager; stehendes Band — rotierende Welle

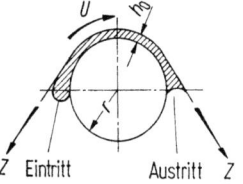

Bild 10.29 Folienlager; ablaufendes Band — stehende Welle

Lagerdeckel biegeweich gestalten möchte. Dann wäre aber der stangenseitige Lagerkörper so steif auszuführen, daß der biegeweiche Deckel die Ölzufuhr nicht abschnüren kann. Eine so extreme Steifigkeit ohne die stützende Wirkung des Deckels und des geschlossenen Pleuelkopfes ist praktisch unmöglich, so daß biegeweiche Deckelkonstruktionen bislang ausschließlich auf Zweitaktmotoren beschränkt sind, die nur auf der Stangenseite belastet sind.

Hier soll nur das unendlich breite Folienlager mit der auf die Folienbreite bezogenen Zuglast Z behandelt werden. Die auf den Zapfen bezogene Folienkrümmung ist mit der Bogenlänge s nach Beziehungen der Analysis

$$\frac{1}{R} = \frac{\frac{\partial^2 h}{\partial s^2}}{\left[1 + \left(\frac{\partial h}{\partial s}\right)^2\right]^{3/2}}. \tag{10.16}$$

Setzt man den Folienradius R als bekannt voraus, so ergibt sich die Ersatzkrümmung aus dem Hertz-Kontakt zu

$$\frac{1}{R_0} = \frac{1}{r} - \frac{1}{R}. \tag{10.17}$$

Vernachlässigt man in erster Näherung das quadratische Glied im Nenner von (10.16), so erhält man aus den beiden Gleichungen

$$\frac{1}{R_0} = \frac{1}{r} - \frac{\partial^2 h}{\partial s^2}. \tag{10.18}$$

Betrachtet man ein kleines Folienelement der Länge $R\,d\varphi$, so wirkt darauf der Druck p. Die radiale Kraft $pR\,d\varphi$ muß aber auch gleich sein der entsprechenden Zugkraft $Z\,d\varphi$ in der Folie:

$$pR\,d\varphi = Z\,d\varphi \rightarrow p = Z/R. \tag{10.19}$$

Die Reynoldssche Gleichung für das unendlich breite Lager

$$\frac{\partial}{\partial s}\left(h^3 \frac{\partial p}{\partial s}\right) = 6\eta U \frac{\partial h}{\partial s} \tag{10.20}$$

kann unter Verwendung von (10.18) und (10.19) umgewandelt werden:

$$\frac{\partial}{\partial s}\left(h^3 \frac{\partial^3 h}{\partial s^3}\right) = -\frac{6\eta U}{Z} \cdot \frac{\partial h}{\partial s}. \tag{10.21}$$

Mit den üblichen dimensionslosen Konstanten

$$\varepsilon = \frac{6\eta U}{Z}, \quad \xi = \frac{s\varepsilon^{1/3}}{h_0}, \quad H = \frac{h}{h_0} \tag{10.22}$$

erhält man nach einmaliger Integration

$$\frac{\partial^3 H}{\partial \xi^3} = \frac{1-H}{H^3}. \tag{10.23}$$

10.1 Radialgleitlager

Zur weiteren Vereinfachung kann man annehmen, daß die Spalthöhe im inneren Umschlingungsbereich nur wenig um die Größe $H = 1$ variiert. Setzt man also $H = 1 - \Delta H$, so erhält man bei Vernachlässigung der höheren Potenzen von ΔH

$$\frac{\partial^3}{\partial \xi^3}(\Delta H) + \Delta H = 0. \tag{10.24}$$

Der Lösungsansatz hierfür ist

$$\Delta H = A\,e^{-\xi} + B\,e^{\xi/2} \cos \frac{\sqrt[3]{\xi}}{2} + C\,e^{\xi/2} \sin \frac{\sqrt[3]{\xi}}{2}. \tag{10.25}$$

Der Parameter ξ entspricht der Bogenlänge, beginnend auf der Eintrittsseite. Dort ist ξ klein, was bedeutet, daß der erste Term der Gleichung bestimmend wird. Nach Bild 10.30 liegt im Bereich AB also ein Exponentialspalt vor. Am Spaltende bei großen Werten ξ dominiert der sin-Term, so daß sich im Bereich CD eine sinusförmige Welle einstellt. Im mittleren Bereich BC soll die Spalthöhe ja praktisch konstant sein, wozu die Konstanten A, B und C der Gleichung sehr kleine Werte annehmen müssen. Daraus ergibt sich die in Bild 10.30 dargestellte Spaltform und die zugehörige Druckverteilung, die näherungsweise umgekehrt proportional zum Spaltverlauf ist, was in Bild 10.31 dargestellt ist. Im mittleren Bereich stellt sich also ein konstanter Druck und an der Austrittsseite eine charakteristische Druckwelle ein. Mit weiteren Vereinfachungen nach [10.9] ergibt sich die mittlere Spalthöhe zu

$$h_0 = 0{,}643\,r \left(\frac{6\eta U}{Z}\right)^{2/3}. \tag{10.26}$$

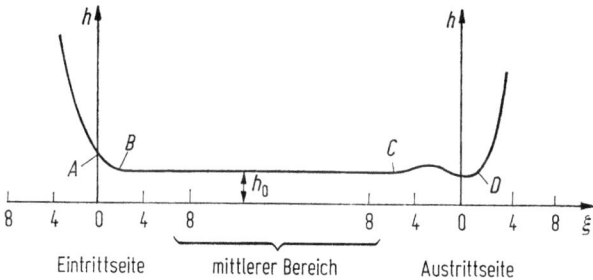

Bild 10.30 Spaltverlauf am Folienlager

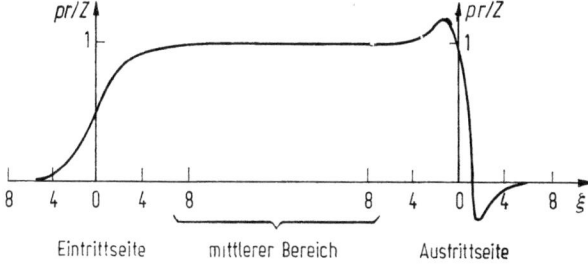

Bild 10.31 Druckverlauf am Folienlager

Für den minimalen Spalt bei D ist noch mit dem Faktor 0,716 zu multiplizieren. Auffallend ist, daß die Formel nicht den Umschlingungswinkel enthält. Die in der Formel enthaltene Zugkraft Z steht in einem festen Verhältnis zur Flächenpressung und damit zur Tragfähigkeit selbst. Mit dem Umschlingungswinkel 2β ergibt sich mit

$$\bar{p} = \frac{2Z \cos\left(\frac{\pi}{2} - \beta\right)}{2r \sin \beta} = \frac{Z}{r} \tag{10.27}$$

die gesuchte Abhängigkeit vom Umschlingungswinkel.

Bei einem Vergleich des Folienlagers mit dem starren Gleitlager interessiert das Verhältnis von Tragfähigkeit und Spalthöhe. Dies ist mit den vorstehenden Beziehungen möglich. Führt man noch die Spaltfunktion des zylindrischen Gleitlagers ein, so ergibt sich

$$\frac{h_0}{r} = 2{,}123 \left(\frac{\eta \omega}{\bar{p}}\right)^{2/3} \triangleq \frac{r\psi(1-\varepsilon)}{r} = \psi(1-\varepsilon) \tag{10.28}$$

und

$$\frac{h_{\min}}{r} = 1{,}52 \left(\frac{\eta \omega}{\bar{p}}\right)^{2/3} \triangleq \psi(1-\varepsilon). \tag{10.29}$$

Mit der bekannten Lösung des unendlich breiten Gleitlagers unter Reynoldsschen Randbedingungen aus Tabelle 7.1 und einem üblichen Lagerspiel $\psi = 10^{-3}$ ergibt sich der in Tabelle 10.12 dargestellte Vergleich zwischen Folienlager und starrem Gleitlager, wobei das Folienlager erwartungsgemäß eine verringerte Tragfähigkeit hat.

Tabelle 10.12 Vergleich der Tragfähigkeit und Spalthöhe des Folienlagers mit dem starren Gleitlager

Starres Gleitlager, unendlich breit			Folienlager, unendlich breit		
So	ε	$h_{\min}/r$	$\eta \omega/\bar{p}$	h_0/r	$h_{\min}/r$
0,6729	0,1	$0{,}9 \cdot 10^{-3}$	$1{,}302 \cdot 10^{-4}$	$0{,}276 \cdot 10^{-3}$	$0{,}198 \cdot 10^{-3}$
3,2232	0,5	$0{,}5 \cdot 10^{-3}$	$0{,}458 \cdot 10^{-4}$	$0{,}097 \cdot 10^{-3}$	$0{,}069 \cdot 10^{-3}$
13,8331	0,9	$0{,}1 \cdot 10^{-3}$	$0{,}174 \cdot 10^{-4}$	$0{,}037 \cdot 10^{-3}$	$0{,}027 \cdot 10^{-3}$
137,6875	0,99	$0{,}01 \cdot 10^{-3}$	$0{,}039 \cdot 10^{-4}$	$0{,}008 \cdot 10^{-3}$	$0{,}006 \cdot 10^{-3}$

Ähnliche Überlegungen wurden auch schon für das Reibungsverhalten angestellt, allerdings mit der groben Vereinfachung eines im ganzen Spaltbereich konstanten Geschwindigkeitsgefälles, obwohl gerade an den Spaltenden deutliche Druckänderungen stattfinden. Aus dem so gewonnenen Ergebnis einer bei kleinen Belastungen geringeren Reibung des Folienlagers gegenüber dem starren Gleitlager wird auf eine belastungsunabhängige thermische Stabilität des Folienlagers geschlossen. Die vernachlässigten Einflüsse an den Spaltenden bringen aber eine Annäherung an das starre Gleitlager. Experimentelle Untersuchungen ergaben auch immer höhere Reibwerte als die vereinfachte Theorie. Eine sehr gute Darstellung der Folienlager-Theorie ist in [10.10] zu finden.

10.2 Hydrodynamische Axiallager

Die ältesten Ausführungen dieser Lager bestanden aus einer feststehenden ebenen Platte (Spurplatte) aus einem Gleitlagermetall, auf der sich die Welle mit ihrer ebenen Stirnfläche (Spurkranz) abstützte. Zur Schmiermittelzufuhr war die feststehende Platte vom feststehenden Lagerstützkörper her angebohrt und mit einer zentrisch eingedrehten, tellerförmigen Schmiermittelnut versehen. Zur Gewährleistung einer guten Planparallelität zwischen den gepaarten Lagerflächen war nach Bild 10.32 die feststehende Spurplatte über eine Kugelabschnittsfläche am Lagerstützkörper einstellbar gelagert. Diese „Spurlinsenlagerung" wird auch heute noch bei modernen Axiallagerkonstruktionen berücksichtigt.

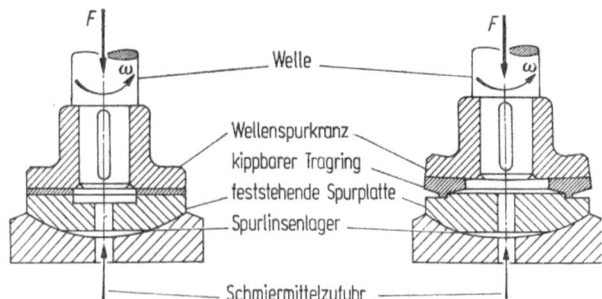

Bild 10.32   Axiallager mit Spurlinsenlagerung der feststehenden Spurplatte

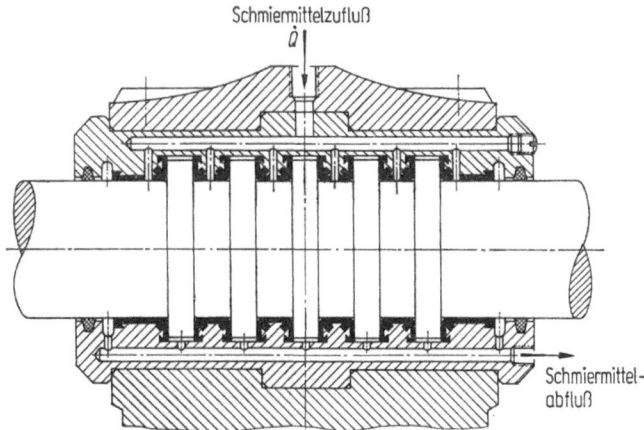

Bild 10.33   Kammlager

Zur angeblichen Vervielfachung der Lagerfläche — das glaubte man nämlich so — hat man früher neben diesen Spurlagern älterer Ausführung auch sogenannte Kammlager gebaut, deren Aufbau in Bild 10.33 dargestellt ist. Charakteristisch für diese Kammlager waren mehrere in axialer Richtung parallel angeordnete Axiallagerstellen und eine Schmiermittelzufuhr am Außen- und am Innendurchmesser (= Wellendurchmesser) der einzelnen Wellenscheiben oder Kämme.

Diese heute nicht mehr eingesetzten Lagerkonstruktionen hatten den großen Nachteil, daß sie nur relativ kleine Axialkräfte aufnehmen konnten und einen starken Verschleiß an einzelnen Kämmen aufwiesen. Daß ein ungünstiger Betrieb und sehr oft sogar ein vorzeitiges Versagen dieser Lager unvermeidlich und physikalisch sogar im voraus abzusehen war, ist heute mit den Kenntnissen der hydrodynamischen Schmierfilmtheorie einleuchtend. Der in Richtung der Relativgeschwindigkeit (Umfangsrichtung) der beiden gepaarten Lagerkörper zum Aufbau des hydrodynamischen Schmiermitteldruckes erforderliche keilförmige Schmierspalt fehlte bei diesen Lagern vollkommen, und ferner waren die tragenden Ringflächen in radialer Richtung zu schmal. Bei den Kammlagern war zusätzlich ein gleichmäßiges Tragen der einzelnen Scheiben oder Kämme nicht gewährleistet. Eine annähernd gleiche Lastverteilung war nur nach plastischer Verformung einzelner Kämme und/oder deren Abnützung (Verschleiß) gewährleistet.

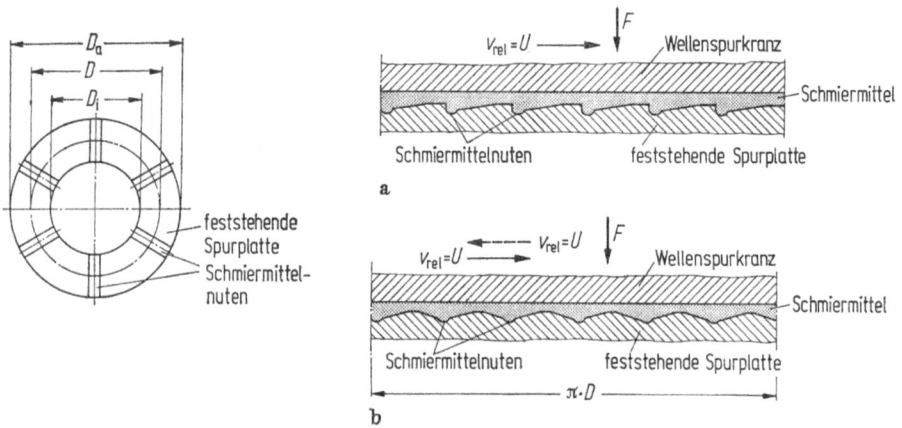

Bild 10.34 Einscheiben-Spurlager mit eingearbeiteten Sektorflächen
a) für eine Drehrichtung; b) für wechselnde Drehrichtung

Vogelpohl [10.11] hat auf diese Mißstände und die Nichtbeachtung der zum damaligen Zeitpunkt bereits auch durch Versuchsergebnisse belegten Erkenntnisse der hydrodynamischen Schmierfilmtheorie bei der Besprechung des Drucklagers für den Schnelldampfer „Kaiser-Wilhelm II" hingewiesen.

Heute werden nach den Erkenntnissen von Kingsbury und Michell [10.12 u. 10.13] die hydrodynamisch arbeitenden Längs- oder Axiallager mit unterteilten und keilförmig gestalteten Lagerflächen (Mehrflächenlager) hergestellt, die je nach Bedarf für eine oder zwei Drehrichtungen und auch für die Aufnahme einer größeren Last im ruhenden Zustand konzipiert sind.

Im Prinzip unterscheidet man die Einscheiben-Spurlager und die Segmentlager mit einzelnen kippbeweglichen und voneinander unabhängigen Lagersegmenten. Die Einscheiben-Spurlager haben nach Bild 10.34 eine aus mehreren Kreisringsektoren bestehende Lagerfläche. Diese einzelnen Sektorflächen sind durch radial verlaufende Schmiermittelnuten in Umfangsrichtung voneinander getrennt und haben in Richtung der Relativgeschwindigkeit zwischen dem Spurkranz der Welle und der Lagergegenfläche (Spurplatte) einen leichten konischen Anlauf. Sind zwei Geschwindigkeitsrichtungen bei einer Konstruktion möglich, dann müssen die einzelnen Sektorflächen beidseitig in Umfangsrichtung keil-

10.2 Hydrodynamische Axiallager

förmig ausgebildet sein. Die genaue Fertigung dieser Sektorflächen mit den kleinen Neigungswinkeln verlangt eine hohe Präzision. Zur Vermeidung dieser Fertigungsschwierigkeiten werden heute die Axiallager in den meisten Fällen mit unabhängig voneinander kippbeweglichen Lagersegmenten gebaut. Der Vorteil dieser Kippsegment- oder Michell-Lager ist vor allem der, daß bei richtiger Dimensionierung der Lagersegmente und bei geometrisch richtig plazierter Kippachse der hydrodynamisch sich aufbauende Druck die selbsttätige Einstellung der Neigung der Lagersegmente in Richtung der Relativgeschwindigkeit bewirkt (Bild 10.35). Von Nachteil ist die sehr präzise und damit auch teure Fertigung der einzelnen Kippsegmente.

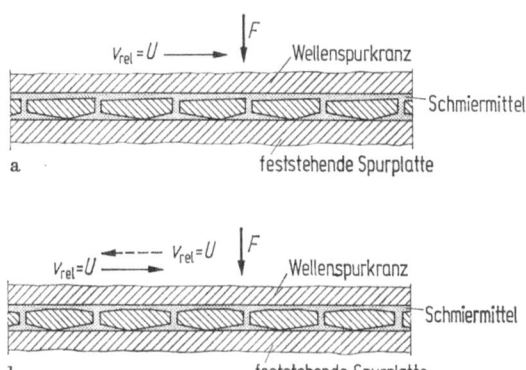

Bild 10.35 Selbsttätig sich einstellende, kippbewegliche Lagersegmente eines Michell-Lagers a) für eine Richtung der Relativgeschwindigkeit; b) für wechselnde Richtung der Relativgeschwindigkeit

Eine interessante Konstruktion zur selbsttätigen und unabhängigen Einstellung der einzelnen Lagersegmente hat Steller [10.14] gezeigt, bei der nach Bild 10.36 die feststehende Spurplatte in radialer Richtung und teilweise auch in Umfangsrichtung so geschlitzt ist, daß eine Kragarm- oder Zungenlagerung (biegeelastische Lagerung) der einzelnen Lagersegmente vorliegt. Durch diese

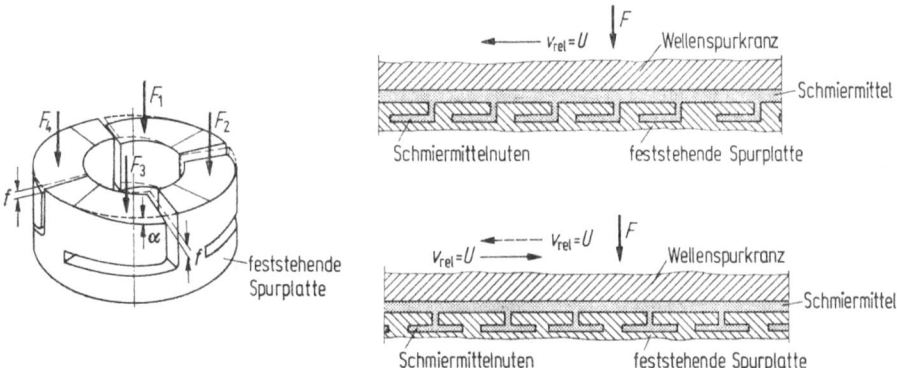

Bild 10.36 Biegeelastische Lagerung der einzelnen Lagersegmente der feststehenden Spurplatte

freitragende Zungenlagerung ergeben sich bei den einzelnen Lagerstellen eine lastabhängige Durchbiegung und ein lastabhängiger Keilwinkel. Bei symmetrischer Zungenlagerung, d. h., bei zweiseitigem Auskragen der Segmentflächen kann dieses Prinzip auch für wechselnde Richtung der Relativgeschwindigkeit zwischen dem Spurkranz und der Spurplatte angewendet werden.

10.2.1 Berechnung der Axiallager

Zur Berechnung der Axiallager ist anzumerken, daß die Druckentwicklung und die Tragfähigkeit den gleichen physikalischen Gesetzen unterliegen, wie es bei den Radiallagern der Fall ist. Der sich verengende Schmierspalt, in den das Schmiermittel durch die Relativgeschwindigkeit des Spurkranzes gegenüber der Spurplatte gedrückt wird, bewirkt den Aufbau eines hydrodynamischen Druckes über den einzelnen Lagersegmenten. Der bei einem Radiallager durch eine Verschiebung der Wellenachse zur Schalenachse infolge der Belastung sich automatisch in Umfangsrichtung einstellende Keilspalt für das Schmiermittel muß bei einem Axiallager konstruktiv von der Fertigung her oder alternativ durch das Zusammenwirken der Belastung und der biegeelastischen — zungenartigen — oder der kippbeweglichen Abstützung der einzelnen Lagersegmente erreicht werden. Für die minimale Schmierspalthöhe können grundsätzlich die gleichen Beziehungen verwendet werden, wie sie für die Flüssigkeitsreibung in Abschnitt 2.1.4 angegeben sind. Eine maximale Schmierspalthöhe, wie sie bei Radiallagern durch die halbe Differenz zwischen dem Wellen- und dem Lagerschalendurchmesser festgelegt ist, ist bei Axiallagern im allgemeinen Fall nicht vorgegeben.

Da die meisten der in der Praxis eingesetzten Axiallager stationär belastet sind, soll dies im folgenden auch nur berücksichtigt werden. Im wesentlichen können dann die Ergebnisse von Abschnitt 6.3.2 für rechteckförmige Gleitschuhlagerungen herangezogen werden. Soll eine instationäre Belastung und eine kompliziertere Lagersegmentgeometrie (z. B. die exakte Kreisringsektorform) berücksichtigt werden, dann müssen numerische Verfahren, die in der Literatur [10.15—10.22 und 10.26] bekannt sind, zur Lösung der Reynoldsschen Gleichung für die Druckverteilung herangezogen werden.

Setzt man voraus, daß die einzelnen Lagerflächen die Form eines ebenen rechteckförmigen, kippbeweglichen Gleitschuhs mit der Länge L in Umfangsrichtung und der Breite B in radialer Richtung haben und die übrige Geometrie des Gleitschuhs sowie die dynamische Viskosität des Schmiermittels bekannt sind, dann können die Ergebnisse der hydrodynamischen Schmierfilmtheorie für den ebenen endlich breiten Gleitschuh, wie sie in den Bildern 6.16 bis 6.18 grafisch dargestellt sind, für die Berechnung herangezogen werden. Als Länge L wird die Bogenlänge eines Segmentes beim mittleren Durchmesser $D = (D_a + D_i)/2$ eingesetzt.

10.2.1.1 Tragfähigkeit

Nach Bild 6.17 folgt, daß die dimensionslose mittlere Flächenpressung bei einem festliegenden Breiten-Längen-Verhältnis und einem bekannten Verhältnis der kleinsten Schmierspalthöhe und der Differenz der größten und kleinsten Schmierspalthöhe einen genau bestimmbaren Wert hat.

10.2 Hydrodynamische Axiallager

Es gilt also:
$$\frac{\overline{p}h_0^2}{\eta U B} = k_1 \quad \text{(konstanter Wert)}. \tag{10.30}$$

In dieser Gleichung sind:

$\overline{p}$ = mittlere Flächenpressung,
h_0 = kleinste Schmierspalthöhe,
η = dynamische Viskosität des Schmiermittels,
U = relative Geschwindigkeit zwischen Welle und Lagersegment ($U = v_{\text{rel}}$),
B = Breite des Gleitschuhs oder Lagersegmentes in radialer Richtung.

Berücksichtigt man die Verkleinerung der Gesamtlagerfläche wegen der radialen Schmiermittelnuten durch einen Völligkeitsgrad φ nach der Definition

$$\varphi = \frac{zL}{\pi D} = \frac{2zL}{\pi(D_a + D_i)}, \tag{10.31}$$

so kann die mittlere Flächenpressung aus der eigentlichen Lagerfläche und der axialen Lagerbelastung F auf folgende Weise berechnet werden:

$$\overline{p} = \frac{F}{zLB} = \frac{F}{\varphi \pi DB}. \tag{10.32}$$

In Gl. (10.32) bedeuten:

z = Zahl der Lagersegmente,
D_a = Außendurchmesser des Segmentringes,
D_i = Innendurchmesser des Segmentringes.

Eine Verknüpfung der beiden Gln. (10.30) und (10.32) ergibt zwischen der kleinsten Schmierspalthöhe h_0 und der Axiallast F folgende Beziehung:

$$h_0 = \sqrt{\frac{k_1 z L B^2 U \eta}{F}}. \tag{10.33}$$

Nach Gl. (10.33) besteht zwischen dem Quadrat der kleinsten Schmierspalthöhe h_0 und der Lagerbelastung F ein reziproker Zusammenhang. Bei bekannter Relativgeschwindigkeit U, bekannter Schmiermittelviskosität η und bekannter Lagergeometrie kann aus der Lagerbelastung die kleinste Schmierspalthöhe oder die bei einer kleinsten Schmierspalthöhe gerade noch aufzunehmende Lagerbelastung berechnet werden.

10.2.1.2 Reibungsverluste

Die Reibungsverluste oder Verlustleistung kann bei bekanntem Reibungskoeffizient μ nach folgender Beziehung ermittelt werden:

$$P_v = T_R \omega = \mu F U. \tag{10.34}$$

In dieser Gleichung sind:

P_V = Verlustleistung,
T_R = Reibungsmoment,
ω = relative Winkelgeschwindigkeit,

μ = Reibungskoeffizient,
F = axiale Lagerkraft,
U = relative Umfangsgeschwindigkeit.

Der Reibungskoeffizient μ kann unter den bereits zuvor gemachten Voraussetzungen als Funktion des Breiten-Längen-Verhältnisses sowie des Verhältnisses der kleinsten Schmierspalthöhe und der Differenz der kleinsten und größten Schmierspalthöhe aus Bild 6.17 abgelesen werden.
Man erhält:

$$\mu \sqrt{\frac{\overline{p}B}{\eta U}} = k_2 \quad \text{(konstanter Wert)}. \tag{10.35}$$

Nach dieser Beziehung ist der Reibungskoeffizient μ aus der relativen Geschwindigkeit U, der dynamischen Schmiermittelviskosität η, der radialen Breite B des Lagersegmentes und aus der mittleren Flächenpressung $\overline{p}$ zu berechnen. An Stelle der mittleren Flächenpressung kann auch die Tragfähigkeit und die effektive Lagerfläche berücksichtigt werden.
Im einzelnen gilt:

$$\mu = k_2 \sqrt{\frac{\eta U}{\overline{p}B}} = k_2 \sqrt{\frac{\eta U z L}{F}}. \tag{10.36}$$

Für die Verlustleistung ergibt sich durch Kombination der Gln. (10.34) und (10.36) folgender Wert:

$$P_V = k_2 \sqrt{\eta U^3 z L F} \tag{10.37}$$

bzw. mit Gl. (10.31)

$$P_V = k_2 \sqrt{\eta U^3 \varphi \pi D F}. \tag{10.38}$$

10.2.1.3 Schmiermittelbedarf

Der zur Gewährleistung der Tragfähigkeit und der Schmierung eines einzelnen Lagersegmentes erforderliche Schmiermittelvolumenstrom kann unter der Voraussetzung einer ebenen Rechteckgeometrie sowie einer eindimensionalen Strömung in Umfangsrichtung, d. h. bei einer Vernachlässigung eines Schmiermittelabflusses in radialer Richtung, nach Gl. (6.63) berechnet werden.
Er beträgt:

$$\dot{Q} = q_0 B U h_0$$

mit $q_0 = q_0(m')$ und h_0 nach Gl. (10.33).
Die zur Berechnung des Schmiermittelvolumenstromes $\dot{Q}$ erforderliche dimensionslose Kenngröße q_0 ist abhängig von der Schmierkeilkenngröße m', die das Verhältnis der Differenz der größten und der kleinsten Schmierspalthöhe und der kleinsten Schmierspalthöhe darstellt. Der Verlauf von q_0 in Abhängigkeit von m' ist in Bild 6.10 angegeben.
Bei Werten für die Schmierkeilkenngröße m' im Bereich $1{,}1 \leqq m' \leqq 1{,}4$, die einen annähernden Maximalwert der Tragfähigkeit garantieren, hat die dimensionslose Kenngröße q_0 für den Schmiermittelvolumenstrom den Wert $q_0 \approx 0{,}7$.
Der Schmiermittelvolumenstrom für ein Lagersegment kann somit nach folgender Gleichung ermittelt werden:

$$\dot{Q} = q_0 B U h_0. \tag{10.39}$$

Berücksichtigt man, daß z Lagersegmente die gesamte Lagerfläche bilden, dann gilt für den gesamten Schmiermittelvolumenstrom die Beziehung

$$\dot{Q}_{\text{ges}} = q_0 z B U h_0. \tag{10.40}$$

Durch diesen Schmiermittelvolumenstrom $\dot{Q}_{\text{ges}}$ muß auch die Verlustleistung P_V nach Gl. (10.34) abgeführt werden können, ohne daß sich eine zu große Temperaturerhöhung im Schmiermittel ergibt. Nach dem Energieerhaltungssatz (Verlustleistung = abzuführender Wärmestrom) kann die Erwärmung des Schmiermittels berechnet werden. Vernachlässigt man den durch Wärmeübergang an der Lageroberfläche abgeführten kleinen Wärmstrom, so bekommt man für die Erwärmung des Schmiermittels den Wert

$$\Delta\vartheta = \frac{P_\text{V}}{c\varrho \dot{Q}_{\text{ges}}} = \frac{k_2}{q_0}\sqrt{\frac{\eta ULF}{zh_0^2 c^2 \varrho^2 B^2}} \tag{10.41}$$

und mit h_0^2 nach Gl. (10.33)

$$\Delta\vartheta = \frac{k_2}{q_0\sqrt{k_1}} \cdot \frac{F}{zc\varrho B^2}. \tag{10.42}$$

Wegen der Abnahme der Schmiermittelviskosität η mit zunehmender Schmiermitteltemperatur ϑ sollte als obere Grenze für die Temperaturerhöhung ein Wert $\Delta\vartheta = 20\,°\text{C}$ nicht überschritten werden. Wird in einem Anwendungsfall die Temperaturerhöhung größer, dann muß ein größerer Schmiermittelvolumenstrom, als nach Gl. (10.40) berechnet, vorgesehen werden.

10.2.2 Berechnungsbeispiele

Beispiel 1

Für das in Bild 10.37 dargestellte Axiallager mit einzelnen kippbeweglichen Lagersegmenten und konstanter Belastung sollen die bei der Dimensionierung benutzten wichtigen Größen ermittelt werden.

Gegeben:

Axiale Lagerkraft: $\quad F = 32\,000\,\text{N}$
Außendurchmesser der Spurplatte: $D_\text{a} = 330\,\text{mm}$

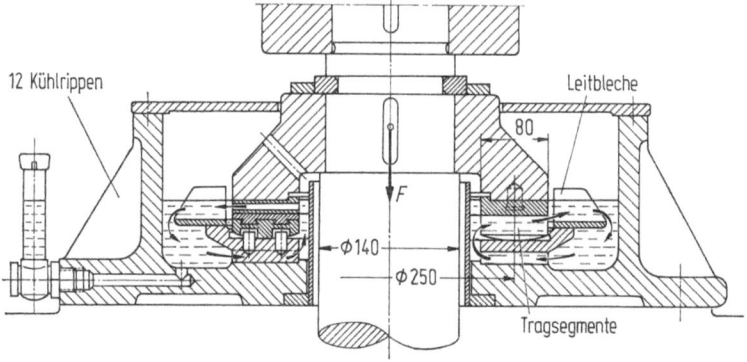

Bild 10.37 Hydrodynamisch arbeitendes Axiallager mit einzelnen kippbeweglichen Lagersegmenten (Michell-Lager) [10.11]

Innendurchmesser der Spurplatte: $D_i = 170$ mm
Rotordrehzahl: $n = 200$ 1/min
Schmiermittelviskosität: $\eta = 34$ m Pas $= 34 \cdot 10^{-3}$ Ns/m²
Spez. Wärme des Schmiermittels: $c = 1630$ J/(kg K)
Dichte des Schmiermittels: $\varrho = 860$ kg/m³

Gewählt:
Völligkeitsgrad: $\varphi \approx 0{,}8$
Breiten-/Längen-Verhältnis
eines Lagersegmentes: $B/L > 1$ $(1{,}2 < B/L < 1{,}4)$
Anzahl der Lagersegmente: $z = 10$
Schmierspalthöhenverhältnis: $h_1/h_0 = 2$, d. h. $m = \dfrac{h_0}{h_1 - h_0} = 1$

Berechnet:
Mittlerer Lagerdurchmesser: $D = 250$ mm
Lagersegmentbreite in radialer
Richtung: $B = 80$ mm

Lagersegmentlänge in Umfangsrichtung:

$$L = \frac{\varphi \pi D}{z} = \frac{0{,}8\pi \cdot 250}{10}\,\text{mm} = 62{,}8\,\text{mm} \approx 63\,\text{mm}$$

Umfangsgeschwindigkeit:

$$U = \frac{1}{2} D\omega = \frac{1}{2} D \frac{\pi n}{30} = \frac{1}{2}\, 0{,}25\, \frac{\pi \cdot 200}{30}\,\text{m/s} = 2{,}62\,\text{m/s}$$

Mittlere Flächenpressung:

$$\bar{p} = \frac{F}{zLB} = \frac{32\,000}{10 \cdot 6{,}3 \cdot 8{,}0}\,\text{N/cm}^2 = 63{,}5\,\text{N/cm}^2$$

Dimensionslose mittlere Flächenpressung:

$$\frac{\bar{p} h_0^2}{\eta U B} = k_1$$

$k_1 = k_1\,(B/L;\, h_0/(h_1 - h_0)) = 0{,}082$ nach Bild 6.17 für $m = 1$ und $B/L = 1{,}27$

Kleinste Schmierspalthöhe:

$$h_0 = \sqrt{\frac{k_1 z L B^2 U \eta}{F}}$$

$$h_0 = \sqrt{\frac{0{,}082 \cdot 10 \cdot 63 \cdot 10^{-3} \cdot 80^2 \cdot 10^{-6} \cdot 2{,}62 \cdot 34 \cdot 10^{-3}}{32\,000}}\,\text{m}$$

$h_0 = 30{,}34 \cdot 10^{-6}$ m ≈ 30 μm

Größte Schmierspalthöhe:

$$h_1 = \frac{h_0(1 + m)}{m} = \frac{30(1 + 1)}{1}\,\mu\text{m} = 60\,\mu\text{m}$$

10.2 Hydrodynamische Axiallager

Reibungskoeffizient:

$$\mu \sqrt{\frac{\overline{p}B}{\eta U}} = k_2$$

$k_2 = k_2(B/L;\ h_0/(h_1 - h_0)) = 3{,}15$ nach Bild 6.17 für $m = 1$ und $B/L = 1{,}27$

$$\mu = k_2 \sqrt{\frac{\eta U}{\overline{p}B}} = 3{,}15 \sqrt{\frac{34 \cdot 10^{-3} \cdot 2{,}62}{63{,}5 \cdot 10^4 \cdot 80 \cdot 10^{-3}}}$$

$\mu = 4{,}17 \cdot 10^{-3}$

Reibleistung:

$$P_V = k_2 \sqrt{\eta U^3 \varphi \pi D F}$$

$P_V = 3{,}15 \sqrt{34 \cdot 10^{-3} \cdot 2{,}62^3 \cdot 0{,}8 \cdot \pi \cdot 0{,}250 \cdot 32\,000}$ W

$P_V = 349{,}27$ W $\approx 0{,}349$ kW

Schmiermittelbedarf:

$$\dot{Q} = q_0 z B U h_0$$

mit $q_0 = q_0(1/m)$ nach Bild 6.10

$q_0 \approx 0{,}7$ für $m' = 1/m = 1$

$\dot{Q} = 0{,}7 \cdot 10 \cdot 80 \cdot 10^{-3} \cdot 2{,}62 \cdot 30 \cdot 10^{-6}$ m³/s

$\dot{Q} = 44{,}02 \cdot 10^{-6}$ m³/s

$\dot{Q} = 2641$ cm³/min $\approx 2{,}64$ dm³/min

Schmiermittelerwärmung:

$$\Delta\vartheta = \frac{k_2}{q_0 \sqrt{k_1}} \cdot \frac{F}{z c_\varrho B^2}$$

$$\Delta\vartheta = \frac{3{,}15}{0{,}7 \sqrt{0{,}082}} \cdot \frac{32\,000}{10 \cdot 1630 \cdot 860 \cdot 80^2 \cdot 10^{-6}}\ \text{K}$$

$\Delta\vartheta = 5{,}60$ K $= 5{,}60$ °C

Diskussion der Ergebnisse:
Die mittlere Flächenpressung $\overline{p}$ ist klein und kann ohne Bedenken zugelassen werden. Der Schmiermittelvolumenstrom von 2,64 dm³/min ist ausreichend, da die sich einstellende Temperaturerhöhung im Schmiermittel von ca. 6 °C bei Vernachlässigung des an der Oberfläche des Lagers durch Wärmeübergang (freie Konvektion) abströmenden Wärmestromes durchaus zu vertreten ist. Durch die am Lagergehäuse zusätzlich angebrachten Stütz- und Kühlrippen wird die Schmiermittelerwärmung sogar noch etwas kleiner sein. Eine Iterationsrechnung hinsichtlich der Temperaturveränderlichkeit der Zähigkeit ist wegen des kleinen Wertes für die Schmiermittelerwärmung nicht erforderlich.

Beispiel 2

Für ein Axiallager, das zur Aufnahme des Axialschubes der Propellerwelle eines Schiffes als Michell-Lager mit einzelnen kippbeweglichen Lagersegmenten konstruiert werden soll, sind die wichtigsten Kenngrößen zu ermitteln.

Gegeben:

Axiale Lagerkraft:	$F = 133\,000$ N
Außendurchmesser der Spurplatte:	$D_a = 378$ mm
Innendurchmesser der Spurplatte:	$D_i = 252$ mm
Wellendrehzahl:	$n = 430$ 1/min
Schmiermittelviskosität:	$\eta = 33$ m Pas $= 33 \cdot 10^{-3}$ Ns/m²
	(SAE 30-Öl bei $\vartheta = 60\,°C$)
spez. Wärme des Schmiermittels:	$c = 1630$ J/(kg K)
Dichte des Schmiermittels:	$\varrho = 860$ kg/m³

Gewählt:

Völligkeitsgrad:	$\varphi \approx 0{,}85$
Breiten-/Längen-Verhältnis eines Lagersegmentes:	$B/L \approx 1$
Anzahl der Lagersegmente:	$z = 13$
Schmierspalthöhenverhältnis:	$h_1/h_0 = 2$, d. h. $m = \dfrac{h_0}{h_1 - h_0} = 1$

Berechnet:

Mittlerer Lagerdurchmesser:	$D = 315$ mm
Lagersegmentbreite in radialer Richtung:	$B = 63$ mm

Lagersegmentlänge in Umfangsrichtung:

$$L = \frac{\varphi \pi D}{z} = \frac{0{,}85 \pi \cdot 315}{13} \text{ mm} = 64{,}7 \text{ mm}$$

$L = 64$ mm ($\varphi = 0{,}84$)

Umfangsgeschwindigkeit:

$$U = \frac{1}{2} D\omega = \frac{1}{2} D \frac{\pi n}{30} = \frac{1}{2} \cdot 0{,}315 \cdot \frac{\pi \cdot 430}{30} \text{ m/s}$$

$U = 7{,}09$ m/s

Mittlere Flächenpressung:

$$\bar{p} = \frac{F}{zLB} = \frac{133\,000}{13 \cdot 6{,}4 \cdot 6{,}3} \text{ N/cm}^2 = 253{,}7 \text{ N/cm}^2$$

Dimensionslose mittlere Flächenpressung:

$$\frac{\bar{p} h_0^2}{\eta U B} = k_1$$

$k_1 = k_1(B/L;\ h_0/(h_1 - h_0)) = 0{,}068$ nach Bild 6.17 für $m = 1$ und $B/L = 0{,}98$

10.2 Hydrodynamische Axiallager

Kleinste Schmierspalthöhe:

$$h_0 = \sqrt{\frac{k_1 z L B^2 U \eta}{F}}$$

$$h_0 = \sqrt{\frac{0{,}068 \cdot 13 \cdot 64 \cdot 10^{-3} \cdot 63^2 \cdot 10^{-6} \cdot 7{,}09 \cdot 33 \cdot 10^{-3}}{133\,000}} \text{ m}$$

$$h_0 = 19{,}9 \cdot 10^{-6} \text{ m} \approx 20 \text{ μm}$$

Größte Schmierspalthöhe:

$$h_1 = \frac{h_0(1+m)}{m} = \frac{20(1+1)}{1} \text{ μm} = 40 \text{ μm}$$

Reibungskoeffizient:

$$\mu \sqrt{\frac{\overline{p}B}{\eta U}} = k_2$$

$k_2 = k_2(B/L;\ h_0/(h_1 - h_0)) = 2{,}95$ nach Bild 6.17 für $m = 1$ und $B/L = 0{,}98$

$$\mu = k_2 \sqrt{\frac{\eta U}{\overline{p}B}} = 2{,}95 \sqrt{\frac{33 \cdot 10^{-3} \cdot 7{,}09}{253{,}7 \cdot 10^4 \cdot 63 \cdot 10^{-3}}}$$

$$\mu = 3{,}57 \cdot 10^{-3}$$

Reibleistung:

$$P_V = k_2 \sqrt{\eta U^3 \varphi \pi D F}$$

$$P_V = 2{,}95 \cdot \sqrt{33 \cdot 10^{-3} \cdot 7{,}09^3 \cdot 0{,}84 \cdot \pi \cdot 315 \cdot 10^{-3} \cdot 133\,000} \text{ W}$$

$$P_V = 3364 \text{ W} \approx 3{,}37 \text{ kW}$$

Schmiermittelbedarf:

$$\dot{Q} = q_0 z B U h_0$$

mit $q_0 = q_0(1/m)$ nach Bild 6.10

$q_0 \approx 0{,}7$ für $m' = 1/m = 1$

$$\dot{Q} = 0{,}7 \cdot 13 \cdot 63 \cdot 10^{-3} \cdot 7{,}09 \cdot 20 \cdot 10^{-6} \text{ m}^3/\text{s}$$

$$\dot{Q} = 81{,}3 \cdot 10^{-6} \text{ m}^3/\text{s}$$

$$\dot{Q} = 4878 \text{ cm}^3/\text{min} \approx 4{,}88 \text{ dm}^3/\text{min}$$

Schmiermittelerwärmung:

$$\Delta\vartheta = \frac{k_2}{q_0 \sqrt{k_1}} \cdot \frac{F}{zc\varrho B^2}$$

$$\Delta\vartheta = \frac{2{,}95}{0{,}7 \sqrt{0{,}068}} \cdot \frac{133\,000}{13 \cdot 1630 \cdot 860 \cdot 63^2 \cdot 10^{-6}} \text{ K}$$

$$\Delta\vartheta = 29{,}72 \text{ K} = 29{,}72\,°\text{C}$$

24 Lang/Steinhilper, Gleitlager

Diskussion der Ergebnisse:

Die mittlere Flächenpressung kann ohne Einschränkungen zugelassen werden. Die Schmiermittelerwärmung ist zu hoch und sollte mindestens auf 15 °C herunter gedrückt werden. Dies ist dadurch zu erreichen, daß der Schmiermittelvolumenstrom annähernd verdoppelt wird. Er müßte also mindestens $\dot{Q} \approx 10$ dm³/min sein. Bei diesem Einsatzfall empfiehlt sich wegen der größeren Temperaturerhöhung eine Iterationsrechnung mit einem kleineren Wert für die mittlere Schmiermittelviskosität zwischen der Schmiermittelein- und Schmiermittelaustrittstemperatur (z. B. $\eta = 29$ m Pas bei $\vartheta \approx 65°C$).

10.2.3 Konstruktive Hinweise

Es wurde gezeigt, daß bei den hydrodynamisch arbeitenden Axialgleitlagern keilförmige Lagerflächen für einen einwandfreien Betrieb genauso wichtig sind wie bei den hydrodynamisch arbeitenden Radialgleitlagern, und daß sie nur durch besondere konstruktive Vorkehrungen zu verwirklichen sind [10.11 und 10.23—10.27].

Es gibt Konstruktionen mit

1. exakt eingearbeiteten Keilflächen in der feststehenden Spurplatte (Bild 10.38);
2. mehreren unabhängig voneinander kippbeweglichen Lagersegmenten (Bild 10.39);
3. elastisch und plastisch verformbaren Gleitflächen in der feststehenden Spurplatte (Bild 10.40).

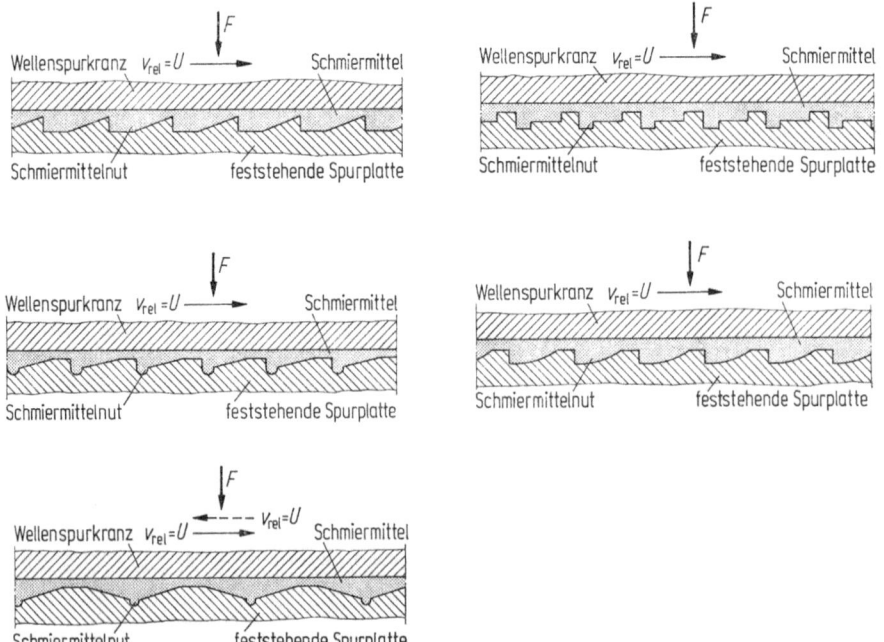

Bild 10.38 Ausführungsformen fest eingearbeiteter Keilflächen

10.2 Hydrodynamische Axiallager

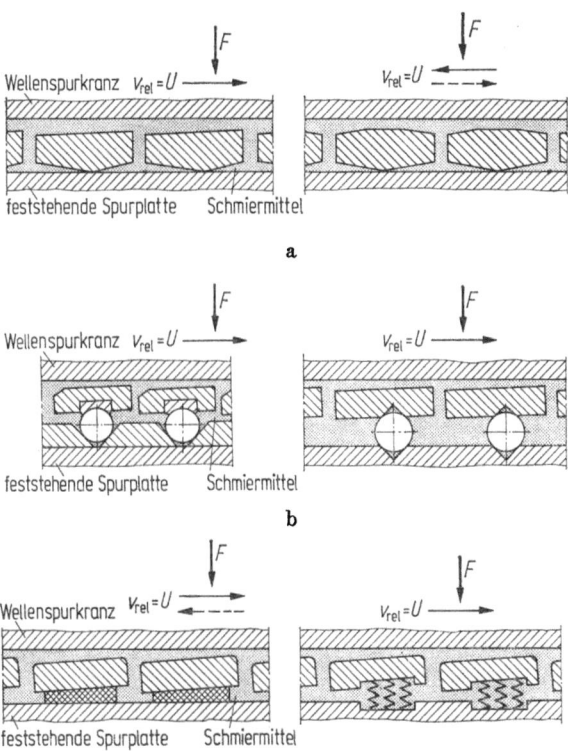

Bild 10.39 Ausführungsformen kippbeweglicher Lagersegmente
a) Abstützung auf Kipplagerfläche; b) Abstützung durch Wälzkörper; c) Abstützung durch elastische Unterlage

10.2.3.1 Eingearbeitete Keilflächen

Die Keilflächen werden in den weicheren der gepaarten Teile eingearbeitet. In der überwiegenden Anzahl der Fälle ist dies die feststehende Spurplatte. Da diese Keilflächen fest eingearbeitet und damit starr sind, können sie nur für einen Betriebszustand, d. h. eine Belastung und eine Relativgeschwindigkeit richtig dimensioniert sein. Der Keilwinkel und die Länge der Keilfläche in Umfangsrichtung dürfen auf keinen Fall zu groß sein, weil sonst die größte Schmierspalthöhe zu groß wird. Das Schmiermittel könnte dann im Bereich der größeren Schmierspalthöhen zu leicht radial nach außen abströmen. Dies hätte eine Abnahme der Tragfähigkeit zur Folge. Das Längen-Breiten-Verhältnis eines Lagersegmentes soll daher den Wert $L/B < 1$ haben. Die Breite in radialer Richtung soll also größer sein als die Länge in Umfangsrichtung. Die Keiltiefe (Differenz zwischen der größten und der kleinsten Schmierspalthöhe) liegt je nach Lagergröße und Belastungsverhältnissen bei 5 bis 100 μm. Die Keilflächen können durch Pressen, Fräsen und Schaben oder im Feinkopierverfahren auf einer Drehbank hergestellt werden.

Es gibt Lagersegmente für eine oder für beide Drehrichtungen. Da auch bei Axiallagern im Stillstand das Gewicht des Rotors aufzunehmen ist, sollte bei allen Lagersegmenten eine Rastfläche, die parallel zur Oberfläche des Wellen-

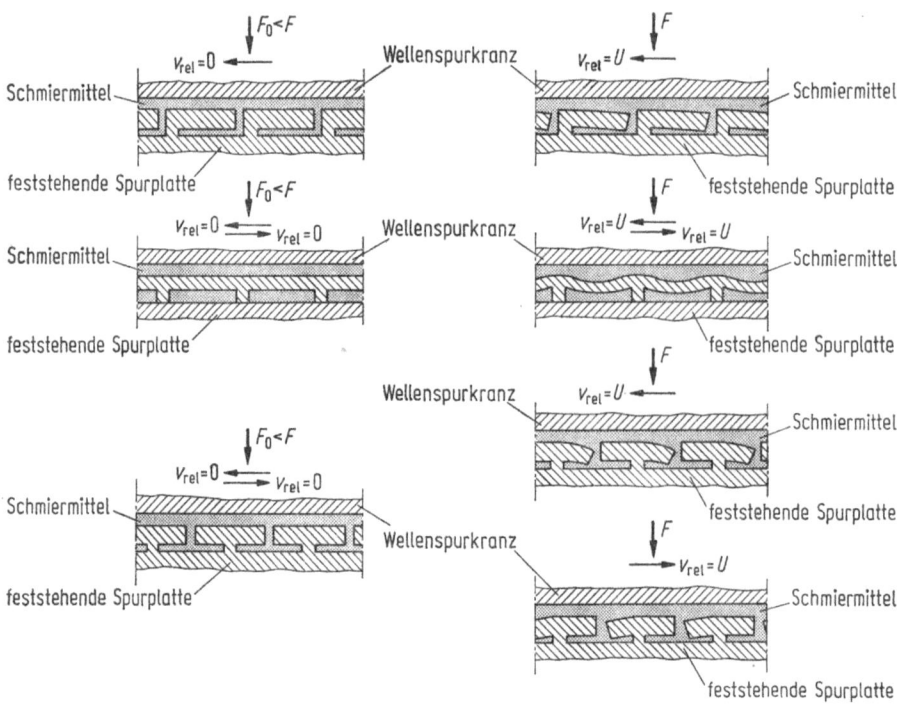

Bild 10.40 Elastisch und plastisch verformbare Gleitflächen in der feststehenden Spurplatte im unbelasteten und belasteten Zustand

spurkranzes verläuft (paralleler Schmierspalt), vorgesehen werden. In Bild 10.41 sind zwei unterschiedlich geformte Lagersegmente mit einer Rastfläche dargestellt. Das Segment mit der einseitigen Keilfläche ist für eine vorgegebene Drehrichtung und das Segment mit beidseitig der Rastfläche eingearbeiteten Keil-

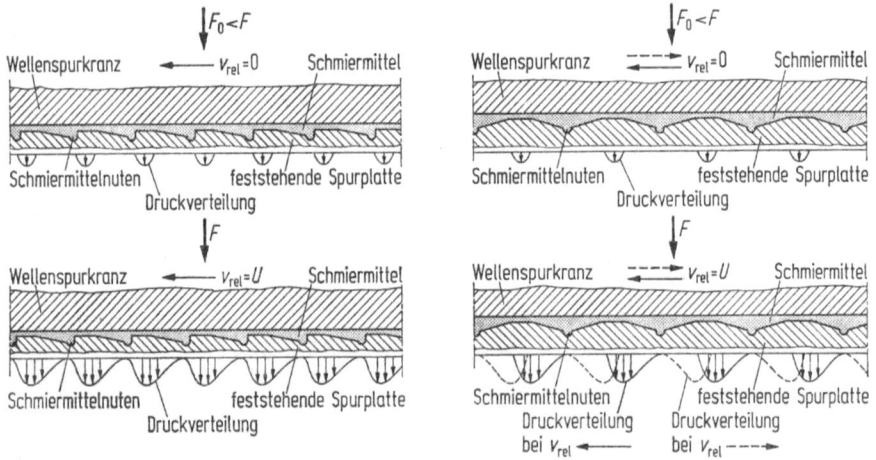

Bild 10.41 Lagersegmente mit konstantem Keilwinkel und einer Rastfläche bei konstanter und wechselnder Richtung der Relativgeschwindigkeit

10.2 Hydrodynamische Axiallager

flächen ist für wechselnde Drehrichtungen bestimmt. Zur Veranschaulichung der Belastungsverhältnisse sind in Bild 10.41 zusätzlich bei Stillstand der Verlauf der Flächenpressung im Bereich der Rastfläche und bei einer Relativgeschwindigkeit U zwischen der Welle und der Spurplatte der Verlauf des hydrodynamischen Schmiermitteldruckes über der Keil- und der Rastfläche eingezeichnet. Bei dem Lagersegment für wechselnde Drehrichtungen sind die Druckverteilungen für die beiden Richtungen der Relativgeschwindigkeit symmetrisch zur Symmetrieachse des Segmentes (Mitte der Rastfläche). Es ist anzumerken, daß nur die in Richtung der Relativgeschwindigkeit konvergierende Keilfläche einen hydrodynamischen Schmiermitteldruck aufbaut. Die divergierende Keilfläche trägt also nicht. Die Symmetrie der beiden Keilflächen eines Lagersegmentes ist natürlich nur dann konstruktiv richtig, wenn die Belastungsverhältnisse (Belastung und Größe der Relativgeschwindigkeit) in beiden Richtungen für die Relativgeschwindigkeit gleich sind. Bei Lagersegmenten für eine Drehrichtung sollte die Kante der Rastfläche, die der Schmiermittelzufuhrnut für die nächste Keilfläche zugewendet ist, sehr gut abgerundet sein, damit bei kurzzeitigem Lauf in der Gegendrehrichtung sich an dieser Stelle ein kleiner Schmiermittelkeil und damit ein kleiner Druckberg hydrodynamisch ausbilden kann.

Die Gestaltung der Keilflächen ist konstruktiv und fertigungstechnisch mit sehr viel Sorgfalt vorzunehmen. Man sollte auf alle Fälle darauf achten, ob die Reibleistung groß ist und zu deren Abfuhr auch ein großer Schmiermittelvolumenstrom zur Verfügung steht oder ob nur wenig Schmiermittel vorhanden ist und dies zum Aufbau des Schmiermitteldruckes ohne radiale Abströmungsverluste benötigt wird. Gersdorfer [10.24] hat einige Lösungsvorschläge für Gleitflächen von Axiallagern mit fest eingearbeiteten Keilflächen angegeben, die in Bild 10.42 zusammengestellt sind. Für einen großen Schmiermittelvolumenstrom sind die Lösungen a) und b) geeignet und bei kleinen Schmiermittelvolumenströmen sind die Lösungen c), d) und e) zu empfehlen, weil durch sie das Schmiermittel an drei Seiten durch Rastflächen, die einen größeren Strömungswiderstand bewirken, „eingeschlossen" wird. Zum Lösungsvorschlag f) ist zu sagen, daß er sich bei sehr hochtourigen Maschinen (hohe Relativgeschwindigkeit zwischen Wellenspurkranz und feststehender Spurplatte) empfiehlt, weil dem radial nach außen — wegen des

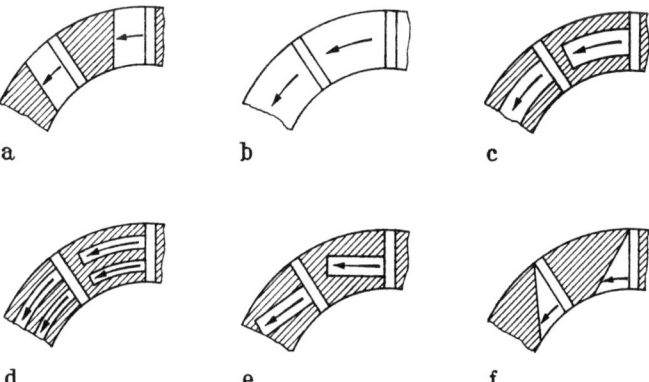

Bild 10.42 Unterschiedliche Ausführungsformen von fest eingearbeiteten Keilflächen nach [10.24].

←: ansteigende Keilfläche; schraffiert: parallele Fläche

Fliehkrafteinflusses sogar verstärkt — abströmenden Schmiermittel durch die radialen Rastflächen ein großer Strömungswiderstand entgegengestellt wird.

An Stelle einer ebenen Keilfläche können die Lagersegmente nach Tabelle 6.2 auch andere Schmierspaltgeometrien aufweisen, sofern dies die Funktion eines „Stauens" des Schmiermittelstromes gewährleisten. Der Unterschied in der maximalen Tragfähigkeit ist bei den verschiedenen Schmierspaltgeometrien nicht sehr groß und kann in erster Näherung sogar vernachlässigt werden.

10.2.3.2 Anlaufbunde (Bundlager) und Lagerringe

Bei kleinen Axialkräften werden die Axiallager meistens in Kombination mit einem der Radiallager konstruiert und zwar in der Weise, daß die radiale Lagerschale bei konstanter Lastrichtung auf einer Seite oder bei wechselnder Lastrichtung auf beiden Seiten in einen Anlaufbund radial ausläuft. An ihnen stützt sich die Welle mit einem Bund oder einer drehfest angebrachten Scheibe ab. Die Schmierung dieser axialen Lagerstellen kann durch das in axialer Richtung beim Radiallager abströmende Schmiermittel erfolgen, sie kann aber auch durch eine eigene Schmiermittelzufuhr vorgenommen werden. Bei kleinen Reibleistungen kann die zuerst genannte Schmierung ohne große Bedenken vorgesehen werden, bei größeren Reibleistungen ist wegen der bereits in der radialen Lagerstelle auftretenden Schmiermittelerwärmung und wegen eventuell auch schon mitgeführter Abriebteilchen auf alle Fälle frisches und kühles Schmiermittel zu verwenden. Bei der Schmierung über das Radiallager besteht bei den beidseitig angebrachten Axiallagerstellen auch die Gefahr, daß das Schmiermittel auf der entlasteten Stirnseite, d. h. an dem Anlaufbund, an dem zwischen dem Wellenbund und der axialen Lagerstelle der größere Schmierspalt vorliegt, in zu großer Menge ausströmt und dadurch auf der belasteten Stirnseite zum Aufbau eines wirksamen hydrodynamischen Druckes fehlt. Zur gleichmäßigen Schmiermittelversorgung der axialen Lagerstellen sind gemäß Bild 10.43 an den Bunden zahlreiche Nuten in radialer Richtung eingearbeitet. Die Nuten gehen in radialer Richtung nicht ganz nach außen und haben einen Querschnitt, der sich nach außen in der Tiefe und in der Umfangsrichtung etwa linear verkleinert. Die Teilung für diese Radialrillen kann in erster Näherung gleich der Breite des Anlaufbundes in radialer Richtung gesetzt werden. Eine zu große Teilung, d. h. zu wenig Nuten auf dem gesamten Umfang können eine ungleichmäßige Schmiermittelbenetzung der Lagerfläche ergeben und dadurch die axiale Tragfähigkeit herabsetzen.

Bei gut geschmierten Bundlagern, die mit einer ausreichenden Anzahl sowie auch mit günstig, d. h. in Umfangsrichtung leicht konisch geformten Schmiermittelnuten versehen sind, können Schmiermitteldrücke im Bereich 200 bis 500 N/cm²

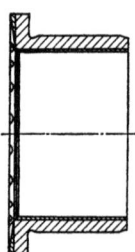
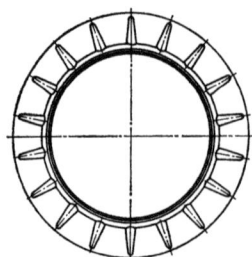

Bild 10.43 Bundlager mit radialen Schmiermittelrillen in der axialen Lagerfläche des Anlaufbundes

10.2 Hydrodynamische Axiallager

verwirklicht werden. Die größeren Werte beziehen sich auf radiale Schmiermittelnuten mit längeren Keilflächen in Umfangsrichtung.

Neben diesen Bundlagern, die von ihrer Herstellung her sehr teuer sind, werden neuerdings sehr oft auch einzelne Lagerringe und Halblagerringe verwendet. Sie werden im feststehenden Lagerkörper (Gehäuse) verdrehgesichert eingebaut und weisen auf der der Welle zugekehrten Stirn- oder Axialfläche die eigentliche Gleit- oder Lagerfläche auf, gegen die der Wellenbund anläuft. Bei kleinen Axialkräften genügen Schmiermittelnuten in radialer Richtung und bei größeren Axialkräften sind diese Radialnuten in Umfangsrichtung noch als Keiltaschen zu erweitern. Bei einer Richtung der Relativgeschwindigkeit reicht die keilförmige Ausbildung der Schmiermittelnut in dieser Umfangsrichtung und bei einer wechselnden Richtung der Relativgeschwindigkeit sind Keilflächen in beiden Umfangsrichtungen vorzusehen. Die Tiefe und die Breite der Nuten sowie der Keiltaschen nehmen nach außen linear ab. Die Nutlänge in radialer Richtung soll nur ungefähr 80 bis 90% der radialen Breite des Lagerringes betragen. Neben diesen Lagerringen mit fest eingearbeiteten Nuten und Keiltaschen gibt es auch Konstruktionen bei denen der Lagerring auf der Lagergegenfläche an mehreren Stellen so hinterstochen ist, daß sich die Lauf- oder Lagerfläche an diesen Stellen in axialer Richtung elastisch und plastisch so verformt, daß die zum Aufbau der hydrodynamischen Drücke erforderlichen konvergierenden Schmierspalte selbsttätig geschaffen werden.

Bild 10.44 zeigt die drei wichtigsten Konstruktionsalternativen für Lagerringe. Ausführung a) besitzt radiale Schmiermittelzufuhrnuten, Ausführung b) hat radiale Schmiermittelzufuhrnuten mit anschließender keilförmiger Erweiterung in Umfangsrichtung und Ausführung c) hat die biegeelastische Lagerung einzelner Kreisringsektoren, die bei Belastung infolge der Durchbiegung keilförmige Schmiermitteltaschen in Umfangsrichtung selbsttätig bewirkt.

Bei Axiallagern, bei denen die Erwärmung des Schmiermittels und damit zusammenhängend die Wärmeausdehnung des Lagers so klein als möglich sein soll, sollte für jede einzelne Teillagerfläche frisches und kühles Schmiermittel vorgesehen werden. Dies kann nach Bild 10.45 in der Weise sichergestellt werden, daß am Ende der einzelnen Lagerflächen in Richtung der Relativgeschwindigkeit gesehen eine radial von außen nach innen verlaufende Schmiermittelablaufnut

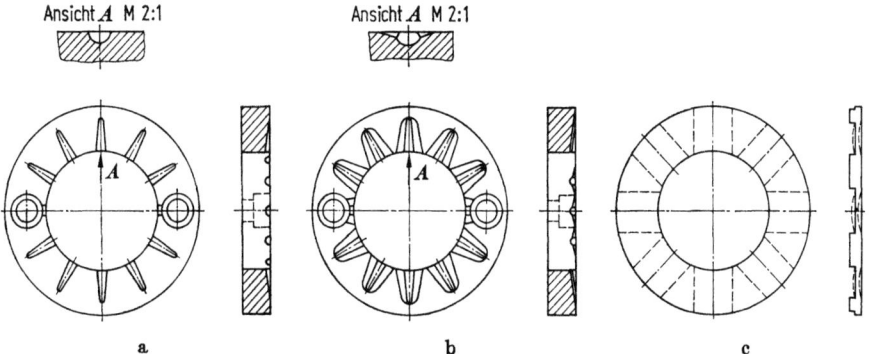

Bild 10.44 Lagerringkonstruktionen
a) radiale Schmiermittelzufuhrnuten; b) radiale Schmiermittelzufuhrnuten mit beidseitiger keilförmiger Erweiterung; c) biegeelastische Abstützung einzelner Sektoren

eingearbeitet wird. Diese Nuten sollen sich radial nach innen verjüngen und nicht ganz bis zur inneren Peripherie verlaufen. Die innen noch verbleibende Rastfläche soll eine Breite haben, die ungefähr 10 bis 20% der gesamten radialen Breite des Anlaufbundes oder der feststehenden Spurplatte beträgt.

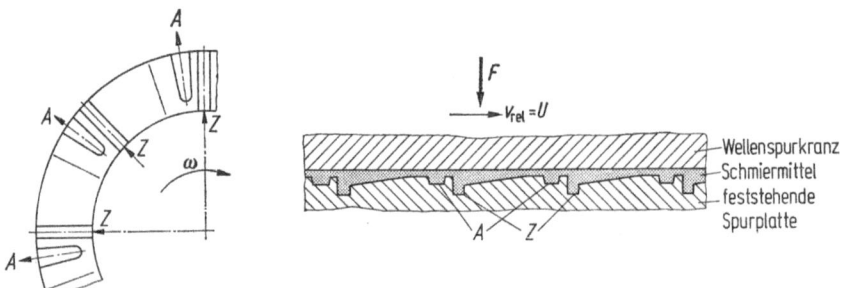

Bild 10.45 Axiallager mit mehreren keilförmigen Lagerflächen und separaten Zufuhr- und Ablaufnuten für das Schmiermittel.
A = Schmiermittelabfuhrnuten, Z = Schmiermittelzufuhrnuten

10.2.3.3 Kippbewegliche Lagersegmente

Unabhängig voneinander kippbewegliche Lagersegmente sind schon seit dem Beginn dieses Jahrhunderts für axiale Lager bekannt. Kingsbury in Amerika und Michell in Australien haben unabhängig voneinander Versuche mit Axialgleitlagern durchgeführt. Michell [10.12 und 10.13] hat sogar eine exakte mathematische (analytische) Lösung der Reynoldsschen Druckverteilungsgleichung (6.80) bei konstanter Belastung für einen ebenen endlich breiten Gleitschuh angegeben, die Blasius [10.28] in eine für den Konstrukteur leicht zugängliche Form gebracht hat. Vogelpohl [10.11] zeigte, daß dies einer der wenigen Fälle in der Gleitlagertechnik ist, bei dem eine exakte mathematische Klärung der technischen Realisierung eines Problems vorausging. Axialgleitlager mit kippbeweglichen Lagersegmenten werden sehr oft auch Michell-Lager oder Keilschuhlager genannt.

Durch ihre kippbewegliche Abstützung auf der feststehenden Lagerspurplatte (Bild 10.39) stellen sich die Gleit- oder Lagerflächen der Lagersegmente für jede Belastung und jede Relativgeschwindigkeit von selbst im richtigen Keilwinkel gegen den Wellenspurkranz an. Die konstruktive und fertigungstechnische Gestaltung der einzelnen Lagersegmente ist sehr genau vorzunehmen, weil die Lage der Kippachse oder der Kipplagerfläche die richtige Einstellung des Keilwinkels stark beeinflußt. Zwischen der Abstützkraft eines Lagersegmentes (Reaktionskraft von der feststehenden Spurplatte auf das kippbewegliche Lagersegment), dem Integral des Schmiermitteldruckes über der Lagerfläche und der Reibkraft, die vom Schmiermittel auf den Gleitschuh wirkt, muß für alle Belastungsfälle Gleichgewicht herrschen (Bild 6.13). Die Kippachse oder Kipplagerfläche liegt daher immer näher zur engsten Schmierspaltstelle. Bei der konstruktiven Formgestaltung der Kipplagerfläche sollte man darauf achten, daß der Krümmungsradius klein gehalten wird. Er liegt je nach Lagergröße im Bereich von 2 bis 8 mm. Eine Vergrößerung desselben zur Verkleinerung der Hertzschen Pressung an den Kontaktflächen ist zu vermeiden, weil sonst eine Neigung der Lagersegmente in der falschen Richtung möglich sein kann. Die Werkstoffhärte

10.2 Hydrodynamische Axiallager

der Kippsegmente im Bereich der Kipplagerfläche und die der feststehenden Spurplatte sollte möglichst gleich groß sein.

Neben dieser Kippachsen- oder Kippflächenlagerung, die man in erster Näherung auch als eine Schneidengleitlagerung auffassen kann, gibt es nach Bild 10.39 auch die sogenannte Wälzkörperabstützung und die elastische Abstützung der Lagersegmente auf der Spurplatte. Die Wälzkörperabstützung ist von der Funktion und der Wirtschaftlichkeit her gesehen eine gute und sehr häufig anzutreffende Lösung, weil geometrisch einfache Wälzkörperformen wie Zylinder (Rollen und Nadeln) oder Kugeln zur Lagerung der Lagersegmente auf der feststehenden Spurplatte verwendet werden können. Die elastische Abstützung durch metallische Federn ist sehr teuer und daher nur selten und auch nur bei ganz großen Lagern anzutreffen. Bei kleineren Lagern oder bei kleineren Lagerkräften werden neuerdings auch Kunststoffe und schmiermittelbeständige Elastomere für die elastische Abstützung der Lagersegmente verwendet.

Bei wechselnder Richtung der Relativgeschwindigkeit aber sonst gleichen Belastungsverhältnissen sind die kippbeweglichen Lagersegmente symmetrisch zur Kippachse auszubilden. Die Anlaufkanten in den beiden Umfangsrichtungen werden dabei immer so stark angeschrägt, daß die Keilfläche im divergierenden Schmierspalt keinen oder nur einen sehr kleinen hydrodynamischen Druck aufweist.

Zur Aufnahme größerer Kräfte im Stillstand oder beim An- oder Abfahren einer Maschine werden sehr oft seichte Mulden in die Rastflächen der einzelnen Lagersegmente eingearbeitet. Sie übernehmen die Funktionen von Schmiertaschen, in denen das Schmiermittel stehen bleibt, und fest eingearbeiteten, schwachgeneigten Keilflächen. Die Fertigung dieser sehr flachen Mulden ist natürlich sehr schwierig und kann fast nur durch manuelles Schaben einwandfrei sichergestellt werden.

10.2.3.4 Biegeelastische Lagerflächen

Biegeelastische Lagerflächen liegen, was ihre selbsttätige Anpassung an die Belastungsverhältnisse anbetrifft, zwischen den fest eingearbeiteten Keilflächen und den unabhängig voneinander kippbeweglichen Lagersegmenten. Diese laufende selbsttätige Anpassung wird um so besser, je kleiner der plastische Anteil der Durchbiegung der einzelnen Lagerflächen ist. Die Fertigung derartiger Lagerflächen bedingt Präzisionsarbeit und ist dementsprechend auch teuer. Zur Maßhaltigkeit der einzelnen Lagersegmente ist zu sagen, daß sie sehr stark die Durchbiegung beeinflußt. Die freie Abstützlänge geht z. B. in dritter Potenz

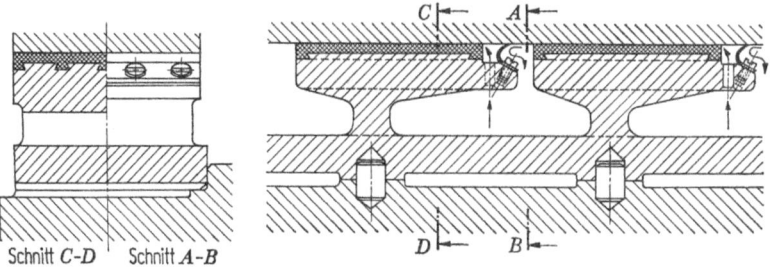

Bild 10.46 Biegeelastisch abgestützte Lagersegmente eines Segment-Axiallagers nach Charmilles [10.29]

direkt in die maximale Durchbiegung ein und die Dicke eines Lagerbereiches beeinflußt dessen Durchbiegung über die Biegesteifigkeit in der vierten Potenz, und zwar in indirektem Sinn. Wie aus Bild 10.40 ersichtlich ist, ist der Rastflächenanteil aller Lagersegmente an der gesamten Kreisringfläche groß. Dies bedeutet die Aufnahme einer relativ großen Lagerlast im Stillstand, bedingt aber auch eine große Verlustleistung im Betrieb.

Auf eine interessante aber auch teure Konstruktion mit einzeln biegeelastisch abgestützten Lagerflächen hat Leyer [10.29] hingewiesen. Ihr Hauptmerkmal ist in Bild 10.46 gezeigt. Neben der selbsttätigen Schrägstellung der Lagersegmente (konvergierender Schmierspalt) ist ein Schmiermittelaustausch zwischen den einzelnen Lagerflächen gewährleistet. Ein an der Anlaufkante der Segmente angebrachter Schaber streift das vom davor liegenden Lagersegment zuströmende und erwärmte Schmiermittel ab, bevor kühleres Schmiermittel zugeführt wird.

10.3 Hydrostatische Lager

Hydrostatische Lager werden besonders dann eingesetzt, wenn folgende Bedingungen zu erfüllen sind:

Hohe Belastbarkeit,
kein Verschleiß,
keine Anlaufreibung und sehr niedrige Reibung bei kleinen Relativgeschwindigkeiten,
hohe Laufgenauigkeit,
hohe Steifigkeit und Dämpfung.

Da bei hydrostatisch arbeitenden Lagern wegen des von außen unter Druck zugeführten Schmiermittels keine metallische Berührung der gepaarten Teile vorliegt, kann der Begriff Lebensdauer außer acht gelassen werden. Diese Lager haben nämlich eine sehr lange, fast eine „unendlich" lange Lebensdauer. Der erste praktische Anwendungsbereich dieser Lager war die Lagerung von Turbinen und hier insbesondere die Aufnahme des Axialschubes. Wegen des reibungsfreien Anlaufens, der kleinen Reibmomente und der kleinen Verlustleistungen bei niedrigen Relativgeschwindigkeiten werden hydrostatisch arbeitende Lager auch bei Meß- und Prüfgeräten eingebaut [10.27 und 10.30]. Im Werkzeugmaschinenbau, wo hohe Laufgenauigkeit, große Steifigkeit und starke Dämpfung bei der Lagerung der Arbeitsspindeln wegen der Maß- und Formgenauigkeit sowie wegen der Oberflächengüte der herzustellenden Werkstücke nicht zu umgehende Forderungen sind, werden hydrostatische Lager mit Erfolg eingesetzt. Es ist in diesem Zusammenhang noch positiv anzumerken, daß wegen der Verschleißlosigkeit die hohe Laufgenauigkeit während der gesamten Gebrauchsdauer gewährleistet ist [10.30 und 10.31].

Hydrostatische Lagerungen — besonders solche mit mehreren Lagersegmenten — haben vor allem im Schwermaschinenbau einen fast konkurrenzlosen Einsatzbereich, weil dort wegen der großen Lagerbelastungen und der niedrigen Relativgeschwindigkeiten zwischen den gepaarten Teilen kein genügend starker hydrodynamischer Druckaufbau möglich ist und weil wegen der großen geometrischen Abmessungen Wälzlager nicht mehr in Frage kommen [10.31—10.36].

10.3.1 Hydrostatische Axiallager

Sie werden als Einflächen- oder als Mehrflächenlager gebaut. Unter Fläche ist in diesem Zusammenhang die Oberfläche der Schmiermitteltaschen oder -nuten zu verstehen. Die Einflächenlager haben im Zentrum der Spurplattenoberfläche eine tellerförmige Schmiermittelnut eingearbeitet, in die das Schmiermittel durch eine Bohrung in der feststehenden Spurplatte unter Druck zugeführt wird. Diese Lager werden daher sehr oft auch Tellerlager (Bild 5.9 und 5.14) genannt. Sie haben den Vorteil einer einfachen Herstellung, haben jedoch bezüglich der Gesamtkonstruktion den Nachteil, daß sie nur an der Axialfläche des Wellenendes angebracht werden können. Das Schmiermittel fließt von der Schmiermittelnut radial nach außen ab. Bei zentrischer Belastung ist die Druckverteilung symmetrisch zur Wellenachse und ferner strömt durch jedes Umfangselement die gleiche Schmiermittelmenge. Bei exzentrischer Belastung ergibt sich eine zur Wellenachse unsymmetrische Druckverteilung. Der Schmiermittelvolumenstrom ist ferner von der Umfangskoordinate abhängig. Im Bereich der größeren Schmierspalthöhen ist der pro Winkeleinheit abströmende Schmiermittelvolumenstrom $\dot{q}(\varphi)$ größer als im Bereich der kleineren Schmierspalthöhen. Diese Verhältnisse sind in Bild 10.47 in einem Polardiagramm dargestellt.

Neben dem Tellerlager gibt es auch die Einflächen-Ringnut-Axiallager, bei denen die Welle in axialer Richtung durch das Lager hindurchgeführt werden kann (Bild 5.14). Die Ringnut kann nach innen offen, d. h. an der inneren Peripherie der kreisringförmigen Lagerfläche liegen, sie kann aber auch inmitten der Lagerfläche eingestochen sein, d. h. in radialer Richtung nach außen und nach

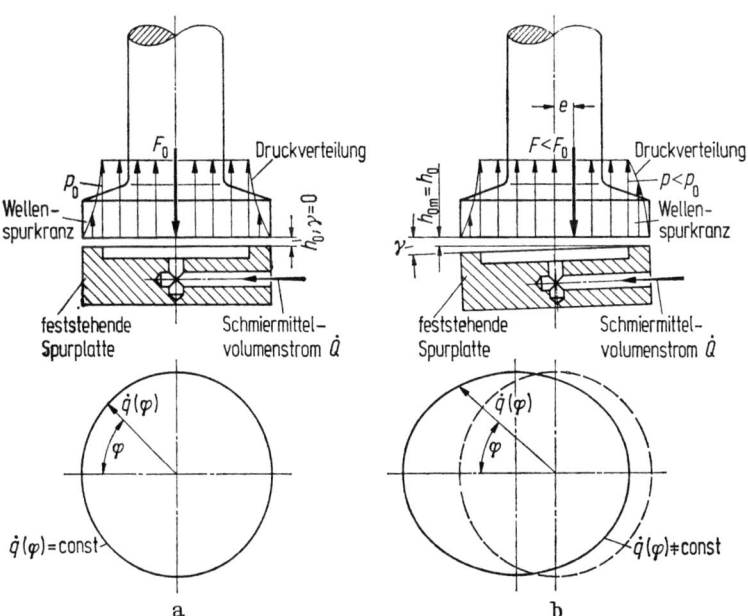

Bild 10.47 Verlauf des pro Winkeleinheit abströmenden Schmiermittelvolumenstroms $\dot{q}(\varphi)$ bei einem Axiallager (Tellerlager)
a) zentrische Lagerlast; b) exzentrische Lagerlast

innen durch die Lagerfläche begrenzt sein, wie es in Bild 5.15 für ein Mehrflächenaxiallager mit einer Ringnut gezeigt ist. Bei der nach innen offenen Ringnut strömt das Schmiermittel nur nach außen ab, und bei der eingestochenen und in radialer Richtung beidseitig begrenzten Ringnut strömt das Schmiermittel nach innen und nach außen ab.

Ein Nachteil aller Einflächen-Axiallager ist ihre große Kippempfindlichkeit bei exzentrischer Belastung und der instabile Gleichgewichtszustand. Bei einer außermittigen Belastung kommt es zu einer Schrägstellung des Wellenspurkranzes gegenüber der Spurplatte. Die Folge davon ist ein stärkeres Austreten des Schmiermittels im Bereich der größeren Schmierspalthöhen, weil hier der Strömungswiderstand kleiner ist als bei den kleineren Schmierspalthöhen, und ein Zusammenbrechen des Druckes in der Schmiermittelnut. Die Tragfähigkeit wird dadurch kleiner und die Schmierspalte werden niedriger. Die Schrägstellung geht schließlich soweit, bis sich Wellenspurkranz und Spurplatte berühren [10.27 und 10.30].

Das erforderliche stabile Gleichgewicht kann konstruktiv in der Weise erreicht werden, daß am Umfang mehrere Schmiernuten oder -taschen gleichmäßig verteilt eingearbeitet werden, die alle eine eigene, voneinander unabhängige Schmiermittelversorgung haben. Diese ist deshalb nötig, damit sich in den einzelnen Schmiertaschen gemäß der Lastverteilung unterschiedliche Drücke einstellen können. Da drei Punkte eine Ebene fixieren, sollten mindestens drei Schmiermitteltaschen in der Spurplatte vorgesehen werden. Diese Mehrflächenlager sind hinsichtlich der Schmiermittelversorgung aufwendiger als die Einflächenlager, sind dafür aber bei außermittigen Belastungen oder bei Kippmomenten immer in einer stabilen Gleichgewichtslage.

10.3.1.1 Schmiermittelversorgung

Die drei Möglichkeiten der Schmiermittelzufuhr bei mehreren Schmiernuten sind bereits in Kapitel 5.6 beschrieben und zeigen, daß das Verfahren der konstanten Schmiermittelvolumenströme für alle Schmiertaschen hinsichtlich der Lagersteifigkeit bei größeren Lagerkräften zu sehr guten Ergebnissen führt und energetisch günstig ist, weil keine Druckenergie in Drosseln oder Strömungswiderständen vernichtet wird. Die Tatsache, daß die Lagersteifigkeit mit zunehmender Lagerbelastung ansteigt, wird in der Praxis häufig in der Weise ausgenützt, daß neben

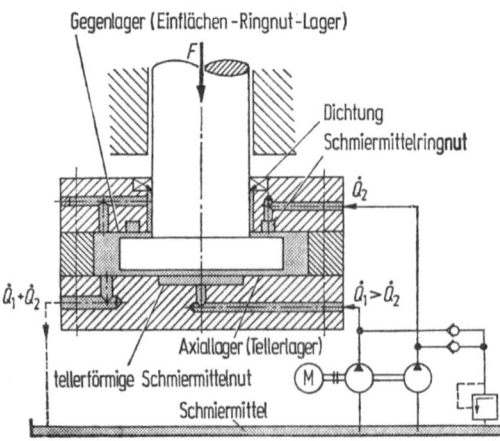

Bild 10.48 Hydrostatisches Axiallager mit Umgriff

10.3 Hydrostatische Lager

dem Eigengewicht der Welle zusätzlich eine Vorspannung auf das Lager gebracht wird. Diese kann nach Bild 10.48 durch ein hydrostatisch arbeitendes Gegenlager mit einem kleineren Druck in der Schmiernut als im eigentlichen Axiallager aufgebaut werden. Da der Wellenspurkranz bei einer auf diese Art vorgespannten Lagerung beidseitig von hydrostatischen Lagern „umgriffen" wird, wird in der Literatur [10.30] diese Lagerung auch als Lagerung mit Umgriff bezeichnet. Bei der Berechnung eines derartigen Lagers ist zu beachten, daß die äußere Axialkraft und die vom Gegenlager resultierende Druckkraft durch die Druckkraft des eigentlichen Axiallagers aufgenommen werden muß.

Es gilt also

$$F + \int\limits_{(A_{GL})} p'_2 \, dA_{GL} = \int\limits_{(A_L)} p'_1 \, dA_L. \tag{10.43}$$

Dabei bedeuten:

F = äußere Lagerlast,
p'_2 = Druck im Schmierspalt des Gegenlagers,
p'_1 = Druck im Schmierspalt des Axiallagers,
A_{GL} = Fläche des Gegenlagers,
A_L = Fläche des Axiallagers.

Im Wirkungsprinzip kann ein Axiallager mit Umgriff einem Radiallager mit mehreren am Umfang der Lagerschale verteilten Schmiernuten gleichgestellt werden. Bei diesen Mehrflächenradialgleitlagern ist die äußere Lagerlast ebenfalls die Vektorsumme der Trag- oder Druckkräfte der einzelnen Schmiernuten [10.30 und 10.32].

Vergleicht man den in Bild 10.49 für ein gewöhnliches Axiallager und ein Axiallager mit Umgriff dargestellten qualitativen Verlauf der Schmierspalthöhe h in Abhängigkeit von der äußeren Lagerbelastung F, so sieht man, daß die Lagersteifigkeit $C = |dF/dh|$ bei allen Schmiermittelzufuhrarten beim Lager mit Umgriff größer ist.

Die konstante Schmiermittelzufuhr für die einzelnen Schmiertaschen kann gemäß Bild 5.29 (für zwei Schmiertaschen) oder Bild 10.50 (für mehrere Schmiertaschen) in der Weise erreicht werden, daß alle Schmiermittelpumpen von einer Antriebswelle angetrieben werden.

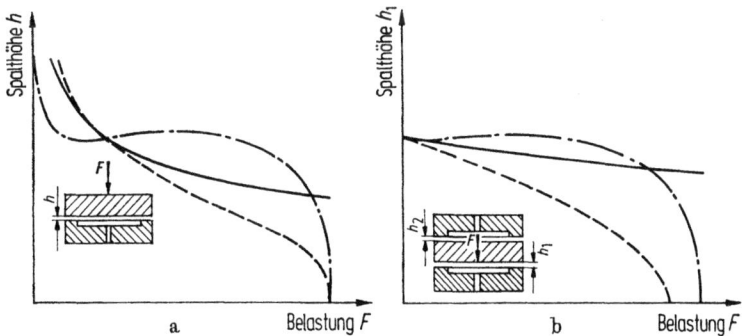

Bild 10.49 Schmierspalthöhe h in Abhängigkeit von der Lagerbelastung F für unterschiedliche Arten der Schmiermittelversorgung bei einem Axiallager mit und ohne Umgriff.
a) ohne Umgriff; b) mit Umgriff

—————— konstanter Schmiermittelstrom ($\dot{Q} = $ const)
— — — konstanter Schmiermitteldruck (Kapillaren-Vorschaltwiderstände)
—·—·— konstanter Schmiermitteldruck (Membrandrossel-Vorschaltwiderstände)

Bei einer Schmiermittelversorgung der einzelnen Schmiernuten mit einer gemeinsamen Pumpe und unter einem konstanten Druck sollte man darauf achten, daß die Strömungswiderstände (Drosseln) unmittelbar vor den Schmiernuten angeordnet werden. Dadurch wird sichergestellt, daß die Drücke in den Schmiernuten direkt und unverfälscht als Gegendruck auf die Strömungswiderstände wirken. Die Schmiermittelzufuhrleitungen sollen so dimensioniert und verlegt werden, daß die Druckverluste klein bleiben und sich keine Luftpolster bilden können. Bei der Dimensionierung der Schmiermittelrücklaufleitungen ist zu beachten, daß das Schmiermittel drucklos abfließt. Dies bedingt größere Querschnitte.

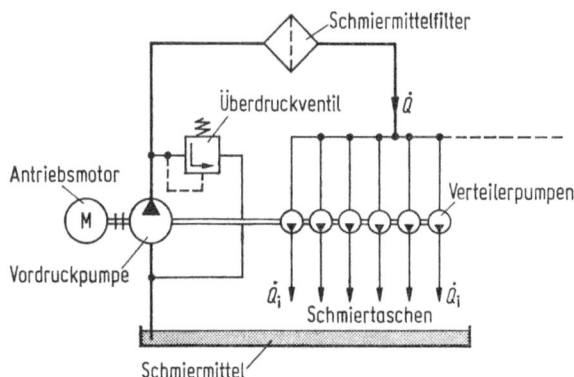

Bild 10.50 Schmiermittelstromteiler für mehrere Schmiertaschen mit gleichen Schmiermittelströmen für die einzelnen Schmiertaschen

Für eine einwandfreie Funktion der vorgeschalteten Strömungswiderstände, zur Verlängerung der Lebensdauer der Schmiermittelpumpen und damit auch zur Erhöhung der Betriebssicherheit einer hydrostatisch arbeitenden Lagerung sollte ferner eine kontinuierliche Reinigung des Schmiermittels vorgenommen werden. Dies kann durch Sedimentation in einem Absetzbehälter oder durch Filtration erfolgen. Da der Schmiermittelvolumenstrom durch die Strömungswiderstände — z. B. die Drosseln — von der Viskosität des Schmiermittels abhängig ist und die Viskosität abgesehen von den synthetischen Schmiermitteln (z. B. Silicon-Öl) sehr stark von der Temperatur bestimmt wird, muß man besonders bei hydrostatisch arbeitenden Lagern mit vorgeschalteten Strömungswiderständen darauf achten, daß die Erwärmung des Schmiermittels nicht zu hoch wird. Ist dies nicht gewährleistet, dann muß eine Zwangskühlung des Schmiermittels vorgenommen werden.

Bei Lagerungen mit Umgriff ist konstruktiv darauf zu achten, daß die Bauteile, die als Joch den Wellenspurkranz umfassen, eine große Biegesteifigkeit haben, damit sie durch die einwirkenden Druckkräfte nicht zu stark verformt werden.

10.3.1.2 Berechnungsbeispiel

Für einen vertikal angeordneten Turbogenerator soll ein hydrostatisch arbeitendes Spurlager mit einer tellerförmigen Schmiernut zur Aufnahme des Axialschubes in seinen wichtigsten zur Konstruktion erforderlichen Größen festgelegt werden.

10.3 Hydrostatische Lager

Gegeben:
Axialbelastung: 500 000 N
Außendurchmesser des Wellenspurkranzes: $D_a = 2r_a = 400$ mm
Außendurchmesser der tellerförmigen Schmiermittelnut (= Innendurchmesser der Lagerfläche): $D_i = 2r_i = 250$ mm
Rotordrehzahl: $n = 750$ 1/min
Schmiermittelviskosität: $\eta = 32$ mPas $= 32 \cdot 10^{-3}$ Ns/m² für SAE 20-Öl bei 55 °C
Spez. Wärme des Schmiermittels: $c = 1630$ J/(kg K)
Dichte des Schmiermittels: $\varrho = 860$ kg/m³

Gewählt:
Schmierspalthöhe: $h_0 = 150$ µm $= 0{,}015$ cm
Pumpenwirkungsgrad: $\eta_P = 0{,}5$

Berechnet:
Erforderlicher Schmiertaschendruck:

$$p_e = \frac{2F}{\pi} \cdot \frac{\ln(r_a/r_i)}{r_a^2 - r_i^2} \quad \text{nach Gl. (5.54)}$$

$$p_e = \frac{2 \cdot 500\,000}{\pi} \cdot \frac{\ln(20/12{,}5)}{20^2 - 12{,}5^2} \text{ N/cm}^2$$

$$p_e = 613{,}77 \text{ N/cm}^2 \approx 62 \text{ bar}$$

Schmiermittelvolumenstrom:

$$\dot{Q} = \frac{F h_0^3}{3\eta(r_a^2 - r_i^2)} \quad \text{nach Gl. (5.55)}$$

$$\dot{Q} = \frac{500\,000 \cdot 0{,}015^3}{3 \cdot 32 \cdot 10^{-7} \cdot (20^2 - 12{,}5^2)} \text{ cm}^3/\text{s}$$

$$\dot{Q} = 721{,}15 \text{ cm}^3/\text{s} = 43{,}3 \text{ dm}^3/\text{min}$$

$$\dot{Q} \approx 43{,}5 \text{ dm}^3/\text{min} = 725 \text{ cm}^3/\text{s}$$

Winkelgeschwindigkeit:

$$\omega = \frac{\pi n}{30}$$

$$\omega = \frac{\pi \cdot 750}{30} \text{ 1/s} = 78{,}54 \text{ 1/s}$$

Reibleistung:

$$P_R = \frac{\pi}{2} \cdot \frac{\eta \omega^2}{h_0} (r_a^4 - r_i^4) \quad \text{nach Gl. (5.58)}$$

$$P_R = \frac{\pi}{2} \cdot \frac{32 \cdot 10^{-7} \cdot 78{,}54^2}{0{,}015} (20^4 - 12{,}5^4) \text{ Ncm/s}$$

$$P_R = 280\,268{,}98 \text{ Ncm/s} = 2802{,}69 \text{ Nm/s}$$

$$P_R = 2802{,}69 \text{ W} \approx 2{,}803 \text{ kW}$$

Pumpenleistung:

$$P_P = \frac{\dot{Q}\Delta p}{\eta_P} \quad \text{nach Gl. (5.56)}$$

mit $\Delta p = p_e + p_{\text{Verlust}} \approx 700\,\text{N/cm}^2$

$$P_P = \frac{721{,}15 \cdot 700}{0{,}5}\,\text{Ncm/s}$$

$P_P = 1\,009\,610\,\text{Ncm/s} = 10\,096{,}1\,\text{Nm/s}$

$P_P = 10\,096{,}1\,\text{W} \approx 10{,}1\,\text{kW}$

Schmiermittelerwärmung:

$$\Delta\vartheta = \frac{P}{c\varrho\dot{Q}} = \frac{P_R + P_P}{c\varrho\dot{Q}} \quad \text{nach Gl. (5.60)}$$

$$\Delta\vartheta = \frac{2802{,}69 + 10096{,}10}{1630 \cdot 860 \cdot 725 \cdot 10^{-6}}\,\text{K}$$

$\Delta\vartheta = 12{,}69\,\text{K} = 12{,}69\,°\text{C}$

$\Delta\vartheta \approx 13\,°\text{C}$

Reibungskoeffizient:

$$\mu = \frac{F_R}{F} = \frac{T_R \cdot 4}{(D_a + D_i)\,F} \qquad \text{bei Berücksichtigung der Reibleistung}$$

$$\mu = \frac{35{,}69 \cdot 4}{(400 + 250) \cdot 10^{-3} \cdot 500\,000}$$

$\mu = 0{,}00044$

$$\mu = \frac{(P_R + P_P) \cdot 4}{\omega(D_a + D_i)\,F} \qquad \text{bei Berücksichtigung der Reib- und der Pumpenleistung}$$

$$\mu = \frac{(2802{,}69 + 10096{,}10) \cdot 4}{78{,}54 \cdot (400 + 250) \cdot 10^{-3} \cdot 500\,000}$$

$\mu = 0{,}00202$

Diskussion der Ergebnisse:

Der Schmiermitteldruck in der Schmiertasche von ca. 62 bar und der Schmiermittelvolumenstrom von ca. 43,5 dm³/min, können ohne weiteres verwirklicht werden. Der Schmiermittelvolumenstrom kann als ausreichend angesehen werden, da die bei Vernachlässigung des an der Oberfläche des Lagers durch Wärmeübergang abströmenden Wärmestromes berechnete Schmiermittelerwärmung von annähernd 13 °C noch zu vertreten ist. In der Praxis wird sich wegen der vorhandenen Wärmeverluste eine Schmiermittelerwärmung von ungefähr 10 °C einstellen. Berücksichtigt man das Reibmoment oder die Reibleistung, so kann man mit einem mittleren Reibflächenradius von $r_m = 162{,}5$ mm einen Reibungskoeffizienten von $\mu = 0{,}00044$ berechnen. Berücksichtigt man zusätzlich die Pumpenleistung, die ja ebenfalls eine Verlustleistung ist, dann ergibt sich ein

„Gesamtreibungskoeffizient" von $\mu = 0{,}00202$. Beide Reibungskoeffizienten liegen in der Größenordnung der Reibungskoeffizienten bei den hydrodynamisch arbeitenden Gleitlagern. Berücksichtigt man zusätzlich den Drehzahleinfluß auf den erforderlichen Schmiermitteldruck in der Schmiertasche, so zeigt die numerische Auswertung von Gl. (5.77), daß der Druck bei Berücksichtigung des Drehzahleinflusses nur um $15{,}63 \cdot 10^{-3}$ bar größer ist als der bei Vernachlässigung des Drehzahleinflusses. Diese Drucksteigerung ist somit vernachlässigbar klein und braucht auch bei der Berechnung des Schmiermittelvolumenstromes nicht beachtet zu werden. Falls die mittlere Schmiermittelviskosität zwischen der Schmiermitteleintritts- und Schmiermittelaustrittstemperatur wegen des berechneten Wertes für die Schmiermittelerwärmung von $\Delta\vartheta \approx 13°C$ nicht verwirklicht werden kann, ist eine Iterationsrechnung mit einem geänderten Wert für die Viskosität η durchzuführen ähnlich wie bei den stationär belasteten Radialgleitlagern.

10.3.2 Hydrostatische Radiallager

Sie können nach Bild 10.51 als einseitig wirkende vollumschlossene oder teilumschlossene Ein- oder Mehrflächenlager (ohne Umgriff) und nach Bild 10.52 als allseitig wirkende vollumschlossene Mehrflächenlager (mit Umgriff) konstruiert werden.

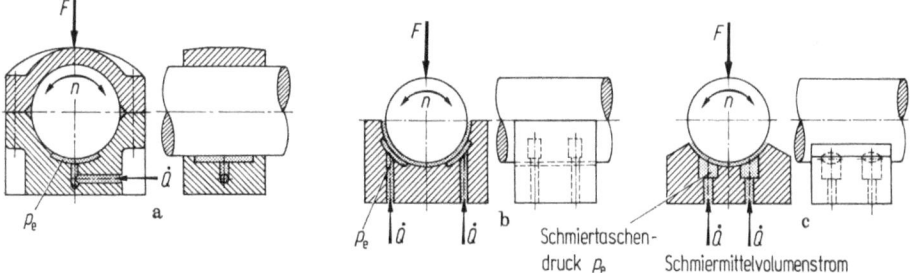

Bild 10.51 Einseitig wirkende und hydrostatisch arbeitende Radiallager (ohne Umgriff)
a) vollumschlossen mit einer Schmiermitteltasche
b) teilumschlossen (180°) mit vier Schmiermitteltaschen
c) teilumschlossen (120°) mit vier Schmiermitteltaschen

Bei den einseitig wirkenden teilumschlossenen Ein- und Mehrflächenlagern wird größtenteils auf in axialer Richtung verlaufende Schmiermittelabflußnuten verzichtet. Die einseitig wirkenden vollumschlossenen Ein- und Mehrflächenlager haben im Regelfall zwei axiale Schmiermittelablaufnuten. In Umfangsrichtung gesehen liegt eine vor und eine hinter den Schmiermitteltaschen. Bei Lagern mit axialen Schmiermittelabflußnuten zwischen den einzelnen Schmiertaschen ist ein gewisser Druckausgleich zwischen den Taschen höheren Druckes und den benachbarten Taschen niedrigeren Druckes vorhanden. Dies bewirkt eine Verkleinerung der Tragfähigkeit dieser Lager. Bei Lagern mit axialen Schmiermittelabflußnuten ist die Lagerumfangsfläche, die von den einzelnen Schmiermittelnuten eingenommen wird, bei der Berechnung der Tragfähigkeit abzuziehen, weil darüber kein Überdruck zum Umgebungsdruck steht. Von den einzelnen Schmiertaschen bis zu den Schmiermittelabflußnuten fällt der Schmiertaschendruck sehr steil nach einer ln-Funktion auf den Umgebungsdruck (kein Überdruck!) ab.

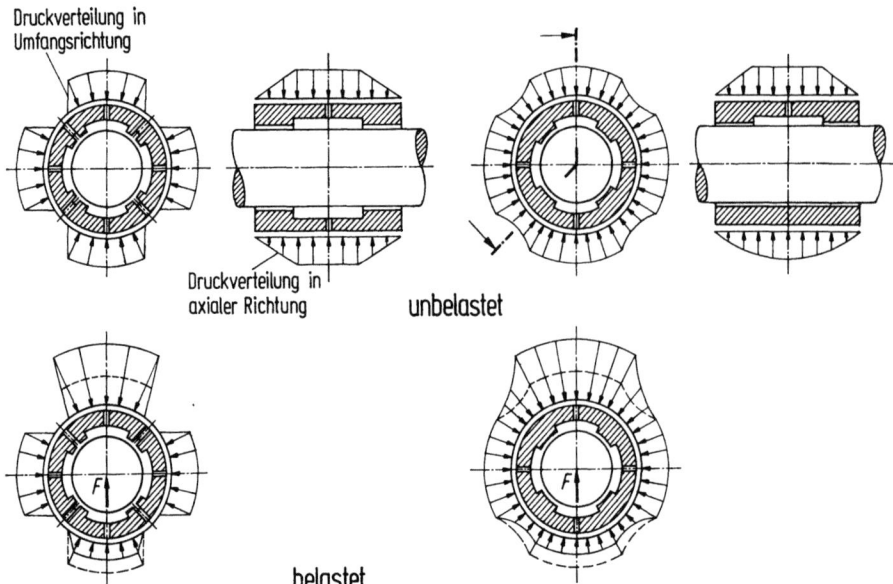

Bild 10.52 Allseitig wirkende und hydrostatisch arbeitende Mehrflächenradiallager mit Umgriff nach [10.30]

Bezüglich der Schmiermittelströmung im Lagerspalt ist zu sagen, daß bei den Lagern ohne axiale Schmiermittelabflußnuten eine solche in axialer und in Umfangsrichtung vorhanden ist, und bei den Lagern mit axialen Schmiermittelnuten diese nur in axialer Richtung vorliegt. Siebers [10.30] hat eine Bewertung der Lager mit Strömung des Schmiermittels in axialer Richtung und in Umfangsrichtung gegenüber den Lagern mit Strömung des Schmiermittels nur in axialer Richtung auf der Basis der erforderlichen Pumpenleistung zur Förderung des Schmiermittels unter der Voraussetzung gleicher Tragfähigkeiten zusammengestellt. Der Leistungsbedarf beider Lagerarten kann in erster Näherung als gleich groß angesehen werden. Da Lager mit axialen Schmiermittelabflußnuten in der Herstellung teurer sind, werden Lager ohne axiale Schmiermittelnuten bevorzugt eingesetzt. In Fällen, bei denen zur Vermeidung einer höheren Schmiermittelerwärmung der Schmiermittelvolumenstrom größer sein muß und ein Austausch des Schmiermittels zwischen den einzelnen Schmiermitteltaschen erforderlich ist, müssen axiale Schmiermittelabflußnuten zwischen den Schmiertaschen vorgesehen werden. Bei Lagern, die im Vergleich zum Durchmesser breit sind (Breiten-Durchmesser-Verhältnis $B/D \geqq 1{,}5$), sollten zur schnelleren Schmiermittelabfuhr und wegen des dadurch bewirkten besseren Schmiermittelaustausches auf alle Fälle axiale Schmiermittelnuten eingearbeitet sein.

Die Berechnung der Radiallager ist komplizierter als die der Axiallager, weil wegen der Exzentrizität (Verlagerung) von Welle und Lagerschale keine konstante Schmierspalthöhe vorliegt. Die unterschiedliche Krümmung der Welle und der Lagerschale bedingt nämlich eine Schmierspaltänderung in Umfangsrichtung [10.29 und 10.37—10.40].

10.3.2.1 Einfluß der Anzahl der Schmiertaschen

Siebers [10.30] hat den Einfluß der Anzahl der Schmiermitteltaschen auf die Tragfähigkeit und die Steifigkeit des Schmierfilmes für die beiden Sonderfälle der Lastrichtung (1. Fall: Die Last wirkt auf die Mitte einer Schmiertasche und 2. Fall: Die Last wirkt auf die Stegmitte zwischen zwei Schmiertaschen) angegeben. Grundsätzlich kann gesagt werden, daß eine Zunahme der Richtungsabhängigkeit der Schmierfilmsteifigkeit mit Abnahme der Anzahl der Schmiertaschen vorliegt, die sich natürlich bei umlaufender Belastung bemerkbar macht. Ferner gilt, daß die Tragfähigkeit größer ist, wenn die Lastrichtung auf die Schmiertaschenmitte und nicht auf die Stegmitte zwischen zwei Schmiertaschen weist. Eine Steigerung der Tragfähigkeit ist ebenfalls durch die Vergrößerung der Anzahl der Schmiermitteltaschen zu erreichen. Bei umlaufender Lagerlast sollten daher mindestens vier Schmiermitteltaschen am Umfang der Lagerschale eingearbeitet sein. Bei höheren Anforderungen an die Steifigkeit, insbesondere bei geforderter kleiner Richtungsabhängigkeit der Steifigkeit, wie es bei Spindellagerungen von Präzisionsmaschinen der Fall ist, sollten sechs Schmiermitteltaschen am Umfang der Lagerschale vorgesehen werden. Eine größere Anzahl von Schmiermitteltaschen ist im allgemeinen nicht zu empfehlen, weil der Fertigungsaufwand und der zusätzliche Aufwand für die Schmiermittelversorgung in der Relation zu den dadurch sich ergebenden Verbesserungen hinsichtlich der Steifigkeit des Schmierfilmes viel zu groß ist.

10.3.2.2 Schmiermittelversorgung

Zur Schmiermittelversorgung der einzelnen Schmiertaschen ist zu sagen, daß für sie das gleiche gilt, wie bei Axiallagern. Bei symmetrischer Anordnung der Schmiertaschen (gerade Anzahl der Schmiertaschen) und bei Verwendung einer belastungsabhängigen Kolbendrosselregelung für die Schmiermittelversorgung können zwei gegenüberliegende Schmiertaschen an eine Schmiermittelpumpe angeschlossen werden. Diese Art der Drosselregelung bringt eine größere Tragfähigkeit gegenüber Lagern mit fest eingestellten Drosselwiderständen und bewirkt eine sehr große, nahezu unendlich große Schmierfilmsteifigkeit. Der Aufbau und die Wirkungsweise einer derartigen Schmiermittelversorgung für ein hydrostatisch arbeitendes Radiallager ist in Bild 10.53 für ein unbelastetes Lager ($F = 0$) und für ein Lager mit maximaler Belastung ($F = F_\mathrm{max}$) dargestellt. Die belastungsabhängige Drossel hat zwei Ringspalte mit variabler Strömungslänge l_1, l_2, die gemäß der Auslenkung der elastischen Federn den Strömungswiderstand verändern. Bei linearer Federkennlinie der axialen elastischen Kolbenabstützungen ist der Strömungswiderstand linear vom Federweg abhängig. Wird durch die Schmiermittelpumpe ein Volumenstrom $\dot{Q}$ in die Ringnut der Breite w eingespeist, dann teilt sich dieser in zwei Teilströme $\dot{Q}_1$ und $\dot{Q}_2$ durch die Ringspalte mit der Spalthöhe h_D und den Längen l_1 und l_2 auf. Der Druck in den beiden Teilströmen wird entsprechend den Strömungswiderständen vermindert und hat in den Schmiertaschen noch die Werte p_2 (belastete Schmiertasche) und p_1 (entlastete Schmiertasche). Der Druck p_2 in der belasteten Schmiertasche ist wegen der kürzeren Drossellänge l_2 des Ringspaltes größer als der Druck p_1 in der entlasteten Schmiertasche, der durch den längeren Drosselspalt l_1 bewirkt wird. Diese Drücke wirken über die parallel verzweigten Schmiermittelleitungen getrennt auf

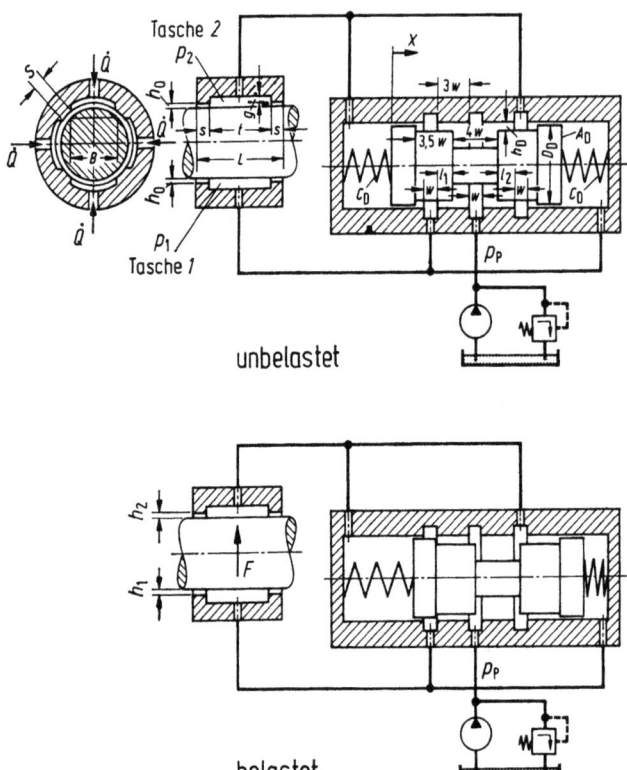

Bild 10.53 Schmiermittelversorgung von zwei gegenüberliegenden Schmiertaschen mit einer belastungsabhängigen Kolbendrosselregelung nach [10.30]

die beiden Stirnflächen des durch die Federn abgestützten Kolbens. Die Differenzkraft dieser auf die volle Kolbenfläche A_D einwirkenden Drücke p_2 und p_1 verschiebt den Kolben solange, bis Gleichgewicht zwischen der Differenzdruckkraft $(p_2 - p_1) A_D$ und der Rückstellkraft der beiden Federn $2xc_D$ (x = Federweg und c_D = Federkonstante) besteht. Da der Druck in der belasteten Schmiertasche 2 größer ist als der in der entlasteten Schmiertasche 1, wird der Drosselkolben nach rechts verschoben. Der Schmiermittelvolumenstrom $\dot{Q}_1$ zur entlasteten Schmiertasche 1 hat dadurch infolge des längeren Ringspaltes l_1 einen größeren Widerstand zu überwinden und wird dadurch schwächer als der Schmiermittelvolumenstrom $\dot{Q}_2$ zur belasteten Schmiertasche 2, der wegen des kürzeren Ringspaltes l_2 einem kleineren Strömungswiderstand ausgesetzt ist. Die regelungstechnische Rückführung der Schmiertaschendrücke zur Aufteilung der Schmiermittelvolumenströme in die diametral gegenüberliegenden Schmiertaschen bewirkt eine selbsttätige und von der Lagerbelastung abhängige Druckbeaufschlagung der Schmiertaschen. Der Schmiermittelvolumenstrom je Schmiertasche wird mit steigender Belastung größer.

Durch diese sich selbsttätig einstellenden Strömungswiderstände in den Drosseln für die einzelnen Schmiertaschen wird eine empfindlichere und genauere Lagerregelung (Stabilisierung) der Welle erreicht als dies bei Verwendung von Drosseln mit fest eingestellten Strömungswiderständen der Fall ist. Lager mit dieser Art der Regelung der Schmiermittelversorgung für die einzelnen Schmiertaschen haben eine größere Tragfähigkeit und eine sehr viel höhere Schmierfilmsteifigkeit als Lager ohne belastungsabhängige Drosseln in den Schmiermittelzufuhrleitungen. Sie werden daher vornehmlich in Präzisionsmaschinen eingebaut.

10.3.2.3 Radial-Segmentlager

Für den Großmaschinenbau, bei dem die Konstruktion einer Lagerung nicht ausschließlich von der Größe der Belastung, sondern auch von den geometrischen Abmessungen der Maschinenkörper bestimmt wird, kommen aus Gründen der Fertigung Wälzlagerungen und rein hydrodynamisch arbeitende Gleitlager meistens nicht mehr in Frage. Die Lösung dieser Lagerungsprobleme besteht in speziellen Gleitlagerungen mit mehreren Lagerflächen oder in der Anordnung von Laufrollen mit Laufring. Die zuletzt genannte Lagerungsart hat ihre Anwendungsgrenze in der zulässigen Flächenpressung zwischen den Laufrollen und dem Laufring. Von den speziellen Gleitlagerungen — insbesondere bei kleinen Relativgeschwindigkeiten zwischen den gepaarten Lagerkörpern — hat sich in den letzten Jahren die von den SKF Kugellagerfabriken GmbH entworfene und in der Praxis bereits vielfach mit Erfolg eingesetzte hydrostatische Lagerung mit einzelnen, sich selbst einstellenden Lagersegmenten immer stärker durchgesetzt [10.33—10.36].

Im einzelnen können nach [10.34] folgende Vorteile dieser hydrostatisch arbeitenden Segmentlager hervorgehoben werden:

Keine Einschränkung hinsichtlich der Geometrie des Laufringdurchmessers,
hohe Tragfähigkeit,
niedrige Reibung,
kein Verschleiß,
lange, fast unbegrenzte Lebensdauer,
selbsteinstellende Lagerflächen,
keine besonderen Anforderungen an die Formgenauigkeit des Laufringes,
Unabhängigkeit von der Größe und Richtung der Relativgeschwindigkeit der gepaarten Teile.

Diese hydrostatischen Segmentlager bestehen aus einer Anzahl von Lagersegmenten mit Gleitschuhen, die sich sowohl schrägstellen als auch einzeln in radialer Richtung sich selbsttätig verstellen können. Sie können dadurch Verkantungen, Unrundheit und andere Formfehler des Lauf- oder Lagerringes ausgleichen und einen annähernd konstanten Schmierspalt gewährleisten.

Jedes Lagersegment besteht nach [10.34] aus einem Oberteil mit den Schmiertaschen, dem sogenannten Gleitschuh, und einem Unterteil. Zwischen beiden liegt als Stützelement eine aus Wälzlagerstahl bestehende gehärtete Kugel. Der Gleitschuh ist am unteren Ende als Kolben ausgebildet. Die zentral angeordnete Schmiermitteltasche des Gleitschuhs ist durch zwei Bohrungen mit dem Zylinderraum unterhalb des Gleitschuhkolbens verbunden. Dadurch steht über und unter dem Gleitschuh der gleiche Druck. Dies bewirkt eine starke Entlastung der Abstützkugel entsprechend dem Verhältnis der Gleitschuhkolbenfläche zur wirksamen Gleitschuhfläche. Sie kann praktisch 90 bis 95% betragen. Wegen des dadurch vorliegenden kleinen Reibmomentes im Kugelgelenk kann der Gleitschuh sich nach allen Richtungen neigen und den geometrischen Ungenauigkeiten des Laufringes anpassen. Im Unterteil des Lagersegmentes ist eine weitere Zylinderbohrung mit einem Kolben, der bei entsprechender Auslenkung mit seiner axialen Verlängerung auf die Kugel wirkt und diese anhebt. Dadurch wird die radiale Verstellung des Gleitschuhs bewirkt. Je nach der Art der Druckbeaufschlagung des Kolbens im Unterteil des Lagersegmentes werden Primär- und Sekundär-Lagersegmente unterschieden. Ein Lager besteht nach Bild 10.57 zur Hälfte aus Primär- und aus Sekundärlagersegmenten, die gleichartig symmetrisch zur Belastungsebene angeordnet sein müssen, und zwar in der Weise, daß die Sekundär-Lagersegmente außen und die Primär-Lagersegmente innen angeordnet sind. Diese symmetrische Anordnung der Lagersegmente ist zur Kompensation der horizontalen Komponenten der einzelnen Lagerkräfte unbedingt erforderlich.

Bei den Primär-Lagersegmenten stehen nach Bild 10.54 der Gleitschuhkolben und der Kolben im Unterteil des Lagersegmentes unter dem gleichen Druck. Dadurch wird der im Unterteil des Lagersegmentes sitzende und auf die Abstützkugel wirkende Kolben ganz nach oben geschoben und die Gleitschuhfläche in radialer Richtung soweit als möglich nach außen ausgefahren. Bei den Sekundär-Lagersegmenten steht nach Bild 10.55 der im Unterteil eingebaute Kolben unter dem Druck, der im Schmierspalt des Primär-Lagersegmentes herrscht. Dadurch

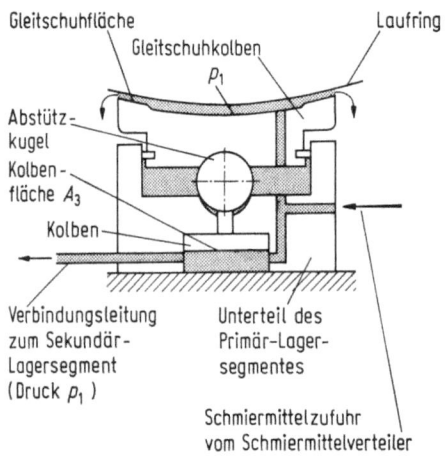

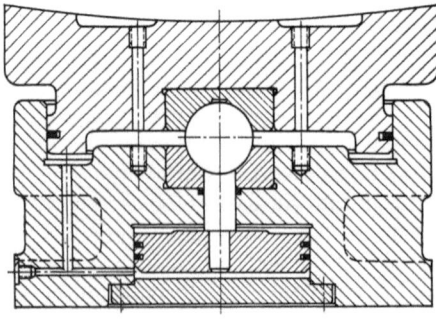

Bild 10.54 Primär-Lagersegment eines Radialgleitlagers nach [10.36]

10.3 Hydrostatische Lager

daß die Kolbenfläche A_4 im Unterteil des Sekundär-Lagersegmentes kleiner ist als die Kolbenfläche A_3 im Lagerunterteil des Primär-Lagersegmentes, nimmt dieser Kolben und damit auch der Keilschuh des Sekundär-Lagersegmentes eine radiale Zwischenstellung ein. Beide Arten der Lagersegmente haben in der Gleitschuhfläche mehrere — in der Regel fünf — symmetrisch angeordnete Schmiertaschen. Die kreisförmige zentrale Schmiertasche ist von vier annähernd trapezförmigen Schmiertaschen in den Ecken der Gleitschuhfläche umgeben. Letztere werden über Bohrungen oder Nuten von der zentralen Schmiertasche mit Schmiermittel versorgt.

Das regelungstechnische Zusammenwirken der Primär- und der Sekundär-Lagersegmente ist in Bild 10.56 schematisch dargestellt. Es geht so vor sich, daß, wenn eine geometrische Unregelmäßigkeit, z. B. eine Abplattung des Laufringes direkt über das Sekundär-Lagersegment hinwegläuft, der Schmierspalt größer und der Schmiertaschendruck kleiner werden. Das Primär-Lagersegment muß also in dieser Zeitspanne, in der die Abplattung noch nicht das Primär-Lagersegment erreicht hat, einen größeren Anteil der Belastung aufnehmen, als dies bei regelmäßiger Geometrie, d. h. bei gleichmäßigem Tragen der Lager-

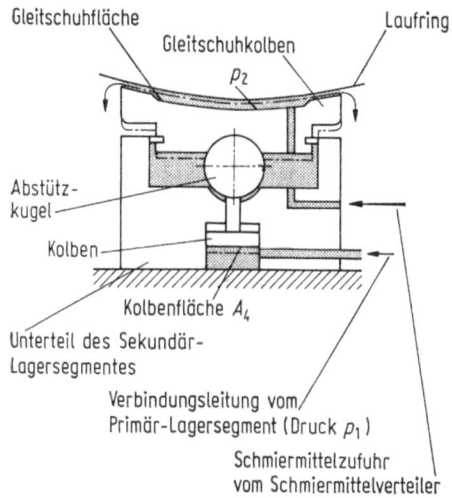

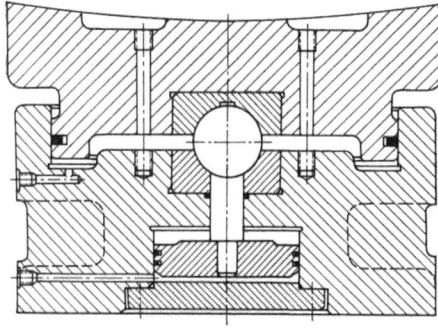

Bild 10.55 Sekundär-Lagersegment eines Radialgleitlagers nach [10.36]

segmente, der Fall ist. Die Folge davon ist ein Ansteigen des Druckes im Schmierspalt des Primär-Lagersegmentes. Diese Druckerhöhung kommt wegen der strömungstechnischen Hintereinanderschaltung des Zylinderraumes im Unterteil des Sekundär-Lagersegmentes und des Schmierspaltes des Primär-Lagersegmentes voll und sehr schnell auf den Kolben im Unterteil des Sekundär-Lagersegmentes und hebt dessen Abstützkugel und mit ihr dessen Gleitschuh so weit an, bis der Druckausgleich und damit das Kräftegleichgewicht wieder hergestellt sind. Dadurch sind die radiale Belastung und die Schmierspalthöhe für die einzelnen Lagersegmente annähernd wieder gleich groß.

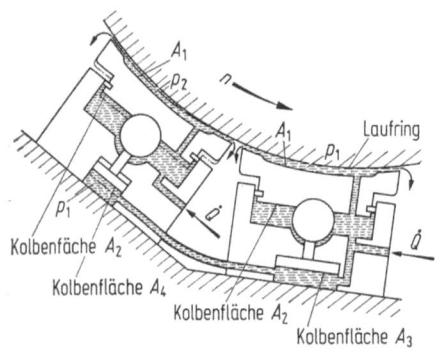

Bild 10.56 Regelungstechnisches Zusammenwirken der Primär- und Sekundär-Lagersegmente nach [10.36]

Mit den in Bild 10.56 angegebenen Flächen für die Gleitschuhe und die einzelnen Kolben (A_4 beim Sekundär-Lagersegment $< A_3$ beim Primär-Lagersegment) lassen sich beim Zusammenwirken der unterschiedlichen Lagersegmente folgende Beziehungen für das Sekundär-Lagersegment ableiten:

$$A_1 p_2 = A_2 p_2 + A_4 p_1, \qquad (10.44)$$

bzw.

$$A_1 = A_2 + A_4 \quad \text{für} \quad p_1 = p_2. \qquad (10.45)$$

Diese Gleichungen sind maßgebend dafür, daß in den beiden unterschiedlichen Lagersegmenten die gleiche Schmierspalthöhe vorhanden ist.

Die Gesamtkonzeption einer aus vier Lagersegmenten aufgebauten Lagerung ist in Bild 10.57 dargestellt. Jedes einzelne Lagersegment wird durch eine separate Schmiermittelpumpe (die einzelnen Schmiermittelpumpen haben einen gemeinsamen Antrieb) mit dem gleichen Schmiermittelvolumenstrom versorgt. Diese einzelnen Schmiermittelpumpen sind Zahnradpumpen, die auf einer gemeinsamen Welle sitzen und durch den Hauptschmiermittelstrom angetrieben werden. Sie arbeiten je nach dem im Schmierspalt der Lagersegmente vorhandenen Druck als Pumpe oder als Motor. Konstruktiv ist von Bedeutung, daß der aus den einzelnen Zahnradpumpen bestehende Schmiermittelstromteiler nahe bei den einzelnen Lagersegmenten sitzt und die von den einzelnen Schmiermittelpumpen zu den Lagersegmenten verlegten Schmiermittelleitungen möglichst gleich lang sind. Zur Vermeidung eines metallischen Kontaktes zwischen dem Laufring und den Lagersegmenten und damit eines Verschleißes werden im Regelfall zwei parallel arbeitende Schmiermittelpumpen (Hauptpumpen) eingesetzt, die so dimensioniert sein müssen, daß beim Ausfall einer Pumpe die zweite Pumpe noch

10.3 Hydrostatische Lager

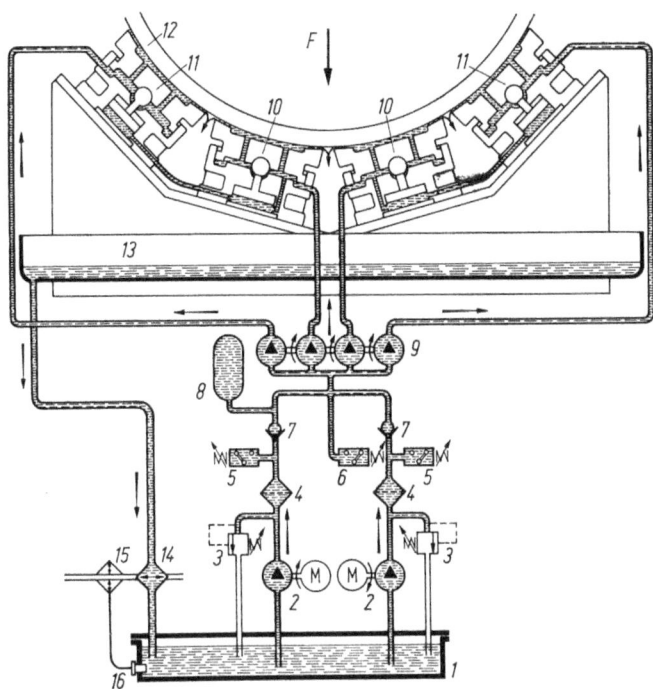

Bild 10.57 Schmiermittelversorgung bei einer aus 4 Segmenten bestehenden Lagerung nach [10.36]
1 Schmiermittelbehälter, *2* Pumpe mit Motor, *3* Druckbegrenzungsventil, *4* Schmiermittelfilter, *5* Druckschalter für den Pumpenmotor, *6* Druckschalter für den Antriebsmotor, *7* Rückschlagventil, *8* Hydrospeicher, *9* Schmiermittelstromteiler, *10* Primär-Lagersegment, *11* Sekundär-Lagersegment, *12* Laufring, *13* Schmiermittelwanne, *14* Schmiermittelkühler, *15* Kühlwasser-Steuerventil, *16* Temperaturfühler

so viel Schmiermittel liefert, daß ungefähr 80% der Schmierspalthöhe in den Lagersegmenten gewährleistet werden kann. Durch Einbau einer Minimaldruckabsicherung, die die Maschine bei Unterschreiten eines unteren Grenzdruckes abschaltet und einen Schmiermittel-Hydrospeicher zuschaltet, wird ein verschleißfreier Auslauf der Maschine gewährleistet. Der Schmiermittelkreislauf ist ferner mit einer Überdruckabsicherung, einem Kühler und einer Filtereinrichtung ausgestattet. Der Wärmeaustausch im Schmiermittelkühler wird im Regelfall durch eine Kühlwassermengen-Regulierung so gesteuert, daß eine bestimmte Schmiermittel-Solltemperatur eingehalten wird. Zur Vermeidung von Verstopfungen in den Schmiermittelleitungen und -nuten und von vorzeitigem Verschleiß in den Schmiermittelpumpen wird die Überwachung der Schmiermittel-Filtereinrichtungen sehr sorgfältig und neuerdings sogar elektronisch vorgenommen.

Die Lagerstellen mit den einzelnen Lagersegmenten sind zur Vermeidung von Beschädigungen an der Laufringoberfläche und zur Abweisung des stärksten Schmutzes mit einem Gehäuse umgeben. Zwischen dem Gehäuse und dem Laufring sind ferner Lippendichtungen aus schmiermittelbeständigen Elastomeren vorzusehen. Zur Lagerstelle selbst ist zu sagen, daß sie nicht schmutzempfindlich ist, weil das Schmiermittel, das von innen nach außen strömt, die Schmutzteilchen wegspült.

Die praktische Ausführung einer hydrostatischen Segmentlagerung mit zwei Primär- und zwei Sekundär-Lagersegmenten für die Einlaufseite einer Erzmühle ist bei abgenommenem Lagergehäuse in Bild 10.58 dargestellt.

Bild 10.58 Hydrostatisch arbeitendes Segmentlager auf der Einlaufseite einer Erzmühle nach [10.36]

Diese hydrostatischen Segmentlager gibt es für den Großmaschinenbau auch in einer Axialausführung. Hierbei kommen sowohl Primär- als auch Sekundärsegmente zum Einsatz. Sie werden nach Bild 10.59 an den beiden äußeren Stirnflächen eines Laufringes oder an den beiden inneren Stirnflächen eines mit einer Nut versehenen oder doppelkranzigen Laufringes angebracht und mit einer konstanten Schmiermittelmenge versorgt.

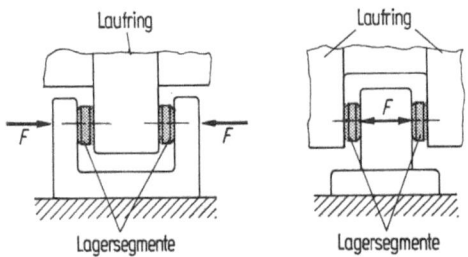

Bild 10.59 Hydrostatisch arbeitendes Axiallager mit einzelnen Lagersegmenten nach [10.36]

10.3.2.4 Berechnungsbeispiel

Für ein hydrostatisch arbeitendes und einseitig wirkendes, vollumschlossenes, Radialgleitlager mit einer Schmiertasche, wie es in Bild 10.60 dargestellt ist, sollen die für die Dimensionierung erforderlichen Größen berechnet werden.

10.3 Hydrostatische Lager

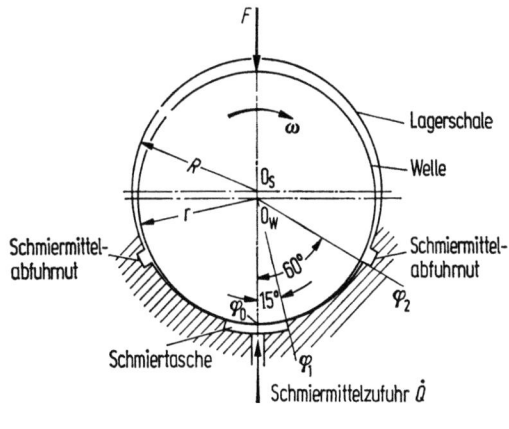

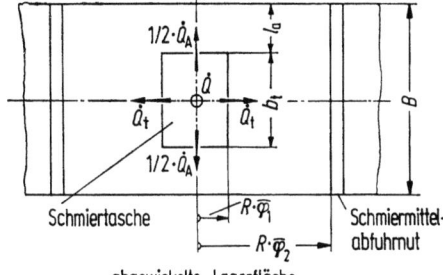

Bild 10.60 Hydrostatisch arbeitendes einseitig wirkendes und vollumschlossenes Radialgleitlager

Gegeben:

Radialbelastung:	$F = 150\,000$ N
Lagerbohrungsdurchmesser:	$D = 2R = 200$ mm
Lagerbreite	$B = 150$ mm
Relatives Lagerspiel:	$\psi = \Delta r/r \approx \Delta r/R = 0{,}0015$
Wellendrehzahl:	$n = 150$ 1/min
Schmiermittelviskosität:	$\eta = 33 \cdot 10^{-3}$ Ns/m² für SAE 30-Öl und $\vartheta = 60\,°\mathrm{C}$
Spez. Wärme des Schmiermittels:	$c = 1630$ J/(kg K)
Dichte des Schmiermittels:	$\varrho = 860$ kg/m³

Gewählt:

Schmierspalthöhe:	$h_0 = 100$ μm $= 0{,}01$ cm
Schmiertaschenbreite:	$b_\mathrm{t} = 75$ mm
Schmiertaschenmitte:	$\varphi_0 = 0°$
Schmiertaschenbegrenzung in Umfangsrichtung:	$\varphi_1 = 15°$
Lage der Schmiermittelabfuhrnut:	$\varphi_2 = 60°$
Pumpenwirkungsgrad:	$\eta_\mathrm{P} = 0{,}6$

Berechnet:

Axialer Steg:
$$l_\mathrm{a} = \frac{B - b_\mathrm{t}}{2}$$

$$l_\mathrm{a} = 37{,}5 \text{ mm}$$

Relative Exzentrizität: $\varepsilon = 1 - \dfrac{h_0}{r\psi} \approx \dfrac{h_0}{R\psi}$

$$\varepsilon = 1 - \dfrac{0{,}1}{100 \cdot 0{,}0015}$$

$$\varepsilon = 0{,}3333$$

Wellenradius: $r = R - \Delta r = R(1 - \psi)$

$$r = 100(1 - 0{,}0015)\ \text{mm}$$

$$r = 99{,}85\ \text{mm}$$

Schmiertaschendruck:

$$p_e = \dfrac{F}{R(b_t + l_a)(\sin \varphi_1 + \sin \varphi_2)} \quad \text{nach Gl. (5.112)}$$

$$p_e = \dfrac{150000}{10(7{,}5 + 3{,}75)(\sin 15° + \sin 60°)}\ \text{N/cm}^2$$

$$p_e = 1185{,}3491\ \text{N/cm}^2 = 11{,}8535 \cdot 10^6\ \text{N/m}^2$$

$$p_e = 118{,}535\ \text{bar} \approx 118{,}5\ \text{bar}$$

Schmiermittelvolumenstrom in axialer Richtung:

$$\dot{Q}_a = \dfrac{\Delta p\, \Delta r^3\, R}{12 \eta l_a}\, [I(\varphi_1, \varepsilon) - I(\varphi_0, \varepsilon)] \quad \text{nach Gl. (5.91)}$$

mit

$$\Delta p = p_e$$

und

$$I(\varphi, \varepsilon) = \varphi - 3\varepsilon \sin \varphi + 3\varepsilon^2 \left(\dfrac{\sin \varphi \cos \varphi}{2} + \dfrac{\varphi}{2} \right) + \varepsilon^3 \left(\dfrac{\sin \varphi \cos^2 \varphi}{3} + \dfrac{2}{3} \sin \varphi \right)$$

Anmerkung: Der Winkel φ ist im Bogenmaß einzusetzen!

$$I(\varphi_1 = 15°,\ \varepsilon = 0{,}3333) = 0{,}097658$$

$$I(\varphi_0 = 0°,\ \varepsilon = 0{,}3333) = 0$$

$$\dot{Q}_a = \dfrac{11{,}85 \cdot 10^6 \cdot 1{,}5^3 \cdot 10^{-12} \cdot 100 \cdot 10^{-3}}{12 \cdot 33 \cdot 10^{-3} \cdot 37{,}5 \cdot 10^{-3}} \cdot 0{,}097658\ \text{m}^3/\text{s}$$

$$\dot{Q}_a = 26{,}3011 \cdot 10^{-6}\ \text{m}^3/\text{s} = 26{,}3011\ \text{cm}^3/\text{s}$$

$$\dot{Q}_a = 1{,}5781\ \text{dm}^3/\text{min}$$

Gesamter axialer Schmiermittelvolumenstrom:

$$\dot{Q}_A = 4\dot{Q}_a = 105{,}2044\ \text{cm}^3/\text{s} = 6{,}3123\ \text{dm}^3/\text{min}$$

Schmiermittelvolumenstrom in Umfangsrichtung:

$$\dot{Q}_t = \dfrac{\Delta p\, b_t\, \Delta r^3}{12 \eta R} \cdot \dfrac{1}{I_1(\varphi_2, \varepsilon) - I_1(\varphi_1, \varepsilon)} \quad \text{nach Gl. (5.96)}$$

10.3 Hydrostatische Lager

mit

$\Delta p = p_e$

und

$$I_1(\varphi, \varepsilon) = \frac{\varepsilon \sin \varphi (4 - \varepsilon^2 - 3\varepsilon \cos \varphi)}{2(1-\varepsilon^2)^2 (1 - \varepsilon \cos \varphi)^2} + \frac{2 + \varepsilon^2}{(1-\varepsilon^2)^{5/2}} \arctan\left(\frac{1+\varphi}{\sqrt{1-\varepsilon^2}} \tan \frac{\varphi}{2}\right)$$

Anmerkung: Der Winkel φ und der nach Berechnung der arc tan-Funktion sich ergebende Winkel sind im Bogenmaß einzusetzen!

$I_1(\varphi_2) = 60°, \varepsilon = 0{,}3333) = 3{,}434516$

$I_1(\varphi_1) = 15°, \varepsilon = 0{,}3333) = 1{,}211030$

$$\dot{Q}_t = \frac{11{,}85 \cdot 10^6 \cdot 75 \cdot 10^{-3} \cdot 1{,}5^3 \cdot 10^{-12}}{12 \cdot 33 \cdot 10^{-3} \cdot 100 \cdot 10^{-3}} \cdot \frac{1}{3{,}434516 - 1{,}211030} \, \text{m}^3/\text{s}$$

$\dot{Q}_t = 34{,}0662 \cdot 10^{-6} \, \text{m}^3/\text{s} = 34{,}0662 \, \text{cm}^3/\text{s}$

$\dot{Q}_t = 2{,}0440 \, \text{dm}^3/\text{min}$

Gesamter Schmiermittelstrom in Umfangsrichtung:

$\dot{Q}_T = 2\dot{Q}_t = 68{,}1324 \, \text{cm}^3/\text{s} = 4{,}088 \, \text{dm}^3/\text{min}$

Gesamter Schmiermittelbedarf für das Lager:

$\dot{Q} = \dot{Q}_A + \dot{Q}_T = 105{,}2044 + 68{,}1324 \, \text{cm}^3/\text{s} = 173{,}3368 \, \text{cm}^3/\text{s}$

$\dot{Q} = 10{,}400 \, \text{dm}^3/\text{min} \approx 10{,}5 \, \text{dm}^3/\text{min} = 175 \, \text{cm}^3/\text{s}$

Pumpenleistung:

$$P_P = \frac{\dot{Q} \Delta p}{\eta_P} \quad \text{nach Gl. (5.56)}$$

mit $\Delta p = p_e + p_{\text{Verlust}} \approx 1250 \, \text{N/cm}^2$

$$P_P = \frac{175 \cdot 1250}{0{,}6} \, \text{Ncm/s}$$

$P_P = 364583{,}33 \, \text{Ncm/s} = 3645{,}83333 \, \text{Nm/s}$

$P_P = 3645{,}83 \, \text{W} \approx 3{,}65 \, \text{kW}$

Schmiermittelerwärmung:

$$\Delta\vartheta = \frac{P_P}{c\varrho\dot{Q}} \quad \text{nach Gl. (5.60)}$$

$$\Delta\vartheta = \frac{3645{,}83}{1630 \cdot 860 \cdot 175 \cdot 10^{-6}} \, \text{K}$$

$\Delta\vartheta = 14{,}86 \, \text{K} = 14{,}86 \, °\text{C}$

$\Delta\vartheta \approx 15 \, °\text{C}$

Diskussion der Ergebnisse:

Der Schmiermitteldruck in der Schmiertasche von ca. 120 bar und der Schmiermittelvolumenstrom von ca. 10,5 dm³/min können in der Praxis realisiert werden. Der Schmiermittelvolumenstrom kann bezüglich der Erwärmung des Schmiermittels von ungefähr 15°C als noch ausreichend angesehen werden. Es ist anzumerken, daß die Reibleistung im Schmiermittel durch die Schubspannungen bei der Berechnung der Temperaturerhöhung des Schmiermittels vernachlässigt wurde. Der durch sie zusätzlich noch eingebrachte Energiestrom kann in erster Näherung dem Energiestrom gleichgesetzt werden, der durch Wärmeübergang von der Lageroberfläche abgeführt wird und bei der vorliegenden Abschätzung der Schmiermittelerwärmung vernachlässigt wurde. Hinsichtlich des Zusammenhangs zwischen der bei der Berechnung vorgegebenen Schmiermittelviskosität und der Schmiermittelerwärmung sei auf das Beispiel bei den hydrostatisch arbeitenden Axiallagern sowie auf die Ausführungen bei den stationär belasteten Radialgleitlagern verwiesen.

10.4 Magnetlager

Seit etwa zwanzig Jahren werden besonders im Bereich der Navigationstechnik sowie der Meß- und der Präzisionsinstrumententechnik erhöhte Forderungen an die Lagerungen gestellt. Im wesentlichen werden hier verschleißfreie, reibungsfreie, wartungsfreie (schmiermittelfreie) und betriebssichere Lager benötigt.

Bei konventionellen Lagern auf der Basis Gleit- und/oder Wälzreibung ist immer ein Schmiermittelbedarf, ein Reibungsmoment, ein Verschleiß (Ausnahmen: hydro- und aerostatisch arbeitende Lager laufen verschleißfrei!) und keine hohe Führungsgenauigkeit vorhanden.

Mit aerostatisch arbeitenden Lagern — sogenannten Preßgas- oder Preßluftlagern — können einige dieser Forderungen voll, aber einige auch nur teilweise erfüllt werden.

Müssen die Lager für eine besondere technologische Konzeption absolut verschleiß-, reibungs- und wartungsfrei sowie betriebssicher laufen, dann muß eines der beiden gepaarten Teile berührungsfrei oder freischwebend zum anderen Teil gehalten werden.

Diese freischwebende Lagerung von Körpern im magnetischen und elektrischen Feld kann durch magnetische, elektrostatische und elektrodynamische Feldkräfte verwirklicht werden.

Die magnetischen Feldkräfte wurden vor mehr als eineinhalb Jahrhunderten von Coulomb quantitativ ermittelt. Nach dem Coulombschen Kraftgesetz besteht zwischen der Kraft und dem Produkt der Polstärken der beiden Magnete ein direkter und zwischen der Kraft und dem Quadrat des Abstandes der beiden gepaarten Pole ein indirekter Zusammenhang.

Für die elektrostatischen Kräfte gilt nach Coulomb eine äquivalente Gesetzmäßigkeit wie für die magnetischen Feldkräfte. Zwischen der elektrostatisch induzierten Kraft und dem Produkt zweier Ladungen besteht eine direkte und zwischen der Kraft und dem Quadrat des Abstandes der beiden Ladungen eine indirekte Abhängigkeit.

Die elektrodynamischen Kräfte werden durch ein Magnetfeld bewirkt, das von einem stromdurchflossenen Leiter induziert wird. Oersted, Faraday und Maxwell haben die Phänomene und die Gesetzmäßigkeiten der Induktion und der gekoppelten elektromagnetischen Felder, mit denen elektrodynamische Kräfte bewirkt werden können, vor ungefähr eineinhalb Jahrhunderten gefunden. Im Prinzip bestehen zum Aufbau dieser elektrodynamischen Feldkräfte zwei Möglichkeiten. Die eine berücksichtigt die Kraftwirkung zwischen einem ferromagnetischen Material (z. B. Eisen, Kobalt-Seltene-Erden-Verbindungen) und dem Feld eines Elektromagneten. Die andere Möglichkeit basiert auf der gegenseitigen Beeinflussung der Wechselwirkung zweier stromdurchflossener Leiter in einem magnetischen Feld. Die dabei induzierte Kraft kann je nach der Richtung des relativen Stromflusses in den zwei elektrischen Leitern eine Anziehungs- oder eine Abstoßkraft sein.

Für eine Kraftwirkung zwischen den beiden elektrischen Leitern müssen diese nicht unbedingt gleichzeitig an einer Spannungsquelle liegen. Durch das Phänomen der Induktion können nämlich über unabhängige Spannungsquellen Ströme in isolierten Leitern oder Stromkreisen bewirkt werden. Es gibt Magnetlager, deren Wirkungsprinzip dem der Käfiganker- oder Kurzschlußläufermotoren (Induktionsmotoren) identisch ist, es gibt aber bereits auch Lösungsvorschläge, die Kryomagnete aufweisen und damit den Supramagnetismus der Supraleiter zweiter Art aus Niob-Zinn-, Niob-Zirkon- und Niob-Tantal-Legierungen ausnützen.

10.4.1 Eigenschaften von Magnetlagern

Die heute vornehmlich eingesetzten aktiven Magnetlager haben gegenüber den mechanischen Lagern zahlreiche Vorteile, die von deren Wirkungsprinzip und deren Steuerungsaufbau herrühren.

Vorteile auf Grund des Wirkungsprinzips:

Keine Schmierung,
keine Dichtungen oder Sperrmedien für das Schmiermittel,
Wartungsfreiheit,
keine Reibung, kein Reibungsmoment,
geräuschloser Lauf,
geringe Erwärmung,
geringer Leistungsbedarf zur Aufrechterhaltung der Drehzahl,
Einsatz bis zu Umfangsgeschwindigkeiten von 200 m/s,
Einsatz bei Hochvakuum,
Einsatz bei steriler Umgebung,
Einsatz in korrosiver und radioaktiver Umgebung.

Vorteile auf Grund der aktiven Steuerung:

Steuerung und Regelung der Lagerkräfte in Größe und Richtung in Abhängigkeit vom Lagerspalt durch Stellungsmeßgeber (Sensoren) in Verbindung mit einer Auswerteelektronik und Leistungsverstärkern.

Daraus ergeben sich:

Sehr hohe Laufgenauigkeit (bis 0,1 µm),
Verschiebbarkeit der Rotationsachse im Lagerspalt,
hohe Schwingungsdämpfung,
schneller Lauf durch kritische Drehzahlen,
Überwachung der Rotorlage,
laufende Messung der Unwucht,
kontinuierliches Auswuchten.

Zur Verschiebbarkeit der Rotorachse im Lagerspalt ist anzumerken, daß diese nur im Bereich einiger Zehntelmillimeter möglich ist, weil der Lagerspalt in Magnetlagern üblicherweise bei 0,25 mm (kleine Durchmesser) bis 0,5 mm (große Durchmesser) liegt.

Ein weiterer Vorteil von aktiven Magnetlagerungen ist die Möglichkeit der Verwirklichung einer sehr hohen Sicherheit gegen Ausfallen. Durch eine zwei- oder mehrfache Anordnung der Elektromagneten (Magnetspulen) und der Stellungsmeßgeber sowie den Einbau einer Zwei- oder Mehrfachelektronik (Parallelschaltung!) kann eine einfache oder mehrfache Redundanz erreicht werden. Ein Lagerausfall infolge der Zerstörung eines mechanischen Bauteiles ist ausgeschlossen. Ein Ausfall durch Defekt eines elektronischen Bauteiles ist zwar möglich, kann aber durch eine mehrfach parallele (redundante) Anordnung und/oder eine vorbeugende Wartung dieser Teile, insbesondere der elektronischen Verstärker, mit hoher, fast an Sicherheit grenzender Wahrscheinlichkeit vermieden werden. Außer dem Austausch von elektronischen Einschüben in den Verstärkern ist keine Wartung erforderlich.

Aktive Magnetlager haben somit Eigenschaften, die sich für die unterschiedlichsten Einsatzfälle empfehlen und nachfolgend zusammengestellt sind [10.43].

1. Lager für große schnellaufende Maschinen, z. B. Gas- und Dampfturbinen, Turboverdichter, Lüfter und Kompressoren:

    keine Schmiermittel,
    keine Dichtungen und keine Sperrmedien,
    großer Temperatureinsatzbereich ($-200\,°C \leq \vartheta \leq +450\,°C$),
    keine Drehzahlabhängigkeit,
    Möglichkeit der Mehrfachlagerung,
    nur begrenzte Auswuchtung (Einregelbarkeit der Rotationsachse auf die Trägheitsachse),
    keine Schwingungen,
    sehr geringe Lagerreibung,
    Konstruktion hermetisch geschlossener Maschinen.

2. Lager für große langsamlaufende Maschinen mit hoher Laufgenauigkeit, z. B. Papierverarbeitungs- und Druckereimaschinen:

    hohe Laufgenauigkeit,
    Nachregelbarkeit der Rotationsachse,
    keine Beschädigung der Magnetflächen beim Ein- und Ausbau des Rotors durch mechanische Anschläge,
    sehr geringe, konstante Lagerreibung.

3. Lager für kleine schnellaufende Maschinen mit hoher Laufgenauigkeit, z. B. Werkzeugmaschinen:

    hohe gleichbleibende Laufgenauigkeit,
    höchste Drehzahlen,
    kein Verschleiß,
    lange Lebensdauer,
    präzise Regelung der Rotationsachse (Ausgleich der Werkzeugabnützung),
    geringes Reibmoment,
    geringe Erwärmung (maßstabiles System).

4. Lager für kleine schnellaufende Maschinen mit besonderen Betriebsbedingungen (z. B. Hochvakuumpumpen, Pumpen und Zentrifugen für sterile, korrosive

10.4 Magnetlager

oder radioaktive Medien):

keine Verunreinigung durch Schmiermittel,
kein Verschleiß,
keine Schwingungen,
geringes Reibmoment,
keine Erwärmung.

10.4.2 Wirkungsweise und prinzipieller Aufbau von magnetischen Lagerungen

10.4.2.1 Elektromagnet-Lager

Nach [10.41—10.43 u. 10.45—10.47] wird in einem aktiven magnetischen Lager der rotierende Körper (Rotor) mit Hilfe geregelter elektromagnetischer Anziehungskräfte stabil in einem gewünschten Abstand, d. h. berührungsfrei oder freischwebend, vom feststehenden Körper (Stator) gehalten. Eingebaute induktive Stellungsmeßgeber (Sensoren) überwachen den Abstand des Rotors vom Stator und geben ein Meßsignal zu einer Auswertelektronik, in der ein Soll-Ist-Wert-Vergleich durchgeführt wird. Ein Regler gibt Impulse an einen Leistungsverstärker, der die Energieversorgung der Elektromagnete und damit deren Anziehungskräfte steuert. Der Regelkreis einer aktiven Magnetlagerung ist in Bild 10.61 als Blockdiagramm gezeigt.

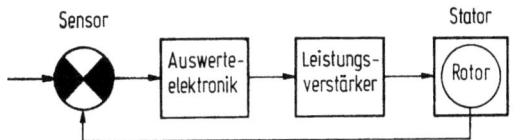

Bild 10.61   Regelkreis einer aktiven Magnetlagerung [10.43]

Nach der schematischen Darstellung eines aktiven Magnetlagers zur Aufnahme von Radialkräften mit Sensoren zur direkten Überwachung und Stabilisierung der Position des Rotors in Bild 10.62 sind im Stator mindestens vier Elektromagnete mit zusammen acht Polen untergebracht. Unter diesen Elektromagneten sitzen die induktiven Sensoren. Der Rotor und der Stator bestehen im Bereich des Lagers aus ringförmigen Eisenblechpaketen. Das Statorblechpaket hat ferner die Erregerwicklungen für die Elektromagneten ähnlich wie bei einem

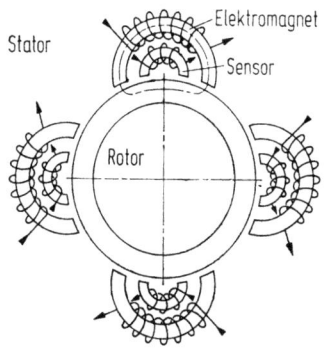

Bild 10.62   Prinzipieller Aufbau eines aktiven Magnetlagers [10.42]

Asynchronmotor. Die Lamellierungen des Rotors und des Stators sind senkrecht zur Rotorachse gerichtet. Nach Bild 10.63 kann sich der Rotor innerhalb oder außerhalb des Stators befinden. Bei kleinen Lagerdurchmessern sind mindestens acht Magnetpole und bei großen Lagerdurchmessern maximal 32 Magnetpole untergebracht, die zur Gewährleistung einer hohen Betriebssicherheit noch redundant mit elektromagnetischen Spulen bestückt sind. Die induktiven Stellungsgeber oder Sensoren bestehen ebenfalls aus Eisenblechringen am Rotor und einem Statorblechpaket mit wesentlich mehr Polen und Wicklungen, als sie der Stator der Elektromagnete aufweist. Diese sehr genauen Sensoren registrieren jede Lageänderung der Rotorachse nach Größe und Richtung.

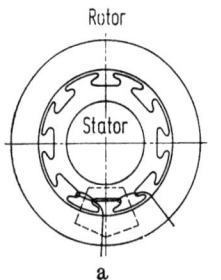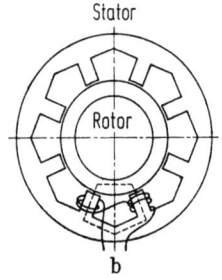

Bild 10.63 Grundsätzliche Ausführungsmöglichkeiten für radiale Magnetlager [10.42]
a) Rotor umfaßt Stator;
b) Stator umfaßt Rotor

Zur Aufnahme von Axialkräften muß im Magnetlager ein ebener axialer Lagerspalt vorgesehen werden. Die Konstruktion eines Axiallagers ist nach Bild 10.64 so ausgeführt, daß eine auf dem Rotor befestigte Scheibe aus massivem Stahl und mit radialen Einschnitten zwischen zwei Ringmagneten sich dreht, die in einem Statorgehäuse fest verankert sind. Die in axialer Richtung, und zwar beidseitig der Rotorscheibe, wirkenden elektromagnetischen Anziehungskräfte fixieren den Rotor zwischen den beiden Ringmagneten. Zur Regelung dieser elektromagnetischen Kräfte sind auf beiden Seiten der Rotorscheibe im Statorgehäuse induktive Sensoren eingebaut, die den Abstand des Rotors vom Stator registrieren und über eine Auswerteelektronik und einen Leistungsverstärker die Regelung der Energieversorgung der Elektromagnete bewirken.

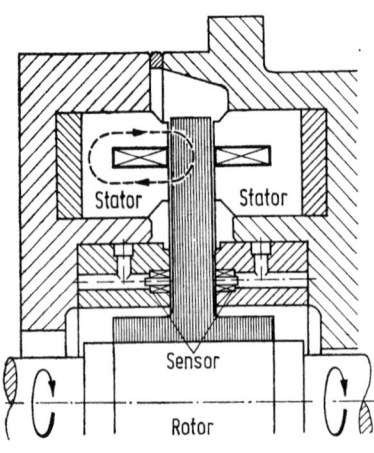

Bild 10.64 Prinzipieller Aufbau eines zweiseitig wirkenden Axiallagers [10.42]

10.4 Magnetlager

Die komplette Lagerung eines Rotors muß auch bei der Verwendung von Magnetlagern so ausgeführt sein, daß zwei in radialer Richtung und eine in axialer Richtung wirkende Kräfte aufgenommen werden können. Es sind daher zwei Radiallager mit den dazugehörigen Radialsensoren und ein zweiseitig wirkendes Axiallager mit beiderseitigen Axialsensoren erforderlich. Bild 10.65 zeigt die Magnetlagerung einer Turbomolekularpumpe mit zwei Radiallagern (oberes und unteres Lager) und einem einseitig wirkenden Axiallager. Die Lagerung einer Rotationstrommel für ein Bildaufzeichnungsgerät ist in Bild 10.66 dargestellt. Die jeweils einseitig wirkenden Axiallager sind an den beiden Statorenden angeordnet. Bei beiden Konstruktionen liegt der Stator innerhalb des Rotors, und es sind Wälzlager zwischen Rotor und Stator angeordnet, die beim Ausfall der Stromversorgung oder der Regelungselektronik einen Notlauf ohne Beschädigung der Oberflächen der Blechpakete garantieren.

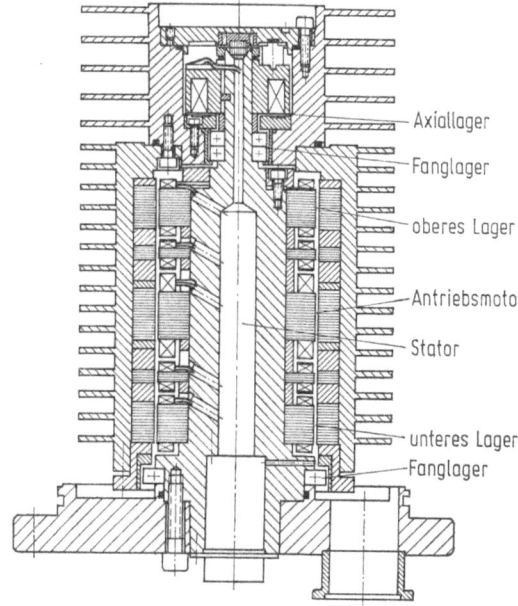

Bild 10.65 Lagerung einer Turbomolekularpumpe durch zwei Radial- und ein einseitig wirkendes Axial-Magnetlager [10.42]

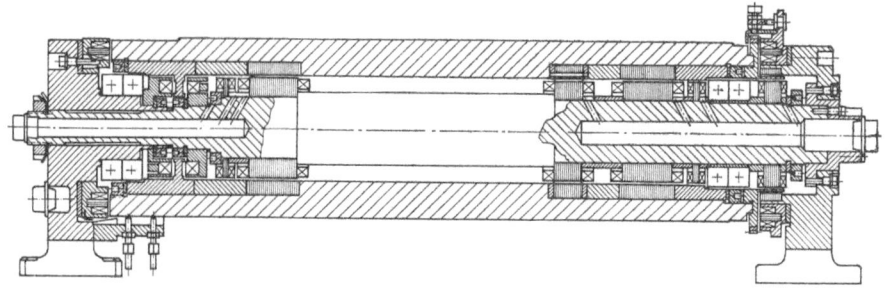

Bild 10.66 Lagerung einer Rotationstrommel durch zwei Radial- und zwei einseitig wirkende Axial-Magnetlager [10.42]

Neben den reinen Radiallagern mit einem zylindrischen Spalt und den reinen Axiallagern mit einem ebenen und in axialer Richtung zeigenden Spalt gibt es auch kombinierte Lager mit einem kegeligen Spalt, die sich zur Aufnahme von Radial- und Axialkräften eignen.

10.4.2.2 Permanentmagnet-Lager

Permanentmagnet-Lager sind nach [10.44, 10.45 u. 10.48] so aufgebaut, daß auf dem zu lagernden Rotor an den radialen Lagerstellen magnetische Ringmagnete (1) nebeneinander verdrehfest sitzen (Bild 10.67). Der Rotor mit den inneren Ringmagneten wird an den Lagerstellen von ebensovielen nebeneinander im Stator festsitzenden Ringmagneten (2) umschlossen. Diese äußeren Ringmagnete sind entgegengesetzt zu den radial gegenüberliegenden inneren Ringmagneten gepolt. Für die äußeren und inneren Ringmagnete gilt, daß nebeneinander liegende Ringe entgegengesetzte Polarität aufweisen.

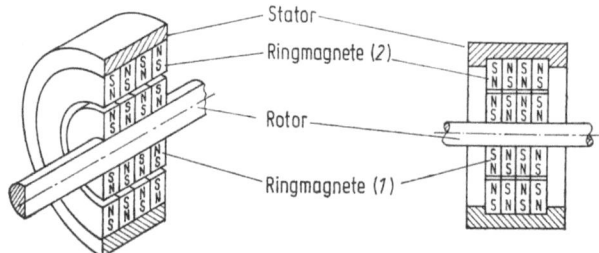

Bild 10.67 Prinzipieller Aufbau eines Permanentmagnet-Lagers

Die entgegengesetzte Polarität der radial gegenüberliegenden Ringmagnete hat bei einer radialen Verlagerung des Rotors gegenüber dem Stator den Vorteil, daß die Abstoßkräfte an der Stelle, an der zwischen den Ringmagneten der kleinste radiale Spalt ist, größer sind als an der diametral gegenüberliegenden Stelle mit dem größten Spalt. Der Rotor ist also hinsichtlich seiner radialen Lage in einem stabilen Gleichgewicht. Bei gleichgerichteter Polarität der radial gegenüberliegenden Ringmagnete wäre bezüglich der radialen Lage des Rotors ein instabiler oder labiler Zustand vorliegend.

Bezüglich einer axialen Rotorverlagerung ist die entgegengesetzte Polarität der radial gegenüberliegenden Ringmagnete aber nachteilig, weil bei einer axialen Auslenkung die entgegengesetzten Pole teilweise radial miteinander gepaart werden und dadurch in axialer Richtung eine Kraftkomponente bewirken, die in Richtung der Auslenkung wirkt. Hinsichtlich der axialen Rotorlage liegt also ein labiles Gleichgewicht vor, auf das Earnshaw [10.45] bereits bei der Erforschung der Grundlagen der Magnetostatik hingewiesen hat. Das von ihm aufgestellte Theorem besagt nämlich, daß ein Permanentmagnet im Feld anderer Permanentmagnete nicht im stabilen Gleichgewicht sein kann. Diese axiale Instabilität kann in Grenzen gehalten werden, wenn die mögliche axiale Auslenkung durch einen Anschlag begrenzt wird.

In [10.45] wird gezeigt, daß es günstig ist, die Lagerstellen nicht aus einem einzigen inneren und äußeren Ringmagneten mit gleicher Polarität über die Gesamtbreite, sondern aus einer Anzahl von nebeneinander liegenden inneren und äußeren Ringmagneten mit entgegengesetzter Polarität aufzubauen.

10.4.3 Dimensionierung von Magnetlagern

Bei der Berechnung von Magnetlagern werden vornehmlich die Tragfähigkeit, die Leistungsverluste, die Leistungsaufnahme und die Steifigkeit berücksichtigt.

10.4.3.1 Tragfähigkeit

Die Tragfähigkeit ist abhängig von der magnetischen Induktion im Luftspalt, dem Querschnitt der Magnetpole und der Geometrie der Lagerfläche. Die magnetische Induktion wird von der Art des verwendeten ferromagnetischen Werkstoffes bestimmt und liegt bei handelsüblichen Eisen-Silizium-Blechen bei 1,1 bis 1,2 Tesla (1 Tesla = 1 Wb/m² = 1 Weber/m²) und bei hochlegierten Blechen (49% Fe, 49% Co, 2% V) bei ca. 1,5 Tesla. Für die spezifische Tragfähigkeit, die mit diesen Werkstoffen zu erreichen ist, können folgende Werte angesetzt werden [10.41]:

in radialer Richtung:

$p_r = 25$ N/cm² für Eisen-Silizium-Bleche;
$p_r = 50$ N/cm² für Eisen-Kobalt-Bleche;

in axialer Richtung:

$p_a = 50$ N/cm² für Eisen-Silizium-Bleche;
$p_a = 100$ N/cm² für Eisen-Kobalt-Bleche;

Tragfähigkeit eines Radiallagers:

$$C_r = p_r DB. \tag{10.46}$$

Dabei bedeuten:

C_r = radiale Tragfähigkeit in N;
p_r = radiale spezifische Tragfähigkeit in N/cm²;
D = Rotordurchmesser in cm;
B = Breite des lamellierten Rotorabschnitts in cm.

Zahlenbeispiel:

$p_r = 25$ N/cm²; $D = 250$ mm; $B = 250$ mm;
$C_r = 15\,625$ N.

Tragfähigkeit eines Axiallagers:

$$C_a = p_a \pi D_e h. \tag{10.47}$$

Dabei bedeuten:

C_a = axiale Tragfähigkeit in N;
p_a = axiale spezifische Tragfähigkeit in N/cm²;
D_e = äußerer Rotordurchmesser (Scheibendurchmesser) in cm;
h = Breite des Blechpaketes in cm

Zahlenbeispiel:

$p_a = 50$ N/cm²; $D_e = 750$ mm; $h = 200$ mm;
$C_a = 75\,000$ N.

10.4.3.2 Verlustleistung

Leistungsverluste, hervorgerufen durch Ummagnetisierungsverluste auf Grund von Hysterese und von Wirbelströmen, lassen sich für eine waagerechte Welle durch folgende Beziehung ermitteln [10.41]:

$$P_\mathrm{V} = F_\mathrm{L} \left[0{,}02\, \frac{n}{100} + 0{,}005 b \left(\frac{n}{100}\right)^2 \right]. \tag{10.48}$$

Dabei sind:

P_V = Verlustleistung in W;
F_L = Lagerkraft in radialer Richtung in N;
n = Drehzahl des Rotors in 1/s;
b = Polzahlkoeffizient ($b = 2$ bei kleinen Lagern bis $b = 6$ bei großen Lagern).

Zahlenbeispiel:
$F_\mathrm{L} = 10\,000$ N; $n = 150$ 1/s; $b = 6$;
$P_\mathrm{V} = 975$ W.

Bei senkrechter Anordnung der Welle ist die Verlustleistung wesentlich kleiner. Sie kann in erster Näherung vernachlässigt werden.

10.4.3.3 Leistungsbedarf

Der Leistungsbedarf auf Grund der Ohmschen Verluste in der elektronischen Schaltung läßt sich näherungsweise nach folgender Gleichung bestimmen [10.42]:

$$P \approx d\, \sqrt{G}. \tag{10.49}$$

In dieser Gleichung bedeuten:

P = Leistungsaufnahme in W;
d = Elektronikkoeffizient in $\mathrm{W \cdot kg^{-1/2}}$;
G = Rotormasse in kg.

Zahlenbeispiel:
$G = 1000$ kg; $d = 30$ $\mathrm{W \cdot kg^{-1/2}}$;
$P \approx 950$ W.

10.4.3.4 Steifigkeit

Die Lagersteifigkeit oder das elastische Verhalten wird bei Wälzlagern von der Lagergeometrie und den verwendeten Werkstoffen für die Wälzkörper, den Lagerinnen- sowie den Lageraußenring festgelegt und ist damit über den gesamten Drehzahlbereich eine konstante Größe. Bei Gleitlagern spielt das Schmiermittel im Schmierspalt — insbesondere der Schmiermitteldruck und der Schmiermittelvolumenstrom — neben der Lagergeometrie und den Werkstoffen für die Welle und die Lagerschale eine besondere Rolle. Wegen der Drehzahlabhängigkeit der Bedingungen im Schmierspalt ist die Lagersteifigkeit bei Gleitlagern im Regelfall eine über den gesamten Drehzahlbereich variable Größe.

Aktive Magnetlager haben eine Steifigkeit, die von der Eigenfrequenz des stellungszugeordneten Regelkreises und der Lagerbelastung abhängig ist. Im

Regelfall ist die Steifigkeit einer aktiven Magnetlagerung kleiner als die eines Wälzlagers, sie kann aber im Rahmen der Betriebsbedingungen dem jeweiligen Anwendungsfall angepaßt werden.

Nach [10.42] läßt sich der Minimalwert der Steifigkeit bei einem Magnetlager nach folgender Gleichung ermitteln:

$$R_0 = (2\pi f_0)^2 \, G \, 10^{-6}. \tag{10.50}$$

Dabei bedeuten:

R_0 = minimale Steifigkeit in N/μm bei der Eigenfrequenz f_0;
f_0 = Eigenfrequenz des gesamten Regelkreises in Hz (je nach dem Verstärkertyp liegt f_0 zwischen 150 und 500 Hz);
G = vom Lager aufzunehmende Rotormasse in kg.

Zahlenbeispiel:

G = 1000 kg; f_0 = 200 Hz;
R_0 = 1580 N/μm.

Bei langsamen Störfrequenzen f ($f < f_0$) ist die Steifigkeit R größer als die Steifigkeit R_0 bei f_0. Mit zunehmender Störfrequenz nimmt die Steifigkeit eines Magnetlagers also ab. Der kleinste mögliche Wert ist die Steifigkeit R_0 bei der Eigenfrequenz f_0 des stellungszugeordneten Regelkreises.

Literatur zu Kapitel 10

10.1 Müller, R.; Roemer, E.: Der Einfluß der Alterung der Stahlstützschale auf das Verhalten von Gleitlagern. MTZ 28 (1967) H. 2, S. 2.
10.2 Raimondi, A. A.: A Numerical Solution for the Gas Lubricated Fully Journal Bearing of Finite Length. ASLE-Trans., Vol. 4 (1961) p. 131—155.
10.3 Schlichting, H: Aerodynamik des Flugzeuges. 1. Band. Berlin: Springer 1967.
10.4 Kayser, H. D.: Ein Beitrag zur Bestimmung der Betriebsgrenzen aerodynamischer Querlager im Schwerlastbereich. Diss. RWTH Aachen 1973.
10.5 Samerski, L.: Beitrag zur Bestimmung des hydrodynamischen Schmierfilmdruckverlaufs in einem Radialgleitlager mit poröser Lagerbuchse. VDI-Z. 115 (1973) S. 65—71.
10.6 Dietz, R.: Verhalten von statisch belasteten kreiszylindrischen Gleitlagern im Bereich des Reibungsminimums. Diss. Universität Karlsruhe 1968.
10.7 Cameron, A.; Morgan, V. T.; Stainsky, A. E.: Critical conditions for hydrodynamic lubrication of porous metal bearings. Proc. Inst. Mech. Engrs., Vol. 176 (1967) 28, p. 761—769.
10.8 Rouleau, W. T.: Hydrodynamic lubrication of narrow pressfitted porous metal bearings. Journal Basic Engrg. 1968, p. 123—128.
10.9 Wildmann, M.: Paper Nr. 68-Lub S-43; ASME Lubrication Symposium, Las Vegas, Juni 1968.
10.10 Bartz, W. J.: Grundlagen des Folienlagers. Forschung Ing.-Wesen 41 (1975) 69—104.
10.11 Vogelpohl, G.: Betriebssichere Gleitlager, Berechnungsverfahren für Konstruktion und Betrieb. Berlin, Heidelberg, New York: Springer 1967.
10.12 Michell, A. G. M.: The Lubrication of Plane Surfaces. Z. Math. Phys. 52 (1905) 123—127.
10.13 Michell, A. G. M.: Progress of Fluid-Film Lubrication. Trans. ASME 51 (1929), APM 51-15, p. 153—163.
10.14 Steller, A.: Der Einfluß von Länge, Neigung und kleinster Spaltweite auf Tragfähigkeit, Reibungsbeiwert und hydrodynamischen Höchstdruck beim ebenen, keilförmigen Schmierspalt. Maschinenbau und Wärmewirtschaft 5 (1950) 113—119.
10.15 Pinkus, O.; Sternlicht, B.: Theory of Hydrodynamic Lubrication. New York, Toronto, London: MacGraw-Hill 1961.
10.16 Cameron, A.: Principles of Lubrication. London: Longmans Green 1966.
10.17 Cameron, A.: Basic Lubrication Theory. New York, London, Sydney, Toronto: John Wiley 1976.

10.18 Tipei, N.: Theory of Lubrication. With Application to Liquid- and Gas-Film Lubrication. Stanford: Stanford University Press (California) 1962.
10.19 Muskat, M.; Morgan, F.; Meres, M. W.: Studies in Lubrication VII: The Lubrication of plane sliders of finite width. J. appl. Physics (N.Y.) 11 (1940) 208—219.
10.20 Frössel, W.: Berechnung der Reibung und Tragkraft eines endlich breiten Gleitschuhes auf einer ebenen Gleitbahn. Z. angew. Math. Mech. 21 (1941) 321—340.
10.21 Duffing, G.: Die Schmiermittelreibung bei Gleitflächen von endlicher Breite. Handbuch der phys. u. techn. Mechanik von Auerbach-Hort, Bd. 5, S. 839—850. Leipzig: Barth 1931.
10.22 Jakobsson, B.; Floberg, L.: The rectangular plane pad bearing. Transactions of Chalmers University of Technology Gothenburg, Sweden Nr. 203, 1958.
10.23 Milowiz, K.: Lager und Schmierung. (Die Verbrennungskraftmaschine, Band 8, Teil 1, von H. List.) Wien: Springer 1962.
10.24 Gersdorfer, O.: Das Gleitlager. Wien, Heidelberg: Industrie- und Fachverlag R. Bohmann 1954.
10.25 Heidebroek, E.: Tragfähigkeitswerte für Lagerstoffe und Konstruktionsbeispiele; Wälzlager/Gleitlager. Berlin: VEB Verlag Technik 1954.
10.26 Schiebel, A.; Körner, K.: Die Gleitlager (Längs- und Querlager), Berechnung und Konstruktion. Berlin: Springer 1933.
10.27 Fuller, D. D.: Theorie und Praxis der Schmierung. Stuttgart: Verlag Berliner Union 1960.
10.28 Blasius, H.: Lagerreibung, hydrodynamische Theorie nach Sommerfeld und Michell; eine Darstellung der Grundlagen. Hamburg: Boysen und Maasch 1961.
10.29 Leyer, A.: Theorie des Gleitlagers bei Vollschmierung. Bern und Stuttgart: Hallwag 1967. Blaue TR-Reihe H. 46.
10.30 Siebers, G.: Hydrostatische Lagerungen und Führungen. Bern und Stuttgart: Hallwag 1971. Blaue TR-Reihe H. 97.
10.31 Kunkel, H.; Arsenius, T.: Hydrostatische Lager. Schweinfurt: SKF Kugellagerfabriken GmbH; Wälzlagertechnische Sonderschriften WTS 720301, S. 13—20.
10.32 Kunkel, H.; Hållstedt, G.: Hydrostatische Lager. Schweinfurt: SKF Kugellagerfabriken GmbH; Wälzlagertechnische Sonderschriften WTS 720301, S. 3—11.
10.33 Hydrostatiska Blocklager. Löser Ett Svart Lagringsproblem. Göteborg: SKF Göteborg Engineering 1975; Technical Information TI 7502.
10.34 Hydrostatische Segmentlager. Schweinfurt: SKF Kugellagerfabriken GmbH; ESW 75.02.
10.35 Bildtsén, C.; Hällnor, G.: Hydrostatische Segmentlager — die Lösung des Problems. Göteborg: Aktiebolaget Svenska Kugellagerfabriken; Kugellager-Zeitschrift Jg. 49, Nr. 181, S. 18—20.
10.36 Bildtsén, C.: Hydrostatische Segmentlager lassen beliebig große Durchmesser zu! Göteborg: Aktiebolaget Svenska Kugellagerfabriken; Kugellager-Zeitschrift Jg. 51, Nr. 190, S. 1—9.
10.37 Peeken, H.: Hydrostatische Querlager. Konstruktion 16 (1964) 266—276.
10.38 Peeken, H.: Dimensionierung und Optimierung hydrostatischer Querlager. VDI-Berichte Nr. 196 (1973) S. 5—11.
10.39 Peeken, H.: Die Berechnung hydrostatischer Lager. VDI-Berichte Nr. 248 (1975) S. 85—94.
10.40 Peeken, H.: Tragfähigkeit und Steifigkeit von Radiallagern mit fremderzeugtem Tragdruck (Hydrostatische Radiallager). Teil 1: Flüssigkeitslager. Konstruktion 18 (1966) 414—420. Teil 2: Gaslager. Konstruktion 18 (1966) 446—451.
10.41 Habermann, H.; Liard, G.: Das aktive Magnetlager — ein neues Lagerungsprinzip. SKF-Kugellager-Zeitschrift, Jg. 52, Nr. 192, S. 1—7.
10.42 Aktive Magnetlager. SKF-Technische Information Nr. 299.
10.43 Aktive Magnetlagerungen — Hohe Laufgenauigkeit — Einsatz in langsam- wie in schnellaufenden Maschinen. VDI-Nachrichten, Nr. 23 (1977) 8—9.
10.44 Kronenberg, K.-J.; Feldmann, D.: Axiale und radiale Dauermagnetlager nach einem neuen Selbstzentrierprinzip. Elektro-Anzeiger 27 (1974) 227—231.
10.45 Backers, F. Th.: Ein magnetisches Lager. Philips Technische Rundschau 22 (1960/61) S. 252—259.
10.46 Sixsmith, H.: Electromagnetic Bearing. The Review of Scientific Instruments 32 (1961) 1196—1197.
10.47 Buchhold, T. A.: The Magnetic Forces on Superconductors and their Applications for Magnetic Bearings. Cryogenics 1 (1961) 203—211.
10.48 McHugh, J. D.: Magnetic and Electrostatic Bearings. Mechanical Engineering, January 1965, p. 45.

Sachwortverzeichnis

Absolute Viskosität 25, 28, 33, 36, 37, 40
Additive 18, 49, 51
Adhäsionskräfte 13
Aerodynamische Lager 344
Aktive Magnetlagerung 399, 401
Aluminiumlager 58, 61, 63, 70
Amontonssches Reibungsgesetz 2
Anfahrvorrichtung, hydrostatische 119, 394
Anlaufen 119
Anreiber 72
Antiflußmittel 14, 15
Antioxydantien 49
ASTM-Industrieölklassifikation 34
Ausdehnungskoeffizient 17, 247
Ausklinkpunkt 15, 18
Auslaufen 119
Ausquetschzeit 89, 91
Auswaschung 73
Axiallager 93, 132, 359, 362, 379
—, Berechnung 362, 365, 368, 382
—, hydrodynamische 132, 359
—, hydrostatische 93, 98, 101, 379, 382
—, in Kombination mit Radiallager 319, 374
—, Schmiermittelbedarf 95, 139, 364, 367, 369
—, Tragfähigkeit 94, 97, 137, 145, 149, 150, 362, 381, 405
Axiallager-Konstruktionen 370, 372, 374, 376, 377

Babbitmetall 1
Beharrungszustand, thermischer 224, 236, 253
Belastbarkeit 157
Belastungsdiagramm 266, 278, 280, 379
Belastungskennzahl des Axiallagers 146
— des Radiallagers 21, 162
Berechnung, Axiallager, hydrodynamisch 134, 143, 359, 362, 365, 368, 382
—, —, hydrostatisch 93, 98, 101, 132, 379, 382
—, Radiallager, hydrodynamisch, statisch belastet 255, 329
—, —, —, dynamisch belastet 264
Betriebslagerspiel 246
Betriebstemperatur 85, 95, 244, 365
Bindefehler 78
Breitenverhältnis 156, 250
Bronzelager 57
Buchsen 63, 225, 247

Bundlager 63, 321, 374
Bürsten-Hypothese 15

Computer-Programm 177, 256, 277
Coulombsches Reibungsgesetz 2, 12

Dämpfungszahlen 292
Dauerfestigkeit 74, 79, 283
Deformation 17, 56, 251
Destillate 48
Detergent 49
Dichte, Schmiermittel 25, 45
DIN-Schmierölklassifikation 29
Dipoleffekt 15
Dispersant 49
Dissipationsenergie 126, 237
Drehungsdruckentwicklung 158, 264, 274
Dreikeillager 308
Druckabhängigkeit der Viskosität 40, 43, 44
Druckkammerlager 81
Druckkoeffizient 41, 42, 43, 44
Drucklager 81, 93, 359
Druckschmierung 81, 224, 245, 254
Druckverteilung im hydrodynamischen Axiallager 136, 144
Druckverteilung im hydrodynamischen Radiallager 162, 164, 177, 192, 274, 278, 280
Druckverteilung im hydrostatischen Lager 86, 91, 94, 96, 98, 101
Durchbiegung der Welle 17, 251
Dynamische Belastung 263
Dynamische Viskosität 25, 28, 33, 36, 37, 40

Earnshaw-Theorem 404
Ebener Gleitschuh 133, 134, 139, 143, 148, 150
Einbaufehler 78, 328
Einbaulagerspiel 248
Einbettfähigkeit 56
Einlaufen 14, 19, 56, 253, 343
Einsatzbereich von Lagern 3
Einseitig wirkendes Magnet-Axiallager 403
Einspeisung des Öls 83, 121, 235, 318, 392
Eisenblechringe 402
Elastische Lagerabstützung 361, 375
Elastizitätsmodul 17, 59, 248, 288
Elektromagnet-Lager 401
Energiegleichung 125, 237
Englergrad 26, 27, 37
Epilamentheorie 15

Ermüdung 57, 74, 79, 283
Erosion 73
Extrem-Pressure (EP-)-Zusatz 49
Exzentrizität 20, 127, 156

Federzahlen 292
Ferromagnetisches Material 399
Festeingearbeitete Keilflächen 134, 151, 370, 371, 374, 376
Festigkeit 59
Festkörperreibung 11
Festringschmierung 318
Festschmierstoff 51
Fettöle 48
Fettschmierung 14, 51
Filter 382, 393
Flammpunkt von Ölen 31, 32
Flanschlager 319
Fließgrenze 59
Flüssigkeit, Newtonsche 25
—, Nicht-Newtonsche 25
Flüssigkeitsreibung 9, 16
Fluid-Reibung 9, 16
Folienlager 355
Formstabilität 17, 251
Freiräumung 234
Fressen 56, 68, 72

Gase, Viskosität von 38, 53, 351
—, Viskositäts-Druck-Verhalten 53
—, Viskositäts-Temperatur-Verhalten 38, 53, 351
Gaslager 344
Gefettete Öle 48
Gemittelte Rauhtiefe 17, 251
Geometrie des Schmierspaltes 90, 134, 148, 151, 307
Geschwindigkeitsgefälle 25
Geschwindigkeitsverteilung 131, 133, 134, 139
Glättung 17, 151
Gleiteigenschaften von Werkstoffen 57
Gleitflächen 133
—, geneigte 134
—, parallele 133
Gleitlager, axiales 134, 359
—, radiales 153, 318
Gleitlager-Ausführungsformen 61, 96, 97, 98, 99, 101, 102, 103, 108, 318, 321, 326, 359, 360, 361, 370—377, 385, 389, 394, 401, 402, 404
Gleitlagerschwingungen 290
Gleitreibung 9, 11
Gleitschuh, ebener 133, 134, 143, 148, 150
—, ebener mit Rastfläche 148, 150, 360, 370, 372
Gleitschuh, rechteckiger 134, 143, 151
Gleitschuhlagerung 134, 139, 142, 143, 148, 149, 150
Gleitschuhsegment 370, 372, 373, 376
Grenzreibung 9, 14, 18
Grenztragfähigkeit 213, 250
Gümbelkurve 182, 314, 350, 354

Haftreibung 11
Hagen-Poiseuille-Gesetz 85, 86, 88, 90, 226
Halbfrequenzwirbel 291, 300
Halbschalen 64, 247, 321
Halbumschließendes Lager 180, 218
Hauptlager 281
Heavy-Duty (HD-)-Zusatz 49
Heißlauf 74
Hydrodynamisch wirksame Geschwindigkeit 158
Hydrodynamische Schmierung 124, 153, 224, 263, 318, 359
Hydrodynamischer Druckfilm, Radiallager 89
Hydrodynamisches Axiallager 134, 138, 143, 144, 148, 151, 359
Hydrodynamisches Radiallager 124, 153, 224, 263, 318
Hydrostatische Anfahrhilfe 119
Hydrostatische Radiallager 102, 104, 108, 115, 385, 389, 394
Hydrostatische Schmierung 81, 378
Hydrostatischer Druckfilm 83
—, Kreisplatte 85
—, Rechteckplatte 88
Hydrostatisches Axiallager 93, 98, 101, 379, 382
Hysterese 406

Impulsgleichung 125
Induktive Stellungsgeber 401, 402
Instabilität 300
Instationäre Radialgleitlager 263
Integration der Reynoldsschen Differential-Gleichung 134, 164, 170, 175
Integration, numerische 175
Isotherme Theorie 240

Kaltspiel 247
Kammlager 359
Kantenpressung 17, 56, 71, 72, 251
Kapillarviskosimeter 25
Kavitation 73
Kennlinienfeld für Lager 3
Kinematische Viskosität 25, 28, 29, 33
Kippsegmentlager, axiales 361, 371, 376
—, radiales 314, 318, 326
Kohlenwasserstoffverbindungen 47
—, aliphatische 47
—, aromatische 48
—, gestreckt-kettenparaffinische, gesättigte 47
—, iso-paraffinische 47
—, naphthenische 48
—, normalparaffinische 47
—, olefinische 47
—, Ringparaffine (zyklische Ringparaffine) 48
Kombinierte Druck- und Scherströmung 130
Kompressibilität 344
Kontaktschweißung 12
Kontinuitätsgleichung 125
Konvektion 242

Sachwortverzeichnis

Korrosion 49
Korrosionsinhibitoren 49
Kühlung von Lagern 242, 319, 393
Kugelfallviskosimeter 25
Kunststofflager 60
Kurzes Lager, Theorie 170, 197

Lager, Axial- 93, 132, 359, 362, 379
Lager, Druckverteilung im 86, 91, 93, 96, 101, 136, 143, 162, 164, 177, 192, 274, 278, 280
Lager, halbumschließendes 180
Lager mit Luftkühlung 242, 319
Lager mit Zusatzkühlung 241, 242, 319
Lager, Radial- 102, 103, 104, 108, 115, 119, 124, 153, 224, 318
Lager, selbsteinstellendes 319, 359, 361, 377
Lager, teilumschließendes 180
Lager, Trockenlauf- 60
Lagerbelastung 278, 281
Lager-Betriebsspiel 247
Lagerbuchsen 63, 225, 247
Lagergehäuse, Wärmeabgabe der 242
Lagerkörper 242, 318
Lager-Passungen 247
Lagerschäden 65
Lagerschalen 64, 320, 321
Lagerspiel 156, 247
—, effektives 247
—, Einfluß der Wärmedehnung 247
Lagersteifigkeit, hydrodynamisch 292
—, hydrostatisch 121
Lagertemperatur 244
Lager-Tragfähigkeit 94, 97, 101, 107, 111, 117, 137, 145, 151, 162, 166, 169, 172, 174, 179, 194, 196, 199, 202, 217, 259, 362, 381, 405
Lagerverluste 240
Lagerverschleiß 56, 72
Lagerwerkstoffe 55
Lamellierung 402
Laminare Strömung 152
Lastwinkel 112, 265
Legiertes Öl 49
Leloupsche Reibungszahl 19, 22
Leloupsche Übergangsbedingung 19
Losringschmierung 318
Luft, Viskositäts-Druck-Verhalten 38, 53
—, Viskositäts-Temperatur-Verhalten 38, 53, 351
Luftlager 344

Magnetische Induktion 405
Magnetlager 398
—, Axial- 402, 403
—, Radial- 401, 403, 404
Magnetlagersteifigkeit 406
Magnetpole 402
Massenerhaltungssatz 125
Mehrbereichsöl 50
Mehrflächenlager, hydrostatisch 101, 102, 108, 109, 115, 359, 360, 361, 370, 371, 376, 377

Mehrgleitflächenlager, hydrodynamisch 307, 326
Metallseife 51
Michell-Lager 143, 360, 365, 368, 371, 376
Mikroschweißstellen 12, 15
Mineralöle 24, 47, 48
—, spezifische Wärme 46, 241
—, V-P-Verhalten 40—44
—, V-T-Verhalten 34, 36, 37, 38, 39
Mindestrauhigkeit 253
Minimalsatz der Lagerreibung 162, 222
Minimum der Stribeck-Kurve 11, 18, 19
Mischreibung 9, 15
Mittenrauhwert 17, 251
Mobility Method 265
Molybdändisulfid 49
Motorenlager 263, 321

Näherungslösungen der hydrodynamischen Lagertheorie 174, 190, 212
Navier-Stokes-Gleichungen 125
Nenndurchmesser 255
Nennviskosität 29
Newtonsche Flüssigkeit 25
Newtonsches Abkühlungsgesetz 241
Newtonsches Reibungsgesetz 25
Nicht-Isotherme Theorie 236
Nicht-Newtonsche Flüssigkeit 25
Niemann, V-T-Diagramm 37
Niemann-Cameron-Gesetz 35
Normöle 29, 31, 37
—, V-T-Verhalten 30, 37

Oberflächen 11, 17, 90, 250, 252
—, gemittelte Rauhtiefe 17, 90, 250, 252
Oberflächenspannung 222
Öl, Flammpunkt 31, 32, 42
—, Kälteverhalten 29, 31
Ölbohrung, Anordnung 229, 232, 235
Öldichtung 318
Öldurchsatz, Axiallager 93, 95, 97—101, 364, 390
—, ebener Gleitschuh 139
— durch Drehungsdruck 172, 179, 329
— durch Eigendruckentwicklung 172, 179, 199, 216, 329
— durch Verdrängungsdruck 199, 203
— durch Zuführdruck 227, 231, 233
—, Radiallager 90, 106, 109, 110, 112, 115, 172, 179, 199, 203, 216, 225, 227, 231, 233, 276, 329, 396
Öle 24, 29, 34, 39, 40, 43, 45—47, 49, 50
—, Pourpoint 29, 31, 32, 42
—, spezifische Wärme 46
—, Stockpunkt 29, 31, 32, 42
—, V-P-Verhalten 40, 43, 44
—, V-T-Verhalten 34, 36, 37, 39
—, Wärmeleitkoeffizient 46
Ölfilmdicke, kleinste zulässige 17, 20, 90, 250
Ölfilmdruck, maximaler 162, 168, 173, 179, 194, 197, 199, 203
Ölführung, konstruktive 103, 120, 235, 370, 373, 374, 376, 377, 385
Ölmenge s. Öldurchsatz

Ölpolstergleichung 87, 89, 92
Ölringe 318
Öltaschen 230, 307, 319, 323
Ölversorgung 120, 327, 364, 380, 387
Ölzähigkeit 25, 28, 29, 33, 36, 37
Ölzufuhr, Anordnung der 103, 235, 322, 325, 373, 374, 376, 377, 385
—, optimale Stelle 235, 322, 325, 374
Ölzuführdruck 225, 257, 303, 330
Oilwhip 291, 300
Oxydationsinhibitoren 49

Parabelansatz 134
Permanent-Magnet-Lager 404
Permeabilität 352
Petroffsche Reibungsformel 21, 22, 275
Pleuellager 273, 278
Poise 25, 28
Poiseuille-Gesetz 85, 86, 88, 90
Polardiagramme 276
Poröse Lager 352
Pourpoint 31, 32, 42, 49
Praktische Grenzreibung 9
Preßsitz von Lagern 247

Querzahl 102, 104, 108, 115, 120, 288
Quetschgrenze 59

Radiallager 102, 103, 104, 108, 115, 119, 124, 153, 224, 318
Radiallager beliebiger Geometrie 307
—, Berechnung dynamisch belasteter 263, 269, 277
—, Berechnung hydrodynamischer 153, 224, 253, 263, 269, 277, 329
—, Berechnung hydrostatischer 102, 104, 108, 115, 394
—, Berechnung statisch belasteter 224, 253, 329
— unter Drehungsdruck 159, 224
— endlicher Breite 174, 202
—, Näherungsformeln zur Berechnung 217
—, Randbedingungen 128, 154, 159, 160, 219
—, Schmiermittelbedarf s. Öldurchsatz
—, sehr kurzes 170, 197
—, Tragfähigkeit 156, 162, 166, 169, 172, 174, 179, 194, 199, 202, 217, 259, 313, 346, 353
—, unendlich breites 164, 192
— unter Verdrängungsdruck 190
Raffinate 48
Rauhheitsmaße 17, 251, 252
Rauhheit von Oberflächen 16, 17, 90, 251, 252
Rauhtiefe, gemittelte 17, 90, 251
Redundanz 400
Redwood-Sekunden 26, 27
Reibleistung 241, 275, 363
Reibmoment 241
Reibung von Axiallagern 95, 97, 142, 147, 363, 364, 367, 369, 383
Reibung, Definition 1, 2, 9, 11—14, 16
—, Festkörper- 11, 14

Reibung, Flüssigkeits- 16
—, Gleit- 9
—, Grenz- 9, 14
Reibung von Radiallagern 163, 167, 170, 172, 179
—, Roll- 9
—, Ruhe- 11
Reibungsarten 9
Reibungsformeln 21, 22, 214, 215, 218
Reibungskennzahl 21, 22, 112, 163, 241
Reibungskurve nach Stribeck 11
Reibungsminimum 11, 15, 18, 19
Reibungszahl 21, 22, 214, 215, 218
Reibungszustände 9
Relative Exzentrizität 90, 156, 158
Relatives Lagerspiel 156, 246
Relaxation 45
Reynoldssche Differential-Gleichung 131, 132, 155, 157
—, Ableitung der 131, 132, 155, 157
— für Axiallager 132
— für kurze Lager 170, 197
— polarer Darstellung 157
— für Radiallager 131, 132, 155, 157
—, Randbedingungen der 128, 154, 159, 160, 219
—, übliche Voraussetzungen der 127, 153
— für unendlich breite Lager 164, 192
Reynoldszahl 127
Richtungskonstante 39
Ringkammerlager 99
Ringnut 96, 227
Rollreibung 9
Rotationsviskosimeter 25
Rotoren, gleitgelagerte 290
Ruhereibung 11

SAE-Klassifikation 33
Sayboldt-Universal-Sekunden 26, 27
Schäden an Lagern 65
Schergeschwindigkeit 25, 130
Scherstabilität 25
Schmiegsamkeit 56
Schmierfett 14, 51
Schmierfilmdruck siehe Druckverteilung
Schmierkeil mit Rastfläche 148, 151, 360, 370, 372, 373, 376
Schmiermittel 24
Schmiermittelaufbau 47
Schmiermittel-Rücklaufnuten 103, 104, 376, 395
Schmiermittelversorgungssystem 120, 387, 393
Schmierring 318
Schmierspalthöhe, kleinste zulässige 17, 90, 251
Schmierstoff-Benetzbarkeit 56
Schmierstoff-Dichte 25, 45
Schmierstoff-Viskosität 25, 34
Schmierstoffe, Klassifikation der 29, 33, 34
Schmierung, Druck- 224, 245, 254
—, Grenz- 14
—, Mangel 55
Schnellaufbereich 215, 241

Sachwortverzeichnis

Schubspannungen 25, 153
Schwellast 284
Schwerlastbereich 215, 251
Schwimmbuchsenlager 304
Schwingungen 290, 296, 300, 309
Segmentlager, -axial 138, 360, 361, 362, 365, 368, 377
—, -radial 64, 102, 308, 326, 389
Selbsteinstellendes Lager 319, 359, 361, 371, 372, 377, 391, 393
Sensoren 401
Siliconöl 36, 38
Sinterlager 59, 352
Simpson-Regel 276
Sommerfeld-Randbedingung 162
Sommerfeld-Transformation 207
Sommerfeldzahl 21, 162
Spaltfunktion 90, 129, 134, 138, 148, 150, 157
Spaltströmung viskoser Flüssigkeiten 84
Spezifische Wärme von Ölen 46, 241
Spielveränderung 246
Spurlager 93, 96, 98, 101, 359, 362, 365, 370, 376, 394, 402
Stabilität hydrodynamischer Lager 300
— hydrostatischer Lager 104, 121
Stahl, Wärmeausdehnungskoeffizient 17, 247
—, Wärmeleitkoeffizient 243
Stationäres Radialgleitlager 159, 224, 329
Statorblechpaket 402
Staurandlager 148, 151, 373
Stehlager 318
Stockpunkt 42, 49
Stockpunktserniedriger 49
Stokes 26, 27, 29
Strahlung 242
Streckgrenze von Lagerwerkstoffen 59
Streifendarstellung des Reibungsverhaltens 22
Stribeck-Kurve 11
Strukturviskosität 50
Sutherland-Gesetz 38
Synthetische Öle 50

Teilschmierung 10
Temperatur, effektive 239, 246, 254
Temperaturverhalten der Viskosität 34, 36, 37, 39
Temperaturverteilung im Lager 240
Thermischer Beharrungszustand 225, 236, 253
Tower, Versuche von 2, 124
Tragbild 65
Tragfähigkeit, Axiallager 94, 97, 98, 101, 137, 145, 149, 150, 151, 362, 381, 405
—, Radiallager 107, 111, 117, 162, 166, 169, 172, 174, 179, 194, 196, 199, 202, 217, 259, 313, 346, 353, 405
Trägheitskräfte 125, 127
Trockenlauf 60
Trockenreibung 9, 10, 11
Turbinenlager 326
Turbulenz 327, 328

Ubbelohde-Tabelle 27
Übergangsdrehzahl 18, 19, 20, 213, 250
Übergangsformel 20, 214
Übergangskriterien 18
Überhitzung 74
Umlauflast 253
Umlaufschmierung 224, 245
Ummagnetisierungsverluste 406
Umrechnung der Viskositätseinheiten 26, 27, 28, 29
Umschließungswinkel 180, 218
Unendlich breites Lager 152, 164
Unterdruck in Gleitlagern 221, 280
Unwucht 253, 291, 296, 302

Verdrängungsdruck 159, 190, 264, 274
Verkantung 17, 127, 251
Verlagerungsbahn 263
Verlagerungswinkel 163, 265
Verschleiß 72
Verschleißbeginn 17, 251
Verschmutzung 65
Verseifung 15
Viskosimeter 25
Viskosität 24, 25, 26
—, absolute 25, 28, 33, 36, 37, 40
—, Dimensionen 25—29
—, Druck-Abhängigkeit 40, 43, 44, 52, 53
—, dynamische 25, 28, 33, 36, 37, 40
—, effektive 239, 246
—, kinematische 25, 28, 29, 33
—, Mittelwert der 239, 246
—, Temperatur-Abhängigkeit 34, 36, 37, 39, 52, 53
Viskositätsangaben 25—29
Viskositätsindex 39
Viskositätsindex (VI-)-Verbesserer 50
Viskositätsmaße, Umrechnung der 25—29
Viskositäts-Zeit-Verhalten 44
Vogel-Cameronsche Gleichung 42
Vogelsche Gleichung 35
Vollschmierung 10, 16
Volumenformel 20, 214
V-P-Verhalten von Ölen 40, 43, 44
V-T-Verhalten von Ölen 34, 36, 37, 39

Wankelmotor 273
Wärmeabgabe durch Konvektion 242
Wärmeabgabe durch Strahlung 242
Wärmeabgabe durch Wärmeleitung 242
Wärmeabgebende Oberfläche 242
Wärmeausdehnung 17, 247
Wärmebilanz 125, 240
Wärmeentwicklung 126, 240
Wärmeleitgleichung 125
Wärmeleitkoeffizient 46, 242, 243
Wärmestrahlung 242
Wärmeübergangskoeffizient 242
Warmlagerspiel 246
Wasser als Schmierstoff 52
Wechselfestigkeit 284
Wechsellast 282, 284
Weißmetall 1, 57, 58, 66, 74, 75
Wellenschwingungen 290

Wellenverformung 17, 251
Wellentiefe 17, 251
Werkstoffe für Lager 55
Wirbelströme 406

Zähigkeit s. Viskosität
Zähigkeitskräfte 125, 127

Zeitverhalten der Viskositäts-Druck-Abhängigkeit 43
Zeuner-Hyperbel 3
Zitronenspiel 235, 308, 313
Zulässige kleinste Schmierfilmdicke 17, 90, 250
Zustandsgleichung des Schmiermittels 125
Zweiseitig wirkendes Magnet-Axiallager 402

Additional information of this book

Gleitlager; 978-3-642-81226-2;

978-3-642-81226-2_OSFO) is provided;

http://Extras.Springer.com

If you have any concerns about our products,
you can contact us on
ProductSafety@springernature.com

In case Publisher is established outside the EU,
the EU authorized representative is:
**Springer Nature Customer Service Center GmbH
Europaplatz 3, 69115 Heidelberg, Germany**

Printed by Libri Plureos GmbH
in Hamburg, Germany